普通高等教育“十一五”国家级规划教材
电子信息科学与工程类专业

集成电路设计技术与工具

编著　王志功　景为平　孙　玲
主审　田　良

东　南　大　学　出　版　社
SOUTHEAST UNIVERSITY PRESS
·南　京·
NANJING

内容提要

本教材按照材料与器件物理、制造工艺、版图设计、元器件及其 SPICE 模型、基于 SPICE 的集成电路仿真、晶体管级设计、模块级设计、系统级设计、集成电路封装和测试的"自底向上"设计流程讲述集成电路设计的基础知识和基本技术，并介绍九天(Zeni)系统、Silvaco 系统等相关的分析与设计软件工具。

本书可作为普通高等院校电子科学与技术、通信与信息等学科本科生和硕士研究生的教材，也可作为完成了学业、准备转入集成电路设计的相关专业大学毕业生的自学读物，还可作为从事集成电路设计与制造工程技术人员的参考书。

图书在版编目(CIP)数据

集成电路设计技术与工具/王志功，景为平，孙玲编著.—南京：东南大学出版社，2007.7 (2019.1 重印)
ISBN 978-7-5641-0834-2

Ⅰ.集… Ⅱ.①王… ②景… ③孙… Ⅲ.集成电路—电路设计—高等学校—教材 Ⅳ.TN402

中国版本图书馆 CIP 数据核字(2007)第 110585 号

集成电路设计技术与工具

编　著	王志功	责任编辑	李　玉
	景为平	责任校对	戴坚敏
	孙　玲	责任印制	张文礼
主　审	田　良	封面设计	王　玥

出版发行　东南大学出版社
出 版 人　江建中
社　　址　南京市四牌楼 2 号
邮　　编　210096
电　　话　(025)83792954　83362442(传真)
网　　址　http://press.seu.edu.cn

印　　刷　虎彩印艺股份有限公司
开　　本　787×1092　1/16
印　　张　24.25　　字　　数　648.48 千字
版　　次　2007 年 7 月第 1 版
印　　次　2019 年 1 月第 6 次印刷
印　　数　8501—9500 册
书　　号　ISBN 978-7-5641-0834-2/TP·138
定　　价　49.00 元

序

当《集成电路设计技术与工具》一书，相当于《集成电路设计与九天EDA工具应用》一书的新版书稿放到我案头的时候，情不自禁的注视了一下台历，距2004年8月第1版第1次印刷刚好三年。三年中，我国集成电路设计业有了迅猛的飞展，产业规模迅速扩大，2006年营销额超过200亿元，占国内集成电路产业规模的20%，自2001～2006年，年增速为67%，远高于我国集成电路产业33.6%的年增长速度。设计水平显著提高，工业化主流设计能力在0.5～0.25 μm，约20%设计企业的设计能力达到0.18 μm，部分企业已经达到90 nm水平。许多设计企业，可以根据市场需求，设计百万门规模以上的集成电路，最大设计规模已经超过5 000万门且主频率达到500 MHz以上。集成电路设计已成为提升创新能力，开创我国集成电路产业发展新局面的重要基础，是我国"十一五"计划中的重要发展专项。

在集成电路产业链的建设与不断完善中，基础之基础是人才建设，是急需的几十万专业人才。全国7+1个集成电路基地，产业化基地和20个设计人才培养基地在集成电路设计人才工程中发挥着积极的支撑作用。作为集成电路设计专业可选用的教材与在职职工的自修课本《集成电路设计与九天EDA工具应用》一书，一经投入使用，深受从事电子和微电子领域的工程技术人员和专业学生的欢迎和高度评价。书中内容由浅至深，措辞严谨，通俗易懂，不但有理论深度、技术前瞻，也有经过作者反复提炼的应用实例，为读者提供了集成电路设计从前端、版图到流片的完整流程，涵盖原理、技术、工程实例及集成电路设计工具的掌握与设计实践，并延伸至流片制造、测试封装诸多环节所相关的技术、工艺与设备。因而，是一本实用性较强，有很好的包容性和完整性的教材。经过东南大学王志功教授、南通大学景为平研究员和孙玲博士为主的编写组辛勤不辍的努力，在《集成电路设计与九天EDA工具应用》一书取得积极的、瞩目的影响时，又一次及时地将三年来集成电路设计领域所涉及的新技术、新方法反映到教材内容中，并继续以我国自主开发的"九天EDA工具"最新版本作为设计工具和工程设计的实例作全面介绍，编写了《集成电路设计技术与工具》即《集成电路设计与九天EDA工具应用》的新版。该书遵循"自底向上"的设计流程进行全面的修订，比原书更具有逻辑性、可读性、先进性和实用性，已被教育部列为国家"十一五"规划教材。"一年之计，莫如树谷；十年之计，莫如树木；终身之计，莫如树人"。王志功教授、景为平研究员和孙玲博士所代表的编写组老师们的至诚贡献、开放的心怀和深厚的教学功力都将在我国集成电路产业人才建设史上留下重重的一笔。

该书一共12章，按照材料与器件物理、制造工艺、版图设计、元件及其SPICE模型，基于SPICE的集成电路仿真、晶体管级设计、模块级设计、系统级设计、集成电路封装和测试的"自底向上"设计流程，讲述了集成电路设计的基础知识和基本技术，丰富的内容涵盖了集成电路产品的各个环节。该书可作为高等院校电子科学与技术、通信与信息等学科本科生和硕士研究生的教材，也可作为完成了学业，准备转入集成电路设计的相关专业大学毕业生的自学读物。即使是在职的专业设计工程技术人员，也可从阅读本书中，起到复习理论知识、获取工程经验的良多教益，是一本少有的理论与实际结合的优秀教材和科技成果。

该书特别增加了附录A、附录B和附录C，分别介绍了我国自主开发的、国内通用的大规模集成电路设计工具——九天(Zeni)系统和国外通用的大规模集成电路工艺和设计工具——Silvaco系统。

九天(Zeni)系统是北京中电华大电子设计有限责任公司，继熊猫EDA系统、熊猫2000EDA系统之后，推出的第三代EDA工具系统。三代系统产品已向国内外用户提供逾3 500个工具Licence，已成为受国内外设计公司认同的设计工具，版图设计部分的工具已跻身国际先进行列。通过该书中基于九天(Zeni)系统的设计实例，不仅能使大学生体验理论指导下的实践，而且得到全过程创新精神的培养，这对提高自主创新的意识将起到事半功倍的作用。

该书也见证了高等学校和企业互动结合、将企业科技成果汇入教材，加强理论教学与企业实践的结合和交流，对培养工程创新型人才和建立实践教学体系，均起到了积极的推动作用，是育人育才世纪工程中一次成功的实践。

“功以才能，业由才广”。再一次对王志功教授、景为平研究员和孙玲博士为代表的编写组致以崇高的敬意。

中国半导体行业协会　副理事长

集成电路设计分会　　理 事 长

2007年7月于北京

前　言

本教材是普通高等教育“十一五”国家级规划教材，是根据教育部高等学校电子信息科学与电气信息类基础课程教学指导分委员会制定的“集成电路设计基础”课程教学基本要求编写的教科书。

本教材是在2004年出版的《集成电路设计与九天EDA工具应用》基础上，精选相关知识，重新组织体系而形成的。全书内容遵循“自底向上”的知识展开方式，从集成电路材料与器件物理基础出发，按照集成电路工艺制造技术、版图和电路设计技术、设计工具使用到封装和测试的流程，全面介绍了集成电路设计各环节涉及的技术和相关软件工具。并注重将基础理论知识与工程实践相结合，将成熟的设计技术与最新的研究成果相结合，力求符合当前的技术发展趋势，达到读者能够学以致用的目标。与《集成电路设计与九天EDA工具应用》一书相比较，其主要改动如下：

(1) 全书按照集成电路“自底向上”的设计路线构思整体框架，章节之间环环相扣，将集成电路设计的全流程循序渐进地呈现在读者面前。

(2) 内容更注重集成电路设计技术与工具的紧密结合。在第3章介绍集成电路制造工艺部分，补充了集成电路工艺CAD的内容，并在附录中介绍了工艺与器件仿真工具，给出仿真实例；在第4章介绍集成电路版图设计方面，结合Zeni EDA工具介绍了全定制集成电路版图编辑和验证的全流程；在第6章介绍集成电路SPICE仿真时，给出了SmartSpice环境下的多个仿真实例。

(3) 在集成电路晶体管级设计的两章内容中，着重于设计理念、方法和仿真工具的应用，缩减了电路原理的介绍。

(4) 增加了数字与模拟电路的模块级设计。

(5) 增加了基于混合信号硬件描述语言Verilog-AMS进行系统级设计的新技术。

(6) 在集成电路封装技术中，增加了封装热特性和信号完整性的知识。

(7) 将集成电路测试独立为一章，增加了模拟集成电路测试方法和测试实例，以及数字集成电路可测性设计的相关知识。

本教材分为两大部分。第一部分共分12章，讨论集成电路设计的一系列基本知识。第1章对集成电路设计的各个方面进行了概述。第2章介绍集成电路制造相关的绝缘体、导体和半导体材料、集成电路的基本结构和相关理论。第3章介绍集成电路制造的基本工艺以及双极型、MESFET/HEMT和CMOS等特定集成电路工艺。第4章介绍集成电路版图设计的基本过程和知识。第5章介绍集成电路无源和有源器件的SPICE模型。第6章介绍采用SPICE进行集成电路模拟的基本技术，对各种输入语句格式进行了详细描述。第7章和第8章按模拟和数字两部分介绍集成电路晶体管级设计方法。第9章介绍集成电路模块级设计。第10章介绍集成电路系统级设计。第11章介绍集成电路封装方面的有关问题。第12章介绍集成电路测试方面的有关问题。希望使读者通过这12章的学习，全面了解集成电路全流程，了解集成电路设计工艺、掌握设计工具，为从事集成电路设计奠定基础。

第二部分由附录A、附录B和附录C组成。其中，附录A以Silvaco TCAD系统为例介绍集成电路工艺和器件仿真工具；附录B以Zeni EDA系统为例介绍集成电路版图设计工具应用以及数模混合系统设计平台。附录C以Windows操作平台下的Silvaco SimuCAD系统为例介绍集成电路仿真工具。如果说本教材第一部分的内容侧重于理论学习和知识掌握的话，第二部分的内容则侧重于IC设计工具的掌握和IC设计的实践。

本教材主要考虑作为电子科学和通信与信息等学科本科生和硕士研究生的教材，也可作为完成了学业、准备转入集成电路设计的大学毕业生和电子工程师的自学读物。

本教材由东南大学射频与光电集成电路研究所所长王志功教授、南通大学江苏省专用集成电路设计重点实验室主任景为平研究员以及南通大学孙玲博士编著。全书初稿的第1、7章由程梦章编写，第2、3章由罗向东编写，第4、5、9章和附录由孙玲编写，第6章由陶涛编写，第8章由金丽编写，第10章由陈海进编写，第11章由孙海燕编写，第12章由刘炎华编写。3位主编对所有初稿做了全面调整和大量修改，经东南大学田良教授主审，最终定稿。

本教材的编写得到了北京中电华大电子设计有限责任公司和Silvaco中国的全力支持，教材初稿完成后，两家公司相关工程师审阅了相关内容，并为读者提供了软件学习资料，丰富了附录光盘内容。中国半导体行业协会副理事长、集成电路设计分会理事长王芹生研究员和北京中电华大电子设计有限责任公司总经理刘伟平研究员对本书的编写给予了热情的鼓励和积极的支持，王芹生研究员还亲自为本教材撰写了序言，东南大学出版社李玉副编审为本教材的成稿和出版做了大量的组织和编辑工作，在此一并表示衷心的感谢。

鉴于集成电路技术发展迅速，又涉及到众多技术领域，使得编写一本既能覆盖基础技术，又能跟踪前沿技术的教材变得十分困难。我们虽然尽了努力，但仍感到难以满意。对于教材中的遗漏和错误，恳望读者批评指正。

编著者

2007年6月于南京

缩 写 词 表

ASIC	Application Specific Integrated Circuits(专用集成电路)
ATPG	Automatic Test Pattern Generation(自动测试矢量生成)
BB	Building Block(积木块)
BiCMOS	Bipolar Complementary Metal Oxide Semiconductor(双极-互补金属-氧化物-半导体)
BIST	Built-In Self Test(内建自测试)
BS	Boundary Scan(边界扫描)
BSIM	Berkeley Short-channel IGFET Model (伯克莱短沟道 IGFET 模型)
CAD	Computer Aided Design(计算机辅助设计)
CDL	Circuit Description Language(电路描述语言)
CIF	Caltech Intermediate Format(Caltech 交换格式——加州工学院制定的一种ASCII 编码的掩膜制造几何数据交换格式)
CMOS	Complementary Metal Oxide Semiconductor(互补金属-氧化物-半导体)
CP	Control Point(控制点)
CPLD	Complex Programmable Logic Device(复杂可编程逻辑器件)
CVD	Chemical Vapor Deposition(化学气相沉积)
DFT	Design for Testability(可测性设计)
DIP	Dual In-line Package(双列直插式封装)
D-NMOS	Depletion NMOS(耗尽型 NMOS)
DRC	Design Rule Check(设计规则检查)
DSM	Deep Sub-Micron(深亚微米)
ECL	Emitter Coupled Logic(射极耦合逻辑)
E/D	Enhancement / Depletion(增强型/耗尽型)
EDA	Electronic Design Automation(电子设计自动化)
EDIF	Electronic Design Interchange Format(电子设计交换格式)
E/E	Enhancement / Enhancement(增强型/增强型)
EIAJ	Electronic Industry Association of Japan(日本电子工业协会)
E-NMOS	Enhancement NMOS(增强型 NMOS)
E-PMOS	Enhancement PMOS (增强型 PMOS)

ERC	Electrical Rule Check(电学规则检查)
FPGA	Field Programmable Gate Array(现场可编程门阵列)
GA	Gate Array(门阵列)
GAL	Generic-programmable Array Logic(通用可编程阵列逻辑)
GDSII	Geometric Data Standard,version II(由 Calma 公司制订的一种二进制编码的掩膜制造几何数据交换格式)
GS	Sea of Gates(门海)
GSI	Giant Scale Integration(巨大规模集成)
HDL	Hardware Description Language(硬件描述语言)
HBT	Hetro-junction Bipolar Transistor(异质结双极晶体管)
HEMT	High Electron Mobility Transistor(高电子迁移率晶体管)
IC	Integrated Circuit(集成电路)
IGFET	Insulated Gate Field Effect Transistor(绝缘栅场效应管)
IOB	I/O Block(输入/输出功能块)
IP	Intellectual Property(知识产权)
IS	Integrated System(集成系统)
KPL	Kirchhoff's Potential Law(基尔霍夫位势定律)
KFL	Kirchhoff's Flow Law(基尔霍夫流量定律)
LCCC	Leadless Chip Ceramic Carrier(无引线陶瓷封装芯片载体)
LOCOS	LOCal Oxidation of Silicon(硅局部氧化)
LPE	Layout Parasitic Extraction(版图参数提取)
LPE	Liquid Phase Epitaxy(液相外延)
LSI	Large Scale Integration(大规模集成)
LVS	Layout Versus Schematic(电路与版图一致性验证)
MBE	Molecular Beam Epitaxy(分子束外延)
MCM	Multi-Chip Module(多芯片模块)
MESFET	MEtal-Semiconductor Field Effect Transistor(金属-半导体场效应晶体管)
MIM	Metal-Insulator-Metal(金属-绝缘体-金属)
MOS	Metal Oxide Semiconductor(金属-氧化物-半导体)
MOVPE	Metal-Organic Vapor Phase Epitaxy(金属有机物气相外延生长)
MSI	Medium Scale Integration(中规模集成)
NE	Net Extraction(网表提取)

OP	Observation Point(观测点)
PAL	Programmable Array Logic(可编程阵列逻辑)
PCB	Printed Circuit Board(印刷电路板)
PG	Pattern Generator(图案发生器)
PGA	Pin Grid Array(针栅阵列插入式封装)
PLA	Programmable Logic Arrays(可编程逻辑阵列)
PLCC	Plastic Leadless Chip Carrier(塑封无引线芯片载体)
PLD	Programmable Logic Device(可编程逻辑器件)
PROM	Programmable Read-Only Memories(可编程只读存储器)
PVD	Physical Vapor Deposition(物理气相沉积)
QFP	Quad Flat Package(四边引脚扁平封装)
RFIC	Radio Frequency Integrated Circuit(射频集成电路)
SA	Signature Analysis(特征分析)
SC	Standard Cell(标准单元)
SI	Signal Integrity(信号完整性)
SIP	Single In-line Package(单列直插式封装)
SIP	System In Package(单封装系统)
SM	Sub-Micron(亚微米)
SMT	Surface Mount Technology(表面安装工艺)
SOC	System On Chip(系统芯片)
SOG	Sea Of Gates(门海)
SOI	Silicon On Insulator(绝缘体上硅芯片)
SOP	Small Outline Package(小外形封装)
SPICE	Simulation Program with Integrated Circuit Emphasis(集成电路仿真程序)
SPW	Signal Processing Workstation(信号处理工作站)
SSI	Small Scale Integration(小规模集成)
SSN	Simultaneous Switching Noise(同步开关噪声)
STA	Static Timing Analysis(静态时序分析)
STI	Shallow Trench Isolation(浅沟槽隔离)
RTL	Register Transfer Level(寄存器传输级)
TEGFET	Two-dimensional Electron Gas Field Effect Transistor(二维电子气场效应管)

TTL	Transistor-Transistor Logic(晶体管-晶体管逻辑)
TTM	Time To Market(市场反应时效)
ULSI	Ultra Large Scale Integration(特大规模集成)
UDP	User Defined Primitives(用户定义的原语)
VC	Virtual Chips(虚拟器件)
VDE	VHDL/Verilog Design Environment(VHDL/Verilog 设计环境)
VDSM	Very Deep Sub-Micron(超深亚微米)
VHDL	VHSIC(Very High Speed Integrated Circuit) Hardware Description Language(超高速集成电路硬件描述语言)
VLSI	Very Large Scale Integration(超大规模集成)
VPE	Vapor Phase Epitaxy(气相外延)

目　　录

第 1 章　集成电路设计导论 …… 1

1.1　集成电路的发展 …… 1

1.2　集成电路的分类 …… 2

1.2.1　按器件结构类型分类 …… 2

1.2.2　按集成度分类 …… 3

1.2.3　按使用的基片材料分类 …… 3

1.2.4　按电路的功能分类 …… 4

1.2.5　按应用领域分类 …… 4

1.3　集成电路设计步骤 …… 4

1.4　集成电路设计方法 …… 6

1.4.1　全定制方法(Full-Custom Design Approach) …… 7

1.4.2　半定制方法(Semi-Custom Design Approach) …… 7

1.5　电子设计自动化技术概论 …… 11

1.5.1　Cadence EDA 软件 …… 12

1.5.2　Synopsys EDA 软件 …… 12

1.5.3　Mentor Graphics EDA 软件 …… 12

1.5.4　Zeni EDA 软件 …… 12

1.5.5　Silvaco EDA 软件 …… 13

1.6　本书结构 …… 13

参考文献 …… 14

思考题与习题 …… 15

第 2 章　集成电路材料与器件物理基础 …… 16

2.1　引言 …… 16

2.2　集成电路材料 …… 16

2.3　半导体基础知识 …… 17

2.3.1　固体的晶体结构 …… 17

2.3.2　固体能带结构基础 …… 18

2.3.3　本征半导体与杂质半导体 …… 21

2.3.4　半导体的特性 …… 23

2.4　PN 结与结型二极管 …… 24

2.4.1　PN 结的形成 …… 24

2.4.2　PN 结型二极管特性 …… 25

2.4.3 肖特基接触和肖特基结二极管 …… 27
2.4.4 欧姆接触 …… 28
2.5 双极型晶体管 …… 29
2.5.1 双极型晶体管的基本结构 …… 29
2.5.2 双极型晶体管的工作原理 …… 29
2.6 MOS 晶体管的基本结构与工作原理 …… 31
2.6.1 MOS 晶体管的基本结构 …… 31
2.6.2 MOS 晶体管的基本工作原理 …… 32
2.6.3 MOS 晶体管性能分析 …… 32
2.6.4 MOS 器件的电压-电流特性 …… 35
2.7 金属半导体场效应晶体管 MESFET …… 36
2.8 本章小结 …… 37
参考文献 …… 37
思考题与习题 …… 38

第 3 章 集成电路制造工艺 …… 39
3.1 引言 …… 39
3.2 集成电路基本加工工艺 …… 39
3.2.1 外延生长 …… 39
3.2.2 掩膜的制版工艺 …… 41
3.2.3 光刻 …… 44
3.2.4 掺杂 …… 47
3.2.5 绝缘层形成 …… 49
3.2.6 金属层形成 …… 51
3.3 双极型集成电路的基本工艺流程 …… 52
3.4 CMOS 集成电路的基本制造工艺 …… 55
3.4.1 P 阱 CMOS 工艺 …… 56
3.4.2 N 阱 CMOS 工艺 …… 56
3.4.3 双阱 CMOS 工艺 …… 56
3.4.4 MOS 工艺的自对准结构 …… 58
3.5 BiCMOS 集成电路的基本制造工艺 …… 59
3.5.1 以 P 阱 CMOS 工艺为基础的 BiCMOS 工艺 …… 59
3.5.2 以 N 阱 CMOS 工艺为基础的 BiCMOS 工艺 …… 60
3.5.3 以双极工艺为基础的 BiCMOS 工艺 …… 60
3.6 MESFET 工艺与 HEMT 工艺 …… 61
3.6.1 MESFET 工艺 …… 62
3.6.2 HEMT 工艺 …… 62
3.7 集成电路工艺 CAD …… 64
3.7.1 器件仿真 …… 64

3.7.2　工艺仿真 …… 66
3.8　本章小结 …… 67
参考文献 …… 67
思考题与习题 …… 68

第4章　集成电路版图设计与工具 …… 69
4.1　引言 …… 69
4.2　版图几何设计规则 …… 70
4.2.1　工艺层(Layer) …… 70
4.2.2　几何设计规则 …… 71
4.3　电学设计规则与布线 …… 76
4.4　晶体管的版图设计 …… 77
4.4.1　双极型晶体管的版图设计 …… 77
4.4.2　MOS晶体管的版图设计 …… 84
4.5　九天软件下的版图编辑 …… 87
4.5.1　版图设计前的准备 …… 88
4.5.2　层次化的版图设计 …… 90
4.5.3　全定制版图设计 …… 93
4.5.4　版图数据与工艺制造 …… 95
4.6　九天软件下的版图验证 …… 97
4.6.1　版图验证概述 …… 98
4.6.2　版图验证文件 …… 98
4.6.3　深亚微米级版图验证 …… 100
4.7　本章小结 …… 100
参考文献 …… 100
思考题与习题 …… 101

第5章　集成电路元器件及其SPICE模型 …… 102
5.1　引言 …… 102
5.2　集成无源元件及其SPICE模型 …… 103
5.2.1　集成电阻 …… 103
5.2.2　集成电容器 …… 109
5.2.3　集成电感 …… 113
5.3　二极管及其SPICE模型 …… 114
5.3.1　二极管的电路模型 …… 114
5.3.2　二极管的噪声模型 …… 115
5.4　双极型晶体管及其SPICE模型 …… 116
5.4.1　双极型晶体管的EM模型 …… 116
5.4.2　双极型晶体管的GP模型 …… 118

5.5 MOS场效应晶体管及其SPICE模型 …… 119
5.5.1 MOS场效应晶体管模型发展 …… 119
5.5.2 MOS1模型 …… 121
5.5.3 短沟道MOS管的BSIM SPICE模型 …… 124
5.6 模型参数提取技术 …… 127
5.6.1 模型参数提取方法 …… 128
5.6.2 参数提取的基本原理 …… 128
5.7 本章小结 …… 130
参考文献 …… 130
思考题与习题 …… 130

第6章 集成电路仿真软件SPICE …… 132
6.1 电路仿真与SPICE …… 132
6.2 电路描述语句 …… 133
6.2.1 输入文件的一般规定 …… 133
6.2.2 无源元件描述语句 …… 135
6.2.3 半导体元器件描述语句 …… 136
6.2.4 电源描述语句 …… 138
6.2.5 模型、子电路和文件包含语句 …… 141
6.3 电路特性分析和控制语句 …… 143
6.3.1 分析语句 …… 143
6.3.2 控制语句 …… 145
6.4 基于SPICE核的工具软件 …… 147
6.4.1 Pspice …… 147
6.4.2 Hspice …… 147
6.4.3 SmartSpice …… 148
6.5 集成电路SPICE仿真示例 …… 150
6.5.1 直流分析 …… 150
6.5.2 交流分析 …… 151
6.5.3 瞬态分析 …… 151
6.6 本章小结 …… 152
参考文献 …… 153
思考题与习题 …… 153

第7章 模拟集成电路晶体管级设计 …… 154
7.1 引言 …… 154
7.2 设计流程 …… 154
7.3 电路仿真 …… 156
7.3.1 仿真分析类型 …… 156

7.3.2 工艺角仿真 …… 158
7.4 版图设计 …… 159
7.4.1 版图设计基本要求 …… 159
7.4.2 版图匹配设计 …… 160
7.5 设计举例——运算放大器设计 …… 160
7.5.1 MOS 电流镜基本原理 …… 160
7.5.2 MOS 差分放大电路 …… 163
7.5.3 CMOS 运算放大器 …… 167
7.6 本章小结 …… 178
参考文献 …… 178
思考题与习题 …… 178

第 8 章　数字集成电路晶体管级设计 …… 180
8.1 引言 …… 180
8.2 设计流程 …… 180
8.3 电路仿真 …… 181
8.4 版图设计 …… 182
8.4.1 CMOS 电路版图中的闩锁效应 …… 182
8.4.2 CMOS 数字集成电路版图设计 …… 184
8.5 设计举例 …… 188
8.5.1 CMOS 反相器 …… 188
8.5.2 与非门和或非门电路 …… 191
8.5.3 CMOS 传输门和开关逻辑 …… 193
8.5.4 动态 CMOS 逻辑 …… 195
8.6 数字电路标准单元库简介 …… 197
8.6.1 基本原理 …… 197
8.6.2 库单元设计 …… 198
8.7 焊盘输入输出单元(I/O PAD) …… 199
8.7.1 输入单元 …… 200
8.7.2 输出单元 …… 201
8.7.3 输入/输出双向三态单元(I/O PAD) …… 207
8.8 本章小结 …… 208
参考文献 …… 208
思考题与习题 …… 208

第 9 章　集成电路模块级设计 …… 209
9.1 引言 …… 209
9.2 数字逻辑电路模块级设计 …… 209
9.2.1 模块级宏模型 …… 210

9.2.2 宏模型的电气特性 …… 210
9.2.3 版图布局与布线 …… 210
9.3 模拟电路模块级设计 …… 211
9.3.1 线性电路宏模型 …… 211
9.3.2 非线性电路宏模型 …… 212
9.3.3 版图布局与布线 …… 213
9.4 IP 设计简介 …… 214
9.4.1 IP 的发展 …… 214
9.4.2 IP 设计的层次 …… 215
9.4.3 IP 的标准 …… 215
9.5 本章小结 …… 216
参考文献 …… 216
思考题与习题 …… 216

第 10 章 集成电路系统级设计简介 …… 217
10.1 引言 …… 217
10.2 数字系统硬件描述语言 …… 218
10.2.1 基于 Verilog HDL 语言的数字系统设计流程 …… 218
10.2.2 Verilog HDL 常用语法 …… 220
10.2.3 数字电路基本单元系统级描述实例 …… 236
10.3 数字系统的 CPLD/FPGA 硬件验证 …… 237
10.3.1 CPLD/FPGA 的器件结构与特点 …… 238
10.3.2 基于 FPGA 的数字系统硬件验证 …… 239
10.4 VLSI 数字系统逻辑综合与物理实现 …… 241
10.4.1 逻辑综合基本概念 …… 241
10.4.2 可综合 HDL 代码设计风格 …… 241
10.4.3 布局与布线 …… 242
10.4.4 设计实例 …… 243
10.5 混合信号系统硬件描述语言 …… 246
10.5.1 Verilog-AMS 语言概述 …… 247
10.5.2 模拟电路系统级描述示例 …… 248
10.6 本章小结 …… 249
参考文献 …… 249
思考题与习题 …… 250

第 11 章 集成电路封装 …… 252
11.1 引言 …… 252
11.2 集成电路封装技术基础 …… 252
11.2.1 集成电路封装的作用 …… 252

11.2.2　集成电路封装的内容和工艺流程 …… 253
11.2.3　常用的集成电路封装形式 …… 254
11.2.4　集成电路设计中的封装考虑 …… 260
11.3　封装特性分析 …… 262
11.3.1　热分析 …… 262
11.3.2　信号完整性分析 …… 263
11.3.3　封装建模 …… 265
11.4　集成电路多芯片组件(MCM)封装技术 …… 266
11.4.1　MCM 的基本概念 …… 266
11.4.2　MCM 的应用领域 …… 267
11.4.3　MCM 基板设计 …… 267
11.4.4　MCM 设计过程 …… 269
11.5　集成电路测试板的设计 …… 269
11.5.1　PCB 设计基本流程 …… 270
11.5.2　PCB 设计举例 …… 271
11.6　本章小结 …… 273
参考文献 …… 273
思考题与习题 …… 274

第 12 章　集成电路测试 …… 275
12.1　引言 …… 275
12.2　集成电路测试信号连接方法 …… 275
12.2.1　芯片在晶圆测试的连接方法 …… 276
12.2.2　芯片成品测试的连接方法 …… 278
12.3　模拟集成电路测试方法 …… 279
12.3.1　直流工作点测试 …… 279
12.3.2　交流特性测试 …… 280
12.3.3　瞬态特性测试 …… 280
12.3.4　频谱与噪声测试 …… 280
12.3.5　模拟集成电路测试实例 …… 280
12.4　数字集成电路测试方法概述 …… 283
12.4.1　数字集成电路测试的基本概念 …… 283
12.4.2　故障模型和测试向量的生成 …… 283
12.4.3　数字集成电路测试实例 …… 289
12.5　数字集成电路的可测性设计 …… 291
12.5.1　特定的可测性设计方法 …… 292
12.5.2　扫描路径法 …… 294
12.5.3　内建自测试 BIST …… 296
12.6　本章小结 …… 299

参考文献 …… 299
思考题与习题 …… 300

附录 A Silvaco TCAD 系统——工艺和器件仿真工具介绍 …… 301
A.1 Silvaco TCAD 系统综述 …… 301
A.2 Silvaco TCAD 系统安装与启动 …… 302
A.3 Athena 工艺仿真 …… 304
A.3.1 Athena 系统简介 …… 304
A.3.2 Athena 命令语句 …… 305
A.3.3 Athena 仿真示例 …… 307
A.4 Atlas 器件仿真 …… 315
A.4.1 Atlas 系统简介 …… 315
A.4.2 Atlas 命令语句 …… 317
A.4.3 Atlas 仿真示例 …… 318

附录 B 九天系统——版图设计工具介绍 …… 320
B.1 九天系统综述 …… 320
B.2 九天系统安装与启动 …… 320
B.2.1 操作系统与硬件环境选择 …… 320
B.2.2 软件安装步骤 …… 321
B.2.3 用户环境设置与软件的启动 …… 322
B.3 设计管理器 ZeniDM …… 322
B.3.1 启动设计管理器 …… 322
B.3.2 菜单命令与基本操作 …… 323
B.3.3 实用工具介绍 …… 324
B.4 原理图编辑与仿真 …… 327
B.4.1 ZeniSE 工具简介 …… 327
B.4.2 启动 ZeniSE …… 327
B.4.3 菜单命令与基本操作 …… 328
B.4.4 系统库介绍 …… 329
B.4.5 ZeniSE 设计举例 …… 330
B.5 版图编辑与验证 …… 336
B.5.1 版图编辑工具简介 …… 336
B.5.2 启动版图编辑器 …… 336
B.5.3 编辑命令与基本操作 …… 337
B.5.4 层次编辑 …… 340
B.5.5 可变参数单元 …… 340
B.5.6 版图验证 …… 341
B.5.7 版图验证结果检查 …… 343

B.6 验证文件编写举例 …… 345
B.6.1 基本操作命令 …… 345
B.6.2 DRC 命令文件 …… 349
B.6.3 LVS 命令文件 …… 352

附录 C Silvaco SimuCAD 系统——集成电路仿真工具介绍 …… 356
C.1 Silvaco SimuCAD 系统综述 …… 356
C.2 Gateway 环境下的原理图编辑与仿真 …… 357
C.2.1 仿真模型 …… 357
C.2.2 电路原理图输入与仿真 …… 357
C.2.3 层次化的电路设计 …… 362
C.3 与版图设计接口 …… 365

第 1 章　集成电路设计导论

微电子技术与计算机技术相互渗透、相互支持和相互促进，共同得到了飞速发展。微电子技术成果的结晶是集成电路。如今，集成电路已经成为现代信息社会的基石，其应用已深入到科学、工业、农业的各个领域，遍布人类生活的每一角落。集成电路设计和制造水平的高低已成为一个国家技术发展水平的重要标志，其重要性已为人所共知。特别是学习和掌握集成电路设计技术，已成为对电子电气相关众多学科研究生和本科生的基本要求。由于设计集成电路不仅要具有微电子的基本理论、集成电路制造的基本工艺、各类电路的原理和电子系统基本构造等方面的知识，还需要掌握设计的基本方法和工具。因此，我们编写了这本教科书，期望为选用的师生提供一本包含集成电路设计相关各方面内容的简明教材。

本章首先讨论与集成电路设计相关的基本概念。

1.1　集成电路的发展

集成电路(IC：Integrated Circuit)是指通过一系列特定的加工工艺，将晶体管、二极管等有源器件和电阻、电容、电感等无源器件，按照一定的电路互连，“集成”在一块半导体晶片(如硅或砷化镓)上，封装在一个外壳内，执行特定电路或系统功能的一种器件。

半导体集成电路的出现和发展经历了以下过程：1947—1948 年，世界上第一只(点接触式)晶体三极管面世——标志着电子管时代向晶体管时代的过渡的开始；1950 年，成功研制出结型晶体管；1952 年，英国皇家雷达研究所第一次提出“集成电路”的设想；1958 年，在美国德州仪器公司工作的 Jacky Killby 制造出世界上第一块集成电路——双极型晶体管集成电路，1959 年正式公布(他因此获得 2000 年的诺贝尔物理学奖)；1960 年，世界上成功制造出第一块 MOS 集成电路。

1965 年，Intel 公司创始人之一的 Gordon E. Moore 博士在研究存储器芯片上晶体管增长数的时间关系时预测，芯片上晶体管数目每隔 18 个月翻一番或每三年翻两番，这一关系被称为摩尔定律(Moore's Law)。集成电路从 19 世纪 60 年代开始发展至今，其规模几乎仍然按照摩尔定律发展。从标志 IC 水平的两个指标——集成规模(Integration Scale)和特征尺寸(Feature Size)①来看，目前单个芯片上已经可以制作含有几百万个晶体管的一个完整数字系统或数模混合电子系统，集成电路的特征尺寸已发展到纳米水平，90 nm 工艺已经走向规模化生产。以 CMOS 工艺为例，其发展进程如表 1.1 所示。

---

① 所谓特征尺寸是指集成电路工艺在芯片上所能制作的最小线宽。

表 1.1 CMOS 工艺特征尺寸发展进程

年份	1989	1993	1997	2001	2006
特征尺寸	1.0 μm	0.6 μm	0.35 μm	0.18 μm	90 nm
水平标志	微米	亚微米(SM)	深亚微米(DSM)	超深亚微米(VDSM)	纳米

随着应用领域的不断扩展，社会对集成电路芯片的需求量和种类越来越多，消费者对产品的整机性能要求越来越高。集成电路设计技术与制造技术水平在迅速发展，越来越多性价比高的电路不断推出。在这种需求牵引和技术推动的双重作用下，集成电路正在向集成系统(IS: Integrated System)发展，即在一个微电子芯片上将信息的采集、传输、存储、处理等功能集成在一起而构成系统芯片(SOC: System On Chip)。为实现 SOC，提出了更多的基础研究、设计技术研究及工艺技术的研究方向。此外，微电子技术一旦与其他学科相结合，将会诞生出一些崭新的学科，MEMS(Micro-Electro-Mechanical Systems)技术和 DNA 生物芯片就是突出的例子[1]。前者是微电子技术与机械、光学等领域结合的产物，而后者则是微电子技术与生物技术结合的产物。

集成电路是现代工业史上惟一有如此高速增长的工业，也可以说，集成电路工业创造了现代工业史上的一个奇迹。在新世纪的征程上，作为微电子技术核心的集成电路事业仍将蓬勃发展，日新月异。对于从事 IC 的工程技术者来说，将迎来大量的创新机遇和挑战！

1.2 集成电路的分类[2]

根据集成电路的器件结构类型、集成规模、使用的基片材料、电路功能以及应用领域，对集成电路分类的结果如图 1.1 所示。

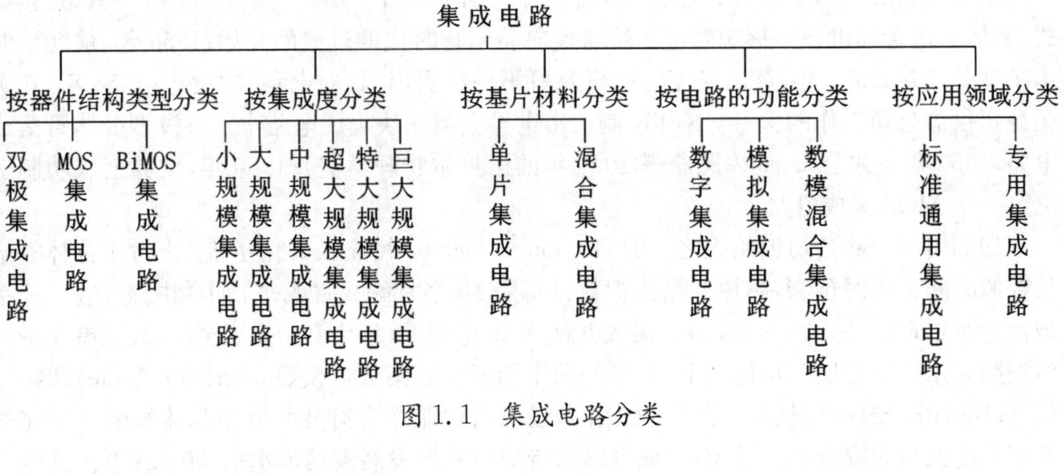

图 1.1 集成电路分类

1.2.1 按器件结构类型分类

根据器件的结构类型，通常将其分为双极(Bipolar)集成电路、金属-氧化物-半导体(MOS: Metal Oxide Semiconductor)集成电路和双极 MOS(BiMOS)集成电路。

双极集成电路通常由 NPN 和 PNP 两种类型的双极晶体管组成，这种类型的器件具有速度高、驱动能力强的优点，其缺点是功耗较大、集成度较低。目前，一些中、小规模数字集成电路和不少模拟集成电路采用这种类型的晶体管来实现。

MOS 集成电路主要由 MOS 晶体管构成，包含 NMOS 和 PMOS 中的一种或两种类型。主要优点是输入阻抗高、功耗低、抗干扰能力强且适合大规模集成。CMOS 集成电路在同一芯片上包含互补的 NMOS 和 PMOS 两类器件，有着特殊的优点，如静态功耗几乎为零、输出逻辑电平可为高低电源电压、上升和下降时间处于同数量级等，因此得到了极为广泛的应用，成为当前集成电路的主流之一。

BiMOS 集成电路同时包括了双极晶体管和 MOS 晶体管，综合了双极和 MOS 器件两者的优点。其缺点是制作工艺相对复杂，成本较高。

1.2.2　按集成度分类

集成度是指在每个芯片中包含的元器件的数目。按集成度可将集成电路分为：小规模集成电路（SSI：Small Scale Integration）、中规模集成电路（MSI：Medium Scale Integration）、大规模集成电路（LSI：Large Scale Integration）、超大规模集成电路（VLSI：Very Large Scale Integration）、特大规模集成电路（ULSI：Ultra Large Scale Integration）和巨大规模集成电路（GSI：Giant Scale Integration）。各集成度大致包含的晶体管个数如表 1.2 所示。

表 1.2　按晶体管数目划分的集成电路规模

类别	数字集成电路		模拟集成电路
	MOS IC	双极 IC	
SSI	$<10^2$	<100	<30
MSI	$10^2 \sim 10^3$	100～500	30～100
LSI	$10^3 \sim 10^5$	500～2000	100～300
VLSI	$10^5 \sim 10^7$	>2000	>300
ULSI	$10^7 \sim 10^9$		
GSI	$>10^9$		

1.2.3　按使用的基片材料分类

根据制造集成电路的基片结构形式，可分为单片集成电路和混合集成电路两大类。

单片集成电路是指所有的集成电路元器件都制作在同一块半导体基片上。最常用的半导体材料是硅，除此之外还有砷化镓等。

将厚膜和薄膜电路，适当的有源元件和厚膜及薄膜电路无法实现的无源元件连结起来，封装在一起完成一定的电路功能，这样的电路通常称为混合集成电路。

厚膜集成电路是指用丝网漏印、高温烧结成膜、等离子喷涂等厚膜技术，将组成电路的电子元器件（导电带、电阻、电容、电感、二极管、晶体管等）以膜的形式制作在绝缘基片上所构成的集成电路。因为厚膜元器件的膜厚一般为几微米至几十微米，与薄膜元器件相比，膜层较厚，故称为厚膜集成电路（厚度>1 μm）。

薄膜集成电路是指用真空蒸发、溅射、光刻为基本工艺的薄膜技术，将组成电路的电子元器件，以膜的形式制作在绝缘基片上所构成的集成电路。由于薄膜元器件的膜厚一般为 1

微米以下，膜层较薄，故称为薄膜集成电路(厚度<1 μm)。

另外还有一种混合集成电路，是从半导体集成电路、厚膜集成电路、薄膜集成电路、分立元器件这些基本电路中任取两种或两种以上电路封装在一个模块中以完成一定的电路功能。有时人们也称这种混合集成电路为二次集成电路。这种封装形式的集成电路称为多芯片组件(MCM：Multi-Chip Module)。

1.2.4 按电路的功能分类

按电路的功能，通常将其分为数字集成电路、模拟集成电路和数模混合集成电路三大类。

数字集成电路是用来专门处理数字信号的，各种逻辑门、触发器、存储器等都是数字集成电路。通常，数字信号是二进制信号。数字电路的工作特点是：电路输出的二进制信号与输入二进制信号有一定的逻辑关系，这个逻辑关系就称为电路的逻辑函数。

模拟集成电路是对随时间连续变化的模拟量(电压或电流等)进行处理(放大或变换)的一类集成电路，通常又可分为线性集成电路和非线性集成电路。各种集成化的高频、低频、中频放大器，差分放大器和运算放大器等属于线性集成电路。各种混频器、振荡器、非线性放大器、整流器、检波器和函数变换的集成电路则属于非线性集成电路。更广义些，人们把数字集成电路以外的各种集成电路统称为模拟集成电路。

由于数字信号在产生、恢复、传输、储存及其处理方面较之模拟信号有许多独特优势，因此利用数字技术来处理模拟信号的场合愈来愈广泛。例如，高清晰度数字电视(HDTV)、数字录音、数字化语音通信等许多原来以模拟信号处理技术为中心的领域都逐步采用了数字技术。在这些领域内的电子系统或电子设备中同时兼有数字电路、模拟电路、模-数(A/D)转换电路和数-模(D/A)转换电路。在同一芯片上含有这些电路的集成电路产品通常称为数模混合集成电路。

1.2.5 按应用领域分类

按应用领域划分，集成电路又可分为标准通用集成电路和专用集成电路。

标准通用集成电路是指不同厂家都在同时生产的、用量极大的标准系列产品，如：微处理器(CPU)芯片、存储器芯片、数字信号处理(DSP)芯片等。这类产品往往社会需求量大，通用性强。

专用集成电路则是根据某种电子设备中特定的技术要求而专门设计的集成电路，简称为 ASIC(Application Specific Integrated Circuits)。其特点是集成度较高、功能较多、功耗较小、封装形式多样。这是一类竞争性强，有很大潜在市场的集成电路产品。

1.3 集成电路设计步骤[3]

IC 有两种设计路线："自底向上"(Bottom-up)和"自顶向下"(Top-down)。

"自底向上"的设计路线应该说是整个 IC 发展的基本路线。从根本上来说，IC 研究是从最基础的半导体理论、材料开发、工艺研究与实验、新器件的发明，从电路设计到系统应用这样一种"自底向上"的路线进行的。即使是 IC 设计，特别是在 IC 发展前期，所遵循的也是

"自底向上"的设计路线，即自工艺开始，先进行单元设计，在精心设计好各单元后逐步向上进行功能块、子系统设计直至最终完成整个系统设计。事实上，在 IC 发展前期，集成电路制造只能达到功能单元的中小规模水平。所以，在 IC 制造厂家，不论是模拟还是数字电路，其设计基本上都是从最底层的工艺出发，向上直到 IC 功能模块实现。而系统厂家则利用 IC 模块完成系统设计。到目前为止，在模拟 IC 和较简单的数字 IC 设计中，大多仍然采用"自底向上"的设计方法。

随着 IC 技术的发展，IC 功能模块种类的不断增加和性能的不断完善，IC 设计的重点向更大规模、更复杂性能的系统转移。特别是数字 IC，不管其逻辑和电路多么复杂，都可以由品种不多的功能模块和门电路构成，而且，这些功能模块和门电路早已开发出来，从逻辑功能、电路网表到版图都形成了完备的单元库。也就是说，IC 设计底层的工作已经完成。加上 EDA 工具的开发，使电路设计甚至是系统工程师完全有可能从顶层，即从复杂电路和系统出发，"自顶向下"地完成 IC 的设计。

对于"自顶向下"的设计，其设计步骤与"自底向上"步骤相反。设计者首先需要进行行为设计，以确定芯片的功能、性能、拟采用的工艺以及允许的芯片面积和成本等；其次进行结构设计，根据芯片的特点，将其分解为接口清晰、相互关系明确的子系统，这些子系统可能包括模拟单元和数字系统。

接着是把各子单元转换成逻辑图或电路图。对模拟单元直接进行电路设计；对数字系统则先进行逻辑设计，确定逻辑设计正确后再将其进一步转换成电路图。无论是模拟电路还是数字系统，电路设计阶段是与设计选用的工艺紧密相关的。设计者应该根据制造厂家提供的工艺参数，选择合适的器件模型和模拟工具，以确定电路图是否满足设计要求。

下一步就是将电路图转换成版图，即版图设计。与电路设计一样，版图设计也是同工艺密不可分的。设计者必须按照来自制造厂家的几何设计规则进行电路图的版图设计。并且，相对于数字电路的版图布局布线，模拟电路特别是高速模拟电路的版图设计在整个芯片设计中是非常关键的一步。

受到 IC 制造工艺极限条件和具体工艺要求的限制，IC 版图设计在移交制造厂家前必须进行一系列的版图验证，以确保芯片的成品率。版图数据主要验证过程如下：首先对版图进行设计规则验证(DRC：Design Rule Check)；DRC 检查无误后，再对版图做电气规则验证(ERC：Electrical Rule Check)；最后进行电路与版图一致性验证(LVS：Layout Versus Schematic)。

当集成电路工艺发展到深亚微米和纳米水平后，版图中连线的寄生效应对电路性能的影响变得不容忽视。因此，版图后仿真(Post Simulation①)成为 DRC、ERC、LVS 版图验证后必不可少的一个环节。为了进行后仿真，首先要根据工艺参数从设计的版图提取寄生电容、电阻值等寄生参数，这就是寄生参数提取过程(LPE：Layout Parasitic Extraction)。将提取的寄生参数回代(通常称之为返标 Back-annotation)到原电路设计中再仿真(即后仿真)，并适当调整原电路参数以得到满意的仿真结果。根据调整后的电路参数修改相应版图

① 在英语技术词典中，Simulation 和 Emulation 都有仿真的意思。其主要区别在于：Simulation 主要是由软件实现的；Emulation 则主要是由硬件实现的，且通常是实时的。因此，有些文献将 Simulation 译为"模拟"，而将 Emulation 译为"仿真"以示区别。众所周知，IC 设计中的 Simulation 均是由软件来实现的。然而，国内很多参考文献将 Simulation 一词译为"仿真"并沿用至今，本书也采用相同的做法。

后，重复 DRC、ERC、LVS 验证，LPE 及后仿真。一个设计往往需要多次反复这个过程才能达到满意的结果。

只有在所有的检查都通过并被证明正确无误后，才能将版图结果转换为标准的版图数据文件，送交制造厂家。

这里需要指出，以上关于"自底向上"(Bottom-up)和"自顶向下"(Top-down)两种设计路线的讨论只是从方法论的角度来进行的。实际上，一个芯片的设计往往需要把"自顶向下"和"自底向上"两者结合起来共同完成。

从另一角度出发，一个完整的 IC 设计过程可以认为是由行为域、结构域和物理域三个设计域构成的。行为域描述一个特定的系统做些什么，要完成什么功能；结构域描述实现某一功能的具体结构以及各组成部件是怎样连接在一起的；物理域描述结构的物理实现，即怎样实际制造一个满足一定的连接关系的结构并能实现所要求功能的芯片。图 1.2 和图 1.3 分别给出了 VLSI 数字 IC 和模拟 IC 的典型设计过程框图。图 1.2 采取的是"自顶向下"的设计路线；而图 1.3 则包含了"自顶向下"和"自底向上"的路线。另外，两个设计流图中均包括了从后道设计步骤返回前道设计步骤进行修改的循环过程。

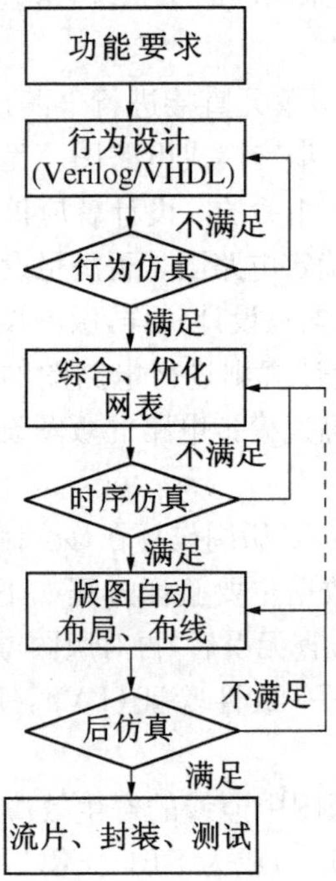

图 1.2　VLSI 数字 IC 的设计流图

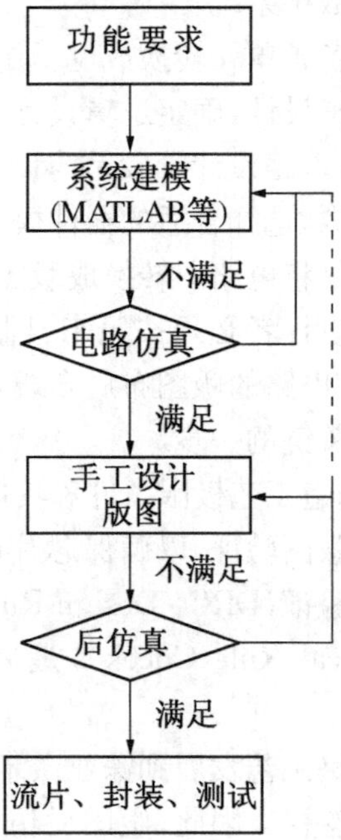

图 1.3　模拟 IC 的设计流图

1.4　集成电路设计方法[3,4]

通常，人们把集成电路设计方法分为全定制设计法与半定制设计法两大类。而半定制设计法又可细分为五种不同的方法，集成电路设计人员可以根据不同的要求选择各种设计方法。下面分别对各种设计方法做简要介绍。

1.4.1　全定制方法(Full-Custom Design Approach)

这种方法适用于要求得到最高速度、最低功耗和最省面积的芯片设计。全定制设计方法有时亦称为全用户设计方法和用户设计方法。这种设计方法完全是由用户设计师根据所选定的生产工艺按自己的要求独立地进行集成电路产品设计，这样可以使所设计的电路具有尽可能高的工作速度、尽可能小的芯片面积和满意的封装。在全定制设计方法中，当确定了芯片的功能、性能、允许的芯片面积和成本后，设计人员要对体系结构、逻辑、电路等各个层次进行精心的设计，对不同方案进行反复比较，特别要对影响性能的关键路径做深入的分析。一旦确定以后就进入全定制版图设计阶段。全定制版图设计的特点是针对每个晶体管进行电路参数和版图优化，以获得最佳的性能(包括速度和功耗)以及最小的芯片面积。由于这种设计方法版图布局和布线都要用人工布置，并要求尽可能紧凑，所以设计过程要花费大量的人力、物力和时间。不仅开始设计时如此，检验和改正设计错误也是非常艰巨的工作。

但是，随着硅工艺技术的发展和设计自动化程度的不断提高，EDA 工具提供了大量的、经过精心设计好的标准化单元，使得全定制设计方法得到越来越广泛的应用。目前，需求量极大的通用集成电路(CPU、存储器等)及大量应用的通信专用芯片，要求有最佳尺寸、对拓扑结构有最合理的布局、对连线要寻求最短路径、以精细的设计降低成本、以低价位优势占领市场，因此，从成本与性能两方面进行考虑，均采用全定制技术。此外，CMOS 模拟集成电路所采用的设计方法，基本上属于全定制方式。

1.4.2　半定制方法(Semi-Custom Design Approach)

半定制的设计方法可以分为门阵列(GA：Gate Array)法；门海(SOG：Sea of Gates)法；标准单元(SC：Standard Cell)法；积木块(BB：Building Block)法；可编程逻辑器件(PLD：Programmable Logic Device)设计法。

1) 门阵列设计法

门阵列是指在一个芯片上把形状和尺寸完全相同的单元排列成阵列，每个单元内部含有若干器件，单元之间留有纵向尺寸固定的布线通道。通过连接单元内的器件使每个单元实现某类门的功能，再通过各单元之间的连接实现电路的设计要求。门阵列的基片四周布有固定数目的输入/输出单元和压焊块(又称焊盘)，其基片结构如图 1.4 所示。采用这种设计方法的典型设计步骤如图 1.5 所示。

采用门阵列设计法时，IC 设计者要完成的工作是根据电路要求选择相应的宏单元，进行设计的自动综合、版图的自动布局和自动布线。因此设计周期大大缩短，成本也大大下降，适合设计适当规模、中等性能、要求设计时间短、数量相对较少的电路。其缺点是，由于采用相同尺寸的基本单元和固定高度的布线通道，使得设计灵活性较低，门利用率不高，造成芯片面积的浪费。

2) 门海设计法

门海设计技术是将由一对不共栅的 P 管和 N 管组成的基本单元铺满整个芯片(除 I/O 区外)，基本单元之间无氧化隔离区，宏单元之间采用栅隔离技术，无事先确定的布线通道区，而是将基本单元链改成无用器件区走线，宏单元连线即在无用器件区上进行。与门阵列

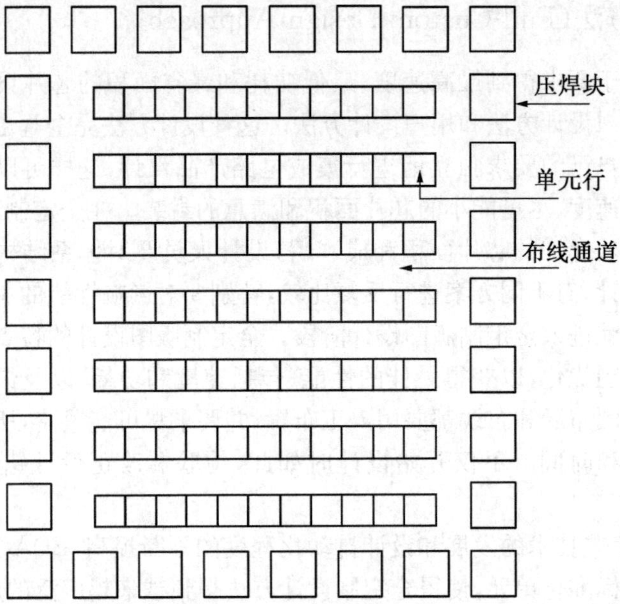

图 1.4　通道门阵列的基片结构

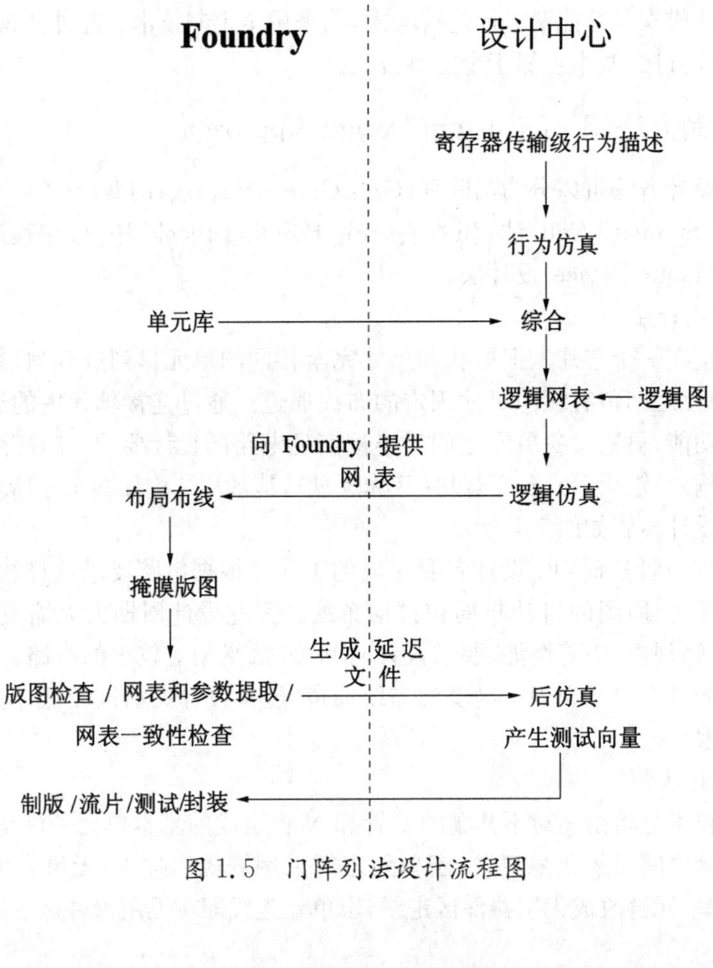

图 1.5　门阵列法设计流程图

法相比，门海法具有门利用率较高、集成密度较大、布线灵活和保证布线布通率等方面的优点。但仍有不足之处：一是仍有布线通道，而且增加的布线通道只能是基本单元高度内所含通道数的整倍数，这往往使增加的通道数超过实际的需要，造成面积浪费；二是布线通道下的晶体管不能再用来实现逻辑，因此门的利用率仍不是很高。

3）标准单元设计法

标准单元设计法是一种库单元设计方法。该方法的特点是各个单元版图具有同一高度，但宽度不等。单元本身经过精心设计，并完成了设计规则检查和电学性能验证。设计好的各单元存入设计系统的物理单元库中以便调用，单元的逻辑符号及电学特性则存入逻辑库中。利用标准单元法进行设计时，设计者将所需要的单元从标准单元库中调出来，并排列成行，行间留有可调整的布线通道，再按设计电路的功能要求将各内部单元以及输入/输出单元连接起来，就得到所需的芯片版图。

标准单元库主要包括与非门、或非门、触发器、锁存器、移位寄存器、加法器、乘法器、除法器、算术运算单元、FIFO等数字单元，也包括振荡器、比较器等模拟单元模块。有时，同一功能的单元可能有几种不同的版图类型，以便根据不同应用而选择。对于标准单元法，虽然每个被调用的单元都是事先设计好的，但制造芯片时的各层掩膜版则需要根据布图结果进行专门的加工定制，即不同的电路需要一套完整的不同层的掩膜版，因而无法像门阵列法那样事先完成部分加工工序。

标准单元法设计流程与门阵列法相似，但有若干基本的不同点：

(1) 在门阵列法中逻辑图是转换成门阵列所具有的单元或宏单元，而标准单元法则是转换成标准单元库中所具有的标准单元。

(2) 门阵列设计时首先要选定某一种门级复杂度的基片，因而门阵列的布局和布线是在最大的门数目、最大的压焊块数目、布线通道的间距都确定的前提下进行的。而标准单元法的单元数、压焊块数取决于具体设计要求，而且布线通道的间距是可变的。当布线发生困难时，通道间距可以随时加大，因而布局和布线是在一种不太受约束的条件下进行的。

(3) 门阵列设计时只需要定制部分掩膜版，而标准单元设计后需要定制所有的各层掩膜版。

与门阵列法相比，标准单元法的明显优点在于：

(1) 芯片面积的利用率比门阵列法高。芯片中没有无用的单元，也没有无用的晶体管。

(2) 可以保证100%的连续布通率。

(3) 单元能根据设计要求临时特殊设计并加入库内，因而可得到较佳的电路性能。

(4) 可以与全定制设计法相结合，在芯片内放入经编译得到的宏单元或人工设计的功能块。

标准单元法也存在不足：

(1) 原始投资大。单元库的开发需要投入大量的人力物力；当工艺变化时，单元的修改工作需要付出相当大的代价，因而如何建立一个在比较长的时间内能适应技术发展的单元库是一个突出问题。

(2) 成本较高。由于掩膜版需要全部定制，芯片的加工也要经过全过程，因而成本较高。只有芯片产量达到某一定额(几万至十几万)，其成本才可接受。

4）积木块设计法

积木块设计法是另一种库单元设计方法，又称通用单元设计法。与标准单元法不同之处是：

(1) 既不要求每个单元(或称积木块)等高，也不要求等宽。每个单元可根据最合理的情况单独进行版图设计，因而可获得最佳性能。设计好的单元存入库中备调用。

(2) 没有统一的布线通道，而是根据需要加以分配。通用单元法的示意布图如图 1.6 所示。

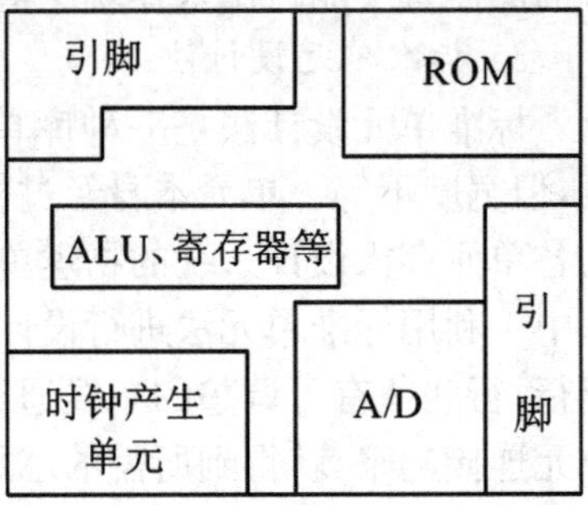

图 1.6　通用单元法示意图

可见，积木块单元通常是较大规模的功能块，如 ROM、RAM、ALU 或模拟电路单元等，这些较大规模的单元可以用 GA、SC、PLD 或全定制方法设计。BBL 方法布线通道不规则，加上各单元的连线端口处于各单元的四周，且端口的位置不规则，电源线和地线的走向也不规则，这些都给自动布局和自动布线带来很大困难。目前已有针对这种设计法的自动布图系统，通常称为积木块布图系统(Building Block Layout System)。

5) 可编程逻辑器件设计法

这种设计方法是指用户通过对"与"、"或"矩阵进行掩膜编程，得到所需的专用集成电路。可编程逻辑器件 PLD 包含两个基本部分：一是逻辑阵列，另一个是输出单元或宏单元(Macrocell)。逻辑阵列是用户可编程的部分，由"与"矩阵、"或"矩阵和反相器组成。宏单元的作用是让设计者能改变 PLD 的输出结构。

PLD 器件又分为简单 PLD 与大容量 PLD 两类。

以"与/或"阵列为基础的简单 PLD 器件有四种基本类型：可编程只读存储器(PROM：Programmable Read-Only Memories)；可编程逻辑阵列(PLA：Programmable Logic Arrays)；可编程阵列逻辑(PAL：Programmable Array Logic)；通用可编程阵列逻辑(GAL：Generic Array Logic)。这四种简单 PLD 器件的区别如表 1.3 所示。可见，主要在于哪个矩阵为可编程以及输出电路的结构形式。

表 1.3　四种简单 PLD 器件的比较

器件名	"与"矩阵	"或"矩阵	输出电路
PROM	固定	可编程	固定
PLA	可编程	可编程	固定
PAL	可编程	固定	固定
GAL	可编程	固定	可由用户组态

大容量 PLD 器件又分为复杂可编程逻辑器件(CPLD：Complex Programmable Logic Device)和现场可编程门阵列(FPGA：Field Programmable Gate Array)两类。

现场可编程门阵列又称逻辑单元阵列(LCA：Logic Cell Array)，由三个主要部分构成：(1) 内核为排列成阵列的可配置逻辑功能块 CLB(CLB：Configurable Logic Blocks)；(2) 四周为输入/输出功能块 IOB(I/O Block)；(3) 通道形式的内连区(Interconnect Area)，用来产生 CLB 和 IOB 之间所希望的内连。图 1.7 给出了 LCA 的结构示意图。

因为 LCA 也具有可编程的特点，对用户来讲，就如同一个 CPLD，其输出结构与 GAL

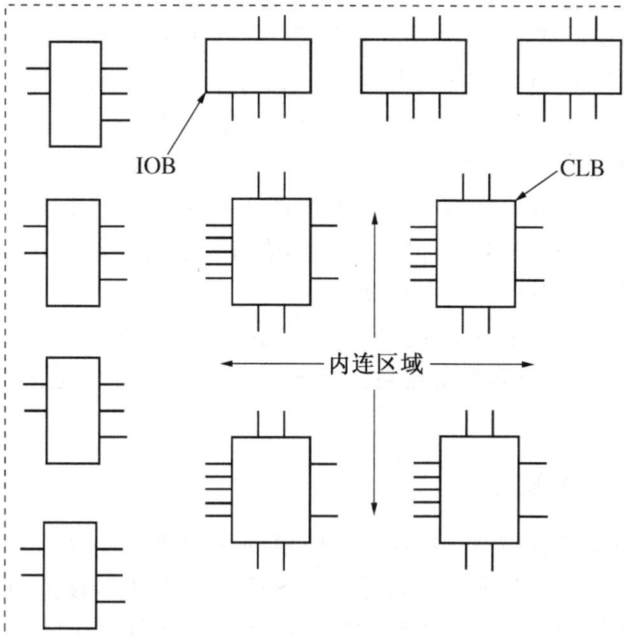

图 1.7　现场门阵列示意图

一样,可以再配置。此外,与 CPLD 一样,提供了互连路径,设计者只需要对可编程连点(PIP: Programmable Interconnect Point)和开关矩阵(Switch Matrix)进行编程就可以实现具体的连接。目前,提供 FPGA 器件的主要生产商有 Xilinx、Actel、Altera 等。

1.5　电子设计自动化技术概论[5]

集成电路设计过程其实是设计者仿真验证自己设计创意的一个过程。随着 IC 工艺的发展、集成度的不断提高,IC 规模越来越大、复杂度越来越高,从而要求进一步改进 IC 设计工具,以提高设计的自动化程度和设计的规模,缩短设计过程。采用计算机辅助设计(CAD: Computer Aided Design)便可以达到这个目标。可以说 IC 的发展不但与微电子技术的不断发展密切相关,更是与计算机技术的不断发展紧密联系,二者相辅相成。

第一代用于电子设计的 CAD 工具出现于 20 世纪 60 年代末 70 年代初,主要用于以 SSI/MSI 标准 IC 组成的 PCB 的设计。受当时计算机平台的制约,CAD 工具能支持的电子设计工作有限,性能也较差,只有一些拥有大型机的公司开发了一些能做逻辑仿真的 CAD 软件工具。对 IC 设计而言,当时的 CAD 工具还只能用于芯片的版图绘制及版图设计规则的检查,尚不能提供电气规则检查以保证所设计的版图满足电路性能的要求。

随着工作站(Workstation)的推出,20 世纪 80 年代,以 Dasiy、Mentor Graphics、Valid 等公司为代表的一些 CAD 公司推出了第二代 CAD 系统。新的应用软件在功能和性能上均较前大为进步,而且价格适中便于推广。这些软件不仅具有图形处理能力,而且还具有原理图输入和仿真能力。随着 PC 机的出现与普及,这种 IC CAD 开发工具又很快进入到个人计算机领域。与此同时,另一家美国 ECAD 公司推出了非常实用的版图验证软件 Dracula,包括了 DRC、ERC、LPE 和 LVS 等功能。

如今 CAD 工具已进入了第三代，称之为电子设计自动化(EDA：Electronic-System Design Automation)系统。其主要标志是系统级设计工具的推出(包括目前已广泛流行的硬件描述语言 VHDL 和 Verilog 及其仿真器)和逻辑设计工具的广泛应用。这些 EDA 系统功能覆盖了电子产品的设计全过程，从系统描述输入、综合、仿真、布图、验证到测试都有各种各样的 CAD 工具，且有方便、美观的用户界面，有开放的环境和标准化的数据接口，如静态数据交换标准 EDIF、动态数据交换标准 CIF 和版图级的标准 GDSII 等。由于有标准化的数据交换接口，因此允许用户将多个不同 CAD 公司的工具集成在一个 EDA 系统中，系统的设计能力已经达到每个芯片几十万到上百万门。

目前，EDA 工具仍以工作站作为主要安装平台。尽管微机非常普及，但由于历史的原因，安装在工作站上的软件普遍档次较高、功能较全。下面介绍的就是工作站平台上的主流 EDA 软件。

1.5.1 Cadence EDA 软件

Cadence 公司创立于 1987 年，现为世界 EDA 业界的著名公司之一。Cadence 的 EDA 工具几乎可以完成电子设计的方方面面，包括 ASIC 设计、FPGA 设计和 PCB 板设计。该公司为 ASIC 设计者提供的设计工具很多：有数字系统仿真工具 Verilog-XL；电路图设计工具 Composer；模拟电路仿真工具 Analog Artist；射频仿真工具 Spectre RF；版图编辑器 Virtuoso Layout；布局布线工具 Preview；版图验证工具 Dracula 等。还提供了系统级的设计工具 SPW(Signal Processing Workstation)。SPW 与 MATLAB 类似，可以完成数字信号处理(DSP)系统设计和验证。SPW 有几百个 DSP 功能模块，能根据信号流程图生成正确的仿真结果，可以自动生成 C 语言代码，也可以输出 VHDL 语言源程序。

1.5.2 Synopsys EDA 软件

Synopsys 公司在 EDA 业界以其综合工具而著称。Synopsys 提倡高层设计，现今已有八成的 ASIC 是由高层设计的。该公司的综合工具支持 VHDL 全集，允许概念级验证，可以自动生成特定工艺的门级网表。Synopsys 公司 2002 年合并了 Avant! 公司之后，拥有了一系列深亚微米 ASIC 设计的专业化工具，包括优秀的电路仿真工具 Hspice，使得底层设计能力得到了提升。

1.5.3 Mentor Graphics EDA 软件

Mentor Graphics 公司创立于 1981 年，具有 EDA 全线产品，包括设计图输入、数字电路设计工具、模拟电路分析工具、数/模混合电路分析工具、逻辑综合工具、故障分析仿真工具、PCB 设计、ASIC 设计与校验、自动测试矢量生成(ATPG)、系统设计工具、数字信号处理(DSP)工具和 FPGA 设计工具等。

1.5.4 Zeni EDA 软件

熊猫(Panda)EDA 系统——九天(Zeni)系统工具是中国华大电子自主研发的新一代集成电路设计工具，它为设计师提供了一套功能全面、性能强大、界面友好且操作简便的 EDA 设计平台。

Zeni EDA 工具集成了原理图编辑器（ZeniSE）、版图编辑器（ZeniPDT）、版图验证工具（ZeniVERI，ZeniHVERI）、寄生参数提取工具（ZeniPE）和信号完整性分析工具（ZeniSI），并将前后端各工具的数据置于统一的设计管理器（ZeniDM）中，为设计者提供了一个集成化的设计环境。九天 EDA 工具支持全定制集成电路的全流程设计并且具有以下特点。

(1) 在电路网表方面，不仅支持 EDIF 文件的导入，还提供了从 CDL 网表到原理图数据的自动生成工具（SGE：Schematic Generation）。

(2) 在电路仿真方面，创建了功能强大的模拟仿真环境，为电路模拟前的数据准备以及模拟后的数据分析、结果返标提供了完整服务。

(3) 九天 EAD 工具还提供了从原理图到版图的自动生成工具（N2L：Netlist to Layout），实现了从原理图网表到版图的映射。

(4) 九天 EAD 工具为深亚微米工艺下的模拟集成电路设计提供了完整的解决方案，开发出了性能优越的 DRC、LVS 版图验证工具，版图寄生参数提取工具和信号完整性分析工具。

(5) 为提高版图验证速度，缩短查错时间，九天 EAD 工具还开发出了层次化的版图验证工具 ZeniHVERI。

(6) 为方便设计者与第三方 EDA 工具进行数据互换，九天 EAD 工具为业界主流的 EDA 工具提供了数据交换接口。

本书中涉及的集成电路后端设计知识就是基于 ZeniEDA 软件的，并且在附录 B 中将详细介绍九天 EDA 环境下的集成电路版图编辑与版图验证方法。

1.5.5　Silvaco EDA 软件

Silvaco 公司的 EDA 软件包括了工艺计算机辅助设计（TCAD：Technology Computer Aided Design）和基于 PDK（Process Design Kits）的定制 IC CAD 设计流程所需要的所有工具。其中 TCAD 产品使得器件工程师可以通过基于物理的仿真来进行设计和预测半导体器件的制作及性能，具有一个易于使用、模块化的平台。该产品中的工艺仿真系统 Athena 提供半导体工艺的仿真，用于模拟半导体材料的注入、扩散、刻蚀、淀积、光刻、氧化以及硅化等过程。器件仿真系统 Atlas 提供半导体器件的电气、光学和热学特性的仿真，用于 MOS 器件、双极型器件、HEMT、HBT、Laser、VCSEL、LED、CCD 等多种器件的仿真和建模。IC CAD 产品提供了与 Hspice 完全兼容的模拟电路仿真器 SmartSpice；基于谐波平衡的仿真器 SmartSpice RF；Expert 版图编辑器以及 Guardian DRC、LVS 和 LPE 物理验证工具等。本书中涉及的集成电路工艺仿真和前端设计仿真都是基于该工具软件的。

1.6　本书结构

本书分为八大部分：第一部分为第 1 章，主要叙述集成电路的发展、设计步骤与方法以及设计工具；第二部分由第 2 章和第 3 章构成，介绍与集成电路制造相关的材料、集成电路的基本结构和相关理论以及集成电路制造的基本工艺；第三部分包括第 4 章和第 5 章，介绍集成电路版图设计的过程和基本知识，介绍电阻、电容、电感等可集成的无源器件结构和 SPICE 模型，介绍二极管、双极型晶体管、MOS 晶体管和金属半导体场效应管的基本结构和

SPICE 模型;第四部分为第 6 章,系统介绍采用 Hspice 和 SmartSpice 仿真软件进行集成电路的设计与仿真的基本技术;第五部分由第 7 章、第 8 章和第 9 章组成,分别介绍模拟和数字集成电路晶体管级的设计,其中包括模拟和数字集成电路晶体管级的设计流程、电路仿真、版图设计以及相应的设计举例。然后,在集成电路晶体管级设计的基础上,介绍集成电路模块级的设计;第六部分为第 10 章,主要介绍集成电路系统级设计技术,其中包括 Verilog HDL 基本知识、数字系统的 CPLD/FPGA 硬件验证、VLSI 数字系统逻辑综合与物理实现的方法;第七部分是第 11 章,介绍集成电路的封装基础、集成电路多芯片组件(MCM)的封装技术和集成电路封装特性分析;第八部分为第 12 章,介绍集成电路的测试与分析方法。

本书除了由 12 章组成的八大部分之外,为了提高读者对国内外集成电路设计工具的使用能力,特别增加了附录 A、附录 B 和附录 C,分别详细介绍了我国自主开发的,国内通用的大规模集成电路设计工具——九天(Zeni)系统和国外通用的大规模集成电路工艺和设计工具——Silvaco 系统。

集成电路的设计是一种相当复杂的技术,设计者要对设计流程、集成电路材料与器件物理、集成电路制造工艺、集成电路版图设计与工具、集成电路元件及其 SPICE 模型、基于 SPICE 的集成电路仿真、集成电路晶体管级设计、集成电路模块级设计、集成电路系统级设计、集成电路封装和集成电路测试等具有深厚的理论和实践基础。为了增加学生学习集成电路设计的透视度,使学生由浅入深、由易到难的迅速掌握设计集成电路的基本理论和技术,能够对关系到集成电路设计流程中的大部分关键技术有所了解,本书 12 章的顺序是按照 IC 设计流程的"自底向上"的排序方法,即从 IC 的设计流程开始,沿着 IC 材料与器件物理、IC 基本工艺、IC 版图设计、IC 器件模型、IC 仿真工具、IC 晶体管级设计、IC 模块级设计、IC 系统级设计、IC 封装与测试排序,并且在每个章节中提供一些合适的范例来帮助读者理解和掌握该章节中的相关内容。

总之,本书的中心目的是为学生提供一本简单易懂,能够将复杂的集成电路设计问题简单化的教材。通过对本书中 12 章的学习,学生能够迅速掌握一些集成电路芯片的设计方法和技术,为以后更进一步的深入该领域打下坚实可靠的基础。

参考文献

[1] 王阳元. 硅微电子技术物理极限的挑战[J]. 电子学报,1998 年(11):77—84

[2] 刘昌孝编. 专用集成电路设计[M]. 北京:国防工业出版社,1995

[3] 杨之廉,申明编著. 超大规模集成电路设计方法学导论[M]. 北京:清华大学出版社,1999

[4] 陈贵灿等编著. CMOS 集成电路设计[M]. 西安:西安交通大学出版社,2000

[5] 洪先龙,刘伟平,边计年编著. 超大规模集成电路计算机辅助设计技术[M]. 北京:国防工业出版社,1998

[6] 北京中电华大电子设计有限公司. 九天系统用户使用手册. 2002

思考题与习题

1. 解释基本概念：集成电路，集成度，特征尺寸。
2. 写出下列英文缩写的全称：IC，MOS，VLSI，SOC，DRC，ERC，LVS，LPE。
3. 试述集成电路的几种主要分类方法。
4. 试述“自顶向下”和“自底向上”的集成电路设计步骤。
5. 比较标准单元法和门阵列法的差异。
6. 按规模划分，集成电路的发展已经历了哪几代？
7. 列出你用过的、了解的 EDA 工具及其主要功能。
8. 列出你看到的、想到的不同类型集成电路及其主要用途。

第 2 章　集成电路材料与器件物理基础

2.1　引言

集成电路是当今人类智慧结晶的最佳载体，其强大无比的功能产生于一系列重大的理论发现、重要的材料特性、奇特的结构构思、巧妙的技术发明和孜孜不倦的工艺实验。从某种意义上讲，集成电路设计者就是这一系列理论和技术的"集成"者。要实现这个集成，首先要对这些理论、材料、结构、技术与工艺基础等进行全面而深入的理解。本章主要简单介绍制造集成电路的关键材料、半导体材料的基础，以及典型器件的工作原理及其物理基础。

2.2　集成电路材料

我们知道，材料按导电能力可以分为导体、半导体和绝缘体三类。如果说电气系统主要应用到导体和绝缘体两类材料的话，电子系统特别是微电子系统则应用到所有三类材料。集成电路制造所应用到的材料分类情况见表 2.1。

表 2.1　集成电路制造所应用到的材料分类

分　类	材　　料	电导率($S\cdot cm^{-1}$)
导 体	铝(Al)、金(Au)、钨(W)、铜(Cu)等金属，镍铬(NiCr)等合金	$\sim 10^5$
半导体	硅(Si)、锗(Ge)、砷化镓(GaAs)、磷化铟(InP)、氮化镓(GaN)等；重掺杂的多晶硅	$10^{-9}\sim 10^2$
绝缘体	二氧化硅(SiO_2)、氮氧化硅(SiON)、氮化硅(Si_3N_4)等	$10^{-22}\sim 10^{-14}$

作为导体，铝、金、钨、铜等金属和镍铬等合金在集成电路工艺中主要具有如下功能：

(1) 构成低值电阻；

(2) 构成电容元件的极板；

(3) 构成电感元件的绕线；

(4) 构成传输线(微带线和共面波导)的导体结构；

(5) 与轻掺杂半导体构成肖特基结接触；

(6) 与重掺杂半导体构成半导体器件的电极的欧姆接触；

(7) 构成元器件之间的互连；

(8) 构成与外界焊接用的焊盘。

由于重掺杂的多晶硅具有较高的电导率，因此它在工程上常被用作为导体，主要用来构成 MOS 晶体管的栅极以及元器件之间的短距离互连。

作为绝缘体，二氧化硅、氮氧化硅、氮化硅等硅的氧化物和氮化物在集成电路工艺中主要具有如下功能：

(1) 构成电容的绝缘介质；

(2) 构成金属-氧化物-半导体器件(MOS)的栅绝缘层；

(3) 构成元件和互连线之间的横向隔离；

(4) 构成工艺层面之间的垂直隔离；

(5) 构成防止表面机械损伤和化学污染的钝化层。

而半导体材料，也是集成电路制造中的核心材料，则主要利用半导体掺杂以后形成 P 型和 N 型半导体，在导体和绝缘体材料的连接或阻隔下组成各种集成电路的元件——半导体器件。并且为了方便器件的大规模集成，集成电路通常是制作在半导体衬底材料之上的。因此可以说，集成电路虽然是由导体、半导体和绝缘体三种材料有机组合形成的系统，但相对于其他系统，半导体材料在集成电路的制造中起着根本性的作用。可以说没有半导体材料就没有今天的集成电路的一切。因此，学习和理解半导体的基础知识是十分必要的。

2.3　半导体基础知识

2.3.1　固体的晶体结构

固体材料主要分两类：晶体和非晶体。对于完整的晶体，从外观看有一定的几何外形，而非晶体无论是否完整都是没有固定的形状的。用来制作集成电路的硅、锗、砷化镓等都是晶体，而玻璃、橡胶等都是非晶体。

在晶体中，原子按一定规律在空间有序排列。硅和锗均是四价元素，原子的最外层轨道上具有四个价电子。这四个价电子不仅会受到自身原子核的作用，还要受到相邻原子核的作用。这样每个价电子就不局限于单个原子，可以转移到相邻的原子上去，这种价电子共有化的运动使得每个硅原子周围看起来“都有”八个电子，这是一种稳定的电子结构。这样，价电子共有化运动就形成了晶体中的共价键结构。同样，砷化镓材料中，镓是三价原子，砷是五价原子，它们的价电子既受到自身原子核的影响同时还受到相邻原子核的影响从而形成稳定的共价键结构。绝大多数的半导体材料都是共价键结构。

晶体原子在空间的周期排列就形成了具有一定几何外形的晶体，通常将这种周期排列称为晶格。晶体的基本结构有很多种，其中较为常见的主要有简单立方、体心立方、面心立方和金刚石结构。砷化镓材料是一种面心立方，而硅和锗都是金刚石结构。图 2.1(a)是砷化镓材料的晶体结构示意图。图中以砷原子为主画出了一个晶格中的原子排列。如果忽略镓原子，可以看到砷原子占据着立方体的八个顶角以及立方体的每个面心位置，这种占据方式称为面心立方结构。而在这个面心立方晶格中，四个镓原子分别占据着由一个顶角砷原子和三个与之相邻的面心砷原子组成的四面体的中心(如图中虚线框)，这就意味着每个镓原子的周围有四个最近邻的砷原子。由于原子是周期排列的，镓原子同样具有上述砷原子的相同结构，在由镓原子组成的面心立方晶格中同样有四个砷原子分别占据着由一个顶角镓原子和三个与之相邻的面心镓原子组成的四面体的中心，并且每个砷原子的周围有四个最近邻的镓原子。因此砷化镓材料的结构等同于一个砷原子的面心立方和一个镓原子的面心立方错开一定位置以后交叠在一起的结构。通常，这样的化合物材料的晶体结构有一个特定的名字叫闪锌矿结构。如果将上述闪锌矿结构中所有的原子全部换成硅原子，如

图 2.1(b)所示，就形成了硅材料的金刚石结构。它等同于两个硅原子的面心立方错开一定位置嵌套在一起的结构。闪锌矿结构和金刚石结构都是最密排结构中的一种。

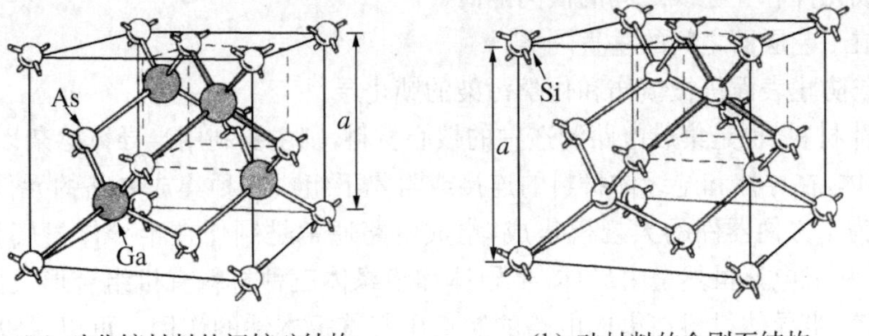

(a) 砷化镓材料的闪锌矿结构　　(b) 硅材料的金刚石结构

图 2.1　两种不同的晶体结构示意图

2.3.2　固体能带结构基础

1) 能带的形成

从普通物理学知识中我们知道，单个原子的电子是绕原子核分层运动的，每个运动轨道具有一定的能量，靠近原子核的电子能量低，远离原子核的电子能量高，每个能级上的电子具有相同的能量。例如氢原子，它的能级是按照式(2.1) 给出的能级公式分布的。

$$E_n = -13.6 \cdot \frac{1}{n^2} \quad (\text{eV}) \tag{2.1}$$

式中，n 是正整数。当 $n=1$ 时，$E_1 = -13.6$ eV，是氢原子的基态能量。由于 n 只能是正整数，因此，E_n 不是连续的，而是随着 n 变化的一条条分立的能级，如图 2.2(a)和(b)所示。进一步的量子力学计算表明，当两个氢原子靠近时，它的最内层的能级 1S 分裂为两条。量子力学计算还表明，当许多个原子靠近形成晶体时，由于各原子间的相互作用，对应于原来孤立原子的一条能级(例如图 2.2(b)所示的各能级)，就分裂成许多条靠得很近的能级，使原来处于相同能级上的电子，不再有相同的能量，而处于许多条很接近的新能级上，如图 2.2(c)所示。能量越高的能级，分裂的能级越多，分裂的能级也相邻越近，这些邻近的能级看起来就像连续分布。这样的多条相邻近的能级被称为能带。一个能带中最高能级和最低能级的差(ΔE)称为能带宽度。较高能级上的电子能量较高，最外层电子比较容易克服原子与原

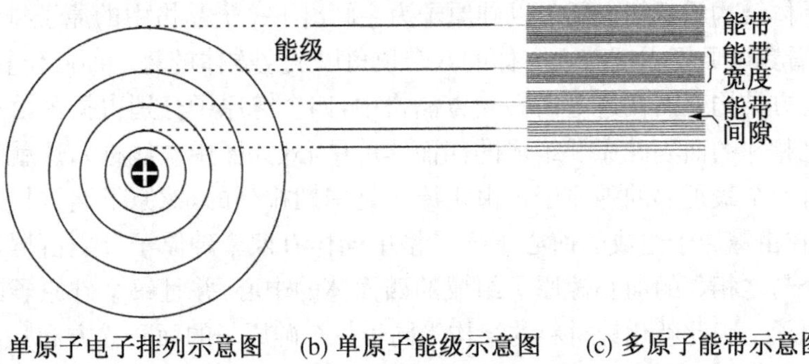

(a) 单原子电子排列示意图　(b) 单原子能级示意图　(c) 多原子能带示意图

图 2.2　单个原子的能级结构示意图以及多个原子的能带结构示意图

子之间的势垒在各个原子之间“跑动”，形成了共价电子。同样，高的能带上的电子具有的能量高，价电子所在的能带比内层电子所在的能带的能量要高。因此在画能带和能级的时候，将内层的能级和能带画得较低，而外层的画得较高。

能带的一般规律：

(1) 外层电子共有化程度显著，能带较宽(ΔE 较大)；内层电子相应的能带较窄。

(2) 点阵间距越小，能带越宽，ΔE 越大。

(3) 两能带有可能重叠。

能带中的电子排布服从泡利不相容原理和能量最低原理。也就是说电子根据泡利不相容原理先填满能级低的能级再填能级较高的能级。这样，能带就会出现五种情况，分别如图 2.3 所示。

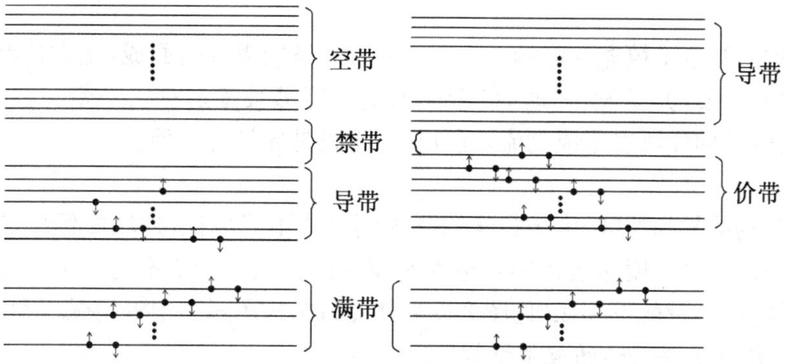

(a) 导带部分填充情况　　(b) 导带为空带、价带为满带，且禁带较窄的情况

图 2.3　几种可能的能带填充方式示意图

(1) 满带

能带中各能级都被电子填满。通常发生在内层能带(电子能量较低)。满带中的电子不能起导电作用。晶体加外电场时，电子只能在带内不同能级间相互交换，有一个电子获得一定能量跳跃到能带较高能级上时，必然有一个电子从较高能级回到该能级，因此在满带内总是没有空缺的能级，无法改变电子在该能带中的总体分布，不会产生定向电流，不能起导电作用。

(2) 价带

共价电子所在能级分裂后形成的能带。有的晶体的价带是不完全填满的能带，有的晶体的价带也可能是满带，具体要根据晶体的能带特性而定，情况比较复杂。价带是半导体中十分重要的部分，与导带一起对半导体材料的各项性能具有决定性的影响。

(3) 导带

电子部分填充的能带。在外电场作用下，电子可向带内未被填充的高能级转移，同时不需要有电子从高能级跃迁到该能级，转移走的电子所留下的空能级很快被其他能级位置的电子转移过来填充，而新转移过来的电子同样会在原来的能级处留下空的能级被其他电子所填充，如此反复形成电子流动而导电，如图 2.4 所示。具有这样功能的能带被称为导带。而对于半导体，通常将导带下邻近的能带称为价带。导带与价带的共同作用形成了半导体的各种特性。

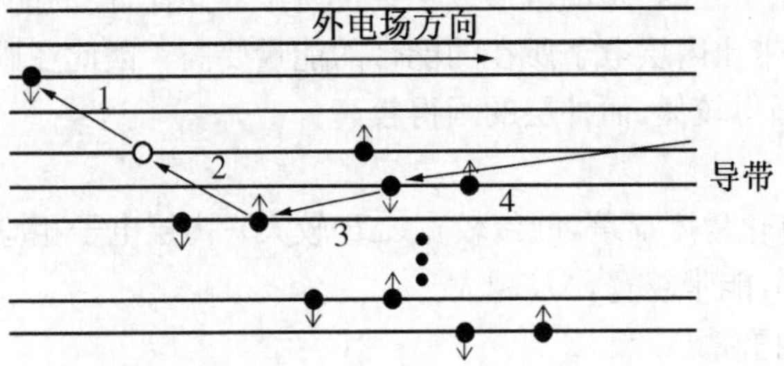

注：↖旁边的数字表示电子在外电场作用下在导带中迁移的过程

图 2.4　导带内的电子在外电场作用下迁移填充的过程示意图

(4) 空带

所有能级均未被电子填充的能带。由原子的激发态能级分裂而成，正常情况下是空的。当有激发因素(热激发、光激发等)时，价带中的电子能够被激发进入空带。在外电场作用下，这些电子的转移同样可以形成电流。所以，空带也是导带的一种。

(5) 禁带

在能带之间的能量间隙区，由于量子力学限制电子不能填充，这段能级区域称为禁带。导带和价带之间的禁带宽度对晶体的导电性有重要的作用。禁带不是一定存在的，如果上下能带重叠，其间的禁带就不存在(见图 2.5 导体能带结构示意图中的情况二和情况三)。

2) 导体、绝缘体和半导体的能带结构

导体、绝缘体和半导体是根据导电性能来区分的。而导电性能的不同则源于它们的能带结构的差异。下面分别描述导体、绝缘体和半导体的能带结构。

导体的能带结构通常有如图 2.5 所示的三种情况。

(1) 导带部分填满并且导带与空带不重叠，例如金属 Li。

(2) 导带部分填满并且导带与空带有重叠，例如 Na，K，Cu，Al，Ag 等。

(3) 满带，但是满带与空带(或导带)有重叠，例如 Be，Ca，Mg，Zn，Ba 等。

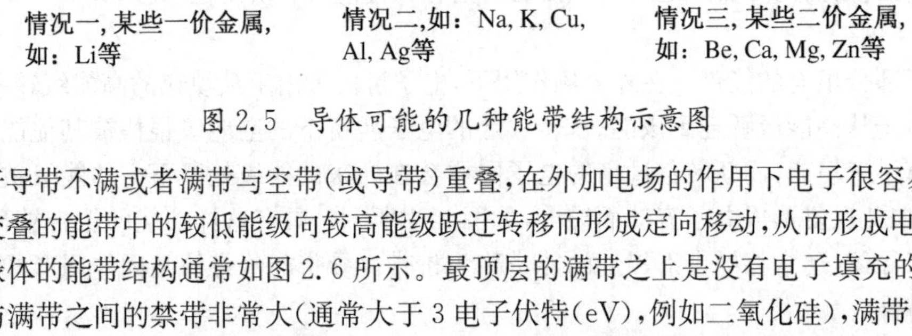

图 2.5　导体可能的几种能带结构示意图

由于导带不满或者满带与空带(或导带)重叠，在外加电场的作用下电子很容易从能带内或者交叠的能带中的较低能级向较高能级跃迁转移而形成定向移动，从而形成电流。

绝缘体的能带结构通常如图 2.6 所示。最顶层的满带之上是没有电子填充的空带，并且空带与满带之间的禁带非常大(通常大于 3 电子伏特(eV)，例如二氧化硅)，满带中的电子很难从外界的光、电、热激发中获得足够的能量而跳跃到空带上来。由于满带中的电子对导电没有贡献，而空带中又没有电子参与导电，因此绝缘体的导电能力非常微弱。通常禁带宽度越大绝缘体性能越好。当然，在外电场或者其他激发强度太大时，电子也能够获得足够的能量越过禁带，从满带跳到空带来形成自由电子参与导电，这种情况相当于绝缘体被击穿了，绝缘体转变为了导体。

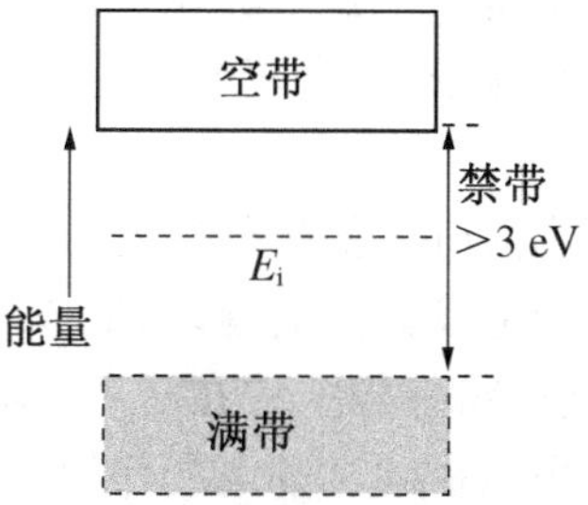

图 2.6　绝缘体的能带结构示意图

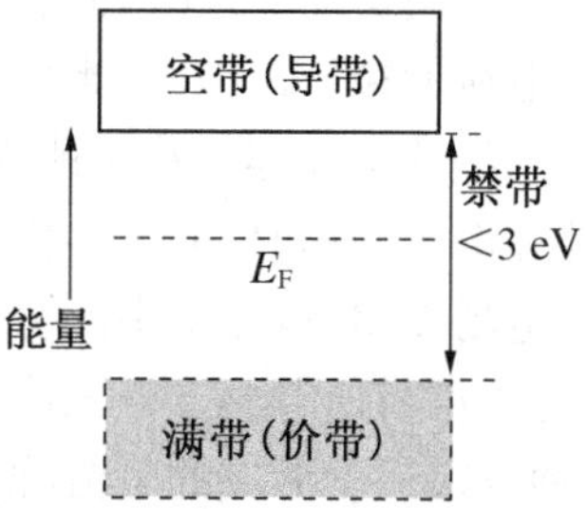

图 2.7　半导体的能带结构示意图

半导体的能带结构与绝缘体类似，同样是最顶层的满带之上没有电子填充的空带，满带与空带之间是禁带。不同的是半导体的禁带宽度较窄，一般小于 3eV，如图 2.7 所示。由于半导体禁带宽度小，在外电场、光、热等能量的激发下，满带（通常该满带称为价带）顶部的电子比较容易获得足够的能量越过禁带跃迁到空带（通常称为导带），从而使得导带中存在少量的自由电子，而价带中由于少了一部分的电子而形成了具有正电性质的“空穴”。导带中的自由电子与价带中的空穴都能参与导电。它们被称为本征载流子，这样的半导体则被称为本征半导体。

固体能级中有个重要的概念叫费米能级，也称费米面。费米能级是用来描述电子在晶体中填充状态的。电子从低到高填充晶体能级并遵从泡利原理和能量最低原理。费米能级通常的含义是处于该能量位置的能级被电子占据的几率为 50%，在高于该能量位置的能级被电子占据的几率小于 50%，低于该能量位置的能级被电子占据的几率则大于 50%。具体的计算是根据电子的费米统计得来的，可以参见相关参考书。对于绝缘体，费米能级处于禁带的中间，费米能级离空带底部和满带的顶部的距离完全相同，通常用 E_i 来标注。对于半导体而言，习惯用 E_F 来标注其费米能级。在本征半导体中，E_F 的位置与绝缘体中 E_i 的位置基本相同。

2.3.3　本征半导体与杂质半导体

1）本征半导体

本征半导体是一种完全纯净的、结构完整的半导体晶体。在热力学温度零度和没有外界能量激发时，价带中的电子由于处于满带状态，并且无法获得足够的能量跃迁到导带形成能够导电的电子，晶体中不存在自由运动的电子，因此半导体是不能导电的。但是，当半导体的温度升高（例如室温）或受到光照等外界因素的影响时，某些价带顶部的电子（电子能量较高）能够获得足够的能量，足以挣脱共价键的束缚，越过禁带，跃迁到导带，成为自由电子。同时，在价带中留下相同数量的空穴。我们将这种激发产生的跃迁过程称为半导体的本征激发，所产生的自由电子和空穴称为本征载流子。显然，本征激发所产生的自由电子和空穴数目是相同的。

由于空穴的存在，或者说价带中由于电子跃迁到导带使得价带处于不满的状态，价带中其他较低能级的电子很容易在获得少量的能量时就跳到这个能级（或者说填补该空穴），而电子跃迁前的价带处就产生一个新的空穴。而后，新的空穴又被其他价电子填补，再在另外一个能量位置产生新的空穴。这一过程持续下去，就相当于空穴在运动，其运动过程与图 2.4 所示的导带中的电子运动相反。由于带负电荷的价电子依次填补空穴的运动与带正电荷的粒子作反方向运动的效果相同，因此尽管空穴不是一个真正的粒子，但是人们习惯将空穴视为带正电荷的粒子。因此，半导体中存在两种载流子，即带正电荷的空穴和带负电荷的自由电子。纯净的半导体的费米能级处于禁带中间。

在没有外加电场作用时，电子和空穴的运动是无规则的，没有定向运动，所以不能形成电流。在外加电场作用下，导带中的自由电子将产生逆电场方向的运动，形成电子电流。同时，价带中的电子也将逆电场方向依次填补空穴，看起来将好像空穴在沿着电场方向运动一样，我们将这种空穴运动形成的电流称为空穴电流。虽然在同样的电场作用下，电子和空穴的运动方向相反，但由于电子和空穴所带电荷相反，因而形成的电流是相加的，即顺着电场方向形成电子和空穴两种漂移电流。

2）杂质半导体

半导体材料的一个显著特性是通过掺入杂质（掺杂）可明显改变半导体的电导率。杂质半导体就是利用这一特性而制作的。在本征半导体中掺入微量的杂质，半导体的导电性能就会发生显著改变，由此可制造出人们所期望的各种性能的半导体器件。由于特定杂质的掺入，自由电子和空穴的数量（或者浓度）不再完全相同，而是根据杂质的性质不同，半导体中自由电子浓度会远大于或者远小于半导体中的空穴浓度。相应于本征半导体，杂质半导体也被称为非本征半导体。根据掺入杂质性质的不同，杂质半导体可以分为 P 型半导体和 N 型半导体。在 P 型半导体中空穴浓度远大于自由电子浓度，而在 N 型半导体中自由电子浓度远大于空穴浓度。

（1）P 型半导体

在本征半导体硅（或锗）中掺入少量的三价元素，如硼、镓或铟等，就可以构成 P 型半导体。例如，若在硅晶体中掺入少量的硼原子，掺入的硼原子将取代某些硅原子的位置。硼原子只有三个价电子，当它与相邻的硅原子组成共价键时，缺少一个电子，因此在硼原子周围产生一个空位。相邻共价键内的电子，只需得到极小的外界能量，就可以挣脱共价键的束缚而填补到这个空位上去形成稳定的共价键，同时在硅-硅共价键中留下一个空穴，如图 2.8(a)所示。从图 2.8(b)的能带结构上来看，硼的杂质能级处于硅的禁带中靠近价带的地方，硅的价带顶部的电子在热的作用下很容易就跳跃到杂质能级上并被缺少一个电子以形成共价键的杂质原子束缚住，同时在价带中留下一个空穴，带正电。而杂质原子则由于束缚了一个电子带负电。整个掺杂的晶体则仍然是电中性的。这样一来，掺硼的硅晶体中就留有部分空穴使得价带能够在外电场下导电。同时，由于受外界的光、电、热等激发，晶体中也会有少量的价带电子跃迁到导带并留下相应的空穴，这些自由电子和空穴同样会参与导电。不过这些自由电子和空穴的浓度远远小于由于掺杂带来的空穴浓度，因此自由电子的导电基本可以忽略，掺硼的硅晶体被认为是空穴导电，这样的半导体叫 P 型半导体。在 P 型半导体中，主要是空穴导电，空穴是多数载流子（简称多子），电子是少数载流子（简称少子）。由于这里的三价硼杂质很容易接受价电子，所以被称为“受主杂质”。

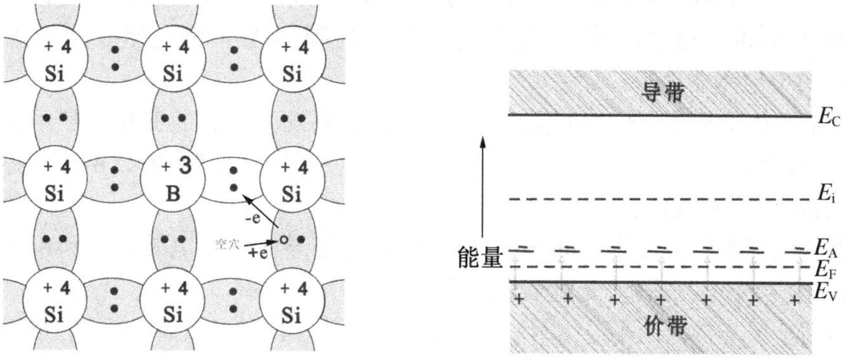

(a) 掺硼的 P 型硅晶体示意图　　(b) 能带结构示意图

图 2.8　P 型半导体及其能带结构示意图

(2) N 型半导体

与 P 型半导体类似，为在半导体内产生多余的电子，将杂质原子(例如砷)掺入硅(或锗)晶体内就形成了 N 型半导体。砷原子有五个价电子，掺入到半导体晶体中与相邻的锗原子组成共价键时，多余一个电子，如图 2.9(a)所示。多余的电子会很轻易地跳跃到其邻近的晶体原子中，在外电场的作用下参与导电。晶体中多出一个电子，而砷原子自身则失去一个电子成为正离子，整个半导体仍保持中性。从图 2.9(b)所示的能带结构上来看，砷的杂质能级处于半导体的禁带中靠近导带的地方，砷原子中不能形成共价键的电子很容易电离而跳跃到导带中形成自由电子。同样，半导体中会存在由于受外界的光、电、热等激发而产生的少量的自由电子和空穴。由于这些自由电子和空穴的浓度远远小于由于掺杂带来的电子浓度，因此掺砷的硅晶体主要是电子导电，这样的半导体叫 N 型半导体。在 N 型半导体中，主要是电子导电，电子是多数载流子，空穴是少数载流子。由于这里的五价砷杂质很容易失去价电子，所以被称为“施主杂质”。

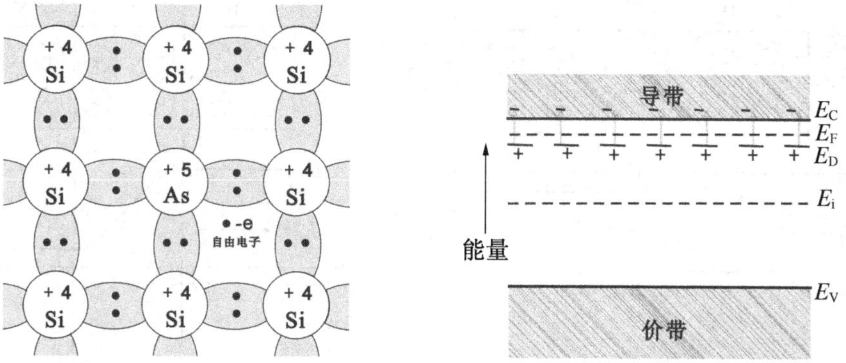

(a) 掺砷的 N 型硅晶体示意图　　(b) 能带结构示意图

图 2.9　N 型半导体及其能带结构示意图

2.3.4　半导体的特性

半导体材料之所以得到广泛的应用，是因为它具有以下特性：

(1) 通过掺入杂质可明显改变半导体的电导率。例如,30℃时,在纯净的锗中掺入亿分之一的杂质,电导率会增加几百倍。正是因为掺杂可控制半导体的电导率,才能利用它制造出各种不同的半导体器件。

(2) 当半导体受到外界热的刺激时,其导电能力将发生显著的变化。利用这种热敏效应可制成热敏器件,另一方面热敏效应会使半导体的热稳定性下降,所以由半导体构成的电路中常采用温度补偿等措施。

(3) 光照也可改变半导体的电导率,通常称之为半导体的光电效应。利用光电效应可以制成光敏电阻、光电晶体管、光电耦合器等。

(4) 利用金属与掺杂的半导体材料接触,可以形成肖特基二极管和金属-半导体场效应晶体管(MESFET)与高电子迁移率晶体管(HEMT)等器件。

(5) 对不同区域的半导体材料进行不同类型和浓度的掺杂,可以形成不同类型,不同功能的晶体管。

(6) 利用金属-氧化物-半导体结构,可以形成PMOS、NMOS和CMOS场效应晶体管。

总之,正是由于这些独特的特性使得半导体材料在微电子方面具有十分重要的作用。半导体材料既是构成当代微电子的基础材料,也是构成集成电路的基础材料。

2.4 PN结与结型二极管

2.4.1 PN结的形成

在一块完整的晶体上,利用掺杂的方法使晶体内部形成相邻的P型半导体区(简称P区)和N型半导体区(简称N区),如图2.10(a)所示,在这两个区的交界面处就形成了如图2.10(b)所示的PN结。当P区和N区的掺杂浓度大致均匀,在PN结处,P型掺杂浓度和N型掺杂浓度分别会有一个突然变化,这种PN结称为突变结。

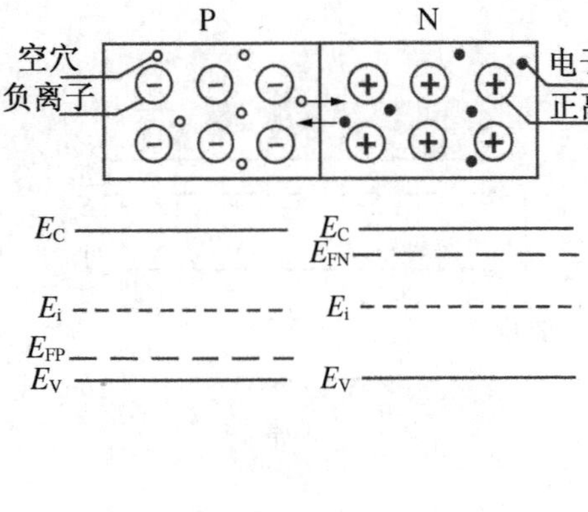

(a) PN结的构成

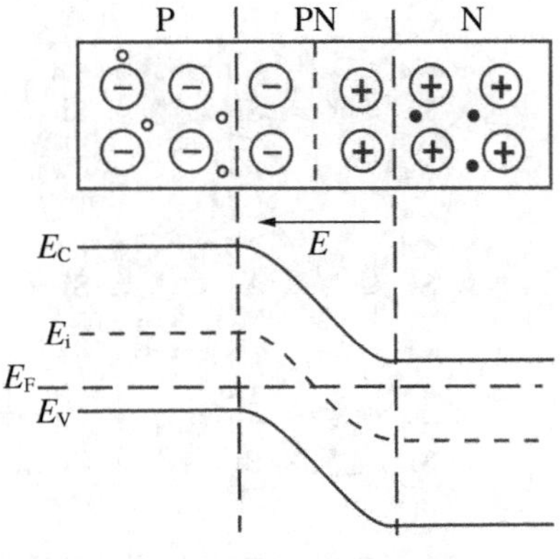

(b) PN结能带结构示意图

图2.10 PN结的形成和相应的能带结构示意图

在P型半导体中有多子——空穴,还有与空穴数目相等的不能移动的负离子(受主掺杂原子),以及本征激发产生的电子-空穴对;而在N型半导体中有多子——自由电子和与电子数目相等的不能移动的正离子(施主掺杂原子),以及本征激发产生的电子-空穴对。在

图 2.10 上只标示出了多子和掺杂原子，少子未被画在图上。由于 P 区和 N 区内带电粒子的正负电荷相等，所以整个半导体呈电中性。

由于 PN 结界面两边的载流子浓度有很大的差别，载流子就要从浓度大的区域向浓度小的区域扩散：P 区中的空穴向 N 区扩散，在 P 区界面附近留下带负电荷的受主杂质离子；而 N 区中的电子向 P 区扩散，在 N 区界面附近留下带正电荷的施主杂质离子。由于 N 区中有大量的自由电子，由 P 区扩散到 N 区的空穴将逐渐与 N 区的自由电子复合。同样，由 N 区扩散到 P 区的自由电子也将逐渐与 P 区内的空穴复合。如果没有电场的存在，P 区中的空穴和 N 区中的自由电子将无限扩散到对方区域。随着扩散的进行，P 区由于损失了一定数量的空穴而增加了一定数量的电子，导致 P 区在 PN 结附近带负电；而 N 区由于损失了一定数量电子而增加了一定数量的空穴，在 PN 结附近带相同数量的正电。因此在接触面两边形成了数值相等、符号相反的一层很薄的空间电荷区，称为耗尽区。空间电荷区形成内建电场，从 N 区(PN 结附近带正电区)指向 P 区(PN 结附近带负电区)。该电场正好可以阻碍 P 区的空穴和 N 区的电子向相邻区域扩散。在开始扩散时，由于扩散的电子和空穴数量少，空间电荷区很薄，内建电场小，无法阻止电子和空穴的继续扩散。随着电子和空穴扩散的继续，空间电荷区变厚，内建电场逐渐增大。内建场的增大意味着 N 区的电子和 P 区的空穴想要向相邻区域扩散时遇到的阻碍增大。随着过程的继续，内建电场增大到一定的时候，电场的阻碍作用正好与扩散过程相互平衡，从而形成稳定的 PN 结，如图 2.10(b)所示。

从 PN 结的能带结构来看，电场的阻碍作用相当于电子和空穴的扩散运动遇到一个势垒，在势垒较低时能够越过势垒，当势垒高到一定程度以后就无法越过势垒而达到平衡了。这一点可以从图 2.10(a)和(b)的能带结构示意图来看。在 PN 结形成以前，P 区和 N 区的能带结构分别如图 2.10(a)所示(假设 P 区和 N 区都是硅晶体)。很显然，P 区和 N 区的费米能级不同，P 区的费米能级靠近价带，而 N 区的费米能级靠近导带。当 P 区和 N 区形成界面时，N 区的电子填充高度远高于 P 区的电子填充高度。虽然我们将半导体分为两个掺杂区，事实上这块半导体还是一个整体，电子在整个半导体中的能级填充应该是从低到高并且最后的填充能级高度相等，也就是说整个半导体中的费米能级应该相同。因此，N 区的电子将要向 P 区流动，而 P 区的空穴则向 N 区流动，最后在平衡状态下使得 P 区和 N 区的费米能级相同并形成内建电场。相对整个 P 区中的电子数目，从 N 区扩散过来的电子数目是可以忽略的，这些电子对 P 区的费米能级位置不会有任何影响，同样 N 区的费米能级也不会受 P 区扩散过来的空穴所影响。因此费米能级分别在 P 区和 N 区的位置是几乎不变的。为了谋求费米能级相同，只有 N 区的能级整体下降而 P 区的能级整体上升使得它们的费米能级在同一直线上，而在 PN 结界面附近形成一个平滑的势垒，其作用就是阻止电子从 N 区向 P 区流动，同时也阻止空穴从 P 区向 N 区流动，如图 2.10(b)所示。该势垒大小正是 PN 结附近的电场强弱的反映。

2.4.2　PN 结型二极管特性

在图 2.10(b)所示半导体结构的左右两面加上金属电极，就得到示意图 2.11(a)所示的由 PN 结构成的半导体二极管。为了了解 PN 结的电流电压特性，我们规定 P 区接电源正极为正向偏置(正偏)，P 区接电源负极为反向偏置(反偏)，而两端不加电压为零偏置(零偏)。

图 2.11(b)所示的电压是正偏，图 2.11(c)所示的电压则是反偏。

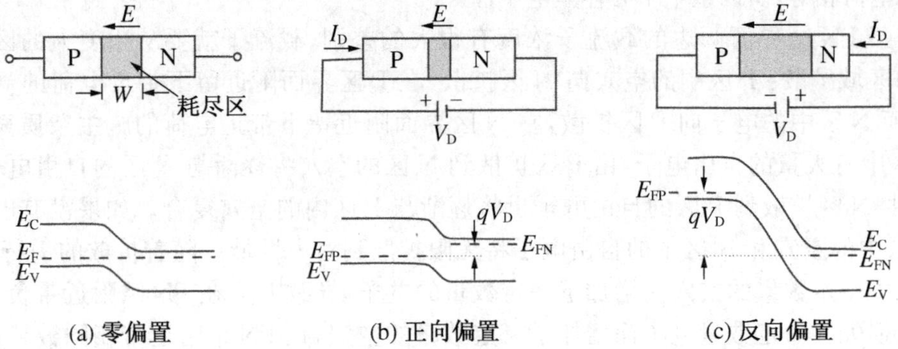

图 2.11　不同偏置下的 PN 结二极管及其相应的能带结构示意图

从半导体物理出发，根据 PN 结的载流子浓度分布和电流连续性方程，可得出理想 PN 结半导体二极管方程为：

$$I_D = I_S\left(e^{\frac{qV_D}{kT}} - 1\right) \tag{2.2}$$

式中，I_D 为二极管的电流，I_S 为二极管的反向饱和电流，q 为电子电荷，V_D 为二极管外加电压，k 为波尔兹曼常数，T 为绝对温度。

根据式(2.2)，画出半导体二极管的伏-安(V-I)特性如图 2.12 所示，其中的插图为 PN 结二极管符号。PN 结的最大电学特点是具有单向导电性，即在外加正向电压作用下，电流呈指数规律急剧增加；在反向电压作用下，最多只有一个很小的反向电流流通。因此，PN 结二极管具有正向导通，反向截止的电流效应。

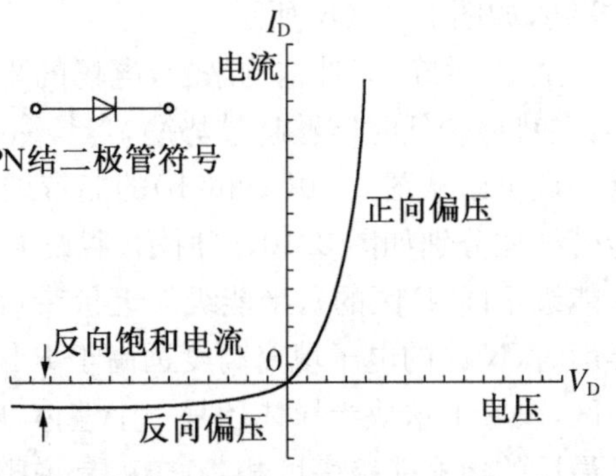

图 2.12　PN 结二极管的伏-安特性

当 PN 结加正偏电压 V_D 时，外加电场是从 P 区指向 N 区的。而由于 PN 结附近的内建电场总是由 N 区指向 P 区，外加电场的方向与内建电场方向相反。当外加电场小于内建电场时，在 PN 结上的电场方向仍然是由 N 区指向 P 区的，虽然在 PN 结上存在势垒，但是势垒高度降低，势垒宽度减薄，P 区和 N 区的多子虽然不能自由流动到相邻掺杂区，但是电子和空穴的扩散速率明显增加，多子更加容易扩散到结区附近，耗尽区减薄。当外加电场等于内建电场以后，PN 结上的势垒消失，P 区和 N 区的能带和费米能级都回到了接触前的高度，两边的多数载流子能够自由地进入到相邻掺杂区，这时相对自由载流子而言，PN 结"消失"了，二极管正向导电性能指数增加。当 PN 结上加反向偏压时，外加电场是从 N 区指向 P 区的，与内建电场方向一致，因此，N 区的费米能级向下或者 P 区费米能级向上移动，PN 结附近的势垒相对于不加电压(零偏压)时更加高，耗尽区更宽，P 区和 N 区的多数载流子无法流动到相邻掺杂区，因此，二极管处于断开状态。

作为半导体器件的基本结构，PN 结存在于几乎所有种类的二极管、双极型三极管和 MOS 器件之中。

2.4.3　肖特基接触和肖特基结二极管

与 PN 结相似，金属与半导体接触时也会发生载流子的流动。由于金属中电子同样是根据泡利不相容原理和能量最低原则填充能带的，不同的是金属中有不满的或者与空带重叠的导带。金属与半导体形成接触以后同样会有能级的填充高度不同而导致的自由载流子的流动。至于自由载流子如何流动，则需要根据金属和半导体的能带填充导致的费米能级位置、各自的真空能级位置以及半导体的掺杂状况决定。

当金属与 N 型半导体接触并且金属的费米能级低于半导体的费米能级时，金属中的自由电子所处的能级低于 N 型半导体的导带而不能流向半导体，如图 2.13 所示。而半导体导带中的电子却正好可以流向较低的金属的空能级。随着 N 型半导体与金属接触界面附近的电子的流动，使得界面附近的 N 型半导体区带正电而在接触界面附近形成内建电场，方向从 N 型半导体区指向金属，金属中多余的自由电子则由于 N 型半导体区的正电子吸引而聚集在接触界面附近。由于接触以后金属和半导体的费米能级必须处处相同，金属的费米能级将要抬高或者半导体的能带降低才能使得费米能级拉平。而内建电场的作用使得在金属半导体接触界面附近形成向上弯曲的势垒来阻止电子的继续流动。这个势垒主要位于半导体表面附近而在金属的区域非常薄，势垒高度则是由金属和半导体的费米能级差决定。通常把这样的接触叫做肖特基接触。相应地，阻碍电子流动的势垒通常也叫阻挡层。

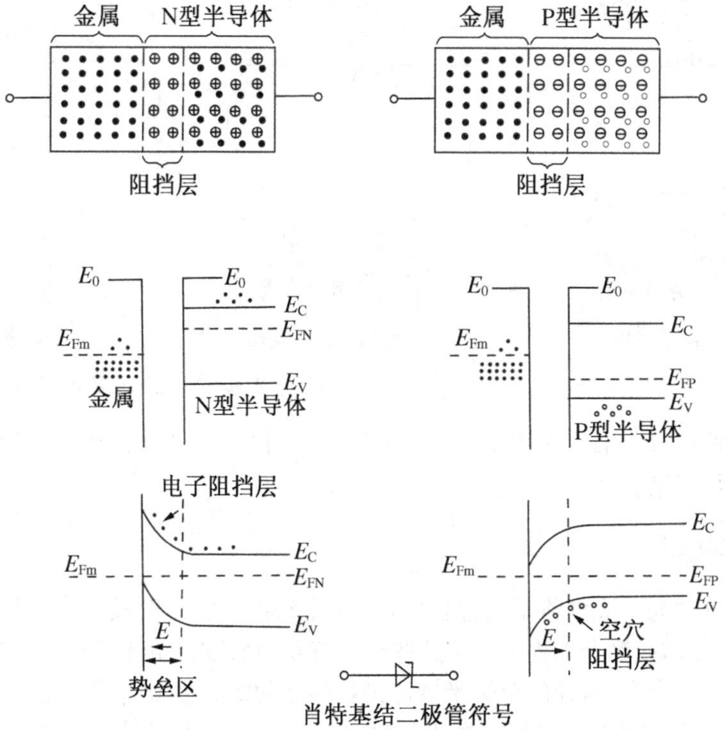

图 2.13　金属与半导体接触形成肖特基接触以及相应能带结构示意图

同样，当金属与 P 型半导体接触并且金属的费米能级高于半导体的费米能级时，同样会形成肖特基接触。金属中的自由电子由于其费米能级高于 P 型半导体的费米能级而向半导体区流动，相当于 P 型半导体中的多子——空穴在向金属中流动。结果在金属和半导体的接触界面形成内建电场，方向从金属指向 P 型半导体区。金属的能级降低或者半导体的能带提升使得金属和 P 型半导体区的费米能级处处相同。最后在金属半导体接触界面附近形成向下弯曲的势垒来阻止自由载流子的继续流动。势垒高度同样由金属和半导体的费米能级差决定。

理解了 PN 结二极管的工作原理之后，可以比较容易地来理解由金属与掺杂半导体接触形成的肖特基二极管的工作原理。如图 2.14 所示，由于内建电场的存在，金属与半导体在交界处形成阻挡层，处于平衡态的阻挡层对外电路呈中性。以 N 型半导体为例，当在金属端外加正电压时，外加电场方向从金属指向 N 型半导体区，与内建电场方向相反。当外加电场与内建电场相当时，阻挡层消失，形成从金属到半导体的正向电流，该电流是由半导体中多数载流子构成的。加反向电压时，外加电场方向从 N 型半导体区指向金属，与内建电场方向一致，阻挡层加厚，势垒升高，从半导体到金属的电子数目减少，主要是金属到半导体的电子流动，形成非常微弱的从半导体到金属的反向电流。由于从金属到半导体的电子流是恒定的，当反向电压提高，使半导体到金属的电子流可以忽略不计时，反向电流将趋于饱和。可见，阻挡层具有类似 PN 结的伏-安特性。

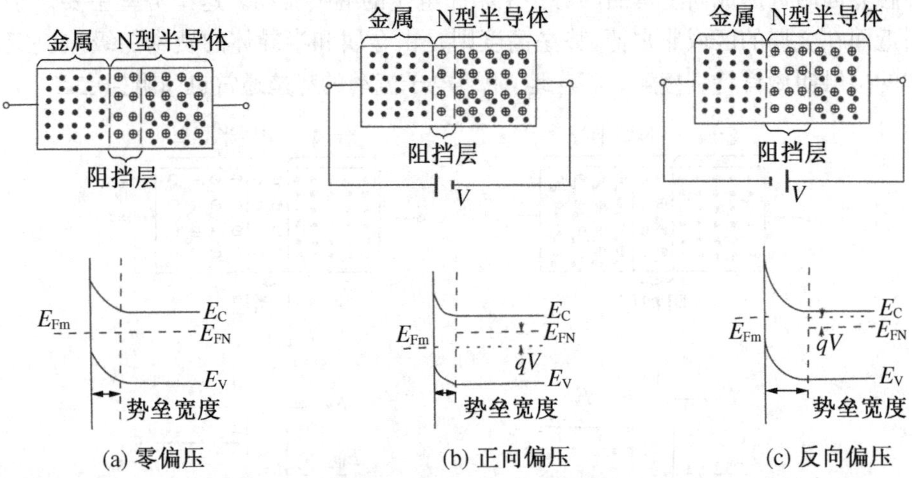

图 2.14　不同偏置下肖特基二极管的结构及其相应的能带结构示意图

基于砷化镓和磷化铟的 MESFET 和 HEMT 器件中，其金属栅极与沟道材料之间形成的结就属于肖特基结。

2.4.4　欧姆接触

在半导体器件与集成电路制造过程中，半导体元器件引出电极与半导体材料的接触也是一种金属-半导体接触。工程上希望这些结具有双向低欧姆电阻值的导电特性，没有阻挡载流子运动的“结”存在，这样的金属半导体接触称之为欧姆接触。理论上来说，由于金属中的自由电子数目远远大于 N 型半导体中的自由电子或者 P 型半导体中的空穴多子，只要选择费米能级比 P 型半导体的费米能级低或者比 N 型半导体的费米能级高的金属，与该掺杂半导体形成的接触就不会存在势垒，从而形成良好的欧姆接触。实际上，能否形成欧姆接触还要受半导体表面态和金属本身特性的影响。因此在工程中，欧姆接触通常通过对接触区半导体的重掺杂来实现。理论根据是：对于重掺杂的半导体材料，拉平费米能级而形成内建电场所需要的多子相对于半导体中大量的多子而言几乎可以忽略。由于金属中有更大量的自由电子，因此，集中于半导体一侧的肖特基结变得非常薄，载流子可以很容易地利用量子隧穿效应自由地穿过这个很薄的势垒，因此对自由电子而言，很薄的势垒是透明的。

2.5　双极型晶体管

2.5.1　双极型晶体管的基本结构

在半导体晶体中形成两个靠得很近的 PN 结即可构成双极型晶体管。这两个 PN 结将半导体分成三个区域，它们的排列顺序可以是 N－P－N 或者 P－N－P。前者我们称之为 NPN 晶体管，后者称之为 PNP 晶体管。两个管子的结构示意图和电路符号如图 2.15 所示。三个区域分别称为发射区、基区和集电区，对应引出的电极分别称为发射极 E、基极 B 和集电极 C。E－B 之间的 PN 结称为发射结，C－B 之间的 PN 结称为集电结。

一般在制作时，发射区的掺杂浓度远远高于基区和集电区；基区做的很薄(以微米甚至纳米计)；集电结的面积大于发射结的面积。因此，在使用时，E、C 两个电极是不能交换的。电路符号中 E 电极的箭头，表示正向电流的方向。

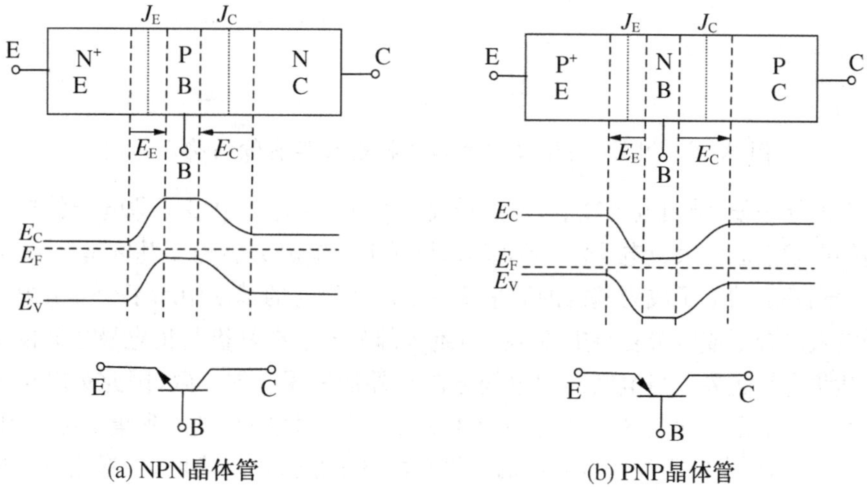

图 2.15　双极型晶体管的结构示意图、能带示意图及符号

2.5.2　双极型晶体管的工作原理

由于双极型晶体管有两个 PN 结，所以有四种不同的运用状态。

(1) 发射结正偏，集电结反偏时，为放大工作状态；

(2) 发射结正偏，集电结也正偏时，为饱和工作状态；

(3) 发射结反偏，集电结也反偏时，为截止工作状态；

(4) 发射结反偏，集电结正偏时，为反向工作状态。

在放大电路中，主要应用其放大工作状态。而在脉冲与数字电路中则主要应用其饱和状态和截止状态。下面以 NPN 晶体管为例简要讲述双极型晶体管的电流放大作用。

如图 2.16 所示的 NPN 晶体管，在放大状态下，晶体三极管发射结通过外加电压 V_{BE} 正偏，集电结通过 V_{BC} 反偏，通常，基极接地，称为共基极连接。我们忽略所有其他效应，只讨论由正偏的发射结引起的内部载流子的传输过程。该过程可归纳为发射结的注入、基区中的输运与复合和集电区的收集。

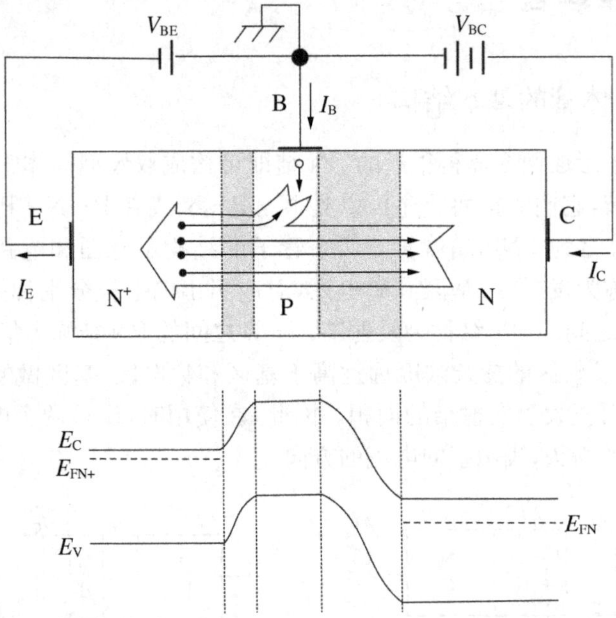

图 2.16　NPN 晶体管放大工作状态及其能带结构示意图

由于发射结正偏，结内电场减弱，发射结宽度变窄，发射结中多子即电子的扩散运动占优势。高掺杂发射区的大量电子注入到基区，形成电子电流 I_E。由于基区是 P 型半导体，从发射区注入到基区的电子成为基区的非平衡少子。在很薄的基区中除了少部分电子与基区中的多子空穴复合形成基极复合电流 I_B 外，绝大部分电子在基极与集电极之间的反向偏压作用下到达集电结边界。集电结内建电场方向与外加偏压方向一致，因此集电结上的内建电场加强并从集电区指向基区，正好有利于自由电子从基区顺利进入到集电区。因此，在集电结电场作用下，由发射区注入到基区的大量自由电子很快进入集电区，形成集电极电子电流 I_C。双极型晶体管的放大作用就用正向电流放大倍数 β_F 来描述，β_F 远远大于 1(通常大于 100)，其定义为

$$\beta_F = \frac{I_C}{I_B} \tag{2.3}$$

人们将 I_C/I_E 称为共基极电流放大系数，其含义为基极电位不变时，通过改变发射极电流 I_E 来控制 I_C。虽然共基极电流放大系数小于 1(接近于 1)，但由于被控电流 I_C 是流过高阻的集电结的，故可通过在外部连接一个较高阻值的集电极负载电阻，而获得远大于 1 的电压增益。

根据图 2.15 和图 2.16 所示的结构，如果将发射极和集电极对换，从原理上讲与图 2.16 的接法没有本质上的不同。但由于晶体管实际结构的不对称，特别是在集成电路中，发射区嵌套在基区内，基区又嵌套在集电区内，发射结比集电结小得多，反向电流放大倍数 β_R 比 β_F

小得多，故这种工作状态基本不用。在晶体管的模型中，对两个结的特性都有全面的描述。

2.6　MOS晶体管的基本结构与工作原理

2.6.1　MOS晶体管的基本结构

金属-氧化物-半导体(MOS)场效应晶体管，简称为MOS管或MOS器件，其核心结构是由导体、绝缘体与构成MOS器件衬底的掺杂半导体这三层材料叠在一起组成的，绝缘体介于导体和掺杂半导体之间。这一结构的基本作用是：在半导体靠近绝缘体界面感应出与原掺杂类型相反的载流子，形成一条导电沟道，从而导通两侧的掺杂半导体电极。根据形成导电沟道的载流子的类型，MOS管被分为NMOS和PMOS。这两种类型MOS管的典型物理结构和电路符号示于图2.17。图中，为方便本书后续章节电路原理图的描述，定义了增强型NMOS管和PMOS管的简化符号，该简化符号省略了衬底连接。这是因为：除射频(RF：Radio Frequency)MOS管外，同一工艺上所有NMOS管的衬底都是连接最低电位，而PMOS管的衬底都是连接最高电位。

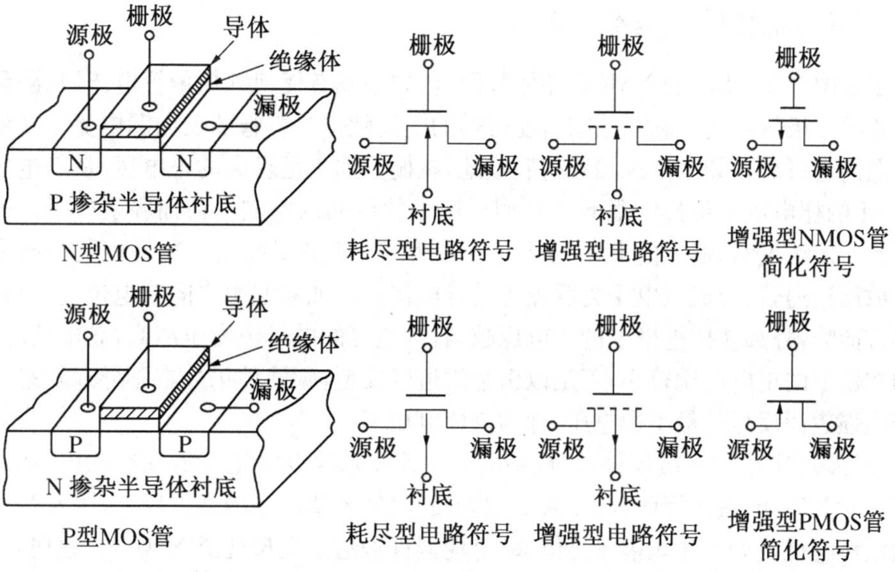

图2.17　MOS管的物理结构与电路符号

由图2.17可见，对于硅材料的NMOS器件，它的半导体部分的结构包含P型硅衬底，以及其上通过杂质扩散形成的互相隔离的两个N型硅半导体区。这层P型硅区域之上覆盖了由一个绝缘层和一个导体形成的导电电极构成的夹层结构，该导体电极称为MOS器件的栅极。两个N型硅半导体区对称分布在栅极两侧，通过与金属欧姆接触形成电极，分别被称为MOS器件的源极和漏极。由于结构上固有的对称性，源区和漏区之间无物理上的差别。与此类似，对于硅材料的PMOS结构，它的全部结构则包括N型硅衬底、N型硅上覆盖的绝缘体和导体形成的栅极、以及分布在栅极两侧的两个P型硅材料源极和漏极。

在 MOS 结构中，栅极为控制电极，它控制着漏和源之间沟道的电流。从原理上讲，为了有效地通过绝缘层建立起一个垂直的电场，以达到从衬底中把载流子吸引到半导体表面的目的，栅极应该具有导体的性质。事实上，早期的栅极材料采用的就是良导体金属铝。由于采用铝作栅极存在着掩膜对准困难、栅长减小受限的问题，当代先进的 MOS 工艺都采用多晶硅作为栅极导电材料。多晶硅材料是集成电路工艺中的“变色龙”：非掺杂的多晶硅薄层实质上是半绝缘的，电阻率约为 300 Ω·cm；通过掺杂，其电阻率可以在很大范围内变化。多晶硅可用扩散、注入法掺杂，也可在沉淀多晶硅的同时通入杂质气体(In-Situ 法)来掺杂。扩散法形成的杂质浓度很高($\geqslant 10^{21}\ cm^{-3}$)，故电阻率很小。注入法得到的电阻率约是它的 10 倍，杂质浓度为 $10^{20}\ cm^{-3}$。而 In-Situ 法得到的杂质浓度为 $10^{20} \sim 10^{21}\ cm^{-3}$。三种掺杂工艺中，后两种由于工艺温度低而在 VLSI 生产中被优先采用。通过不同杂质的组合，多晶硅的电阻率可被控制在 500～0.005 Ω·cm。由于栅极处于绝缘状态，工作时几乎没有电流流过，所以用重掺杂的多晶硅这样一种不良导体来代替铝栅，丝毫不影响 MOS 管的性能，并且在工艺上能够实现源、栅、漏诸电极位置的自对准(具体参见第 3 章)，消除栅源和栅漏之间的套叠，从而使制成的 MOS 管有较好的电学性能。

所谓的 CMOS 则表示的是一种工艺和电路，由 NMOS 器件和 PMOS 器件共同组成。

2.6.2 MOS 晶体管的基本工作原理

对于如图 2.17 所示的 NMOS 晶体管而言，如果没有任何外加偏置电压，从漏到源是两个背对背的二极管结构。它们之间所能流过的电流就是二极管的反向漏电流。在栅电极下没有导电沟道形成。如果把源漏和衬底接地，在栅上加一足够高的正电压，从静电学的观点看，这一正的栅电压将要排斥栅下的 P 型衬底中的可动的空穴电荷而吸引电子。电子在表面聚集到一定浓度时，栅下的 P 型层将变成 N 型层，即呈现反型。N 反型层与源漏两端的 N 型扩散层连通，就形成以电子为载流子的导电沟道。如果漏源之间有电位差，将有电流流过。不言而喻，外加在栅电极上的正电压越高，沟道区的电子浓度也越高，导电情况也越好。如果加在栅上的正电压比较小，不足以引起沟道区反型，则器件仍处在不导通状态。引起沟道区产生强表面反型的最小栅电压，称为阈值电压 V_T。

对于许多实际的 MOS 器件，往往用离子注入技术改变沟道区的掺杂浓度，从而改变阈值电压。对 NMOS 晶体管而言，注入 P 型杂质，将使阈值电压增加。反之，注入 N 型杂质将使阈值电压降低。如果注入剂量足够大，可使器件沟道区反型变成 N 型的。这时，要在栅上加负电压，才能减少沟道中电子浓度，或消除沟道，使器件截止。在这种情况下，阈值电压变成负的电压，称其为夹断电压。

根据阈值电压不同，常把 MOS 器件分成增强型和耗尽型两种器件。对于 NMOS 器件而言，将阈值电压 $V_T > 0$ 的器件称为增强型器件，阈值电压 $V_T < 0$ 的器件，称为耗尽型器件。PMOS 器件和 NMOS 器件在结构上是一样的，只是源漏衬底的材料类型和 NMOS 相反，工作电压的极性也正好相反。

在 CMOS 电路里，全部采用增强型的 NMOS 和 PMOS。

2.6.3 MOS 晶体管性能分析

在电学上 MOS 管作为一种电压控制的开关器件。当栅-源电压 V_{GS} 等于开启电压 V_T

时，该器件开始导通。当源-漏间加一电压 V_{DS} 以及 $V_{GS}=V_T$ 时，由于源-漏电压和栅-衬底电压而分别产生的电场水平和垂直分量的作用，沿着水平方向就出现了导电沟道。源-漏电压(即 $V_{DS}>0$) 所产生的电场水平分量起着使电子沿沟道向漏极运动的作用。随着源-漏电压的增加，沿沟道电阻的压降会改变沟道的形状。MOS 管的这个行为特性如图 2.18 所示。在沟道源端，栅极电压在使沟道反型过程中全部有效；然而在沟道漏端，只有栅极和漏极间的电压差才是有效的。当有效栅电压($V_{GS}-V_T$)比漏极电压大时，随着 V_{GS} 的增加，沟道变得更深，这时沟道电流 I_{DS} 既是栅极电压也是漏极电压的函数，习惯上称这个区域为"线性"区，或"电阻"区，或"非饱和"区。需要指出的是，由于漏源电流 I_{DS} 流过沟道时沿沟道将产生电压降，使得沟道各点与栅极间电位差不再相等。该电位差沿沟道从源极到漏极逐渐减小，在漏极处最小：$V_{GD}=V_{GS}-V_{DS}$；使得沟道从源区到漏区逐渐变窄，如图 2.18(b)所示。当 V_{DS} 增加到使得 $V_{GD}=V_T$ 时，沟道在漏极附近消失，达到临界夹断状态，如图 2.18(b)中虚线所示。若继续增加漏源之间的电压，使 $V_{DS}>V_{GS}-V_T$，则导电沟道的夹断点将向源区方向缓慢移动，如图 2.18(c)中实线所示。而导电沟道两端的电压近似等于 $V_{GS}-V_T$，所增加的电压($V_{DS}-(V_{GS}-V_T)$)则作用于夹断点和漏极之间的耗尽层上，在该区中形成强电场。沟道夹断后，源极和夹断点之间仍存在导电沟道，电子漂移到夹断点就被这里的强电场加速拉到漏极，从而保持了漏源电流 I_{DS} 的连续性。由于夹断以后导电沟道上的电压基本上维持在 $V_{GS}-V_T$ 不变，沟道电流仅受栅极电压控制，几乎与漏极电压无关。这种情况称为"饱和"状态。应注意耗尽层中没有可动的载流子，因而能够将沟道与衬底的其余部分隔离起来。实际上，由于沟道与衬底形成一个反偏 PN 结，见图 2.18(c)，所以流向衬底的电流很小。

在源-漏电压和栅极电压固定的情况下，影响源极流向漏极(对于给定的衬底电阻率)的漏极电流 I_{DS} 大小的因素有：

(1) 源、漏之间的距离；

(2) 沟道宽度；

(3) 开启电压 V_T；

(4) 栅绝缘氧化层的厚度；

(5) 栅绝缘层的介电常数；

(6) 载流子(电子或空穴)的迁移率 μ。

一个 MOS 管的正常导电特性可分为以下几个区域：

(1)"夹断"区：这时的电流是源一漏间的泄漏电流；

(2)"线性"区：弱反型区，这时漏极电流随栅极(或漏极)电压线性增加(当漏极(或栅极)电压维持不变时)；

(3)"饱和"区：沟道强反型，漏极电流与漏极电压无关。

当漏极电压太高时，会发生称为雪崩击穿或穿通的非正常导电情况。在这两种情况中，栅极电压已不能对漏极电流进行控制。

描述 NMOS 器件在三个区域中性能的理想表达式为

$$I_{DS}=\begin{cases}0 & V_{GS}-V_T\leqslant 0 & \text{(a) 截止区}\\ K_N\left[(V_{GS}-V_T)V_{DS}-\dfrac{V_{DS}^2}{2}\right] & 0<V_{DS}<V_{GS}-V_T & \text{(b) 线性区}\\ \dfrac{K_N}{2}(V_{GS}-V_T)^2 & 0<V_{GS}-V_T<V_{DS} & \text{(c) 饱和区}\end{cases} \tag{2.4}$$

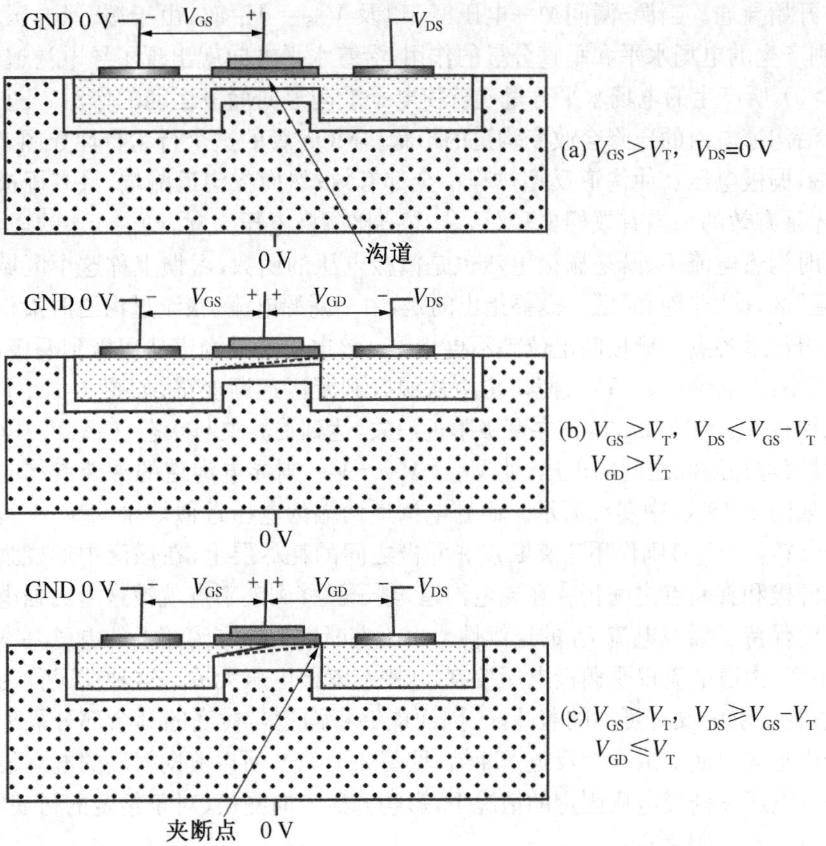

图 2.18　在不同端电压影响下 NMOS 器件的行为特性

其中，I_{DS}是漏极电流；V_{GS}是栅-源电压；V_T 是器件的开启电压；K_N 是 NMOS 晶体管的跨导系数，K_N 与工艺参数及器件的几何尺寸有关，其关系为

$$K_N=\frac{\mu_n\varepsilon}{t_{ox}}\left(\frac{W}{L}\right)=K'\left(\frac{W}{L}\right) \tag{2.5}$$

这里，μ_n 表示沟道中电子的有效表面迁移率；ε 是栅绝缘层的介电常数；t_{ox}是栅绝缘层的厚度；W 是沟道宽度；L 是沟道长度。因此跨导系数 K_N 包括了一个与工艺有关的本征导电因子项（$K'_N=\mu_n\varepsilon/t_{ox}$），一个几何尺寸有关项（$W/L$）。工艺有关项考虑了所有的工艺因素，如掺杂浓度、栅氧化层的厚度等；而几何尺寸有关项则与器件的实际版图有关。图 2.19 表示了式(2.5) 中各几何项与 MOS 物理结构的关系。

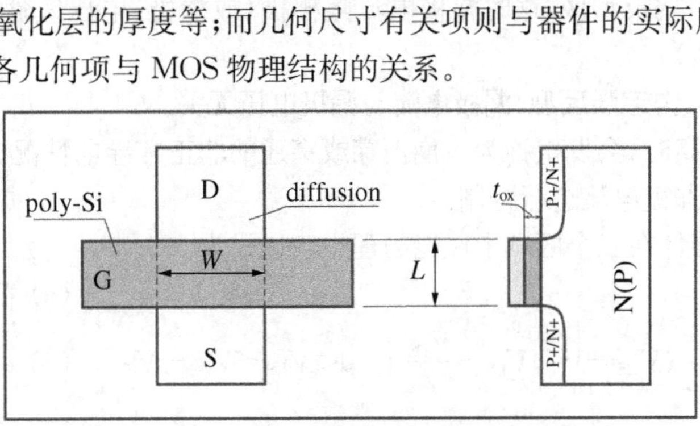

图 2.19　MOS 器件方程式中各几何项

对于 N 型器件的典型值为：$\mu_n = 650 \text{cm}^2/(\text{V} \cdot \text{sec})$，$\varepsilon = 4\varepsilon_0 = 4 \times 8.85 \times 10^{-14}$ F / cm，$t_{ox} = 50$ nm。因此 N 型器件的 K_N 典型值为

$$K_N = \frac{650 \times 4 \times 8.85 \times 10^{-14}}{0.5 \times 10^{-5}} \times \frac{W}{L} \approx 46 \frac{W}{L} \mu\text{A/V}^2$$

方程(2.4(a))中所描述的截止区也称为次开启区，这时 I_{DS} 随 V_{DS} 和 V_{GS} 成指数性增长。尽管 I_{DS} 的值很小($I_{DS} \approx 0$)，但有限的 I_{DS} 值会影响那些与动态电荷存储有关的电路(如存储器单元)的性能。

2.6.4　MOS 器件的电压-电流特性

图 2.20 给出了 N 型 MOS 管和 P 型 MOS 管工作在线性区和饱和区时的电压—电流特性曲线。应注意的是，我们采用了有关电压的绝对值，以便在同一坐标轴上绘制这些曲线。线性区与饱和区之间的分界线对应于条件 $|V_{DS}| = |V_{GS} - V_T|$，如图 2.20 上的虚线所示。

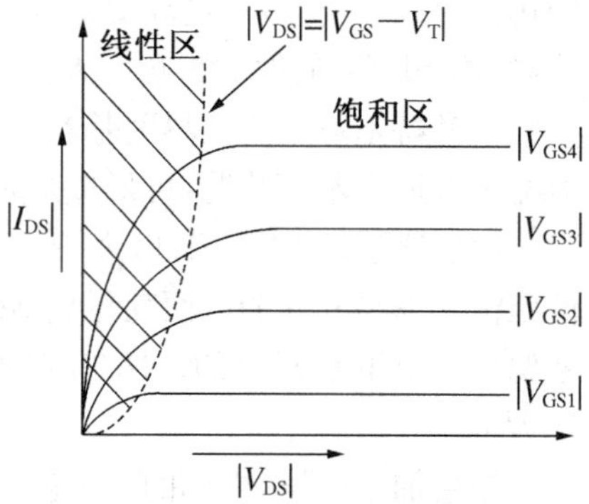

图 2.20　N 型 MOS 管与 P 型 MOS 管的电压-电流特性

将式(2.4(b))对 V_{DS} 进行微分，可求出线性区的输出电导：

$$\lim_{V_{DS}\to 0} \frac{dI_{DS}}{dV_{DS}} \approx K_N(V_{GS} - V_T) \tag{2.6}$$

求倒数后得到沟道电阻 R_C，它近似为

$$R_C(\text{线性}) = \frac{1}{K_N(V_{GS} - V_T)} \tag{2.7}$$

该式表示电阻受栅-源电压的控制。式(2.7) 的关系只对保持沟道中的迁移率为常数的栅一源电压才有效。然而，在饱和区(即 $V_{DS} > V_{GS} - V_T$)，MOS 器件的行为特性更像一电流源，电流几乎与 V_{DS} 无关。这可以通过式(2.4(c))得到证实，因为

$$\frac{dI_{DS}}{dV_{DS}} = \frac{\left[\frac{K_N}{2}(V_{GS} - V_T)^2\right]}{dV_{GS}} = 0 \tag{2.8}$$

跨导 g_m 表示输出电流 I_{DS} 和输入电压 V_{GS} 之间的关系，定义如下：

$$g_m = \frac{\partial I_{GS}}{\partial V_{GS}} \bigg| V_{GS=\text{常数}} \tag{2.9}$$

可以用 g_m 来衡量 MOS 器件的增益，在线性区

$$g_{m(\text{线性})} = K_N V_{DS} \tag{2.10}$$

在饱和区

$$g_{m(\text{饱和})} = K_N(V_{GS} - V_T) \tag{2.11}$$

跨导还可表示为与工艺参数及 MOS 管几何尺寸有关的形式，例如，在线性区，N 型 MOS 管的跨导值为

$$g_m = \left(\frac{\mu_n \varepsilon}{t_{ox}}\right)\left(\frac{W}{L}\right) V_{GS} \tag{2.12}$$

由于跨导必须为正值，所以对加在 P 型器件上的电压应该取绝对值。

2.7 金属半导体场效应晶体管 MESFET

利用金属与半导体接触形成的肖特基结可以构造特别是砷化镓和磷化铟等材料的 MESFET 器件。图 2.21 所示的是砷化镓 MESFET 的基本结构。在半绝缘砷化镓衬底上的 N 型砷化镓薄层为有源层。N 型砷化镓上面两侧的金属层通常是金锗合金，通过沉积形成，通过欧姆接触与 N 型 GaAs 分别形成源极和漏极。源极和漏极之间的区域则是 MESFET 的电流沟道。MESFET 通常具有对称的源漏结构，沟道中间区域上的金属层通常是金或合金。需要注意的是，这里的金属与 N 型砷化镓是肖特基接触，金属通过肖特基接触与 N 型砷化镓形成了栅极，通过改变栅极电压控制栅下的肖特基势垒来控制源漏电流。栅极的尺寸对 MESFET 的性能影响巨大。

由于肖特基势垒的耗尽区基本上在 N 型砷化镓中，这使得沟道的厚度变薄。根据零偏压情况下沟道夹断的状况，可形成两种类型的 MESFET：增强型 MESFET 和耗尽型 MESFET。对于增强型 MESFET，由于内在电势形成的耗尽区延伸到有源区的下边界，沟道在零偏压情况下是断开的。而耗尽型 MESFET 的耗尽区只延伸到有源区的某一深度，沟道为在零偏压情况下是开启的。图 2.21 中的 MESFET 工作示意图就是一个耗尽型的 MESFET 结构。

在栅极加上电压，内部的电势就会被增强或减弱，从而使沟道的深度和流通的电流得到控制。作为控制端的栅极对 MESFET 的性能起着重要的作用。而且，由于控制主要作用于栅极下面的区域，所以，栅长，即栅极金属层从源极到漏极方向上的尺寸，是 MESFET 技术的重要参数。常规情况下，栅长越短，器件速度越快。这与前面讨论的 MOS 晶体管的特性相似。

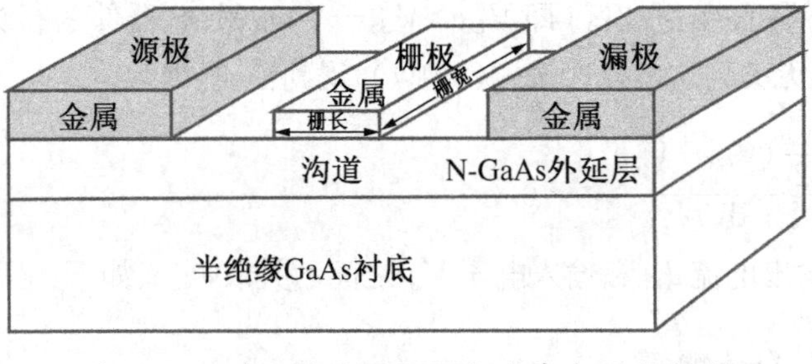

图 2.21 砷化镓 MESFET 的基本器件结构

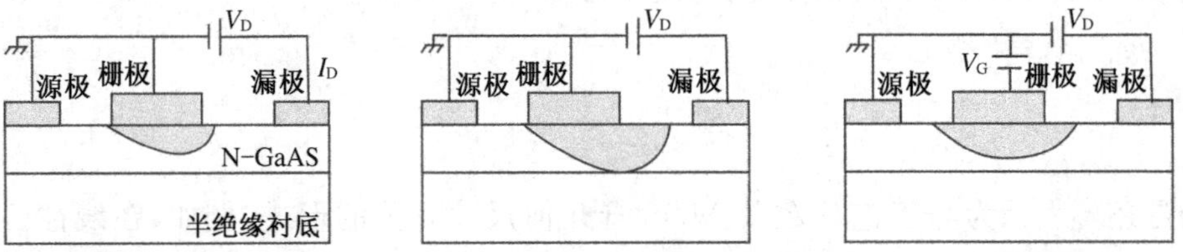

(a) V_G=0，I_D、V_D很小 (b) V_G=0，V_D增大 (c) V_G反偏，V_D很小

图 2.22 砷化镓 MESFET 的工作状态示意图

如图 2.22(a)所示，对于耗尽型 MESFET，当栅极电压为零，而源-漏电压很小时，栅下

的耗尽区并未延伸到 N 型砷化镓下沿，器件处于导通状态，因此源-漏电流很小并随源-漏电压线性变化。对该器件而言，漏极电压为 V_D。在 N 型砷化镓中，电压从漏极到源极逐渐降低到零。对于栅极而言，栅下靠近漏区的砷化镓区电压较大，靠近源区的砷化镓区电压较小。相应地，靠近漏区的肖特基结反向偏压大，靠近源区的肖特基结反向偏压小。因此靠近漏区的栅下砷化镓区的耗尽区要比靠近源区的耗尽区大。当源-漏电压增大时，靠近漏区的耗尽区率先接触到半绝缘衬底，形成夹断。这时的源漏电压称为饱和电压 V_{Dsat}，如图 2.22(b)所示。当栅极加反向偏压而源-漏电压很小时，栅下耗尽区宽度在反向偏压增加时增宽，反向偏压减小时变窄，V_D 不变的情况下通过改变栅极反向偏压而改变了栅下 N 型砷化镓的耗尽区宽度，这也就意味着改变了源-漏电流的大小。对源漏极而言，改变栅极反向偏压就好像一个可变电阻器一样改变了源漏之间的电阻大小从而控制了源-漏之间的电流，如图 2.22(c)所示。

2.8　本章小结

集成电路由导体、绝缘体和半导体三大类材料构成。导体主要包括铝、金、钨、铜等金属、镍铬等合金和重掺杂的多晶硅。绝缘体主要包括 SiO_2、SiON、Si_3N_4 等硅的氧化物和氮化物。半导体主要包括硅、砷化镓、磷化铟等。这三类材料中，半导体材料最为关键。通过简单讲述固体的能带结构的形成和导体、绝缘体以及半导体的能带特点了解了半导体材料的物理特征。通过掺杂，可以得到 P 型与 N 型两种导电类型的半导体。两种类型的半导体结合形成 PN 结，金属与半导体结合形成肖特基结，金属与重掺杂半导体结合形成欧姆结。其中，一个 PN 结或一个肖特基结加上一到两个欧姆结就构成单向导电的二极管，两个背靠背的 PN 结加上三个欧姆结就构成具有放大或开关作用的双极型三极管，一个金属-氧化物-半导体结构加上两个欧姆结就构成一个 MOS 管，一个肖特基结加上两个欧姆结则构成一个 MESFET。同样利用导体、绝缘体、P 型与 N 型两种导电类型的半导体的不同组合和结构可以构成连接线、电阻、电容、电感等无源元件。所有这些有源和无源元件有关的制造工艺、器件模型、电路设计等将从后面的章节中逐步了解。

参考文献

[1]　康华光主编. 电子技术基础(模拟部分)(第四版)[M]. 北京：高等教育出版社，2000

[2]　刘恩科等著. 半导体物理学(第四版)[M]. 北京：国防工业出版社，1994

[3]　曹培栋编著. 微电子技术基础——双极、场效应晶体管原理 [M]. 北京：电子工业出版社，2001

[4]　茅于海等翻译. CMOS VLSI 设计原理和系统展望[M]. 北京：高等教育出版社，1989

[5]　Jan M. RABAEY，Digital Integrated Circuits：A Design Perspective [M]. 北京：清华大学出版社，2001

[6]　王志功著. 光纤通信集成电路设计[M]. 北京：高等教育出版社，2003

[7]　[美]施敏著. 半导体器件物理与工艺[M]. 江苏：苏州大学出版社，2002

[8] [美]Donald A. Neamen 著，赵毅强等译. 半导体物理与器件[M]. 北京：电子工业出版社，2005
[9] 刘树林，张华曹，柴常春著. 半导体器件物理[M]. 北京：电子工业出版社，2005

思考题与习题

1. 试述集成电路制造中，导体、半导体和绝缘体各起什么作用？
2. 试述半导体特性及其应用。
3. 列举两种典型的金属与半导体接触。
4. 解释欧姆型接触和肖特基型接触。
5. 试比较 PN 结和肖特基结的主要异同点。
6. 试述 PN 结的空间电荷区是如何形成的？
7. MOS 器件结构的对称性使其源漏区可以互换，双极型器件是否也具有同样的特点？若没有，请说明原因。
8. 何谓 MOS 管的阈值电压？
9. 讨论 MOS 器件源漏电流与其几何尺寸的关系。
10. MOS 管的跨导系数与哪些参数有关？
11. 试画出 MOS 器件跨导与源漏电压的函数曲线。
12. 根据式(2.4)，试推导 PMOS 器件在不同工作区域的理想表达式。

第 3 章　集成电路制造工艺

3.1　引言

集成电路制造工艺的目标是在半导体材料和器件基础之上，根据材料和器件的特性将导体、半导体和绝缘体有效地结合起来实现二极管和三极管等有源器件以及电阻、电容和电感等无源器件，并将这些有源器件和无源器件互连在一起，构成具有特定功能的电路和系统。集成电路设计人员虽然不需要直接参与集成电路的工艺流程，了解工艺的每一个细节，但是只有了解了集成电路制造工艺的基本原理和过程，才能更好地设计出性能优、成本低的集成电路。本章首先简单介绍集成电路的基本加工工艺，然后介绍集成电路的一些特定制造工艺。

集成电路基本加工工艺包括衬底外延生长、掩膜制版、光刻、掺杂、绝缘层和金属层形成[1]等等。而集成电路的特定工艺包括硅基的双极型工艺、CMOS、BiCMOS，锗硅 BiCMOS 工艺，SOI 材料的 CMOS 工艺，GaAs 基/InP 基的 MESFET 工艺、HEMT 工艺和 HBT 工艺等。目前应用最广泛的特定工艺是 CMOS 工艺。在 CMOS 工艺中，又可细分为 DRAM 工艺、逻辑工艺、模拟数字混合集成工艺、RFIC 工艺等。尽管特定工艺种类繁多，若以晶体管类型来区分，目前常用的大体上可分为双极型/HBT、MESFET/HEMT、CMOS、BiCMOS 四大类型，本章将分别介绍这四种特定工艺的基本加工过程。

3.2　集成电路基本加工工艺

制造一个集成电路需要经过几十甚至上百道工艺过程。这样复杂的工艺过程其实是由数种基本的集成电路加工工艺组成。集成电路的基本加工工艺包括外延生长、掩膜制版、光刻、掺杂、金属层的形成、绝缘层的形成等。任何复杂的集成电路制造都可以分解为这些基本加工工艺。下面分别介绍几种主要的集成电路基本加工工艺。

3.2.1　外延生长

半导体工艺流程中的衬底是抛光过的单晶晶圆（Wafer）基片，直径在 50～200 毫米之间，厚度约几百微米。一般来说，从熔融液体中生长单晶是一种十分普遍的单晶生长方法。以硅单晶生长为例，首先将二氧化硅与碳化硅反应以后得到的硅再与盐酸和氢气反应后得到高纯硅。然后通过直拉法或者其他方法得到大的单晶硅锭。单晶硅锭经过切割、抛光、标记等过程就得到通常看到的硅晶圆。半导体工业所用的单晶硅 90%以上都是使用这种方法制造的。然而，由于外延生长具有的优越性，大多数的器件都是做在经过外延生长的硅晶圆上。“外延”一词是指在单晶衬底上生长一层新单晶的技术。新生单晶层的晶向取决于衬底，由衬底向外延伸而成，故称“外延层”。当衬底与外延层为同种材料时称为同质外延，例如，在硅衬底上外延硅。这时外延的目的是形成具有不同掺杂种类及浓度的晶体层，因而它可以具有不同性能。而当外延材料和衬底材料不同时称为异质外延。例如，在硅衬底上外延硅锗($Si_{1-x}Ge_x$)。异质外延用来形成各种异质结构的器件，如异质结晶体管(HBT)，高迁移率晶体管(HEMT)等。

外延生长之所以重要，在于外延层中的杂质浓度可以方便地通过控制反应气流中的杂质含量加以调节，而不依赖于衬底中的杂质种类与掺杂水平。这样，通过在外延层中掺入与衬底杂质类型相反的杂质就能在外延层与衬底之间形成PN结。这种PN结与扩散结不同，它并不是在半导体材料中通过杂质的扩散补偿作用形成的，因而，其杂质分布可接近于理想的突变结。双极型集成电路元器件间的隔离问题也可通过外延与隔离扩散技术相结合而获得很好的解决。外延技术还可用于解决高频功率器件的击穿电压与集电极串联电阻对集电极电阻率持相反要求的矛盾；掺杂较少的外延层保证了较高的击穿电压，高掺杂的衬底则可大大降低集电极的串联电阻。

不同的外延工艺可制备不同的材料系统。目前常见的外延技术为化学气相沉积(CVD：Chemical Vapor Deposition)、金属有机物气相沉积(MOCVD：Metal Organic CVD)和分子束外延生长(MBE：Molecular Beam Epitaxy)。

1) 化学气相沉积生长

化学气相沉积CVD也称气相外延(VPE：Vapor Phase Epitaxy)。CVD是通过气体化合物之间的化学反应而形成的一种生长外延层的工艺。该工艺利用加热提供进行化学过程所需的能量，是一种在集成电路制造中最普遍采用的硅外延工艺。在不同的CVD技术里，卤素传递生长法在半导体器件制作中占主要位置。硅晶圆的卤素生长可在一个反应炉中实现。例如，在图3.1所示的$SiCl_4+H_2$系统中，硅晶圆放在石英管中的石墨板上，$SiCl_4$、H_2及气态杂质原子通过加热的石英反应管时，硅原子和掺杂原子将沉积在硅晶圆上形成硅的外延层。在外延过程中，石墨板被石英反应管周围的线圈加热到1500～2000 ℃。在高温下气体相互作用，发生如下反应过程

$$SiCl_4+2H_2 \Leftrightarrow Si+4HCl\uparrow \tag{3.1}$$

该反应释放出的硅原子通过被晶圆表面吸附沉积形成单晶硅。为了使得这些被吸附的硅原子能够沿正确的晶格位置生长，需要足够高的温度提供能量，使吸附沉积的硅原子具有较高的迁移率能够在吸附表面自由移动来形成完整的晶格。因此，CVD需要较高的温度。CVD典型的生长速度为0.5～1 μm/min。由于该反应是可逆的，因此可以通过通入HCl气体来清洗硅晶体表面，去除表面的氧化物和其他杂质。

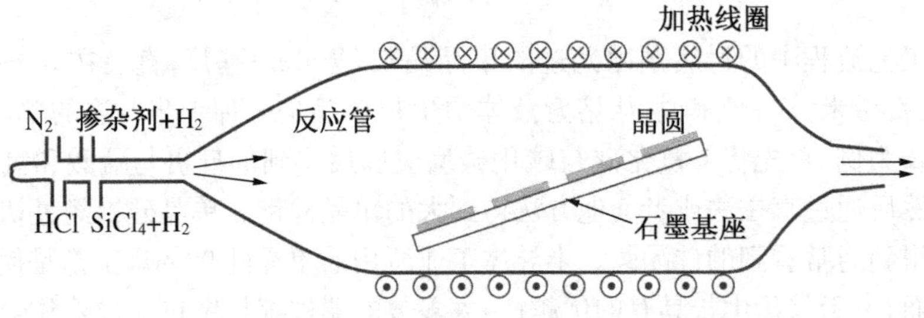

图3.1　一种化学气相沉积系统示意图

2) 金属有机物化学气相沉积生长(MOCVD：Metal Organic CVD)

金属有机物化学气相沉积也称为金属有机物气相外延(MOVPE：Metal Organic Vapor Phase Epitaxy)。可以说MOCVD是由CVD技术发展起来的，是属于CVD技术的一种。MOCVD工艺开始于20世纪60年代后期，该工艺一般使用III族元素有机化合物和V族元素氢化物。由于许多III族元素有机化合物和V族元素氢化物在较低温度下即可成为气态，因此在金属有机物化学沉积过程中反应物不需要高温，只需要在衬底附近存在高温区使得几种反应物能够在衬底附近发生化学反应沉积即可。所以，MOCVD是一种冷壁工艺，只要将衬底加热到一定温度即可，炉体其他部分不需要高温。而CVD中使用的反应物质只有在高温下才能挥发成气体，故CVD是一种热壁工艺，反应物质必须在炉子里加热，在石英反应管中进行。例如MOCVD生长砷化镓，前驱物三甲基镓($Ga(CH_3)_3$)和砷烷(AsH_3)都能够以气体的形式输入到反应炉中。只要衬底保持在600～800摄氏度，这些气体在衬底上就能够发生如下反应：

$$AsH_3 + Ga(CH_3)_3 \Leftrightarrow GaAs + 3CH_4 \tag{3.2}$$

同样掺杂剂也可以以气体的形式进入到反应炉中进行掺杂。因此，我们可以看到，MOCVD使用金属有机物的优点是这些反应不需要高温就是气体状态，反应炉中只需要给衬底加热即可，并且反应炉中很少会有液态的金属元素，既方便处理又节约资源。MOCVD工艺的缺陷是所用的反应物必须在较低温度下能够成为气态，否则不能用该工艺外延。

3) 分子束外延生长(MBE：Molecular Beam Epitaxy)

分子束外延是在超高真空下(约10^{-8} Pa)加热一种或多种原子或分子，这些原子或分子束与衬底晶体表面反应从而形成半导体薄膜的技术。MBE生长厚度具有原子级精度，可以非常精确地控制外延材料的组分和掺杂浓度。MBE系统的基本流程包含衬底加热、蒸发元素的原子或分子束、原子或分子束喷射到不断转动的衬底等过程。图3.2是一个典型的MBE系统示意图。MBE几乎可以在GaAs基片上生长无限多的外延层，经过MBE工艺，衬底在垂直方向上的结构变化具有特殊的物理性质，例如异质结。

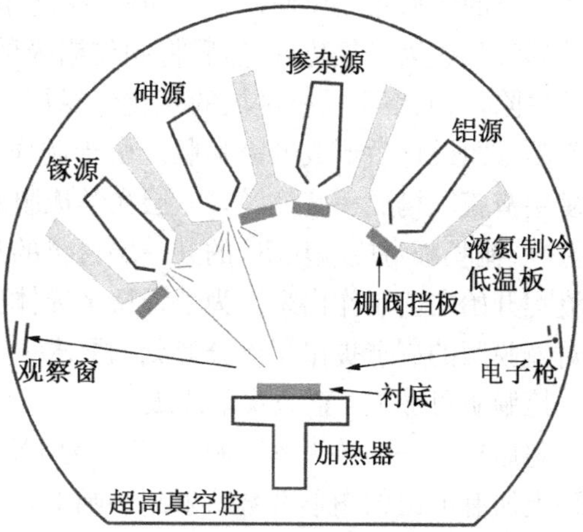

图3.2　MBE系统示意图

MBE的优点主要是生长的薄膜有原子级别的精度，能够精确控制掺杂浓度，生长温度较低，许多气相沉积方法不能实现的新奇结构可以通过MBE来制造，例如超晶格和异质结场效应晶体管等；缺点是外延层生长速度慢。

3.2.2　掩膜的制版工艺

一方面，在外延的晶圆上，工艺工程师可以开始集成电路制造的一系列工序。另一方面，电路设计工程师为集成电路的制造设计出了一系列物理定义的抽象表达——版图。版图反映了集成电路制造的工艺过程。例如，一种MOS结构中栅极区是一层，氧化物隔离区是一层，金属引线是一层。版图中的每一层代表了集成电路工艺的一个过程，而且这个过程都需要一个特定图形的掩膜版，以便在工艺制作过程中制作好本层的同时尽量不影响其他各层和各区域的性能。因此，版图设计实际上就是将集成电路的布局按照集成电路工艺过程分为多层掩膜版的过程。而计算机辅助设计软件中设计的集成电路版图要送到工艺线上生产时，必须要经过一个重要的中间环节——制版。

制版就是要产生一套分层的版图掩膜，为将来进行图形转移，即将设计的版图转移到晶圆上做准备，掩膜版主要用在光刻工艺过程中。

在集成电路的版图设计完成以后，就会得到一组标准的制版数据，将这组数据传给制版设备，制版设备根据数据将设计的版图分层地转移到掩膜版上(掩膜版为涂有感光材料的优质玻璃板)，这个过程叫初缩。在获得分层的初缩版后，再通过分步重复技术，在最终的掩膜版上产生具有一定行数和列数的重复图形阵列，这样在将来制作的每一片晶圆上将有若干个相同的集成电路芯片。通过这样的制版过程，就产生若干块的集成电路分层掩膜版。集成电路加工过程的复杂程度和制作周期在很大程度上与掩膜版的多少有关。

1) 掩膜制造

从物理上讲，任何半导体器件及集成电路都是一系列相关联的基本单元的组合，如导体、半导体及在晶圆不同层上形成的不同尺寸的绝缘隔离材料等。例如，对于一个 NMOS 晶体管的物理结构而言(见第 2 章图 2.17)，需要在 P 型衬底上制作出两个分开的 N 型掺杂的区域来作为源区和漏区，因此在掺杂的时候，必须将不需要掺杂的区域掩盖起来，仅仅让需要掺杂的区域露出以便掺杂。同样，在制作栅极之下绝缘体隔离层的时候，首先将器件表面的硅氧化成为二氧化硅，然后将制作栅极的地方掩盖起来而将其他部分的二氧化硅通过腐蚀去除，从而留下栅极区域的氧化绝缘层。这些用来掩盖部分区域以实现器件分层制作的就是版图设计后形成的掩膜版。由于制作一个器件或者一个集成电路需要多层掩膜版，这多层掩膜版构成一套掩膜。一层光学掩膜版通常是一片涂着特定图形的铬薄层的石英玻璃，一层掩膜版对应一块 IC 的某一层材料的加工工艺。工艺流程中需要的掩膜版必须在工艺流程开始之前制作出来。为了维持半导体工业的飞速发展，迅速提高各种器件的性能，人们对掩膜版的制造提出了十分苛刻的要求。

掩膜版可分成：整版及单片版。

整版按统一的放大率印制，因此称为 1X 掩膜版。这种掩膜版在一次曝光中，一个芯片阵列上所有电路的图形都被映射到晶圆上。晶圆上所有器件和集成电路工艺所需要的掩膜版都是一次性被制作出来的。芯片阵列上的各个集成电路芯片可以不同。

单片版通常把实际电路放大 5 或 10 倍，故称作 5X 或 10X 掩膜版。这种掩膜版上的图案仅对应着晶圆上芯片阵列中的一个单元。该单元可以是一个器件，也可以是一个复杂的集成电路。该掩膜版上的图案可通过步进曝光机映射到整个晶圆上。这就意味着整个晶圆上制做出来的单元是完全一致的。

早期掩膜制作方法如下：

先将版图分层画在纸上，每一层掩膜版一种图案。版图画得很大，可以达到 cm^2：50×50 或 100×100。然后将其贴在墙上，用照相机拍照并缩小 10～20 倍，变成 cm^2：5×5～2.5×2.5 或 10×10～5×5 的精细底片。这一过程为初缩。

将初缩版装入步进重复照相机，版图进一步缩小到 cm^2：2×2 或 3.5～3.5，一步一幅印到掩膜版上形成一个版图阵列，如图 3.3 所示。

掩膜版是用石英玻璃做成的均匀平坦的薄片，表面上涂一层 60～80 nm 厚的铬，使其表面光洁度更高，故称之为铬版(Cr mask)，通常也称为光学(掩膜)版。

在接触式曝光方法中，要求掩膜版和晶圆尺寸相同，对应于 3～8 英寸晶圆，需要 3～8 英寸掩膜。不过晶圆是圆的，掩膜是方的。

早期的这种接触曝光制作的掩膜图案失真较大，原因主要有：

(1) 图画在纸上，因为热胀冷缩、受潮起皱、铺不平等引起失真；

(2) 初缩时，由于照相的角度，照相机本身的性能使得初缩图有失真；

(3) 步进重复照相时，同样有失真；

(4) 从掩膜到晶圆上成像，仍有失真。

由于早期的这种制作掩膜的方法失真较大，随着技术的进步，很多新的掩膜制作方法发展起来，例如，图案发生器方法、X 射线制版法以及现在广泛使用的电子束扫描法等。

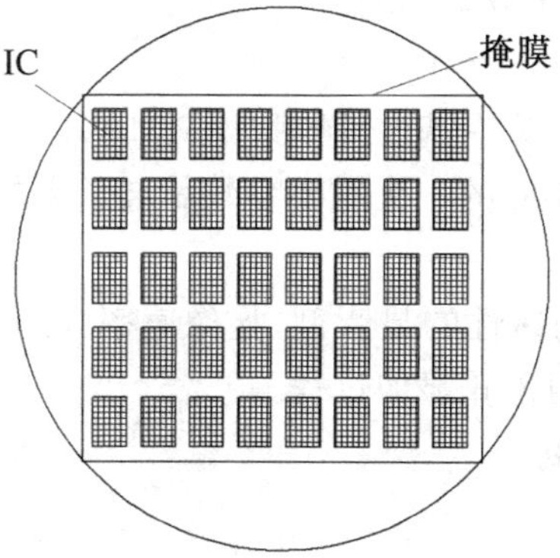

图 3.3　掩膜版图阵列示意图

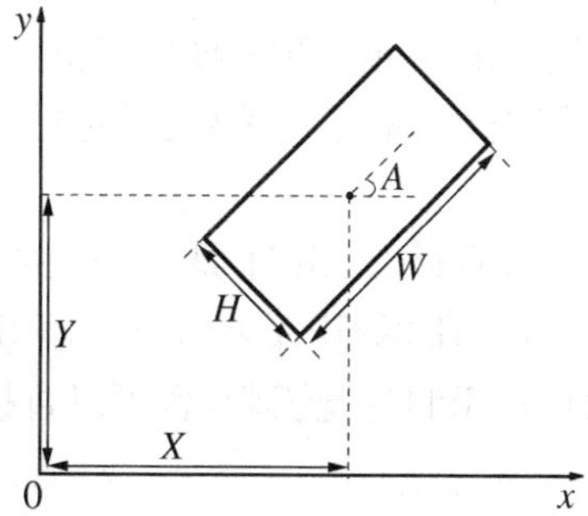

图 3.4　图案发生器方法中的矩形描述参数

2) 图案发生器方法(PG：Pattern Generator)

在图案发生器方法中，规定版图的基本图形为矩形。任何版图都将分解成一系列各种大小、不同位置和方向的矩形条的组合，如图 3.4 所示。每个矩形条用五个参数进行描述：

$$(X, Y, A, W, H)$$

X 和 Y 分别代表矩形中心在坐标中的横坐标和纵坐标位置，W 和 H 分别代表矩形的两条边的长度，A 则代表长度为 W 的边相对横坐标旋转的角度。

人们将这些数据按一定格式录在磁带上，用来控制如图 3.5 所示的一套制版装置，根据工艺流程，制得掩膜版的初缩版。而后，再将得到的初缩版(底片)装入步进重复照相机制作掩膜版。

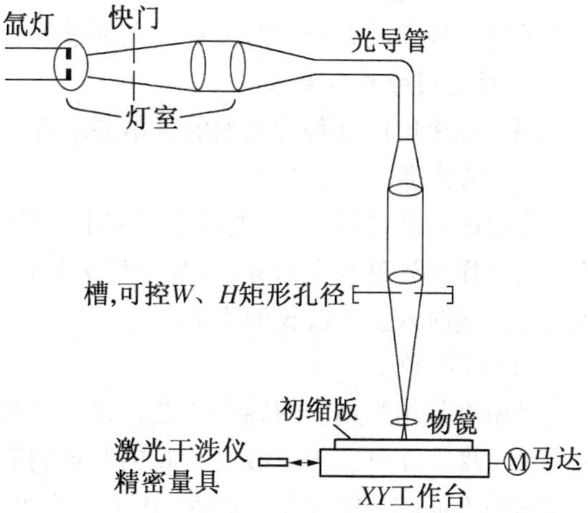

图 3.5　图案发生器方法掩膜版制造装置

3) X 射线制版法

由于 X 射线(X-ray)具有比可见光短得多的波长，可用来制作更高分辨率的掩膜版。X 射线制版原理与图案发生器方法类似，只是在掩膜制版过程中使用的光是 X 射线，同时其他材料和设备根据 X 射线的特性作相应变化即可。X 射线制版过程中所需要掩膜版的衬底材料与铬版不同，要求其对 X 射线透明，而不一定对可见光或紫外线透明，通常使用硅或硅的碳化物，而金、钨等的沉淀薄层可使得掩膜版上的图案对 X 射线不透明。利用这些特征和相应的抗蚀剂可以很方便地制作出 X 射线掩膜版。虽然 X 射线可提高分辨率，但是要控制好掩膜版上每一小块区域的扭曲度是很困难的，因此 X 射线制版方法一般在特殊需要的情况下才使用。

4) *电子束扫描法*(E-Beam Scanning)

当前，装备先进的掩膜公司、实验室、半导体制造厂一般都采用电子束来制作掩膜。这样制作出来的掩膜版称为电子束掩膜版或者电子束版。

由于高速电子的波长很短、分辨率高，电子束扫描技术采用电子束来对抗蚀剂进行曝光。高级的电子束制版设备的分辨率可达 50 nm，这意味着电子束的步进距离为 50 nm，轰击点的大小也为 50 nm。这对于提高掩膜版的质量是十分有利的。

电子束制版可细分成三部分：

(1) 涂敷抗蚀剂。抗蚀剂一般采用正性抗蚀剂，如聚甲基丙烯酸脂(PMMA)。

(2) 电子束曝光。曝光可用精密扫描仪，电子束制版的一个重要参数是电子束的亮度，或电子的剂量。

(3) 用二甲苯显影。二甲苯是一种较柔和的有弱碱性的显影剂，显像速率大约是甲基异丁基酮/异丙醇(MIBK/IPA)的 1/8。用 IPA 清洗可停止显像过程。

电子束版可用于制造掩膜版，也可以直接进行光刻。

3.2.3 光刻

光刻是集成电路加工过程中的重要工艺步骤，作用是把掩膜版上的图形映射到晶圆上，并在晶圆上形成器件结构。光刻的灵敏度和分辨率等对集成电路图形结构的形成，如各层薄膜的图形及掺杂区域等，均起着决定性的作用。通常可用光刻次数及所需掩膜的层数来表示某生产工艺的难易程度。而光刻线条所能达到的最小尺寸通常被称为特征尺寸，用来评价一条集成电路生产线的技术水平。集成电路的特征尺寸是否能够进一步减小，与光刻技术的进一步发展有密切的关系。光刻过程必须在超洁净环境中进行。

1) *对光刻的基本要求*

超大规模集成电路对光刻的基本要求有以下几个方面：

(1) 高分辨率

集成度越高，特征尺寸也就要求越小，同时要求掩膜版图形的光学分辨率越高。通常把特征尺寸作为光刻水平的标志，甚至作为集成电路生产水平的标志。一般所能达到的最细线宽为光刻时入射光波长的 1/2。

(2) 高灵敏度

灵敏度是指光刻胶的感光速度。为了提高产量，要求曝光所需的时间越短越好，亦即要求高灵敏度。光刻胶的灵敏度与胶的组成材料和工艺条件紧密相关，往往灵敏度的提高会使胶其他方面的性能变差。因此，在确保光刻胶各项性能优异的条件下提高灵敏度是一项重要的研究内容。

(3) 精密的套刻对准

集成电路的图形结构不是在一次光刻中完成，通常要做数十次或更多。各次曝光之间要求相互套准。只有每个掩膜版放置准确才能得到性能优良的集成电路。由于图形的特征尺寸已减小到纳米数量级，任何一次掩膜版放置位置稍微偏离都会使得集成电路性能大大降低甚至完全报废，因此，集成电路工艺过程对套刻的技术要求非常高。

(4) 大尺寸硅片上的加工

目前，最普遍的硅圆晶尺寸为 ϕ200mm(8 英寸)、ϕ150mm(6 英寸)和 ϕ125mm(5 英寸)。新一代的圆晶尺寸为 ϕ300mm(12 英寸)。晶圆越大加工越困难，因此完成大晶圆尺寸的加工代表着一代工艺水平的进步。

(5) 低缺陷

集成电路的芯片在加工过程中若产生一个缺陷，即使缺陷尺寸小于图形的线条宽度，也会使电路失效。一个芯片的生产过程包括数百道工序，每道工序都可能引入缺陷，特别是光刻在整个生产流程中需要做数十次，缺陷引起的破坏比其他工序更有威胁性。由于缺陷直接关系到产品的质量和成品率. 所以必须尽量减少缺陷，因而光刻必须在洁净度非常高的环境中进行。

2) 光刻步骤简介

整个光刻的工艺流程如图 3.6 所示。

(1) 涂光刻胶

首先使用旋涂技术对晶圆涂光刻胶，要求尽量均匀。光刻胶一般有两种：正性(Positive)与负性(Negative)。正性光刻胶受光或紫外线照射后感光的部分发生光分解反应，可溶于显影液，未感光的部分显影后仍然留在晶圆的表面，它一般适合做长条形状；负性光刻胶的未感光部分溶于显影液中，而感光部分显影后仍然留在晶圆表面，它一般适合做窗口结构，如接触孔、焊盘等。光刻胶对大部分可见光敏感，对黄光不敏感。因此光刻通常在黄光室(Yellow Room)内进行。

(1) 涂光刻胶

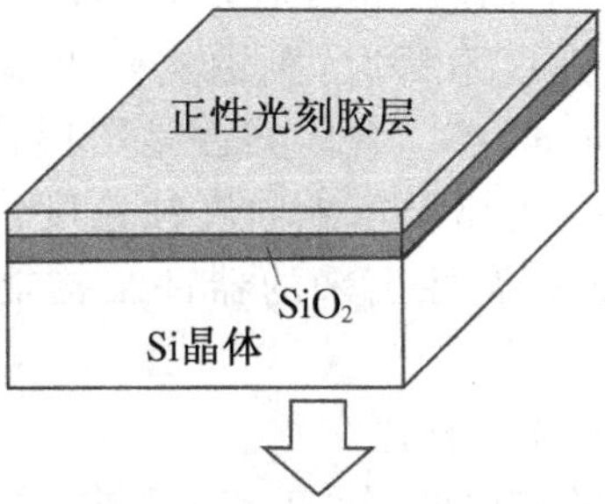

(2) 曝光(掩膜版黑色部分为对光不透明区域)

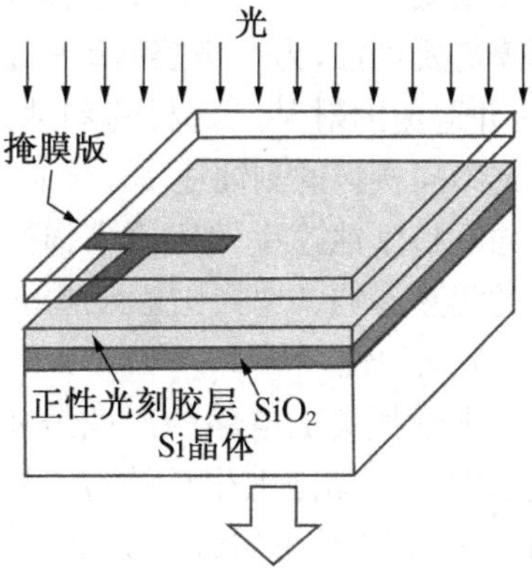

(2) 曝光

将光刻掩膜覆盖在涂有光刻胶的硅片上，光刻掩膜版相当于照相底片，具有一定工艺形状，一定波长的光线通过这个“底片”，使光刻胶获得与掩膜图形同样的感光图形。

(3) 显影与后烘

在曝光之后进行显影、定影、坚膜等步骤，在光刻胶膜上有的区域被溶解掉，有的区域保留下来，形成了版图图形，如图 3.6 步骤(3) 所示。正性光刻胶是曝光区域被溶解，负性光刻胶则是曝光区域保留下来，未曝光部分溶解。

(4) 刻蚀

在图 3.6 中,到步骤(3) 为止所制成的光刻胶的微图形结构只是在半导体材料上面的光刻胶上形成了一个器件结构图形,这并不是真正的器件结构。为获得器件的结构必须在光刻胶下面的材料上形成相应的器件结构。光刻胶形成的图形实际上就是一个模板,刻蚀的主要作用就是根据光刻胶所形成的模板,把经曝光、显影后光刻胶微图形中下层材料的裸露部分去掉,保留被光刻胶覆盖的部分。这样,在去除光刻胶以后,就在下面的材料上形成与光刻胶图形一致的器件结构图形。换句话讲,刻蚀的作用就是将光刻前通过沉积或者氧化形成的薄膜中没有被形成的光刻胶图形所覆盖的部分,以化学反应或物理作用的方式加以去除,从而完成将掩膜版上的图案转移到薄膜上的目的。

超大规模集成电路对图形转移的要求如下[3]:

(1) 图形转移的保真度要高

采用刻蚀剂进行刻蚀时,当纵向刻蚀速度与横向刻蚀速度相等时,称之为"各向同性"刻蚀;当两者速度不等时,刻蚀实际上显示出不同程度的"各向异性"。各向异性是图形转移中保真程度的反映。通常要求纵向腐蚀速度快而横向腐蚀速度慢,这样腐蚀出来的器件结构能够保持最好的器件特性。

(2) 选择比

在实际的器件工艺过程中,光刻胶和衬底也会被刻蚀,这是加工过程中不希望出现的。通常的做法是改变工艺条件,使在刻蚀进行中光刻胶和衬底的刻蚀速率尽量低。器件结构中常含有多层不同材料形成的薄膜需要刻蚀,为严格控制每一层刻蚀图形的转移精度,并避免因对某层材料的刻蚀而影响其他各层,需控制不同材料的刻蚀速率。人们常用选择比,即两种不同材料刻蚀速率的比值来描述图形转移中各层材料的相互影响。选择比越大越好。

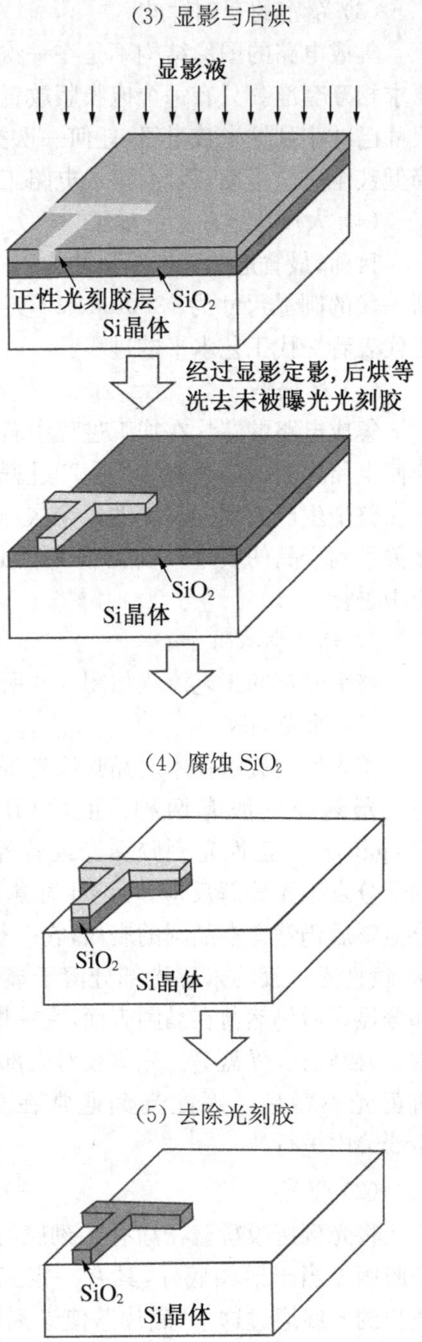

图 3.6　光刻工艺流程

(3) 均匀性

超大规模集成电路的刻蚀是在直径约 150～300 mm 的大晶圆上刻蚀线宽小于 1 μm 的微小图形。晶圆上生长的薄膜厚度的不均匀和各个部位刻蚀速率的不均匀都会导致刻蚀图形转移的不均匀性。为获得完美的刻蚀,控制刻蚀均匀性,减少过刻蚀是非常重要的。

(4) 刻蚀的清洁

超大规模集成电路的图形非常精细，刻蚀过程中引入的沾污，既影响图形转移的精度，又增加刻蚀后清洗的复杂性和难度。防止沾污是对刻蚀过程的一个重要要求。刻蚀分为干法刻蚀和湿法刻蚀。

干法刻蚀是以等离子体进行薄膜刻蚀的技术。一般是借助等离子体中产生的粒子轰击刻蚀区，是各向异性的刻蚀技术，即在被刻蚀的区域内，各个方向上的刻蚀速度不同。通常氮化硅、多晶硅、金属以及合金材料采用干法刻蚀技术。

湿法刻蚀是将被刻蚀材料浸泡在腐蚀液内进行腐蚀的技术，是各向同性的刻蚀方法，利用化学反应过程去除待刻蚀区域的薄膜材料。通常氧化硅采用湿法刻蚀技术，有时金属铝也采用湿法刻蚀技术。

通过刻蚀形成了图形窗口或线条，如硅掺杂区、多晶硅条、铝条等，这些刻蚀出来的图形为下一步工艺操作(如掺杂，沉积，连接等)提供了前提。

3.2.4　掺杂

掺杂的目的是制作 N 型或 P 型半导体区域，以构成各种器件结构。掺杂工艺的基本思想就是通过某种技术，将一定浓度的杂质原子，诸如硼、磷、砷等，掺入半导体材料以形成 P 型或 N 型半导体区。通过掺杂，原材料的部分原子被杂质原子代替。若在 N 型衬底上掺入磷或在 P 型衬底上掺入硼，均可提高原衬底表面杂质的浓度；相反，若在 N 型衬底上掺入硼或在 P 型衬底上掺入磷，可以降低或完全抵消掉原衬底表面杂质的作用。在掺杂浓度足够高的情况下甚至能够使得原衬底的半导体类型改型，从 N 型改变成为 P 型或者从 P 型改变成为 N 型。例如，在弱 N 型硅中进行长时间高浓度的硼掺杂，将得到 P 型的硅半导体。

掺杂主要方法有热扩散法掺杂和离子注入法掺杂。

1) 热扩散法掺杂

热扩散是最早使用也是最简单的掺杂工艺，主要用于硅工艺。一般是利用原子在高温下的扩散运动，使杂质原子从浓度很高的杂质源向硅中扩散并形成一定的分布。热扩散通常分两个步骤进行：预沉积(predeposition，也称预扩散)和推进(drive in，也称主扩散)。预沉积是在高温下利用诸如硼、磷等杂质源对硅片上的掺杂窗口进行扩散，在窗口处形成一层较薄但具有较高浓度的杂质层。这是一种恒定表面源的扩散过程。推进是利用预沉积所形成的表面杂质层做杂质源，在高温下将这层杂质向硅晶体体内扩散的过程。推进是限定表面源扩散过程，通常推进的时间较长。图 3.7 是一种液态掺杂源的开放式扩散炉的示意图，其结构与硅的化学气相沉积外延系统类似。

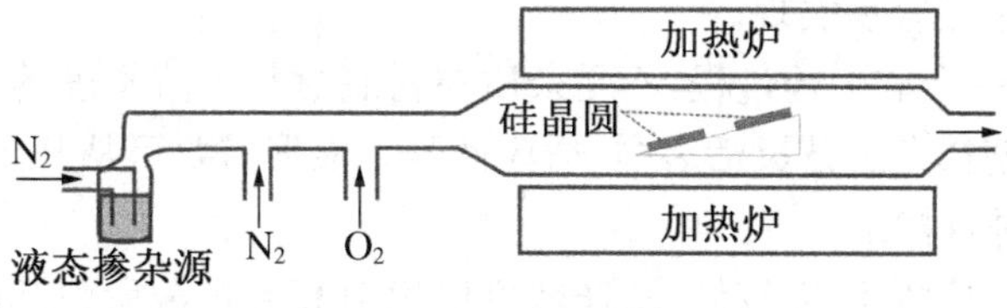

图 3.7　一种热扩散法掺杂的系统示意图

2) 离子注入法掺杂

离子注入是 20 世纪 50 年代开始研究、70 年代进入工业应用阶段的扩散技术，随着 VL-

SI 精细加工技术的进展，已成为各种半导体掺杂和注入隔离的主流技术。

离子注入掺杂也分为两个步骤：离子注入和退火再分布。在离子注入中，电离的杂质离子经静电场加速打到晶圆表面。在掺杂窗口处，杂质离子被注入裸露的半导体，而在其他部位，杂质离子则被半导体上面的保护层屏蔽。通过测量离子电流可严格控制剂量。而通过控制静电场可以控制杂质离子的穿透深度。通常，离子注入的深度较浅且浓度较大，必须使它们重新分布。同时由于高能粒子的撞击，导致硅结构的晶格发生损伤。为修复晶格损伤，在离子注入后要进行退火处理。在退火的同时，可使掺入的杂质向半导体内进行扩散和再分布。图 3.8 是一种中等电流离子注入系统示意图。退火通常在退火炉中进行。

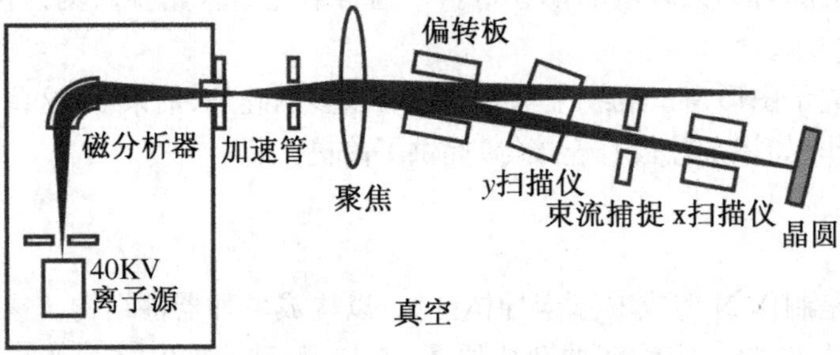

图 3.8　中等电流离子注入系统示意图

离子注入技术主要有以下几方面的优点：

(1) 注入的离子是通过磁质量分析器选取出来的，被选取的离子纯度高，能量单一，从而保证了掺杂纯度不受杂质源纯度的影响。另外，注入过程是在清洁、干燥的真空条件下进行的，这样就大大降低了各种污染。

(2) 注入剂量范围宽，每平方厘米注入的离子数目从 10^{11} ～10^{17} 都能够通过离子注入实现。并且，同一平面内的杂质均匀度可保证在±1％的精度。相比之下，在高浓度热扩散时，同一平面内的杂质均匀度最好也只能控制在 5％～10％水平，低浓度扩散时，热扩散方法得到的杂质均匀度更差。同一平面上的电学性质与掺杂均匀性有着密切的关系，所以离子注入技术的这个优点在超大规模集成电路制造中十分重要。

(3) 离子注入时，衬底一般保持在室温或低于 400℃。因此，像二氧化硅、氮化硅、铝和光刻胶等都可以用来作为选择掺杂的掩膜。对器件制造中的自对准技术(见 3.4.4 节：MOS 工艺的自对准结构)给予更大的灵活性，这是热扩散方法完全做不到的。

(4) 离子注入深度随离子能量的增加而增加。因此，可以通过控制注入离子的能量和剂量，以及采用多次注入相同或不同杂质，得到各种形式的杂质分布。对于突变的杂质分布，采用离子注入技术很容易实现。

(5) 离子注入是一个非平衡过程，不受杂质在衬底材料中溶解度的限制，原则上对各种元素均可掺杂，这就使掺杂工艺灵活多样，适应性强。根据需要可从几十种元素中挑选合适的 N 型或 P 型杂质进行掺杂。

(6) 离子注入时的衬底温度较低，这样就可以避免高温扩散所引起的热缺陷。另外，由于注入的直进性，注入杂质是按掩膜的图形近于垂直入射。这样的掺杂方法，横向效应比热扩散小得多。不过由于退火需要一定的温度，一定程度上降低了离子注入方法这一特点的优越性。

(7) 化合物半导体是两种或多种元素按一定组分构成的，这种材料经高温处理时，组分可能发生变化。采用离子注入技术，基本不存在上述问题，因此容易实现化合物半导体的掺杂。

离子注入法掺杂的缺点是：1) 杂质离子对半导体晶格有损伤，这些损伤在某些场合是无法完全消除的；2) 难以得到很浅的和很深的注入分布；3) 对高剂量的注入，产率要受到限制；4) 离子注入的设备相当昂贵。

3.2.5　绝缘层形成

在集成电路工艺里，导体和绝缘体是互补而又相对的。在晶体外层，绝缘层不仅起到电隔离的作用，还可起到防止湿气侵扰、化学沾污和机械划伤的保护作用。因此，晶圆经过外延生长之后，通常是首先在其表面形成一层绝缘层，为以后的进一步加工做好准备。此外，在制作器件时，必须同时制作器件之间、有源层和导线层之间的绝缘隔离层。在 MOS 器件里，栅极与沟道之间的绝缘层更是必不可少。

在所有的硅工艺中，由于硼、磷、砷等杂质在二氧化硅中的扩散系数远远小于在硅中的扩散系数，同时二氧化硅是非常好的绝缘体并且其耐击穿能力非常强，因此二氧化硅层既可以用作为阻止离子注入及热扩散的掩膜，又可被广泛用于制作绝缘层。这时，绝缘层的形成主要就是依靠硅的氧化技术。人们已经研究出多种用于形成氧化层的技术，如热氧化、湿法阳极氧化、气相技术、等离子阳极氧化等。当要求氧化硅和硅的界面要有低的电荷密度时，热氧化是一种完善的技术。

利用热氧化制作氧化硅时，硅片置于通有氧气的高温环境内，通过到达硅表面的氧原子与硅作用，发生如下反应

$$\mathrm{Si}(\text{固体})+\mathrm{O_2}\longrightarrow \mathrm{SiO_2}(\text{固体}) \tag{3.3}$$

形成二氧化硅。这是由氧气参与反应的干法氧化。干法氧化生成的氧化硅具有结构致密、干燥、均匀性和重复性好、掩蔽能力强、与光刻胶粘附好等优点，而且也是一种很理想的钝化膜和自对准掩膜。目前制备高质量的氧化硅薄膜基本上都采用这种方法，例如 MOS 晶体管的栅氧化层。干法氧化的生长速率慢，所以经常使用干法氧化和湿法氧化相结合的方法来生长二氧化硅。

湿法氧化指的是在高温下，硅与高纯水产生的蒸汽发生如下反应

$$\mathrm{Si}(\text{固体})+2\mathrm{H_2O}\longrightarrow \mathrm{SiO_2}(\text{固体})+2\mathrm{H_2}\uparrow \tag{3.4}$$

生成二氧化硅。

在表面已有了二氧化硅后，由于这层二氧化硅对氧的阻碍作用，硅的氧化速度是逐渐降低的。硅氧化示意图如图 3.9。硅的热氧化技术由于是氧气扩散到完整的硅晶体中氧化得到的氧化层，因此具有最优良的电学性能，是其他技术无法替代的。

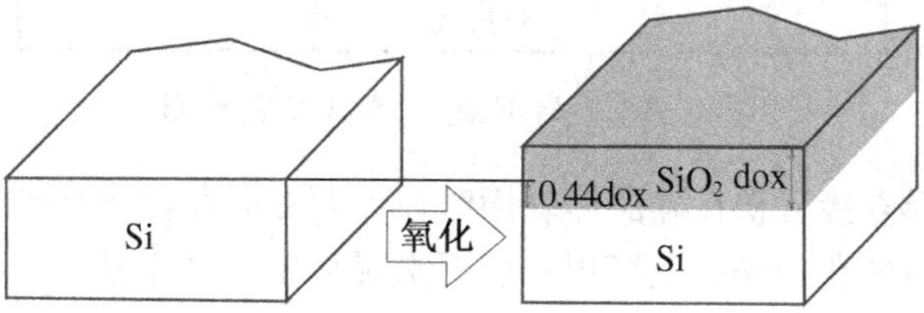

图 3.9　硅氧化示意图

当氧化层要放在金属膜的上面时，例如在多层金属化的情况下，CVD 技术是惟一适用的。常用的沉积方法有常压 CVD（APCVD）、低压 CVD（LPCVD）和等离子增强式 CVD（PECVD）。APCVD 和 LPCVD 分别是在常压和低压的情况下完成沉积的化学反应；等离子体增强 CVD 是利用等离子体增强把参与 CVD 反应的气体分子离解成原子、离子或原子团，使沉积反应可以在较低的温度下进行的一种 CVD 薄膜沉积技术。

除了作为栅极绝缘层等器件的必须结构层以外，由于众多器件都是集成在半导体衬底上的，因此器件与器件之间的绝缘隔离也是十分重要的。对 MOS 电路来说，场氧化区的阈值电压必须足够高以隔离每个器件，因此需要利用绝缘体等来隔离。现在已经提出了许多隔离方法，最常用的适于超大规模集成电路的是局部氧化隔离（LOCOS：Local Oxidation of Silicon）和浅沟槽隔离（STI：Shallow Trench Isolation）。

1）*局部氧化隔离*（LOCOS）

局部氧化隔离法在集成电路技术中是占有统治地位的隔离工艺。由于氧在氮化硅中扩散非常缓慢，当硅表面有一层氮化硅时，其覆盖部分的硅表面将很难生成氧化物。此外，氮本身氧化过程也非常缓慢。这样在整个氧化步骤中，未被氮化硅覆盖的硅晶体被氧化，而被氮化硅覆盖的部分将作为氧化阻挡层保持不变。图 3.10 画出了局部氧化隔离的主要工艺步骤。首先将不需要氧化的区域用氮化硅保护起来，露出需要氧化的硅晶体，然后进行氧化过程，当氧化过程完成后去除硅表面的氮化硅保护层即得到局部氧化的硅晶体。

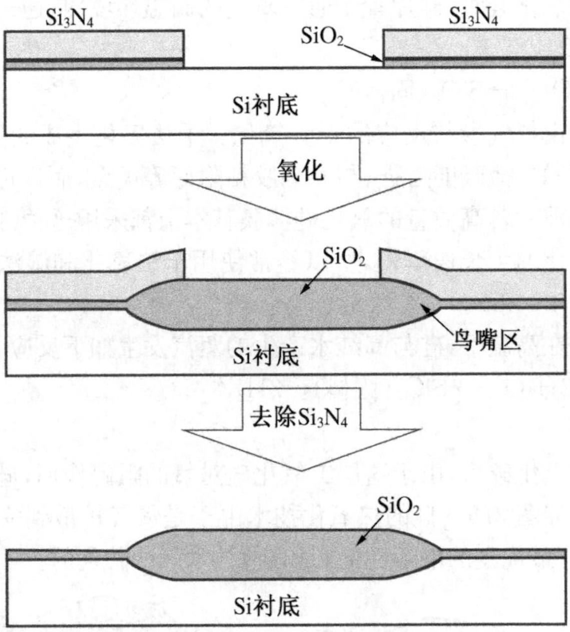

图 3.10　*局部氧化隔离工艺步骤*

由于氮化硅薄膜直接沉积在硅晶体表面时在界面处会存在非常高的张应力，因此，在实际氧化隔离操作时预先在硅表面上沉积一层用来缓解硅衬底和氮化硅之间张应力的二氧化硅缓冲层，然后再沉积氮化硅。一般来说，作为缓冲层的二氧化硅越厚，传给衬底表面并会引起晶格错位的应力也就越小。另一方面，较厚的缓冲氧化层导致氮化硅的防氧化屏蔽作用降低。氧化时会在氮化硅保护区的边缘产生横向氧化反应。人们把氮化硅的边缘部分的这种横向氧化部分，即从较厚的氧化层伸展到较薄的缓冲氧化层的横向氧化区称为“鸟嘴区”，如图3.10所示。横向扩散的鸟嘴区侵入了本来是器件结构的区域，影响了器件性能。为了尽量减小鸟嘴区，浅沟槽隔离方法越来越受人们的关注。

2）浅沟槽隔离（STI）

在浅沟槽隔离法中，首先用干法刻蚀方法在硅晶体上各向异性地选择性刻出一个深度约为0.3～0.8 μm的沟槽，如图3.11的灰色区域轮廓所示。在刻蚀沟槽时，其他区域利用光刻胶保护起来使之不受影响。接下来用CVD法在晶圆表面以及浅沟槽中沉积二氧化硅，其厚度则以填满并略高出沟槽为佳。沉积完成后将硅衬底上沉积的二氧化硅层去除而保留沟槽中的二氧化硅，使去除氧化硅后的表面与原来的硅表面在同一平面上即完成了浅沟槽隔离的目的，浅沟槽隔离工艺的结果如图3.11所示。沟槽隔离效果好，隔离间距小，有利于提高集成度。

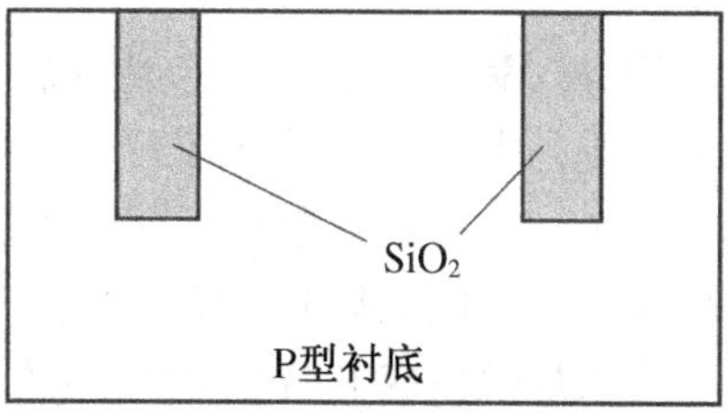

图3.11 浅沟槽隔离剖视图

LOCOS和STI是MOS晶体管工艺的两种主要隔离手段，对于其他类型的晶体管还有很多有效的隔离手段，例如PN结隔离、PN结对隔离、介质隔离、等平面氧化隔离等，不同的工艺要求使用不同的隔离方法。

3.2.6 金属层形成

集成电路工艺中的金属层有三个主要功能：

(1) 形成器件本身的接触线；

(2) 形成器件间的互连线；

(3) 形成焊盘。

一方面，金属与半导体之间的接触是制约金属层形成的一个重要因素。第2章我们已经知道半导体与金属线间的接触分为欧姆接触和肖特基接触。对于理想的欧姆接触，希望电流随外加电压线性变化。为了将尽可能多的电流从器件传输给电路中的各种电容充电，接触电阻在器件电阻中的比例必须尽可能小。而肖特基接触与PN结二极管类似，我们希望正偏时肖特基接触的电阻尽可能低，而反偏时的电阻尽可能大。但在实际工艺过程中制造出的金属-半导体接触，既不会是完全的欧姆接触，也不会是完全的肖特基接触，而是它们的混合接触。因此，在制造金属-半导体接触时，只能尽可能地提高工艺水平和工艺材料来得到我们希望的接触类型。

另一方面，为了能够在有限的晶片表面上有足够的金属连线，以配合日趋精密且复杂的集成电路的发展需求，在晶片上制作两层以上的金属层早已成为半导体工艺发展的一种趋势（尤其是在VLSI逻辑产品上更显得重要）。为了使两层金属线之间有良好的隔离效果，在制作第二层金属层之前，必须先在做好的第一层金属线上沉积用来隔离这两层导线的绝缘介电层。由于这层沉积的介电层势必会受到第一层金属层的轮廓的影响，因此必须将第一层金属层平坦化，以利于介电层的沉积和第二层金属的形成。这些因素都将反映到金属层形成的工艺过程中。

金属层的形成主要采用物理气相沉积(PVD: Physical Vapor Deposition)技术。在半导体工艺发展过程中,主要的 PVD 技术有蒸镀和溅镀两种。前者是通过把被蒸镀金属加热,利用被蒸镀金属在高温(接近熔点)时的饱和蒸气压,来进行薄膜沉积的;而后者是利用等离子体中的离子,对被溅镀金属电极(也就是离子的靶)进行轰击,即溅射的方法,使气相等离子体内含有一定浓度的被溅镀金属的粒子(如原子),这些粒子沉积到晶片上就形成了金属薄膜。

铝、硅、氧化硅以及高熔点的金属硅化物通常使用 CVD 技术或者蒸镀方法来沉积。而溅镀法则是大规模集成电路工艺中用来沉积多种金属应用最为广泛的技术,沉积的金属包括铝合金、钛、钨钛合金和钨等。在某些特定场合,也用溅镀法来沉积铝、硅、二氧化硅以及高熔点的金属硅化物的薄膜。

在大规模集成电路的生产中,溅镀法之所以能够取代曾经在物理气相沉积中占主要地位的蒸镀法,是因为溅镀法具有以下优点:

(1) 溅镀过程可在一个面积很大的靶子上进行,这样就简化了在大尺寸的硅晶片上沉积薄膜厚度的均匀性问题。

(2) 在选定的工作条件下,膜厚比较容易控制,只要调节时间就可以得到所需厚度。

(3) 溅镀法沉积的薄膜的合金成分比蒸发法容易控制。

(4) 改变加在晶圆上的偏压和温度可以控制薄膜的许多重要性质,如台阶覆盖和晶粒结构等。

(5) 在开始溅镀沉积以前,可以在真空中先进行溅射消除衬底表面上的氧化物等。

除了以上的集成电路基本工艺,另外还有为了保护集成电路受到外界侵蚀而进行的钝化过程,为了满足封装要求的衬底研磨过程以及为了衬底导电电极而进行的背面金属化过程等。在下面的特定工艺流程中将会详细介绍每个工艺在整个半导体器件和集成电路工艺中的具体作用和使用方法。

3.3 双极型集成电路的基本工艺流程

世界上首先发明的晶体管和集成电路都是双极型的。因此,双极型集成电路工艺是最早成熟的工艺。如上所述,任何集成电路工艺都可以分解为许多基本工艺的组合。典型的 PN 结隔离的掺金 TTL 电路工艺流程如图 3.12 所示。

从双极型晶体管的制造工艺过程中可以看到,我们需要不断地进行光刻、扩散、氧化等基本工艺过程来实现整个双极型集成电路的制造。下面以一个电阻与一个晶体管组成的双极型集成电路为例来说明其制作工艺过程。同时也通过该实例来说明各个基本工艺在集成电路制造过程中的具体用途。具体工艺过程如下。

1) *衬底选择*

对于典型的 PN 结隔离双极型集成电路来说,衬底一般选用 P 型硅衬底。芯片剖面如图 3.13 所示。

2) *第一次光刻——N^+隐埋层扩散孔光刻*

一般来说,由于双极型集成电路中各元器件均在上表面实现互连,所以为了减少寄生的集电极串联电阻,在制作元器件的外延层和衬底之间需要做 N 型重掺杂(N^+)隐埋层。所用

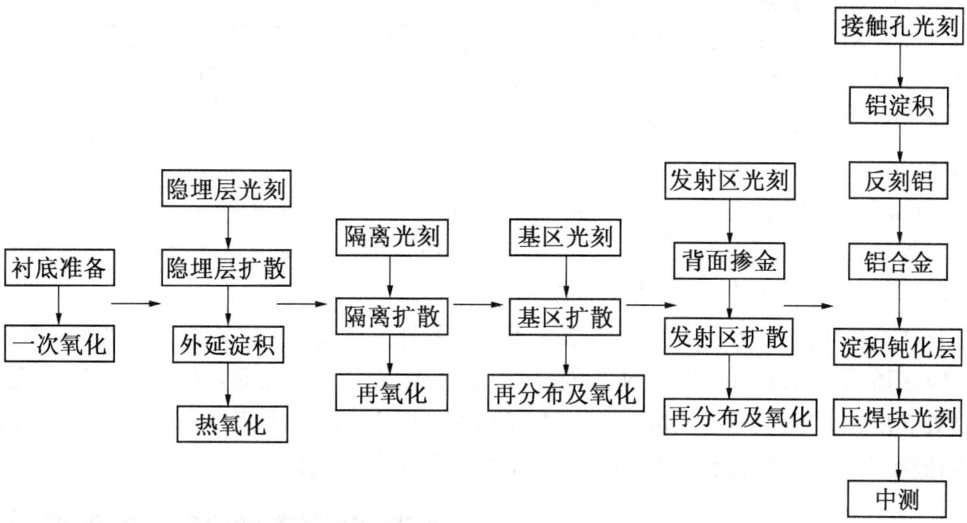

图 3.12　典型的掺金 PN 结隔离 TTL 电路工艺流程

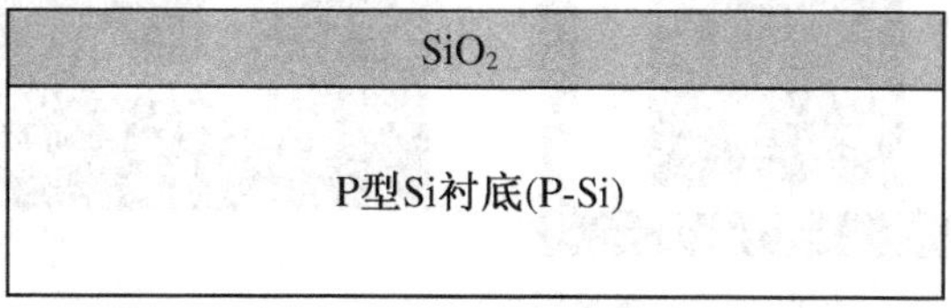

图 3.13　衬底剖面图

光刻胶为正性的，第一次光刻的掩膜版图形及 N^+ 隐埋层扩散后的芯片剖面见图 3.14 所示。

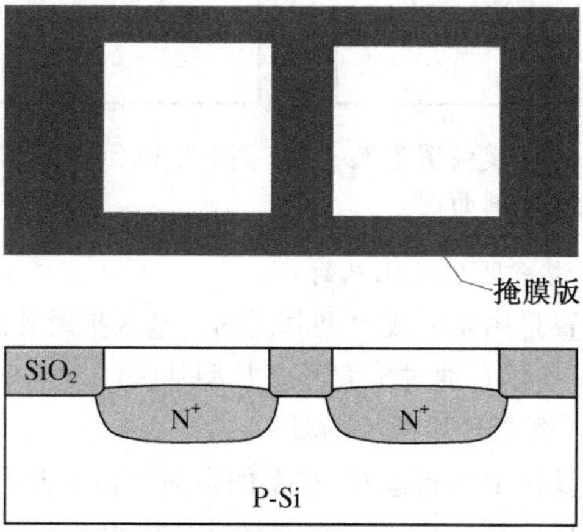

图 3.14　第一次光刻的掩膜版图形及隐埋层扩散后的芯片剖面图

3）外延层沉积

去除氧化层以后需要在衬底上做外延生长。外延生长硅时应该根据器件的功能来设计外延层的各项参数，主要的有：外延层电阻率 ρ_{epi} 和外延层厚度 T_{epi}。对于 TTL 电路来说，电源电压为 5V，所以对击穿电压 BV_{CBO} 要求不高，但对集电极串联电阻 r_{CS} 和饱和压降 V_{CES}

要求高，所以 ρ_{epi} 一般选取 0.2 Ω · cm，T_{epi} 相对小一点，为 3～7 μm；对于模拟电路来说，主要考虑工作电压，工作电压越高，ρ_{epi} 也应选得越高，相应的 T_{epi} 也较大。一般模拟电路的外延层电阻率 ρ_{epi} 为 0.5～5 Ω · cm，厚度 T_{epi} 为 7～17 μm。外延层沉积后的芯片剖面如图 3.15 所示。

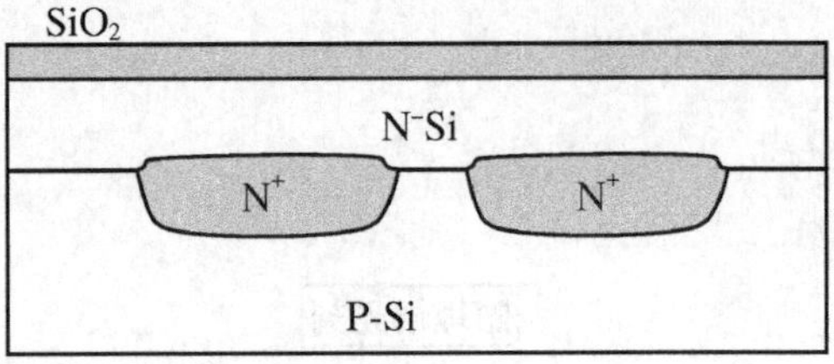

图 3.15　外延层沉积后的芯片剖面图

4) 第二次光刻——P^+ 隔离扩散孔光刻

隔离扩散的目的是在硅衬底上形成许多孤立的外延层岛区，以实现各元件间的电隔离。目前最常用的隔离方法是反偏 PN 结隔离，让 P 型衬底的电位最低，这样，P^+ 和 N^+ 之间的 PN 结处于反偏，任何两个 N^+ 区之间是电隔离的，实现了各岛区间电隔离的目的。隔离扩散孔的掩膜版图形及隔离扩散后的芯片剖面图如图 3.16 所示。

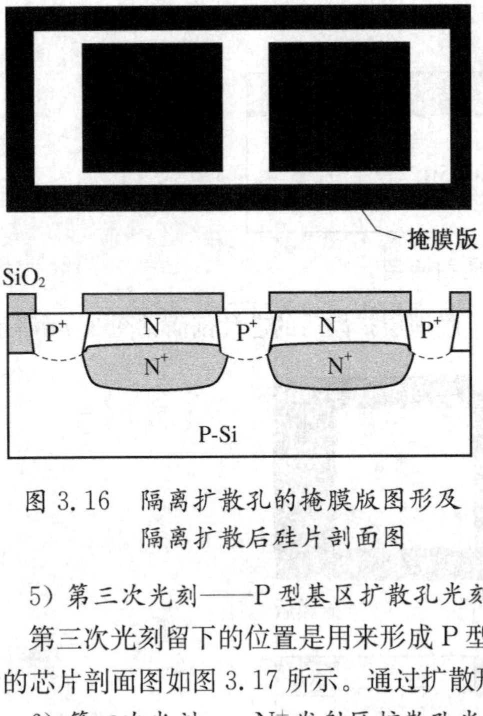

图 3.16　隔离扩散孔的掩膜版图形及隔离扩散后硅片剖面图

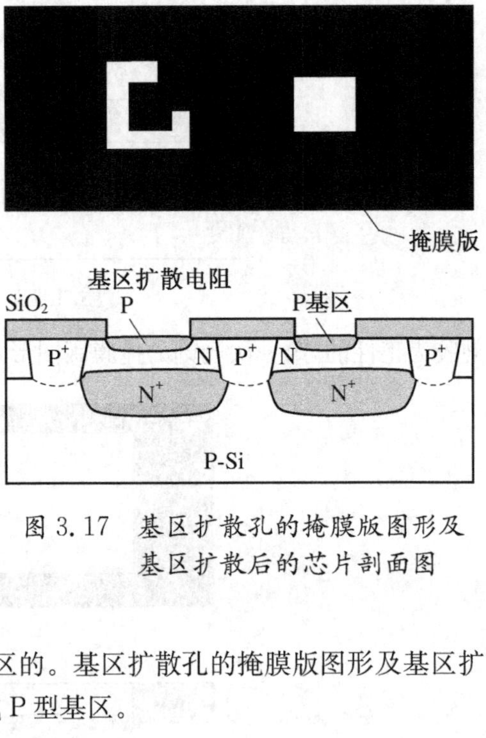

图 3.17　基区扩散孔的掩膜版图形及基区扩散后的芯片剖面图

5) 第三次光刻——P 型基区扩散孔光刻

第三次光刻留下的位置是用来形成 P 型基区的。基区扩散孔的掩膜版图形及基区扩散后的芯片剖面图如图 3.17 所示。通过扩散形成 P 型基区。

6) 第四次光刻——N^+ 发射区扩散孔光刻

第四次光刻是为了在基区中为制造 N^+ 掺杂的发射区留下开孔。此次光刻还包括 N 型电阻的接触孔和外延层的反偏孔。N^+ 发射区扩散孔的掩膜图形及 N^+ 发射区扩散后的芯片剖面图如图 3.18 所示。

7) 第五次光刻——引线接触孔光刻

此次光刻的主要目的是为电极和电阻引线留下位置，光刻的掩膜版如图 3.19(a)所示。

8) 第六次光刻——金属化内连线光刻

此次光刻所用的掩膜版如图 3.19(b)所示。反刻铝形成金属化内连线后的芯片复合图及剖面图如图 3.19(c)和(d)所示。

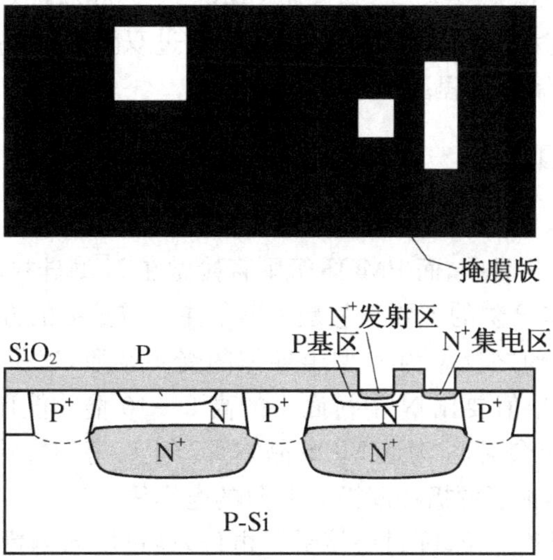

图 3.18　N⁺发射区和引线接触区扩散掩膜版
图形及扩散后的剖面图

(a) 引线接触孔掩膜版

(b) 引线镀铝掩膜版

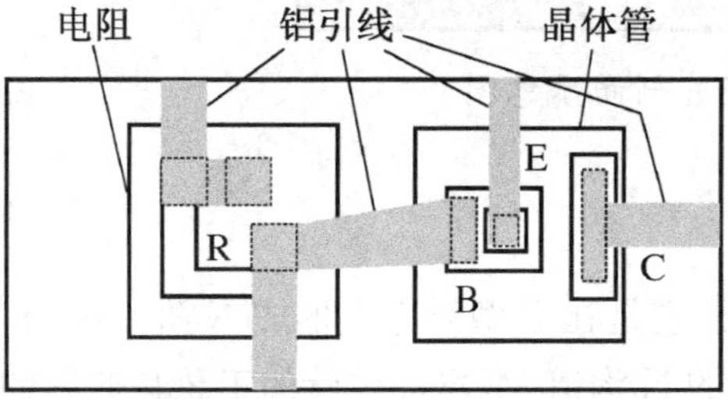

(c) 制作好铝引线后的芯片复合图

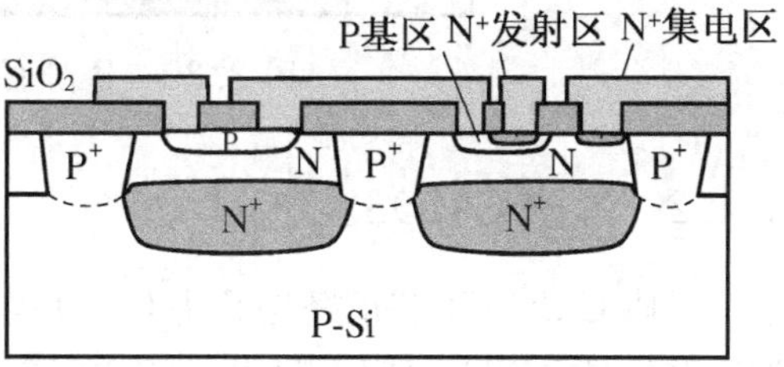

(d) (c)图芯片的剖面图

图 3.19　引线接触孔及金属化内连线光刻

一般说来，由于模拟电路电源电压高，需要放大管的 C-B 与 C-E 电极之间的击穿电压高，所以耗尽区宽度增加，横向扩散严重，因而晶体管的版图面积较大，通常在模拟电路中的放大管的版图面积要比数字集成电路中的开关管的面积大。

3.4　CMOS 集成电路的基本制造工艺

CMOS 工艺技术是当代 VLSI 工艺的主流工艺技术，该工艺是在 PMOS 与 NMOS 工艺基础上发展起来的，特点是将 NMOS 器件和 PMOS 器件同时制作在同一衬底上。CMOS

工艺一般可分为三类：P 阱 CMOS 工艺、N 阱 CMOS 工艺和双阱 CMOS 工艺。下面首先简单介绍 P 阱 CMOS 工艺和 N 阱 CMOS 工艺，然后通过双阱 CMOS 的详细工艺过程来说明 CMOS 集成电路工艺的制造过程。

3.4.1　P 阱 CMOS 工艺

P 阱 CMOS 工艺以 N 型单晶硅为衬底。首先在 N 型硅衬底上制作 P 阱，然后将 NMOS 晶体管制作在该 P 阱中，而 PMOS 管则直接做在 N 型硅衬底上，芯片剖面示意图如图 3.20 所示。其中制作 P 阱的主要工艺是用离子注入或扩散的方法在 N 型衬底中掺入浓度足以中和 N 型衬底并使之反型为 P 型半导体的受主杂质，以保证 P 沟道器件的正常特性。P 阱杂质浓度的典型值要比 N 型衬底中的高 5～10 倍才能保证 CMOS 器件的性能。然而，该 P 阱的过度掺杂会对 N 沟道 MOS 晶体管产生有害的影响，如提高了该 NMOS 管的背栅偏置的灵敏度，增加了源极和漏极对 P 阱的电容等。

电连接时，P 阱接最负电位，N 衬底接最正电位，通过反向偏置的 PN 结实现 PMOS 器件和 NMOS 器件之间的相互隔离。

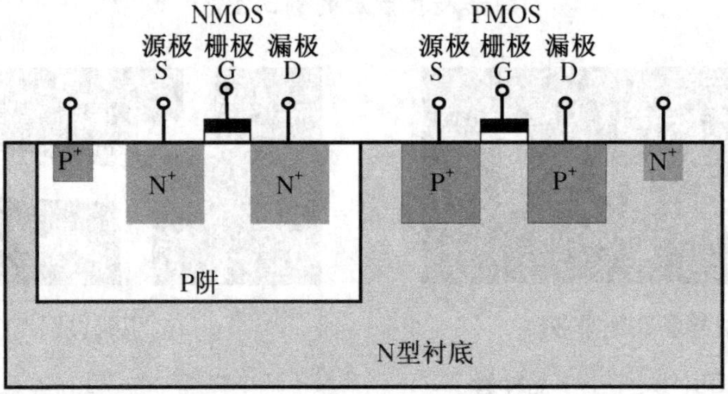

图 3.20　P 阱 CMOS 芯片剖面示意图

3.4.2　N 阱 CMOS 工艺

N 阱 CMOS 工艺正好与 P 阱 CMOS 工艺相反，它是在 P 型衬底上形成 N 阱。因为 N 沟道器件是在 P 型衬底上制成的，这种方法与标准的 N 沟道 MOS 晶体管的工艺是兼容的。在这种情况下，N 阱中和了 P 型衬底，N 阱中的 P 沟道 MOS 晶体管会受到过度掺杂的影响。早期的 CMOS 工艺的 N 阱工艺和 P 阱工艺两者并存发展。但由于 N 阱 CMOS 中 NMOS 管能够直接在 P 型硅衬底上制作，有利于发挥 NMOS 器件高速的特点，因此成为常用工艺。N 阱 CMOS 芯片剖面示意图见图 3.21。

3.4.3　双阱 CMOS 工艺

随着工艺的不断进步，集成电路的特征尺寸不断缩小，传统的单阱工艺已不满足要求，双阱工艺应运而生。通常双阱 CMOS 工艺采用的原始材料是在 N^+ 或 P^+ 衬底上外延一层轻掺杂的外延层，然后用离子注入的方法同时制作 N 阱和 P 阱。使用双阱工艺不但可以提高器件密度，还可以有效的控制寄生晶体管的影响，抑制闩锁现象。

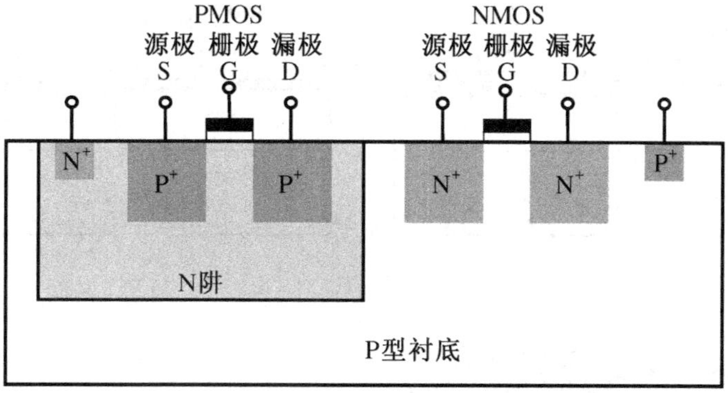

图3.21　N阱CMOS芯片剖面示意图

以N^+硅为衬底的双阱CMOS工艺主要步骤如下[5]：

(1) 衬底准备：衬底氧化后形成二氧化硅(SiO_2)层；在SiO_2层上再生长(Si_3N_4)氮化硅层，如图3.22(1)所示。

(2) 形成P阱：通过光刻定义出P阱区域；刻蚀P阱区Si_3N_4层；P阱离子注入(通常注硼)形成P阱，如图3.22(2)所示。

(3) 在P阱区扩散并生长厚SiO_2层，其他区域被Si_3N_4层保护而不会被氧化，如图3.22(3)所示。

(4) 形成N阱：去掉光刻胶及Si_3N_4层；N阱离子注入(通常注磷)形成N阱，如图3.22(4)所示。

(5) 形成场隔离区：生长一层薄氧化层，淀积一层氮化硅；光刻场隔离区，场区离子注入，如图3.22(5)所示。

(6) 形成多晶硅栅：生长栅氧化层；沉积、光刻和刻蚀多晶硅栅，如图3.22(6)。

(7) 形成N管源漏区：P阱中的NMOS管光刻；注入磷或砷并扩散，形成N管源漏区，如图3.22(7)所示。

(8) 形成P管源漏区：用光刻胶将NMOS管保护起来；光刻N阱中的PMOS管；注入硼并扩散形成P管源漏区，如图3.22(8)所示。

(9) 形成接触孔：硅片表面沉积二氧化硅薄膜，如图3.22(9)所示。

(10) 形成金属层：淀积金属层，光刻定义出连线图形；如图3.22(10)所示。

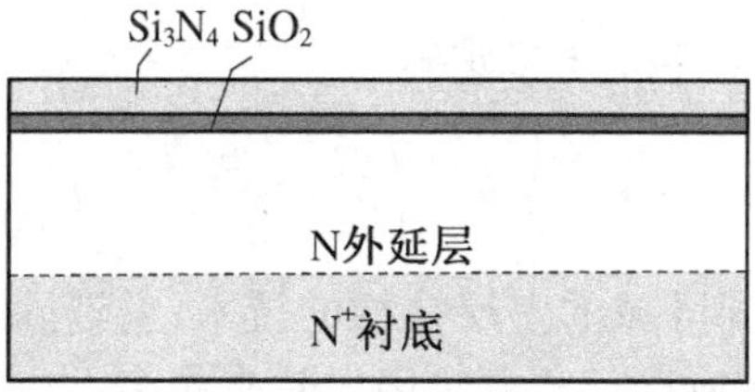

(1)

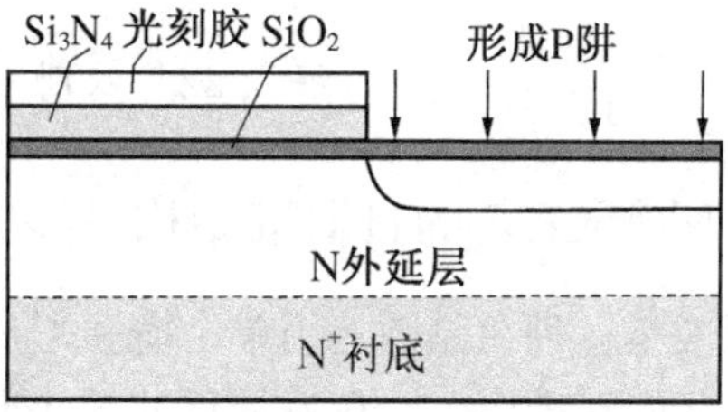

(2)

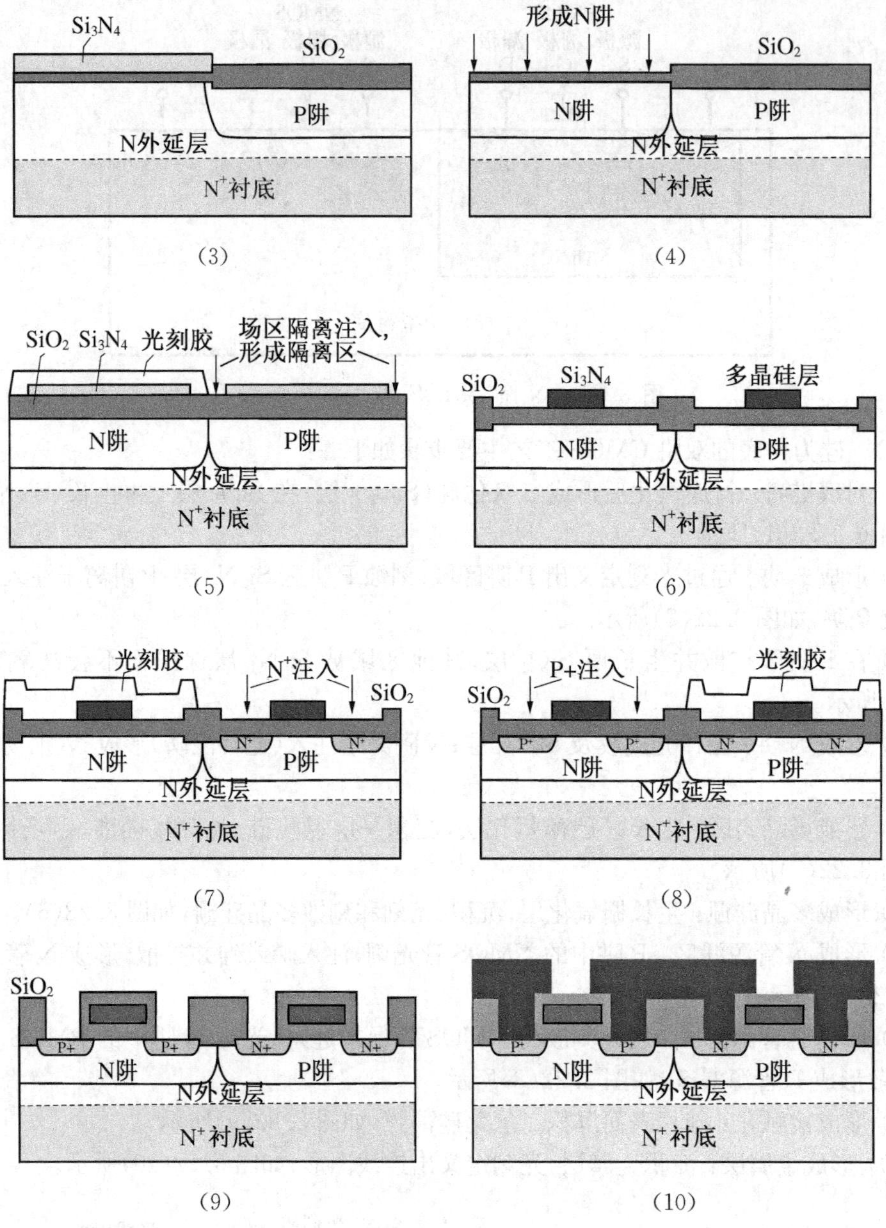

图 3.22　双阱 CMOS 工艺主要步骤

3.4.4　MOS 工艺的自对准结构

自对准是一种在晶圆上用单个掩膜形成不同区域的多层结构的技术，它消除了用多片掩膜所引起的对准误差。在特征尺寸缩小时，这种自对准方法用得越来越多。应用最广泛的例子之一是在多晶硅栅 MOS 工艺中，利用多晶硅栅极对栅氧化层的掩蔽作用，可以实现自对准的源极和漏极的离子注入，如图 3.22(7) 和(8)所示。在这种自对准工艺中，形成了图形的多晶硅条用作离子注入工序中的掩膜。也就是说，当我们对 NMOS 和 PMOS 管的源区和漏区掺杂形成重掺杂的源漏区时，并不需要事先在栅极区域上使用掩膜版来覆盖栅极区,而是利用多晶硅条“自身”挡住离子向栅极下结构(氧化层和半导体)的注入,使得离子对半导体的注入正好发生在它的两侧,实现了自对准。还值得说明的是,原来呈半绝缘的多晶硅本身在大量注入后变成了低电阻率的导体,正好能够实现后面必须的工艺过程：栅极多晶硅的金属化。也就是说,多晶硅的这种应用方式实现了“一箭三雕”的作用。

事实上,自对准工艺不仅用于 MOS 器件的制造,也应用于高速双极器件的制造。

3.5　BiCMOS 集成电路的基本制造工艺

双极器件具有速度高、驱动能力强和低噪声等优点,缺点是功耗大、集成度低。CMOS 器件具有低功耗、集成度高和抗干扰能力强等优点,但它的速度较低、驱动能力差,在具有高速要求的环境下难以适应。所以结合了双极与 CMOS 工艺技术的 BiCMOS 工艺技术应运而生。BiCMOS 工艺技术是将双极与 CMOS 器件制作在同一芯片上,这样就结合了双极器件的高跨导、强驱动和 CMOS 器件高集成度、低功耗的优点,使它们互相取长补短、发挥各自优点,从而实现高速、高集成度、高性能的超大规模集成电路。

BiCMOS 工艺技术大致可以分为两类：分别是以 CMOS 工艺为基础的 BiCMOS 工艺和以双极工艺为基础的 BiCMOS 工艺。一般来说,以 CMOS 工艺为基础的 BiCMOS 工艺对保证 CMOS 器件的性能比较有利,以双极工艺为基础的 BiCMOS 工艺对保证双极器件的性能有利。由于影响 BiCMOS 器件性能的主要部分是双极部分,因此以双极工艺为基础的 BiCMOS 工艺用的较多。

3.5.1　以 P 阱 CMOS 工艺为基础的 BiCMOS 工艺

以 P 阱 CMOS 工艺为基础是指在标准的 CMOS 工艺流程中直接构造双极晶体管,或者通过添加少量的工艺步骤实现所需的双极晶体管结构。图 3.23 为通过标准 P 阱 CMOS 工艺实现的 NPN 晶体管的剖面结构示意图。

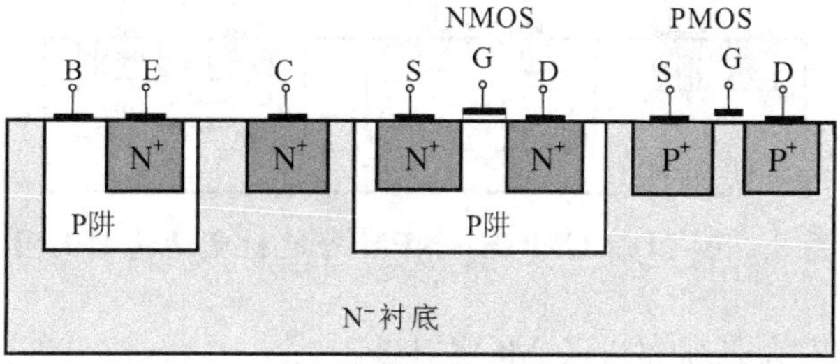

图 3.23　P 阱 CMOS-NPN 结构剖面图

从图 3.23 中可以看到：P 阱作为 NPN 管的基区,N^- 衬底作为 NPN 管的集电区,以 N^+ 扩散作为 NPN 管的发射区扩散及集电极的接触扩散。这种结构完全是在 CMOS 工艺基础上构造的 NPN 晶体管,并没有因为 NPN 晶体管而添加新的工艺步骤。这种结构的缺点是：

(1) 由于 NPN 晶体管的基区在 P 阱中,所以基区的厚度太大,使得电流增益变小；

(2) 集电极的串联电阻很大,影响器件性能；

(3) NPN 管和 PMOS 管共衬底,使得 NPN 管只能接固定电位,从而限制了 NPN 管的使用。

3.5.2 以N阱CMOS工艺为基础的BiCMOS工艺

以N阱CMOS工艺为基础的BiCMOS工艺实现的器件结构剖面图如图3.24所示。

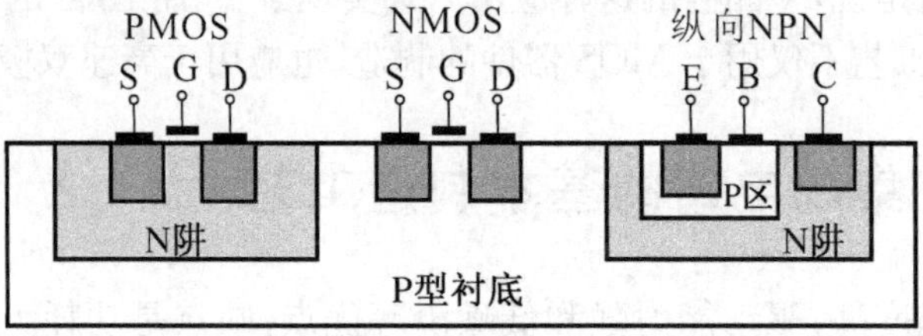

图3.24 N阱CMOS-NPN结构剖面图

N阱CMOS结构工艺将P阱CMOS结构的P阱变为N阱，NMOS管做在P型衬底上，PMOS管做在N阱内，而NPN双极晶体管则是做在P型衬底的N阱中，因此需要在工艺过程中增加P型基区掺杂的工艺步骤。与以P阱CMOS工艺为基础的BiCMOS工艺相比，其优点是：

(1) 工艺中添加了基区掺杂的工艺步骤，这样就形成了较薄的基区，大大提高了NPN晶体管的性能；

(2) 制作NPN管的N阱将NPN管与衬底自然隔开，这样就使得NPN晶体管的各极均可以根据需要进行电路连接，增加了NPN晶体管应用的灵活性。

它的缺点是：NPN管的集电极串联电阻还是太大，影响双极器件的驱动能力。

如果以P^+-Si为衬底，并在N阱下设置N^+隐埋层，然后进行N型外延，可使NPN管的集电极串联电阻减小5～6倍，还可以使CMOS器件的抗闩锁性能大大提高，其结构如图3.25所示。

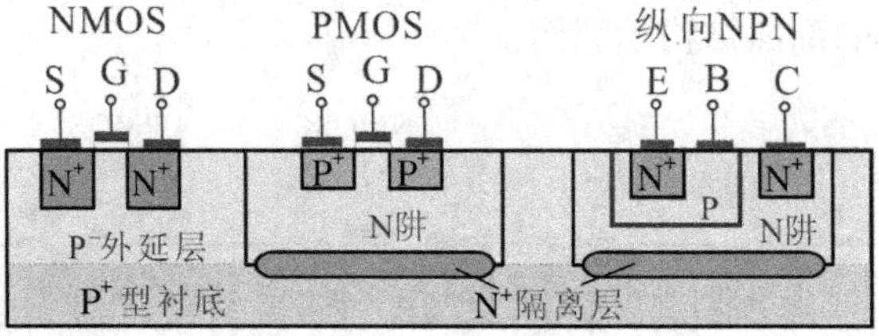

图3.25 N阱CMOS-NPN外延衬底结构剖面图

3.5.3 以双极工艺为基础的BiCMOS工艺[5]

1) 以双极工艺为基础的P阱BiCMOS工艺

在以CMOS工艺为基础的BiCMOS工艺中，影响BiCMOS电路性能的主要是双极型器件。显然，若以双极工艺为基础，对提高双极型器件的性能是有利的。图3.26是以典型的PN结隔离双极型工艺为基础的P阱BiCMOS器件结构的剖面示意图。它采用<100>P型衬底、N^+埋层、N型外延层，在外延层上形成P阱结构。该工艺采用成熟的PN结对隔离技术。为了获得大电流下低的饱和压降，采用高浓度的集电极接触扩散；为防止表面反型，采用沟道截止环。NPN管的基区扩散与PMOS管的源漏区的扩散同时完成。栅氧化在PMOS管沟道注入之后进行。

这种结构克服了以 P 阱 CMOS 工艺为基础的 BiCMOS 结构的缺点，而且还可以用此工艺获得对高压、大电流很有用的 LDMOS 及 VDMOS 结构，以及在数字电路中十分有用的 I^2L 等器件结构。

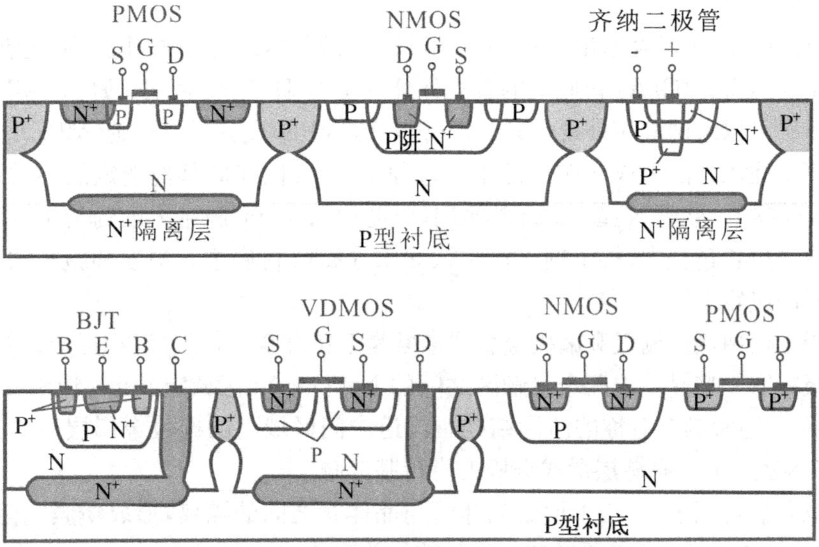

图 3.26　两种以 PN 结隔离双极型工艺为基础的 P 阱 BiCMOS 器件结构剖面图

2）以双极工艺为基础的双阱 BiCMOS 工艺

以双极工艺为基础的 P 阱 BiCMOS 工艺（见图 3.26）虽然得到了较好的双极器件性能，但是 CMOS 器件的性能不够理想。为了进一步提高 BiCMOS 电路的性能，满足双极和 CMOS 两种器件的不同要求，可采用如图 3.27 所示的以双极工艺为基础的双埋层、双阱结构的 BiCMOS 工艺。

这种结构的特点是采用 N^+ 及 P^+ 双埋层双阱结构，采用薄外延层来实现双极器件的高截止频率和窄隔离宽度。此外，利用 CMOS 工艺的第二层多晶硅做双极器件的多晶硅发射极，不必增加工艺就能形成浅结和小尺寸发射极。

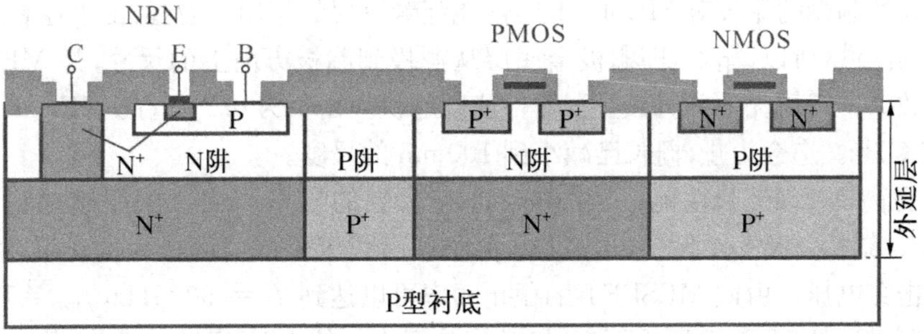

图 3.27　以双极工艺为基础的双埋层双阱 Bi CMOS 工艺的器件结构剖面图

3.6　MESFET 工艺与 HEMT 工艺

MESFET 是第一代 GaAs 晶体管类型和工艺标识，是 GaAs 单片集成电路技术的基础，直至现在仍是 GaAs VLSI 的主导工艺。而 HEMT 工艺则是最先进的 GaAs 集成电路工艺。二者工作原理和工艺制造过程基本相同。下面分别加以介绍。

3.6.1 MESFET 工艺

第 2 章的图 2.21 已经给出了 GaAs MESFET 的基本结构。从图上可以看到，在半绝缘(Semi-isolating，S.I.)GaAs 衬底上的首先外延一层 N 型 GaAs 薄层，该层是 MESFET 的有源层。这一层可以采用液相外延(LPE)、气相外延(VPE)或分子束外延(MBE)沉积形成，也可以通过离子注入方法形成。在外延生长过程中，镓、砷、连同其他选定的杂质原子沉积在 S.I. GaAs 晶圆上，形成 N 型 GaAs 外延层，厚度约 0.5 μm，施主浓度约为 $1.5\times10^{17}\,cm^{-3}$。而在离子注入生长过程中，掺杂剂直接注入 S.I. GaAs 衬底中。深度和施主浓度由离子能量及工艺时间决定。

有源层上面两侧的栅极和漏极金属层通常是金锗合金层，通过沉积形成，与有源层形成源极和漏极的欧姆接触。这两个接触区之间的 N 型 GaAs 区域定义出 MESFET 的电流沟道。MESFET 通常具有对称的源漏结构。沟道中间区域上的栅极金属层通常是金或金的合金层，与 N 型 GaAs 有源层形成栅极的肖特基接触。

集成电路制造工艺中，为了形成晶体管与晶体管之间的隔离，形成薄膜电阻和金属-绝缘体-金属(MIM)电容，还需要增加一系列的相关工艺。

我们从第 2 章就已经知道，由于肖特基势垒的耗尽区延伸进入有源层，使得沟道的厚度变薄。根据栅极零偏压情况下沟道夹断的状况，可形成两种类型的 MESFET：增强型和耗尽型。对于增强型 MESFET，由于在不加偏压时肖特基结区的内建电场形成的耗尽区已经延伸到有源区的下边界，沟道在零偏压情况下是断开的，通过栅极正偏使得电流沟道导通。而耗尽型 MESFET 的耗尽区在零偏压下只延伸到有源区的某一深度，沟道为在零偏压情况下是开启的，通过栅极反偏能使得 MESFET 夹断(见第 2 章 MESFET 工作原理图 2.22)。当然源漏电压的方向和大小也能够影响 MESFET 的电流沟道的开启与导通。

在栅极加上电压，内部的电势就会被增强或减弱，从而使沟道的深度和流通的电流得到控制。作为控制端的栅极对 MESFET 的性能起着重要的作用。而且，由于控制主要作用于栅极下面的区域，所以，栅长，即栅极金属层从源极到漏极方向上的尺寸，是 MESFET 技术的重要参数。常规情况下，栅长越短，器件速度越快。栅长为 0.2 μm 的 MESFET 的截止频率约为 50 GHz。迄今为止，栅长已减小到 100 nm 的尺度。

为了提高 MESFET 性能，就需要改进有源层的导电能力。采用赝晶的 InGaP/InGaAs/GaAs 结构就是一个例子：InGaAs 由于其高载流子浓度而作为沟道层，而 InGaP 则用来增加击穿电压。由此 MESFET 的截止频率可以达到 $f_T=90$ GHz，$f_{max}=160$ GHz。

与后面讨论的 HEMT 器件而言，相对简单而成熟的 MESFET 工艺使得光通讯中高速低功率 VLSI 的实现成为可能。

3.6.2 HEMT 工艺

在 N 型掺杂的 GaAs 层中，电子的漂移速度主要受限于电子与施主的碰撞。为了增加电子的漂移速度，应减小电子与施主的碰撞机会。这就是说，掺杂的浓度应减小，最好是没有掺杂，这样完美的晶体结构就不受到破坏，但同时希望在晶体结构存在大量可高速迁移的电子。这就是高电子迁移率晶体管(HEMT)的原创构思。由于在 HEMT 结构中有源区采用的是几种半导体组成的层状结构，例如 GaAs/AlGaAs，在两种不同晶体的界面(称为异质结)附近通常容易聚集大量可高速迁移的电子，通常我们将这些能够高速迁移并且聚集在半导体异质结边界的电子称为二维电子气，HEMT 早期也被称为二维电子气场效应管(TEGFET)。

HEMT 也属于场效应管的一种，它有与 MESFET 相似的结构。HEMT 与 MESFET 之间的主要区别在于有源层的不同。图 3.28 所示的是一个简单的 HEMT 结构。在 S. I. GaAs 衬底上，一层很薄的没有掺杂的 GaAs 层被一层更薄(50～100 nm)的 N 掺杂的 AlGaAs 层覆盖，没有掺杂的 GaAs 和其上的 AlGaAs 薄层共同组成 HEMT 的有源层。与 MESFET 结构类似，在 AlGaAs 上面形成肖特基栅极、源极与漏极欧姆接触。由于 AlGaAs(1.74 eV)和 GaAs(1.43 eV)的禁带宽度以及原本的费米能级高度的不同，AlGaAs 层的电子将会进入其下的 GaAs 层，并且能带将发生如图 3.28 所示的能带结构图所示的弯曲。正是由于能带的弯曲使得 AlGaAs 中进入到 GaAs 层的电子不得不停留在 AlGaAs /GaAs 相结处 GaAs 内的弯曲部分附近，形成二维电子气(2DEG)，如图 3.28 所示。根据图 3.28 的结构图，HEMT 栅极下 AlGaAs 层的厚度与掺杂浓度，其类型可为增强型或耗尽型，即自然断开和自然开启。对器件的测量表明，相对于掺杂的 MESFET 层，它有更强的电子移动能力。采用简单的 HEMT 结构，实现的室温跨导约为 200 mS/mm，每级逻辑门的延时约为 20 ps。

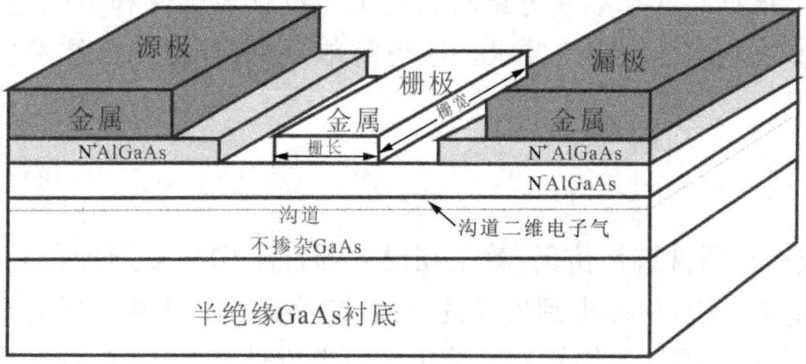

(a) 层结构示意图

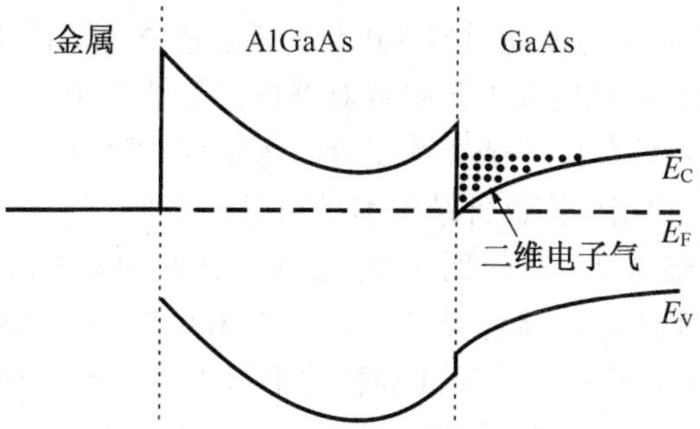

(b) 能带结构示意图

图 3.28　一个简单的 HEMT 结构

由于 HEMT 表现的优秀性能，这种类型的器件在近十年有了广泛的发展。它在许多方面取得了进展,如减小了栅长,优化水平与垂直结构,改善了 2DEG 限制结构及原料系统。

作为场效应管的一类,HEMT 传输的频率 f_T 也随着栅长的减小而增加。栅长越短,GaAs 场效应管的速度越快。所以,工艺师们一直致力于减小栅长。至今,先进 HEMT 工艺的栅长小于 0.2 μm,实验室环境下可获得小于 100 nm 的栅长。使用电子束光刻技术可获得亚微米栅长。另一方面,栅极电阻随栅长减小而增大,这是高速器件所不希望的。为了解决这个问题,栅长小于 0.3 μm 时通常考虑采用蘑菇形即 T 型栅极。

3.7 集成电路工艺 CAD

在没有计算机的时代,人们是通过手工绘图来设计器件和集成电路,然后制造出集成电路并通过测试分析该集成电路来改良前面的手工设计,再制造新的集成电路芯片。这样的过程复杂、难度大并且设计周期长。现在人们可以通过计算机辅助设计,即 CAD 技术来实现这一设计改良过程,只需要最后通过制造集成电路来验证其可靠性和正确性即可。集成电路的 CAD 技术大大提高了半导体器件的性能和集成电路的设计水平,使得集成电路技术水平迅速发展。

从前面的基本工艺和特殊工艺过程我们可以看到,集成电路几乎都是由各类晶体管组成的,器件性能对集成电路的性能有直接的影响。因此,只有深入了解器件工作原理、掌握影响器件性能的结构、工艺和条件,才能更好地优化器件设计,提高器件性能。目前人们可以通过 CAD 技术,根据器件和集成电路的制造工艺过程对器件和集成电路进行仿真分析,并通过调试各项参数来满足性能的要求。这里简单介绍利用 CAD 技术进行器件仿真和工艺仿真的基本知识。

3.7.1 器件仿真

通过 CAD 技术对器件进行仿真,就是在已知器件结构和掺杂分布的情况下,利用数值方法求解器件的基本方程,从而得到器件的直流、交流、瞬态、热载流子等电学特性。器件的 CAD 仿真通常用来研究器件的结构和工艺参数对器件性能的影响,从而进行器件性能的预测。此外,通过器件的 CAD 仿真还可以获得那些无法测量或难以测量的器件性能参数,如载流子浓度分布、电流密度分布、电场分布等,来进行器件的物理分析和结构分析。

目前,大多数仿真软件都是既能对器件进行仿真也能够对器件制备工艺过程进行仿真,因此,通过 CAD 技术来研究结构和工艺参数对器件的影响是十分方便的。首先,通过工艺仿真给出器件的结构和器件各层的杂质浓度分布等参数,然后即可直接对工艺仿真出来的器件结构进行仿真,最后得出研究器件结构本身和工艺条件对器件各项性能的影响。反之,我们能够通过分析和调整仿真过程得到的器件性能及影响因素来改善器件结构和器件工艺过程,从而得到具有更优性能的器件结构。随着 CAD 技术的发展,Silvaco、CADDETH、PISCES、TMA MEDICI、ISE、DAVANCI 等软件都可以进行器件仿真,并且大部分软件都可以进行三维仿真过程。这里主要以 Silvaco TCAD 软件为例来具体说明器件仿真的基本原理和功能,有关软件的使用请参见附录 A。

器件仿真的基本原理是:器件仿真实际上就是利用数值求解方法,根据给定的边界条件来求解基本方程。器件的基本方程包括:泊松方程、电子和空穴连续性方程、热扩散方程、电子和空穴的漂移/扩散方程(能量输运方程)。通过对这些方程的数值求解,能够得到器件性能的基本参数,包括:静电场、电子和空穴的浓度、电子和空穴温度、器件的晶格温度等。由于这些需要求解的方程大多数是微分方程和偏微分方程,在数值求解时必须将器件分成细小的方格,即网格化,利用连续性方程和边界条件得到非线性方程组,通过数值方法(Newton 方法、Gummel 方法)数值求解。Silvaco 的 Atlas 器件仿真系统可以仿真的器件的结构、材料及电学特性分述如下。

1) 能够仿真的结构

该器件仿真软件可以用来仿真我们能够见到的绝大多数器件,包括各种二极管、各种双极型晶体管、各种场效应器件、MOS 电容器、多层结构器件、光电器件、可编程器件等。器件仿真还可以仿真一些新型器件。可以说只要具有器件原型,就可以通过设计和优化比较来对器件进行合理的仿真分析。

2) 能够仿真的材料

由于形成不同器件所用的材料不同,器件仿真软件可以处理构成器件的几乎全部的导体,半导体和绝缘体,包括 Si、α - Si、多晶硅、SiO_2、InP、GaAs、AlGaAs、GaAsP、InGaP、InAsP、AlInAs、Ge、SiC、金刚石、ZnSe、ZnTe、Al、Au、Cu、Mu、W、合金等等。

3) 能够进行的电学分析和能够获得的电学特性

器件仿真软件可以进行器件的稳态和瞬态分析、直流和交流信号分析、热载流子分析、可编程器件的 FN 电流分析、光电分析、深能级态和寿命分析、光电特性分析、晶格温度分析、自加热效应等现象等等。器件仿真能够得到的主要电学参数如下:

(1) 端特性　如端电流密度与偏压的关系、带回扫的端电流与偏压的关系、器件截止频率与偏压的关系、S 参数、结电容与偏压的关系、MOS 电容与偏压的关系、硅基 MOS 电容器 Si/SiO_2 界面中及衬底中的各类载流子(电子、空穴、净电荷)与偏压的关系、器件栅电流与偏压的关系以及光照的直流响应等等。

(2) 器件内部特性　如掺杂浓度以及载流子的内部分布、载流子密度和电流密度的内部分布、电场电势分布、载流子寿命在器件内的分布、深能级在器件内部的分布、迁移率和电导率在器件内部的分布、载流子温度在器件内的分布、能带图随器件深度的变化以及载流子注入在器件内部的分布等等。

(3) 电学参数　如给定偏压的薄层电阻、器件的特征参数(MOS 的阈值电压、亚阈斜率等)、截面电阻、电极上净电荷、界面总电子或空穴密度、集总复合速率、集总载流子浓度等等。

这些参数可以依据仿真结果,通过优化计算后获得。在 Silvaco 软件中,还提供了另外一种参数获取功能:将测试数据输入,选择被分析的 SPICE 中的器件模型进行计算,通过基于最小二乘法的曲线拟合及仿真、优化计算,在保证仿真值与测试值之间有较小误差的情况下,来获得所需的器件电学参数。提取出的参数可用于 SPICE 中相应器件(如二极管、结型场效应管、双极型晶体管、MOSFET 和 MESFET)的电路仿真。

器件仿真使用的模型则是通过对器件进行物理机制的分析提出的,例如复合机制、产生机制、碰撞离化机制、带-带隧穿、迁移率模型、重掺杂引起的禁带变窄、速度过冲、热载流子注入机制、热离化机制等等,其中,复合机制包括 SRH 复合、Auger 复合、直接复合、表面复合等。迁移率模型则需要考虑低场迁移率、高场迁移率以及表面散射、非局域电场等因素的影响。对部分器件还需考虑杂质电离不完全、光电互连情况等。部分小尺寸器件使用 Monto-Carlo方法和量子力学修正求解，必要时需要考虑费米统计、Dirac 统计以及 Boltzman 统计等等。

器件仿真需要输入器件结构、材料成分、掺杂分布、偏置条件等器件参数信息，选择必要的数值方法对需要获得的特性进行求解和分析，并选择文本或图像的方式输出，以便查看和分析。

3.7.2 工艺仿真

为了获得高性能和可靠性的集成电路，需要选择合理的工艺过程和优化工艺条件。如果总是通过将集成电路的设计方案经过实验性工艺流片来测试确定集成电路的性能，然后再通过改善工艺过程和优化工艺条件来重新流片来验证集成电路性能，那么设计制造高性能的集成电路需要很长的周期和很高的成本。工艺仿真软件使这一问题得到改善。

所谓工艺仿真，就是在深入探讨各工艺过程物理机制的基础上，对各工艺过程建立数学模型，给出数学表达式，在某些已知工艺过程和参数的情况下，利用 CAD 技术对被设计的集成电路的每个工艺过程进行数值求解，计算出设计的集成电路在该工序后的杂质浓度分布、掺杂类型变化或者结构特性变化等。其中结构特性变化是指工艺过程引起的集成电路各层的厚度和宽度的变化等。因此，通过工艺仿真，我们可以在不经过实际流片的情况下，得到集成电路中的杂质浓度分布、器件结构变化以及氧化、薄膜沉积以及其他热过程等引起的应力变化，并可以得到与杂质浓度分布有关的电学参数如结深度、薄层电阻、MOS 夹断电压等，还可以预测工艺参数偏移对工艺结果和集成电路特性的影响。如果通过工艺仿真与器件仿真相结合，可以获得工艺参数和条件的变化对集成电路性能的影响。因此，工艺仿真可以用来优化工艺流程和工艺过程及条件，大大缩短高性能集成电路的开发周期，提高集成电路的成品率。目前较通用的工艺仿真软件主要有 Silvaco、SUPREM 等。

工艺仿真的主要功能是根据集成电路的工艺过程和工艺条件，按照工艺制造过程从衬底选择开始，选择每道工艺的材料并按照相应的工艺模型逐步仿真集成电路的每个工艺过程，最后完成整个集成电路的工艺过程。每个集成电路的工艺都是包括多个步骤的工艺，每一个后续工艺的仿真，都需要考虑前面工艺中的结构、材料和掺杂浓度分布等。下面以 Silvaco 的Athena 工艺仿真系统为例，介绍有关工艺仿真的内容。

工艺仿真软件能处理的工艺过程包括离子注入、预沉积、氧化、扩散、外延、低温沉积、光刻、刻蚀等几乎全部已知的工艺过程。这些工艺过程一般分为两类：一类是需要高温处理的过程，如氧化、扩散、外延、预沉积等，需要考虑杂质扩散和再分布，氧化和外延过程还要考虑氧化层和外延层厚度的增加以及界面的移动；另一类是不需要高温的处理过程，如离子注入、低温沉积、光刻、刻蚀等，除了离子注入会影响杂质分布外，其他非高温处理过程可以不考虑杂质再分布，但会引起器件结构的变化。

通常，器件能够仿真的材料，工艺仿真软件也能够仿真。

要仿真每一道工艺过程，需要相应的数学模型。目前很多模型都是经验公式，是人们长期研究和使用的结果。工艺模型是工艺仿真的关键，它直接影响到仿真的精度。例如，离子注入模型主要有两种，一是两个相连的半高斯分布，用于仿真除硼掺杂以外的掺杂元素的分布；另一种是修正的 Pearcon IV 分布，用来仿真硼离子注入过程。此外还有一些模型考虑多层注入以及注入损伤的分布等。而根据氧化生长规律建立的氧化模型包括干氧氧化、湿氧氧化、水气氧化、烧氢氧化、掺氯氧化和氮气保护退火等，氧化工艺模型中需要考虑氧化速率与压强、衬底掺杂浓度以及气体气氛等因素。多晶硅氧化和氮化硅氧化分别由各自氧化过程建立起来的模型来描述，在氧化模型中还需要考虑应力影响等。另外，扩散工艺所用的模型主要考虑空位、间隙两种扩散机制，还要考虑氧化增强扩散、多晶硅增强扩散、点缺陷增强扩散等效应。除了杂质元素外，可以仿真间隙和空位缺陷的扩散以及金属和硅原子在硅化物中的扩散。硼、磷、砷、锑等由于杂质本身特性的不同具有不同的扩散模型，尤其是对磷杂质，其分布的扭曲现象需要在模型中考虑到。另外不同的硅化物也有不同的硅化物反应模型。预沉积模型通常用余误差分布来描述。此外，相应地还有外延模型、沉积模型、光刻和刻蚀模型等。

工艺仿真的输出文件与器件仿真输出类似，工艺仿真的结果可以通过文本或图像的方式输出，以便查看和分析。工艺仿真的结果可以直接输入到器件仿真程序中进行器件分析和仿真。附录 A. 2 中给出了一个制作 NMOS 器件的具体工艺仿真过程实例。

3.8　本章小结

本章的内容主要分为三个部分。第一部分简单介绍了集成电路工艺中重要的基本加工工艺，包括：外延生长，掩膜制版，光刻，掺杂，金属层的形成，绝缘层的形成等，为学习集成电路的特定工艺做准备。第二部分则简要介绍了目前常用的双极型/HBT、CMOS、BiCMOS、MESFET/HEMT 这四大类型集成电路制造的特定工艺。第三部分介绍了集成电路工艺 CAD 的基本概念和基本过程。

参考文献

[1]　王志功著. 光纤通信集成电路设计[M]. 北京：高等教育出版社，2003

[2]　荒井英辅(日)编著. ①集成电路 A ②集成电路 B[M]. 北京：科学出版社，2001

[3]　李兴主编. 超大规模集成电路技术基础[M]. 北京：电子工业出版社，1999

[4]　[美]施敏主编. 超大规模集成电路技术[M]. 北京：科学出版社，1987

[5]　朱正涌编著. 半导体集成电路[M]. 北京：清华大学出版社，2001

[6]　高保嘉编著. MOS VLSI 分析与设计[M]. 北京：电子工业出版社，2002

[7]　[美]施敏著. 半导体器件物理与工艺[M]. 苏州：苏州大学出版社，2002

[8]　李伟华编著. VLSI 设计基础[M]. 北京：电子工业出版社，2002

[9]　Stephen A. Campbell 著，曾莹、严利人等译. 微电子制造科学原理与工程技术(第二版)[M]. 北京：电子工业出版社，2003

[10]　何华生编著. 大规模和超大规模集成电路一基础工艺技术[M]. 北京：电子工业出版社，1985

[11]　[美]P. R. 格雷，R. G. 迈耶著. 模拟集成电路的分析与设计[M]. 北京：科学出版社，1981

[12]　朱庆学编. 半导体器件基础和电子电路基础[M]. 上海：上海交通大学出版社，1992

[13] TCAD Workshop Using SILVACO TCAD Tools[M]. SILVACO International,2006

思考题与习题

1. 集成电路主要有哪些基本制造工艺?
2. 试述晶体外延的意义,列出三种外延方法。
3. 掩膜在 IC 制造过程中有什么作用?
4. 光刻的作用是什么?光刻胶正胶和负胶的区别是什么?列举两种常用曝光方式。
5. 掺杂的目的是什么?举出两种掺杂方法并比较其优缺点。
6. IC 制造中常采用什么方法形成金属层?它的作用是什么?
7. 列举两种集成电路制造中的器件隔离结构,并比较其优缺点。
8. 简述 CMOS 工艺的基本工艺流程(以 1 层 poly,2 层 metal N 阱为例)。
9. 为什么在相同工艺条件和相同几何尺寸下 NMOS 管速度要高于 PMOS 管?如果相同栅长的 N 管和 P 管要达到相同的速度,理论上 N 管和 P 管要满足什么条件?
10. 常规双极型工艺需要几次光刻?每次光刻分别有什么作用?
11. BiCMOS 工艺技术常分为哪两类?它们各有什么特点?
12. 简述 HEMT 器件与 MESFET 器件之间的结构和工艺差异。

第 4 章　集成电路版图设计与工具

集成电路设计的独特之处就在于：一个电路尽管在网表级仿真的性能满足设计要求，但如果物理设计不正确，也会导致失败。在集成电路设计中，物理层设计又称作版图设计。通过第 3 章的学习，我们了解了集成电路的基本制造工艺以及几种特定工艺的加工过程。而集成电路制造、加工的依据则是集成电路的版图。可以说，没有版图就没有集成电路，集成电路版图设计是实现集成电路制造必不可少的设计环节。因此，本章将介绍集成电路版图设计相关的基本概念以及版图设计的工具知识。

4.1　引言

版图(Layout)包含了器件尺寸、各层拓扑定义等器件相关的物理信息数据，是集成电路从设计走向制造的桥梁。集成电路制造厂家根据版图物理信息数据来制造掩膜。根据复杂程度，不同工艺需要的一套掩膜可能有几层到十几层。一层掩膜对应于一种工艺制造中的一道或数道工序。掩膜上的图形决定着芯片上器件或连接物理层的尺寸，因此版图上的几何图形尺寸与芯片上物理层的尺寸直接相关。由于器件的物理特性和工艺的限制，芯片上物理层的尺寸进而版图的设计必须遵守特定的规则。这些规则是各集成电路制造厂家根据本身的工艺特点和技术水平而制定的，因此，不同的工艺就有不同的设计规则。设计者只能根据厂家提供的设计规则来进行版图设计。

一般来讲，设计规则反映了性能和成品率之间可能是最好的折衷。规则越保守，能工作的电路就越多(即成品率越高)；然而，规则越富有进取性，则电路性能改进的可能性也越大，但这种改进可能是以牺牲成品率为代价的。

从设计的观点出发，设计规则可以分为三部分：

1) 决定几何特征和图形几何尺寸的规定

这些规定保证各个图形彼此之间具有正确的关系。对设计人员来说，这方面的重要考虑是：每层掩膜上的各个图形应该相接或者互相分开；不同掩膜上的各个图形应该套合或者也保持互相分开，所有图形都应符合规定的要求。这些几何关系在确定诸如晶体管纵横比或电容值等最坏情况设计参数方面也很重要。

2) 确定掩膜制备和芯片制造中都需要的一组基本图形单元的强制性要求

典型的图形单元可能包括制造中所用的各块掩膜精确套准所需的对准标志，把各个电路从晶圆切下来的划片间距以及供压焊封装用的压焊点尺寸。

以上两点要求均反映在版图的几何设计规则文件中。

3) 定义设计人员设计时所用的电参数的范围

通常，这些电参数中包括晶体管增益、开启电压、电容和电阻的数值等，均反映在版图的电学设计规则文件中。

一个仅仅满足了几何设计规则的版图不一定就是能够工作或者是满足电路性能指标的。大量版图的设计与元器件的参数和电路的性能相关。因此，版图设计的另一个重要方面是电学规则。最终，设计的版图所对应的电路必须与原始设计和模拟时所采用的电路在表示连接关系的拓扑信息和元器件参数完全一致。这涉及到一系列检查问题，这些也将在本章内加以讨论。

4.2 版图几何设计规则

严格遵守几何设计规则可以有效地避免由于短路、断路造成的电路失效和容差以及寄生效应引起的性能劣化。因此，下面首先介绍版图几何设计规则。

版图几何设计规则可看作是对光刻掩膜版制备要求。这些规则在生产阶段为电路设计师和工艺工程师提供了一种必要的信息联系。与版图规则相联系的主要目标是获得有最佳成品率的电路，而几何尺寸则尽可能地小，又不影响器件电路的可靠性。

几何设计规则为设计者在进行版图设计时规定了一定的几何尺寸限制，使得在经过工艺加工后的芯片上能保持该设计的拓扑和几何关系。但需要说明的是：设计规则并不代表正确生产与不正确生产之间的某种严格的界限，而是代表了一种容差要求，这种容差要求可保证最高概率的正确的生产和后继的操作。例如，人们会发现一个违犯设计规则的版图仍有正确的功能；反过来，符合规则的却不能正常工作。尽管如此，明显地和经常地偏离规则将严重地影响到该设计的成功。

集成电路的版图设计规则通常有多种方法来描述，其中包括以微米分辨率来规定的微米规则和以特征尺寸为基准的 λ 规则。通常微米设计规则给出了适用于给定工艺中所有掩膜版的最小特征尺寸和间距。例如，可以规定最小的氧化层宽度为 4 μm，这是工业上常用的描述格式。由 Mead 和 Conway 所提出的 λ 设计规则通常以特征尺寸的一半为单位，例如对于 1 μm 工艺有 $\lambda=0.5$ μm。λ 设计规则非常有利于工艺的按比例收缩，例如，当 1 μm 工艺进步到 0.5 μm 时，只要定义 $\lambda=0.25$ μm，大部分版图就可以不加修改直接应用。下面以微米设计规则为例介绍版图设计规则。

4.2.1 工艺层(Layer)

人们把集成电路版图设计过程抽象成若干易于处理的概念性版图层次，也就是版图设计中的工艺层，这些层次代表电路转换成硅芯片时所必需的掩膜图形。版图的不同层次可以用不同的形式来区分，例如不同的颜色、不同的线型和不同的填充图案等。下面就以某 N 阱硅栅工艺为例分别介绍工艺层的概念，表 4.1 列出了该工艺版图不同工艺层的名称、含义及其图形标记。本书后续章节出现的版图图案的含义均以此为参考，除非另有说明。

表 4.1 N 阱硅栅工艺的工艺层

工艺层表示	含　义	标　记　图
NWELL	N 阱层	NWELL
Locos	N^+ 或 P^+ 有源区层	P^+　N^+

续　表

工艺层表示	含　　义	标　记　图
Poly	多晶硅层	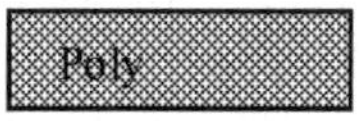
Contact	接触孔层	
Metal	金属层	
Pad	焊盘钝化层	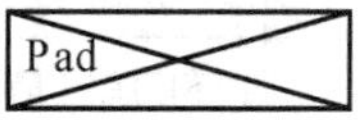

4.2.2　几何设计规则

1）规则介绍

下面分别介绍该硅栅工艺各个工艺层的几何设计规则。

(1) N 阱层相关的设计规则见表 4.2，示意图见图 4.1。

表 4.2　NWELL 层相关的设计规则列表

编　　号	描　　述	尺寸(μm)	目的与作用
1.1	N 阱最小宽度	10.0	保证光刻精度和器件尺寸
1.2	N 阱最小间距	10.0	防止不同电位的阱之间相互干扰
1.3	N 阱内 N 阱覆盖 P^+	2.0	保证 N 阱四周的场注 N 区环的尺寸
1.4	N 阱外 N 阱到 N^+ 距离	8.0	减少闩锁效应

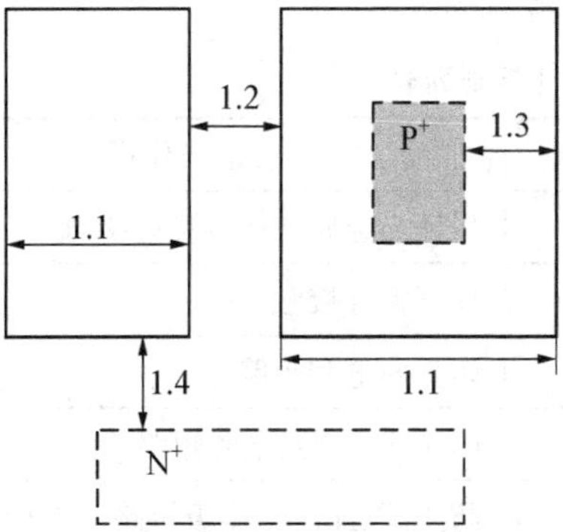

图 4.1　N 阱层相关设计规则示意图

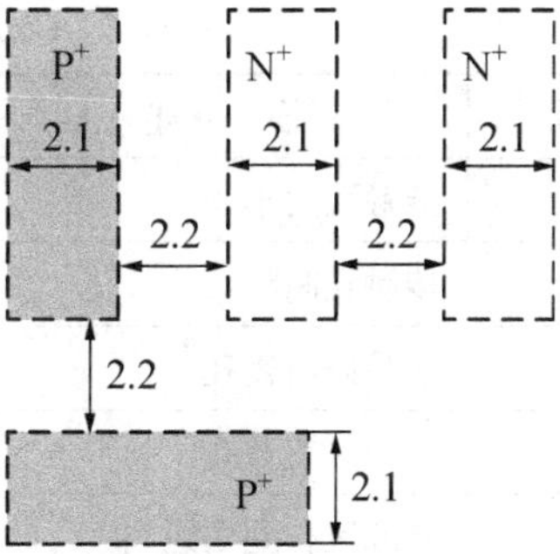

图 4.2　P^+、N^+ 有源区层设计规则示意图

(2) P^+、N^+ 有源区层相关的设计规则见表 4.3，示意图见图 4.2。

表 4.3　P^+、N^+ 有源区层相关的设计规则列表

编　号	描　述	尺寸(μm)	目的与作用
2.1	P^+、N^+ 有源区宽度	3.5	保证器件尺寸,减少窄沟道效应
2.2	P^+、N^+ 有源区间距	3.5	减少寄生效应

(3) Poly 层相关的设计规则见表 4.4,示意图见图 4.3。

表 4.4　Poly 层相关的设计规则列表

编　号	描　述	尺寸(μm)	目的与作用
3.1	多晶硅最小宽度	3.0	保证多晶硅线条的必要电导
3.2	多晶硅间距	2.0	防止多晶硅连条
3.3	与有源区最小外间距	1.0	防止短路和寄生效应
3.4	多晶硅伸出有源区	1.5	保证源、漏区以栅长为界而隔离
3.5	与有源区最小内间距	3.0	保证电流在整个栅宽范围内均匀流动

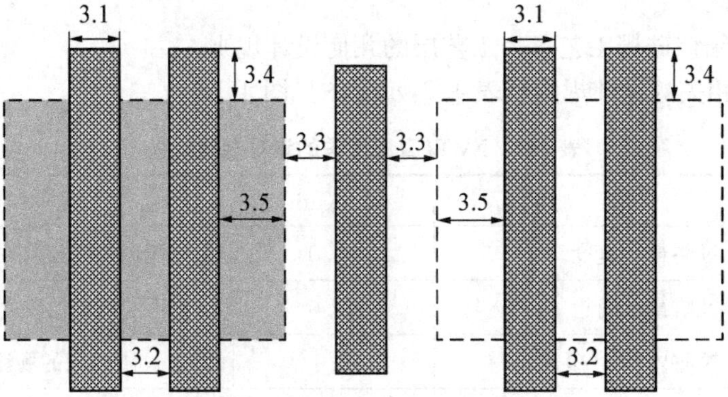

图 4.3　Poly 层相关设计规则示意图

(4) Contact 层相关的设计规则见表 4.5,示意图见图 4.4。

表 4.5　Contact 层相关的设计规则列表

编　号	描　述	尺寸(μm)	目的与作用
4.1	接触孔大小	2.0×2.0	保证与金属布线的良好接触
4.2	接触孔间距	2.0	保证良好接触
4.3	多晶硅覆盖孔	1.0	防止漏电和短路
4.4	有源区覆盖孔	1.5	防止 PN 结漏电和短路
4.5	有源区孔到栅距离	1.5	防止源、漏区与栅极短路
4.6	多晶硅孔到有源区距离	1.5	防止源、漏区与栅极短路
4.7	金属覆盖孔	1.0	保证接触,防止断条

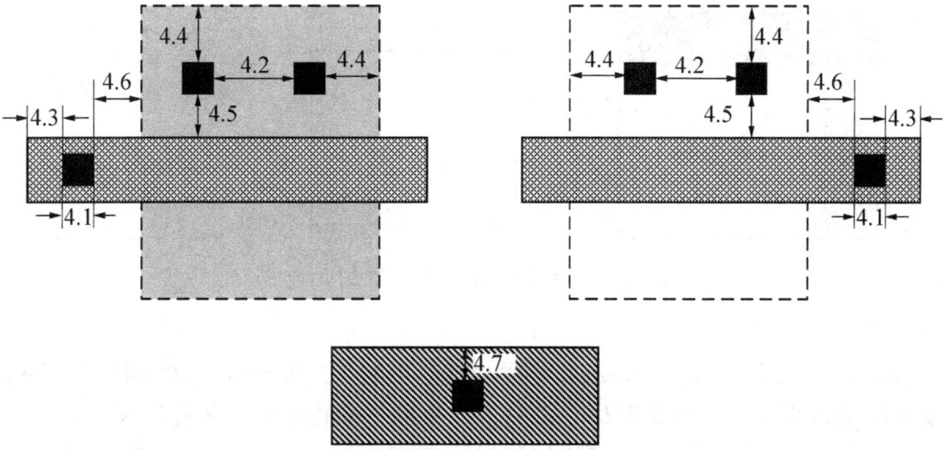

图 4.4　Contact 层相关设计规则示意图

(5) Metal 层相关的设计规则见表 4.6,示意图见图 4.5。

表 4.6　Metal 层相关的设计规则列表

编　　号	描　　述	尺寸(μm)	目的与作用
5.1	金属宽度	2.5	保证金属线的良好电导
5.2	金属间距	2.0	防止金属条连条

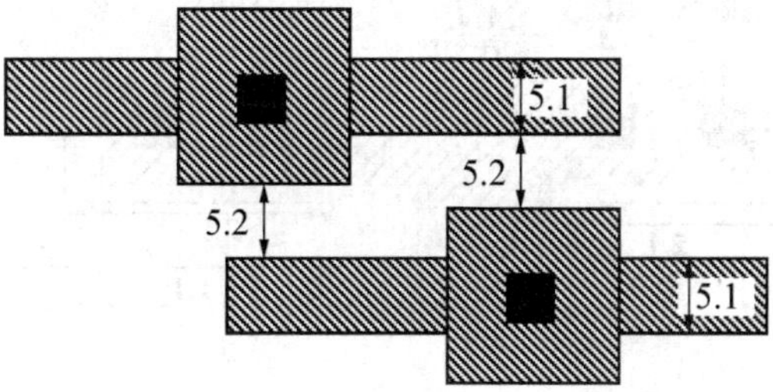

图 4.5　Metal 层相关设计规则示意图

(6) Pad 层相关的设计规则见表 4.7,示意图见图 4.6。

表 4.7　Pad 层相关的设计规则列表

编　　号	描　　述	尺寸(μm)	目的与作用
6.1	最小焊盘大小	90	封装、压焊的需要
6.2	最小焊盘边间距	80	防止信号之间串绕
6.3	最小金属覆盖焊盘	6.0	保证良好接触
6.4	焊盘外到有源区最小距离	25.0	提高可靠性

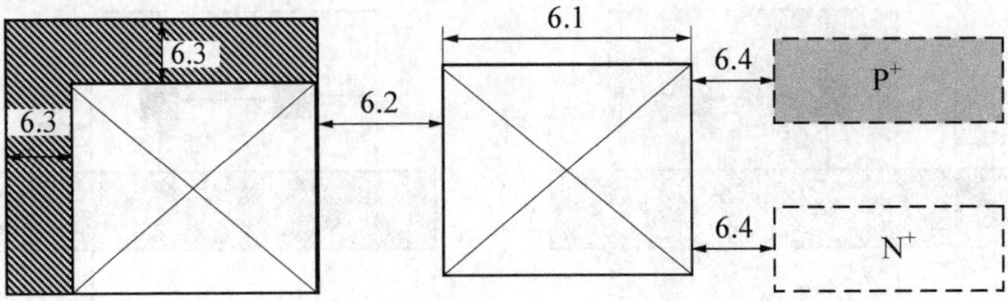

图 4.6 Pad 层相关设计规则示意图

2) 举例及问题讨论

当给定电路原理图设计其版图时，必须根据所用的工艺设计规则，时刻注意版图同一层上以及不同层间的图形大小及相对位置关系。参照上述的硅栅工艺设计规则，图 4.7 以反相器(不针对具体的器件尺寸)为例给出了对应版图设计中应该考虑的部分设计规则示意图。对于版图设计初学者来说，第一次设计就能全面考虑各种设计规则是不可能的。为此，需要借助版图设计工具的在线设计规则检查(DRC)功能来及时发现存在的问题。

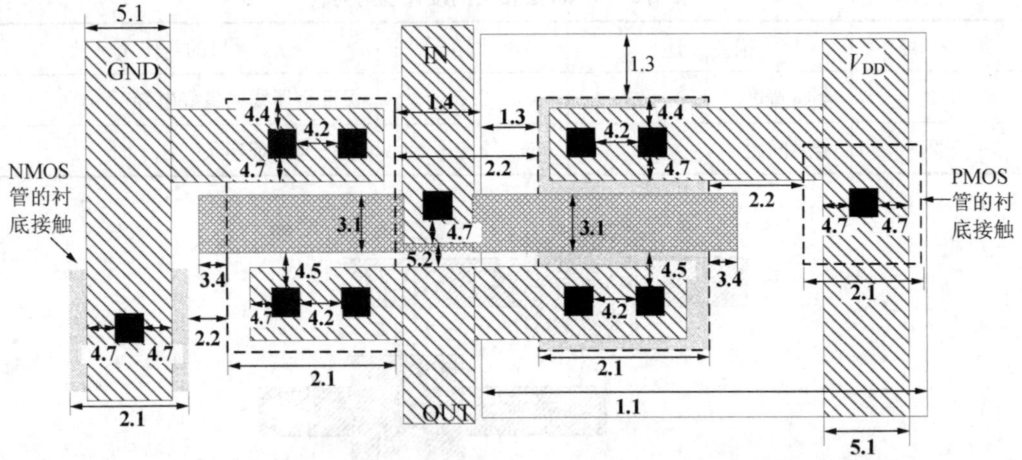

图 4.7 反相器版图设计中需要考虑的各项设计规则示意

问题讨论[1,2]：

(1) 阱的间距和间隔的规则

N 阱通常是深扩散，必须使 N 阱边缘与邻近的 N^+ 扩散区之间留有足够的间隙，从而保证 N 阱边缘不与 P 型衬底中的 N^+ 扩散区短接。内部间隙由沿阱周围的场区氧化层的渐变区所决定，如图 4.8 所示。虽然有些工艺允许内部的间隙为零，但"鸟嘴"效应等问题导致了规则 1.4(N 阱外 N 阱到 N^+ 距离)的设计要求，这是一种保守的估算。

(2) MOS 管的规则

在多晶硅穿过有源区的地方，源和漏扩散区被多晶硅区所掩蔽。因而，源、漏和沟道是自对准于栅极的。重要的是，多晶硅必须完全穿过有源区，否则制成的 MOS 管就会被源、漏之间的扩散通路所短路。为确保这一条件得到满足，多晶硅必须超出扩散区边界，例如该硅栅工艺中规则 3.4 中规定的 1.5 μm，这常常称为"栅伸展"。同时，有源区也必须在多晶硅栅两边扩展，这样才能有扩散区存在，使载流子进入和流出沟道，例如规则 3.5 规定的 3.0 μm 就是保持源区和漏区所必需的。

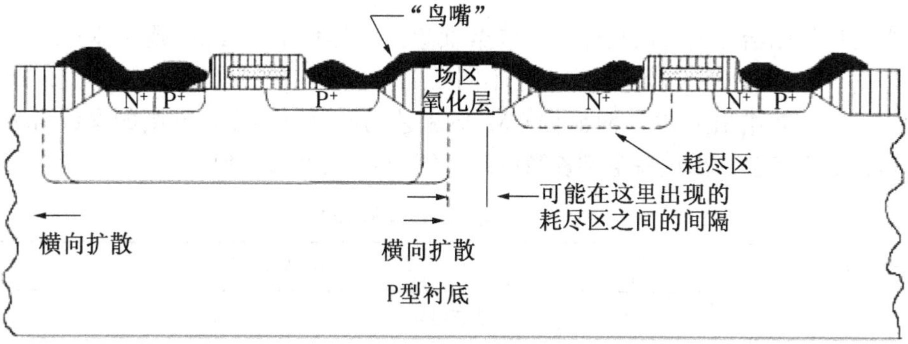

图 4.8　N 阱横向扩散的影响

(3) 接触

版图设计中通常需要有多种接触，例如，金属和 P 型扩散区接触、金属和 N 型扩散区接触、金属和多晶硅的接触以及衬底接触等。根据工艺不同，还有"隐埋"型多晶硅和扩散区接触以及拼合接触。

通常，制作芯片的衬底被划分成多个"阱"区，每个孤立的阱必须接合适的电源电压，例如，N 阱必须接高电位 V_{DD}，衬底(相当于 P 阱)必须接低电位 V_{SS}，这些可以利用相应的金属和扩散区的接触来实现。将两个或多个金属和扩散区接触用金属连通起来，称为合并接触。这种结构常用来将 N 型 MOS 管的源区与衬底或者 P 型 MOS 管的源区与 N 阱连接起来。不过为了工艺上按比例缩小或版图编辑的需要，合并接触采用图 4.9(a)所示的分离式接触结构，而不采用图 4.9(b)的合并长孔结构。

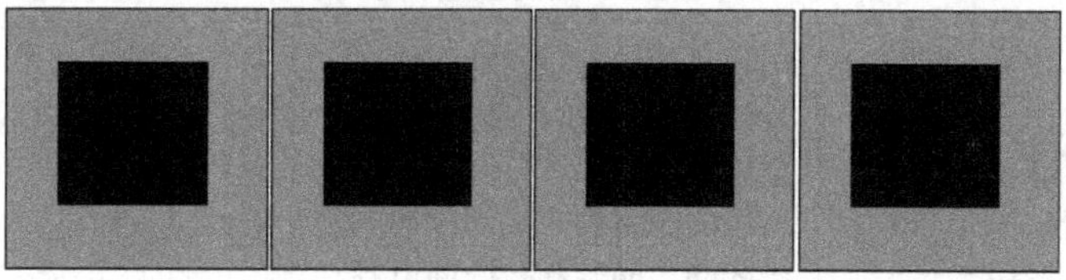

(a) 分离式接触孔的结构

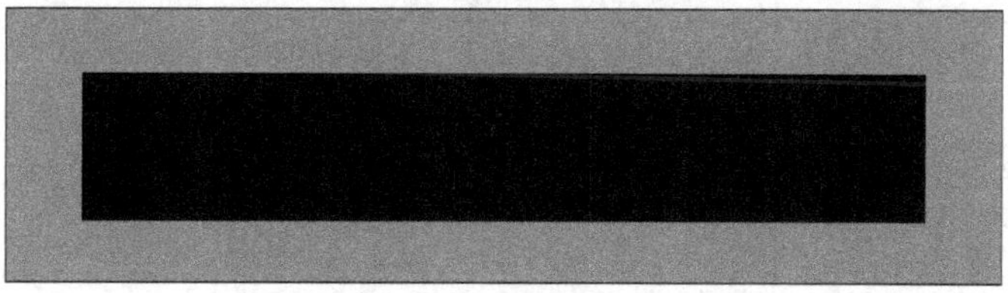

(b) 合并式接触长孔的结构

图 4.9　两种合并接触结构

4.3 电学设计规则与布线

电学设计规则给出的是由具体工艺参数抽象出的器件电学参数，是晶体管级集成电路模拟的依据。与几何设计规则一样，对于不同的工艺和不同的设计要求，电学设计规则将有所不同[3]。表 4.8 给出上述 N 阱硅栅 CMOS 工艺的部分电学设计规则的参数名称及其意义，通常，特定工艺会给出这些电学参数的最小值、典型值和最大值。

表 4.8 电学设计规则描述

电学设计规则参数	参 数 说 明
	衬底电阻
P 型衬底电阻率	均匀的 P 型衬底的电阻率
	方块电阻 $R_{\square}$
N 阱薄层电阻 N^+ 掺杂区薄层电阻 P+掺杂区薄层电阻 多晶硅薄层电阻	N 阱的方块电阻值 NMOS 源漏区和 N 型衬底接触区的方块电阻值 PMOS 源漏区和 P 型衬底接触区的方块电阻 多晶硅薄层方块电阻值
	接触电阻
N^+ 区接触电阻 P^+ 区接触电阻 多晶硅接触电阻 金属接触电阻	N^+ 掺杂区与金属的接触电阻 P^+ 掺杂区与金属的接触电阻 多晶硅栅以及多晶硅引线与金属的接触电阻 金属与金属的接触电阻
	电容(单位面积电容值)
栅氧化层电容 NMOS 的 PN 结电容 PMOS 的 PN 结电容 场区金属-衬底电容 场区多晶硅-衬底电容 金属-多晶硅电容	NMOS 和 PMOS 的栅电容 零偏置下，NMOS 源漏区与 P 型衬底的 PN 结电容 零偏置下，PMOS 源漏区与 N 阱的 PN 结电容 场区的金属和衬底间电容 场区的多晶硅和衬底间电容 金属-二氧化硅-多晶硅电容
	其他综合参数
NMOS 阈值电压 PMOS 阈值电压 NMOS 源漏击穿电压 PMOS 源漏击穿电压 NMOS 本征导电因子 PMOS 本征导电因子	V_{THN} V_{THP} NMOS 源漏击穿电压 PMOS 源漏击穿电压 K_N' K_P'

电学设计规则还为合理选择版图布线层提供了依据。集成电路工艺为设计者提供了多层布线的手段，最常用的布线有金属、多晶硅、硅化物以及扩散区。但这些布线层的电学性能大不相同。由表 4.9 列出的某种工艺布线层参数示例可见，金属布线层的电阻和电容最小，多晶硅布线层的电阻最大，扩散区布线层的电阻和电容都较大。随着器件尺寸的减小，

线宽和线间距也在减小，多层布线层之间的介质层也在变薄，这将大大增加走线电阻和耦合电容，特别是发展到深亚微米级和纳米之后，与门延迟相比，布线延迟变得越来越不可忽略。因此，版图布线必须合理选择布线层，尽可能地避免布线层电学参数的影响。表 4.10 总结了几种布线层的性能，希望有助于读者在设计中合理选择布线层。

表 4.9　布线层电学特性

布线层	电阻 (Ω/μm)	电容 (pF/μm²)
金属	0.03	0.3×10^{-4}
扩散区	10～50	1.0×10^{-4}
硅化物	2～4	0.4×10^{-4}
多晶硅	15～100	0.4×10^{-4}

表 4.10　布线层性能

布线层	电阻	电容	评　　价
金属铝	低	低	好的导电能力，小的电压降，用于电源布线和全局布线
硅化物	低	中等	较小的 *RC* 乘积，可走长线
多晶硅	高	中等	*RC* 乘积中等，高的 *IR* 压降
扩散区	中等	高	中等 *IR* 压降，但 *C* 值高，驱动困难

除了选择合理的布线层外，版图布线还应该注意以下几点[4]：

(1) 电源线和地线应尽可能地避免用扩散区和多晶硅走线，特别是通过较大电流的那部分电源线和地线。在集成电路的版图设计中电源线和地线多采用梳状走线，避免交叉，或者用多层金属工艺，提高设计布线的灵活性。

(2) 禁止在一条金属走线的长信号线下平行走过另一条用多晶硅或扩散区走线的长信号线。

因为长距离平行走线的两条信号线之间存在着较大的耦合电容，一条信号线会在另一条上产生较大的干扰信号，使电路不能正常工作。

(3) 压焊点离开芯片内部图形的距离不应少于 20 μm，以避免芯片键合时，因应力而造成电路损坏。

4.4　晶体管的版图设计

晶体管是集成电路版图中最基本和最重要的器件，下面将分别讨论双极型晶体管和 MOS 晶体管版图设计的基本原则以及一些设计要点。而更多的版图设计技巧则需要设计者在版图设计的实践中不断加以总结。

4.4.1　双极型晶体管的版图设计

这里首先介绍双极型集成电路版图设计的特点，然后介绍其晶体管的图形设计。

4.4.1.1 双极型集成电路版图设计的特点

双极型集成电路设计中首先要考虑的问题是元器件之间的隔离。目前常用的隔离方法有 PN 结隔离和介质隔离，设计者可以根据不同的设计要求，选择适当的隔离方式。此外，还要注意减小寄生效应如寄生 PNP 管、寄生电容效应等。注意了这些问题，就可以比较顺利地完成版图设计并制造出合格的电路。下面介绍双极型集成电路版图设计的一般原则[7]。

1）划分隔离区（岛）

在集成电路中，晶体管、二极管、电阻等元件是制作在同一半导体衬底基片上的，并且各自处于不同的电位，因此，版图设计首先要将整体电路划分成若干隔离区，元件之间进行电性能隔离后再通过金属线互连起来，才能构成某种功能的电路。划分隔离区原则是：

（1）同一类型或集电极电位相同的晶体管可以放在同一隔离区内。而集电极电位不相同的管子需要相互隔离，放在不同的隔离区内。

（2）对于以外延层为基区的横向 PNP 晶体管，若基极电位相同则可放在同一隔离区内。如果 NPN 管集电极和横向 PNP 管基极电位相同，也无需隔离。

（3）原则上所有电阻都可以放在同一隔离区内。如果 NPN 晶体管的基区扩散电阻两端中的高电位一端比集电极电位低，则可放在同一隔离区内；对于完全纵向的 PNP 管来说，基区扩散电阻两端中的低电位一端若比集电极电位高，则该电阻可与该晶体管放在同一隔离区内。

（4）PN 结隔离沟必须接到整个电路的最低电位上，以保证集电区-衬底处的 PN 结为反偏状态。

（5）要求电性能绝缘的元器件，必须放在不同的隔离岛中；而为了提高集成度，电性能要求相同的元器件可放在同一个隔离岛中。

在上述原则的前提下，还要综合考虑是否有利于电路性能的改善，成品率的提高等，灵活地划分隔离区。

2）几何对称设计

差分对管电流放大系数不对称、集电极负载电阻不对称以及发射区面积不对称都会造成模拟电路的“失调”。为了减小失调电压和失调电流，在版图设计上就要采取“几何对称设计”。所谓几何对称设计，就是两个对称的晶体管或两个对称电阻的版图大小与形状应设计得完全一样，同时版图面积应设计稍大些，以减小几何误差。另外，对称管和对称电阻应尽可能靠近地排放在对称位置上。

3）热对称设计

晶体管的许多参数都会随温度而变化，双极型晶体管特别是大功率双极型晶体管本身消耗的功率较大，使晶体管的温度升高，而温度的升高会反过来又使功耗增加或发生其他破坏性的影响。为减小这种热影响，通常按以下几点考虑晶体管的版图设计和布局。

（1）输入对管尽可能远离输出级的驱动管和功放管，以减小“热源”对输入对管的影响。

（2）以芯片的中心线为对称轴，将对管布放在对称轴两侧，同时驱动管和输出管也对称布放在对称轴两侧。

（3）用形状、大小完全相同的 NPN 晶体管并联成输入差分对管。如图 4.10 所示，T_1 和 T_2 并联成一个输入 NPN 管，T_3 和 T_4 并联成另一个输入 NPN 管，然后采用交叉耦合的方法安排在对称轴两侧，这种“热对称”设计方法也称“交叉耦合热对称设计”。

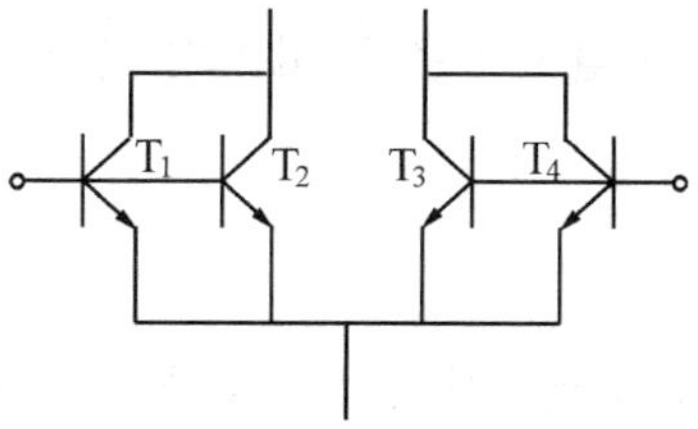

(a) 电路图

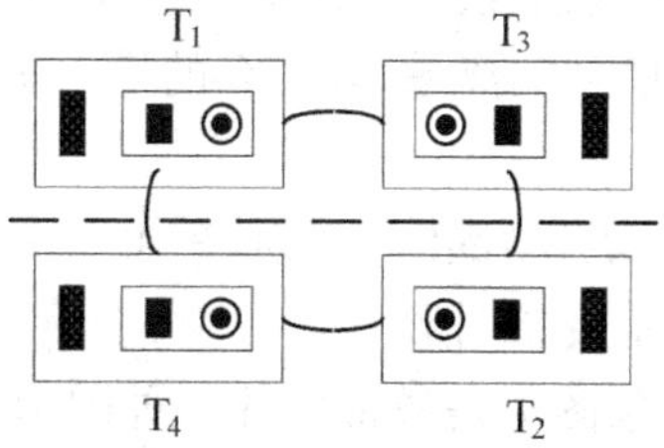

(b) 版图

图 4.10　形状、大小完全相同的 NPN 晶体管并联成的输入差分对管

4) 图形尺寸选择

图形尺寸选择是根据制版精度、光刻精度、套准精度以及电路对元件的要求和成品率等因素来确定的。通常，光刻尺寸越小，版图面积也越小，频率特性也越好，且成本也就越低。但还要考虑光刻精度能否实现，成品率是否会下降，电路其他性能是否能满足等。因此合理选择图形尺寸是十分重要的。

4.4.1.2　双极型晶体管的图形设计[5]

版图设计工作决不能脱离工艺实际，离开工艺来谈设计是没有意义的。版图设计者的任务是在目前工艺许可的条件下，尽可能设计出各种符合要求的晶体管。集成电路中对双极型晶体管的要求主要是：

(1) 有一定的特征频率 f_T；

(2) 满足要求的开关时间；

(3) 能承受一定的电流；

(4) 具有较低的噪声系数；

(5) 具有一定的耐压。

在设计电路中的某一管子时，对上述各项要求不能同等地考虑，应首先弄清该管在电路中的作用，抓住主要矛盾，设计出符合要求的管子。例如，对于逻辑电路设计，电路的输出管就应该着重考虑能承受电流，并具有较快的开关速度和较低的饱和压降；而对反相管则应着重考虑有较快的开关速度和较高的特征频率。

不同的晶体管图形在集成电路中所起的作用不同，因此版图设计中一块掩膜版上往往就有几种晶体管的图形。下面首先介绍一般双极型晶体管的图形及其各自的特点。

1) 一般双极型晶体管的设计

设计一般双极型晶体管时，通常是根据其最大工作电流 I_{CM} 确定发射区的有效长度或有效面积，根据晶体管饱和压降要求和集电极最大工作电流计算集电极的最大允许串联电阻，根据 f_T 要求并结合基本的工艺参数(如基区宽度 W_B 等)选取适当的晶体管图形，并估算集电极的串联电阻值。如果不能满足要求，则需要修改图形尺寸。具体设计步骤为：

(1) 根据击穿电压 BV，同时参照集电极串联电阻 r_{CS} 和集电结电容 C_{jc} 的要求选择外延层电阻率 ρ_{epi}。不过对于标准工艺，ρ_{epi} 是确定的；

(2) 根据晶体管最大工作电流 I_{CM}、特征频率 f_T、基极串联电阻 r_B、集电极串联电阻 r_{CS} 确定晶体管的图形；

(3)由 I_{CM}确定有效发射区长度 $L_{E,eff}$或有效面积 $A_{E,eff}$；

(4) 根据以上条件和现有工艺水平确定晶体管尺寸；

(5) 考虑到隔离槽结深 X_{jI}的横向扩散及其与集电极扩散区的距离的前提下，选取隔离岛尺寸。

常用的双极型晶体管图形有如下几种：

(1) 单基极条图形

单基极条图形是最常用的一种图形，如图 4.11 所示，其尺寸主要受工艺基本尺寸的限制。这种图形的有效发射区长度 $L_{E,eff}$较短，所以允许通过的最大电流较小；又因为晶体管面积小，因此有较高的 f_T；但由于 r_B 较大，因而不利于提高晶体管的最高振荡频率 f_M 及减小晶体管的噪声。

根据上述情况，这种管子适用于通过电流较小而要求 f_T 较高的地方，例如，用做高频小功率管。

(2) 双基极条图形

双基极条图形是较常用的一种图形，如图 4.12 所示。与图 4.11 相比，其电流容量增加了 1 倍而整个图形的面积却没增加多少，所以对于大电流晶体管来说，这种图形的开关速度比图 4.11 要快，适合做输出管。此外，与单基极条图形相比，这种图形的面积大，所以特征频率 f_T 稍低些；但其 r_B 低，所以 f_M 要高些。

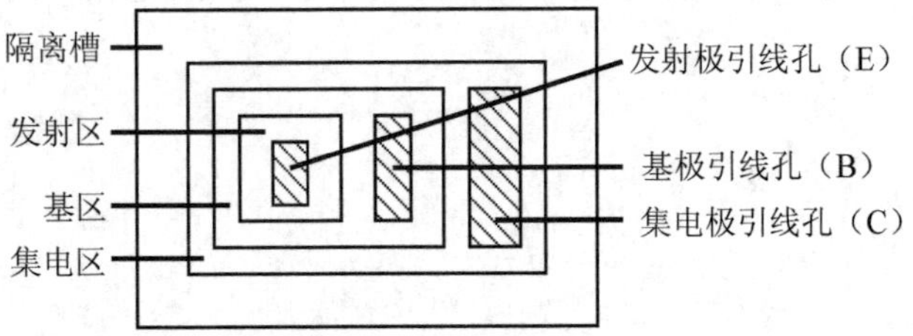

图 4.11　单基极条图形

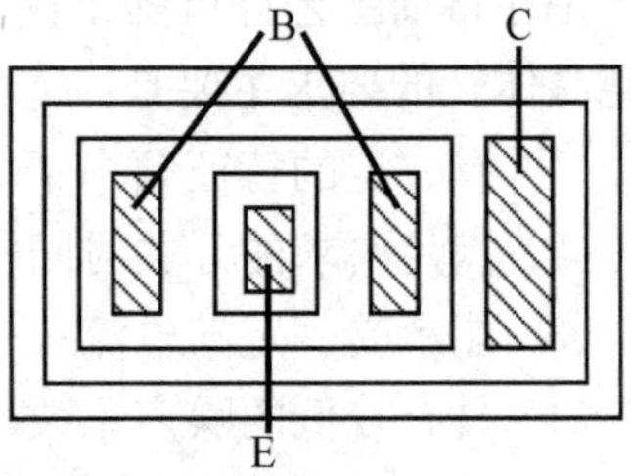

图 4.12　双基极条图形

(3) 马蹄形结构

马蹄形结构又可分为两种：基极与集电极引线孔为马蹄形和发射极与集电极引线孔为马蹄形，如图 4.13 所示。

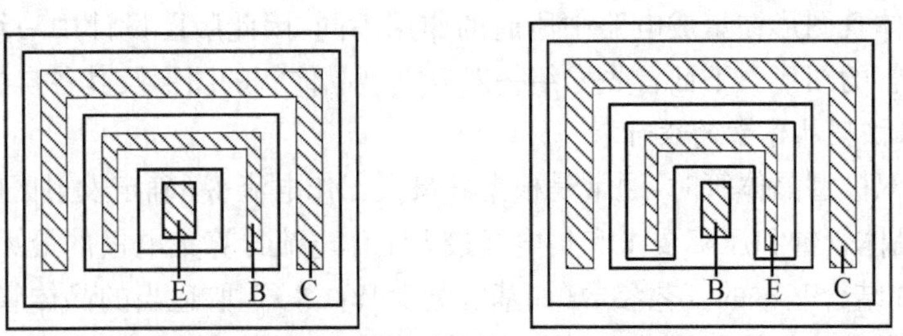

(a) 基极与集电极引线孔为马蹄形　　(b) 发射极与集电极引线为马蹄形

图 4.13　马蹄形结构

在发射区长和宽相同的情况下，图 4.13(a)所示的马蹄形结构与双基极条图形允许通过的最大电流大致相同，r_B 也大致相同。但这种马蹄形结构的特点是集电极串联电阻 r_{CS}小，所以在逻辑集成电路中常常用作输出管的图形。而图 4.13(b)所示的马蹄形结构和双基极条图形允许通过的最大电流也大致相同，但因为是 B、E、C 排列，所以 r_{CS} 更小。

(4) 梳形结构

梳形结构的双极型晶体管如图 4.14 所示。该结构的最大特点是允许通过更大的电流，而又保持了良好的频率特性。图中，虽然发射区的周长增加了，但 r_B 较小，使 r_B 和 C_C 的乘积仍保持较小数值，所以最高振荡频率 f_M 可以做得较高。然而这种管子的发射区很窄，发射极 E 与基极 B 的间距又小，所以在工艺上对制版、光刻的要求很高。不仅要求掩膜版的线条细，而且要求各块掩膜版相互套得很准，因此仅在输出电流很大时才使用这种结构的管子。

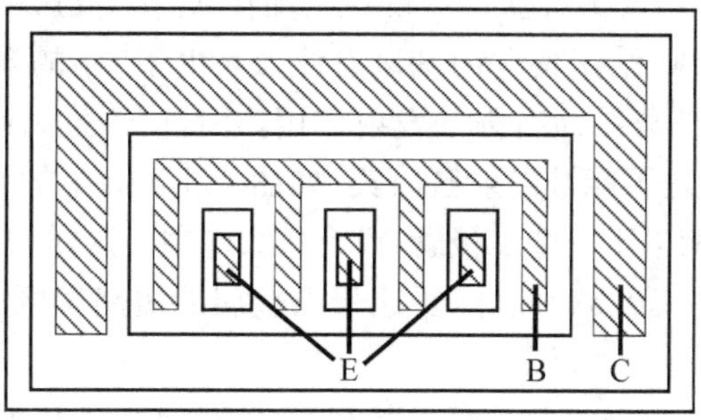

图 4.14　梳形结构

2) 多发射极晶体管的设计

多发射极晶体管常被用作“与门”输入管以提高电路的开关速度，图 4.15 给出了其结构示意图。但该结构的缺点是输入反向漏电流大，其输入反向漏电流包括两部分：一是发射极之间的交叉漏电流，即其他发射极正偏时引起的电流；二是集电极正偏时所引起的反向漏电流。因此，对多发射极 Q_1 管的要求是：正向电流放大系数 β_F 要大、交叉电流放大系数 $\beta_{叉}$

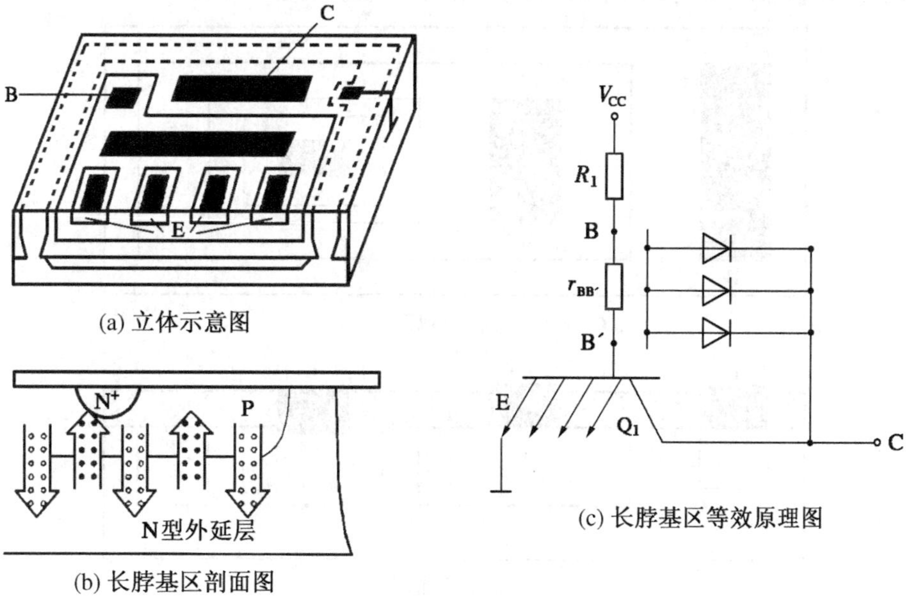

图 4.15　多发射极晶体管示意图

和反向电流放大系数 β_R 要小。一般来讲，通过正常工艺，控制产生小的基区宽度 W_B 和较大的发射区浓度，搞好清洁处理，就可使 β_F 达到比较大的合适值。下面讨论如何在版图设计中采取一定的措施将反向漏电流限制在允许的范围之内。

为减小反向漏电流，将 Q_1 管的基区设计成长脖子形状，基极引线孔开在长脖子结构远离发射极的那一端上，这样就使得发射极接触与基极接触之间的距离拉长，而集电极接触与基极接触之间的间距缩小，如图 4.15(a)所示。由等效原理图 4.15(c)可见，长脖子基区引进了附加电阻 $r_{BB'}$，当电流由基极接触孔流入，在 $r_{BB'}$ 上产生一定电压降，该电压降对 Q_1 未进入饱和及进入饱和两种情况的影响是不同的。

当 Q_1 未饱和时，BC 结反偏，此时 $r_{BB'}$ 的值附加在 R_1 上，其影响只是减小了基极电流。

当 Q_1 进入饱和时，BC 结正偏并向基区有注入。由于 $r_{BB'}$ 的自偏压截止效应，BC 结只有在靠近基区接触的少部分结面有强的发射作用，并且由于发射结面积 A_E 小于集电结面积，即使注入进去的电流也不能被发射区收集，如图 4.15(b)中的箭头所示。此时 BC 结有发射作用的有效部分只相当于一个二极管，没有放大作用。这样 Q_1 管的反向电流放大系数 β_R 就很小，一般可认为 $\beta_R \leqslant 0.5$。此外，要让长条金属层短路基区的各个部分等电位，使各个 E 极对应于相同的 $r_{BB'}$。

为减小 $\beta_{叉}$，可以把 E 电极与 B 电极拉得很远，并且使各个 E 极也相隔较远。

3) 集成电路中的 PNP 管[7]

在集成电路双极型器件制造工艺中，在同一衬底上既形成高性能 NPN 管又形成高性能 PNP 管是很难的，但只用一种 NPN 管又无法设计出高性能的模拟集成电路。例如集成运放，因为这种电路需要用 PNP 管作电平移动、形成有源负载等。因此，在模拟集成电路中通常采用工艺简单的横向 PNP 管，图 4.16 给出了一种横向 PNP 管的结构示意图。虽然横向 PNP 管的频率特性差、电流放大系数小，但由于其制造工艺与 NPN 管相容性强，因而获得长期广泛应用。下面简单介绍横向 PNP 管的制作和器件特点。

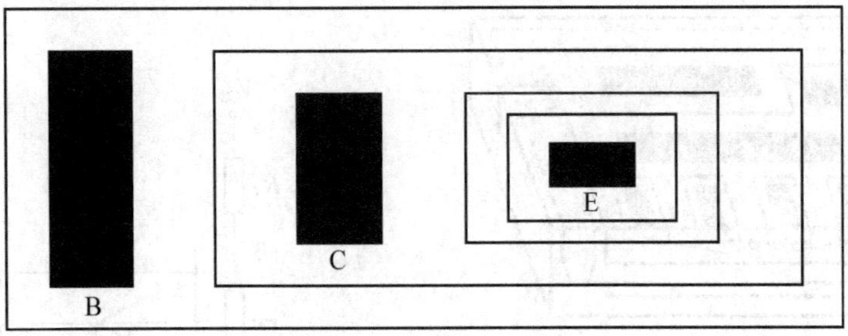

(a) 顶视图

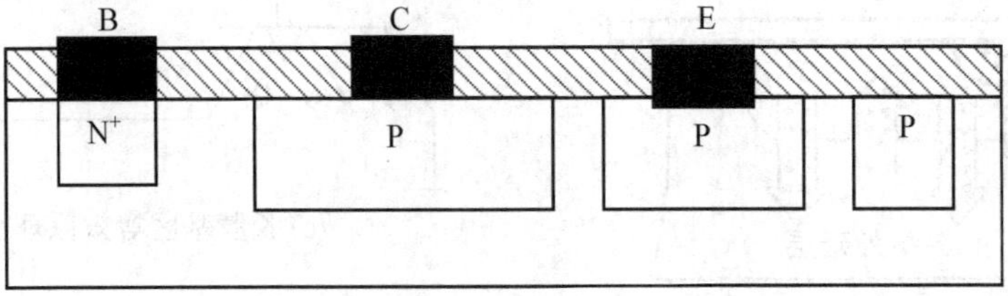

(b) 剖面图

图 4.16 横向 PNP 晶体管结构

（1）横向 PNP 管的制作

横向 PNP 管是这样形成的：在 N 型外延层上用扩散或离子注入的办法制作 NPN 晶体管基区的同时，扩散出 P 型集电区和 P 型发射区，原来的 N 型外延层作为基区，这样就形成了横向 PNP 管结构。这种结构的 PNP 管制作工艺简单，并且与 NPN 管制作工艺完全相容。

（2）横向 PNP 管的特点

上述工艺制作的横向 PNP 管，由于集电极结深 x_{jC} 较深、外延层电阻率 ρ_{epi} 高，所以 BV_{EBO} 及 BV_{CBO} 较高，但 BV_{CEO} 可能不高；由于工艺限制，使得基区宽度 W_B 不可能太小，加上有纵向寄生 PNP 管的作用，所以正向电流放大系数 β_F 小；此外，横向 PNP 管的频率响应差，临界电流小。

为改善横向 PNP 管的性能，在版图设计时可以适当减小横向基区宽度 W_B，但要以横向管不透通为限；尽可能减小发射区面积与周长之比，可采用圆形发射区，如图 4.17 所示。

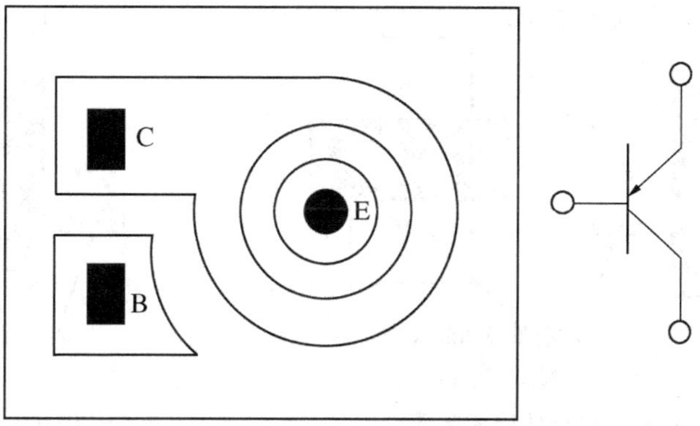

图 4.17　圆形单发射极横向 PNP 管

（3）衬底 PNP 管

在双极型器件制造工艺中还可以制作纵向衬底 PNP 管。这种晶体管是这样形成的：利用 P 型衬底作为集电区，集电极从 PN 结隔离槽上方引出，N 型外延层作为基区，而发射区是在做纵向 NPN 管基区扩散时同时形成的，构成了纵向 PNP 结构，如图 4.18 所示。

衬底 PNP 管利用外延层作为基区，基区宽度较大，因而电流放大系数和频率特性比纵向 NPN 管差得多。但与横向 PNP 管相比，β_F 略大、特征频率也略高些。

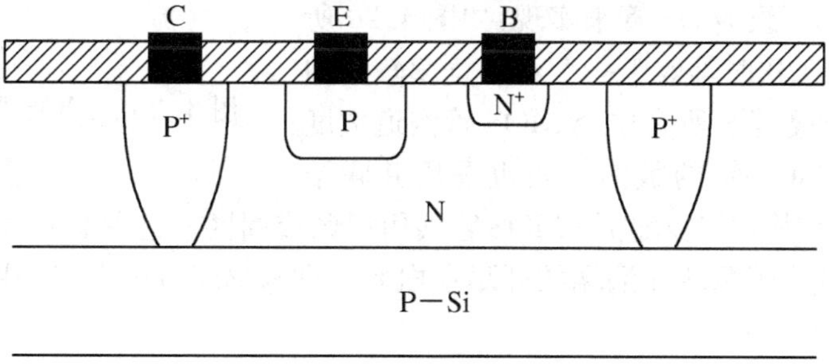

图 4.18　衬底 PNP 管剖面图

然而，如 4.4.1 节中所述，用于隔离作用的 PN 结必须处于反偏，也就是说 P 型衬底必须接整个电路的最负电位。而P型衬底又是衬底PNP晶体管的集电区，因此在集成电路中，只有集电极接整个电路最负电位的PNP管才能采用这种结构的管子。所以衬底PNP管的用途具有局限性，主要用于集成运放、功率放大器等电路的互补输出级。

4.4.2 MOS晶体管的版图设计

与双极型晶体管的版图相比，一般MOS晶体管的版图设计相对简单些，典型的物理表示法包括了两个矩形。如图4.19所示，这两个矩形图代表了为制造这个MOS管所需的光刻图形。由图4.19可见，当多晶硅穿过有源区时，就形成了一个管子，多晶硅穿过N扩散区时形成NMOS，多晶硅穿过P扩散区时则形成PMOS。图4.19(a)画出了一个"水平"放置和"垂直"放置的NMOS管，图4.19(b)画出了一个"水平"放置的PMOS管，图中的W和L分别表示MOS管的栅宽和栅长。这种表示形式反映了MOS器件的物理实现至少覆盖了两个工艺层：栅极连接是在工艺层Poly上，而源极和漏极则在N^+或者P^+有源区层。

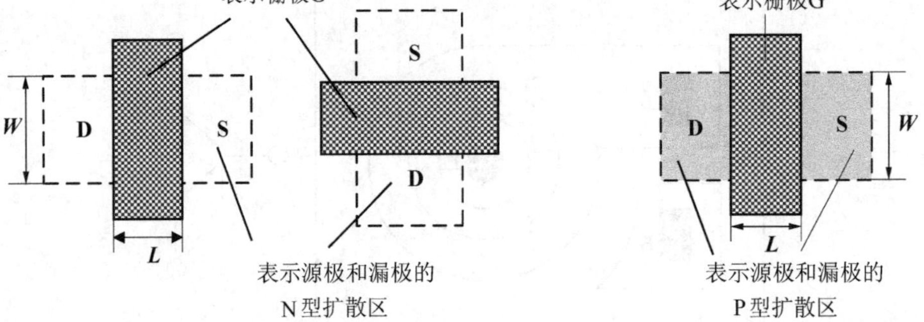

(a) NMOS晶体管的版图 (b) PMOS晶体管的版图

图4.19 MOS晶体管的版图表示

下面讨论大尺寸MOS管的版图设计和存在的器件失配问题。

1) 大尺寸MOS管的版图设计

实际电路中，有时需要的MOS管宽度可能是几百甚至上千微米，而工艺提供的模型参数则规定了器件的尺寸范围(关于器件模型的内容将在下一章介绍)。为了实现大尺寸的MOS晶体管，在电路图中通过采用并联接法的一组MOS管来实现，如图4.20所示。这些MOS管工作时等效于一个沟道宽度较大的MOS管，其沟道宽度等于所有单个MOS管沟道宽度的总和。大尺寸MOS管的版图一般也采用并联结构，或称作梳状栅结构，并且相邻的MOS管共用源区或漏区。这种版图并联结构不但减小了版图面积而且减小了源端和漏端的耗尽层电容。图4.21(a)给出了如图4.20所示并联MOS管的版图。

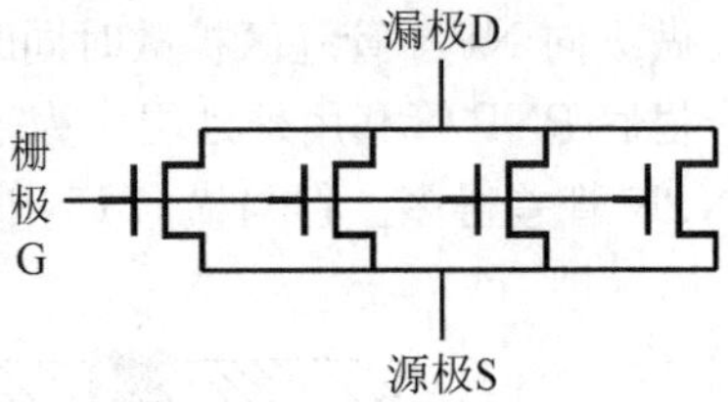

图4.20 MOS管的并联连接

下面进一步讨论大尺寸MOS管的版图设计问题。采用梳状栅结构时，对于叉指个数不同的结构在设计上的考虑是有差别的。如图4.21所示，在3个叉指的结构中，MOS的源区和漏区都是一块共有源(共有漏)区和一块单独的源区(漏区)。这时，源区面积和漏区面积

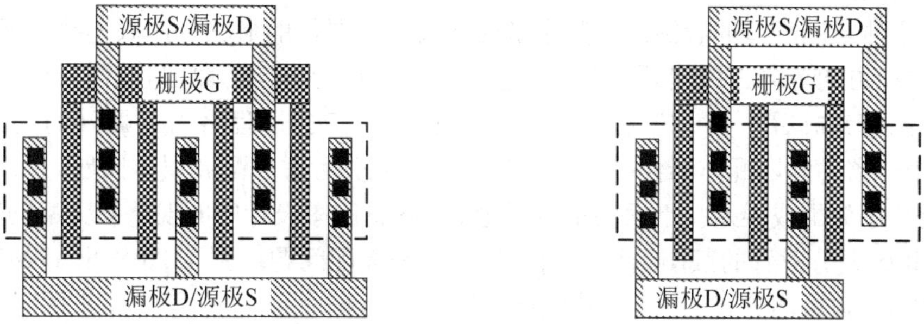

(a) 4叉指MOS管　　(b) 3叉指MOS管

图 4.21　梳状栅 MOS 管的版图示意

是相同的，因此源极的电容和漏极的电容也是相同的。也就是说，对于奇数个叉指的器件结构，源区（漏区）的个数＝（叉指的个数－1）÷2＋1。式中（叉指的个数－1）÷2 计算的是共用源区（漏区）的个数，1 代表一块单独的源区（漏区）。在 4 个叉指的结构中，源区的个数和漏区的个数是不相同的。如果图 4.21(a)下面金属线对应的是漏极引线，则漏区是三块掺杂区，源区是两块掺杂区；如果图 4.21(a)下面金属线对应的是源极引线，则源区是三块掺杂区，漏区是两块掺杂区。因此，对于偶数个叉指的结构，如果源区的个数＝叉指的个数÷2，则漏区的个数＝叉指的个数÷2＋1。这样，源极和漏极的电容是不相同的。在版图设计时必须考虑需要减小的是源极电容还是漏极电容？显然，面积越小的电容越小。

当器件的尺寸较大、叉指的个数较多时，如果采用简单并列的方式，将由于叉指到信号引入点的距离不同引起信号强度的差异。同时，由于在一维方向上的工艺离散性，也将导致最左端的叉指和最右端的叉指所对应的并联器件在参数和结构上产生失配。对于这种大尺寸器件可以采用折叠的方式减小一维方向上的尺寸，如图 4.22 所示。

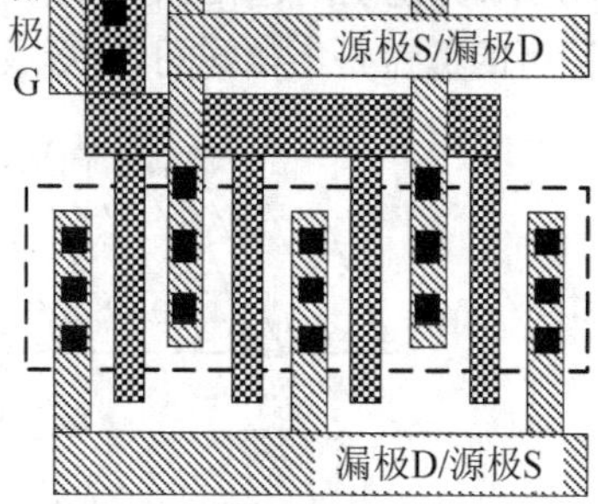

图 4.22　折叠式梳状栅 MOS 管版图示意

并联 MOS 管的个数也就是叉指的个数，由器件的总沟道宽度 W 和每个叉指所对应的小尺寸 MOS 管的沟道宽度 W_i 决定。小尺寸 MOS 管的宽长比是由多方面因素决定的，除了要考虑单个器件的性能优化外，还必须考虑全部并联器件所占用的面积，以及版图平面布局的要求和工艺离散性的影响等。

2）器件的失配问题

版图设计主要是解决总体布局和器件的个体或匹配体设计两个方面的问题。

版图总体布局中，必须考虑器件分布方式对电路性能的影响。例如，因大尺寸器件的发热而导致芯片上的热分布问题，这种热分布将导致器件个体工作环境上的差异。另一方面，布局中还必须考虑电源、地线的分布以及衬底电接触的分布问题，不恰当的分布将引入电源或地线的串联寄生电阻。此外，布局还必须考虑信号的传输关系，器件与器件、器件与单元、单元与单元之间的连接度强弱问题等等。

器件个体或匹配体的版图设计问题是要解决具体器件的形状、方向、连接以及匹配器件在相对位置、方向等方面的问题。因为工艺与材料特性等方面的原因，几何形状和尺寸相同的器件在制作完成后并不一定完全相同。也就是说，工艺过程将引入器件的失配和误差。因此，在个体器件和匹配体器件的版图设计中必须充分考虑失配和误差问题，并通过版图设计避免或减小失配或误差。下面将重点讨论 MOS 管版图设计中的误差和失配问题。

以 MOS 差分对管的版图结构为例讨论误差和失配问题。图 4.23 给出了 MOS 差分对的电路图和三种版图分布形式，分别讨论如下[3]。

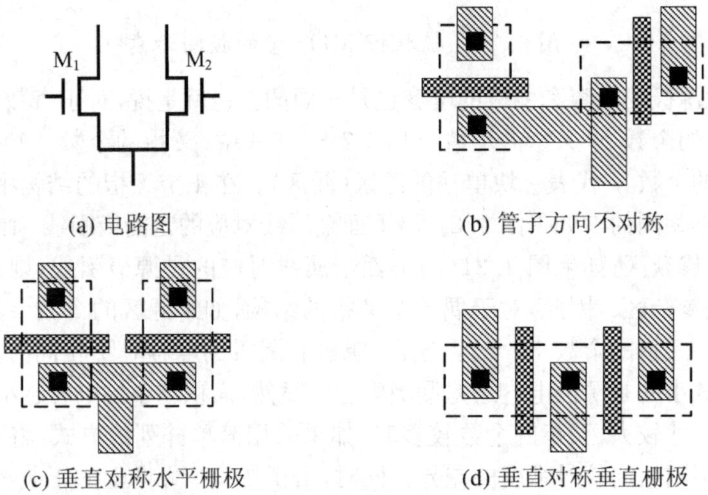

图 4.23　MOS 差分对管的版图分布形式

图 4.23(b)中的两个 MOS 管以不同的方向放置，由于图形转移过程和硅片处理过程往往在不同方向上存在差异，因此这种放置方式将导致较大的失配，将要求匹配的 MOS 管以这种方式放置显然是不合适的。图 4.23(c)和(d)中的两个 MOS 管都是并列放置的，那么，是不是没有失配问题呢？哪一个更好一些呢？

实际离子注入工艺过程中，为了避免管道效应，离子束注入的方向并不是完全垂直于硅表面的，而是有一个约 7°的倾角，正是因为这个注入倾角，导致了多晶硅栅形成“阴影”，如图 4.24(a)所示(为说明问题，图中对倾角做了夸张处理)。经过后期的热处理工艺，栅极对左右两块源漏区的覆盖是不相同的，就形成了如图 4.24(b)所示的不对称源漏结构。

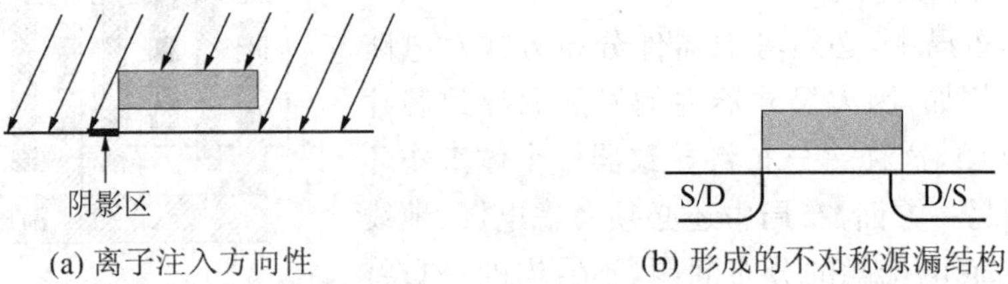

图 4.24　倾角引起的注入阴影

在图 4.23(c)所示的结构中,由于两个器件的漏和源相对位置是一致的,所以注入倾角所引起的误差对两个器件是相同的。而图 4.23(d)所示的版图采用了共用源区的结构,所以注入倾角所产生的阴影一个位于漏区,另一个位于源区,这就导致了差分对管的失配。因此,从这个角度出发,图 4.23(c)结构的失配小于如图 4.23(d)所示的结构。

对于较大尺寸的对管,由于工艺在一维或二维方向上的误差,也将导致器件的失配。如图 4.25(a)所示的一对叉指数为 2 的差分对管简单版图布局。图中,当沿着水平方向存在工艺误差时,例如掺杂浓度的误差、栅氧化层厚度的误差等,左右两个 MOS 管将存在失配。为减小这种失配,除了减小工艺误差外,版图设计上可以采用"同心布局"的结构。即,将每个 MOS 管拆成两个 MOS 管(两个 $1/2M_1$ 和两个 $1/2M_2$),然后交叉放置如图 4.25(b)所示。图中用直线表示了两个半 MOS 管的源、栅、漏的连接关系。这样,M_1 和 M_2 均匀承担了水平和垂直两个方向上的工艺误差,从而使 M_1 和 M_2 匹配。

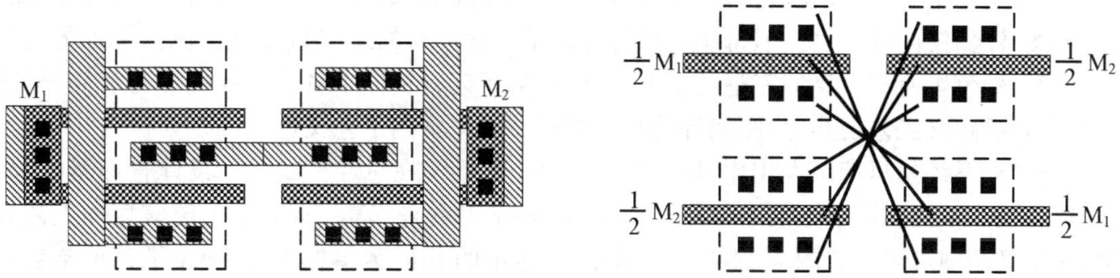

(a) 简单布局　　(b) 同心布局

图 4.25　两个叉指的差分对管版图

总之,与分立元件电路设计相比,集成电路设计的一个显著特点在于:设计者能够充分利用集成电路特点,通过改变晶体管等元器件的图形结构和几何尺寸,设计出最合理的晶体管来满足整体电路的要求。但这要求设计者在设计版图前,首先要搞清楚电路中各个晶体管的作用,再决定采用哪种图形的晶体管。设计时,既要考虑工作电流、特征频率、最高振荡频率以及噪声等电学参数,又要兼顾光刻精度、套准精度等工艺水平,以及占用面积、电路成品率等因素。

4.5　九天软件下的版图编辑

九天(Zeni)系统软件为 IC 设计者提供了交互式版图设计环境。交互式版图设计是指利用集成电路 CAD 版图编辑工具,通过人工参与的方式完成的电路版图设计。由于使用了交互式环境,设计者可以根据所设计电路的各种性能要求,对图形反复进行布置和连线,达到较佳的布局效果,从而最大限度地利用芯片面积、提高成品率,因而广泛应用于全定制集成电路的版图设计中。

Zeni 交互式版图设计环境包括了版图编辑工具(ZeniPDT)和版图验证工具(ZeniVERI)两大设计工具。这是设计者完成一个版图设计所必不可少的。下面首先介绍九天软件的版图编辑环境,然后在下一节介绍版图验证环境。需要说明的是,这里只是借助该软件介绍集成电路版图编辑和版图验证的流程,关于软件的安装和操作参见本书附录 B,更详细的操作或部分特殊命令请查看软件的帮助文档。

4.5.1 版图设计前的准备

通常，集成电路制造厂为设计者提供了特定工艺的数据包，或称作工艺设计套件(PDK：Process Design Kits)。设计套件主要包括了该工艺条件下的一组文件：用于定义版图工艺层信息的工艺文件(Technology File)；用于版图验证的几何设计规则检查(DRC)文件和版图-电路原理图一致性检查(LVS)文件；用于版图寄生参数提取(LPE)的文件以及用于电路仿真的器件模型(Lib)文件。集成电路版图设计是以工艺为基础的，因此版图设计前要根据工艺提供的信息做好准备工作。

1) 建立工艺文件

首先要建立版图的工艺文件，确定该工艺版图的工艺层信息，例如对应各层掩膜版的层号、工艺层名称，各层的图案和颜色，以及用于版图器件提取的标识层的名称、图案以及颜色等。工艺文件中最重要的就是每层的层号(Level 或 Number)。同一个工艺，其工艺层的颜色、图案甚至名称可以改变，但每层的层号却是惟一的。有的工艺直接提供包括了工艺层名称、图案、颜色等所有信息的完整的工艺文件；有的工艺只提供了各掩膜层的名称和层号，需要用户自己定义工艺层颜色、图案等信息来形成一个完整的工艺文件。

与九天系统的早期版本相比，集成的九天 Zeni4 系统在总控模块——设计管理器(DM：Design Manager)环境下提供了 Technology Center 工具来编辑、显示工艺层信息和工艺规则，该工具的图形界面如图 4.26 所示。由图中显示的 File 菜单栏下 Import 子菜单条目可见，九天 Zeni4 系统支持 Cadence 版图编辑环境下的工艺文件以及 Zeni 系统早期版本(1.x/2.x)等多种格式的工艺文件。

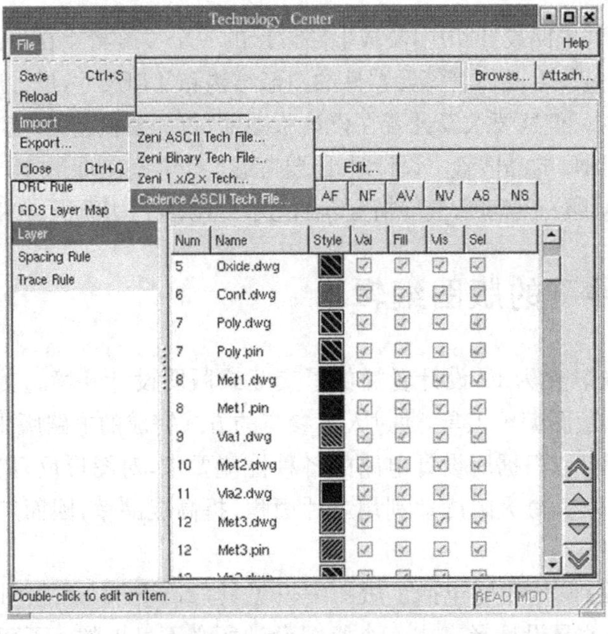

图 4.26 工艺文件管理

总之，在 ZeniPDT 版图编辑环境下，设计者可以通过多种方法为一个设计库建立工艺文件：既可以先选用缺省工艺文件，然后根据使用的工艺进行修改；也可以直接引用工艺相同的其他库的工艺文件；还可以导入(Import)来自 Cadence 等其他工具的工艺文件。

2) 建立版图数据库

有了特定工艺的工艺文件，就可以建立该工艺的版图数据库。当有多个设计者同时使用该工艺时，只需要一个人(或工艺管理员)根据工艺文件来创建版图数据库，其他人只要将各自的版图数据库链接到工艺管理员创建的库就可以了。这样做的好处是：当工艺层信息发生改变时，只要工艺管理员改变自己的版图数据库，其他的版图数据库将自动更新。

Zeni4DM 集成环境下，通过 New→Library(新建库命令)建立新的数据库，如图 4.27 所示。

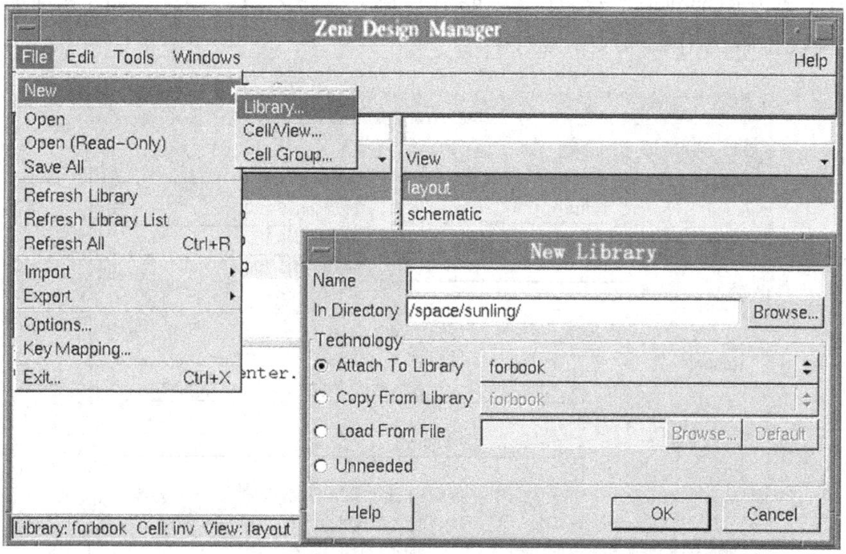

图 4.27　新建设计数据库

通过 New→Cell/View(新建单元命令)建立新的版图单元，Cell 可以是具有一定功能的子电路版图，也可以是仅表示层次连接关系的单个过孔版图。ZeniPDT 支持层次化的版图单元设计，版图的层次结构示意如图 4.28 所示。

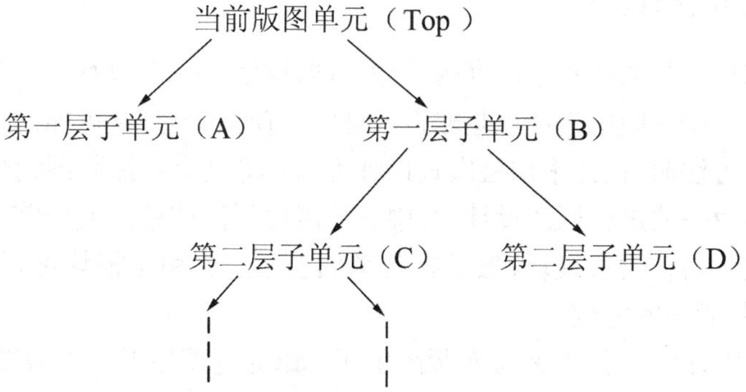

图 4.28　版图的层次结构

3) 设置全局参数

在新建的版图库中开始编辑一个版图单元时，往往需要首先设置好一些全局参数，如版图的最大、最小显示格点，命令菜单对话框的弹出方式等。这些设置也是版图设计所必须的。

ZeniPDT 环境下，设计者在打开的版图单元编辑窗口中选择系统默认的快捷键“o”，即可弹出设置全局参数的对话框，如图 4.29 所示。图中 Grid 和 Snap 的参数设置共同决定了版图设计的最小尺寸或分辨率。这部分参数的设置应该根据使用工艺能达到的分辨来合理设置。例如，实际制造工艺的分辨率仅为 0.2 μm，掩膜制造过程电子束只以 0.2 μm 的间距扫描，而版图设计的分辨率为 0.1 μm，这样，对于那些不落在 0.2 μm 扫描间隔内的图形位置，掩膜制造机就会进行近似取整处理，从而带来制造过程中版图几何图形位置的近似误差，最终得到的掩膜版就不是原来画的多边形。对于深亚微米的版图设计，这种版图分辨率设置与制造工艺分辨率的不一致，还有可能引起整个电路失效。因此，版图设计前要了解工艺水平，合理设置版图格点和尺寸分辨率。

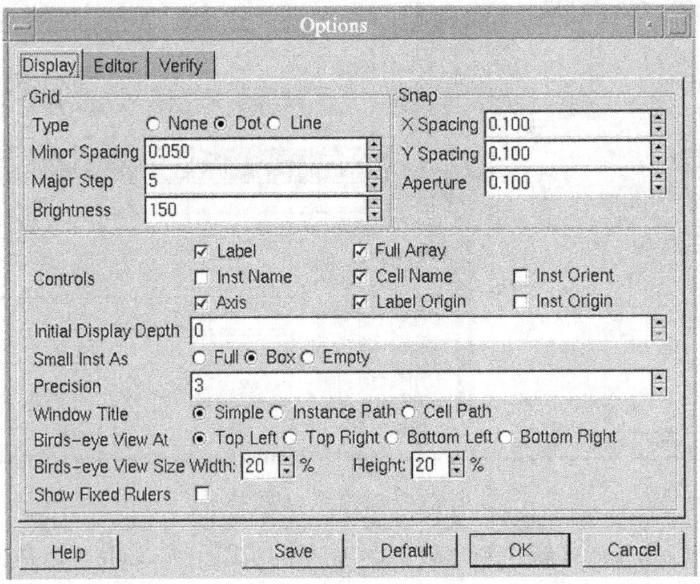

图 4.29　全局参数设置对话框

4.5.2　层次化的版图设计

随着集成电路电路复杂性和集成度的日益增加，即使是一个很有经验的版图设计师，要直接对整个芯片进行交互版图设计也是非常困难的，有时甚至是不可能的。因而，在实际利用交互式版图设计方法时，往往采用层次式设计方法：将整个芯片版图划分成若干块(一般按功能划分)；先对每一块进行版图设计，其中有可能用到标准单元或门阵列的设计方法，当每一块设计完成之后可作为宏模块；然后在此基础上通过调用宏模块进行高一级的交互式设计，直至整个芯片版图的完成。

在层次化的版图设计方法中，高层次版图单元可以通过调用低层次版图单元来构成。下面通过产生图 4.25 中多个金属与有源区接触孔的版图为例来说明这种方法的优点。假设金属与 N 型有源区的接触单元名称为 nco，我们可以有两种方法产生多个这样的接触单元。

不可取的方法是：在图 4.30(a)中使用选择命令(select all)选中版图单元 nco 的图形，再使用复制命令(copy)将 nco 版图复制到如图 4.30(b)所示的版图单元 amp 中，直到复制足够多的 nco(这里为三个)。这种方法不可取的主要原因在于：当 nco 单元改变时，例如接触孔层(contact)相关的几何设计规则改变,需要对每一个复制的 nco 单元进行修改,这将浪费很多时间。因此,版图编辑时,应尽可能少用 copy 命令。

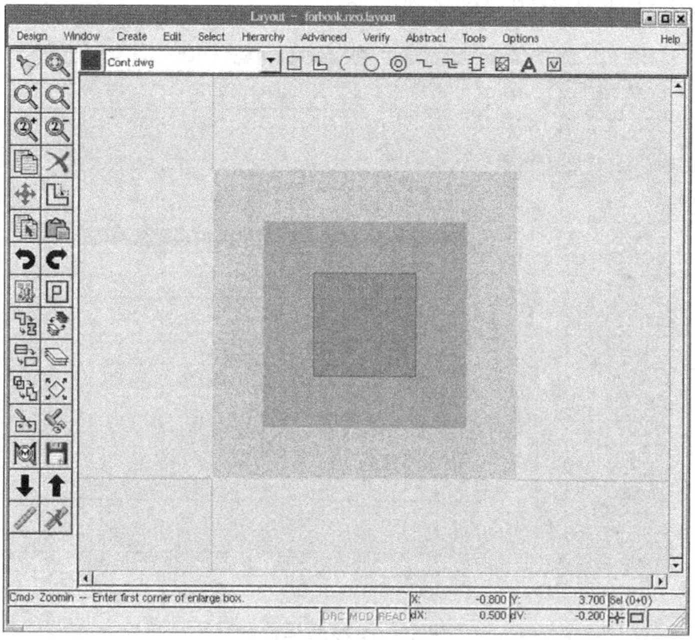

(a) 接触单元版图

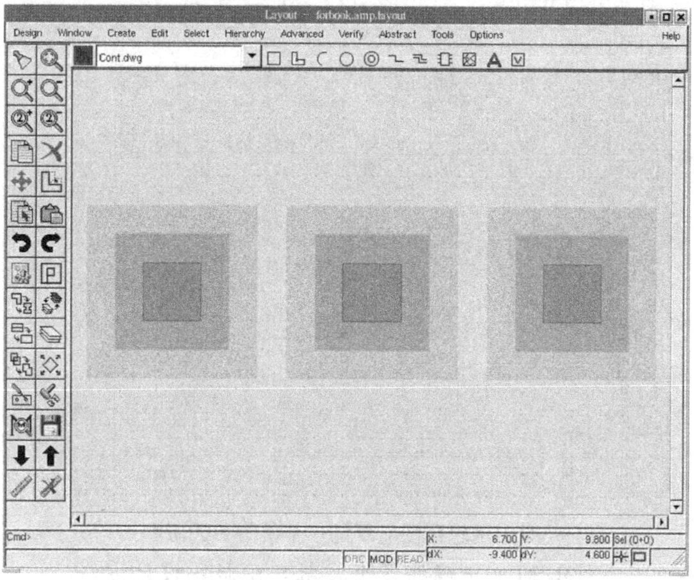

(b) 使用复制命令设计的多个接触单元版图

图 4.30　不可取的多个接触单元版图设计方法

正确的版图设计方法是：基于层次化版图设计思想,在版图单元 amp 中使用创建图元命令(Create Instance)添加 nco 单元,如图 4.31(a)所示。图中行选项(Rows)为 1,列选项(Columns)为 3,这样就产生了三个 nco 版图单元的轮廓图,如图 4.31(b)所示。使用 shift+

f 命令后就得到图 4.30(b)的显示。这种方法的好处有两个：首先，如果 nco 单元有任何改动，都会通过层级关系，自动地将改动传递到使用 nco 单元的更高层级单元中；其次，由于可以使用轮廓图显示，加快了版图显示刷新的速度。

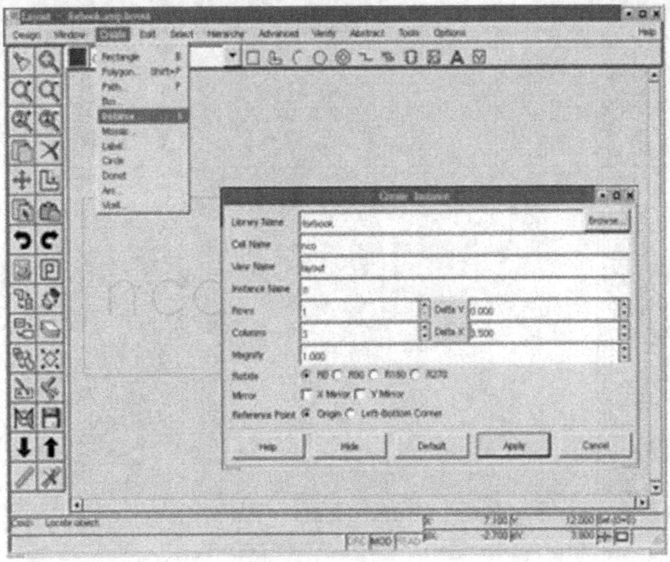

(a) 层次化设计示例

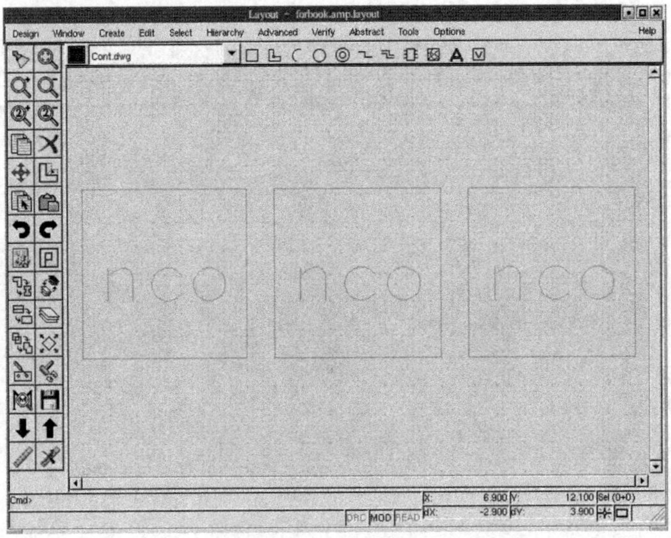

(b) 用轮廓图显示的多个接触单元版图

图 4.31　正确的多个接触单元版图设计方法

上述层次化的版图设计方法可以扩展到版图设计的任何方面。例如，设计数字 VLSI 电路时，通常使用最小尺寸的 MOS 管。画一个最小尺寸的 MOS 器件版图，取名为 nmos-min，每次需要最小尺寸的 MOS 器件时，就可以直接调用该单元。需要提醒的是：在高层级的版图单元中并不能直接编辑被调用的底层单元，需要用 Hierarchy 命令进入该底层单元再进行，具体操作见附录 B。

4.5.3　全定制版图设计

借助 ZeniPDT 版图编辑环境，下面以设计一个 CMOS 反相器的版图为例，说明全定制集成电路版图设计的过程。反相器的晶体管级电路原理图如图 4.32 所示，假定 PMOS 管和 NMOS 管的宽长比 W/L 均为 10 μm/4 μm，并采用 4.2节给出的几何设计规则。需要说明的是：例子中的显示的几何尺寸不是实际尺寸，只表示版图示例；所有显示的尺寸单位为 μm。读者可对比图 4.7 给出的反相器版图设计中需要考虑的各项设计规则示意图进行阅读。

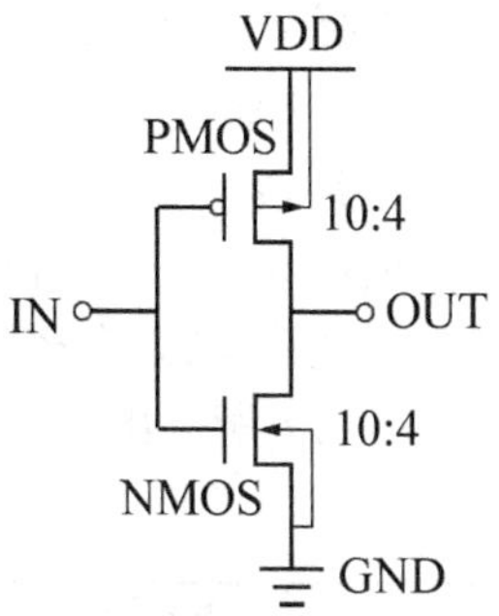

图 4.32　反相器电路原理图

(1) 新建版图数据库，指定设计采用的工艺文件，如图 4.33 所示。

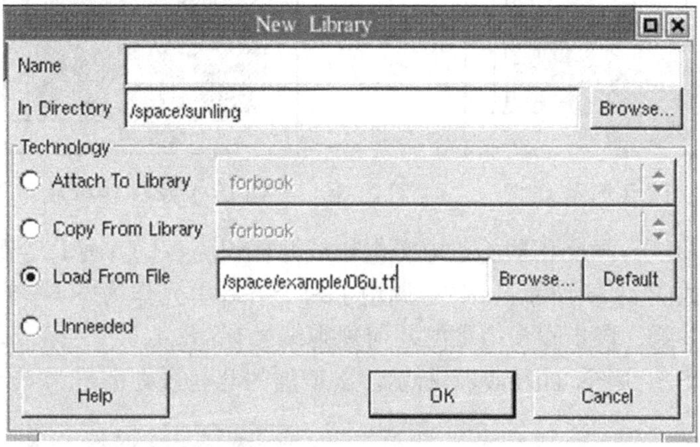

图 4.33　新建版图数据库

(2) 为层次化版图设计建立一些常用子单元：

(a) 创建新单元 nco，该单元规定 N^+ 有源层与金属层的连接；

(b) 创建新单元 pco，该单元规定 P^+ 有源层与金属层的连接；

(c) 创建新单元 plco，该单元规定多晶硅层与金属层的连接。

根据表 4.5 中编号为 4.1、4.3、4.4、4.7 所列的几何设计规则，各子单元版图如图 4.34 所示。

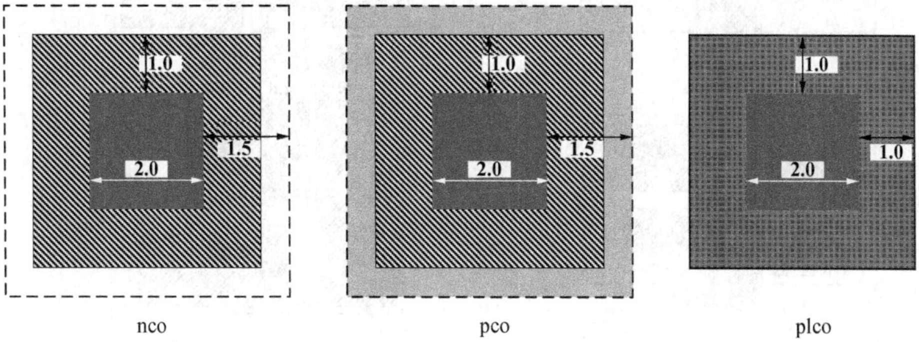

图 4.34　常用子单元版图

(3) 新建版图单元 inv。在 inv 版图单元编辑窗口中，画 PMOS 管版图：

(a) 选择 poly 层，使用 Path 命令，画出栅长为 4 μm 的栅极；

(b) 选择 pdiff 层，使用 Rectangle 命令，画出宽为 10 μm 的 P 管源漏区；

(c) 选择 Create Instance 命令，调用一个 2 行 1 列的 pco 子单元两次，完成 P 管有源区与金属层的连接。

(d) 选择 nwell 层，画 P 管衬底。

这样就基本完成了 PMOS 管版图，如图 4.35 所示。该版图主要涉及到编号为 1.3、4.2、4.4 和 4.5 所列出的几何设计规则。

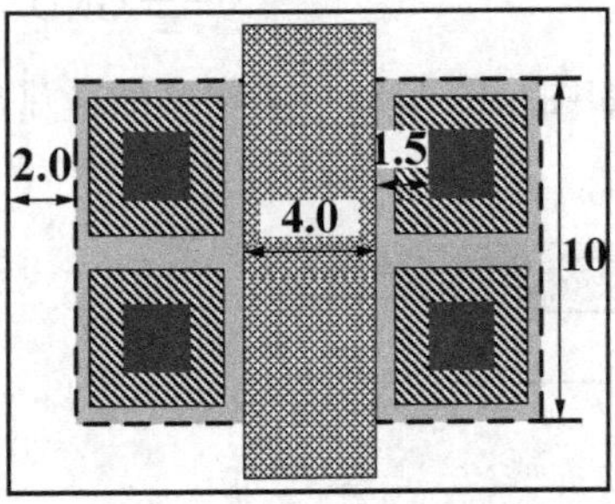

图 4.35　PMOS 管版图

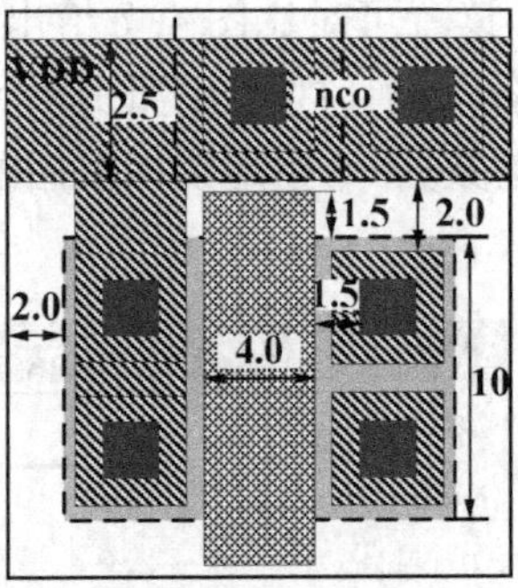

图 4.36　PMOS 管源极和衬底与 VDD 连接

(4) 选择 metal 层，画反相器的正电源电压线并标识为 VDD；画 P 管源极和衬底与电源线 VDD 的连接，如图 4.36 所示。图中，调用了两个 nco 单元作为 N 阱与金属层的连接，即 PMOS 管衬底接电源。该步骤新增加的几何规则编号有：3.4、5.1 和 5.2。

(5) 画 NMOS 管版图，如图 4.37 所示。新增加的几何规则编号为 1.4。

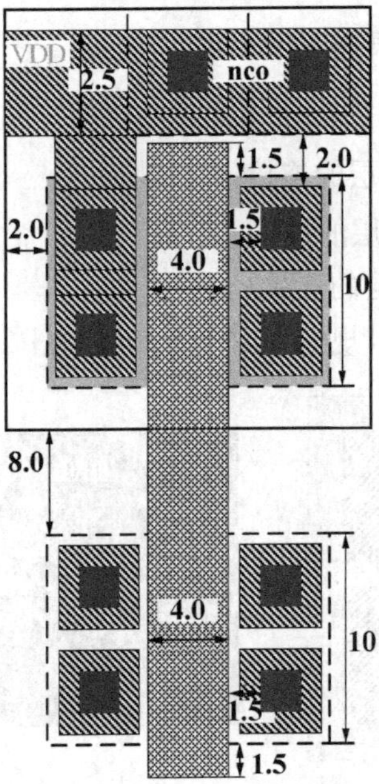

图 4.37　NMOS 管版图

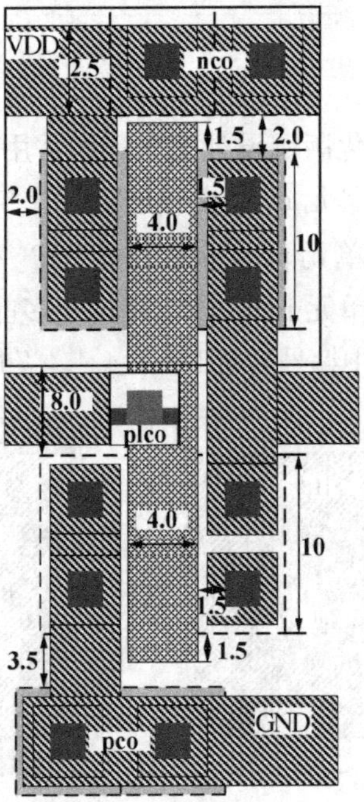

图 4.38　NMOS 管源极和衬底与 VDD 连接

(6) 画 NMOS 管源极和衬底与地线 GND 的连接，并画出反相器的输入、输出引线。这样，一个反相器的版图设计就完成了，如图 4.38 所示。图中，调用了二个 pco 单元作为 NMOS 管 P 型衬底与金属层的连接，一个 plco 单元作为多晶硅栅和金属层的连接。新增加的几何规则编号为 2.2。

4.5.4　版图数据与工艺制造

最终设计好的集成电路版图数据要转换成集成电路制造厂能够读懂的数据格式。目前，工业标准的数据格式主要有 GDSII 数据流格式和 CIF 中间格式。与 CIF 相比，GDSII 更为普遍，几乎所有的集成电路版图设计工具都能读写 GDSII。GDSII 文件包含了版图的所有信息，包括库和所有的单元，保留了设计中的层次结构和工艺层信息。下面介绍 ZeniPDT 中的标准版图数据读入和写出接口。

在 Zeni4 的设计管理器(DM)浏览器窗口中，选择菜单 File→Import→GDS，读入版图数据，其对话框如图 4.39 所示。图中 Template File 栏用于将 GDS 数据导入时的报告文件存放到指定文件中；GDS File Name 栏指定待导入的 GDS 文件名及其路径；Library Name 栏指定 GDS 数据将导入的设计库名称；Cell Name 栏指定输入 GDS 的单元名，通常可缺省并默认为原单元名。Reference Library 栏为 GDS 中未定义的单元指定参考工艺库。Overwrite Existed Cell 选项提示设计者当 GDS 版图数据中的单元与当前工作库中已有单元重名时，是否覆盖当前库已有单元或者重新命名。选项 Input Property 确定导入 GDS 数据时是否导入图形属性；选项 Cell Name Case 确定单元名是否区分大小写。为方便设计者查找文件，在对话框中为部分选项提供了 Browse 查找文件及其路径功能。

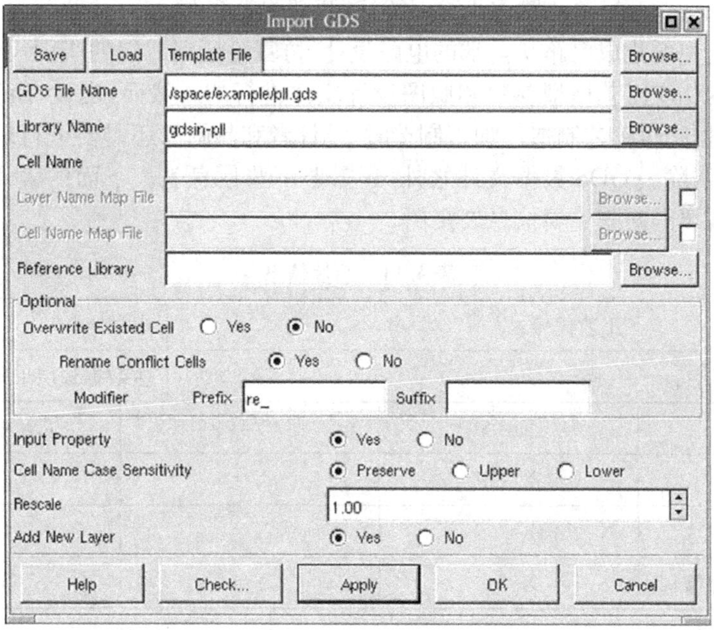

图 4.39　GDS 数据导入对话框

在库浏览器窗口中，选择菜单 File→Export→GDS，将当前版图库数据以 GDSII 版图数据格式写出，其对话框如图 4.40 所示。

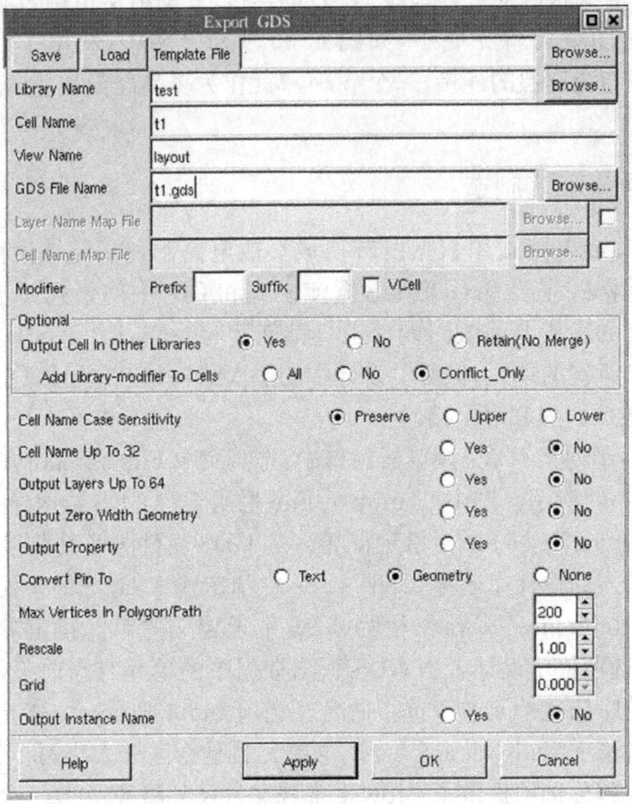

图 4.40 GDS 数据导出对话框

虽然一个完整的集成电路从前端的电路设计、仿真验证到后端的版图设计、验证都是依据晶圆厂提供的相应工艺模型参数和版图设计文件进行的。然而，当设计者将导出的 GDSII 标准版图数据交付工艺制造厂加工制造时，设计者和晶圆厂还需要进行最后的工艺信息认证。也就是说，除了 GDS 数据文件之外，还需要一些信息表。下面的表 4.11 和表 4.12 列出了某工艺需要的两张主要信息表实例。

表 4.11 芯片信息

产品名称：	工艺代号：		电源电压：
主数据 GDS 文件名：			主数据顶层单元名：
芯片尺寸：	X= ；	Y=	芯片中心点坐标：
划片槽尺寸：	X= ；	Y=	
Buffer 尺寸(单边)：	X= ；	Y=	
芯片尺寸(含划片槽)：	X= ；	Y=	
掩膜比例：			制版单位：
掩膜材质：			

续　表

序号	数据层号	工艺层名称	掩膜版名称	图形黑白
1	1	Nwell	NTM007 - A - TB	C
2	2	Pwell	NTM007 - A - PT	C
3	3	Active	NTM007 - A - TO	D
4	5	Poly	NTM007 - A - GT	D
5	8	P^+注入	NTM007 - A - SP	C
6	7	N^+注入	NTM007 - A - SN	C
7	10	Contact	NTM007 - A - W1	C
8	11	Metal1	NTM007 - A - A1	D
9	12	VIA	NTM007 - A - W2	C
10	13	Metal2	NTM007 - A - A2	D
11	14	Pad	NTM007 - A - CP	C

表 4.12　工艺控制模块(PCM：Process Control Module)参数列表

序号	名称	单位	最小值	典型值	最大值
1	NWELL R_s	KΩ/□	0.8	1.0	1.2
2	P^+ R_s	Ω/□	80	100	120
3	N^+ R_s	Ω/□	50	65	80
4	Poly1 R_s	Ω/□	14	21	28
5	V_{THN}	V	0.6	0.75	0.9
6	$\|V_{THP}\|$	V	0.7	0.9	1.1
⋮	⋮	⋮	⋮	⋮	⋮

4.6　九天软件下的版图验证

上述反相器版图中只标注了部分几何设计规则，其实同一层次以及不同层次间的设计规则要考虑上下、左右各个方向，因此，即使十分熟悉这些几何规则也难免会有疏忽，尤其对于版图设计初学者来说，一次版图设计就能够全面考虑到所有规则是十分困难的。而且，除了需要考虑几何设计规则外，还要检查版图的连接关系是否与电路图一致，因此，借助计算机辅助设计工具进行全面的版图验证是十分必要的。下面将结合九天软件的版图验证环境，介绍集成电路版图验证的基本知识。

4.6.1 版图验证概述

版图验证的任务是检查版图中可能存在的各种错误，这些错误可以分成如下三类。

1）违犯几何设计规则的错误

版图几何设计规则检查称为设计规则检查(DRC)，九天软件提供了单元版图编辑环境下的在线实时DRC验证和采用ZeniVERI软件包的LDC工具进行DRC验证两种几何规则检查方式。

2）电路连接线错误

电路连接线错误包括短路、开路、悬空端和孤立节点等，由于连接线错误将会导致芯片功能上的缺陷。在九天系统中检查这类错误的工具有：LDC工具中的电学规则检查(ERC)功能；ZeniVERI软件包中的网表同构比较(LVS)工具；开关级逻辑模拟工具SE。

3）电学性能上的错误

电学性能上的错误是指：对于逻辑功能正确的电路，由于电路参数的问题，不能满足延迟、功耗等电学性能要求。检查这类错误的工具包括：LDC工具中的版图网表与参数提取工具NE；电路模拟工具SPICE；时序分析和功耗分析工具等。

九天版图验证环境ZeniVERI与其版图编辑器ZeniPDT集成一体，构成一个功能齐全、使用方便的集成电路后端设计环境。图4.41给出了九天软件后端设计的各工具及其相互之间的数据交换关系。

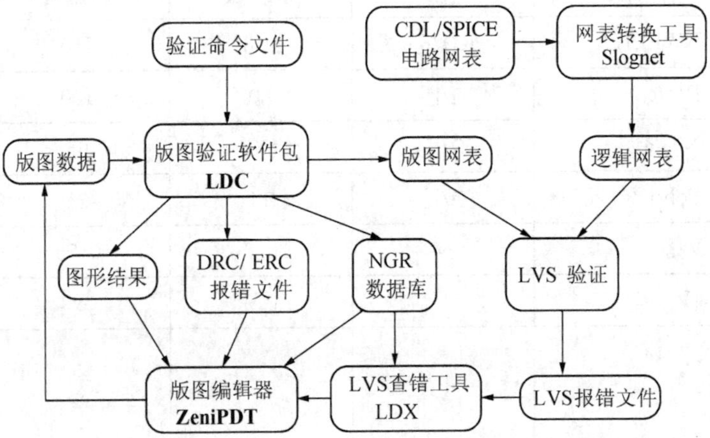

图4.41 集成环境下的ZeniVERI验证流程图

4.6.2 版图验证文件

版图验证的前提就是要有为特定工艺编写的验证文件。编写验证命令文件是进行版图验证不可缺少的部分，命令文件是否完备直接影响到版图验证的质量。所谓命令文件是指一组用UNIX文本编辑器(Text Editor)编写的ASCII文件，用于识别设计中的各层及要执行的检查操作，一般由描述块(Description Block)、输入层块(Input-Layer Block)和操作块(Operation Block)构成。所有块都以“＊关键词”开始，以“＊ END”结束。

根据版图中可能存在的错误，版图验证命令文件也主要有DRC、LVS和LPE命令文件。编写命令文件首先要了解常用的验证命令，目前用于版图验证的命令格式主要有Dracula、Diva、ZeniVERI等。ZeniVERI环境下可直接使用部分Dracula命令，同时ZeniVERI也有一些命令扩展到Dracula命令文件中。下面就以Dracula命令格式为例，介绍验证文件的基本组成，而验证文件的主要检查命令以及验证文件示例参见附录B。

按功能，版图验证命令可分为：系统描述及通用性命令；输入层定义命令；工艺命令和操作命令四大类，并分别位于相应的命令模块中。

1）系统描述及通用性命令(Description Commands)

系统描述及通用性命令位于描述块部分。这些命令描述了运行的系统环境、输入输出文件名、主单元名、图形单位比例化因子、分辨率等信息。描述模块的组成如下

```
* DESCRIPTION
..................
Description Commands
..................
*END
```

2）输入层定义命令(Input-Layer Commands)

输入层定义命令描述了如何将输入层名及其所对应的层号相互联系起来。这些命令在输入层(INPUT-LAYER)模块中定义，指定的内容有：输入层号、层名、掩膜版顺序、输出层、文本层(用作ERC或LVS)、标识层等。输入模块位于描述模块后，操作模块前。输入模块的组成为

```
*INPUT-LAYER
..................
Input-Layer Commands
..................
*END
```

3）工艺命令(Technology Commands)

工艺命令描述了如何定义掩膜层的次序、导体层的工艺参数及介电常数等。这些命令在TECHNOLOGY模块中定义。该模块是ZeniVERI版图验证环境下特有的，其格式为

```
*TECHNOLOG
..................
Technology Commands
..................
*END
```

该模块不是Dracula的命令模块，ZeniVERI在命令文件中加入此模块是为了便于三维寄生参数的提取。

4）操作命令(Operation Commands)

处于操作模块中的操作命令是验证文件的核心部分，描述了如何实现版图的DRC检查、版图网表提取、ERC检查、LVS检查等。操作模块格式为

```
*OPERATION
..................
Operation Commands
```

……………

*END

4.6.3 深亚微米级版图验证

随着集成电路工艺向深亚微米发展，版图的寄生效应成为集成电路设计中不容忽视的因素。为了预测寄生效应可能给电路性能造成的影响，要求版图验证工具不仅能进行一般的 DRC、ERC 和 LVS 验证，还必须具有寄生参数提取功能(LPE)，并将提取的寄生参数反映到原电路网表中(称之为返标)，以便进行后仿真(Post-Simulation)。能迅速从版图中提取寄生电容是 ZeniVERI 的一个显著特点。ZeniVERI 版图验证软件包通过 LDC 工具提取版图寄生参数的过程如图 4.42 所示。

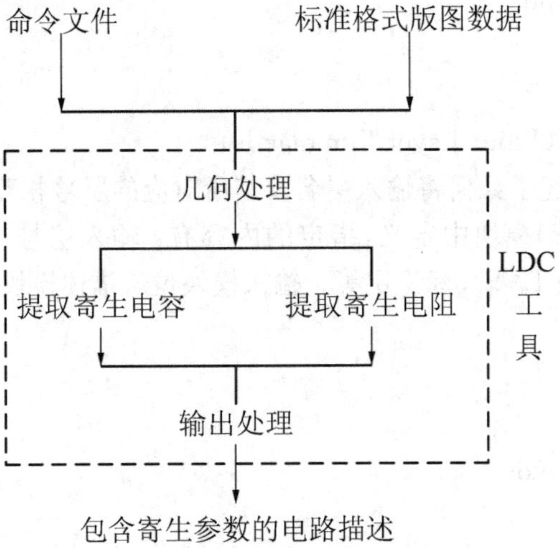

图 4.42 LDC 提取版图寄生参数

4.7 本章小结

集成电路版图设计不仅是一门技术，更是一门艺术。本章介绍了版图几何设计规则、电学设计规则、布线规则；讨论了版图设计的一系列原则和方法，包括提高电路可靠性的措施；结合九天软件的版图设计系统，讨论了版图编辑方法和包括版图设计规则检查 DRC、电路规则检查 ERC、电路图与版图一致性检查 LVS 以及电路参数提取 LPE 等版图验证问题。学习了这些基础知识，版图设计者借助版图设计工具不难设计出一套符合设计规则的“正确”的版图，掌握集成电路版图设计这门技术。但要设计出高性能、低功耗、低成本、高可靠性的芯片版图，还需要设计者在版图设计实践中不断积累经验和知识。

参考文献

[1] 茅于海等翻译. CMOS VLSI 设计原理和系统展望[M]. 北京：高等教育出版社，1989

[2] Neil Weste，Kamran Eshraghian. Principles of CMOS VLSI Design：A System

Perspective [M]. Addison-Wesley Pub，1985
[3] 李伟华. VLSI 设计基础[M]. 北京：电子工业出版社，2002
[4] 高保嘉编著. MOS VLSI 分析与设计[M]. 北京：电子工业出版社，2002
[5] 朱正涌编著. 半导体集成电路[M]. 北京：清华大学出版社，2001
[6] 邵丙铣，邓国祥编. MOS 集成电路的分析与设计[M]. 上海：复旦大学出版社，2002
[7] 陈金松编著. 模拟集成电路(原理、设计、应用)[M]. 合肥：中国科学技术大学出版社，1997

思考题与习题

1. 版图设计的基本前提是什么？
2. 版图编辑时，正确设置版图格点的意义是什么？
3. 规定版图几何设计规则的意义是什么？
4. 从设计的观点出发，版图设计规则应包括哪些部分？
5. 版图 DRC、ERC 和 LVS 的意义是什么？
6. 编写 DRC 版图验证文件的主要依据是什么？
7. 根据 4.2 节介绍的版图几何设计规则，画出 NMOS($L/W=4/8$ 单位：μm)晶体管的版图。
8. 根据 4.2 节介绍的版图几何设计规则，画出 PMOS($L/W=4/8$ 单位：μm)晶体管的版图。
9. 根据 4.2 节介绍的版图几何设计规则，画出 N 阱 CMOS 反相器的版图(P 管 $L/W=3/8$，N 管 $L/W=4/10$ 单位：μm)。

第 5 章　集成电路元器件及其 SPICE 模型

通过前一章的学习，我们了解了集成电路版图的设计流程和双极型、MOS 等元器件的版图设计要领。元器件版图反映的是构成元件每一材料层的二维几何尺寸和各材料层之间的逻辑关系。通过工艺制造，元器件各材料层有了三维的形状和各自不同的物理特性，例如半导体的掺杂类型和浓度、金属的导电率、绝缘体的介电常数等。然而，电路设计工程师仅仅知道这些元器件的几何数据和物理参数常常还是无法设计电路的，因为电路设计工程师需要的是他们所熟悉的元器件的电阻、电容、电感和受控电流/电压源等电路参数，他们的工作是用元器件的等效电路构建电路、分析性能、实现电路整体的技术要求。换句话说，电路设计工程师需要元器件的电路模型。因此，本章将讲述集成电路最常见的电阻、电容、电感等无源元件和双极型、MOS 等有源器件的模型。

5.1　引言

从电路的观点来看，集成电路可以认为是由元器件组成的。所谓元件(Element)不妨认为是电阻、电容和电感等结构简单，性能可用一个简单方程描述的单元。而器件(Device)则不妨认为是晶体管类结构相对复杂，性能要用多个方程才能描述的单元。从某种意义上说，器件可以由多个元件构成。例如，当一个由集成电路实现的电阻元件工作在射频，其对衬底寄生电容和引线电感不可忽略时，必须用一个包含电阻、电容和电感的双端口网络来模拟，这时，也应该称之为器件。

掌握了集成电路元器件的工作原理、工艺过程和实际结构之后，下一步的工作是利用这些元器件并根据给定的技术目标来设计电路。设计电路需要一系列电路知识，这些知识可以从模拟和数字电路的教科书中获得。然而，当我们选择到或者构造出一种电路的时候，首先希望知道的是，眼前电路性能是否能够满足预定的技术目标。在采用分立元器件设计电路的时代，人们通过选用元器件在电路板上搭试，然后再利用信号源、电表和示波器联合测试来检验电路性能。对于集成电路来说，则不存在这样的搭试途径，因为元件和电路是一次性完成制作的，且制作一旦完成，就无法修改。要修改必须再来一次设计制造过程。虽然以大批量生产为特征的集成电路制造对成品来说是低成本的，但对于开发来讲其成本却是非常之高的。这就要求人们在设计电路的时候就能非常准确地预测出电路的性能。为了做到这一点，需要人们对电路尽可能地进行精确的性能分析(Analysis)。因为集成电路元器件无法用实物构建，必须首先建立器件模型，然后对用这些元器件模型所设计的集成电路进行以分析计算为基础的电路仿真(Simulation)。

众所周知，由于集成电路涉及成千上万只晶体管和其他元器件，对其进行模拟计算已非人力可及。因此，在集成电路与计算机互为依存、共同发展的年代，人们开发出了用于集成电路模拟的各种各样的计算机程序。在集成电路的晶体管级仿真方面，SPICE 是主要的电路仿真程序，并已成为工业标准。因此，集成电路设计工程师，特别是模拟和数字混合信号集成电路设计工程师必须掌握 SPICE 的应用。第 6 章将集中讨论基于 SPICE 的集成电路仿真，本章首先讨论集成元器件的 SPICE 等效电路模型和模型的主要参数。

5.2　集成无源元件及其 SPICE 模型

集成电路元器件可以分为无源元件和有源器件两类。无源元件包括电阻、电容、电感、互连线、传输线等，有源器件就是各类晶体管。前面的章节已经介绍了在集成电路设计中起着决定性作用的有源器件的工作原理和制造工艺。事实上，利用这些工艺，可以同时实现大部分结构的无源元件。下面将对电阻、电容和电感等基本无源元件的集成实现形式及其数学描述加以介绍。

5.2.1　集成电阻

电阻是集成电路中最基本的无源元件。SPICE 程序中有专用的语句定义电阻元件 R，其主要参数为：电阻值 R0 和电阻温度系数。高频应用时，电阻等效模型还需要考虑其寄生电容和寄生电感值。

下面首先介绍集成电阻的制造方法，然后讨论其版图几何图形设计、阻值计算、温度系数以及高频等效电路模型。

5.2.1.1　集成电阻的类型

虽然与标准集成电路工艺技术兼容的制造电阻的方法有多种，但不同方法制作的电阻其阻值和精度不同。常见的集成电阻有：多晶硅电阻、掺杂半导体电阻、N 阱（或 P 阱）电阻和合金电阻等。下面分别加以介绍。

1）多晶硅电阻

掺杂多晶硅电阻与 CMOS、BiCMOS 等硅基集成电路的制造工艺兼容，是一种很好的电阻材料。这种电阻被厚氧化物所包围，其阻值取决于掺杂浓度。通常，形成 MOS 器件栅极的多晶硅需要有低的电阻率，因此是重掺杂的；而形成具有一定阻值电阻的多晶硅则是轻掺杂的。

2）掺杂半导体电阻

掺杂半导体具有电阻特性，并且不同的掺杂浓度具有不同的电阻率。根据掺杂方式，可分为扩散电阻和离子注入电阻[1]。

扩散电阻是指对半导体进行热扩散掺杂而形成的电阻。这种方法形成的集成电阻元件，其优点是工艺简单且兼容性好，缺点是精度稍差。制造扩散电阻的掺杂可以是工艺中的任何热扩散掺杂过程，可以掺 N 型杂质，也可以掺 P 型杂质，还可以是结构性的扩散电阻。图 5.1 给出了一个以 P 型掺杂区做扩散电阻的结构示意图。图中，P 型掺杂区可以利用电路制造工艺中某个 P 区掺杂工艺过程同时形成，也可以专门掺杂形成。前者不需增加专门的工艺步骤，缺点是受工艺限制电阻率不能灵活变化；后者需要增加工艺步骤，优点是电阻率变化灵活。这里，N 型衬底必须引出并接一定的高电平。

离子注入形成的电阻结构与如图 5.1 所示的扩散电阻结构相同。所不同的是，这个电阻由 P 型离子注入区电阻和 P^+ 区端头欧姆接触电阻两部分组成。由于 P^+ 区端头的掺杂浓

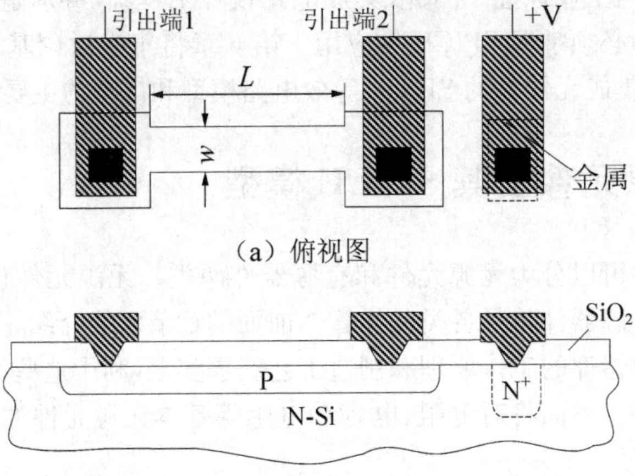

（a）俯视图

（b）剖面图

图 5.1　扩散电阻结构示意图

度较高，所以电阻值很小，实际的电阻阻值主要由离子注入区电阻决定。而离子注入工艺可以精确地控制注入杂质的浓度，并且横向扩散小。因此，与热扩散掺杂电阻相比，采用离子注入方式形成的电阻的阻值容易控制，精度较高。

3）阱电阻

阱电阻有 N 阱或 P 阱电阻两种。在 N 阱两端用 N^+ 源/漏扩散做欧姆接触就形成 N 阱电阻。同样，在 P 阱两端用 P^+ 源/漏扩散做欧姆接触就形成 P 阱电阻。阱电阻的阻值大但精度差，在精度要求不高的情况下，例如上拉电阻或保护电阻，这种电阻很适用。

4）合金电阻

合金电阻是采用一些合金材料沉积在二氧化硅或其他介电材料表面上，通过光刻形成电阻条，具有较低的温度系数和较大的电流承载能力。常用的合金材料有：钽(Ta)、镍铬(Ni-Cr)、氧化锌(SnO_2)和铬硅氧(CrSiO)。合金电阻具有较高的精度，通过修正可以使其绝对值公差达到 1%～0.01%的精度。

5.2.1.2　集成电阻的几何图形设计

不同的电阻版图几何图形也会影响电阻的精度。电阻的几何图形设计包括几何形状设计和尺寸设计两个主要方面。

1）几何形状设计

实际的电阻可以有多种多样的图形，图 5.2 给出了一些常用的层状电阻的版图形式。从图中可以看出，有的电阻条宽，如(b)、(d)、(e)图；有的电阻条窄，如(a)、(c)图；有的是直条形状的电阻，如(a)、(b)图所示；有的是弯折形状的电阻，如(c)～(e)图所示；有的是连续图形，如(a)～(d)图所示；有的是由若干直条电阻用金属条串联而成，如(e)图所示。

在设计中根据什么来选择电阻的形状呢？一个基本的依据是：一般电阻采用窄条结构，精度要求高的采用宽条结构；小电阻采用直条形，大电阻采用折线形。在光刻工艺加工过程中，由于过于细长的条状图形容易引起变形，同时考虑到版图布局等因素，对于高阻值的电阻通常采用弯折形的几何图形结构。但是，由于在拐角处的电流密度不均匀将产生误差，所以，高精度电阻也常采用长条电阻串联的形式，如(e)图所示结构。

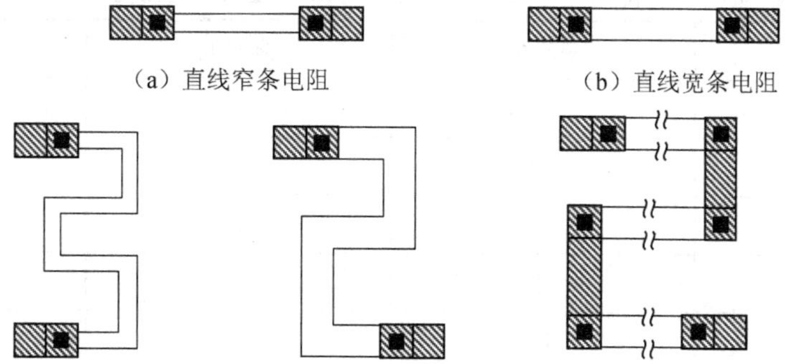

（a）直线窄条电阻　（b）直线宽条电阻

（c）弯折窄条电阻　（d）弯折宽条电阻　（e）分段弯折宽条电阻

图5.2　几种常用的电阻图形

2）几何尺寸设计

在电阻的制作过程中，由加工引起的误差，如制版和光刻过程中的图形宽度误差等，会使电阻的实际尺寸偏离设计尺寸，导致电阻值的误差。电阻条图形的宽度 w 越宽，相对误差 $\Delta w/w$ 就越小；反之则越大。与宽度相比，长度的相对误差 $\Delta l/l$ 则可忽略。因此，对于有精度要求的电阻，其宽度选择不仅要考虑能够承受的电流外，还要考虑精度要求。

综上所述，设计者要根据实际电路来合理选择电阻类型、结构和形状。

5.2.1.3　集成电阻的阻值计算

为了便于计算集成电阻的阻值，人们引入了方块电阻的概念[2]。以合金薄膜电阻为例，图5.3画出了一个矩形金属薄膜，以通过电流的方向（如图中箭头所示）定义为电阻长度 l，垂直方向定义为宽 w，厚度为 h，金属电阻率为 ρ。

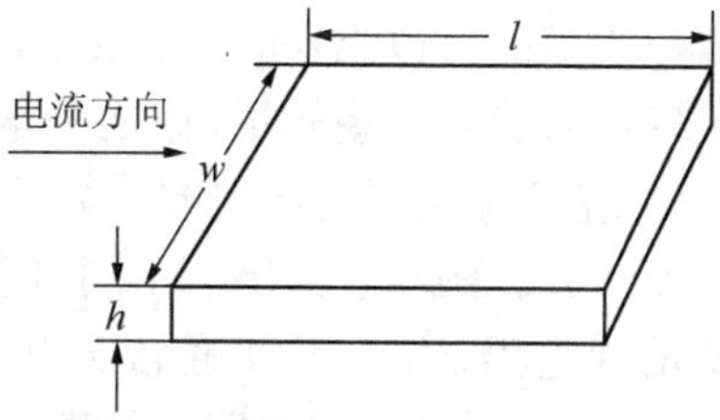

图5.3　方块电阻的几何图形

这样一个矩形金属薄膜的电阻为

$$R = \rho \frac{l}{hw} \tag{5.1}$$

当 $l=w$ 时，即取一个方块时，其电阻为

$$R\bigg|_{l=w} = R_{\square} = \rho \frac{1}{h} \tag{5.2}$$

式(5.2)中 R 称为方块电阻，与电阻层厚度 h 和电阻率 ρ 有关，但与方块大小无关，这样得到

$$R = R_{\square} \frac{l}{w} \tag{5.3}$$

式(5.3)就是计算集成电阻阻值的最基本公式。

方块电阻是集成电路设计中一个常用的工艺参数。对于一种确定的导电材料层，其方块电阻值一定。这样，电阻值仅与导体长宽比有关，方便了版图设计时的阻值计算。表5.1列出了0.5～1.0 μm MOS工艺中导电层材料的典型方块电阻值。

表 5.1　0.5～1.0 μm MOS 工艺中导电层材料的典型方块电阻值（单位：Ω/□）

材　料	最小值	典型值	最大值
互连金属	0.05	0.07	0.1
顶层金属	0.03	0.04	0.05
多晶硅	15	20	30
硅-金属氧化物	2	3	6
扩散层	10	25	100
硅氧化物扩散	2	4	10
N阱(或P阱)	1k	2k	5k

有了方块电阻的定义，可以非常方便地进行电阻图形设计。设计的依据是工艺提供的电阻层的方块电阻值和所需制作的电阻的阻值。一旦选中了电阻层的类型，确定了方块电阻，然后根据所需电阻的大小计算出需要多少方块，再根据精度要求确定电阻条的宽度，就能够得到电阻条的长度。当然，这样的计算是很粗糙的，因为在计算中并没有考虑电阻的折弯形状和端头形状对实际电阻值的影响，在实际的设计中需根据具体的图形形状对计算加以修正，通常的修正包括端头修正和拐角修正。

电子总是从电阻最小的地方流过，因此，从引线孔注入的电流，绝大部分是从引线孔正对着电阻条的一边流入的，从引线孔侧面和背面流入的电流极少。因此，在计算端头处的电阻值时需要引入一些修正，称之为端头修正。端头修正常采用经验数据，以端头修正因子 K_1 表示整个端头对总电阻方块数的贡献。例如 $K_1=0.5$，表示整个端头对总电阻的贡献相当于 0.5 方。图 5.4 给出了不同电阻条宽和端头形状修正因子的经验数据，图中的虚线是端头的内边界，端头尺寸通常为几何设计规则中电阻层对孔的覆盖数值。对于大电阻 $l>>w$ 情况，端头对总电阻方块数的贡献可以忽略不计。

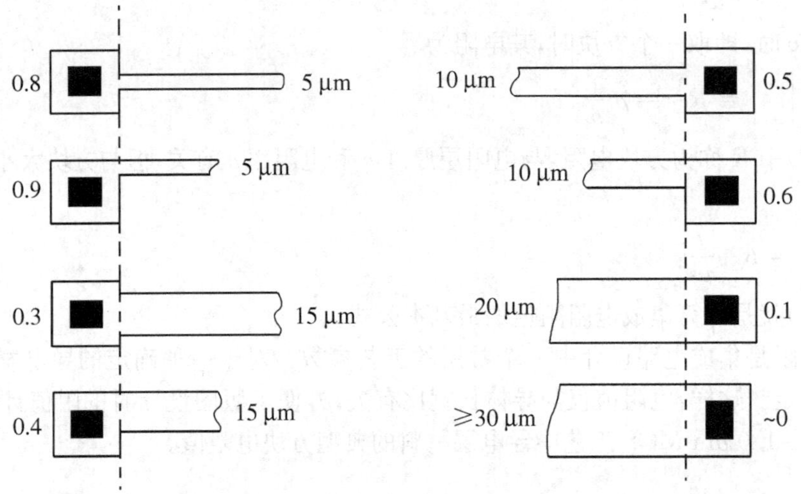

图 5.4　不同电阻条宽和端头形状的端头修正因子

对于弯折形状的电阻，通常每一直条的宽度都是相同的，在拐角处是一个正方形，但这个正方形不能作为一个方块电阻来计算。这是因为在拐角处的电流密度是不均匀的，靠近内角处的电流密度大，靠近外角处的电流密度小。经验数据表明，拐角对电阻的贡献只有 0.5 方，即拐角修正因子 $K_2=0.5$。然而，当采用如图 5.2(e)所示的结构时，由于不存在拐角并且电阻条比较宽，所以这种结构的电阻精度比较高，但缺点是占用的面积比较大，会产生比较大的分布参数。

5.2.1.4　电阻温度系数

电阻温度系数 TC 是指温度每升高 1℃时，阻值相对变化量。即

$$TC=\frac{1}{R}\frac{\mathrm{d}R}{\mathrm{d}T} \tag{5.4}$$

在 SPICE 程序中，考虑温度系数时，电阻的计算公式修正为

$$R=R_{\mathrm{tnom}}\times[1+TC1\times(t-t_{\mathrm{nom}})+TC2\times(t-t_{\mathrm{nom}}{}^{2})] \tag{5.5}$$

式中，t 为工作温度；t_{nom}为标准温度，一般取为 27℃；R_{tnom}为标准温度时的电阻值；$TC1$ 为一阶温度系数；$TC2$ 为二阶温度系数。

5.2.1.5　集成电阻的高频等效电路

当集成电阻工作在几百 MHz 以上频率时，应该考虑电阻引线与电阻条的电感。这时，集成电阻可以等效为如图 5.5 所示的双端口电路，其 SPICE 模型由这个包含五个元件的子电路来描述。图中，L 为电阻引线与电阻条的电感，C_{p} 为反映两电极之间电场耦合的电容，C_1 和 C_2 为两电极的对地电容。

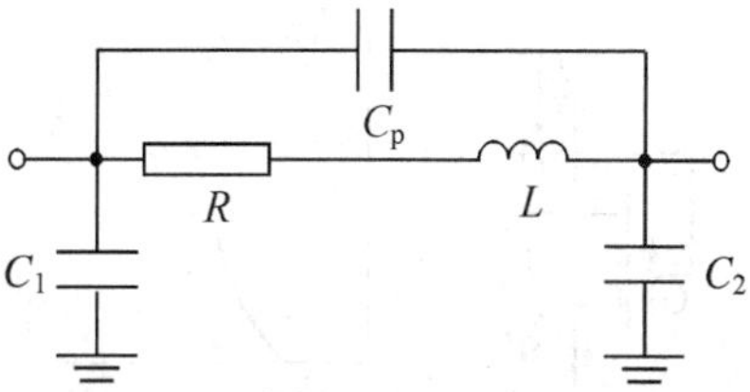

图 5.5　集成电阻的高频双端口等效电路

图 5.5 给出的只是集成电阻的一般等效电路形式。其实，对于不同方法制作的电阻，应该根据各自的工艺特点和实际的物理结构来确定其等效电路。例如，掺杂半导体电阻的衬底是和电阻材料掺杂类型相反的半导体，即电阻是 P 型半导体，衬底就是 N 型半导体，反之亦然。这样，电阻区和衬底就构成了一个 PN 结，为防止这个 PN 结导通，电阻的衬底必须接一定的电位，以保证任何工作条件下该 PN 结处于反偏状态。因此，通常将 P 型衬底接电路中最低电位，N 型衬底接最高电位，这样，最坏的工作情况是电阻只有一端处于零偏置，其余点都处于反偏置。

也正是因为这个 PN 结的存在，导致了掺杂半导体电阻的寄生电容。任何的 PN 结都存在结电容，电阻的衬底又通常都是处于交流零电位(直流的正、负电源端或地端)，使得电阻存在旁路电容。这样，双极型工艺中的一个基区扩散电阻可以等效为如图 5.6(b)、(c)所示的模型[3]。

在图 5.6 中，S 是衬底，n 端接电路的最高电位，其目的是防止电阻器的 PN 结正偏而失效。由于基区 PN 结总是反偏的，则可将图(a)等效为图(b)所示的三个反偏二极管结构，进一步又得到图(c)的等效模型。设基区 PN 结总的电容为 C_{b}，则等效电路中的寄生电容分别为两个 $C_{\mathrm{B}}/2$ 的电容器。C_{SUB}为衬底 PN 结电容。对于其他类型的电阻，可以依照上述方法进行处理，得到等效模型。

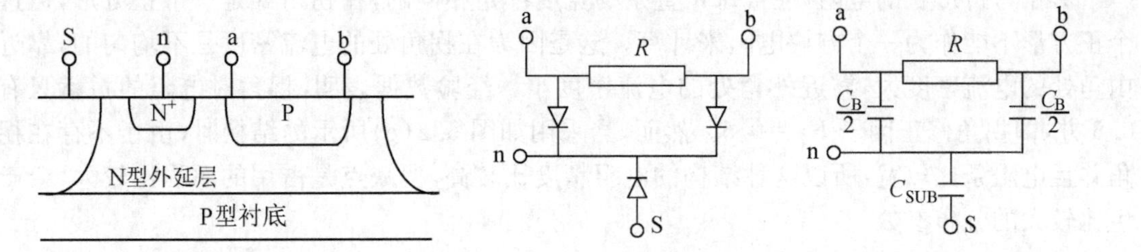

（a）物理结构剖面图　　（b）等效的器件级模型　　（c）等效的集总参数模型

图 5.6　基区电阻等效模型

5.2.1.6　有源电阻

除了上述薄层集成电阻外，工作在特定偏置条件下并作适当连接的晶体管表现出电阻特性，可用作电路中的电阻元件，并称之为有源电阻[1]。双极型晶体管和 MOS 晶体管均构成有源电阻，下面以 MOS 器件为例，讨论有源电阻的工作原理及其特性，双极型器件作为有源电阻的原理类似。

MOS 晶体管作为有源电阻可以有多种接法，图 5.7 给出了增强型 NMOS 和 PMOS 作为有源电阻时的一种连接方法及其电流-电压特性曲线。图中，MOS 晶体管的栅与漏短接，使得导通的 MOS 管始终工作在饱和区。在这种应用中，NMOS 的源接较低电位的一端，NMOS 管的电流从漏端流入，从源端流出；而 PMOS 的漏则接较低电位的一端，电流从源端流入，从漏端流出。

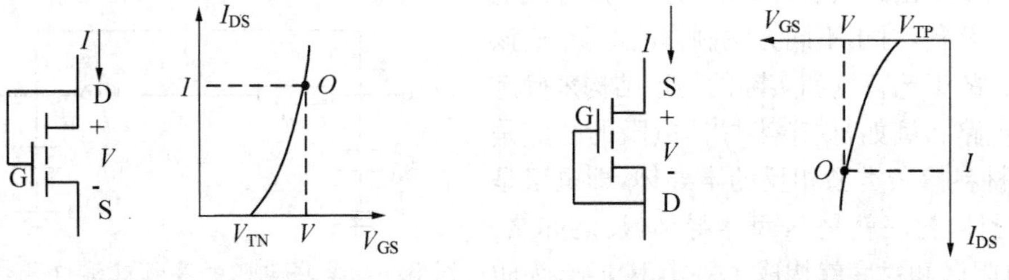

（a）增强型 NMOS 作有源电阻　　（b）增强型 PMOS 作有源电阻

图 5.7　栅-漏短接的 MOS 有源电阻及其电流-电压曲线

从栅-漏短接的 MOS 管可以得到两种电阻：直流电阻和交流电阻。以 NMOS 为例，若直流电阻所对应的工作电流为 I，源漏电压为 V，则直流电阻表示为

$$R_{\text{on}}\Big|_{V_{\text{GS}}=V}=\frac{V}{I}=\frac{2t_{\text{ox}}}{\mu_{\text{n}}\varepsilon_{\text{ox}}}\frac{L}{W}\frac{V}{(V-V_{\text{TN}})^2} \tag{5.6}$$

交流电阻则是曲线在工作点 O 处的切线。因为 $V_{\text{DS}}=V_{\text{GS}}$，所以交流电阻

$$r_{\text{ds}}=\frac{\partial V_{\text{DS}}}{\partial I_{\text{DS}}}\Big|_{V_{\text{GS}}=V}=\frac{\partial V_{\text{GS}}}{\partial I_{\text{DS}}}\Big|_{V_{\text{GS}}=V}=\frac{1}{g_{\text{m}}}=\frac{t_{\text{ox}}}{\mu_{\text{n}}\varepsilon_{\text{ox}}}\cdot\frac{L}{W}\cdot\frac{1}{(V-V_{\text{TN}})} \tag{5.7}$$

由式(5.7)可见，交流电阻等于工作点电压为 V 的饱和区跨导的倒数。显然，这个电阻是一个非线性电阻，但因为一般交流信号的幅度较小，因此，这个有源电阻在模拟集成电路中的误差并不大。对于 PMOS 有源电阻，也有类似的结果。

图 5.8 给出了增强型 NMOS 管作有源电阻时的另一种连接方法及其电流-电压特性曲线。图中，NMOS 晶体管的栅极加偏置电压 V_{B}。当该 NMOS 管工作在饱和区时，理想情况下其漏

源电流不随漏源电压变化，O 点的交流电阻为无穷大。实际上由于沟道长度调制效应，该交流电阻为一个有限值，但远大于工作点上的直流电阻。也就是说，工作在饱和区的 NMOS 器件所表现出来的交流电阻几乎不变，而直流电阻则随着漏源直流工作点电压变大而变大。

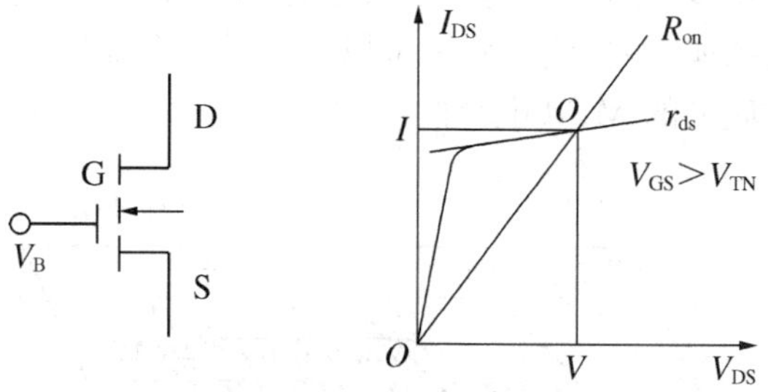

图 5.8　栅极加偏置的 NMOS 有源电阻及其电流-电压曲线

综上所述，通过对不同类型 MOS 管的适当连接，就可以构造出多种有源电阻。图 5.9 给出其各种形式。显然，图 5.9(a)即为图 5.8 所讨论的情况，对于 PMOS 管按图 5.9(d)接法也能获得具有与(a)图类似特性的有源电阻；图 5.9(b)和(e)即为图 5.7 中所讨论的两种有源电阻；图 5.9(c)是将一个耗尽型 NMOS 管栅-源短接作为有源负载的形式，只要该器件工作在饱和区，也将具有如图 5.8 所示的特性，所不同的是这种情况对应的是 $V_{GS}=0$ 的那条曲线。

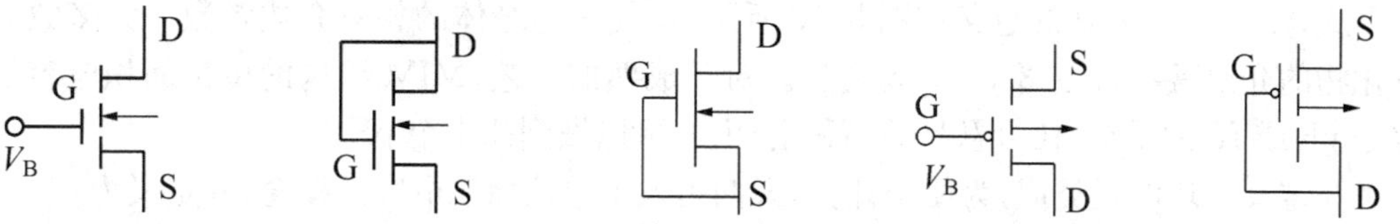

(a) 增强型 NMOS 管栅极加偏置　(b) 增强型 NMOS 管栅漏短接　(c) 耗尽型 NMOS 管栅源短接　(d) 增强型 PMOS 管栅极加偏置　(e) 增强型 NMOS 管栅漏短接

图 5.9　几种 MOS 有源电阻的连接形式

总之，有源电阻在实际电路中应用时，根据接入方法的不同以及节点电压变化的关系不同，将表现出不同的特性。有源电阻的 SPICE 模型就直接运用对应 MOS 器件的模型，这是不同于无源电阻的一个重要方面。

5.2.2　集成电容器

在集成电路中，有多种电容结构：

(1) 金属-绝缘体-金属(MIM)结构；

(2) 多晶硅/金属-绝缘体-多晶硅结构；

(3) 金属叉指结构；

(4) PN 结电容；

(5) MOS 电容。

这些结构的电容可以是有意设计的电容元件，也可能是不可避免的寄生电容。下面简要讨论各种电容的特性。

5.2.2.1 平板电容

SPICE 程序中定义的电容元件 C 是以平板电容为标准的，主要参数为：电容值 C_0、电容温度系数与高频寄生参数。

集成电路中可以采用多种材料结构的平板电容，最标准的是金属-绝缘体-金属（MIM）结构，其他包括金属-绝缘体-多晶硅结构和金属-绝缘体-重掺杂半导体结构等。图 5.10 是制作在砷化镓半绝缘衬底上的 MIM 电容的结构。

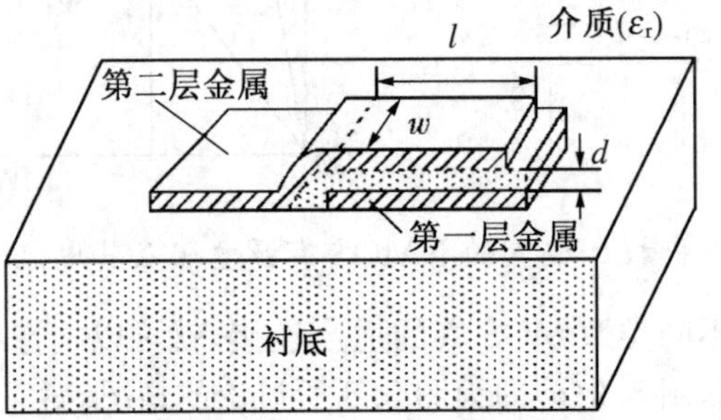

图 5.10 制作在砷化镓半绝缘衬底上的 MIM 电容结构

所有平板结构的电容值可用如下公式进行计算：

$$C = \frac{\varepsilon_r \varepsilon_o l w}{d} \tag{5.8}$$

式(5.8)中 l、w、d 的意义如图 5.10 所示，ε_r 代表绝缘体的相对介质常数。大多数硅氮氧化物的介质常数 ε_r 在 3.5～6.5 之间。对于成熟的工艺，MIM 结构的单位面积电容值通常是 pF 或 fF 的量级，在可忍受的面积上，电容可以做到几十个 pF。

与定义方块电阻类似，为便于计算，人们引入了单位面积电容的概念，并定义为

$$C_{ox} = \frac{\varepsilon_r \varepsilon_o}{d} \tag{5.9}$$

在 SPICE 程序中，考虑温度系数时电容的计算式为

$$C = C_{ox} \times A \times [1 + TC1(t - t_{nom}) + TC2(t - t_{nom})^2] \tag{5.10}$$

式(5.10)中，C_{ox} 为标准温度时的单位面积电容值；A 为电容面积；t 为工作温度；t_{nom} 为标准温度；$TC1$ 为一阶温度系数；$TC2$ 为二阶温度系数。

与电阻类似，集成电容除了本身的电容值外，还有寄生参数的影响。以 MIM 电容为例，分析简单的电容高频等效模型。若将电容的上面一层叫上极板，下面的一层叫下极板，则和电容上极板有关的寄生参数主要是连接电容的互连线引起的。下极板的寄生电容是由下极板和衬底间的电容形成的。对 MIM 电容，它的下极板寄生电容值为主电容值的 1/10；而对于多晶硅-扩散层电容，其下极板寄生电容和主电容为同一数量级。对于高频和高速集成电路应用，电容不仅具有电容器的特征，而且会有一个并联寄生电导 G、串联电感 L 和电阻 R 以及两电极的对地电容 C_1 和 C_2。因此这样一个电容器的 SPICE 模型最好用一个包含六个元件的子电路来描述，如图 5.11 所示。对于 GaAs 衬底上的 MIM 电容，G 代

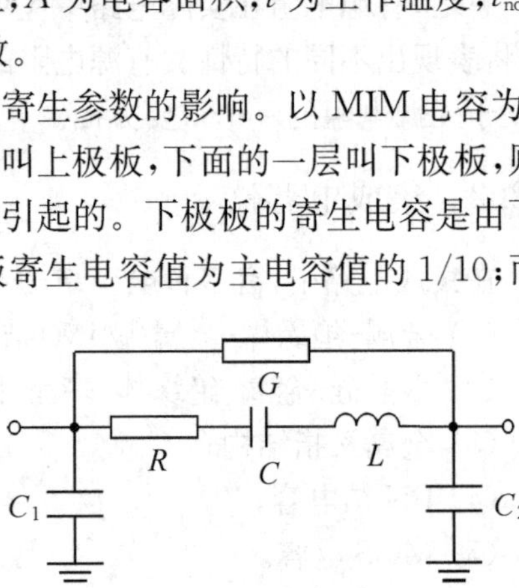

图 5.11 电容模型等效电路

表由漏电流引起的损耗和半绝缘体衬底或绝缘层的介质损耗，在良好的工艺情况下，G 可以被忽略。

随着工作频率的增高，图 5.11 中串联电感的阻抗变得越来越高，达到某一频率，C 与 L 变成串联谐振回路，其固有的自谐振频率为

$$f_0 = \frac{1}{2\pi\sqrt{LC}} \tag{5.11}$$

此时，电容器的电容特性完全消失。这意味着任何电容仅在低于 f_0 的频率上才会起电容作用。实际中，经验准则是让电容工作在 $f_0/3$ 以下。

5.2.2.2　金属叉指结构电容

叉指结构电容的优点是不需额外的工艺。特别是特征尺寸到了纳米量级，金属线条的宽厚比可大大减小，叉指的侧面电容占主导地位，因此叉指就成为电容的一种基本结构。叉指结构电容单位面积电容 C_{ox} 可根据给定的几何尺寸 W 和 S 以及相关工艺参数计算。通常叉指电容值有望做到 pF 量级。典型的金属叉指结构电容如图 5.12 所示。

两条金属之间的连线电容可认为是叉指电容的特例。当线宽按比例减小，但为了尽可能保持 RC 常数不按比例增加而增加金属厚度时，金属连线之间的电容比重变得越来越大，电路设计中必须给予高度重视。

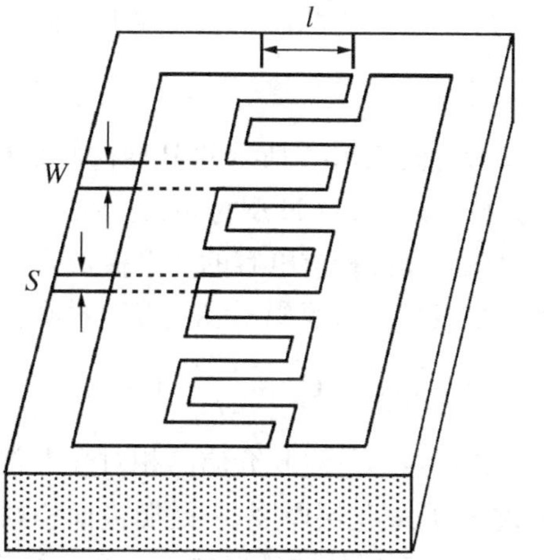

图 5.12　金属叉指结构电容

5.2.2.3　PN 结电容

利用 PN 结电容的优点也是不需要额外的工艺，但所实现的电容有一个极性问题。通常，解决这个问题的方法是采用两个背靠背连接的 PN 结。此外，所有的 PN 结电容都是非线性的，电容值是两端电压的函数。因实际应用的目的不同，这一特性既是优点也是缺点。在大信号线性放大器中，PN 结电容的非线性会引起电路的非线性失真，因此应该采取措施减少这种非线性失真；然而，在需要调整频率和相位的谐振放大器、移相器和压控振荡器中，这种非线性则可以得到利用。

任何 PN 结都有漏电流和从结面到金属连线的体电阻，因而，结电容的品质因数通常比较低。结电容的参数可以采用二极管和晶体管结电容同样的方法进行计算，其 SPICE 模型直接运用相关二极管或三极管器件的模型。

5.2.2.4　MOS 结构电容

MOS 结构电容的 SPICE 模型就直接运用 MOS 器件的模型。与平板电容和 PN 结电容都不相同的是，MOS 核心部分，即金属-氧化物-半导体层结构的电容具有独特的性质，其栅极与衬底之间的电容 C_{GB} 与栅极电压 V_{GB} 之间的关系取决于半导体表面的状态。随着栅极电压的变化，表面可处于

- 积累区
- 耗尽区

● 反型区

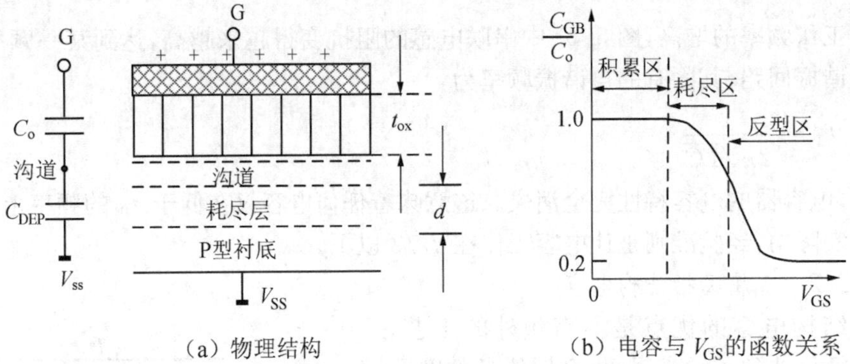

图 5.13 MOS 电容

参考图 5.13[4] 所示的 P 型衬底结构，当 $V_G<0$ 时形成积累层，栅极的负电荷把空穴吸引到硅的表面(对 N 型衬底，在 $V_G>0$ 时形成电子积累层)。当这个积累层出现时，栅极的金属或多晶硅构成电容的一个极板，N 型器件中 P 型衬底的高浓度空穴积累层构成电容的另一个极板。由于积累层直接和衬底相连，所以，栅极电容可近似表示为

$$C_{GB}=C_o=\frac{\varepsilon_{ox}\varepsilon_o}{t_{ox}}A=C_{ox}A \tag{5.12}$$

式中，ε_{ox}是 SiO_2 介质的相对介电常数，其值为 3.9，$\varepsilon_o=8.854\times10^{-14}$ F/cm 是真空介电常数，t_{ox}是氧化层厚度，A 是栅极面积，C_{ox}表示单位面积的“薄氧化层”电容。

当 N 型器件的栅极加上一个比衬底电位高一些的正电压时，在正对栅极下方的 P 型衬底中形成一个耗尽层。正的栅压排斥空穴，使其离开衬底表面，形成载流子耗尽的负电荷区。对于 N 型衬底来说，当小的负压加到栅极上时，也有相应的效应发生。

在表面耗尽区中，单位面积的电荷密度的大小取决于杂质浓度 N、电子电荷量 q 和表面耗尽区厚度 d(该厚度随栅极对衬底电压的增加而增加)。所以耗尽电容 C_{DEP} 由下式给出

$$C_{DEP}=\frac{\varepsilon_{Si}\varepsilon_o}{t_{ox}}A \tag{5.13}$$

式中的 ε_{Si}是硅材料的相对介电常数，其值为 12。因此，随着耗尽层浓度的增加，栅极对衬底的电容减小。在耗尽情况下，栅极对衬底的总电容可以认为是栅极氧化层电容 C_o 和 C_{DEP}的串联，其值为

$$C_{GB}=\frac{C_oC_{DEP}}{C_o+C_{DEP}} \tag{5.14}$$

随着栅极电压的进一步升高，少数载流子(P 型衬底的少数载流子是电子)被吸引到衬底的表面。实际上就是在硅表面出现反型层，形成了 N 型沟道。这时 MOS 电容 C_{gb}将与工作频率有关。由于栅极下面的反型层是一个导电率相当高的导电层，所以低频时，栅极电容又恢复为 C_o。但是，P 型衬底向反型层提供电子的能力是有限，使表面的电荷不能随快速变化的栅压而变化，所以，高频时栅极电容仍然和耗尽情况下的电容一样大。

下面介绍 MOS 栅极电容的估算方法。假设栅极氧化层厚度为 500～1000 nm 数量级，SiO_2 的相对介电常数近似取 4 时，C_{ox}的值为

$$C_{ox} = \frac{4 \times 8.854 \times 10^{-6}}{(500 \sim 1000) \times 10^{-4}}$$

$$\approx (3.5 \sim 7) \times 10^{-4}\ (\mathrm{pF}/\mu\mathrm{m}^2)$$

将计算出的 C_{ox} 乘以栅极面积就可以估算出栅极电容的近似值。例如，对于图 5.14 所示的典型的 MOS 管，t_{ox} 为 100 nm 时，输入(即栅极)电容为：

$$C_o = 3.5 \times 10^{-4} \times 0.4 \times 0.8\ \mathrm{pF}$$

$$\approx 0.11\ \mathrm{fF}\ (注：1\ \mathrm{fF}\ 为\ 10^{-15}\ \mathrm{F})$$

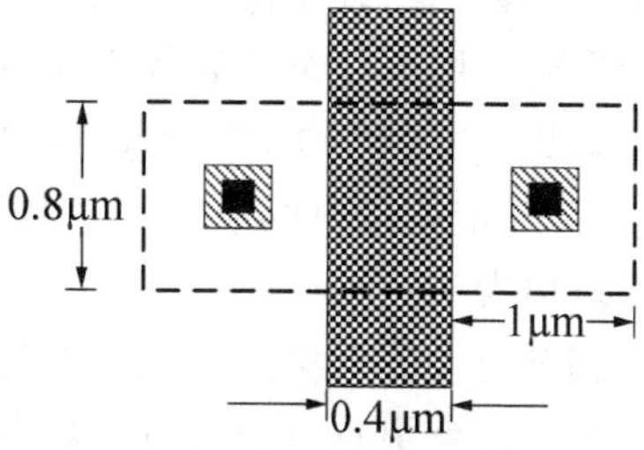

图 5.14　估计电容用的 MOS 管物理版图

5.2.3　集成电感

在集成电路开始出现以后很长一段时间内，人们一直认为电感是不能集成在芯片上的。因为那时集成电路工作的最高频率在兆赫量级，芯片上金属线的电感效应非常小。现在的情况就不同了，首先，近二十年来集成电路的速度越来越高，射频集成电路(RFIC)已经有了很大的发展，芯片上金属结构的电感效应变得越来越明显，芯片电感的实现成为可能。集成电感可以有下列两种形式[5]：

(1) 如图 5.15 所示的单匝线圈。

(2) 圆形、方形或其他螺旋形多匝线圈。

假定，衬底足够厚(大于 200 μm)，由空气桥组成的单匝线圈电感值由下式给出：

$$L = 1.26a[\ln(8\pi a/w) - 2](\mathrm{pH}) \tag{5.15}$$

式(5.15)中，a、w 取微米单位。

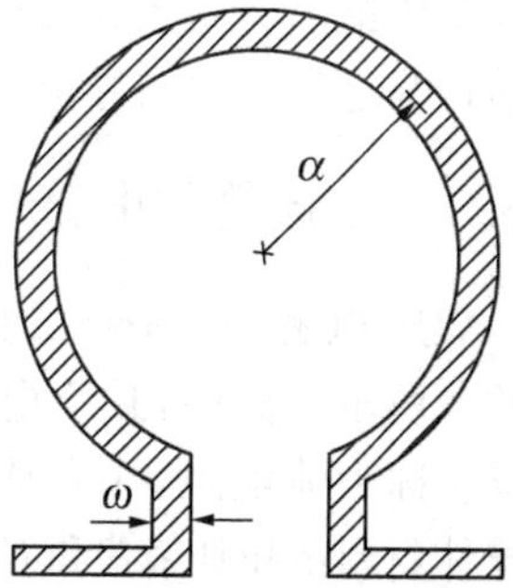

图 5.15　单匝线圈版图

图 5.16 所示多匝线圈比单匝线圈具有更高的电感值。厚衬底空气桥螺旋形线圈的精确计算公式为

$$L[\mathrm{pH}] = \frac{(r_o + r_i)^2 N^2}{25.4(60r_o - 28r_i)} \tag{5.16}$$

式(5.16)中，N 为匝数；r_i 为螺旋的内半径，以微米作单位；r_o 为螺旋的外半径，也以微米作单位。

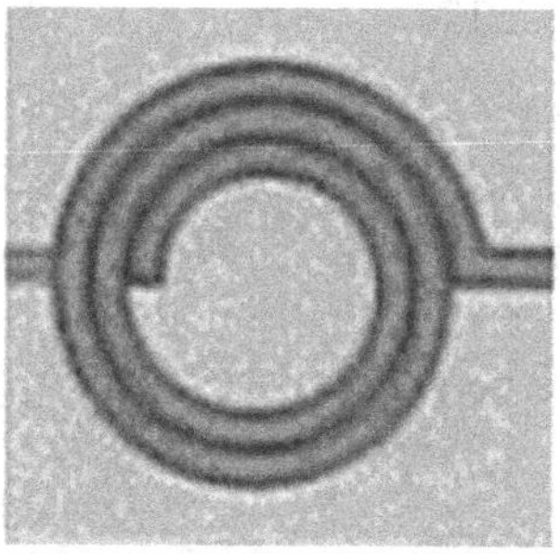

(a) 螺旋形圆型

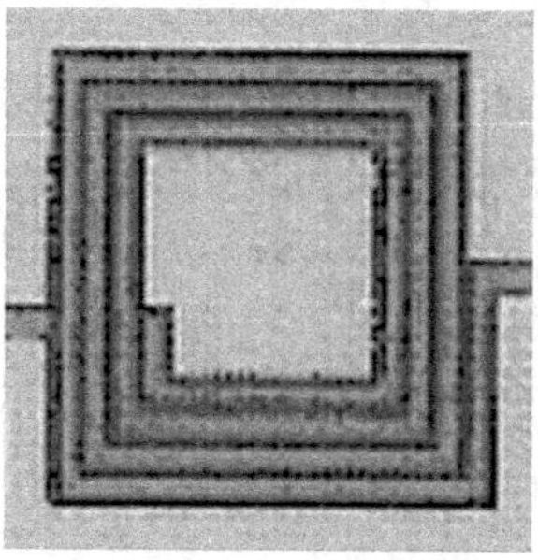

(b) 直角形

图 5.16　多匝线圈的实物照片

砷化镓和磷化铟等半绝缘衬底上的电感可采用与集成电阻相同的高频双端口等效电路(如图 5.5 所示)。其不同之处在于：对于集成电阻，L 代表寄生参数；而对于集成电感，R 代

表寄生参数。与砷化镓和磷化铟等半绝缘衬底不同，硅衬底为半导体。因此，硅衬底上电感可能需要采用更复杂的高频双端口等效电路模型[6]。

与集成电容类似，芯片电感的最高工作频率也受其自谐振频率 f_0 的限制。电感的自谐振频率 f_0 依赖于电感值 L 和总的寄生电容 C。多匝螺旋形线圈与单匝线圈相比，寄生电容的影响更大。

调谐放大器和振荡器的工作频率必须控制在百分之几的误差范围内，由于没有足够精确的公式计算集总电感的所有参数，所以为了达到设计目标，最可靠的方法是尽可能地使用具有精确模型的库元件。而此方法的前提是必须有成系列的电感库元件可用。设计和提取电感模型属于工艺开发的一项基本工作。

5.3 二极管及其 SPICE 模型

PN 结是微电子器件的基本结构之一，集成电路和半导体器件的大多数特性都是 PN 结相互作用的结果。如果通过某种方法使半导体中一部分区域为 P 型，另一部分区域为 N 型，则在其交界面就形成了 PN 结。PN 结的结构示意图、表示符号和典型的伏-安特性已在第 2 章中给出。一般的二极管就是由一个 PN 结构成的，以 PN 结构成的二极管的最基本的电学行为是具有单向导电性，这在实际中有非常大的用处。

5.3.1 二极管的电路模型

集成电路中一个二极管的简单等效电路如图 5.17[7]所示。图中，独立电流源代表二极管的单向导电性；R_S 称为体电阻，代表从外电极到结的路径上通常是半导体材料的电阻；C_j 和 C_d 分别代表 PN 结的势垒电容和扩散电容。可见，一个实际的二极管器件不仅包含一个具有单向导电性的 PN 结或肖特基结，总还包含一个寄生电阻 R_S 和至少两个不同性能的寄生电容 C_j 和 C_d。

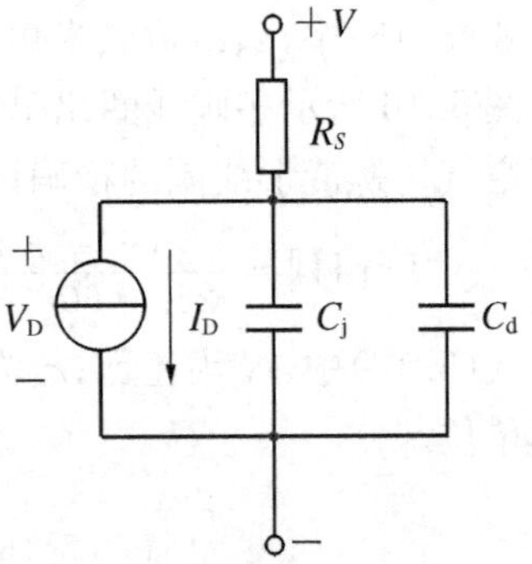

图 5.17 二极管等效电路模型

由图 5.17 可见，端电压 V 与结电压 V_D 的关系是

$$V_D = V - I_D R_S \tag{5.17}$$

式(5.17)中，I_D 是二极管电流，其方程已由式(2.2)给出，由于其重要性，这里再次给出

$$I_D = I_S\left(\exp\frac{V_D}{nV_T} - 1\right) \tag{5.18}$$

式(5.18)中，n 为发射系数，对于硅材料，n 大多取 1；V_t 由式(5.21)决定。

$$V_T = \frac{kT}{q} \tag{5.19}$$

式(5.19)中，k 是波尔兹曼常数，其值为 1.38×10^{-23} J/K；T 是绝对温度，单位为 K；q 是电子电荷，其值为 1.6×10^{-19} C。

参数 I_S 为饱和电流，表示为

$$I_S = J_S A \tag{5.20}$$

式(5.20)中，J_S 是工艺参数，称之为饱和电流密度；A 是 PN 结的截面积。

由二极管的特性曲线可知，当反向偏压很大时，二极管会发生击穿。专门设计在击穿状态下工作的二极管称为齐纳二极管。不过，二极管的电流电压方程没有预示这种击穿，实际电路设计中需借助 SPICE 等模拟工具来大致确定击穿电压值。

在低频下或直流分析中，二极管的特性可以直接由上述的 $I-V$ 特性方程来表示。但在高频下，PN 结的势垒电容 C_j 和扩散电容 C_d 变得很重要。

势垒电容 C_j 计算表达式为

$$C_j = C_{j0}\left(1-\frac{V_D}{V_0}\right)^{-m} \tag{5.21}$$

式中，V_0、C_{j0} 是工艺参数，分别称为 PN 结内建势垒电压和零偏势垒电容；m 是梯度因子，对于渐变结，m 取 1/3；对于突变结，m 取 1/2。该公式可用于计算 PN 结作为集成电容时的容值。

扩散电容 C_d 计算表达式为

$$C_d = \frac{\mathrm{d}Q}{\mathrm{d}V_D} = \tau_T \frac{\mathrm{d}I_D}{\mathrm{d}V_D} \approx \frac{\tau_T I_D}{n \cdot V_T} \tag{5.22}$$

式中，参数 τ_T 表示载流子穿过空间电荷区的时间，称为渡越时间。

表 5.2 给出上述这些表达式中的参数在 SPICE 中的符号名称，以方便读者查看。

表 5.2　二极管模型参数对照表

参数名	公式中符号	SPICE 中符号	单位	SPICE 中缺省值
饱和电流	I_S	IS	A	1.0E−14
发射系数	n	N	—	1
串联体电阻	R_S	RS	Ω	0
渡越时间	τ_T	TT	Sec	0
零偏置时的势垒电容	C_{j0}	CJ0	F	0
梯度因子	m	M	—	0.5
PN 结内建势垒电压	V_0	VJ	V	1

5.3.2　二极管的噪声模型

二极管的噪声是假设在 1 Hz 带宽时计算下列噪声的功率谱密度[8]。

1）热噪声

二极管的热噪声是由寄生电阻 R_S 产生的，表示为

$$I_n^2 = \frac{4kTA}{R_S} \tag{5.23}$$

式中，A 为结面积。

2）闪烁（$1/f$）噪声和散粒噪声

理想二极管产生的 $1/f$ 噪声和散粒噪声可表示为

$$I_n^2 = KF \times I_D^{AF} \times \frac{1}{f} + 2qI_D \tag{5.24}$$

式中，KF 为噪声系数；AF 为噪声指数。

5.4 双极型晶体管及其 SPICE 模型

Ebers-Moll(即 EM)模型和 Gummel-Poon(即 GP)模型是 SPICE 中的最常用的双极型晶体管模型。这两种模型均属于物理模型,其模型参数能较好地反映物理本质并且易于测量,便于理解和使用。

5.4.1 双极型晶体管的 EM 模型

EM 模型是 Ebers 和 Moll 于 1954 年提出来的,EM 直流模型如图 5.18 所示[12]。图中,α_R 为共基极大信号反向电流增益,I_R 为 BC 结饱和电流,V_{BC} 为 BC 结偏置电压;α_F 为共基极大信号正向电流增益,I_F 为 BE 结饱和电流,V_{BE} 为 BE 结偏置电压;I_B、I_C、I_E 分别表示基极、集电极和发射极电流。

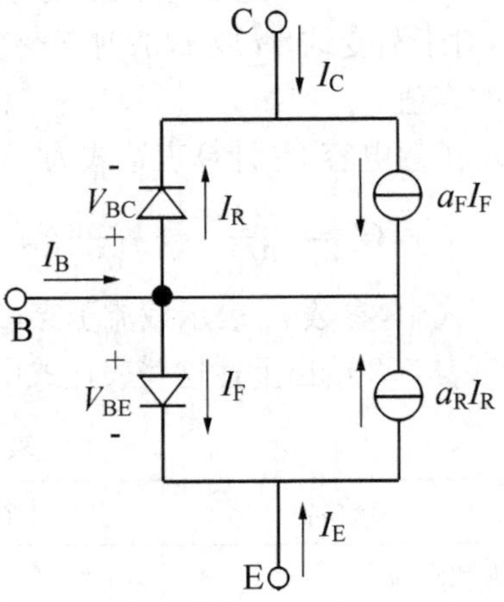

图 5.18 EM 直流模型

在这个模型中,器件各端点变量之间的关系可表示为[9]:

$$I_C = I_S\left(\exp\frac{V_{BE}}{V_T}-1\right)-\frac{I_S}{\alpha_R}\left(\exp\frac{V_{BC}}{V_T}-1\right) \tag{5.25}$$

$$I_E = -\frac{I_S}{\alpha_F}\left(\exp\frac{V_{BE}}{V_T}-1\right)+I_S\left(\exp\frac{V_{BC}}{V_T}-1\right) \tag{5.26}$$

式(5.25)和式(5.26)中,参量 I_S 表示晶体管传输饱和电流,并且有 $I_S=\alpha_R I_R=\alpha_F I_F$;$V_T$ 的定义与上节二极管中所述一样。这两个 EM 电流方程,加上晶体管本身的 KVL 和 KCL 方程

$$I_B = -I_C - I_E \tag{5.27}$$

$$V_{CE} = V_{BE} - V_{BC} \tag{5.28}$$

一共四个独立的方程描述了双极型晶体管的特性。

尽管 NPN(或 PNP)晶体管可以设想为在两个 N(或 P)沟道层之间夹着一个 P(或 N)型区的对称型三层结构。然而,根据第 4 章介绍的双极型晶体管版图可知,NPN(或 PNP)晶体管的集电区与发射区的形状及掺杂浓度都不一样,从而导致了 α_R 与 α_F 的巨大差别,因此这两个电极不能互换。

由于图 5.18 所示的 EM 模型将电流增益作为频率的函数来处理,对计算晶体管存贮效应和瞬态特性不方便,所以,改进的 EM 模型采用了电荷控制观点,在模型中增加了电容元件,并进一步考虑到发射极、基极和集电极串联电阻,以及晶体管版图中集电结对衬底的电容,于是得到如图 5.19[8] 所示的 EM2 模型。由于 EM2 模型引入了三个电阻,更精确地描述了晶体管的直流特性,使饱和区及小信号下的直流特性更符合实际。同时,电容及电阻的引入也使交流和瞬态特性表征更为完善,所以 EM2 模型适用于大多数情况。但由于 EM2 只是考虑了欧姆电阻和电荷存储效应的一阶模拟的模型,所以仍存在着一些局限性。

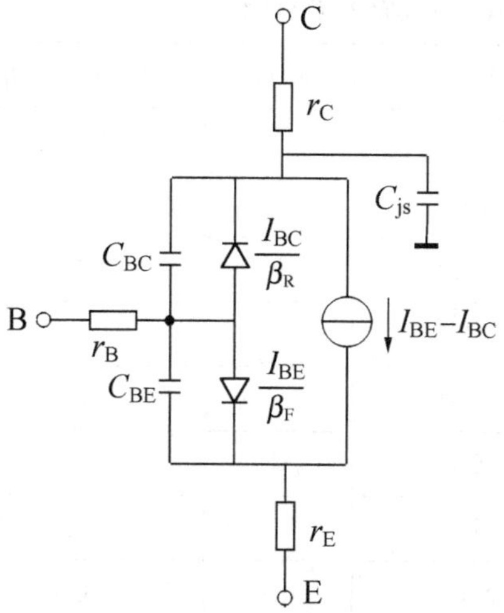

图 5.19　EM2 模型

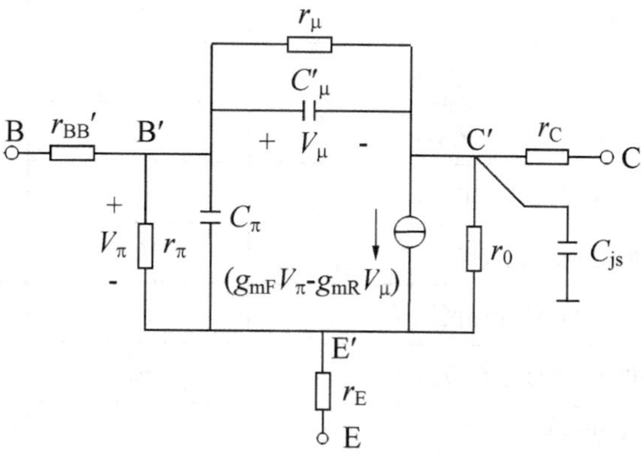

图 5.20　EM 小信号等效电路

EM 小信号等效电路如图 5.20[9]所示。图中，部分参数的计算式如下

1）正向区跨导 g_{mF}

$$g_{mF}=\frac{\mathrm{d}I_C}{\mathrm{d}V_{BE}}\bigg|_{\text{工作点}}=\frac{I_C}{V_T}\bigg|_{\text{工作点}} \tag{5.29}$$

2）输入电阻 r_π

$$r_\pi=\frac{\beta_0}{g_{mF}};\beta_0=\frac{\Delta I_C}{\Delta I_B}=\left[\frac{\mathrm{d}}{\mathrm{d}I_C}\left(\frac{I_C}{\beta_F}\right)\right]^{-1} \tag{5.30}$$

3）输出电阻 r_0

$$r_0=\frac{\Delta V_{CE}}{\Delta I_C}=\frac{1}{\eta g_{mF}};\eta=\frac{1}{V_T V_{AF}}=\frac{kT}{qV_{AF}} \tag{5.31}$$

4）反向区跨导 g_{mR}

$$g_{mR}=\frac{\mathrm{d}I_E}{\mathrm{d}V_{BC}}=\frac{I_E}{V_T} \tag{5.32}$$

5）集电极-基极电阻 r_μ

$$r_\mu=\frac{\Delta V_{CE}}{\Delta I_B}=\frac{\Delta V_{CE}}{\Delta I_C}\frac{\Delta I_C}{\Delta I_B}=r_0\beta_0 \tag{5.33}$$

6）电容 C_π

该电容由基区电荷电容和发射极-基极耗尽层电容两部分组成。

$$C_\pi=C_b+C_{je}=\tau_F\frac{I_C}{V_T}+C_{je0}\left(1-\frac{V_{BE}}{V_{E0}}\right)^{-m_E} \tag{5.34}$$

7）基极-集电极电容 C_μ

$$C_\mu=C_{\mu 0}\left(1-\frac{V_{CB}}{V_{C0}}\right)^{-m_C} \tag{5.35}$$

8）集电极-衬底电容 C_{CS}

$$C_{CS}=C_{CS0}\left(1-\frac{V_{CS}}{V_{S0}}\right)^{-m_S} \tag{5.36}$$

表 5.3 给出以上表达式中的工艺参数在 SPICE 中的符号名称，以方便读者查看。

表 5.3　双极型晶体管部分模型参数在 SPICE 中的符号名称

参数名	公式中符号	SPICE 中符号	单位	SPICE 默认值
饱和电流	I_S	IS	A	10^{-16}
理想最大正向电流增益	α_F	BF	—	100
理想最大反向电流增益	α_R	BR	—	1
正向厄利(欧拉)电压	V_{AF}	VAF	V	∞
反向厄利(欧拉)电压	V_{AR}	VAR	V	∞
基极-发射极结梯度因子	m_E	MJE	—	0.33
基极-集电极结梯度因子	m_C	MJC	—	0.33
衬底结指数因子	m_s	MJS	—	0.0
基极-发射极内建电势	V_{E0}	VJE	V	0.75
基极-集电极内建电势	V_{C0}	VJC	V	0.75
衬底结内建电势	V_{S0}	VJS	V	0.75
零偏压基极-发射极耗尽层电容	C_{je0}	CJE	F	0
零偏压基极-集电极耗尽层电容	$C_{\mu 0}$	CJC	F	0
零偏压集电极-衬底电容	C_{CS0}	CJS	F	0
正向渡越时间	τ_F	TF	s	0

5.4.2　双极型晶体管的 GP 模型

H. K. Gummel 和 H. C. Poon 于 1970 年提出了双极型晶体管的 GP 模型，GP 模型在以下几方面对 EM2 模型作了改进：

(1) GP 直流模型反映了集电结上电压的变化引起有效基区宽度变化的基区宽度调制效应，改善了输出电导、电流增益和特征频率；反映了共射极电流放大倍数 β 随电流和电压的变化。

(2) GP 小信号模型考虑了正向渡越时间 τ_F 随集电极电流 I_C 的变化，解决了在大注入条件下由于基区展宽效应使特征频率 f_T 和 I_C 成反比的特性。

(3) 考虑了大注入效应，改善了高电平下的伏安特性。

(4) 考虑了模型参数和温度的关系。

(5) 根据横向和纵向双极晶体管的不同，考虑了外延层电荷存储引起的准饱和效应。

SPICE 中使用的 GP 直流模型和小信号模型如图 5.21 所示[12]，图中，GP 小信号模型虽然与 EM2 小信号模型类似，但模型参数值各不相同。

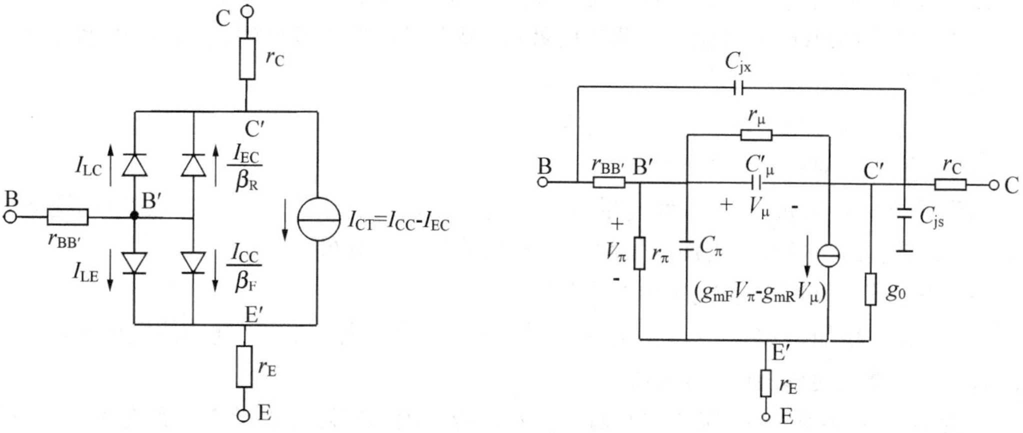

（a）直流模型　　　　（b）小信号模型

图 5.21　GP 模型

5.5　MOS 场效应晶体管及其 SPICE 模型

MOS 场效应晶体管是现代集成电路中最常用的器件。MOS 管的结构尺寸不断缩小已经到了深亚微米甚至纳米范围，多维的物理效应和寄生效应使得对 MOS 管的模型描述变得困难。显然模型越复杂，模型参数越多，其仿真的精度越高，但高精度与仿真的效率发生矛盾。下面，首先简要介绍 MOS 管模型的发展，然后集中讨论两种 MOS 管模型。但这里对模型的讨论，仅限于 NMOS 器件，对于 PMOS 器件模型，除部分公式中的符号不同外，其他与 NMOS 器件完全一样。

5.5.1　MOS 场效应晶体管模型发展

理想情况下，要找到一个精确描述器件在所有情况下行为的模型也许并不难。而在现实中，如果一个模型预测得到的性能与实际测量得到的性能之间的误差保持在百分之几之内就已经令人满意了。但是哪种模型更接近于实际情况往往难以给出定论，因此，Hspice 为使用者提供了 43 种 MOS 管模型以供选择，SmartSpice 公开支持的 MOS 管模型也有十多种。设计者依据不同需要，选择不同的模型。SPICE 中将 MOS 场效应管模型分成不同级别，并用变量 LEVEL 来指定所用的模型。

1) LEVEL＝1

级别为 1 的 MOS 管模型又称 MOS1 模型，这是最简单的模型，适用于手工计算。MOS1 模型是 MOS 晶体管的一阶模型，描述了 MOS 管电流(电压的平方率特性，考虑了衬底调制效应和沟道长度调制效应，适用于精度要求不高的长沟道 MOS 晶体管。

当 MOS 器件的栅长和栅宽大于 10 μm、衬底掺杂低，而我们又需要一个简单的模型时，那么由 Shichman 和 Hodges 提出的 MOS1 模型是适合的。描述这个模型的相关函数表达式将在下一节详细介绍。

2) LEVEL＝2

当 MOS 管的沟道长度在 2 μm 左右，沟道宽度在 6 μm 左右的小尺寸 MOS 晶体管中，各种二阶效应对器件漏电流及阈值电压等特性的影响就必须考虑了。LEVEL＝2 的 MOS2 模型在 MOS1 模型基础上考虑了一些二阶效应，提出了短沟道或窄沟道 MOS 管的模型，又被称为二维解析模型。

MOS2 模型考虑的二阶效应主要包括：

(1) 沟道长度对阈值电压的影响

当沟道长度 L 的减少，使衬底耗尽层的体电荷对阈值电压贡献减少，造成短沟道效应。因此，对小尺寸 MOS 器件，当沟道长度 L 减小时阈值电压降低。

(2) 漏栅静电反馈效应对阈值电压的影响

随着 V_{DS} 的增加，在漏区这一边的耗尽层宽度会有所增加，从而引起阈值电压下降。

(3) 沟道宽度对阈值电压的影响

当沟道宽度 W 减小时，应考虑所谓"边缘"效应。因为实际的栅总有一部分要覆盖在场氧化层上(沟道宽度以外)，因此场氧化层下也会引起耗尽电荷。沟道宽度 W 很窄时，这部分电荷虽然很少但在整个耗尽电荷中所占的比例将增大。与没有"边缘"效应时的情况相比较，栅电压要加得较大才能使沟道反型，这就是窄沟道效应。因此，对小尺寸 MOS 器件，沟道宽度 W 变窄时阈值电压提高。

(4) 迁移率随表面电场的变化

在栅电压增加时，表面迁移率会有所下降。MOS2 模型给出了修正迁移率的经验公式。

(5) 沟道夹断引起的沟道长度调制效应

当 V_{DS} 增大时，MOS 管的漏端沟道被夹断并进入饱和，V_{DS} 进一步增大，该夹断点向源区移动，从而使沟道的有效长度减小，这就是沟道长度调制效应。MOS2 模型给出了考虑沟道长度调制效应后，器件的有效沟道长度表达式。

(6) 载流子漂移速度限制而引起的电流饱和效应

短沟道器件中，在夹断以前就出现饱和，这是由于载流子的漂移速度达到了最大极限，因而引起漏源电流的饱和。也就是说，对于同样的几何尺寸比、同样的工艺和偏置，短沟道器件比长沟道器件的饱和电流小。在 MOS2 模型中，引入了参数 ν_{max} 表示载流子的最大漂移速率。但同时在饱和区和线性区的边界处引起了导数的不连续，使电导的计算不够精确，有时还会引起收敛的困难。

3) LEVEL＝3

即 MOS3 模型。MOS3 模型是一个半经验模型，适用于短沟道器件。在 MOS3 中考虑的器件二阶效应有：漏源电压引起的表面势垒降低而使阈值电压下降的静电反馈效应、短沟道效应和窄沟道效应对阈值电压的影响、载流子极限漂移速度引起的沟道电流饱和效应和表面电场对载流子迁移率的影响。

MOS3 模型中的阈值电压、饱和电流、沟道调制效应和漏源电流表达式等都是半经验公式，其模型参数大多与 MOS2 模型相同，但引入了三个新的模型参数：模拟静电反馈效应的经验模型参数 η(EAT)、迁移率调制系数 θ(THETA)和饱和电场系数 κ(KAPPA)。

4) LEVEL＝4

级别为 4 的 MOS4 模型又称 BSIM(Berkeley short-channel IGFET model)模型。该模型是由美国伯克利大学 1984 年专门为短沟道 MOS 场效应晶体管而开发的模型，是 AT&T Bell 实验室简练短沟道 IGFET 模型的改进型。模型是在物理基础上建立的，模型参数由工艺文件经模型参数提取程序自动产生，适用于数字电路和模拟电路，而且运行时间比二级模型平均缩短一半左右。现已发表的有 BSIM1、BSIM2、BSIM3 和 BSIM4 等模型。

5.5.2　MOS1 模型

MOS1 模型如图 5.22 所示，模型包括了漏区和源区的串联电阻 r_D 和 r_S，两个衬底 PN 结和结电容 C_{BS}、C_{BD}，反映电荷存储效应的三个非线性电容 C_{GB}、C_{GS}和 C_{GD}以及受控电流源 I_{DS}。下面分别讨论这些元件的计算式。

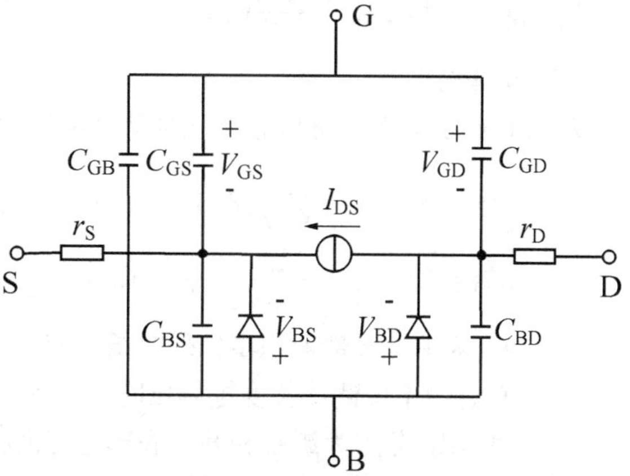

图 5.22　MOS1 模型

1）电流方程

当 $V_{GS}>V_{TH}$，$V_{DS}<V_{GS}-V_{TH}$时，MOS 管工作在线性区，电流方程为

$$I_{DS}=K_p\frac{W}{L_0-2L_D}\left[(V_{GS}-V_{TH})\times V_{DS}-\frac{1}{2}V_{DS}{}^2\right]\times(1+\lambda V_{DS})\tag{5.37}$$

当 $V_{GS}>V_{TH}$，$V_{DS}>V_{GS}-V_{TH}$时，MOS 管工作在饱和区，电流方程为

$$I_{DS}=\frac{K_p}{2}\frac{W}{L_0-2L_D}(V_{GS}-V_{TH})^2(1+\lambda V_{DS})\tag{5.38}$$

以上两式中，K_P 为本征跨导参数，并且有：$K_P=\mu\cdot C_{ox}=\mu\cdot\frac{\varepsilon_{ox}}{t_{ox}}$；

L_D 为沟道横向扩散长度；

L_0 为版图上几何沟道长度，因此，有效沟道长度 $L_{eff}=L_0-2L_D$；

W 为沟道宽度；

λ 为沟道长度调制系数；

V_{TH}为阈值电压。

阈值电压的计算表达式为

$$V_{TH}=V_{T0}+\gamma(\sqrt{|-2\phi_F+V_{SB}|}-\sqrt{|-2\phi_F|})\tag{5.39}$$

式中，V_{T0}是 $V_{SB}=0$ 时的阈值电压；

ϕ_F 为衬底半导体材料的费米势；

工艺参数 γ 称为体效应系数。

2）两个衬底 PN 结

两个衬底结的电流可用类似二极管的公式来模拟。假设两个衬底结的饱和电流分别为 I_{SS}和 I_{SD}，即二极管的模型参数 I_S，则

$$\text{当 } V_{BS}>0 \text{ 时，} I_{BS}=I_{SS}\left[\exp\left(\frac{qV_{BS}}{kT}\right)-1\right]\tag{5.40}$$

$$\text{当 } V_{BS}<0 \text{ 时，} I_{BS}=\frac{qI_{SS}}{kT}V_{BS}\tag{5.41}$$

$$\text{当 } V_{BD}>0 \text{ 时，} I_{BD}=I_{SD}\left[\exp\left(\frac{qV_{BD}}{kT}\right)-1\right]\tag{5.42}$$

当$V_{BD}<0$时，$I_{BD}=\frac{qI_{SD}}{kT}V_{BD}$ (5.43)

3) PN 结电容

两个 PN 结电容C_{BS}和C_{BD}由底部势垒电容和侧壁势垒电容两部分组成。

$$C_{BS}=C_{j0}\frac{A_S}{(1-V_{BS}/V_0)^{m_j}}+C_{jsw0}\frac{P_S}{(1-V_{BS/V_0})^{m_{SW}}} \tag{5.44}$$

$$C_{BD}=C_{j0}\frac{A_D}{(1-V_{BD}/V_0)^{m_j}}+C_{jsw0}\frac{P_D}{(1-V_{BD}/V_0)^{m_{SW}}} \tag{5.45}$$

式中，C_{j0}为单位底部面积零偏压时结电容；

C_{jsw0}为单位侧壁长度零偏压时结电容；

A_S，A_D 分别为源结和漏结底部电容面积；

P_S，P_D 分别为源结和漏结侧壁电容周长；

m_j 为底部电容梯度因子；

m_{SW}为侧壁电容梯度因子；

V_0 为结电势。

4) 栅电容

三个非线性栅电容C_{GB}，C_{GS}，C_{GD}由随偏压变化和不随偏压变化的两部分构成。设

$$C_{GB}=C_{GB1}+C_{GB2} \tag{5.46}$$

$$C_{GS}=C_{GS1}+C_{GS2} \tag{5.47}$$

$$C_{GD}=C_{GD1}+C_{GD2} \tag{5.48}$$

其中不随偏压变化的部分是栅极与源区、漏区的交叠氧化层电容以及栅与衬底间的交叠氧化层电容(在场氧化层上)，即

$$C_{GB2}=C_{GB0}L_{eff} \tag{5.49}$$

$$C_{GS2}=C_{GS0}W \tag{5.50}$$

$$C_{GD2}=C_{GD0}W \tag{5.51}$$

式(5.49)～(5.51)中，C_{GB0}表示每单位沟道长度的栅-衬底交叠电容；C_{GS0}、C_{GD0}分别表示每单位沟道宽度的栅源和栅漏交叠电容。

随偏压而变的栅电容是栅氧化层电容与空间电荷区电容相串联的部分。表 5.4[7] 给出了不同工作区栅电容的变化。

表 5.4　不同工作区的栅电容

工作区	C_{GB1}	C_{GS1}	C_{GD1}
截止区	$C_{ox}WL_{eff}$	0	0
非饱和区	0	$C_{ox}WL_{eff}/2$	$C_{ox}WL_{eff}/2$
饱和区	0	$(2/3)C_{ox}WL_{eff}$	0

5) 串联电阻的影响

漏区和源区串联电阻的存在使加在漏源区的有效电压会小于加在外部端口处的电压，会影响 MOS 管的电学特性。MOS1 模型中引入了电阻 r_D 和 r_S 分别表示漏区和源区的串联电阻，其值可以在模型语句.MODEL 中给定，也可通过 MOS 管的 N_{RD}和 N_{RS}来确定并且有

$$r_D = R_{sh} N_{RD} \tag{5.52}$$

$$r_S = R_{sh} N_{RS} \tag{5.53}$$

以上两式中，R_{sh}为漏扩散区和源扩散区薄层电阻；

N_{RD}为漏扩散区等效的方块数；

N_{RS}为源扩散区等效的方块数。

表 5.5～表 5.7 根据模型参数与模型元件计算公式的关系，分类总结了 MOS1 模型中主要模型参数及其在 SPICE 中的名称对照列表。

表 5.5　与计算 V_{th} 相关的参数

参数名	公式中符号	SPICE 中符号	单位	SPICE 缺省值
零偏置时的阈值电压	V_{T0}	VT0	V	1.0
体效应系数	γ	GAMMA	$V^{0.5}$	0
表面反型电势	$2\phi_F$	PHI	V	0.6
衬底掺杂浓度	N_{SUB}	NSUB	cm^{-3}	1.0E15
快态密度	N_{FS}	NFS	cm^{-3}	0

表 5.6　与跨导相关的参数

参数名	公式中符号	SPICE 中符号	单位	SPIC 缺省值
本征跨导参数	k	KP	A/V^2	2.0E-5
沟道长度调制系数	λ	LAMBDA	1/V	0
沟道横向扩散长度	L_D	LD	m	0
表面迁移率	μ_0	U0	$cm^2/(V \cdot sec)$	600
栅氧化层厚度	t_{ox}	TOX	m	1E-7

表 5.7　与源/漏注入区的寄生效应相关的参数

参数名	公式中符号	SPICE 中符号	单位	SPICE 缺省值
漏区串联电阻	r_D	RD	Ω	0
源区串联电阻	r_S	RS	Ω	0
漏/源扩散区薄层电阻	R_{sh}	RSH	Ω/口	0
漏扩散区等效方块数	N_{RD}	NRD	—	1
源扩散区等效方块数	N_{RS}	NRS	—	1
零偏压时衬底结底部电容	C_{j0}	CJ	F/m^2	0
侧壁零偏压时结电容	C_{jsw0}	CJSW	F/m	0
衬底结梯度因子	m_j	MJ	—	0.5
衬底结侧壁电容梯度因子	m_{SW}	MJSW	—	0.3
衬底结电势	V_0	PB	V	0.8

续 表

参数名	公式中符号	SPICE 中符号	单位	SPICE 缺省值
源结底部电容面积	A_S	AS	m^2	0
漏结底部电容面积	A_D	AD	m^2	0
源结侧壁电容周长	P_S	PS	m	0
漏结侧壁电容周长	P_D	PD	m	0
单位沟道宽度栅衬交叠电容	C_{GB0}	CGBO	F/m	0
单位沟道宽度栅源交叠电容	C_{GS0}	CGSO	F/m	0
单位沟道宽度栅漏交叠电容	C_{GD0}	CGDO	F/m	0

5.5.3 短沟道 MOS 管的 BSIM SPICE 模型

目前，绝大多数集成电路晶圆制造厂商都采用 BSIM 模型来描述其加工的器件的性能。BSIM 模型一般通过自动化的参数提取和模型生成软件来完成，其中，BSIM1 SPICE 模型适用于沟道长度小到 1 μm 的 MOS 晶体管，对于沟道长度更短的 MOS 管则需要使用 BSIM2 或 BSIM3 模型。从建模机理来看，BSIM1 和 BSIM2 集中于解决模型的精度并考虑公式的简单化，因而引入了大量的经验参数或弥合参数以提高模型精度；虽然有自动的参数提取程序帮助提取模型参数，但在实际使用上由于模型参数过多且存在冗余，因此使用起来比较麻烦。BSIM3 模型建立的机理与 BSIM1、BSIM2 不同。BSIM3 是基于准二维分析的物理模型，着重探讨和解决涉及器件工作的物理机制，并考虑了器件尺寸和工艺参数的影响，力求使每个模型参数与器件特性的关系可以预测。BSIM3 大约有 120 个参数，每一个都有其物理意义。在整个工作区域内，漏电流及其一阶导数都是连续的，这对解决电路仿真中的收敛问题很有帮助。在 Hspice 或 SmartSpice 仿真软件中，BSIM3 模型的 V3.1 版本对应于 Level 49，模型中考虑的主要效应包括以下几个方面。

(1) 短沟和窄沟对阈值电压的影响；

(2) 横向和纵向的非均匀掺杂；

(3) 垂直场引起的载流子迁移率下降；

(4) 体效应；

(5) 载流子速度饱和效应；

(6) 漏感应引起位垒下降；

(7) 沟道长度调制效应；

(8) 衬底电流引起的体效应；

(9) 次开启导电问题；

(10) 漏/源寄生电阻。

下面将简要介绍 BSIM3 模型考虑上述效应时，求解阈值电压、漏电流和亚阈值电流等主要参数的计算公式。

1) 阈值电压

(1) 垂直方向非均匀掺杂

考虑垂直方向非均匀掺杂时的阈值电压表示为

$$V_{TH}=V_{T0}+K_1(\sqrt{\varphi_S-V_{BS}}-\sqrt{\varphi_S})-K_2V_{BS} \tag{5.54}$$

式中，V_{BS} 为 MOS 管衬底与源极的电压差，V_{T0} 为 V_{BS} 等于零时长沟道器件阈值电压，φ_S 为表面反型电势，K_1、K_2 分别为一阶、二阶体效应系数。

(2) 横向非均匀掺杂

在某些 MOS 器件制造技术中，沟道中靠近漏源区的掺杂浓度比沟道中部的要高，如图 5.23 所示。这样随着沟道长度的缩短，靠近漏源区掺杂量占沟道总掺杂量的比例增加，因而沟道中的平均掺杂浓度比长沟时会增加。有效掺杂浓度将随横向非均匀掺杂系数的增加而增加，进而引起阈值电压的上升。因此，考虑横向的非均匀掺杂，阈值电压修正为

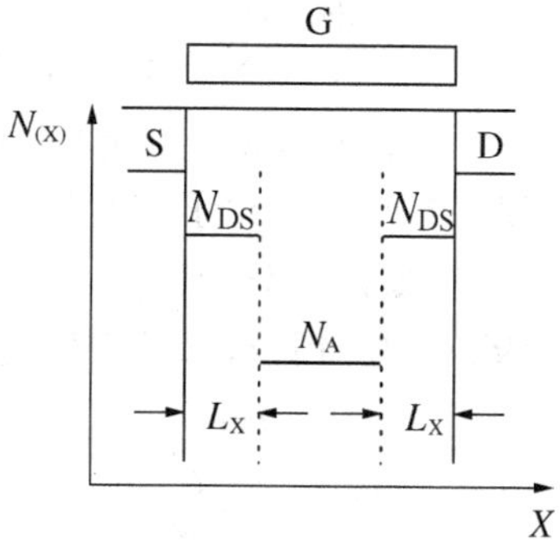

图 5.23　沿沟道方向杂质不均匀分布

$$V_{TH}=V_{T0}+K_1(\sqrt{\varphi_S-V_{BS}}-\sqrt{\varphi_S})-K_2V_{BS}+K_1\left(\sqrt{1-\frac{2L_X}{L_{eff}}\frac{N_{DS}-N_A}{N_A}}-1\right)\sqrt{\varphi_S} \tag{5.55}$$

(3) 短沟道效应

随着沟道长度变得越来越短，阈值电压与沟长及漏电压有着明显的关系。而随着沟长的变短，阈值电压与衬底偏压的关系却变弱。因此，包括短沟效应的阈值电压公式为

$$\begin{aligned}V_{TH}&=V_{T0}+K_1(\sqrt{\varphi_S-V_{BS}}-\sqrt{\varphi_S})-K_2V_{BS}\\&+K_1\left[\sqrt{1+\frac{2L_X}{L_{eff}}\frac{N_{DS}-N_A}{N_A}}-1\right]\sqrt{\varphi_S}-\Delta V_{TH}\end{aligned} \tag{5.56}$$

式中，ΔV_{TH} 是由于短沟道效应而引起的阈值电压的下降，通过沿沟道求解准二维泊松方程得到，于是有

$$\Delta V_{TH}=\theta\times[2\times(V_{S0}-\varphi_S)+V_{DS}] \tag{5.57}$$

式中，θ 是短沟道效应系数，V_{S0} 是衬底与源之间 PN 结的内建电势。

(4) 窄沟道效应

由于窄沟道效应引起的阈值电压漂移可表示为

$$\Delta V_{TH}=(K_3+K_{3b}V_{BS})\frac{t_{ox}}{(W'_{eff}+W_0)}\varphi_S \tag{5.58}$$

式中，K_3 为窄宽度效应系数；

K_{3b} 为窄宽度效应系数的体效应因子；

W_0 为窄宽度效应参数；

W'_{eff} 为有效的沟道宽度。

2) 迁移率

一个好的表面迁移率模型对于 MOSFET 模型的精度是致关重要的。一般讲，迁移率与很多工艺参数及偏置条件有关。BSIM3 中所提供的迁移率公式为

$$\mu_{eff}=\frac{\mu_0}{1+(U_A+U_CV_{BS})\left(\frac{V_{GS}+V_{TH}}{t_{ox}}\right)+U_B\left(\frac{V_{GS}+V_{TH}}{t_{ox}}\right)^2} \tag{5.59}$$

式中，μ_0 为低场迁移率；

U_A 为一阶迁移率下降系数；

U_B 为二阶迁移率下降系数；

U_C 为体效应引起的迁移率下降系数。

BSIM3 中还给出了其他两个迁移率模型供用户选择，在此不再详列。

3）载流子漂移速度

BSIM3 中计算载流子漂移速度的模型如下所示

$$v=\begin{cases}\dfrac{\mu_{eff}E}{1+\dfrac{E}{E_{SAT}}} & \text{当 } E<E_{SAT} \text{ 时}\\ v_{SAT} & \text{当 } E>E_{SAT} \text{ 时}\end{cases} \tag{5.60}$$

式中，E_{SAT}为载流子速度达到饱和时的临界电场；

v_{SAT}为载流子饱和速度。

4）体电荷效应

BSIM3 模型采用 A_{bulk}来描述体电荷效应，其表达式为

$$A_{bulk}=\frac{1}{1+K_{eta}V_{BS,eff}}\times\left\{1+\frac{K_1}{2\sqrt{\varphi_S-V_{BS,eff}}}\left[\frac{A_0L_{eff}}{L_{eff}+2\sqrt{X_1X_{dep}}}\times\left\{1-A_{gs}\times(V_{GS}-V_{TH})\times\left(\frac{L_{eff}}{L_{eff}+2\sqrt{X_jX_{dep}}}\right)^2\right\}+\frac{B_0}{W'_{eff}+B_1}\right]\right\} \tag{5.61}$$

式中，A_0、A_{gs}、B_0、B_1 和 K_{eta}由实验数据加以确定，并称

A_0 为沟道长度的体电荷效应系数；

A_{gs}为 A_{bulk}的栅偏压系数；

B_0 为沟道宽度的体电荷效应系数；

B_1 为体电荷效应中沟道宽度的偏离值；

K_{eta}为体电荷效应的衬底偏压系数。

5）强反型时的源漏电流

MOS 管工作在截止区、线性区和饱和区的源漏电流可分别表示如下。

（1）截止区（$V_{GS}\leqslant V_{TH}$）

$$I_{DS}=0 \tag{5.62}$$

（2）线性工作区（$V_{GS}>V_{TH}$，$0<V_{DS}<V_{DSAT}$）

$$I_{DS}=\frac{\mu_0}{[1+U_0(V_{GS}-V_{TH})]}\cdot\frac{C_{ox}\dfrac{W}{L}}{1+\dfrac{U_1}{L}V_{DS}}\left[(V_{GS}-V_{TH})V_{DS}-\frac{a}{2}V_{DS}^2\right] \tag{5.63}$$

式中，$a=1+\dfrac{g\mathrm{K}_1}{2\sqrt{\varphi_S-V_{BS}}}$；

$$g=1-\frac{1}{1.744+0.8364(\varphi_S-V_{BS})}$$

(3) 饱和区($V_{GS}>V_{TH}$,$V_{DS}\geqslant V_{DSAT}$)

$$I_{DS}=\frac{\mu_0}{[1+U_0(V_{GS}-V_{TH})]}\cdot\frac{C_{ox}\dfrac{W}{L}(V_{GS}-V_{TH})}{2aK} \tag{5.64}$$

式中,$K=\dfrac{1+v_C+\sqrt{1+2v_C}}{2}$,$v_C=\dfrac{U_1}{L}\cdot\dfrac{(V_{GS}-V_{TH})}{a}$

总结本节所述,现将 BSIM3 基本的模型参数及标志符列于表 5.8。关于 BSIM3 更详细的讨论请参考文献[10]。

表 5.8　BSIM3 部分模型参数

参数名	关键字	意　　义	默认值	单位
X_j	XJ	结深	0.15E-6	m
t_{OX}	TOX	栅氧化层厚度	1.5E-8	m
V_{T0}	VTO	$V_{BS}=0$ 时,长沟道器件阈值电压	0.7	V
φ_S	PHI	表面反型电压	1	V
K_1	K1	一阶体效应系数	0.5	$V^{1/2}$
K_2	K2	二阶体效应系数	-0.0186	—
K_3	K3	窄宽度效应系数	80.0	
K_{3b}	K3B	窄宽度效应系数的体效应因子	0	1/V
W_0	W0	窄宽度效应参数	2.5E-6	m
μ_0	U0	低场迁移率	670	$cm^2/(V\cdot sec)$
U_A	UA	一阶迁移率下降系数	2.25E-9	m/V
U_B	UB	二阶迁移率下降系数	5.89E-19	m^2/V^2
U_C	UC	体效应引起的迁移率下降系数	-0.0465	1/V
ν_{SAT}	VSAT	载流子饱和速度	8E+4	m/s
A_0	A0	沟道长度的体电荷效应系数	1.0	—
A_{gs}	AGS	体电荷效应的栅偏压系数	0.0	1/V
B_0	B0	沟道宽度的体电荷效应系数	0.0	m
B_1	B1	体电荷效应中沟道宽度的偏离值	0.0	m
K_{eta}	KETA	体电荷效应的衬底偏压系数	-0.047	1/V

5.6　模型参数提取技术

由上述对集成电路无源元件和有源器件的模型讨论可以看出,实际电路分析中用到的一般都是元件的等效电路模型。由于集成电路元件主要是由半导体器件组成的,因此,这些等效电路模型又都是以物理模型为基础的。物理模型和等效电路模型的主要特点是[11]:

1) 物理模型

半导体器件的物理模型是从半导体的基本方程出发,并对器件的参数做一定的近似假设而得到的有解析表达式的数学模型。一般说来,随着集成电路集成度的提高,器件的结构、尺寸都在发生变化,器件的物理模型就越加复杂。在物理模型中经常包含有一些经验因子,目的是为了使模型与实验结果符合得更好。一般说,模型中考虑的因素越多,与实际结果就符合得越好,但模型也就越复杂,在电路模拟中耗费的计算工作量就越大。

2) 等效电路模型

半导体器件的等效电路模型是在特定的工作条件下,把器件的物理模型用一组理想元件代替,用这些理想元件的支路方程表示器件的物理模型。一般说,同一个半导体器件在不同的工作条件下,将有不同的等效电路模型。例如一个器件的直流模型、交流小信号模型、交流大信号模型以及瞬态模型等是各不相同的。

然而,电路仿真的精确度不仅与模型本身有关,还与给定的模型参数值是否正确有密切关系,所以,准确地获取模型参数是电路分析的重要工作。从模型的开发到形成一个确定的较好的模型,是一项相当复杂的工作。下面将对模型参数提取方法和基本原理做一般性叙述,关于器件建模和模型参数提取知识更详细的介绍请查看相关技术文献。

5.6.1 模型参数提取方法

模型参数的确定大致分三类。第一类是用仪器直接测量,如用网络分析仪测试 S 参数;用 h 参数测试仪测量二端口的 h 参数;用电容、基极电阻、f_T 以及晶体管特性曲线图示仪等测出某些相关参数,再通过曲线的外推,求斜率及计算得到模型参数。这种方法物理概念明确,某些参数测量的精度较高,但所需的仪器较多,工作量比较大。第二类是从工艺参数获得模型参数。由于器件的特性取决于制作工艺,所以器件的模型参数与工作条件有关,可通过生产线的工艺条件,样片的测试图及设计参数等算出晶体管的模型参数。有时,设计过程中需要在芯片制造之前评估所设计器件、电路的电学性能,这时还没有可供测试的样片,只能采用这种参数提取方法。但该方法的缺点是模型参数误差较大,其原因是有的测定工作难以准确,如各区的杂质分布、表面的影响等。若工艺的控制水平高,重复性好,且模型开发者对工艺与器件模型之间的关系较熟悉,使用这种方法比较好。第三类是模型参数的计算机优化提取。该方法以计算机为工具,测量尽可能少的器件外部电特性,再采用最优化的曲线拟合得到模型参数。其特点是所需测试仪器少,测量工作量小,软件成熟,能很快地得到较高精度的符合实际的模型参数。

5.6.2 参数提取的基本原理

参数提取的任务是要从一组器件测量特性中得到与器件模型相对应的一套模型参数值。其办法是先给出一组模型参数初始值,代入器件模型公式得到一组模拟结果;然后比较模拟结果与测量特性,如两者不一致,就修改参数值,直到模拟结果能与测量特性很好地拟合。由于器件特性是非线性的,因而参数提取是一个非线性拟合问题,也是一个不断迭代改进约优化问题。在数学上,上述问题可归结为最小二乘法的曲线拟和。

许多器件对参数值有一定的约束条件,因此参数提取实际上是一个约束化最小问题的求解。如 Y_i 为测量值($i=1,2,\cdots,N$,其中 N 为测量点数),$f(X_i,P_j)$为模型方程,其中 X_i

为测试条件，P_j 为模型参数（$j=1,2,\cdots,M$，其中 M 为模型参数个数），且 $M<N$，则最小二乘法的目标函数（或称误差函数）的一般形式为

$$E(P_1,P_2,\Lambda P_M)=\sum_{i=1}^{N}\left(\frac{f(X_i,P_j)-Y_i}{Y_i}\right)^2 \tag{5.65}$$

这样，问题就转化为在确定的测试条件下，选取一套模型参数值 P 使得目标函数为最小。

进行优化求解的过程实际上就是不断修正 P 使得 E 趋于最小（即目标函数取最小），也就是求 E 的极小值。模型参数优化提取的流程如图 5.24 所示[12]。图中 I 为电流，V 为电压，P 为模型参数，$E(P)$ 为目标函数。

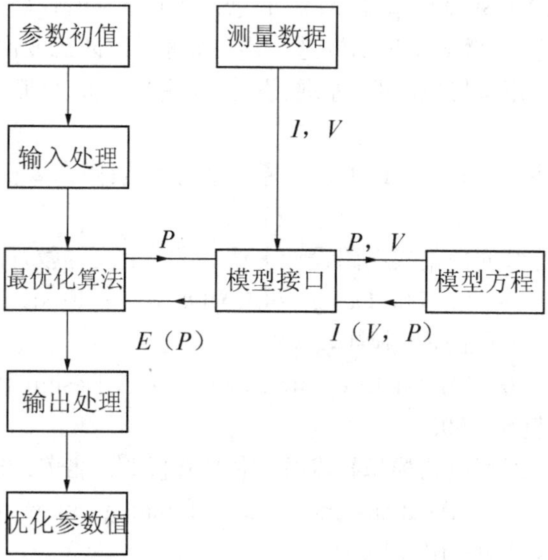

图 5.24　模型参数优化提取流程

从优化策略来讲，可以分为全局优化（Global Optimization）和局部优化（Local Optimization）两类。

全局优化是由优化算法寻找一组（即所有的参数）模型参数值使模拟结果与测量数据能最好地拟合。全局优化能使模拟结果与测量数据之间的平均误差最小，但全局优化提取会存在多值解。此外，虽然曲线拟合很好，但所得到的某些参数值会失去其物理意义或偏离正常值过大。

局部优化是对器件按不同的工作区进行提取。在局部优化时每次只提取几个参数（而不是全体），这几个参数在该工作区中所对应的物理机理是主要的。由局部优化所得到的参数有时不能在所有的工作区都与实验数据很好地吻合，但紧紧地与器件的物理过程相联系，因此物理意义比较明确。例如大尺寸器件不存在短沟效应与窄沟效应，对寄生电阻也不灵敏，因而可采用大尺寸器件线性区的 I_{DS} 与 V_{GS} 的数据来确定迁移率模型中的三个参数：U_A、U_B 和 U_C。用这一方法得到的 U_A、U_B 和 U_C 可用于器件的其他工作区。

由于局部优化是利用不同的工作区和不同的关系曲线来求解模型参数，因而无法考虑模型参数之间的相互影响，所得到的模型参数值往往不够精确，为此可在局部优化的基础上再进行一次全局优化。

5.7 本章小结

无源元件与有源器件一起构成了集成电路设计的基础，而元器件的模型则是仿真验证集成电路设计的依据。因此，本章介绍了最基本的集成无源元件电阻、电容和电感以及二极管、双极型晶体管和MOS场效应晶体管三大类集成有源器件的SPICE模型，并简要介绍了晶体管模型参数提取的原理和方法。

参考文献

[1] 李伟华编著. VLSI设计基础[M]. 北京：电子工业出版社，2002

[2] 贾新章，郝跃编. 微电子技术概论 [M]. 北京：国防工业出版社，1995

[3] 陈金松编著. 模拟集成电路(原理、设计、应用)[M]. 合肥：中国科学技术大学出版社，1997

[4] 茅于海等翻译. CMOS VLSI设计原理和系统展望 [M]. 北京：高等教育出版社，1989

[5] 王志功著. 光纤通信集成电路设计 [M]. 北京：高等教育出版社，2003

[6] Thomas H. Lee 著. The Design of CMOS Radio-Frequency Integrated Circuits [M]. 北京：电子工业出版社，2002

[7] J. M. Rabaey 著. Digital Integrated Circuits：A Design Perspective[M]. 北京：清华大学出版社，1999

[8] 姚立真主编. 通用电路模拟技术及软件应用[M]. 北京：电子工业出版社，1994

[9] Paul R. Gray ea al，Analysis and design of analog integrated circuits[M]. India：Replika Press Pvt Ltd. ，2001

[10] D. Foty 著. MOSFET Modeling with Spice：Principles and Practice[M]. Prentice-Hall，1997

[11] 张天义编著. 集成电路计算机辅助设计基础教程[M]. 北京：北京大学出版社，1999

[12] 杨之廉，申明编著. 超大规模集成电路设计方法学导论[M]. 北京：清华大学出版社，1999

思考题与习题

1. 已知某材料的方块电阻值为50，最大电流密度为1 mA/μm，电阻尺寸如图5.25所示，试求该电阻的阻值和允许流过的最大电流。
2. 如图5.26所示，已知Poly的方块电阻为30 Ω/口，Metal1的方块电阻为80m Ω/口，试求这两种材料的平均电阻率之比。

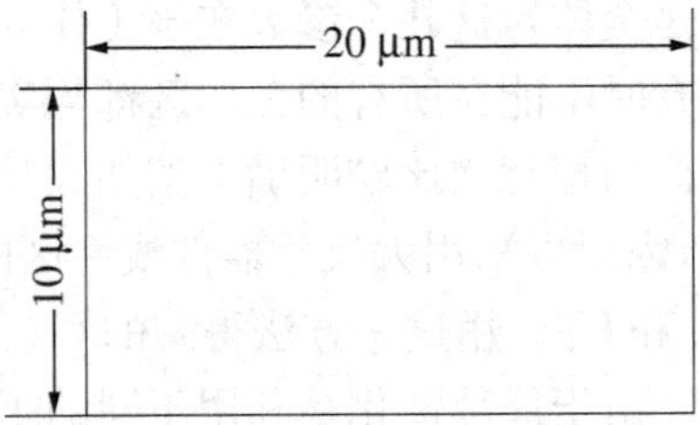

图5.25 电阻尺寸示意图

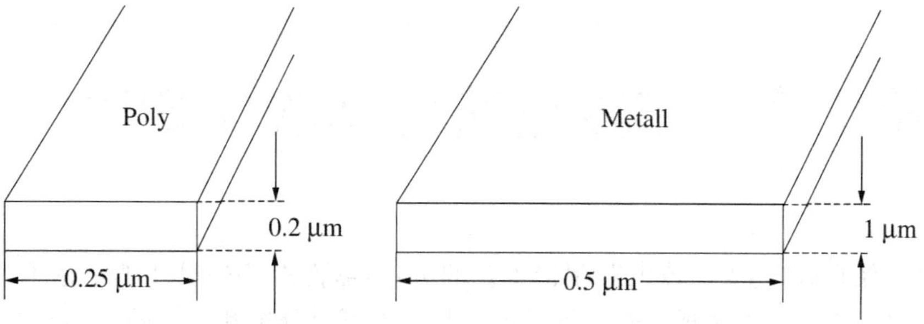

图 5.26　两种材料的电阻尺寸示意图

3. 试用电导率为 $10^2/(\Omega \cdot \mathrm{cm})$，厚 1 μm 的材料设计 1 kΩ 的电阻，设电阻宽 1 μm，求电阻长。
4. 集成电容主要有几种结构？比较不同结构的优缺点。
5. 利用 2 μm×6 μm 的多晶硅栅极覆盖在 4 μm×12 μm 薄氧化层的正中间构成一个 MOS 管，已知 $C_{ox}=5\times10^{-4}\,\mathrm{pF}/\mu\mathrm{m}^2$，估算栅极电容。
6. 已知突变 PN 结零偏势垒电容为 3 pF，内建势垒电压为 0.5 V 时计算 10 V 反偏电压时的势垒电容。
7. 已知双极型模型参数如下，计算其 EM 小信号等效电路，画出等效电路图。其中：$I_C=1$ mA，$V_{CB}=3$ V，$V_{CS}=5$ V，$C_{je0}=10$ pF，$m_E=0.5$，$V_{E0}=0.9$ V，$C_{\mu0}=10$ pF，$m_C=0.3$，$V_{C0}=0.5$ V，$C_{CS0}=20$ pF，$m_S=0.3$，$V_{S0}=0.65$ V，$\beta_0=100$，$\tau_F=10$ ps，$V_{AF}=20$ V。
8. 试述 MOS 管沟道长度 L 和宽度 W 与阈值电压的关系。
9. 在图 5.27 中 M_1 和 M_2 为某 CMOS 工艺中的两个 NMOS 管，M1 的 $W/L=12\ \mu\mathrm{m}/6\ \mu\mathrm{m}$，M2 的 $W/L=4\ \mu\mathrm{m}/2\ \mu\mathrm{m}$，其他物理参数及偏置均相同。图(b)中给出了 M1 的漏极电流 I_{D1} 随 V_{GS} 的变化曲线，请画出 I_{D2} 的大致变化，并说明 I_{D1} 和 I_{D2} 有什么不同，并解释不同的主要原因。

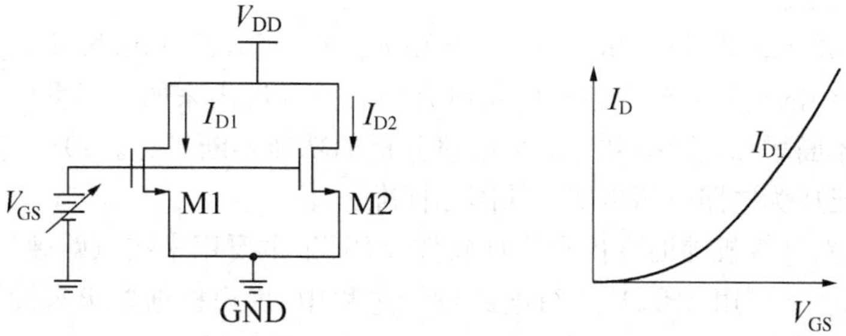

（a）两个具有不同宽长比 NMOS 管的并联　　（b）M_1 管 I-V 特性

图 5.27　思考题与习题 9 图

10. 什么是 MOS 器件的体效应？
11. 画出包含寄生电容的 NMOS 管小信号等效电路，说出 MOS 电容的特点。
12. MOS 器件按比例缩小后对器件特性有什么影响？

第 6 章　集成电路仿真软件 SPICE

由前面介绍可知，随着集成电路制造工艺的进步，器件的特征尺寸越来越小，晶体管的模型也越来越复杂，因此，集成电路设计已绝非是手工可以分析和设计的。集成电路设计工程师需要根据所从事的设计任务和内容掌握相应的软件工具。例如，从事 VLSI 数字集成电路设计的工程师就需要掌握 VHDL 或 Verilog HDL 等硬件描述语言及相应的 EDA 工具，从事晶体管级和基本功能模块级集成电路设计的工程师就需要掌握 SPICE 等电路分析工具。下面首先介绍最基本的集成电路描述语言和仿真工具 SPICE。

6.1　电路仿真与 SPICE

在完成一个电路构思之后，设计者将面临这样的问题：构思的电路能否实现预期的功能？电路中各元器件的参数值设置是否合理？这就是所谓的验证问题。传统的验证方法是采用电路板实验法，即根据电路搭成一个实验板，使用仪器仪表作实地测试以检验该电路是否符合要求。但随着电路规模的扩大，集成度的提高，已无法在实验板上搭这样的电路，即使搭成功的话，也与实际的集成电路差别太大，失去其物理验证的意义。此外，传统的方法也无法进行容差分析和极限条件的验证。

随着计算机技术和计算方法的发展，使得用电路仿真分析的方法在计算机上验证所设计的电路成为可能。这种方法将要分析的电路问题列出数学形式的电路方程，然后对电路方程求解。它不需要任何实际的元器件和调试工具，而且可以很方便地改变各种条件进行模拟分析，甚至可以进行各种破坏性的模拟，这样设计者就可以在设计投入生产制造前就能预测电路的实际性能。

SPICE 全名是 Simulation Program with Integrated Circuit Emphasis，它是美国伯克利大学(UC Berkley)的电子研究室集成电路研究中心所发展出来的。问世以来，版本不断更新，元器件模型不断增加，算法不断完善，电路分析的功能不断扩充。1988 年被定为美国国家标准。现在，已成为电路分析事实上的国际标准。

作为电子电路计算机辅助分析和设计软件，SPICE 主要用来在电路硬件实现之前对电路进行仿真分析。在应用 SPICE 进行电路设计过程中，用户根据要求来设置不同的参数，使计算机就像扫频仪一样，分析电路的频率响应，或像示波器一样，测试电路的瞬态响应。SPICE 还可对电路进行直流分析、交流分析、噪声分析、温度特性分析、Monte Carlo 统计分析、最坏情况分析等等，使用户的设计达到最优。以往一个新产品的研制过程需要经过工程估算，试验板搭试、调整，印制版排版与制作，装配与调试和性能测试。测试指标不合格，再从调整开始进行循环，直至指标合格为止。上述循环有时 3～4 次。整个过程全由人工完成，因此，一个新产品投放市场少则 3 个月，多则几年。而用电路通用软件来模拟，除开始的工程估算需人工完成外，均可利用计算机来完成。

SPICE 程序最基本的数据与指令输入方式是特定格式的语句。这些语句主要可以分为电路描述语句、特性分析语句和特性控制语句三大类，下面分别给予介绍。

6.2 电路描述语句

SPICE 文件是由一系列电路描述行和控制行组成的。要使计算机能正确识别，电路描述语句必须遵循一定的语法规定。

6.2.1 输入文件的一般规定

通常，SPICE 文件的第一行是标题行，用于说明文件的内容，中间是电路描述行和控制行，最后是结束行，用. END 标示。除第一行外，以星号“*”开始的行是注释行。若位于第一列的字符是加号“+”，则表明该行是上一行的续行。SPICE 的分隔符号包括空格、逗号、等号以及左右括号。标识符由字母 A～Z 开头，而电路节点名则可以是任意字符串，但“地”节点必须是 0。要求每个节点都有到地的直流通路，至少与两个元件相连(少数特例除外)。具体说明如下。

1) 输入文件的构成

输入文件由以下五种语句构成。

(1) 标题语句

标题语句是描述文件的第一行，它由任意字符串和字母组成，其内容作为输出文件的第一行被打印出来。这一行必须设置，任何时候 SPICE 都将第一行作为标题行打印而不作为电路的一部分进行分析。

(2) 注释语句

为了对网表文件中的描述语句进行说明，可以采用注释语句，其一般形式是“*”后加字符串。注释语句不参与电路的模拟仿真，可以存在于输入文件除第一行和最后一行之间的任何位置。

(3) 电路描述语句

电路描述语句包括定义电路拓扑结构和元件类型及其数值，半导体器件描述语句等。其位置可以在文件的第二行到末行结束语句之间的任何地方。

(4) 电路特性分析和控制语句

包括对电路特性的分析，如瞬态特性、频率特性以及输出的控制语句等。

(5) 结束语句

结束语句标志着电路描述语句的结束，其格式为：

. END

位于描述语句文件的最后一行。注意这里 END 和 SPICE 众多语句中特定字符之前的“. ”是特定的标识，不能忽略。

2) 输入描述语句的规定

输入描述语句由定义电路拓扑结构和元器件参数的元器件描述语句、模型描述语句和电源语句等组成。SPICE 对输入描述语句中的有关部分做了一些约定，分述如下。

(1) 名称

名称的第一个字符必须是 A 到 Z 的某一个字符，其他位字符没有限制，名称、长度最长允许 131 个字符。一般来说,整个名称的长度不超过 8 个字符,实际上名称也只有前 8 个字符是有效的。在描述元件时第一个字符必须是规定的元件类型字母,表 6.1 中列出了 SPICE 中元器件名称的首字母。

表 6.1 电路元器件名称的首字母

首字母	电路元器件	首字母	电路元器件
B	砷化镓场效应管	L	电感
C	电容	M	MOS 场效应晶体管
D	二极管	Q	双极型晶体管
E	电压控制电压源	R	电阻
F	电流控制电流源	S	电压控制开关
G	电压控制电流源	T	传输线
H	电流控制电压源	V	独立电压源
I	独立电流源	W	电流控制开关
J	结型场效应晶体管	X	子电路
K	互感(耦合系数)		

(2) 节点编号

电路的节点编号一般采用正整数,可以不连续,但不能为负数,也可以用字符串代替节点编号,但是接地点必须规定为 0 节点。

(3) 元件参数值

在电路描述语句中,元件参数值写在与该元件相连的节点后面。其值可用整数、浮点数书写,后面可跟(也可不跟)比例因子和(或)单位后缀。

SPICE 中约定了两种后缀,即比例因子后缀和单位后缀。比例因子后缀与它前面的数相乘后即得到该语句所描述的元件的参数值。

SPICE 中采用的比例因子后缀有:F=1E-15;P=1E-12;N=1E-9;U=1E-6;MIL=25.4E-6;M=1E-3;K=1E3;MEG=1E6;G=lE9;T=1E12。

考虑采用比例因子后缀时,SPICE 中的元件值可有多种表示形式,例如

5000, 5E+3,5. 0E+3,5K, 5.0K, 5.K 它们均是等价的。

SPICE 中常用的单位后缀有:V=伏;A=安;HZ=赫兹;OHM=欧(Ω);H=亨;F=法;DEG=度。

元件值的第一个后缀总是比例因子后缀,然后是单位后缀,如果没有比例因子后缀,那么头一个后缀就可能是单位后缀,SPICE 总是忽略单位后缀。例如,若电感的值是 15 μH,就写成 15 U 或 15 UH。在没有比率后缀和单位后缀的情况下,SPICE 将电压、电流、频率、电感、电容和角度的量纲分别默认为伏、安、赫兹、亨、法和度。由于 SPICE 忽略所有的单位后缀,例如为表示一个 5 千欧的电阻值,下列几种表示将是等价的:5E+3, 5.0E+3, 5K, 5.0K, 5.0KOHM。需要特别提醒的是:比例因子后缀都是大写字母;M 代表 milli (毫),而不是兆。2 MΩ 应写成 2MEG 或 2MEGOHM。

(4) 分隔符

一行语句的不同部分用一个或多个分隔符分开。空格、逗号、等号、左括号、右括号等都可以作为分隔符，多余的分隔符是无效的。

(5) 续行号

一般一行最多有 80 个字符，如果语句过长，一行无法表达完全，可在第二行的开始加上“＋”号，表示是第一行的继续。“＋”号的个数不限。

(6) 方向

采用常规的习惯标准，规定支路电路的正方向和支路电压的正方向一致。

(7) 不能分析的问题

电路中不能包含以下部分：电压源回路、电感回路、电压源和电感组成的回路、开路的电流源和(或电容)。

6.2.2　无源元件描述语句

元件描述语句的描述对象包括电阻、电容、电感(互感)、传输线、开关等。其一般格式为

ElementName　　NodeNames　　ElementParameters

其中，元件名 ElementName 的第一个字母定义其调用的元件模型(如表 6.1 中 R，C，L，K，T，S，W)，NodeNames 是元件所连接的节点号，ElementParameters 是该元件的参数值。

注意：标准的 SPICE 语句应该顶头键入，即左侧不留空格。以下的例句都遵循这一规定。下述内容中，字符串 XX、YY 和 ZZ 代表任意的字母数字串，表示元(器)件名。在＜＞中的信息是供选择的任选参数。

1) 电阻

电阻描述语句的语句格式为

RXX　N＋　N－　＜(MODEL)NAME＞ VALUE ＜TC=TC1＜，TC2＞＞

其中 N＋和 N－是电阻所连接的正、负两个节点号。当电阻上为正电压时，电流从 N＋节点流出通过电阻流入 N－节点。＜(MODEL)NAME＞为模型名，其内容由.MODEL 语句给出。VALUE 是电阻值，单位为欧姆，可以是正值或负值，但不能为零。TC1 和 TC2 是温度系数，缺省值为零。若 T 为分析规定的温度，TNOM 为给定电阻值时的标称温度。则电阻值与温度的关系为：

VALUE(T)=VALUE(TNOM)*[1+TC1 *(T−TNOM)+TC2*(T−TNOM)**2]

下面给出几个电阻描述语句示例。

R1　1　2　100；

表示在节点 1 和 2 之间定义了一个阻值为 100 欧姆的电阻 $R1$。

RADJ　18　2　4K　TC=0.006，0.002；

表示在节点 18 和 2 之间定义了一个阻值为 4 千欧的电阻 RADJ，该电阻的一阶温度系数为 0.006，二阶温度系数为 0.002。

RF2　5　54　RMOD　12K；

表示在节点 5 和 54 之间定义了一个阻值为 12 千欧的电阻 RF2，该电阻采用了 RMOD 模型。

2) 电容和电感

语句的格式如下：

CXX　N＋　N－　＜(MODEL)NAME＞ VALUE ＜IC＝INCOND＞

LXX　N＋　N－　＜(MODEL)NAME＞ VALUE ＜IC＝INCOND＞

其中，电容和电感的值要求不能为零，IC 用来规定初始条件，仅仅在瞬态分析语句中设关键字 UIC 时，IC 的赋值才有意义。电容和电感的求值公式如下：

C(V)＝C0＊C(1＋VC1＊V＋VC2＊V＊V)

L(I)＝L0＊L(1＋IL1＊I＋IL2＊I＊I)

其中，C0 和 L0 分别是元件描述语句中的值。C、L 是电容、电感的倍乘系数(缺省值为 1)，VC1、VC2 分别是电容的一阶、二阶电压系数，IL1、IL2 分别是电感的一阶、二阶电流系数。电容和电感的温度公式类似于电阻的温度公式。

3) 互感(耦合系数)

互感是先描述两个电感，再描述这两个电感的耦合强度而得的。语法格式为

KXX　LYY　LZZ……VALUE

其中 LYY 和 LZZ 是两个耦合电感的名称，也可以将多个耦合电感按顺序写下去。VALUE 是耦合系数的值，它必须大于零且小于等于 1。其耦合规则通常是在每个电感的第一个节点上加一个“·”作为同名端。

4) 无损耗传输线

无损耗传输线是理想的传输线，其语法格式为：

TXX　N1　N2　N3　N4　Z0＝VALUE ＜TD＝VALUE＞ ＜F＝FREQ ＜NL＝NRMLEN＞＞

＋＜IC＝V1，I1，V2，I2＞

无损耗传输线是一种二端口器件，其中 N1、N2 是端口 1 的正负节点，N3、N4 是端口 2 的正负节点，Z0 是特性阻抗，TD 是传输延迟。频率 F 以及在频率为 F 时相对于传输线波长的归一化电学长度 NL 都可以用来确定传输延迟。无损耗传输线语句中至少需要一种延迟方式。IC 确定每个端口的电压和电流。只有在瞬态分析中用到 UIC 时该语句才有用。

5) 电压控制开关

电压控制开关的语法格式为

SXX　N＋　N－　NC＋　NC－　＜(MODEL)NAME)

其中 N＋、N－分别是开关的正负节点，NC＋和 NC－分别是控制端的正负节点。

6) 电流控制开关

电流控制开关的语法格式为

WXX　N＋　N－　VNAME ＜(MODEL) NAME ＞

其中 N＋、N－分别是开关的正负节点，VNAME 是控制电流流过的电压源名称。

6.2.3　半导体元器件描述语句

本节所指的半导体元器件包括二极管、双极型晶体管、场效应管等，其语句格式为

DeviceName　NodeNames　ModelName　ElementParameters

其中，器件的第一个字母定义所调用的器件类型(表 6.1 中 B、D、J、M、Q、R、C 等)，NodeNames 是所连接的节点号，ModelName 是器件的模型名，Element Parameters 是该器件的参数值。

1）二极管

二极管的语句格式为

DXX N+ N− MNAME <AREA> <OFF> <IC=VD>

其中 N+和 N−分别是二极管的正负节点，正电流是从正节点流出，通过二极管流入负节点，MNAME 是模型名，可由用户自行选定。AREA 是面积因子，OFF 表示在直流分析时器件上所加的初始条件为关态。如未规定 AREA，则程序采用缺省值 1.0。若瞬态分析不要求从静态工作点开始，就可规定 IC=VD 为初始条件，但必须和.TRAN 语句的 UIC 可选项连用。例如

DBRIDGE 2 10 DIODE1

DCLMP 2 7 DMOD 3.0 IC=0.2

2）双极型晶体管

双极型晶体管的语句格式为

QXX NC NB NE <NS> MNAME <AREA> <OFF> <IC=VBE,VCE>

其中 NC、NB、NE、NS 分别是双极型晶体管的集电极、基极、发射极以及衬底所在的节点，NS 缺省时表示衬底接地。AREA 为面积因子，缺省值为 1。OFF 表示直流分析时的初始条件为关态。IC=VBE,VCE 为瞬态分析不要求从静态工作点开始时可选的初始条件，它必须和.TRAN 语句的 UIC 可选项连用。例如

Q23 10 24 13 QMOD1 IC=0.6,5.0

Q50A 11 26 4 20 MOD1 1.5

3）MOS 场效应晶体管

MOS 场效应晶体管的语句格式为

MXX ND NG NS MNAME <L=VAL> <AD=VAL> <AS=VAL>
+<PD=VAL> <PS=VAL> <NRD=VAL> <NRS=VAL> <OFF>
<IC=VDS,VGS,VBS>

其中 ND、NG、NS 和 NB 分别是 MOS 场效应晶体管的漏极、栅极、源极和衬底所在的节点。L、W 分别是 MOS 场效应晶体管的长、宽，AD 和 AS 是源极和漏极扩散区的面积，PD 和 PS 是源极和漏极的周长，NRD 和 NRS 是漏极和源极扩散区等效电阻的方块数，OFF 表示直流分析时的初始条件为关态，IC=VDS,VGS,VBS 为瞬态分析不要求从静态工作点开始时的初始条件，它必须和.TRAN 语句的 UIC 可选项连用。

4）结型场效应晶体管

结型场效应晶体管的语句格式为

JXX ND NG NS NB MNAME <AREA> <OFF> <IC=VDS,VGS>

其中，ND、NG 和 NS 分别是结型场效应晶体管的漏极、栅极和源极所在的节点，其他参数类似于 MOS 场效应晶体管。

5）半导体电阻器

半导体电阻器的语句格式为：

RXX N1 N2 <VALUE> <MNAME> <L=LENGTH> <W=WIDTH>

这是前面描述电阻器的另一种普遍形式。考虑了温度影响的模拟，并从特定工艺和精确的几何尺寸信息计算实际的电阻值，如果 VALUE 已给定，就使几何尺寸信息无效并直接

确定了电阻值。如果 NNAME 给定,电阻值可由给出的 LENGTH 和 WIDTH 及模型 MNAME 的工艺信息计算得到。若 VALUE 未规定,则 MNAME 和 LENGTH 必须指定;如果宽度未规定,则宽度值将由模型中给出的缺省值(为 1 μm)代替。例如

RMOD 2 7 RMODEL L=10U W=1U

6) 半导体电容器

半导体电容器的语句格式为

CXX N1 N2 <VALUE> <MNAME> <L=LENGTH> <W=WIDTH> <IC=VAL>

这是前面电容器的另一种普遍形式,考虑了从精确的几何尺寸信息和工艺规范计算实际电容值。如果 VALUE 已给定,则电容值就确定了。若 MNAME 给定,电容值可由给定的 LENGTH 和 WIDTH 及模型 MNAME2 的工艺信息计算得到。如不规定 VALUE,则必须给定 MNAME 和 LENGTH;如果 WIDTH 未给定,它将从模型中给出的缺省值得到。例如

CMOD 3 7 CMODEL L=10U W=1U

6.2.4 电源描述语句

电源描述语句由电源名称、属性、连接节点以及数值组成。如前面表 6.1 所示,SPICE 中有六种电源模型,它们分别为

V—— 独立电压源;

I—— 独立电流源;

H—— 电流控制电压源;

F—— 电流控制电流源;

G—— 电压控制电流源;

E—— 电压控制电压源。

1) 独立电压源和独立电流源

语句格式为

VXX N+ N- <(DC)DC/TRAN VALUE> <AC(ACMAG(ACPHASE))>

IXX N+ N- <(DC)DC/TRAN VALUE> <AC(ACMAG(ACPHASE))>

其中 N+和 N-是电源的正负节点,电流源的电流正方向是使电流从 N+节点流出经过电流源流入 N-节点。DC/TRAN VALUE 是指电源的直流或随时间变化的瞬态值,缺省值为 0。考虑到直流、交流和瞬态源,独立源分为以下七种。

(1) 直流源

VXX N+ N- <DC> VALUE

IXX N+ N- <DC> VALUE

(2) 交流源

VXX N+ N- AC <ACMAG(ACPHASE)>

IXX N+ N- AC<ACMAG (ACPHASE)>

其中,ACMAG 表示交流电源正弦波的幅值,缺省值为 1,ACPHASE 是正弦波的初始相位,缺省值为 0。

(3) 瞬态脉冲源

VXX　N+　N−　PULSE<V1 V2 TD TR TF PW PER>
IXX　N+　N−　PULSE<I1 I2 TD TR TF PW PER>
其中，各项参数的含义如表 6.2 所示。

表 6.2　脉冲源参数

参　　数	意　　义	缺 省 值	单　　位
V1(I1)	起始值	—	V/A
V2(I2)	脉动值	—	V/A
TD	延迟时间	0	s
TR	上升时间	TSTEP	s
TF	下降时间	TSTEP	s
PW	脉冲宽度	TSTOP	s
PER	周期	TSTOP	s

其中 TSTEP 和 TSTOP 是由瞬态分析语句.TRAN 中定义的分析步长和中止时间。各参数和波形图之间的关系如图 6.1 所示。

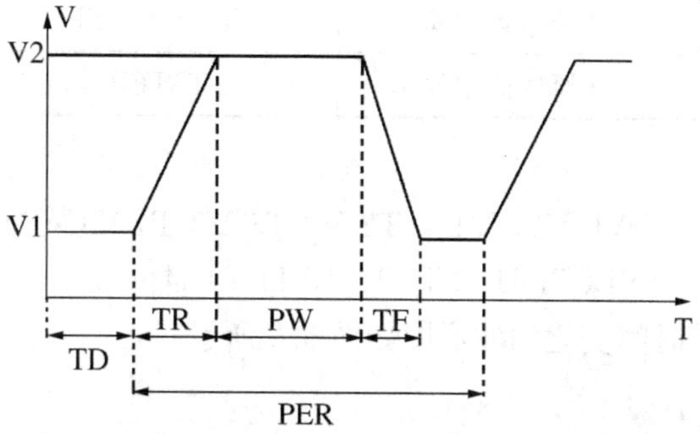

图 6.1　瞬态脉冲源

(4) 瞬态正弦源
VXX　N+　N−　SIN (V0　VA　FREQ　TD　ALPHA　PHASE)
IXX　N+　N−　SIN (I0　IA　FREQ　TD　ALPHA　PHASE)
各参数如表 6.3 所示。

表 6.3　正弦源参数

参　　数	意　　义	缺 省 值	单　　位
V0(I0)	偏置值	—	V/A
VA(IA)	振 幅	—	V/A
FREQ	频 率	1/TSTOP	Hz
TD	延迟时间	0	s
ALPHA	阻尼因子	0	1/s
PHASE	相位延迟	0	度

正弦源的值由下面式子决定：

V(T)＝VO＋VA＊SIN(2π＊(FREQ＊(T－TD)＋PHASE/360))＊EXP(－(T－TD)＊ALPHA)

I(T)＝I0＋IA＊SIN(2π＊(FREQ＊(T－TD)＋PHASE/360))＊EXP(－(T－TD)＊ALPHA)

(5) 瞬态指数源

VXX N＋ N－ EXP(V1 V2 TD1 TAU1 TD2 TAU2)

IXX N＋ N－ EXP(I1 I2 TD1 TAU1 TD2 TAU2)

各参数如表 6.4 所示。

表 6.4 指数源参数

参 数	意 义	缺 省 值	单 位
V1(I1)	初始值	—	V/A
V2(I2)	终止值	—	V/A
TD1	上升延迟时间	0	s
TAU1	上升时间常数	TSTEP	s
TD2	下降延迟时间	TD1＋TSTEP	s
TAU2	下降时间常数	TSTEP	s

(6) 分段线性源

VXX N＋ N－ PWL (T1 V1 <T2 V2 T3 V3 T4 V4 …>)

IXX N＋ N－ PWL(T1 I1 <T2 I2 T3 I3 T4 I4 …>)

各分段线性电压随时间变化的波形图如图 6.2 所示。

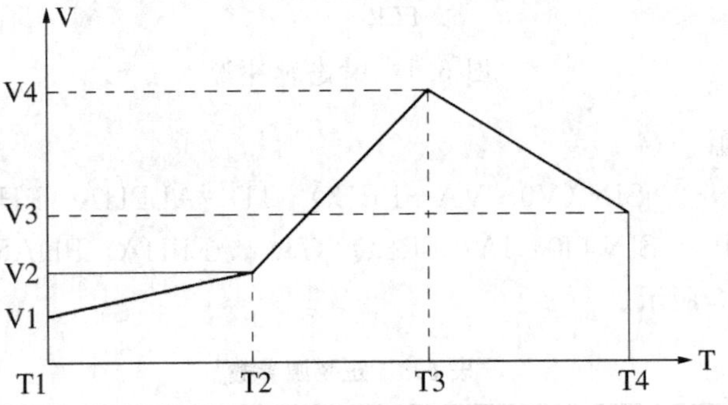

图 6.2 分段线性源

每对值(TI,VI)确定了时刻 TI 时的电压值 VI,这样就确定了各个时刻点上的值,中间的值则可由线性插值来确定。

(7) 瞬态单调调频源

VXX N＋ N－ SEFM (V0 VA FC MDI FS)

IXX N＋ N－ SEFM(I0 IA FC MDI FS)

各个参数的意义如表 6.5 所示。

表 6.5　单调调频源参数

参　数	意　义	缺 省 值	单　位
V0(I0)	偏移电压	—	V(A)
VA(IA)	载波幅度	—	V(A)
FC	载波频率	1/TSTOP	Hz
MDI	调制系数	0	—
FS	调制信号频率	1/TSTOP	Hz

单调调频源的值由下式确定：

V=V0+VA*SIN[(2π*FC*T)+MDI*SIN(2π*FS*T)]

2) 线性受控源

线性受控源一共有四种：电压控制电压源、电压控制电流源、电流控制电压源和电流控制电流源。

(1) 电压控制电压源的格式

EXX　N+　N−　NC+　NC−　VALUE

其中，NC+和 NC−分别是控制电压支路的正负节点。

(2) 电压控制电流源的格式

GXX　N+　N−　NC+　NC−　VALUE

(3) 电流控制电压源的格式

HXX　N+　N−　VNAME　VALUE

其中，VNAME 是控制电流流过的电压源的名称。

(4) 电流控制电流源的格式

FXX　N+　N−　VNAME　VALUE

其中，VNAME 是控制电流流过的电流源的名称。

6.2.5　模型、子电路和文件包含语句

1) 模型描述语句

有些半导体器件需要很多的参数值，而电路中的许多器件都使用相同的一个器件模型参数集，为了避免为每一个器件重复指定相同的参数，可以使用模型语句描述具有这组参数的器件，并给定惟一的模型名。然后在设计中就可以通过模型名 ModelName 来引用它。模型语句的定义格式为：

.MODEL　ModelName　TypeName　(PName1=Pvalue1,PName2=Pvalue2,…)

其中，ModelName 是定义的模型名，TypeName 是模型的类型名，PName1、PName2 等是模型参数，PValue1、PValue2 等是模型参数值。在同一电路中，相同的模型名可以被一个或多个器件引用。TypeName 与所用的 SPICE 程序有关，SPICE3X 中可用的 TypeName 如表 6.6 所示。

表 6.6 模型类别

模型符号	对应元器件
R	电阻器
C	电容器
L	电感器
URC	均匀分布 RC
K	互感器
D	二极管
NPN	NPN 双极型晶体管
PNP	PNP 双极型晶体管
NJF	N 沟结型场效应晶体管
PJF	P 沟结型场效应晶体管
NMOS	N 沟 MOS 场效应晶体管
PMOS	P 沟 MOS 场效应晶体管
NMF	N 沟 MES 场效应晶体管
PMF	P 沟 MES 场效应晶体管
SW	电压控制开关
CSW	电流控制开关

2）子电路描述语句

SPICE 程序允许用户像器件模型那样定义和调用由各种 SPICE 元件和器件构成的子电路。子电路由一组元件来定义。程序将自动使这组语句插入到子电路被调用的地方。子电路的大小或复杂性没有限制，子电路中还可嵌套其他子电路。子电路的语句对模拟含有若干重复单元电路时，可使用户简化输入程序的编写，但并不能提高运算速度和减少所占的内存。子电路是以.SUBCKT 开头，以.ENDS 结束的一组语句。一旦定义好，可看作是以 X 关键字打头的器件。

子电路的定义格式为

.SUBCKT　SubName　NodeNames

<CONTENTS>

.ENDS　SubName

其中，SubName 是定义的子电路，NodeNames 是非 0 的子电路对外部节点名。<CONTENTS>中描述此子电路，可包括其他子电路定义、器件模型和子调用。子电路中定义的任何模型和子电路都是局部的，即在子电路外是未知的。另外，子电路中的任何节点除.SUBCKT 行中定义的 NodeNames 和地节点 0 之外，都是局部的。

子电路的调用格式为

XCallName　NodeNames　SubName

其中，X 表示调用子电路，NodeNames 是连接子电路的节点，SubName 是被调用的子电路名。如前所述，由于子电路的外节点号是局部的，所以和上列子电路调用语句的 NodeNames 中的节点号无关，但 NodeNames 中节点号的顺序必须与. SUBCKT 语句中定义的顺序一致。

(3) 文件包含语句

在 SPICE 中，还可以使用包含语句将已经定义了的其他模型的文本插入到电路描述文件中去，其格式为

. INCLUDE　FileName

如果已有多种预定义的电路元器件模型，则可以把它放在一个模型文件中，然后在设计中通过包含含语句来使用这个模型文件。

6.3　电路特性分析和控制语句

6.3.1　分析语句

电路特性的分析语句包括指定分析类型，如直流、交流、瞬态、噪声、温度、失真分析等。所有的分析语句都必须以“.”开头。各语句的次序无关且可多次设置，但程序对同一类语句只执行最后一次，例如某程序中有两条瞬态分析语句

. TRAN　1NS　100NS

. TRAN　1NS　100NS　5NS

那么在瞬态分析后，打印或绘图开始时间将从 5NS 开始，而不从零开始。各分析语句的简要说明及基本格式如下。

1) 直流工作点分析

计算电路的直流工作点，即电路中所有电感短路、电容开路时的工作点。SPICE 在进行瞬态分析、交流分析前自动进行直流工作点分析，以确定瞬态分析的初始条件、交流分析的非线性器件线性化小信号模型。其格式为

. OP

如果输入中有. OP 语句，SPICE 将打印输出以下内容

(1) 所有节点的电压；

(2) 所有电压源的电流及电路的直流总功耗；

(3) 所有晶体管各极的电流和电压；

(4) 非线性受控源的小信号(线性化)参数。

如果输入中没有. OP 语句，则只打印输出(1)的内容。

2) 直流扫描分析

定义对电路进行直流扫描的扫描源及扫描限制。其格式为

. DC SRCNAM　VSTART　VSTOP　VINCR <SRC2　START2　STOP2　INCR2>

其中 SRCNAM 是用于扫描的独立电压源或电流源，VSTART 是扫描电压(或电流)的起始值，VSTOP 是扫描电压(或电流)的结束值，VINCR 则是增量值。括号< >内是可选择的第二个扫描源，若进行了设置，则对第二个扫描源内的每一个扫描值，第一个扫描源都在其范围内进行一次扫描。这经常用于测试半导体器件的输出特性。

3）小信号传输函数

定义直流小信号分析的输入和输出。SPICE 在电路的偏置点附近将电路线性化后，计算电路的直流小信号传输函数值、输入阻抗和输出阻抗。其格式为

. TF　OUTVAR　INSRC

其中 OUTVAR 是小信号输出变量，INCSRC 是小信号输入电压或电流源。

4）直流或小信号交流灵敏度分析

SPICE 在电路的偏置点附近将电路线性化后，计算在电感短路、电容开路的情况下，观测变量 OUTVAR（节点电压或电压源支路的电流）对电路中所有非零器件参数的灵敏度。其格式为

. SENS OUTVAR

. SENS OUTVAR AC DEC ND FSTART FSTOP

. SENS OUTVAR AC OCT NO FSTART FSTOP

. SENS OUTVAR AC LIN NP FSTART FSTOP

其中 OUTVAR 是观测变量，AC 后的语句则指定频率变化方式。DEC、OCT 和 LIN 分别对应于十倍频、倍频和线性变频，ND、NO 和 NP 是扫描点数，FSTART 和 FSTOP 分别是起始频率与结束频率。

5）交流特性分析

计算电流在给定的频率范围内的频率响应，格式为

. AC DEC ND FSTART FSTOP

. AC OCT NO FSTART FSTOP

. AC LIN NP FSTART FSTOP

其中，DEC、OCT 和 LIN 是频率变化的方式，分别对应于十倍频、倍频和线性变频，ND、NO 和 NP 是扫描点数，FSTART 和 FSTOP 分别是起始频率和结束频率。在电路中，需要至少指定一个独立源为交流源，此分析才起作用。

6）噪声分析

计算指定节点的噪声输出电压，产生两个输出，一是噪声频谱密度曲线，一是指定频域的全部积分噪声。其格式为

. NOISE OUTVAR SRC DEC ND FSTART FSTOP

. NOISE OUTVAR SRC OCT NO FSTART FSTOP

. NOISE OUTVAR SRC LIN NP FSTART FSTOP

其中，OUTVAR 是噪声电压变量，SRC 是产生等价输入噪声的独立电压或电流源，DEC，OCT 和 LIN 是频率变化的方式，对应于十倍频、倍频和线性变频，ND、NO 和 NP 是扫描点数，FSTART 和 FSTOP 分别是起始频率和结束频率。

7）瞬态特性分析

计算电路的瞬态特性响应，格式为

. TRAN TSTEP TSTOP ＜TSTART ＜TMAX＞＞ ＜UIC＞

其中，TSTEP 是数据输出的时间增量，TSTOP 是分析结束时间，TSTART 是数据输出的开始时间，默认是 0。瞬态分析总是从 0 开始，从 0 到 TSTART 的结果不输出。TMAX 是最大运算步长，默认值是 TSTEP 和（TSTOP－TSTART）/50 两者中的较小者。若定义

了 UIC,则在瞬态分析开始时,使用各元件行中定义的 IC 值作为初始瞬态条件进行分析。

8) 傅立叶分析

此语句必须与瞬态分析语句联用,对瞬态分析的结果进行傅立叶分析(计算至九次谐波)。格式为

.FOUR　FREQ　OUTVAR <OUTVAR2　OUTVAR3>

其中,FREQ 是基频,OUTVAR 是输出电压或电流变量。

9) 失真分析

对电路进行小信号失真分析,格式为

.DISTO DEC ND FSTART FSTOP <F2OVER1>

.DISTO OCT NO FSTART FSTOP <F2OVER1>

.DISTO LIN NP FSTART FSTOP <F2OVER1>

其中,DEC,OCT 和 LIN 是频率变化方式,对应于十倍频、倍频和线性变频,ND、NO 和 NP 是扫描点数,FSTART 和 FSTOP 分别是起始频率及结束频率。若无 F2OVER1 选项,则 SPICE 对电路用定义的交流源作谐波分析;若指定了 F2OVER1(0.0<F2OVER1≤1.0),则进行频谱分析,频率 2 来自电源的 DISTOF 选项。

10) 零极点分析

零极点分析语句格式为

.PZ　NODE1　NODE2　NODE3　NODE4　CUR　POL

.PZ　NODE1　NODE2　NODE3　NODE4　CUR　ZER

.PZ　NODE1　NODE2　NODE3　NODE4　CUR　PZ

.PZ　NODE1　NODE2　NODE3　NODE4　VOL　POL

.PZ　NODE1　NODE2　NODE3　NODE4　VOL　ZER

.PZ　NODE1　NODE2　NODE3　NODE4　VOL　PZ

其中,NODE1 和 NODE2 是输入节点,NODE3 和 NODE4 是输出节点,CUR 表示传输函数是输出电压/输入电流,VOL 表示传输函数是输出电压/输入电压。POL 表示做极点分析,ZER 表示做零点分析,PZ 则表示做零极点分析。

6.3.2　控制语句

电路特性的控制语句包括初始状态设置、参数分析、输出格式和任选项语句。所有的控制语句也必须以“.”开头。各语句的次序无关且可多次设置,但程序对同一类语句只执行最后一次。各控制语句的简要说明及基本格式如下。

1) 初始节点电压设置

此语句用于帮助 SPICE 直流或初始瞬态方程的求解过程收敛。它在计算的第一次迭代中对指定节点保持给定值,然后再继续迭代以得到最终解。常用于双稳态或非稳态电路中。其格式为:

.NODESET　V(NODENUM)=VAL　V(NODENUM)=VAL ...

2) 初始条件设置

语句格式为

.IC　V(NODENUM)=VAL　V(NODENUM)=VAL ...

此语句用于设置瞬态特性分析的初始条件，依.TRAN 语句的选项而有所不同。

当.TRAN 语句中有 UIC 选项时，本语句设置的节点电压将用于计算电容、二极管、BJT、JFET 和 MOSFET 的初始条件。这相当于在每个器件定义行中设置了 IC 项。如果器件定义行中也有 IC 设置，则它的值优先于此语句的设置。由于定义了 UIC，在瞬态分析之前不再计算电路的直流偏置解，所以需要在此行中设置所有的直流源的电压。

当.TRAN 语句中没有 UIC 选项时，在瞬态分析之前将计算电路的直流偏置解，此.IC 语句中定义的节点电压就被置为偏置求解过程的初始条件。在瞬态分析过程中，不再考虑这些 约束条件。

3）输出控制

在设置了特性分析语句之后，计算所得的各种电路参数将自动保存到结果文件中。如果需要以自定义格式查看某些变量，则可以通过.PRINT 语句定义，它将以列表的形式输出 1 至 8 个变量的值，语句格式为

.PRINT　PRTTYPE　OUTVAR1　<OUTVAR2 ... OUTVAR8>

其中，PRTTYPE 是分析类型，可以是 DC、AC、TRAN、NOISE 或 DISTO 之一，OUTVAR1～OUTVAR8 为输出变量。

4）重置参数

SPICE 中的仿真控制参数可以通过.OPTIONS 语句改变，以调整仿真精度、速度或某些器件的默认参数等等。其格式为

.OPTIONS　OPT1　OPT2 ...　　其中 OPT1，OPT2... 为任选项

.OPTIONS　OPT=VAL ...　　其中 VAL 为所赋的参数值

表 6.7 为 SPICE 的可重置参数，其中 X 代表一个正整数。

表 6.7　SPICE 可重置参数

参　数	效　果	默 认 值
ABSTOL=X	重置绝对电流误差容限	1.0E-12 A
CHGTOL=X	重置电荷容差	1.0E-14
DEFAD=X	重置 MOS 漏扩散面积	0.0
DEFAS=X	重置 MOS 源扩散面积	0.0
DEFL=X	重置 MOS 沟道长度	100.0u
DEFW=X	重置 MOS 沟道宽度	100.0u
GMIN=X	重置最小电导值	1.0E-12
ITL1=X	重置直流迭代次数限制	100
ITL2=X	重置直流转移曲线迭代次数限制	50
ITL3=X	重置瞬态分析迭代参数限制	4
ITL4=X	重置瞬态分析时间迭代次数限制	10
ITL5=X	重置瞬态分析总迭代次数限制	5000
KEEPOPINFO	当 AC，DISTO 或 PZ 分析时保留工作点信息	
METHOD=name	设置 SPICE 的数值分析方法（gear 或 trap）	trap

续　表

参　　数	效　　果	默　认　值
PIVREL=X	重置最大矩阵项与容许的最大主元值的相对比值	1.0E-3
PIVTOL=X	重置允许的矩阵主元的绝对最小值	1.0E-13
RELTOL=X	重置相对误差容限	0.001
TEMP=X	重置电路的运行温度	27℃
TNOM=X	重置器件参数测量时的额定温度	27℃
TRTOL=X	重置瞬态误差容限	7.0
TRYTOCOMPACT	试图压缩 LTRA 传输线的输入电压、电流历史记录	
VNTOL=X	重置绝对电压误差容限	1uV

6.4　基于 SPICE 核的工具软件

自 1972 年美国加利福尼亚大学伯克利分校电工和计算机科学系开发完成 SPICE 程序第一版本(BSpice)后，其版本的更新是不断进行的。1975 年推出正式实用化版本，1981 年的 SPICE2G.5 版本由近 15000 条 FORTRAN 语句组成，1985 年 3 月推出了 SPICE3，1986 年 5 月推出了 SPICE3A.7 版本，该版本是一种交互式的电路模拟程序，程序根据用户的输入语句执行用户所要求的分析，并且用户需分析的语句可以随时用人机对话的方式输入，使程序分析更加灵活。SPICE3A 版本是用 C 语言写成的，在图形功能方面得到增强，数据结构和执行效率上也有很大的改进。其后续的版本还有 SPICE3C、SPICE3E 等，版本的更新主要在于电路分析功能的扩充、算法的完善和元器件模型的更新和增加。

BSpice 是现代各种 SPICE 的前身，由于它的源代码是公开的，用户可以按自己的需要进行修改，加之实用性好，在全世界得到广泛的应用。在 BSpice 的基础上，一些软件公司开发出了不少商用电路仿真软件，在 SPICE 的基础上做了很多实用化的工作，如 Metasoftware 等公司的 Hspice、MicroSim 公司的 Pspice、Synopsys 公司的 NanoSim 和 Silvaco 公司的 SmartSpice 等。

6.4.1　Pspice

最早的 Pspice 是在 SPICE2G 的基础上于 1984 年推出的，目前广泛使用的 Pspice 是 MicroSim 的产品，它不仅具有 SPICE 原有的功能，而且在输入输出、图形处理、算法的可靠性和收敛性、仿真速度、模拟功能扩展以及模型参数库和宏模型库等方面都有所改善和扩充，主要运行于 PC 机平台上。以 Pspice8.0 为例，主要包括：设计管理器(Design Manager)、电路图输入程序(Schematics)、电路仿真程序(Pspice A/D)、输出绘图程序(Probe)、激励源编辑程序(Stimulus Editor)、模型参数提取程序(Parts)、电路优化程序(Optimizer)和文本编辑器(TextEdit)等。

6.4.2　Hspice

Hspice 是 Synopsys 公司的工业级电路分析产品，可以对电路进行稳态、瞬态和频域分析、蒙特卡洛分析、最坏情况分析、参数扫描分析、数据表扫描分析等,仿真的精度和速度都较好,具备可靠的自动收敛能力。可运行在 Sun Ultra、Sun Blade、HP PA、IBM RS6000、DEC Alpha、PC 等计算机平台上,支持 UNIX、Windows、Linux 等操作系统。Hspice 兼容 SPICE 的大部分功能,在给定电路结构和元器件参数的条件下,可以模拟和计算电路的各种性能。Hspice 模型由两部分组成:模型方程式(Model Equations)和模型参数(Model Parameters)。

Hspice 一般采用文本输入的方式,用户可将电路结构和文件参数的输入语言用字母和数字元等组成的按照语法格式语句写成源程序(输入文件),用户也可自行定义子程序以说明模型资料,这些程序均能接受和执行。此外程序还备有模型库,允许用户调用。有的程序采用电路设计者习惯使用的电路图似人机交互方式输入电路信息,用户可对电路图做图形编辑。程序根据电路图及用户确定的模型、输出等自动转换成电路模拟的输入文件,这种方式更直观方便。

6.4.3 SmartSpice

SmartSpice 于 1985 年由 Silvaco International 公司设计生产,主要用于模拟电路、关键网络分析、特征化单元库以及数模混合信号设计验证的仿真软件。该软件支持 UNIX、Windows、Linux 等操作系统,与通用的模拟设计流程和工艺厂提供的元器件模型兼容并支持所有 UTMOST(Universal Transistor Modeling Software)的模型。此外,SmartSpice 与 Hspice 等其他 SPICE 软件兼容,与 Cadence 等第三方软件具有良好的接口。

此外,Silvaco International 公司还开发了 MOSIS SCMOS、模拟电路、数字电路、混合信号电路和射频电路五套完整的 PDK 文件,提供给设计者学习这些领域集成电路设计流程使用。因此,本书将采用 SmartSpice 工具,结合电路设计来介绍集成电路设计中的电路仿真。表 6.8 出了 SmartSpice 中主要的输入和输出文件说明;表 6.9 列出了主要的电路描述语句;表 6.10 列出了主要的电路分析和控制语句。

表 6.8 输入和输出文件说明

文件类别	文件内容	文件后缀
输入文件	电路原理图输入文件	*.schlr
	电路网表输入文件	*.in
	库输入文件	*.body
	控制语句文件	*.ctr
输出文件	输出列表	.lis
	瞬态分析结果	.tr**
	瞬态分析测量结果	.mt**
	直流分析结果	.sw**
	直流分析测量结果	.ms**
	交流分析结果	.ac**
	交流分析测量结果	.ma**
	输出状态	.st**

表 6.9　电路的描述语句

输入描述语句	标题语句	第一行
	结束语句	.END,最后一行
	.GLOBAL	输入文件定义了.GLOBAL,则输入文件所有子电路与.GLOBAL 节点同名的节点都自动连接。一般将电源,地作此定义
	注释语句	一般以 * 开头,作为说明,不参与模拟分析
元件描述语句	元件语句一般由元件名、节点和元件参数构成	
电源描述语句	包括构成激励的独立源以及受控源	
半导体器件描述语句	包括二极管、BJT 和 MOS 管	
子电路描述语句	包括子电路定义开始、终止和调用语句	
模型描述语句	.MODEL 语句	
库文件语句	.LIB 语句	

表 6.10　电路分析和控制语句

电路性能分析语句	包括直流工作分析语句、交流分析语句和瞬态分析语句	
设置初始状态语句	包括初始条件语句.IC 和.DCVOLT,节点电压设置语句.NODSET	
统计分析与参数变化分析	包括蒙特卡罗分析.MC,最坏情况分析,温度特性分析.TEMP,参数及表达式定义语句.PARAM	
输入控制语句	.ALTER 语句	.ALTER 语句功能针对设定的不同参数和数据自动进行更替来进行电路的模拟
	.DATA 语句	.DATA 语句功能是针对每一个模拟过程期间,为需要改变的参数提供一种简便的改变参数并给出数值设置的有效方法
	.OPTIONS 语句	任选项语句是为满足用户的需要或特殊的仿真目的,允许用户重新设置程序的参数或控制程序的功能
输出控制语句	打印语句.PRINT	.PRINT 语句规定了要输出打印的变量值
	打印宽度语句.WIDTH	.WIDTH 语句规定了打印输出的宽度
	绘图语句.PLOT	.PLOT 语句能对某种选定分析的结果进行绘图输出
	探针显示语句.PROBE	.PROBE 语句能把输出变量存储到接口文件和图形数据文件中
	图形语句.GRAPH	.GRAPH 语句产生了一个高分辨率的输出绘图结果

6.5 集成电路 SPICE 仿真示例

以上简单介绍了 SPICE 的基本语句，更详细的说明可参考不同 SPICE 版本的用户手册。下面就根据这些基本语法并结合具体电路图，给出直流扫描分析、交流小信号分析和时域瞬态分析这三种最基本的集成电路 SPICE 仿真示例[5]，这些示例都在 SmartSpice 仿真环境下进行了验证，当然也可直接用于 Hspice 等其他 SPICE 软件。

6.5.1 直流分析

例 6.1 用 SPICE 仿真如图 6.3 所示 NMOS 晶体管的输出特性，要求绘制一组漏-源电压从 0 V 到 5 V 变化、栅-源电压分别为 1 V、2 V、3 V、4 V 和 5 V 时的输出特性曲线，假设 NMOS 的衬底接地。

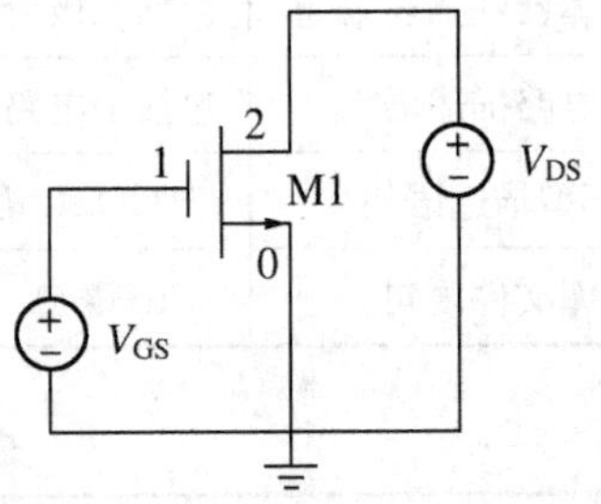

图 6.3 NMOS 特性分析电路图

解决此问题的 SPICE 输入文件如下，其中 NMOS 管采用了简单的 MOS1 模型。

```
*NMOS DC Analysis
M1   2  1  0  0   MOS1   W=5u   L=1u
VDS  2  0  5
VGS  1  0  1
.Model  MOS1  NMOS  vt0=0.7  kp=110u  gamma=0.4  lambda=0.04  phi=0.7
.DC  VDS  0 5  0.2  VGS  1 5  1
.PLOT  DC  V(2)  ID(M1)
.PROBE
.END
```

上述 SPICE 文件的输出曲线如图 6.4 所示。需要说明的是：SPICE 中认为在某一节点处只有电压没有电流，电流是对元器件而言的。

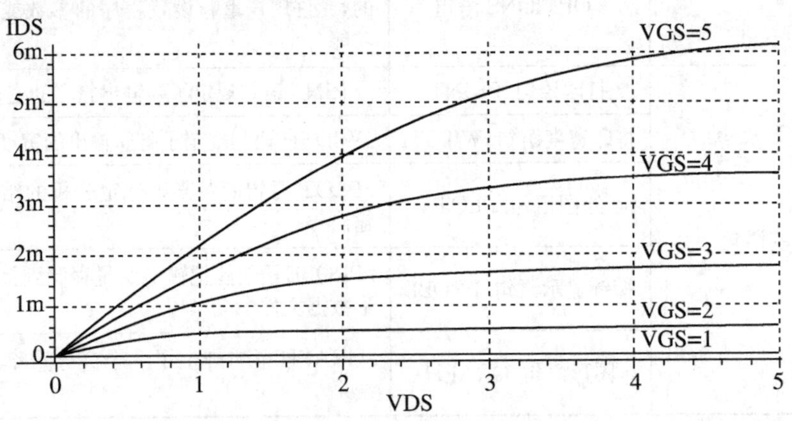

图 6.4 NMOS 输出特性曲线

6.5.2　交流分析

例 6.2　图 6.5 给出了一个简单的 MOS 放大器，假设负载电容 C_L 为 5 pF，用 SPICE 仿真该电路 $v_{OUT}(\omega)/v_{IN}(\omega)$ 的小信号频率响应，绘出从 100 Hz 到 100 MHz 范围内的幅度和相位响应。

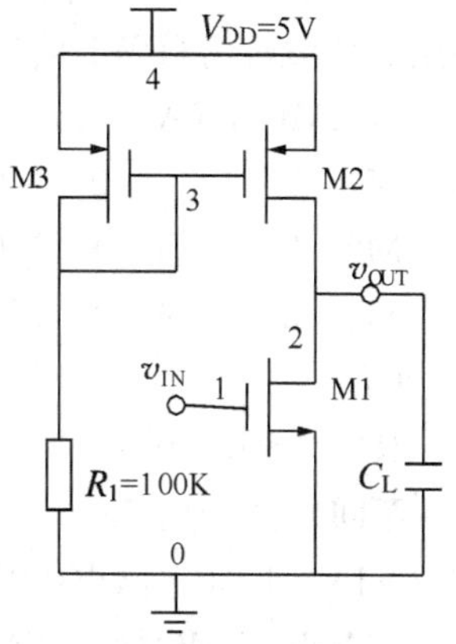

图 6.5　一个简单的 MOS 放大器电路

解决此问题的 SPICE 输入文件如下，其中 NMOS 管的模型名为 MOSN，PMOS 管的模型名为 MOSP。SPICE 仿真结果如图 6.6 所示。

```
* AMP AC Analysis
M1  2  1  0  0  MOSN  W=5u  L=1u
M2  2  3  4  4  MOSP  W=5u  L=1u
M3  3  3  4  4  MOSP  W=5u  L=1u
CL  2  0  5p
R1  3  0  100k
VDD  4  0  5.0
VIN  1  0  DC  1.07  AC  1.0
.Model  MOSN  NMOS  vt0=0.7  kp=110u  gamma=0.4  lambda=0.04  phi=0.7
.Model  MOSP  PMOS  vt0=-0.7  kp=50u  gamma=0.57  lambda=0.05
phi=0.8
.AC  DEC  20  100  100MEG
.op
.PLOT  AC  VM(2)  VDB(2)  VP(2)
.PROBE
.END
```

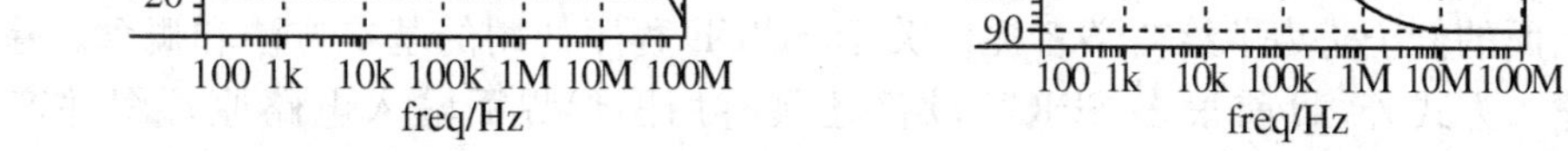

(a) 幅度响应　　(b) 相位响应

图 6.6　交流特性分析曲线

6.5.3　瞬态分析

例 6.3　仍然以图 6.5 所示的 MOS 放大器为例，假设负载电容 C_L 为 5 pF，用 SPICE

仿真当电路输入脉冲信号时的瞬态响应,仿真时间从 0 到 4 μs。

保留交流分析时 SPICE 输入文件中的电路连接关系以及器件模型参数,改变其中的电路特性分析语句和控制语句,得到 MOS 放大器瞬态分析的 SPICE 文件如下。这里,输入脉冲用分段线性源(PWL)描述。SPICE 仿真结果如图 6.7 所示。

```
*AMP TRAN Analysis
M1  2  1  0  0  MOSN  W=5u  L=1u
M2  2  3  4  4  MOSP  W=5u  L=1u
M3  3  3  4  4  MOSP  W=5u  L=1u
CL  2  0  5p
R1  3  0  100k
VDD  4  0  5.0
VIN  1  0  pwl(0 0V  1u 0V  1.05u 3V  3u 3V  3.05u 0V  6u 0V)
.Model  MOSN  NMOS  vt0=0.7  kp=110u  gamma=0.4  lambda=0.04  phi
=0.7
.Model  MOSP  PMOS  vt0=-0.7  kp=50u  gamma=0.57  lambda=0.05
phi=0.8
.TRAN  0.01u  4u
.PLOT  TRAN  V(2)  V(1)
.PROBE
.END
```

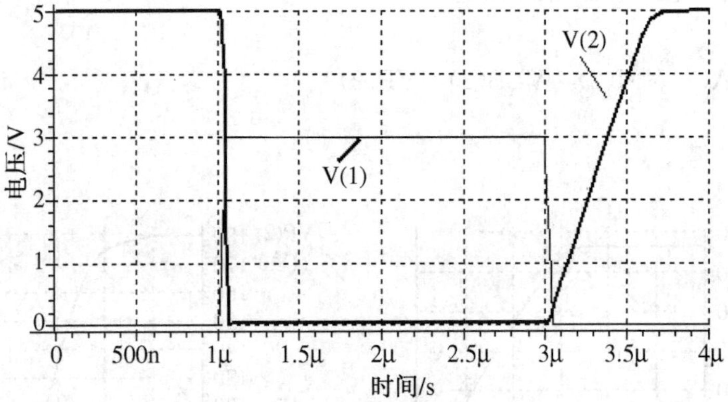

图 6.7　瞬态分析波形

上面的例子是为了给初学者提供关于 SPICE 程序使用的基本方法和概念。除了这种文本输入方式外,目前很多 SPICE 软件还具有用图形界面输入电路原理图并产生相应 SPICE 文件的功能,并且这些 SPICE 文件一般都与其他 SPICE 版本兼容。附录 C 中将以 SmartSpice 软件为例,介绍集成电路前端设计流程。

6.6　本章小结

本章首先介绍了集成电路仿真程序 SPICE 的发展历史和作用。接下来给出了各类元器件、电路功能分析和数据输出等各种指令的语法格式，并给出了三个 SPICE 仿真示例。本章内容是下面两章要讨论的晶体管级集成电路和模块级集成电路设计的工具基础。

参考文献

[1] 黄国勇编著. VDE 实用设计指南[M]. 北京中电华大电子设计有限公司资料，2002

[2] 姚立真主编. 通用电路模拟技术及软件应用[M]. 北京：电子工业出版社，1994

[3] 高伟涛编著. Pspice8.0 电路设计使用精粹[M]. 北京：国防工业出版社，2001

[4] Silvaco International. A Quick Tutorial for Gateway & SmartSpice.

[5] Silvaco International. 模拟、混合信号和射频 EDA 软件.

[6] 冯军，李智群译. CMOS 模拟集成电路设计[M]. 北京：电子工业出版社，2005

思考题与习题

1. 简述集成电路电路级模拟标准工具 SPICE 的特点。常见的 SPICE 模拟工具有哪些？
2. 写出 MOS 管的 SPICE 元件输入格式与模型输入格式。
3. 对图 6.8 所示 CMOS 反相器做直流转移特性分析，试写出相应 SPICE 描述语句。
4. 画出 CMOS 二输入与非门电路原理图，将其作为子电路编写相应的 SPICE 程序。
5. 分析以下 SPICE 程序的功能。

```
.LIB D: \lib\cmos
VDD  1  0  1.8V
VIN1  2  0  0.8V
Xnm1  1  2  0  0  NMOS  L=0.18  W=10
.DC VDD 0 1.8 0.001
.STEP  VIN1 0 2  0.4
.LET  ID=-I(VDD)
.PLOT ID
.END
```

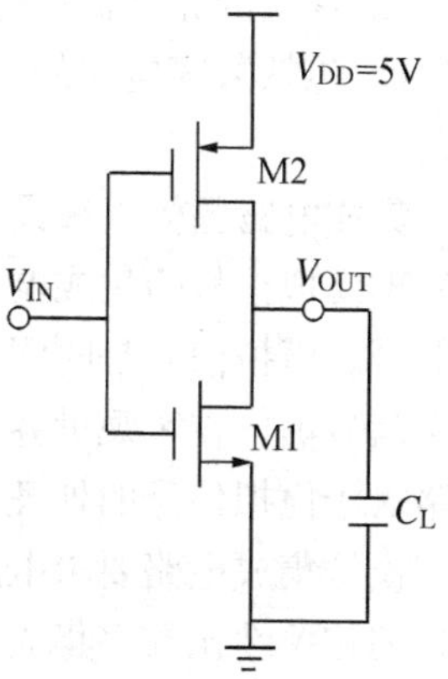

图 6.8　CMOS 反相器

第 7 章　模拟集成电路晶体管级设计

学习了集成电路的基本工艺，掌握了电路仿真和版图设计的工具，了解了器件模型等基础知识后，本章与第 8 章将介绍和讨论在模拟和数字集成电路晶体管级设计中需要注意的一些问题以及常用的基本单元电路，为读者进行晶体管级的集成电路设计提供一些必要的基本知识。

7.1　引言

集成电路晶体管级设计是指利用 SPICE 一类仿真软件工具，建立电路网络连接表格，简称网表(Netlist)，调用 RLC 和晶体管等各类元器件电路模型而进行的电路性能分析和优化，最终确定电路结构和参数的设计。比晶体管级低一层次的是元器件设计与建摸，在那里，性能良好的完整器件包括晶体管是设计目标。高一层次的是第 9 章要讨论的功能模块级设计，包括数字电路的逻辑门级设计，在那里，由晶体管组成的放大单元和逻辑门是基本单元。

集成电路晶体管级设计按照输入信号类型可以分为模拟和数字两大类。模拟集成电路是处理模拟信号的集成电路，其主要特点是，电路的输入和输出是一个或一些连续变化的模拟信号。模拟信号是时间和幅度上都连续变化的信号，例如语音信号、温度信号、压力信号、速度信号等。在客观世界中，多数物理量都是以模拟形式存在的，因此分析和设计模拟集成电路对于模拟信号的处理具有重要的实际意义。

模拟集成电路要求电路的每一个组成单元都必须是精确的，其性能与电路设计和版图设计的相关性比数字集成电路高得多。电路设计要考虑到很多相关因素，例如速度、频率响应、功耗、输入/输出摆幅等；对版图设计从平面布局到各器件几何图形的设计都十分的“讲究”，需要考虑的问题往往比数字集成电路版图设计多得多。本章将以运算放大器这一典型的模拟集成单元为例，介绍和讨论模拟集成电路晶体管级设计流程、电路仿真以及在模拟集成电路版图设计中需要注意的一些问题。

7.2　设计流程

与数字集成电路相比，模拟电路设计存在着一些难点，可简单的归纳如下：

(1) 模拟集成电路设计涉及到速度、功耗、增益、精度、工作频率和带宽等诸多因素。因此，在设计模拟集成电路时要根据设计指标要求进行适度的折中。

(2) 模拟信号处理过程中，在要求速度和精度的同时，模拟电路对噪声、串扰和其他干扰信号比数字电路敏感得多。

(3) 器件的二阶效应对模拟电路性能的影响比对数字电路的影响严重的多。

(4) 高性能模拟电路的设计很少能够自动完成，通常每一个器件都需要“手工设计”；而数字电路通常用自动综合和自动布局布线的方法来完成。

(5) 尽管模拟集成电路的设计方法和设计工具已经有了很大的发展，但对模拟电路中许多效应的建模和仿真仍然存在难题，这就要求设计者利用知识和经验来分析仿真结果。

基于以上五点原因可以知道，模拟集成电路的晶体管级设计相对要比一般的数字集成电路设计难的多。

图 7.1 是传统的模拟集成电路设计流程图。从图中看出，这种设计方法可称为从上至下的设计方法。另外，该设计流程可分为前端设计和后端设计。通常，前端设计包括这个流程图中由上至下的五个方框，即从性能指标明细表到电路仿真以及判断仿真是否通过；后端设计是从版图设计开始到芯片测试过程。下面将简单介绍每一个方框内容。

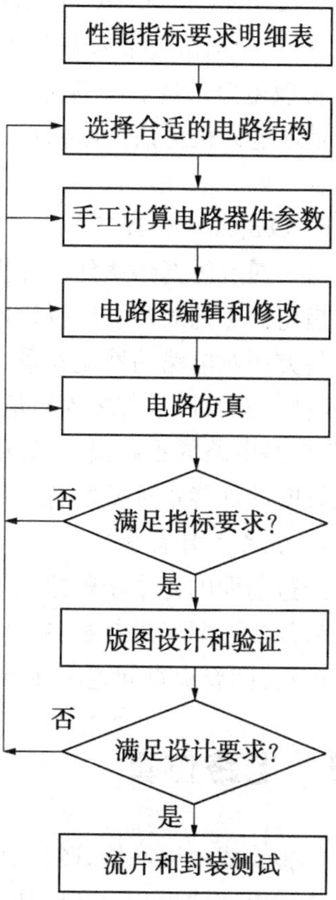

图 7.1　模拟集成电路设计流程图

1) 性能指标要求明细表

该表详细给出所要设计的模拟集成电路的参数指标值，例如：低频小信号放大倍数、单位增益带宽、相位裕度、输出摆幅、共模抑制比、功耗等。设计者要根据表中的要求来设计该模拟集成电路，并且通过仿真与测试来验证所设计的模拟集成电路的各项性能是否达到这些指标。

2) 选择合适的电路结构

针对明细表中的性能指标要求，可实现的电路结构并不只一种。设计者要根据性能指标从经济的观点出发，选择一种合适的电路结构，既能达到所要求的性能，又能避免电路的复杂化。从而节省芯片的面积，降低制造成本，增强市场竞争力。

这里需要说明，模拟电路的结构千变万化，不像数字逻辑电路那样可以由几种简单的逻辑单元构成，不能进行自动化设计。因此，需要电路设计者大量学习和掌握各类模拟电路的结构、基本原理和设计方法。这也是为什么模拟集成电路设计更具有挑战性的原因。

3) 手工计算电路元器件参数

在选定电路结构之后，接下来的一个重要工作就是确定电路元器件的初始值。该步骤的主要目标是利用模拟电路的设计理论，根据前面所选定的电路结构，利用最简单的电路模型，估算电路中所有器件的参数值，并估算电路能够实现的性能指标。通过这样的方法可以加快设计的速度，为下面的电路编辑、仿真和电路调试做准备。

这同样是一项需要知识和经验的设计工作。原因在于：迄今为止计算机还很难对元器件自动给出合适的初值，SPICE 等仿真工具只能在元器件给定初值或扫描范围后才可以进行运算、扫描和优化。电路教科书中或专业文献中给出的理论推导公式和经验数值对初值的选择是非常有用的。

4）电路图编辑和修改

该步骤是根据已经选好的电路结构和手工计算的结果，采用某种电路编辑软件，例如：Cadence公司的Schemetic，来完成画电路图的任务，并通过仿真结果对电路参数进行修改。

5）电路仿真

这一步骤是对已编辑好的模拟电路，采用模拟电路仿真软件（例如：SmartSpice，Hspice，Cadence Spectre等）对该模拟电路进行各种性能的仿真。将仿真结果与性能指标要求相对照，如果仿真结果不能达到要求，要通过步骤3）修改电路元器件的参数，甚至通过步骤2）修改电路结构后重新仿真，直到仿真结果满足设计指标为止。因此，模拟电路仿真的过程就是通过人机对话不断修改和优化设计的过程。人的知识水平和创造力可在这里得到体现。

6）版图设计和验证

对于通过仿真已达到设计指标的电路，要进行电路的底层物理设计，即采用版图设计软件在指定的工艺规则下进行该电路的版图设计。模拟电路的版图设计至关重要，版图设计规则与方法对电路的性能有重大影响。通常，在版图设计初步完成后，要进行版图参数提取后的电路仿真，通常称之为后仿真。后仿真结果若不能达到设计要求，则必须进行版图的修正，甚至是电路的重新设计，以确保设计的正确性。此外，由于实际流片中存在诸多误差，因此设计时的性能指标要留有一定裕度。

7）流片和封装测试

经过前面的各个步骤之后，可以将最后的版图形成GDS-II文件送到芯片制造公司流片。流片之后要经过封装测试，检验该芯片是否满足设计的要求，如果满足要求，可进行批量生产；否则要检查问题所在，修正设计，重新流片。

7.3 电路仿真

模拟集成电路晶体管级的电路仿真是确保模拟集成电路芯片设计成功的重要措施之一。集成电路的投片生产可谓是一掷千金，一丝一毫的设计差错所造成的损失都是难以承受的。但就设计方法论而言，错误却在所难免。实践证明，以现在的模拟集成电路仿真技术，如果在投片生产之前对设计进行全面而深入的电路仿真，找出设计中存在的问题，优化电路中的器件参数，使电路的仿真结果满足设计指标要求并留有较宽的余量，基本可保证模拟集成电路设计成功。

7.3.1 仿真分析类型

模拟集成电路晶体管级的设计可以说是以仿真为主体的过程，因为设计的80%的时间都要用在电路的仿真上。其具体过程是：电路图输入→仿真分析→修改电路图中的器件参数→重新进行仿真分析，直到电路的性能指标满足设计要求。所以，模拟集成电路晶体管级的电路仿真在模拟集成电路晶体管级设计过程中相当重要。

一般来说，模拟集成电路晶体管级的电路仿真要根据其设计指标采用某种仿真软件进行相应的仿真，即不同的模拟集成电路对其仿真的要求不同。为了使读者更好的掌握模拟集成电路晶体管级的电路仿真方法，本章特别在设计举例一节中详细介绍运算放大器的仿真。下面，我们首先将模拟集成电路晶体管级的主要仿真分析及其内容做一介绍。

(1) 直流工作点分析(DC Operating Point Analysis)：对电路中每个节点的直流工作电压、流过电源的电流与总功耗，进行分析。简单来说，电路的直流工作点为电路的直流电压偏置。几乎所有的模拟电路的设计，在其他仿真分析进行之前，都要首先进行直流工作点分析，以保证电路的正常工作。

(2) 交流频率分析(AC Frequency Analysis)：即电路的频率响应分析，对电路中各待测节点进行频率分析，得到该节点的幅频和相频特性曲线。通过该曲线我们可以得到电路的小信号电压增益、电路的工作频率范围、电路的单位增益带宽、电路的相位裕度、电路的增益裕度等。

(3) 瞬态分析(Transient Analysis)：对电路中节点电压和支路电流等相关变量进行时域分析，得到节点电压或支路电流对时间变量的响应。其主要功能是在电路的交流信号激励下，对所关心的电路中节点电压和支路电流随时间的变化波形进行分析，以确定电路的失真度、电路的延迟、电路的上升沿和下降沿的时间、电路的转换速率和建立时间等。

(4) 傅立叶分析(Fourier Analysis)：对电路中节点电压或支路电流时域信号的直流分量、基波分量和谐波分量的幅度和相位进行分析。通过该分析可获得所关心的电路中信号的频谱特性。

(5) 噪声分析(Noise Analysis)：分析计算电路中节点电压或支路电流的噪声功率密度、电路中各种无源器件或有源器件产生的噪声。分析时，如果每一个噪声源之间在统计意义上互不相关，而且它们的数值是单独计算的，这样对于指定的输出节点的总噪声是每个噪声源在该节点产生的噪声之和(有效值)。

(6) 失真分析(Distortion Analysis)：用于分析电路中的谐波失真和交叉调制失真。如果电路中有一个交流激励源，失真分析求取电路中每一个节点电压或支路电流的二次谐波和三次谐波复数值。如果电路中有两个交流激励源 f_1 和 f_2，失真分析则求出电路变量在 3 个不同频率点的复数值。即电路变量在(f_1+f_2)频率点的值，(f_1-f_2)频率点的值，以及 f_1、f_2 中频率值较高频率源的二次谐波与 f_1、f_2 中频率较低者的差频频率点处的值。

(7) 参数扫描分析(Parameter Sweep Analysis)：用于仿真电路中某个元件的参数在一定取值范围内变化时，对电路直流工作点、瞬态特性、交流频率特性的影响。

(8) 温度扫描分析(Temperature Sweep Analysis)：用于仿真不同温度下的电路特性。电路在不同温度下特性的变化应在允许范围内。

(9) 极-零点分析(Pole-Zero Analysis)：求解交流小信号电路传递函数中极点和零点的个数及其数值。极-零点分析对检测电路的稳定性是非常有用的。如果希望电路是稳定的，电路应具有负的实部极点，否则电路对某一特定频率的响应将是不稳定的。

(10) 传递函数分析(Transfer Function Analysis)：求解电路的输入源和电路的输出电压之间的传递函数，或一个输入源和一个输出电流变量之间的传递函数。传递函数分析还具有计算电路输入和输出阻抗的功能。

(11) 直流和交流灵敏度分析(DC and AC Sensitivity Analysis)：当电路中某个元件参数值发生变化时，必然影响电路中节点电压、支路电流的大小和频响特性指标。灵敏度分析就是研究元件参数变化对它们的影响程度。进行直流灵敏度分析时，首先进行电路的直流工作点分析,然后再做直流灵敏度分析。交流灵敏度分析时,一次仅能分析一个元件参数变化的影响程度。

(12) 最坏情况分析(Worst Case Analysis):这是一种统计分析方法,可通过仿真得到电路中元件参数在给定的误差条件下,电路特性变化的最坏可能结果。这种分析可用于分析电路的直流工作点、频响和瞬态特性。

(13) 蒙特卡罗分析(Monte Carlo Analysis):蒙特卡罗分析利用统计分析的方法,让电路中的元件参数,按照给定的误差分布类型在一定的数值范围内变化,观察其对电路特性的影响。

上面所介绍的这些仿真分析均已集成到以 SPICE 为基础的各种电路仿真软件(如 Hspice、SmartSpice 和 Pspice 等)中了,对于 CMOS 模拟集成电路设计而言,除了根据具体电路的需要选择相应仿真分析功能进行设计验证之外,还需要进行工艺角的仿真。

7.3.2 工艺角仿真

在集成电路工艺制造过程中,由于环境温度、掺杂浓度、曝光时间等各种制造条件的变化,会造成不同的晶片之间以及不同的批次之间模型参数的变化。与双极型晶体管相比,MOS 晶体管的参数变化更大。为了在一定程度上保证芯片的性能和成品率,工艺工程师们以"工艺角"(Process Corners)的形式给出了器件的模型参数。其基本思想是:将 NMOS 和 PMOS 晶体管的速度波动范围限制在由四个角所确定的矩形内。这四个角分别是:快 NMOS 与快 PMOS、慢 NMOS 与慢 PMOS、快 NMOS 与慢 PMOS、慢 NMOS 与快 PMOS,如图 7.2 所示。例如,具有较薄的栅氧、较低阈值电压的晶体管,就落在快角附近。因此,在各种工艺角和极限温度条件下对电路进行仿真是保证芯片性能和成品率的基础[1]。

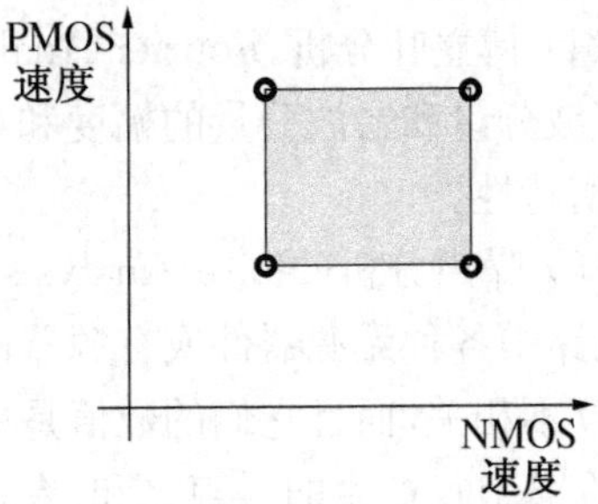

图 7.2 基于 NMOS 和 PMOS 器件的工艺角示意图

因此,电路设计者会看到在工艺提供的仿真模型文件(文件名通常为*.lib)中,其头文件有如下一段说明:

```
* MOS model                                                        *
* The mos model has 5 corners and each name as below:              *
*      .lib tt : typical nmos, typical pmos                        *
*      .lib ff : fast nmos, fast pmos                              *
*      .lib fs : fast nmos, slow pmos                              *
*      .lib sf : slow nmos, fast pmos                              *
*      .lib ss : slow nmos, slow pmos                              *
```

这段注释指明了该仿真模型文件包含了 MOS 器件参数的典型值和 4 个工艺角参数值,并分别以 tt、ff、fs、sf 和 ss 为标识。

在电路的 SPICE 网表中,通过 .lib 语句就可以选择不同情况下的器件参数进行电路仿真。例如

(1) .lib`E:\h06.lib` tt 表示选择典型情况下的 NMOS 和 PMOS 器件参数进行仿真。
(2) .lib`E:\h06.lib` ff 表示选择快 NMOS 和快 PMOS 情况下的器件参数进行仿真。
(3) .lib`E:\h06.lib` fs 表示选择快 NMOS 和慢 PMOS 情况下的器件参数进行仿真。
(4) .lib`E:\h06.lib` sf 表示选择慢 NMOS 和快 PMOS 情况下的器件参数进行仿真。
(5) .lib`E:\h06.lib` ss 表示选择慢 NMOS 和慢 PMOS 情况下的器件参数进行仿真。

7.4 版图设计

在完成了模拟集成电路晶体管级电路的仿真之后，就可以根据所采用的工艺要求进行其版图设计。在本书的第4章集成电路版图设计与工具中，已经详细介绍了集成电路版图设计规则、电学设计与布线规则、双极型晶体管和 MOS 晶体管的版图设计以及集成电路版图设计工具的运用。对于模拟集成电路晶体管级电路的版图设计，不管是双极型晶体管还是 MOS 晶体管，首先要与其采用的工艺版图设计规则保持一致。其目的是在提高电路设计质量的同时，最大程度地提高模拟集成电路的成品率。由于模拟电路一般是对模拟信号进行处理，使得模拟电路对芯片上的寄生参数非常敏感。而寄生参数一般都与互联线、负载和热载流子效应以及电路的耦合有关，可能会导致设计的模拟电路性能变差。器件的失配更是大大限制了模拟电路的性能提高。所以对于模拟集成电路的版图设计，要采用一些版图设计的经验和措施，将串扰、失配和噪声等影响减至最小。下面将简单介绍这些模拟集成电路版图设计的措施。

7.4.1 版图设计基本要求

在整个集成电路设计过程中，版图设计是其中重要的一环，它将每个元件的电路表示转换成物理设计。同时，元件间连接的线网也被转换成几何连线图形。对于复杂的版图设计，一般把版图设计分成若干个子步骤进行。

1) *版图模块分划*

为了将处理问题的规模缩小，通常把整个电路划分成若干个模块，分别设计子单元模块的版图，然后再组合起来。

2) *版图规划和布局*(Floorplanning and Layout)

其目的在于为每个模块在整个芯片中选择一个好的布图方案，从而使得传输信号通路与非相关信号通路分隔开，降低有用信号受干扰的程度。在版图上进行系统整体版图布局时，要充分考虑模块之间的走线，避免时钟信号线对单元以及内部信号的干扰，模块间摆放要配合压焊点(Pad)的分布。另外，在布线时应充分注意对称性原则，对时钟线要考虑时延，不同的时钟信号布线应尽量一致，以保证时钟之间的同步性。信号的走线要完全对称以克服外界干扰。

3) *布线*

布线是指根据一定的规则和电路的限制把布好局的各个模块用互连线连接起来，并进一步优化布线结果。它有一些基本要求，布线要尽可能的短，从而降低传输线的延迟和寄生参数。布线的好坏程度会直接影响芯片的性能，这一点在高速电路中尤其明显，因为互连线的延迟会对芯片的时序产生非常大的影响，在最坏情况下甚至会导致芯片功能的失效。

4) 压缩

压缩是指布线完成后的优化处理过程,其目的是为了进一步的减小芯片的面积。

7.4.2 版图匹配设计

全差分电路的版图要求尽可能做到晶体管匹配设计和电阻电容匹配设计。晶体管匹配设计是为了抑制模拟电路的共模漂移电流的影响和减小失调,电阻电容匹配设计是为了保证一定的匹配精度。由于全差分电路中的不对称性会产生输入失调电压(Offset Voltage),因而限制了可检测的最小信号电平。尽管一些失配不可避免,但如果不充分注意版图中的对称性,就可能产生大的失调电压。另外,对称性的匹配设计还可以抑制共模噪声和偶次非线性效应。下面将晶体管匹配设计规则介绍如下。

1) 使用相同尺寸的叉指(finger)结构

由于模拟集成电路经常有一些晶体管的沟道宽度很大,为了减小 MOS 晶体管源漏结面积和栅电阻,获得大的栅长栅宽,常将其分为很多部分,就是我们所说的叉指结构(图形见第4章)。在版图设计中应使得 MOS 管的各叉指有相同的宽度、长度和间距,从而使晶体管有良好的匹配。根据经验,每一个指状晶体管的宽度的选取要保证该晶体管的栅电阻小于其跨导的倒数。在低噪声电路中,栅电阻必须是 $1/g_m$ 的 1/5 到 1/10。

2) 在可能的情况下,尽可能采用大的栅长和栅宽的晶体管。

3) 要求匹配的晶体管在版图中排列方向须一致。

4) 应使晶体管的排列以中心对称。

5) 尽量减少金属布线通过晶体管的有源区。

7.5 设计举例——运算放大器设计

运算放大器是一种典型的模拟集成电路,它包含了电流镜、差分放大器等模拟集成电路基本单元,涉及器件匹配、负反馈和频率补偿等电路技术。同时,它又常常作为一个基本电路用来构成模拟加法器、有源滤波器、模数(A/D)以及数模(D/A)等功能模块。因此,掌握了运算放大器的设计和应用,也就掌握了模拟集成电路设计的基本技能。

这里主要讨论 CMOS 运算放大器的设计,首先介绍 MOS 场效应晶体管电流镜电路的基本原理。

7.5.1 MOS 电流镜基本原理

电流镜电路广泛地应用在模拟集成电路中,其主要功能是为模拟电路提供正确的偏置电流。在理想情况下,其电流值与加在两端的电压无关,并保持为常数。因此在电流镜电路设计中设计的基本要求是:电流镜要为模拟集成电路提供稳定的工作电流和较大的输出电阻。

1) 基本电流镜

对于一个场效应管,在忽略其沟道调制效应的情况下(即 $\lambda=0$),根据饱和萨氏方程 $I_D=g_m V_{GS}=K(V_{GS}-V_{th})^2$ 可知,饱和的 MOS 管漏极电流在器件尺寸(W/L)与工艺参数(μ_n, V_{th})确定的情况下,仅仅与其栅源电压有关。所以只要是相同的工艺制作的两个相同的 MOS 器件具有相同的栅源电压，并且都工作在饱和区，则其漏极电流完全相等，即实现了所谓的电流复制。

由 MOS 场效应晶体管构成的基本电流镜电路如图 7.3 所示。图中 NMOS 晶体管 M_1 和 M_2 构成基本电流镜结构，I_{REF} 为参考电流，I_{OUT} 为输出电流。由于接成二极管形式的 M_1 一定工作在饱和区，假设 M_2 的 $V_{DS2} \geqslant V_{GS} - V_{th}$，则 M_2 也工作在饱和区，根据考虑沟道调制效应时的饱和萨氏方程（参考式(5.40)），有

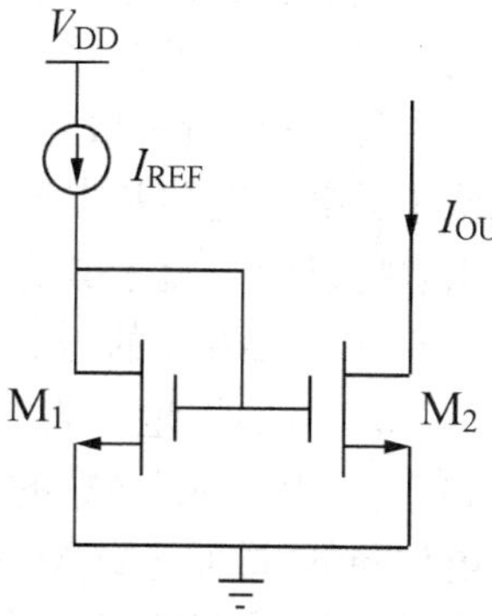

图 7.3　基本电流镜

$$I_{OUT} = \frac{(W/L)_2}{(W/L)_1} \times \frac{(1+\lambda V_{DS2})}{(1+\lambda V_{DS1})} \times I_{REF} \tag{7.1}$$

式(7.1)中，$(W/L)_1$、$(W/L)_2$ 分别为 M_1 和 M_2 管的宽长比，并假设两管的 μ_n，C_{ox} 和 λ 相同。由此可以看出，只要改变 M_1 和 M_2 的宽长比，就可以设计出所需要的 I_{OUT}。通过该电路的交流小信号等效电路可得其输出阻抗 $r_o = r_{ds2}$。

图 7.3 中如果 M_1 和 M_2 的尺寸设计的不相同，则参考电流 I_{REF} 和输出电流 I_O 的关系为 $I_{OUT}/I_{REF} = (W/L)_2/(W/L)_1$（忽略了沟道调制效应），即电流比等于 M_2、M_1 两晶体管的宽长比之比，故称这种基本电流镜为比例电流镜。

如果有多个输出支路，如图 7.4 所示，则各支路的电流的比值就等于各 NMOS 晶体管的宽长比的比值，即

$$I_{REF} : I_{O1} : I_{O2} : I_{O3} : \cdots : I_{ON} = (W/L)_{REF} : (W/L)_1 : (W/L)_2 : (W/L)_3 : \cdots : (W/L)_N$$

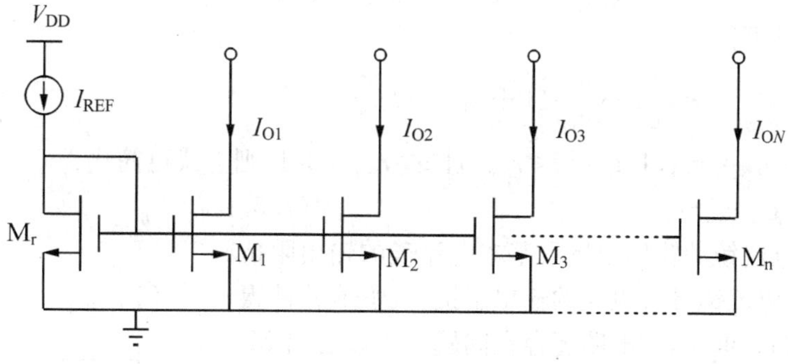

图 7.4　多支路比例电流镜

由此可见，在一个模拟集成电路中由一个参考电流以及各成比例的 NMOS 晶体管就可以获得多个支路的电流偏置。

由于图 7.3 所示基本电流镜的输出电压 V_{OUT} 通常是一个变量，在沟道长度调制效应及输出端负载的影响下，将导致 I_{OUT} 与 I_{REF} 之比不再恒定。为了抑制沟道长度调制效应的影响，得到更好的电流源性能，需要对基本电流镜进行改进。

2）威尔逊电流镜

从基本电流镜的分析可以看到，要想得到一个稳定的高性能的电流源，则要对基本电流镜电路采取一些改进的措施来提高电流镜的输出电阻。威尔逊电流镜就是提高电流镜的输出电阻的方法之一，如图7.5 所示。值得说明的是：在第 2 章我们已经对 MOS 管的符号做

了解释，因此图 7.5 中，如果设计采用的工艺中是将所有的 NMOS 器件制作在同一衬底上时，则 M_3 管的衬底与 M_1 和 M_2 管电位相同；若设计采用的工艺是多阱工艺时，则 M_3 管的衬底可以与其源极连接，这样可以消除衬偏效应，深亚微米工艺中的 MOS 管一般是将源和衬底连接在一起。

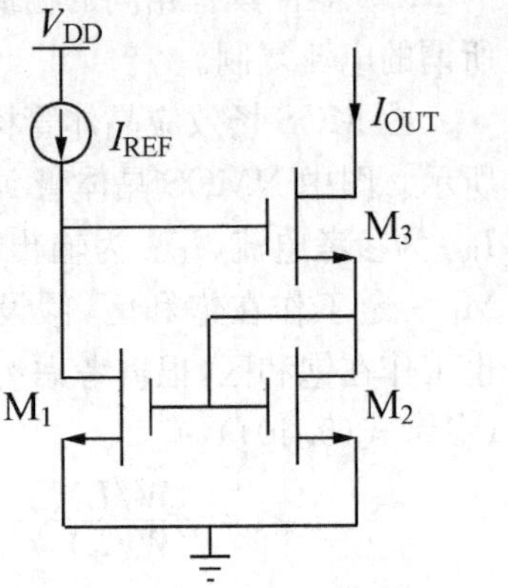

图 7.5　威尔逊电流镜

威尔逊电流镜的基本原理是利用负反馈来提高电流镜的输出阻抗以使电流镜具有更好的恒流特性。假设输出电流 I_{OUT} 有一个 ΔI_{OUT} 的增量，则 M_2 的漏极电流也有一个 $\Delta I_{D2}(=\Delta I_{OUT})$ 的增量。该增量通过 M_2 到 M_1 的镜象作用反馈到 M_1 支路，导致 M_1 的漏极电流增大，从而导致 M_1 的漏极电位降低，进而导致 M_3 栅源之间电压 V_{GS3} 降低，结果通过 M_3 使得 I_{OUT} 调节到原来的值；反之亦然。因此，I_{OUT} 的稳定是由 M_2 将输出电流反馈到 I_{REF} 支路得到。

图 7.5 中，由于 $V_{DS2}=V_{GS2}>V_{GS2}-V_{th}$，$M_2$ 必然工作在饱和区；$V_{GS1}=V_{GS2}$，M_1 和 M_2 的尺寸，参数相同，所以 $V_{DS1}=V_{GS3}+V_{GS2}>V_{GS1}-V_{th}$，$M_1$ 也必然工作在饱和区。根据饱和萨氏方程可得

$$\frac{I_{OUT}}{I_{REF}}=\frac{(W/L)_2}{(W/L)_1}\times\frac{(1+\lambda V_{DS2})}{(1+\lambda V_{DS1})} \tag{7.2}$$

通过该电路的交流小信号等效电路并忽略 M_3 管的衬底偏置效应，可计算其输出阻抗为

$$r_o=r_{ds3}+r_{ds3}\left[\frac{g_{m1}g_{m3}r_{ds1}+g_{m3}}{g_{m2}+1/r_{ds2}}\right]+\frac{1}{g_{m2}+1/r_{ds2}} \tag{7.3}$$

进一步推导可得

$$r_o=\frac{1}{g_{m2}}+r_{ds3}\left[1+\frac{g_{m3}}{g_{m2}}(1+g_{m1}r_{ds1})\right] \tag{7.4}$$

假定 $g_{m1}=g_{m2}=g_{m3}$，$1/g_{m2}<<r_{ds3}$，且 $g_{m1}r_{ds1}>>1$，则上式可简化为

$$r_o=g_{m1}r_{ds1}r_{ds3} \tag{7.5}$$

将威尔逊电流镜的输出阻抗和基本电流镜的输出阻抗相比较，威尔逊电流镜具有更大的输出阻抗，其恒流特性得到了很大的提高。但是，该电路还存在问题。可以看出 M_1 和 M_2 管的漏源电压不相等，结果，当输出电压 V_{OUT} 变化时，由于沟道调制效的存在，就会影响输出电流 I_{OUT} 与参考电流 I_{REF} 之比的恒定性。为此提出了一种改进型的威尔逊电流镜电路如图 7.6 所示。

该电路增加了二极管连接的 M_4，使电路的恒流特性得到进一步提高。根据饱和萨氏方程 I_{OUT}/I_{REF} 的表达式和式(7.2)相同，且有 $V_{DS1}=V_{GS2}+V_{GS3}-V_{GS4}$。设定 $V_{GS3}=V_{GS4}$，则有 $V_{DS1}=V_{GS2}=V_{DS2}$，则根据式(7.2)可得到

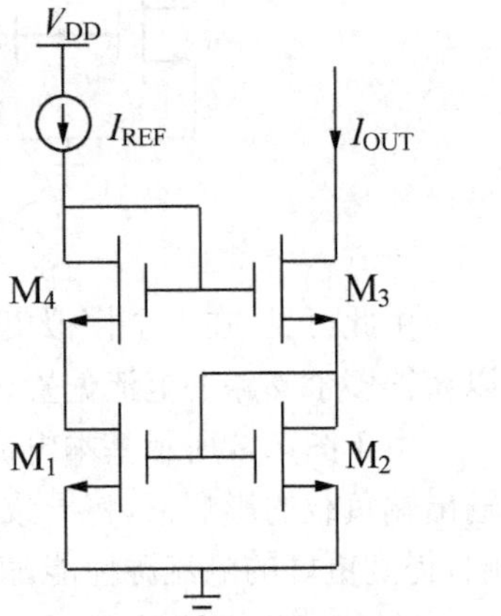

图 7.6　改进型的威尔逊电流镜

$$\frac{I_{OUT}}{I_{REF}}=\frac{(W/L)_2}{(W/L)_1} \tag{7.6}$$

从式(7.6)可以看出，该电路的输出电流与沟道调制效应无关，是一种精确的比例电流

源。要达到 $V_{GS3}=V_{GS4}$ 的要求，只要满足下式即可

$$\frac{(W/L)_3}{(W/L)_4}=\frac{(W/L)_2}{(W/L)_1} \tag{7.7}$$

3）共源共栅电流镜

共源共栅电流镜是采用共源共栅结构使 $V_{DS2}=V_{DS1}$，其电路如图 7.7 所示。由于该电路采用了共源共栅结构，使电流镜具有很好的恒流特性以及高的输出阻抗。适当选择 M_3 和 M_4 的尺寸，可实现 $V_{GS3}=V_{GS4}$。而且，从图 7.7 可知，$V_{GS4}+V_A=V_{GS3}+V_B$，因此，若 $(W/L)_3/(W/L)_4=(W/L)_2/(W/L)_1$，则可得到 $V_A=V_B$，所以，输出电流与输入电流之间的关系和式(7.6)相同。同样，通过其交流小信号等效电路可推导出该电路的输出阻抗为[2]

$$r_o=r_{ds2}+r_{ds3}+r_{ds2}r_{ds3}g_{m3}(1+\eta_3) \tag{7.8}$$

式中，η_3 是 M_3 管的体效应系数。从该式可以看出，共源共栅电流镜取得很高的输出阻抗。

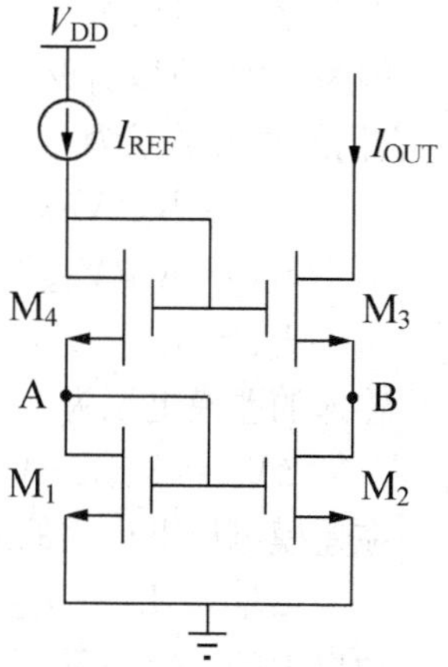

图 7.7　共源共栅电流镜

最后需要指出的，威尔逊电流镜及其改进电路、共源共栅电流镜均存在一个共同的缺点：由于从它们的输出端到地之间有两个串联的晶体管，正常工作时它们必须处于饱和区，结果导致保证这些电路正常工作的最低输出电压要比基本电流镜高，从而限制了这些电流镜在某些低压条件下的应用。

7.5.2　MOS 差分放大电路

差分放大器作为运算放大器的输入级，其主要任务是放大差模信号、抑制共模信号。

1）基本的 MOS 差分放大电路

在基本的 MOS 差分放大电路中，差分对管是完全匹配的一对同种 MOS 晶体管，它们具有相同的电学参数和几何参数，电路上构成共源结构。MOS 差分放大器的电路结构如图 7.8 所示。其中，图 7.8(a)给出的是以 NMOS 晶体管作为差分对管的电路结构，图 7.8(b)给出的是以 PMOS 晶体管为差分对管的电路结构。电路中的负载可以是各种形式，通常为

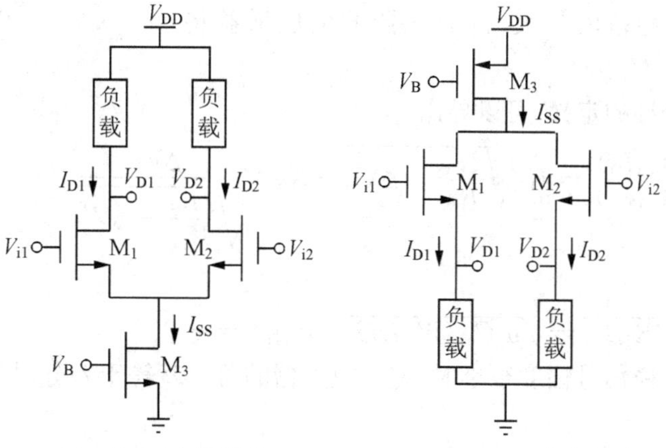

图 7.8　MOS 差分放大器结构

有源负载。M_3 被偏置在饱和区，提供恒流 I_{SS}。这个恒流源连到差分对管的源端，构成对共模信号的负反馈。当输入的差模电压为零时，差分放大器两个支路的电流相等，又由于两个支路的负载对称相等，所以输出电压差 $V_{D1}-V_{D2}=0$。

下面以 NMOS 晶体管作为差分对管的放大器为对象，分析差分放大器电路在差模输入情况下的电流-电压特性[3]。

因为匹配，所以有 $V_{TN1}=V_{TN2}=V_{TN}$，$K_1=K_2=K_N=K'_N(W/L)$。器件都工作在饱和区，它们的电流关系为

$$I_{D1}=K_N(V_{GS1}-V_{TN})^2 \tag{7.9}$$

$$I_{D2}=K_N(V_{GS2}-V_{TN})^2 \tag{7.10}$$

$$I_{SS}=I_{D1}+I_{D2} \tag{7.11}$$

输入的差模电压为

$$\Delta V_1=V_{GS1}-V_{GS2} \tag{7.12}$$

在差模电压下产生的差模电流为

$$\Delta I_D=I_{D1}-I_{D2} \tag{7.13}$$

由以上的三组关系，经过数学推导，得到如下的电流-电压方程

$$\Delta I_D\approx K\cdot\Delta V_1\cdot\sqrt{\frac{2I_{SS}}{K}-\Delta V_1^2} \tag{7.14}$$

当输入的差模电压比较小时，忽略二次项，差模电流与差模电压近似地为线性关系。当差模电压 ΔV_1 达到 $\pm\sqrt{I_{SS}/K_N}$ 时，$\Delta I_D=I_{SS}$，即差分对的差模电流达到了恒流管 M_3 的恒流电流，这时，再增加差模电压，差模电流将不再变化。图 7.9 给出了差分电路的输入差模电压和输出差模电流的关系曲线。

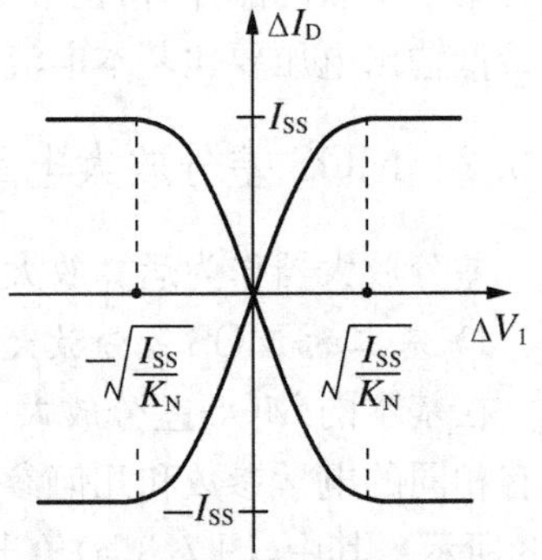

图 7.9　差分放大器的差模电流-电压特性

从电流-电压特性曲线可以看出，当差模输入电压较小时，放大器具有较好的线性特性；随着差模输入电压增大，曲线开始弯曲，放大器逐渐失去了线性，当差模电压达到 $\pm\sqrt{I_{SS}/K_N}$ 时，电流呈现饱和而不再变化。偏置电流 I_{SS} 越大，放大器线性范围越大，但放大器的电压增益将越小。

按照放大器跨导的定义，可以导出

$$G_M=\frac{\partial(\Delta I_D)}{\partial(\Delta V_1)}=K_N\sqrt{\frac{2I_{SS}}{K_N}-\Delta V_1^2}-K_N\times\frac{\Delta V_1^2}{\sqrt{\frac{2I_{SS}}{K_N}-\Delta V_1^2}} \tag{7.15}$$

当 $\Delta V_1\to 0$ 时

$$G_M=\sqrt{2K_N I_{SS}}=\sqrt{\mu_n C_{ox}(W/L)I_{SS}}=g_{m1}=g_{m2} \tag{7.16}$$

即当输入的差模信号幅度很小时，差分放大器的跨导就等于差分对管中的 NMOS 管单管的跨导。

2) MOS 差分放大器的负载形式

差分放大器的负载通常是有源负载，对 NMOS 差分对管的差分放大器，其负载可以有

多种形式：

(1) 增强型 NMOS 有源负载(构成 E/E 型放大器，即增强/增强型放大器)；

(2) 耗尽型 NMOS 有源负载(构成 E/D 型放大器，即增强/耗尽型放大器)；

(3) 互补型有源负载(PMOS 恒流源负载)；

(4) 电流镜负载。

这里只对以 NMOS 晶体管为差分对管的差分放大器电路进行分析，对于用 PMOS 晶体管为差分对管的电路有类似的结构和分析。图 7.10 给出了常见的几种不同负载形式的 NMOS 差分放大器电路结构。

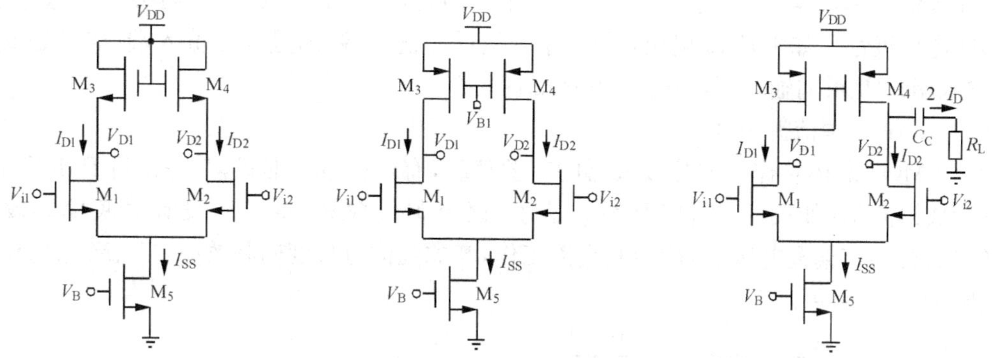

(a) E/E型差放　　(b) PMOS恒流源负载差放　　(c) PMOS电流镜负载差放

图 7.10　NMOS 差分放大器电路

(1) 增强型 NMOS 有源负载结构

增强型 NMOS 晶体管作为 MOS 差分放大器有源负载的电路结构如图 7.10(a)所示。加在差分放大器输入端的差模电压 $v_{i1}-v_{i2}=v_{id}$ 作用在 M_1 和 M_2 管的栅源之间，如果 M_1 的栅源信号电压 $v_{gs1}=v_{id}/2$，则 M_2 的栅源信号电压为 $v_{gs2}=-v_{id}/2$。因为信号对称，M_1 和 M_2 的源极电位不会随着差模输入的幅值变化而变化，也就是说，对于差模输入，M_1、M_2 的源极是交流地。

现考察差分放大器的 M_1、M_3 支路，因为 M_1 源极位于交流地，所以，M_1、M_3 支路的交流放大特性和 E/E NMOS 放大器相同。考虑到该支路只对差模输入信号的一半进行了放大($v_{gs1}=v_{id}/2$)，因此，其交流输出 v_{d1} 为

$$v_{d1}=-A_{VE}\cdot\frac{v_{id}}{2} \tag{7.17}$$

式中，A_{VE} 是 E/E NMOS 放大器的电压增益。

同理，对 M_2、M_4 支路

$$v_{d2}=A_{VE}\cdot\frac{v_{id}}{2} \tag{7.18}$$

因此，只有同时从差分放大器的两个支路取出电压信号，才是对差模信号完整放大的信号。这时，差模输出为

$$v_{od}=A_{VE}\cdot v_{id} \tag{7.19}$$

现在，我们来考虑衬底偏置效应的问题。毫无疑问，在 NMOS 管衬底都接最低电位(或接地)的情况下，M_1、M_2、M_3 和 M_4 都存在衬底偏置，因为它们的源极电位和衬底电位不同，

这将导致 $M_1 \sim M_4$ 的实际阈值电压偏离标称值。但是，对于差模输入，M_1、M_2 的源极电位不变(交流地)，只有负载管 M_3、M_4 的衬偏电压随差模输入而变化，从而导致 M_3、M_4 的交流电阻受衬偏效应的调制。

综上所述，E/E NMOS 差分放大器的电压增益与 E/E NMOS 基本放大器相同。可以证明，E/E NMOS 差分放大器的电压增益为[3]

$$A_{\mathrm{VEd}} = \frac{v_{\mathrm{od}}}{v_{\mathrm{id}}} = \frac{1}{1+\lambda_{\mathrm{B}}}\sqrt{\frac{(W/L)_1}{(W/L)_3}} \tag{7.20}$$

式中，$\lambda_{\mathrm{B}} = g_{\mathrm{mB3}}/g_{\mathrm{m1}}$，其中 g_{mB3} 为 M_3 的背栅跨导，它反映了 M_3 的衬底偏置效应。

如果信号单端输出，则电压增益只有一半。同时，对于单端输出，我们必须考虑差分放大器的电压极性。如果是 v_{d1} 输出，输入端 v_{i1} 是反相输入端，v_{i2} 是同相输入端；如果是 v_{d2} 输出，输入端 v_{i2} 是反向输入端，v_{i1} 是同相输入端。

(2) PMOS 恒流源负载

以 PMOS 晶体管作为差分放大器的有源负载，有两种电路形式，其一是将 PMOS 晶体管设置成恒流源，如图 7.10(b)所示。这里，恒流源负载管 M_3、M_4 没有衬底偏置效应。PMOS 管由固定偏置电压 V_{B1} 确定其直流工作，考虑到沟道长度调制效应，M_3、M_4 的交流输出电阻为有限值，可以表示为

$$r_{03} = \frac{|V_{\mathrm{A3}}|}{I_{\mathrm{DS3}}} \text{ 和 } r_{04} = \frac{|V_{\mathrm{A4}}|}{I_{\mathrm{DS4}}}$$

式中，V_{A3} 和 I_{DS3} 分别为 M_3 的厄利电压和工作电流，V_{A4} 和 I_{DS4} 分别为 M_4 的厄利电压和工作电流。NMOS 晶体管 M_1 的跨导可以表示为$\sqrt{2\mu_{\mathrm{n}}C_{\mathrm{ox}}(W/L)_1 I_{\mathrm{D1}}}$，则放大器的电压增益为

$$A_{\mathrm{VCd}} = \frac{v_{\mathrm{od}}}{v_{\mathrm{id}}} = \frac{1}{\sqrt{I_{\mathrm{D1}}}} \cdot \frac{|V_{\mathrm{A1}}| \cdot |V_{\mathrm{A3}}|}{|V_{\mathrm{A1}}| + |V_{\mathrm{A3}}|} \cdot \sqrt{2\mu_{\mathrm{n}}C_{\mathrm{ox}}(W/L)_1} \tag{7.21}$$

当然，即使是这种高增益放大器，当单端输出信号时，其有效的电压增益也仅为双端输出差分放大器的一半。

通过对以上两种差分放大器电压增益的分析，可以得到这样的结论：这类 MOS 差分放大器双端输出的差模电压增益等于构成它的单边放大器的电压增益；当输出电压信号取其单输出端时，等效的电压增益仅为差分放大器电压增益的一半。

(3) PMOS 电流镜负载

以上两种负载形式的差分放大器的共同问题是：如果信号电压单端输出，放大器的电压增益要受到损失。但如果双端输出，则意味着后级放大器也必须是双端输入的放大器。否则，必须在两级放大器之间插入双端转单端的电路。

图 7.10(c)给出了以 PMOS 电流镜为负载的差分放大器的电路形式。由于采用了电流镜，在差分放大器中就完成了双端转单端的功能，其特点是采用单端输出而不损失电压增益。由电流镜完成双转单的工作原理分析如下。

当差模输入信号电压使 $v_{\mathrm{gs1}} = v_{\mathrm{id}}/2$，$v_{\mathrm{gs2}} = -v_{\mathrm{id}}/2$ 时，在差分对管中产生变化电流，因为电路对称且匹配，所以改变的电流的数值是相同的，M_1 电流增加 ΔI_{D}，M_2 电流减少 ΔI_{D}，使得电流镜的输出电流(即 M_4 的漏极电流)多余 ΔI_{D}。另一方面，由于 M_1 连接的是电流镜的参考支路，这使得电流镜的参考电流也增加了 ΔI_{D}，并因此使电流镜输出的总多余电流变为 $2\Delta I_{\mathrm{D}}$，该多余电流将送给外部负载(即图 7.10(c)中通过隔直电容 C_{C} 与 M_2 漏极相连的负载

R_L)。反之,如果差模输入电压使 M_1 减少电流 ΔI_D,即产生 $-\Delta I_D$,M_2 增加电流 ΔI_D。电流镜的参考支路电流减少 ΔI_D,导致电流镜输出支路的电流供给能力减少 ΔI_D,而此时 M_2 要求的电流增加 ΔI_D,那么,这 $2\Delta I_D$ 只能通过对外部负载电流的抽取来获得,即差分放大器的输出电流变为 $-2\Delta I_D$。

以电流镜做负载的差分放大器电路是模拟集成电路中的常见结构。它的电压增益推导如下:

在平衡点($v_{id}\to 0$)附近,差分放大器的跨导 $G_M=\sqrt{2K_N I_{SS}}$,M_1、M_3(M_2、M_4)的输出电阻为

$$r_{o1}=\frac{|V_{A1}|}{I_{D1}}=\frac{2|V_{A1}|}{I_{SS}} \quad 和 \quad r_{03}=\frac{|V_{A3}|}{I_{D3}}=\frac{2|V_{A3}|}{I_{SS}}$$

差分放大器的电压增益为

$$\begin{aligned} A_{VCd} &= G_M(r_{o1} /\!/ r_{o3}) \\ &= \sqrt{\frac{2K_N}{I_{SS}}}\cdot\frac{2\cdot|V_{A1}|\cdot|V_{A3}|}{|V_{A1}|+|V_{A3}|} \\ &= 2\cdot\frac{1}{\sqrt{I_{SS}}}\cdot\frac{|V_{A1}|\cdot|V_{A3}|}{|V_{A1}|+|V_{A3}|}\cdot\sqrt{\mu_n C_{ox}(W/L)_1} \end{aligned} \tag{7.22}$$

不难看出,式(7.22)与式(7.21)基本相同。电路中的 M_1 的栅输入端为差分放大器的同相输入端,M_2 的栅输入端为差分放大器的反相输入端。

7.5.3　CMOS 运算放大器

图 7.11 所示的是一个电容性负载的两级 CMOS 基本差分运算放大器。其中,Part1 为运算放大器的电流偏置电路,为了减小电源电压波动的影响,该偏置电路采用了在改进型威尔逊电流镜电路中又增加一个电阻 R_1 的结构;Part2 为运算放大器的第一级放大器;Part3 为运算放大器的第二级放大器。第一级为标准基本差分放大器,第二级为 PMOS 管作为负载的 NMOS 共源放大器。为使运算放大器的工作稳定,在第一级放大器和第二级放大器之间采用补偿网络来消除第二个极点对低频放大倍数、单位增益带宽和相位裕度的影响。在运算放大器的电路结构图中,M_1、M_2、M_3、M_4、M_5 构成 PMOS 对管作为差分输入对,NMOS

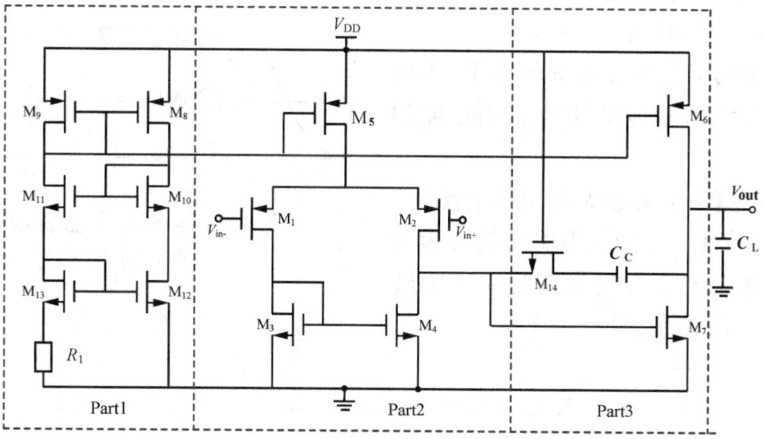

图 7.11　CMOS 两级运放的电路结构

电流镜作为输入对管负载，PMOS 管 M_5 作为尾电流源的标准基本差分运算放大器；M_6、M_7 构成以 PMOS 管作为负载的 NMOS 共源放大器；M_{14}（工作在线性区）和电容 C_C 构成运算放大器的第一级和第二级放大器之间的补偿网络；M_9～M_{13} 以及 R_1 组成运算放大器的偏置电路。

运算放大器的设计指标见表 7.1。下面将根据该表给定的运放性能指标进行两级运放的主体电路设计，然后设计两级运放的偏置电路，最后介绍该运放的版图设计。其设计流程是：首先根据技术指标，手工估算电路中各晶体管的宽长比；然后再对其进行仿真；通过反复的仿真和修改各个晶体管的参数，进行电路参数优化，最终达到设计要求的性能指标。

表 7.1　运放性能指标

性　能	单位	数值
小信号低频电压增益 (DC Gain)	V/V	3000
单位增益带宽 (Unit-Gain Bandwidth)	MHz	100
相位裕度 (Phase Margin)	度	70
转换速率 (Slew Rate)	V/μs	100
建立时间 1% (Settling Time)	ns	80
共模抑制比 (Common Mode Rejection Ratio)	dB	80
电源电压 (Power Supply)	V	5
输入共模范围 (Input Common Mode Range)	V	1.5～3.5
电压输出范围 (Output Range)	V	0.3～4.7
负载电容 (Load Capacitance)	pF	2
功耗 (Power Consumption)	mW	15
电源电压抑制比 (Power Supply Rejection Ratio)	dB	80

首先对表 7.1 中所列出的各项运放性能指标的含义做一解释：

(1) 小信号低频电压增益：运放在小信号低频输入信号状态下的电压放大倍数。

(2) 单位增益带宽：运放在开环状态下，当放大倍数为 0 dB 时的频率范围。

(3) 相位裕度：运放在开环状态下，当放大倍数为 0 dB 时所对应的相位和 180 度的差值。

(4) 转换速率：运算放大器闭环增益为 1 倍时，在一定的负载条件下，当输入信号为阶跃大信号时，输出电压的最大变化率称为转换速率，如图 7.12 所示。[注]

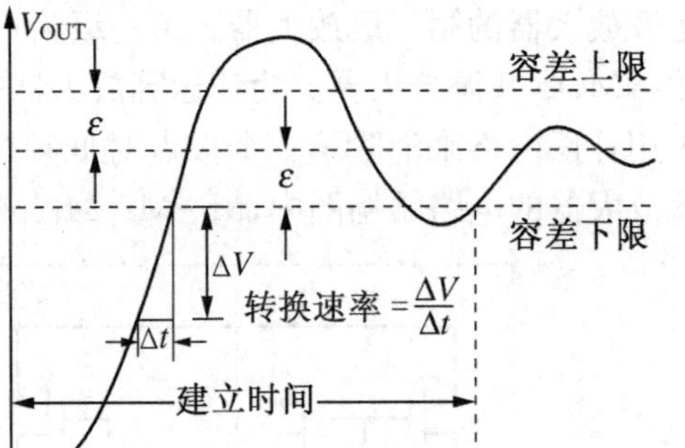

图 7.12　运算放大器转换速率与建立时间定义示意图

［注］　对于图 7.11 所示运放，在阶跃大信号(通常用方波)驱动下，输入差分对管 M_1、M_2 将工作在开关状态，其中任何一个截止时，另一个将导通至深线性区。此时，尾电流管 M_5 的恒流输出或通过导通管 M_2 对补偿电容 C_C 充电，或通过导通管 M_1 流入 M_3 与 M_4 组成的电流镜，并由 M_4 提供给补偿电容 C_C 的放电电流，至使运放的输出电压将以有限的速率上升或下降。据此，转换速率可由下式来估算：$SR = I_{D5}/C_C$。

(5) 建立时间：运算放大器闭环增益为 1 倍时，在一定的负载条件下，当输入信号为阶跃大信号时，输出电压达到某一特定值的范围时所需要的时间称为建立时间。这里所指的特定值范围与稳定值之间的误差区，称为误差带，用 2ε 来表示，如图 7.12 所示。建立时间的长短与精度要求 ε 直接相关，ε 越小，建立时间越长。

(6) 共模抑制比：运放在开环状态下，对共模信号或共模噪声的抑制能力，其表达式为

$CMRR = 20\log\frac{A_d}{A_c}$ (dB)，式中 A_d 为开环盖模增益，A_c 为开环共模增益

(7) 电源电压：提供给运放的工作电压。

(8) 输入共模范围：可通过运放的输入输出跟随特性来确定输入共模范围。将运放反相端和输出端相连构成单位增益电压跟随器，逐渐增加同相端的直流电平，当运放的输出电压发生突变时，所对应的输入直流电平就是它的输入共模电压范围。[注] 其物理意义就是不破坏运放正常工作所容许的最大共模输入电压值。

(9) 输出范围：运放在开环状态下，输出电压能够达到的最大范围。

(10) 负载电容：运放在开环状态下，所能带动的最大电容负载。

(11) 功耗：运放在开环状态下允许消耗的最大静态功耗。

(12) 电源电压抑制比：运放在开环状态下对电源电压波动或电源电压噪声的抑制能力。

7.5.3.1　两级运算放大器的主体电路设计

晶体管级模拟集成电路设计的一般流程是：根据设计指标，结合已经学习和了解的基本电路理论和结构进行电路元件参数值的估算，通过估算得到电路 SPICE 仿真的初始电路描述文件。下面就根据表 7.1 提出的运算放大器结构和指标要求，首先估算运算放大器的主体电路中元件参数的初值，然后通过 SPICE 仿真得到优化的元件参数定值。

1) 运算放大器的手工计算

假设从该运放设计所采用的工艺模型中查到以下主要工艺参数

$$k_p = \mu_p \times C_{ox} = 24(\mu A/V^2),\ k_n = \mu_n \times C_{ox} = 60(\mu A/V^2),$$
$$V_{THN} = 0.7\ V,\ |V_{THP}| = 0.9\ V$$

(1) 通过运放转换速率 SR 求 M_5 的漏极电流

假设：网络补偿电容 $C_C = 2$ pf，因为 $SR = I_{D5}/C_C = 100\ V/\mu s$，$I_{D5}$ 为 M_5 的漏极电流，则：$I_{D5} = SR \times C_C = 100\ V/\mu s \times 2 \times 10^{-12} = 200\ \mu A$。由于流过 M_5 的电流为 200 μA，则流过 M_1、M_2、M_3 和 M_4 的电流为 200 $\mu A/2 = 100\ \mu A$。

(2) 通过 MOS 管的饱和区和线性区的临界过驱动电压求 M_5 的 W/L 宽长比

因为 M_5 工作在饱和状态，则 $V_{DS5} \geqslant (V_{GS5} - |V_{THP}|)$，在线性区和饱和区的交界处的临界过驱动电压 $V_{eff5} = V_{DS5} = V_{GS5} - |V_{THP}|$，则：

$$I_{D5} = \frac{k_p}{2}(W/L)_5 V_{eff5}^2 \tag{7.23}$$

$$(W/L)_5 = \frac{2I_{D5}}{K_p V_{eff5}^2} \tag{7.24}$$

根据共模输入电压的最大值的要求为 3.5 V。

[注]　比较严格的定义是在增加同相端直流电平的同时，测量低频共模抑制比 $CMRR$，将 $CMRR$ 下降 6 dB 时对应的输入直流电平作为输入共模电压范围。

由于 $V_{in(cm)max}=V_{DD}-V_{eff5}-V_{GS1}=3.5\ V$，且 $V_{GS}=V_{eff}+|V_{THP}|$。假设 M_5 和 M_1 管的临界过驱动电压相同，即 $V_{eff5}=V_{eff1}=V_{eff}$。

则 $3.5\ V=5-V_{eff}-V_{eff}-|V_{THP}|=5-2V_{eff}-0.9$，即 $2V_{eff}=5-3.5-0.9=0.6\ V$，$V_{eff}=0.3\ V$，所以，$(W/L)_5=\dfrac{2I_{D5}}{K_pV_{eff}^2}=\dfrac{2\times 220\ \mu A}{24\ \mu A/V^2\times(0.3)^2V^2}=185.19$

(3) 通过 MOS 管的饱和区和线性区的临界过驱动电压求 M_6 的 W/L 宽长比

同理我们可以得出：$(W/L)_6=\dfrac{2I_{D6}}{K_pV_{eff}^2}$。

假设 $I_{D6}=I_{D5}=200\ \mu A$，且电路输出的最大摆幅为 4.7 V，即 $V_{OUT(max)}=4.7\ V=V_{DD}-V_{eff6}$，所以 $V_{eff6}=5-4.7=0.3\ V$，

$$(W/L)_6=\frac{2I_{D6}}{K_pV_{eff}^2}=\frac{2\times 200\ \mu A}{24\ \mu A/V^2\times(0.3)^2V^2}=185.19$$

(4) 求 M_7 的 W/L 宽长比

输出摆幅的最小值为 $V_{OUT(min)}=0.3\ V=V_{eff7}$

$$(W/L)_7=\frac{2I_{D6}}{K_nV_{eff}^2}=\frac{2\times 200\ \mu A}{60\ \mu A/V^2\times(0.3)^2V^2}=74.07$$

(5) 求 M_3 和 M_4 的 W/L 宽长比

为防止版图的系统误差，M_7、M_6、M_5 和 M_4 的尺寸要满足下式

$$\frac{(W/L)_7}{(W/L)_4}=2\cdot\frac{(W/L)_6}{(W/L)_5}\tag{7.25}$$

因为 $(W/L)_6=(W/L)_5=185.19$，$(W/L)_7=74.07$，则 $(W/L)_4=(W/L)_3=(W/L)_7/2=74/2=37.04$。

(6) 求 M_1 和 M_2 的 W/L 宽长比

由于单位增益带宽 $f_u=g_{m1}/2\pi C_C=100\ MHz$，则

$$g_{m1}=2\pi\times C_C\times f_u=6.28\times 2\times 10^{-12}\times 100\times 10^6=12.566\times 10^{-4}=1.2566\ mS$$

又因为

$$g_{m1}=\sqrt{2K_p\left(\frac{W}{L}\right)_1 I_{D1}}\tag{7.26}$$

所以

$$(W/L)_1=\frac{g_{m1}^2}{2K_pI_{D1}}=\frac{1.2566^2\times 10^{-6}}{2\times 24\times 10^{-6}\times 100\times 10^{-6}}=328.96=(W/L)_2\tag{7.27}$$

(7) 求运放偏置电路各晶体管的 W/L 宽长比

为了节省运放的功耗，运放的偏置电流镜电路采用与差分运放尾电流比例为 1/10 的电流设置，则 M_8、M_9、M_{10}、M_{11} 和 M_{12} 的 W/L 宽长比应为 M_5 的 W/L 宽长比的 1/10，即：

$$(W/L)_8=(W/L)_9=(W/L)_{10}=(W/L)_{11}=(W/L)_{12}=18.52$$

因为该偏置电流镜电路中所有晶体管都工作在饱和区，根据 NMOS 的饱和萨氏方程，有 $V_{GS12}=V_{GS13}+R_1I_{OUT}$，即 $\sqrt{\dfrac{2I_{ref}}{\mu_nC_{ox}(W/L)_{12}}}=\sqrt{\dfrac{2I_{OUT}}{\mu_nC_{ox}(W/L)_{13}}}+I_{OUT}\times R_1$。若取 $R_1=1\ k\Omega$，并代入已知有关的数据，则可求得 $(W/L)_{13}\simeq 4\times(W/L)_{12}=74.08$。

2) SPICE 描述语句

根据以上估算出的各 MOS 管宽长比值，结合设计使用的工艺设计规则以及实际制造工

艺的分辨率(参见第4章相关内容)合理选取各MOS管的栅长 L 的初值,再由估算的各MOS管宽长比计算出栅宽 W 的初值。查看工艺提供的仿真模型文件(.lib),得到仿真文件中各器件的模型名。这样,就可以写出图7.11所示电路的初始SPICE电路描述语句如下。这里假设所有PMOS器件的衬底接电源电压 V_{DD},所有NMOS器件的衬底接地GND。为获得尽可能小的版图设计面积,取所有MOS管栅长 L 的初值为工艺给定的最小栅长尺寸1.5 μm。同时,为直观起见,下面列出了MOS管的总栅宽,而实际仿真和版图设计中对于大尺寸的MOS器件应该采用多指结构。

```
*.lib 'E:\h06.lib'tt
*part2 netlist
MM1    NET1   IN-    NET2   VDD   PM   W=494u   L=1.5u
MM2    NET3   IN+    NET2   VDD   PM   W=494u   L=1.5u
MM3    NET1   NET1   GND    GND   NM   W=56u    L=1.5u
MM4    NET3   NET1   GND    GND   NM   W=56u    L=1.5u
MM5    NET2   NET4   VDD    VDD   PM   W=278u   L=1.5u
*part3 netlist
MM14   NET5   VDD    NET3   GND   NM   W=29u    L=1.5u
CC1    NET5   Vout   2p     $[CP]
MM6    Vout   NET4   VDD    VDD   PM   W=278u   L=1.5u
MM7    Vout   NET3   GND    GND   NM   W=112u   L=1.5u
*part1 netlist
MM8    NET6   NET4   VDD    VDD   PM   W=28u    L=1.5u
MM9    NET4   NET4   VDD    VDD   PM   W=28u    L=1.5u
MM10   NET6   NET6   NET7   GND   NM   W=28u    L=1.5u
MM11   NET4   NET6   NET8   GND   NM   W=28u    L=1.5u
MM12   NET7   NET8   GND    GND   NM   W=28u    L=1.5u
MM13   NET8   NET8   NET9   GND   NM   W=112u   L=1.5u
RR1  GND  NET9  1K  $[RP]
*load capacitor
CC2  Vout  GND  2p  $[CP]
*.END
```

3) 验证手工计算的运放主要参数

(1) 小信号低频电压增益(DC Gain)

第一级运放放大倍数:$A_{u1}=\dfrac{g_{m1}}{(g_{ds4}+g_{ds2})}$

第二级运放放大倍数:$A_{u2}=\dfrac{g_{m7}}{(g_{ds6}+g_{ds7})}$

其中,g_{m1} 和 g_{m7} 分别为NMOS管 M_1 和 M_7 的跨导;g_{ds2},g_{ds4},g_{ds6} 和 g_{ds7} 分别是 M_1,M_4,M_6 和 M_7 的输出电导。并且有

$$g_{m1}=\sqrt{2K_p\left(\frac{W}{L}\right)_1 I_{D1}}=1.2566\ \text{mS}\qquad g_{m7}=\sqrt{2K_n\left(\frac{W}{L}\right)_7 I_{D7}}=1.3333\ \text{mS}$$

根据 MOS 管输出电阻的经验公式，对于 NMOS 管，有 $r_{ds}=\dfrac{8000L(\mu m)}{I_D(mA)}$；对于 PMOS 管，有 $r_{ds}=\dfrac{12000L(\mu m)}{I_D(mA)}$。取所有 MOS 管的沟道有效长度为 1.5 μm，则

$$r_{ds4}=\frac{8000\times1.5}{0.1}=120\ k\Omega;g_{ds4}=\frac{1}{r_{ds4}}=\frac{1}{120\ k\Omega}=0.0083\ mS$$

$$r_{ds7}=\frac{8000\times1.5}{0.2}=60\ k\Omega;\ g_{ds7}=\frac{1}{r_{ds7}}=\frac{1}{60\ k\Omega}=0.0167\ mS$$

$$r_{ds2}=\frac{12000\times1.5}{0.1}=180\ k\Omega;g_{ds2}=\frac{1}{r_{ds2}}=\frac{1}{180\ k\Omega}=0.0056\ mS$$

$$r_{ds6}=\frac{12000\times1.5}{0.2}=90\ k\Omega;\ g_{ds6}=\frac{1}{r_{ds6}}=\frac{1}{90\ k\Omega}=0.0111\ mS$$

因此，运放的小信号低频放大倍数 A_u 为

$$A_u=\frac{g_{m1}\times g_{m7}}{(g_{ds4}+g_{ds2})\times(g_{ds6}+g_{ds7})}=\frac{1.2566\times1.3333}{(0.0083+0.0056)\times(0.0111+0.0167)}$$
$$=4335.70\geqslant3000$$

$$A_u(dB)=20\log(A_u)=20\log(4335.70)=73(dB)$$

(2) 静态功耗 P_{DC}

$$P_{DC}=V_{DD}\times(I_{D5}+I_{D7}+2\times0.1\times I_{D5})=5\times(200+200+40)$$
$$=2.2\ mW<15\ mW$$

(3) CMRR 共模抑制比

由上面计算可知，$g_{m1}=1.2566\ mS$，$g_{ds1}=g_{ds2}=0.0056\ mS$

$$r_{ds5}=\frac{12000\times1.5}{0.2}=90\ k\Omega;g_{ds5}=\frac{1}{r_{ds5}}=\frac{1}{90\ k\Omega}=0.0111\ mS;$$

$$g_{m4}=\sqrt{2K_n\left(\frac{W}{L}\right)_4 I_{D4}}=\sqrt{2\times60\times10^{-6}\times37\times100\times10^{-6}}=0.6663\ mS$$

$$CMRR=2\times\frac{g_{m1}g_{m4}}{g_{ds5}g_{ds1}}=2\times\frac{1.2566\times0.6663}{0.0111\times0.0056}=26940，即\ 88.6(dB)>80\ dB$$

4) 运算放大器的仿真结果与分析

运算放大器的仿真是运放设计过程中的一个关键步骤。虽然上面我们已经通过手工计算得到运放中各个器件的估算尺寸，还需要采用晶体管级的编辑软件进行运放电路的编辑(例如：Gateway 等)；然后提取电路网表提供给模拟电路仿真软件(例如：HSpice，Smart-Spice，Cadence-Spectre 等)对电路进行多方面的仿真验证和参数优化。实际上，电路编辑和仿真过程是一个反复的过程，需要很多次才能完成，其中的每一次都要根据其仿真结果重新进入电路的编辑，修改所需改变的器件参数。

首先进行运算放大器直流分析的仿真，这个仿真的意义是为运算放大器的每个 MOS 器件确定初步的静态工作点。其目的是：① 保证同一支路各个 MOS 器件的漏源电压分配合适，且所有的 MOS 器件要保证工作在饱和区；② 调节电流镜，使电流镜的输出电压大致在 3.3 V～3.7 V 范围内，第一级的输出直流电压在 0.9 V～1.2 V 范围内，第二级的输出直流电压在 2.5 V 左右。

然后进行运放的小信号相频和幅频特性仿真，在仿真之前，首先要假定补偿网络 NMOS

管 M_{14}的尺寸。M_{14}的 W/L 宽长比估算方法如下。

从前面的假设条件和运算放大器的设计指标得到：网络补偿电容 $C_C=2\ \text{pF}$，单位增益带宽 $f_u=100\ \text{MHz}$，则根据网络补偿电阻计算公式

$$R_C=\frac{1}{1.2\omega_C C_C}=r_{ds14}=\frac{1}{1.2\times 6.28\times 100\times 10^6\times 2\times 10^{-12}}=664\ \Omega$$

用 M_{14}代替 R_C 电阻，M_{14}必须工作在深线性区。由于 M_{14}的栅极接电源电压 V_{DD}，只要控制 M_{14}的 V_{DS}足够小，M_{14}必然工作在深线性区。这里，M_{14}的 V_{GS}为(3.8～4.1) V 左右，V_{DS}接近于 0 V，则 M_{14}工作在深线性区，根据 MOS 管深线性区导通电阻的计算公式

$$r_{ds14}=R_C=\frac{1}{\mu_n C_{ox}\left(\frac{W}{L}\right)_{14}V_{DS14}}=664\ \Omega$$

$$\left(\frac{W}{L}\right)_{14}=\frac{1}{\mu_n\times C_{ox}\times r_{ds14}\times V_{DS14}}=\frac{1}{60\times 10^{-6}\times 664\times 1.3}=19.3$$

若取 M_{14}的沟道有效长度为 1.5 μm，则 M_{14}的沟道宽度为 19.3×1.5 = 28.95 μm，因此 M_{14}的栅宽初始值可取为 29。实际上在进行运放的小信号相频和幅频特性初步仿真时，网络补偿电阻先不要采用 NMOS 管而用电阻代替。根据 CMOS 差分放大器和共源放大器工作原理分别调试差分放大器(part2)的尾电流管、差分对管和差分对管负载管的尺寸，共源放大器(part3)放大管和负载管的尺寸得到满足设计指标的运放的小信号幅频特性，同时调节网络补偿电容 C_C 的电容值得到满足设计指标的运放的小信号相频特性以及相位裕度。最后，采用 M_{14}代替 R_C 电阻并调节 M_{14}的沟道宽度达到和网络补偿电阻相同的小信号幅频、相频特性。

图 7.11 所示 CMOS 两级运算放大器的仿真分析结果如下。

(1) 运放的输入失调电压仿真

通过仿真运放的直流传输特性是测量其输入失调电压。运放的电源电压为 5 V，在开环状态下，其反相端接 2.5 V 直流电压，同相端加从 2.45 V 到 2.55 V 的直流扫描电压，做 DC 仿真得到的运放的直流传输特性如图 7.13 所示，由图可知，当输入电压为 2.5 V－3 mV 时，输出电压正好为 2.5 V，所以输入失调电压为 3 mV。需要说明的是：输入失调电压是由器件制造中的失配引起的，因此仿真时，需要通过改变其中一个输入管的尺寸来模拟实际制造中可能引起的差分对管尺寸失配情况，否则输入失调电压仿真值为 0。

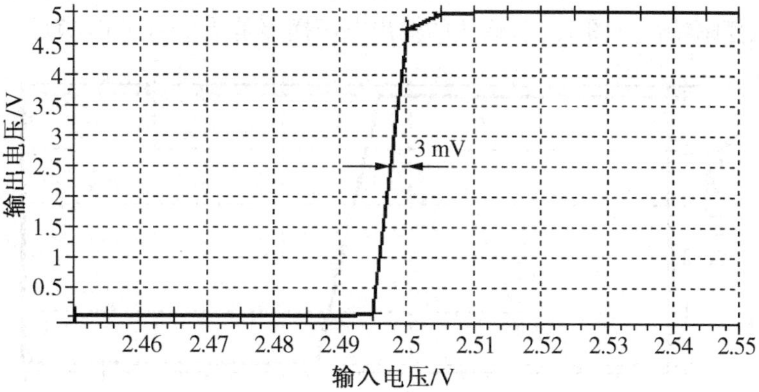

图 7.13　运放的直流传输特性分析

(2) 运放的共模输入范围

运放的共模输入范围可通过观测运放的输入输出跟随特性来获得。运放的电源为 5 V,将运放的反相端和输出相连,构成缓冲器;同相端加直流扫描从 0 到 5 V,经仿真得到的运放输入输出跟随特性如图 7.14 所示,其输入共模电压范围从 0.1 V 到 4.6 V,满足了设计指标的要求。

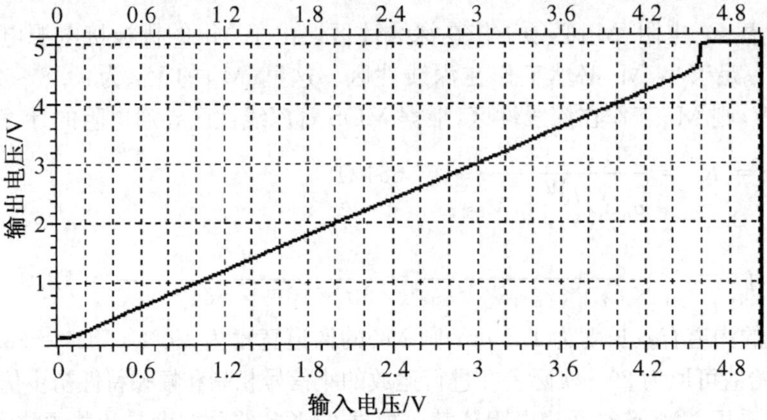

图 7.14　运放的共模输入范围

(3) 运放的输出电压摆幅特性

运放的输出电压摆幅特性是仿真运放的输出电压最大值和最小值。运放的输出电压摆幅特性仿真电路如图 7.15 所示,其反相比例放大器增益为 10。

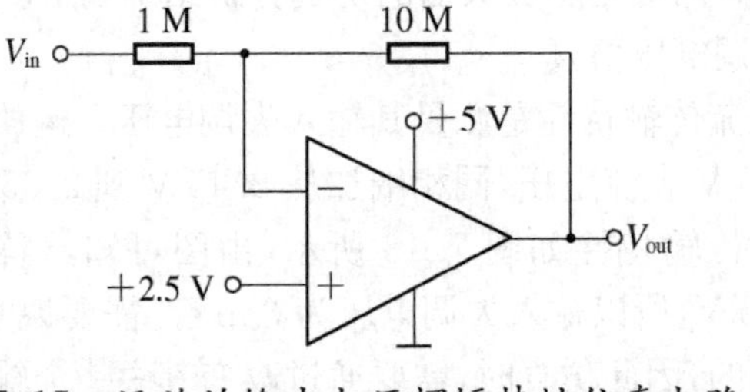

图 7.15　运放的输出电压摆幅特性仿真电路

正输入端接 2.5 V 的直流电压,V_{in}输入端加从 0 到 5 V 的直流扫描电压,经仿真得到的运放输出电压摆幅特性见图 7.16,运放的输出电压摆幅是从 0 到 5 V,满足了运放指标对输

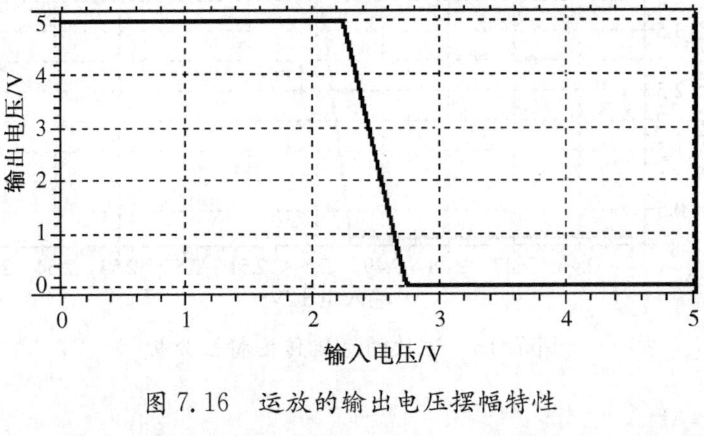

图 7.16　运放的输出电压摆幅特性

出电压摆幅的要求。

(4) 运放的小信号相频和幅频特性

运放的小信号相频和幅频特性是仿真运放的开环小信号放大倍数及其相位随频率的变化趋势,从而得到运放的相位裕度和单位增益带宽指标,并进一步鉴别运放的放大能力、稳定性和工作带宽。

此时,被分析的运放在电路上对直流应当是负反馈闭环状态,对交流应当是开环状态。运放的输出端接 2 pF 的负载电容,电源电压为 5 V,共模输入电压为 2.5 V。通过交流小信号分析,可以得到运放的小信号相频和幅频特性如图 7.17 所示。从仿真结果可以看出,运放采用 RC 补偿,在满足单位增益带宽的同时,能很好的调节相位裕度。运放的低频开环增益为 85 dB,单位增益带宽为 227 MHz,相位裕度为 78 度,其中,低频开环增益和单位增益带宽这两项仿真结果远高于运放指标的要求。

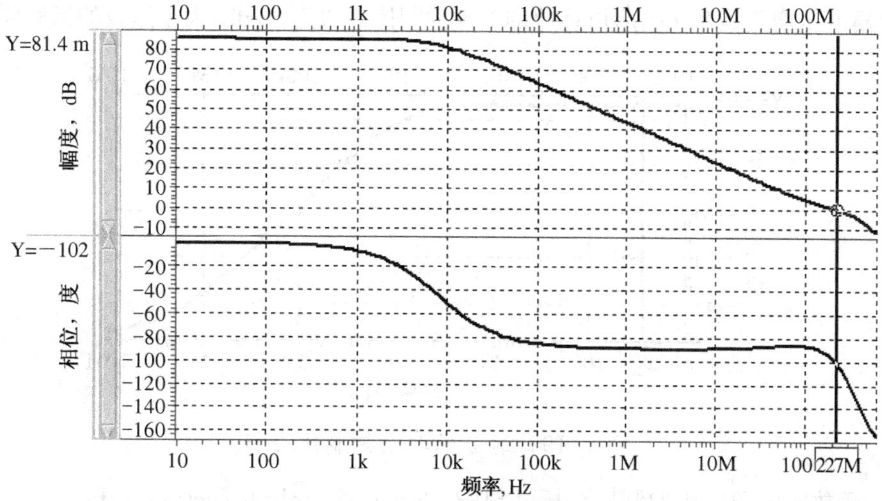

图 7.17　运放的小信号相频和幅频特性

(5) 运放的静态功耗

运放的静态功耗是指当运放在输入平衡状态下电路消耗的总电流和总电压的乘积。在电源电压 5 V,运放的两输入端输入共模电压 2.5 V 时,运放各支路的静态电流之和为 2.4284 mA,则运放的静态功耗为 12.142 mW,小于指标的要求。

(6) 运放的转换速率分析

运放的转换速率是分析运放在大信号作用下的反应速度。仿真运放的转换速率可将运放的输出端和反相输入端相连构成单位增益结构。运放的同相输入端输入 2 V 到 3 V 的阶跃信号,利用仿真软件对该电路做瞬态分析得到的输出波形见图 7.18,从仿真波形得到:在输出上升曲线的 10% 和 90% 处,其电压分别为 2.9 V 和 2.1 V;时间分别为 17.5 ns 和 11 ns。运放的转换速率 $SR=(2.9\ \text{V}-2.1\ \text{V})/(17.5\ \text{ns}-11\ \text{ns})=123\ \text{V}/\mu\text{s}$,满足运放的转换速率的指标要求。

(7) 运放的共模抑制比分析(CMRR: Common Mode Rejection Ratio)

运放的共模抑制比是测试运放对共模信号的抑制能力。仿真方法是在运放的开环状态下,在运放的同相和反相输入端同时加入一个幅度为 1V 的交流小信号源,对电路进行交流

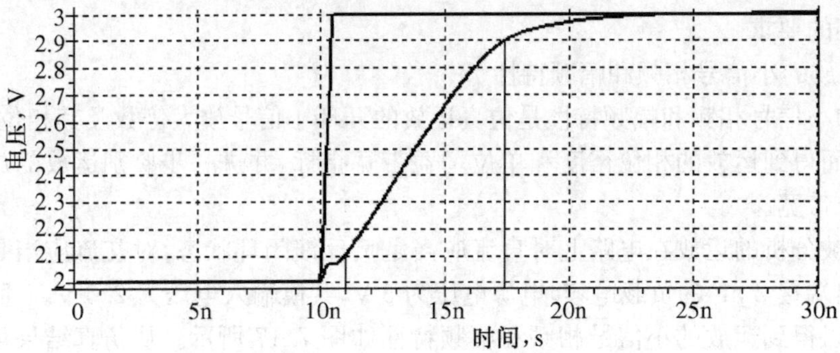

图 7.18　运放的转换速率分析

小信号分析，仿真结果如图 7.19 所示。从仿真结果可得，运放的低频共模电压增益为 3.05 dB。因为运放的共模抑制比(dB 为单位)等于其差模电压增益(dB)减去共模电压增益(dB)，差模电压增益是 85 dB，所以运放的共模抑制比近似为 82 dB，大于运放的指标要求值。

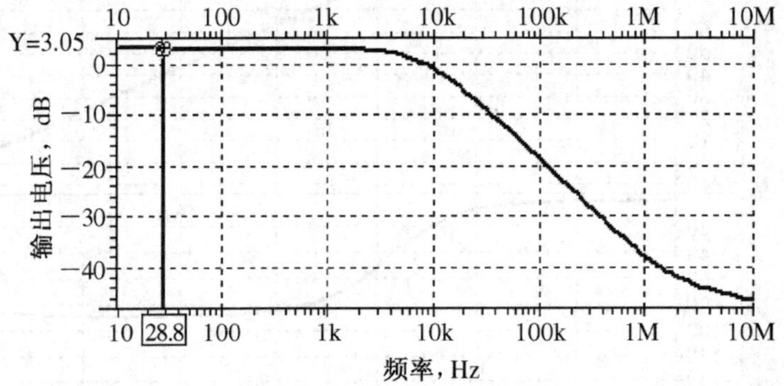

图 7.19　运放的共模抑制比分析

(8) 运放的电源电压抑制比分析(PSRR：Power Supply Rejection Ratio)

运放的电源电压抑制比是测试运放的抗电源电压波动或噪声能力。仿真运放的电源抑制比的方法：将运放接成单位增益电压跟随器结构，运放的同相输入端设置 2.5 V 的直流电压，在 5 V 的运放供电电源支路中串联一个 1 V 的交流小信号源。通过对运放输出交流小信号的分析，可以得到运放的电源抑制比特性曲线如图 7.20 所示，由该曲线的低频段可

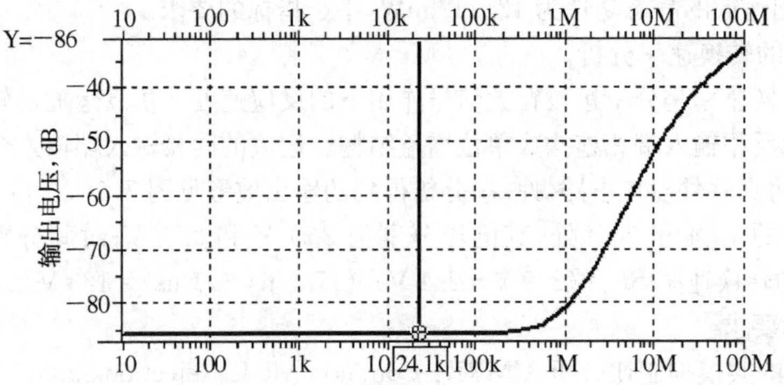

图 7.20　运放的电源抑制比分析

以得知该运放的电源抑制比为 86 dB，满足指标的要求。

4) 运放的各个器件的仿真结果和手算结果对比

经过仿真优化后，运算放大器各器件参数的仿真结果和手算结果对比见表 7.2。可以看出每个器件的长宽比都有一些不同，这是因为运放的手工计算只是一种估算，是忽略了晶体管的很多高阶效应的近似结果，因此，运算放大器的版图设计要用仿真确定的参数值。

表 7.2　器件参数的仿真结果和手算结果对比

器件宽长比	手算估算值	仿真确定值
$(W/L)_1$ 和 $(W/L)_2$	328.96	200
$(W/L)_3$ 和 $(W/L)_4$	37.04	66.7
$(W/L)_5$	185.9	133.3
$(W/L)_6$	185.9	200
$(W/L)_7$	74.07	204.5
$(W/L)_8$～$(W/L)_{12}$	18.52	20
$(W/L)_{13}$	74.08	80
$(W/L)_{14}$	23	16.7

7.5.3.2　两级运算放大器的版图设计

运放是很多电路系统中的一个相当重要的部件，例如，在数模转换(DAC)和模数转换(ADC)电路中，运放的精度和速度将直接影响整个 ADC 或 DAC 的精度和速度，所以这个模块的版图设计要求也比较高。参考第 4 章介绍的晶体管版图设计知识，运放中差分对晶体管的布局要尽量做到“共质心”，以减小工艺加工过程带来的误差，保证器件特性尽可能一致。图 7.21(a) 为运放的完整版图；(b) 为运放输入差分结构晶体管的二维“共质心”结构版图局部放大示意图，图中，符号 D 和 S 表示晶体管的漏区和源区，A 表示输入差分对管其中一个晶体管的栅极，B 表示另一个晶体管的栅极；(c) 为运放电路中补偿电容的版图结构。

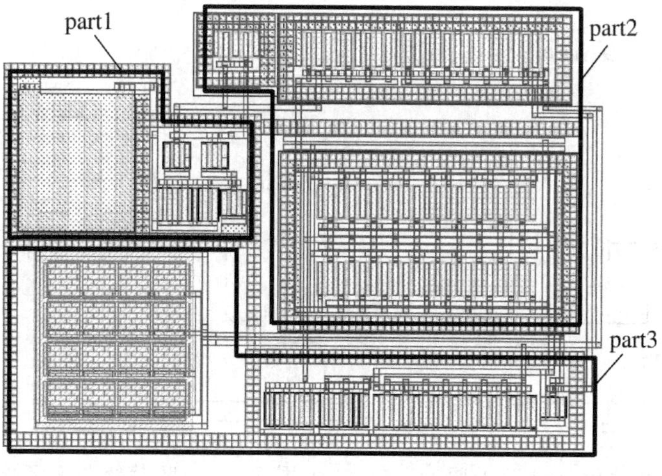

(a) 运放的完整版图

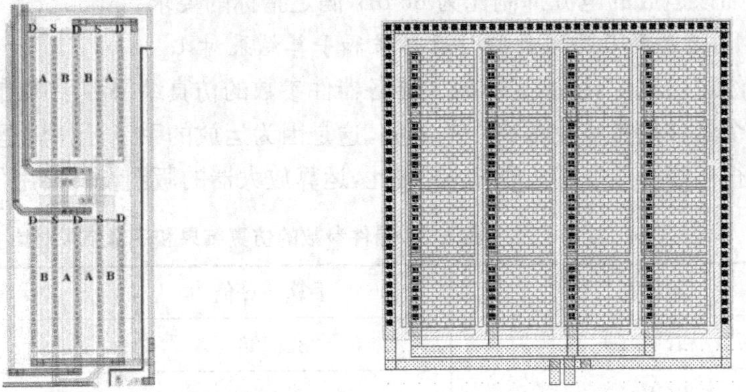

(b) 输入差分对管的"共质心"结构版图示意　　　　(c) 补偿电容版图

图 7.21　CMOS 运算放大器版图

7.6　本章小结

本章介绍了模拟集成电路晶体管级设计的设计流程、电路仿真和版图设计，并以一个 CMOS 两级运算放大器的设计为例，介绍了该运算放大器中涉及到的 MOS 电流镜和差分放大电路基本原理，详细讲解了该运算放大器的设计技术、仿真技术和版图设计技术。

通过本章的学习，希望能够帮助读者基本掌握模拟集成电路晶体管级设计的全过程及相关的一些关键技术，为以后的工作实践奠定一个较为扎实的基础。

参考文献

[1]　陈贵灿，程军，张瑞智等译. 模拟 CMOS 集成电路设计[M]. 西安：西安交通大学出版社，2002

[2]　冯军，李智群译. CMOS 模拟集成电路设计[M]. 北京：电子工业出版社，2005

[3]　李伟华. VLSI 设计基础[M]. 北京：电子工业出版社，2002

思考题与习题

1. 根据图 7.22，给出 M_2 管的漏极电流表达式。

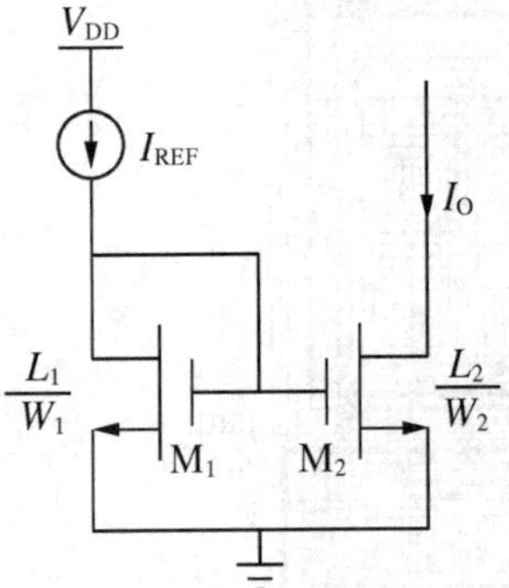

图 7.22　思考题与习题 1 图

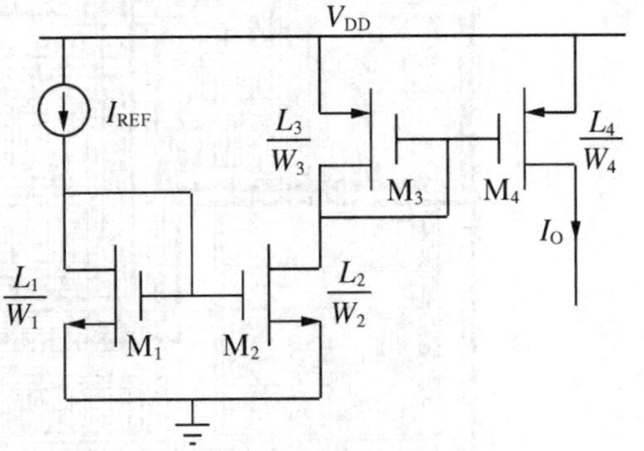

图 7.23　思考题与习题 2 图

2. 在图 7.23 中,若所有的晶体管都工作在饱和区,求 M_4 的漏电流。
3. 在图 7.24 中,若所有的晶体管都工作在饱和区,画出 V_x 从一个大的正值下降时 I_x 的草图。
4. 写出图 7.10 所示三种不同负载情况下 NMOS 差分放大器电路的 SPICE 描述文件。
5. 设计一个 CMOS 差分放大器电路,写出其对应的 SPICE 描述语句并作差模电流-电压特性分析。

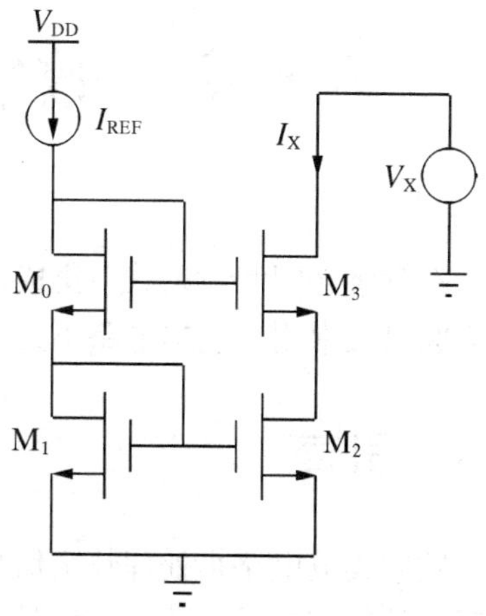

图 7.24 思考题与习题 3 图

第 8 章　数字集成电路晶体管级设计

本章将介绍和讨论数字集成电路晶体管级设计中必需的一些基本知识，需要注意的一些问题以及常用的基本电路单元。

8.1　引言

数字集成电路是处理数字信号的集成电路，其主要特点是，电路的输入和输出是一个或一系列的数字信号。数字信号是一种在时间上和幅度上不连续变化的信号，例如幅值量化后的取样信号、时钟脉冲信号等。数字集成电路设计主要考虑电路的信号传输速度、信号的延迟、信号的同步处理和异步处理、信号的冲突等问题。与模拟集成电路相比，由于数字集成电路设计更侧重于电路的集成度、工作速度、功耗和噪声容限等性能，因此在设计流程、电路仿真和版图设计方法上，与前一章讲述的模拟集成电路晶体管级设计有所不同，本章将分别予以介绍。

一个数字集成电路可能含有几千万个逻辑单元，但这些逻辑单元通常都是由非门、与非门和或非门等少数几种最基本的单元组合而成的，这些基本单元进一步又是由几只晶体管组成的。所以，数字集成电路晶体管级设计主要就是设计数字集成电路中的非门、与非门和或非门等基本单元。

数字集成电路的基本电路按有源器件来分类，可分为双极型晶体管（Bipolar Transistor）和场效应晶体管（FET）两大类。由双极型晶体管构成的电路类型包括晶体管逻辑（TTL：Transistor-Transistor Logic）和射极耦合逻辑（ECL：Emitter-Coupled Logic）。由 FET 构成的电路类型分为增强/耗尽（E/D）型 NMOS、CMOS 以及由砷化镓的金属半导体 FET（MESFET）和高电子迁移率晶体管（HEMT）等构成的逻辑电路。本章内容以 CMOS 互补逻辑为主，介绍数字集成电路晶体管级设计的相关知识，下面首先介绍其基本设计流程。

8.2　设计流程

与模拟集成电路晶体管级设计流程相比，CMOS 数字集成电路晶体管级设计通常不需要进行复杂的电路元件参数的初值估算，并且考虑到电路的集成度，晶体管的栅长也通常取为工艺的最小栅长。图 8.1 给出了数字集成电路晶体管级设计的一般流程，图中各框图内容分别介绍如下。

1）给定逻辑功能及指标

电路逻辑功能指的是电路最终要达到的用户需求目标。指标指的是电路要达到的性能，包括速度、功耗和芯片面积。其中速度是指电路能够可靠工作时的最高数据比特率。电

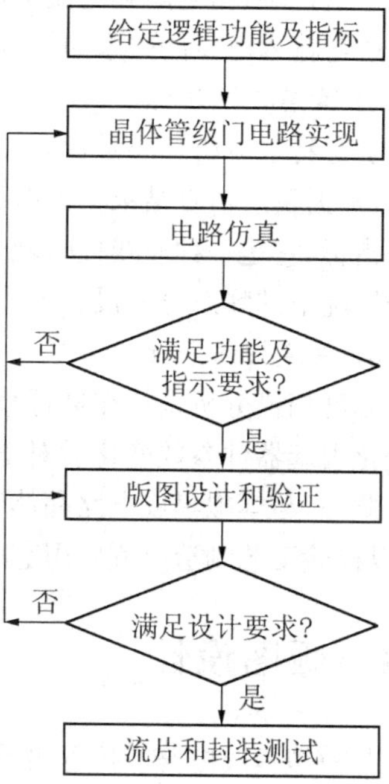

图 8.1　数字集成电路设计流程图

路的速度越高，则电路在每秒内处理的数据量就越大，所以在电路设计中最重要的任务之一，就是设法缩短响应最慢的电路单元的响应时间，以提高整个电路的工作速度。电路功耗有两种，一种是静态功耗，另一种是动态功耗。静态功耗取决于电路处于稳定逻辑状态时的电流，动态功耗取决于在逻辑状态发生变化的过程中额外的瞬态电流。对于集成度大的电路，电路中每一器件的功耗设计得越小越好。电路的物理版图尺寸决定芯片的面积大小，应尽可能采用最小的工艺尺寸来减小芯片面积。

2）晶体管级门电路实现

当要求实现的逻辑功能明确后，就可以用晶体管来实现具有 CMOS 互补逻辑结构的非门、与非门和或非门等基本逻辑单元，获得所要求的逻辑功能。

3）电路仿真

对于上述构造好的晶体管级电路，可以通过 SmartSpice或 Hspice 等软件工具进行电路级仿真，以验证设计的晶体管级电路结构是否满足要求的逻辑功能。在逻辑功能正确的基础上，进一步仿真验证电路的延时、上升/下降时间等性能指标，并通过调整晶体管栅长和栅宽的尺寸，使性能指标达到设计要求。

4）版图设计与验证

完成电路仿真后，就可以根据所选用工艺的版图设计规则，按晶体管级的电路连接关系进行版图设计和 DRC、LVS 等版图验证了。虽然与模拟集成电路相比，版图寄生参数对数字集成电路的影响相对小一些，但是对于超高速数字集成电路，仍然要注意对信号通道部分的版图优化，以提高逻辑单元的上限工作速度。此外，数字集成电路的版图设计更注重版图面积的优化。

5）流片和封装测试

版图验证通过后，就可以根据最后的版图形成 GDS-II 文件送到晶圆制造公司进行流片。流片之后的各基本逻辑单元经过在晶圆测试，满足性能指标后，可以作为标准单元为更高层次的数字集成电路设计服务；也可以进行封装测试，作为独立的模块使用。

8.3　电路仿真

数字电路是一种工作在大信号和高度非线性状态的电路，因此，其仿真内容主要涉及直流分析(. DC)、瞬态分析(. TRAN)和温度扫描分析(. TEMP)等相关项目，兹分述如下。

1）直流特性分析

模拟电路的直流特性分析主要是直流工作点分析，通过仿真计算出所有节点的电压以判断晶体管的工作状态，并根据电压源的电流计算电路的直流总功耗等。而数字集成电路中，晶体管是工作在开关状态，因此，电路的直流特性分析主要是用来检验电路的静态逻辑功能是否正确，由电路漏电流引起的静态功耗有多大，或者是通过直流扫描分析，来考察输出电压与输入电压的关系曲线等。

2）*瞬态特性分析*

瞬态特性分析主要是指时域波形分析。数字集成电路通过在输入端加阶跃信号或脉冲信号，根据瞬态仿真结果得到电路的信号波形的逻辑关系、延迟时间、上升时间、下降时间等性能指标，它是一种非线性时域分析。这里，数字电路的瞬态分析与模拟电路的大信号脉冲激励情况下的瞬态分析没有本质上的差别。

3）*温度扫描分析*

温度扫描分析是指在进行直流和瞬态分析等电路分析时，设置不同的工作温度，检验温度变化引起器件参数变化后对电路性能的影响。

此外，与模拟集成电路晶体管级仿真一样，数字集成电路晶体管级仿真也要做工艺角仿真，以检验工艺制造过程中引起的器件参数变化对逻辑单元性能的影响。

8.4 版图设计

与模拟集成电路晶体管级设计一样，版图设计也是数字集成电路晶体管级设计流程中的一个关键环节。通过第7章的学习我们知道，在模拟集成电路的版图布局和布线设计中，需要重点关注的是：1）尽可能减小关键信号路径上的寄生参数；2）尽可能减小器件失配；3）从器件布局上尽可能减小工艺制造引入的误差等问题。然而，在数字集成电路版图布局和布线设计中，则注重其单元版图设计的规整性：通常将各单元版图设计成等高不等宽的结构，其电源和地线保持等高度和等宽度，以便于其作为标准单元库在更高层次进行数字集成电路设计时的自动布线。

下面就以CMOS工艺为例，介绍数字集成电路版图设计的基本知识。

8.4.1 CMOS电路版图中的闩锁效应

版图寄生器件引起闩锁效应(Latch-up)是设计CMOS电路版图必须重视的一个问题。以图8.2(a)所示的CMOS反相器为例讨论这一问题。由图8.2(b)所示的该反相器版图的剖面示意图可见，在这个P阱CMOS电路中，以N型衬底为基区，P^+源区及漏区为发射区，P阱为集电区形成一个横向的寄生PNP三极管。而以P阱为基区，N^+源区及漏区为发射区，N型衬底为集电区又形成一个纵向的寄生NPN三极管。这两个寄生三极管构成了一种PNPN的四层可控硅(SCR)结构，其等效电路如图8.2(c)所示，图中的R_S、R_W为衬底和P阱的体电阻。

该四层可控硅具有如图8.3所示的伏-安特性曲线，并且曲线中有一段呈现出负阻特性。

在正常工作状态下，PNPN四层结构之间的电压不会超过V_{tg}，因此它处于截止状态。但在一定的外界因素触发下，例如由电源端或输出端引入一个大的脉冲干扰，或者受γ射线的瞬时辐照，使PNPN四层结构之间的电压瞬间超过V_{tg}，这时，该寄生结构中就会出现很大的导通电流。只要外部信号源或者V_{DD}和V_{SS}能够提供大于维持电流I_H的输出，即使外界干扰信号已经消失，在PNPN四层结构之间的导通电流仍然会维持，这就是所谓的“闩锁”现象。

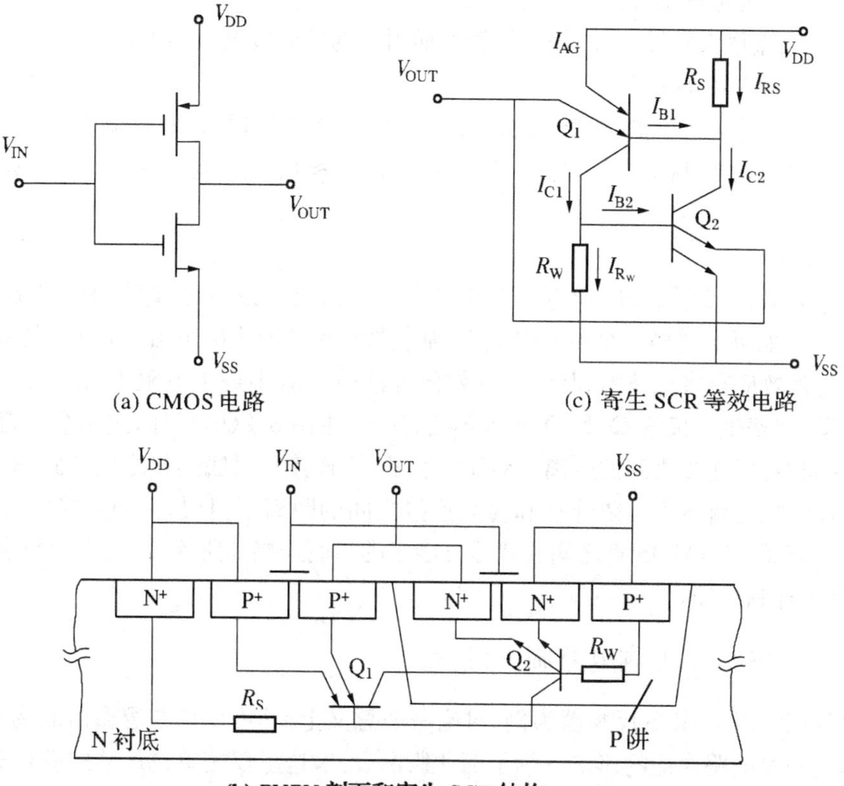

(a) CMOS 电路　　(c) 寄生 SCR 等效电路

(b) PNPN 剖面和寄生 SCR 结构

图 8.2　CMOS 电路中的寄生 PNPN 结构

一旦发生闩锁效应，CMOS 电路的电源 V_{DD} 和 V_{SS} 之间就处于近似短路的状态，这势必破坏电路的正常工作。此时只有将电源关断，然后重新接通，电路才可能恢复正常工作。如果这种电流不加限制，最终将使整个电路烧毁。

全面而深入的分析结果表明，产生闩锁的基本条件有三个：

(1) 外界因素使两个寄生三极管的 EB 结处于 $\geqslant 0.7$ V 的正向偏置；

(2) 两个寄生三极管的电流放大倍数乘积 $\beta_1\beta_2 > 1$；

(3) 电源所提供的最大电流大于寄生可控硅导通所需要的维持电流 I_H(见图 8.3)。

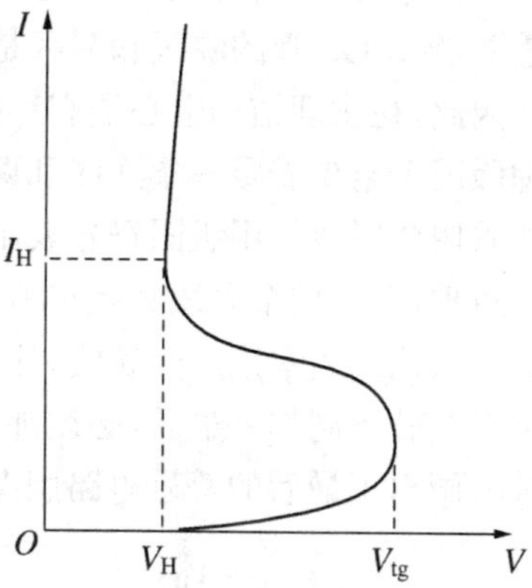

图 8.3　SCR 结构伏-安特性曲线

对上述条件(2)的推导如下。

参见图 8.2(c)所示的 PNPN 结构的等效电路，设外界干扰引起的触发电流 I_{AG} 使 Q_1 的 EB 结正偏电压 $\geqslant 0.7$ V。此时 Q_1 导通，若 I_{C1} 流过 R_W 产生的压降大于 0.7 V，就能使 Q_2 也导通，并引起较大的电流 I_{B2}，由等效电路可得如下关系：

$$I_{C1} = \alpha_1 I_{AG} = I_{R_W} + I_{B2} \approx I_{B2} \tag{8.1}$$

上式最后的近似是考虑 $I_{B2} \gg I_{R_W}$ 后的结果。

由 Q_2 的电流放大特性可知，因外界触发而引起的集电极电流等于：

$$I_{C2} = \beta_2 I_{B2} \approx \beta_2 \alpha_1 I_{AG} \tag{8.2}$$

若该电流流经电阻 R_S 时所产生的压降足以保证 Q_1 的导通，则此时就有 $I_{C2} \approx \beta_2 \alpha_1 I_{AG} > I_{B1} + I_{R_S} \approx I_{B1}$（考虑到 $I_{B1} \gg I_{R_S}$），也即有 $\beta_2 \alpha_1 I_{AG} > I_{B1} \approx I_{AG}/\beta_1$（其中($\alpha_1 \approx 1$)，整理后即得到条件：

$$\beta_1 \beta_2 > 1 \tag{8.3}$$

这就是 PNPN 四层结构中产生正反馈的条件。满足此条件时，即使干扰引起的触发电流 I_{AG} 消失了，如果上述第三个条件也成立，则仍然会维持有大的电流流过 Q_1 与 Q_2。

抑制闩锁效应有多项技术，其中最有效的办法就是减小寄生电阻 R_S 和 R_W。如果这两个电阻为零，则寄生三极管 Q_1 和 Q_2 永远不会打开。由图 8.2(b)可知，这两个电阻的阻值依赖于阱连接和衬底连接之间的距离。对于反相器，阱连接和衬底连接之间的距离越近，反相器形成闩锁的机会就越少。阱连接和衬底连接之间的距离不但要近，而且接触孔的数目要多。在 PMOS 管和 NMOS 管之间放置尽可能多的衬底连接和阱连接，能大大减小寄生电阻的阻值，有效抑制闩锁。

8.4.2 CMOS 数字集成电路版图设计

下面我们将以 CMOS 反相器为例，讨论一般意义上 CMOS 基本逻辑门的物理版图，以研究物理结构对电路性能的影响。为了简化版图设计，这里仅按单位尺寸的 MOS 管绘制版图，而在实际的版图设计时，要经过仔细的电路设计才能定出各 MOS 管的准确尺寸。

在图 8.4(a)所示的 CMOS 反相器的电路图中，各器件端点间所画的线表示连线。然而，在物理版图中，我们必须关心不同连线层之间物理上的相互关系。根据制造工艺，我们知道 N 型 MOS 管的源区和漏区是 N 型扩散区；而 P 型 MOS 管的源区和漏区是 P 型扩散区。因此，在物理结构上必须有一种实现两种不同类型漏极之间连接的简单方法。比如，在物理版图中至少需要一条连线和两个接触孔。假如工艺上不能做隐埋孔接触，边条连线就必须采用金属线。用版图符号表示为图 8.4(b)所示的反相器的局部符号电路版图。按同样的道理，可以用金属线和接触孔制作接到电源 V_{DD} 和地(V_{SS})的连线，如图 8.4(c)所示。电源线和地线通常采用金属线以降低电路到电源之间的连线电阻。共用的栅极连接可以直接用多晶硅条制作。最后，必须加上衬底接触孔（这些接触孔在电路图上是不画出的）。图 8.4(d)画出了最后的符号电路版图。

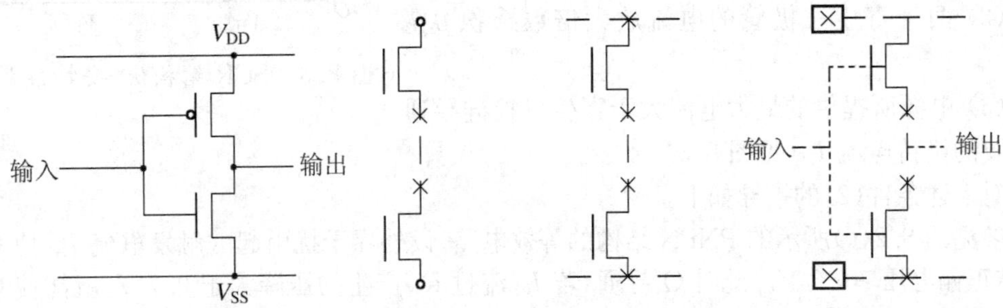

(a) 电路图　(b) 漏极连线　(c) 电源与地线连线　(d) 输入与输出连线

图 8.4　反相器电路图到符号电路版图的转换：

图 8.4(d)所示的符号电路版图转换成物理版图，如图 8.5(a)所示，图中的 MOS 管为垂直走向。该符号电路版图还可以转换成如图 8.5(b)所示的另一种物理版图，该图中的 MOS 管为水平走向。注意，为简洁起见，下面的版图中，无论是 NMOS 还是 PMOS 器件的衬底接触都被省略了。

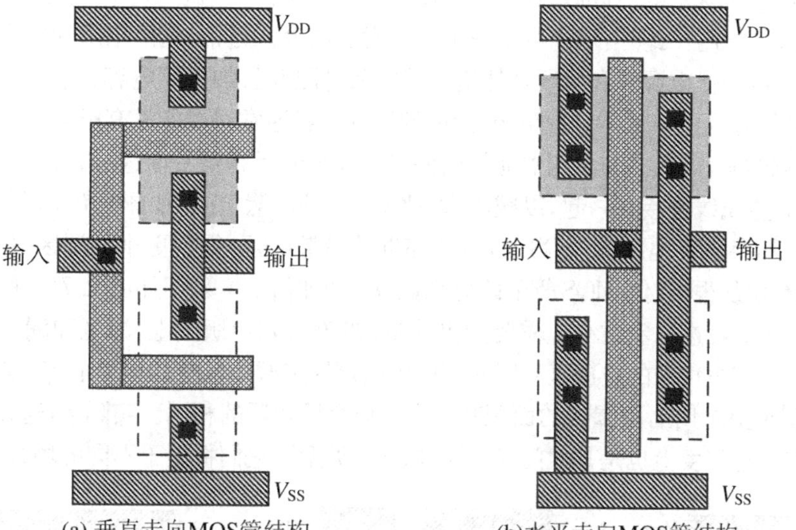

图 8.5　反相器版图的两种基本结构

此外，在版图设计过程中，CMOS 反相器还可以有其他不同的版图拓扑结构。如果金属线必须从左到右在单元中间穿过时，可采用如图 8.6(a)所示的版图。如果要求金属线在单元的顶部或底部从左到右地穿过单元，则连到 MOS 管的电源线和地线可用合适的扩散层制

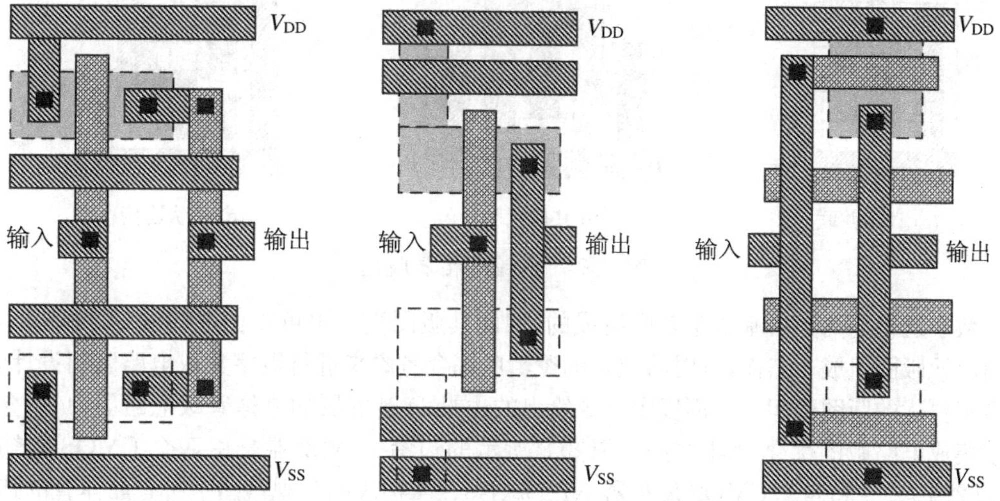

(a) 金属线从管子中间穿过的水平走向 MOS 管结构　(b) 金属线从管子上下穿过的水平走向 MOS 管结构　(c) 有多晶硅线穿过的垂直走向 MOS 管结构

图 8.6　有互连线穿过反相器版图的三种结构

作，如图 8.6(b)所示。当 MOS 管到电源线和地线的连线采用金属线时，从左到右穿过单元的多晶硅连线必须位于 MOS 管的上面或下面。而当多晶硅连线从左到右在单元中部穿过时，需要采用一条金属搭接线，并且采用垂直走向的 MOS 管结构，如图 8.6(c)所示。从对性能的影响角度考虑，上述版图的差别是很小的。在用垂直的多晶硅作为漏区的连线时，会产生额外的连线电阻。这个电阻近似为($2R_{con}+R_{poly}$)，其中 R_{con} 是金属-多晶硅接触孔的电阻，R_{poly} 是多晶硅连线的电阻。此外，还产生了一个小的附加电容。通常，这些电阻和电容的影响是不重要的。用扩散层做电源线和地线虽然增加了串联电阻并且加大了电容，但根据经验，这个电阻应比 MOS 管导通电阻低一个数量级，而电源线的电容通常对性能没有影响。

值得注意的是，大尺寸的反相器通常由许多个较小的反相器并联组成，各个源区和漏区用一些接触孔和金属线连接在一起，以减小大 MOS 管的源-漏电阻，如图 8.7(a)所示。另外，如图 8.7(b)所示，背靠背地放置 MOS 管，合并邻近的扩散区，可得到更小的漏区电容。这样，漏区的面积没有增加很多，但 MOS 管的跨导系数(K)却加倍了。采用如图 8.7(c)所示的"星状"连接，可使漏区电容进一步减小。需要指出的是，如图 8.7(c)版图上，源区和漏区是一块连成一片的区域(没有边角处的空白区)，因而可以提高跨导和减小侧壁的周界电容。此处，MOS 管的 K 增大为原值的 4 倍，而漏区的面积基本上和单个反相器的相同。实际上，这几种变型代表了反相器(在一定程度上也是其他门)的某些版图"类型"，它们将用于不同的场合。

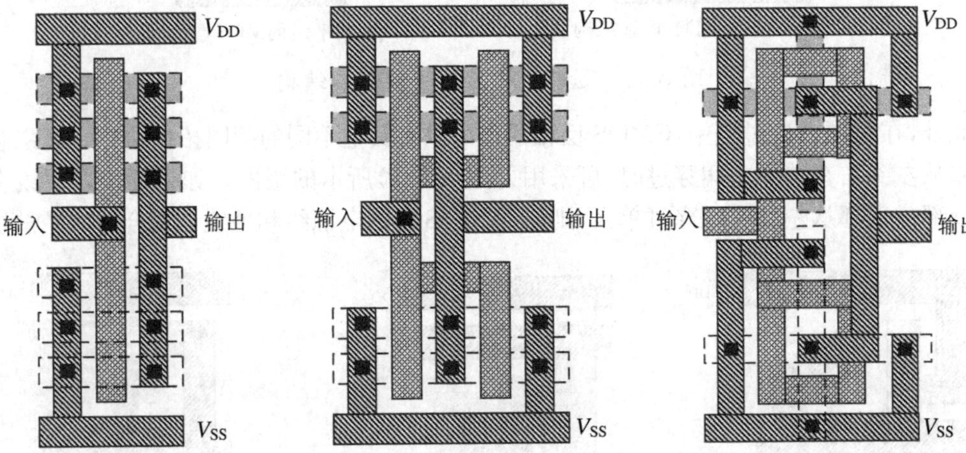

图 8.7　并联反相器版图

数字逻辑电路是由基本逻辑门组成的，因此其版图当然也可以由这些设计好的基本逻辑门单元版图组成。然而，有时将更多的逻辑门综合考虑来进行数字集成电路版图设计时，会得到更优的版图面积。下面以图 8.8 给出的边沿 D 触发器的晶体管级电路图为例，介绍数字集成电路版图优化设计方法。图 8.8 所示的边沿 D 触发器是由四个 CMOS 传输门 T1、T2、T3、T4 和四个 CMOS 反相器 N1、N2、N3、N4 构成的。观察图中所有晶体管的连接关系，可以发现：传输门 T1 和 T2、T3 和 T4 可以共用有源区，反相器 N1 和 N2、N3 和 N4 也可以共用有源区。假设该电路中所有的晶体管具有相同的宽长比，各版图层次的图案与第 4 章给出的版图层次定义相同，就得到如图 8.9 所示的精简的主锁存器版图示例。从锁存器版图与主锁存器版图结构相同。

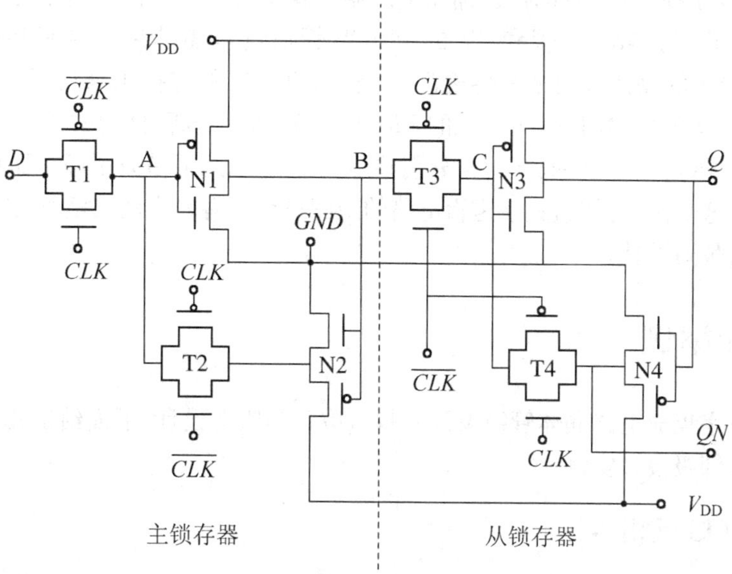

图 8.8　边沿 D 触发器的晶体管级电路图

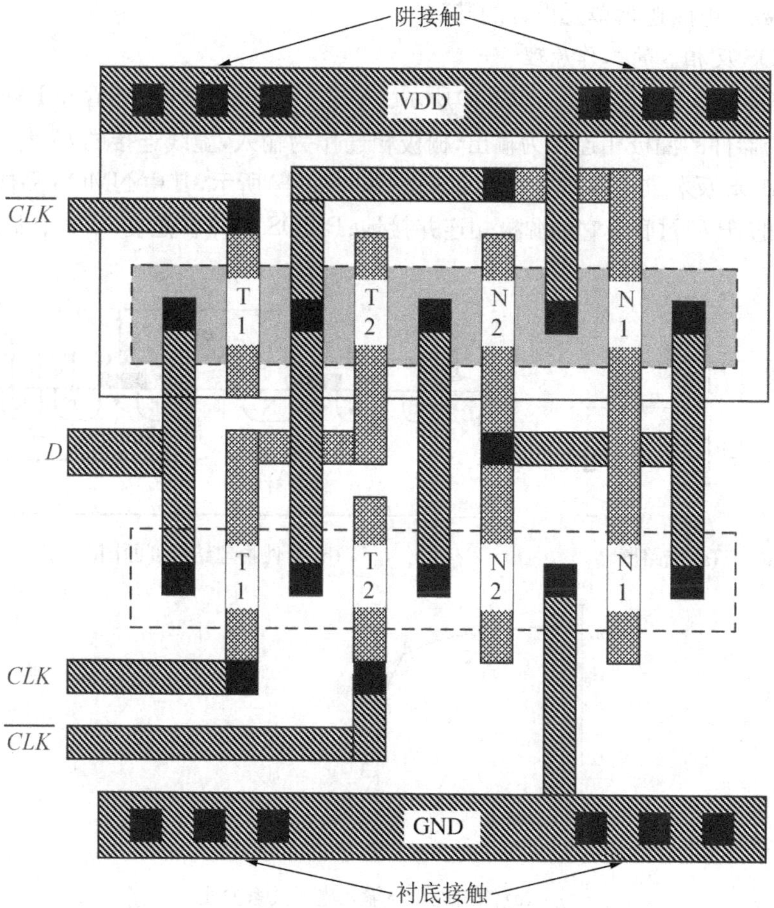

图 8.9　主锁存器版图示例

图 8.9 中，在各 MOS 管的栅极标注了该器件属于哪个逻辑门。由于是单层金属布线，因此，传输门 T1 的 NMOS 管和 T2 的 PMOS 管通过多晶硅条连接到共同的时钟信号 *CLK*，反相器 N1 的晶体管栅极和传输门 T1 输出有源区的连接也采用了一段多晶硅作连线。可见，该版图将传输门 T1 和 T2 的 PMOS 管和 NMOS 管分别共用了有源区，反相器 N1 和 N2 的 PMOS 管和 NMOS 管也分别共用了有源区，从而节省了版图面积，有效地减小了寄生电容。这个例子说明，数字逻辑电路的版图设计具有较大的灵活性，设计者应该针对具体情况规划版图设计。

8.5 设计举例

讨论完数字集成电路晶体管级设计的基本仿真和版图设计，下面给出几种 CMOS 基本门电路的晶体管级设计实例。

8.5.1 CMOS 反相器

CMOS 反相器，即非门，是 CMOS 门电路中最基本的逻辑部件，大多数的逻辑门电路均可通过等效反相器进行基本设计，再通过适当的变换，完成最终设计。所以，基本反相器的设计就成为数字电路逻辑单元设计的基础。

1) CMOS 反相器的工作原理

CMOS 反相器的电路如图 8.10(a)所示。它由一个 NMOS 晶体管和 PMOS 晶体管配对构成，两个器件的漏极相连作为输出，栅极相连作为输入，虚线连接的 C_L 表示反相器的负载电容。CMOS 反相器的物理结构剖面图如图 8.10(b)所示，其中 NMOS 晶体管是在 P 型衬底上制作的，P 型衬底与它的源极相连并接地；PMOS 晶体管是在 N 阱中制作的，N 阱与

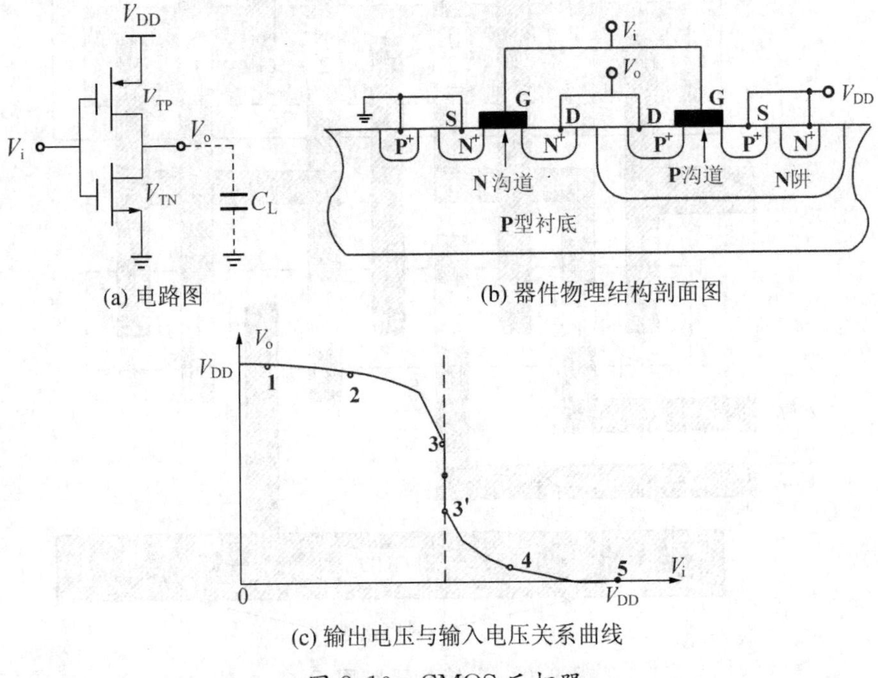

(c) 输出电压与输入电压关系曲线

图 8.10 CMOS 反相器

它的源极相连并接电源。

如果分别定义NMOS和PMOS晶体管的阈值电压为V_{TN}(如0.7 V)和V_{TP}(如−0.7 V)，则可以画出如图8.10(c)所示的CMOS反相器输出电压V_O与输入电压V_i的关系曲线。图中，当$V_i=0$ V时，因为$V_i<0.7$ V，NMOS管截止；但因为$V_i=0$导致PMOS管的栅源电压$V_{GSP}=-V_{DD}<V_{TP}(-0.7\text{ V})$，故PMOS管导通，所以有$V_O=V_{DD}$。当$V_i$升高使得NMOS管的栅极电压超过$V_{TN}$时，它开始导通，其电流流过PMOS管。若再继续增加V_i，将使PMOS管的$|V_{GSP}|$接近于其阈值电压$|V_{TP}|$，甚至低于$|V_{TP}|$，最后导致PMOS管截止，极端情况下$V_i=V_{DD}$，$V_O=0$ V。值得指出的是，任一种逻辑状态，即不管是V_i为V_{DD}或为0 V，NMOS和PMOS管必有一个截止。因此，在任一逻辑状态下，只有非常小的电流从电源V_{DD}流向地，所以功耗很小。对高密度应用来说，CMOS的低功耗是它最重要的优点。

2）开关特性[2]

图8.10(a)中，负载电容C_L的充电和放电时间限制了门的开关速度。当输入是阶跃电压$V_i(t)$时，输出电压$V_o(t)$的波形如图8.11所示。图中上升时间t_r是波形从它的稳定值的10%上升到90%所需的时间；下降时间t_f是波形从它的稳定值的90%下降到10%所需的时间；延迟时间t_d指输入电压变化到稳态值的50%的时刻和输出电压变化到稳态值的50%的时刻之间的时间差(延迟时间被认为是输入到输出的逻辑转移时间)。

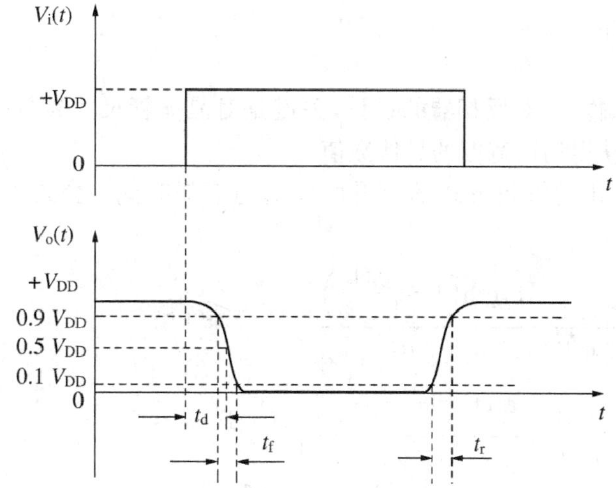

图8.11　CMOS反相器的开关特性

通过理论分析可以得到计算CMOS反相器的上升时间和下降时间的近似公式。

下降时间：$t_f\approx 2\dfrac{C_L}{K_N V_{DD}}$ (8.4)

上升时间：$t_r\approx 2\dfrac{C_L}{K_P V_{DD}}$ (8.5)

其中K_N、K_P分别为NMOS管和PMOS管的跨导系数。当两管尺寸相等时，有

$$K_N=\frac{\mu_N}{\mu_P}K_P \tag{8.6}$$

所以

$$t_f=\frac{\mu_P}{\mu_N}t_r \tag{8.7}$$

另一方面，假若我们希望反相器的上升时间和下降时间近似相等，则需要使

$$\frac{K_N}{K_P}=1 \tag{8.8}$$

这就意味着，当 PMOS 管与 NMOS 管的沟道长度相同时，PMOS 管的沟道宽度必须加宽到 NMOS 管沟道宽度的 μ_N/μ_P 倍左右，即

$$W_P=\frac{\mu_N}{\mu_P}W_N \tag{8.9}$$

3）功耗[3]

无论 CMOS 门处于这两种逻辑形态中的哪一种状态，两个 MOS 管中始终有一个管子是截止的。由于没有从 V_{DD} 到 V_{SS} 的直流通路，也没有电流流入栅极，所以，静态（稳态）电流和静态功耗 P_D 都近似为 0。

而 CMOS 反相器的动态功耗与开关频率、负载容量以及电源电压 V_{DD} 的平方成正比。如图 8.10(a)所示，假设 CMOS 反相器接有负载电容 C_L，输入端输入频率为 f 的脉冲信号。这时，当输入信号从高电平跃变到低电平的瞬间，通过 PMOS 晶体管将负载电容 C_L 充电到电源电压 V_{DD}；当输入信号从低电平变到高电平时，负载电容 C_L 中储存的电荷通过 NMOS 晶体管放电。这样，经晶体管反复给电容充放电，以热的形式消耗能量，也就是消耗了电能。这种伴随着电容的充放电的动态功耗可由下式求出：

$$P_d=fC_LV_{DD}^2 \tag{8.10}$$

4）器件参数

在一定的工艺条件下，对反相器的设计，关键是对晶体管尺寸参数（W/L）的设计，并由确定的沟道长度 L，获得沟道宽度的具体数值。

可以应用下面列出的解析形式的上升时间 t_r 与下降时间 t_f 公式[5]计算器件的宽长比（W/L）。

$$t_r=\tau_p\left[\frac{\alpha_P-0.1}{(1-\alpha_P)^2}+\frac{\operatorname{arcth}\left(1-\frac{0.1}{1-\alpha_P}\right)}{1-\alpha_P}\right],(0.1<\alpha_P<0.9) \tag{8.11}$$

$$t_f=\tau_N\left[\frac{\alpha_N-0.1}{(1-\alpha_N)^2}+\frac{\operatorname{arcth}\left(1-\frac{0.1}{1-\alpha_N}\right)}{1-\alpha_N}\right],(0.1<\alpha_N<0.9) \tag{8.12}$$

其中，$\tau_P=\frac{C_L}{K_PV_{DD}}$，$\tau_N=\frac{C_L}{K_NV_{DD}}$，$\alpha_P=\frac{V_{TP}}{V_{DD}}$，$\alpha_N=\frac{V_{TN}}{V_{DD}}$。

当输出信号的幅度变化只能从 $0.1V_{DD}\sim0.9V_{DD}$ 时，则输出信号的周期就为上升与下降时间之和，且信号成为锯齿波。这时所对应的信号频率被认为是反相器的最高工作频率。在实际的设计中，通常要预留一定的设计余量。当确定了信号的最高工作频率要求后，在考虑了余量后就可以获得上升时间与下降时间的数值。再根据工艺提供的器件的阈值电压数值、栅氧化层厚度等参数，就可以计算反相器的 NMOS 和 PMOS 晶体管的具体尺寸了。

通常在设计反相器时，要求输出波形对称，也就是 $t_r=t_f$。因为是在同一工艺条件下，NMOS 和 PMOS 的栅氧化层的厚度相同。如果 NMOS 和 PMOS 的阈值电压数值相等，则要求 $K_P=K_N$。由跨导系数的表达式，可以得到 $\frac{(W/L)_P}{(W/L)_N}=\frac{\mu_N}{\mu_P}\approx2.5$。由此可以得到一个在这种条件下的简便计算方法：只要计算 t_f，并由此计算得到 NMOS 管的宽长比 $(W/L)_N$，将

此值乘 2.5 就是 PMOS 管的$(W/L)_P$,反之亦可。

5) CMOS 反相器的版图实现

确定了 NMOS 和 PMOS 晶体管的尺寸就可以进行版图设计了,本章 8.4 节已经对 CMOS 反相器的版图设计作了介绍,这里不再重复。

8.5.2　与非门和或非门电路

1) 工作原理

二输入与非门和二输入或非门晶体管级电路原理图如图 8.12 所示,两个 PMOS 管并联与两个串联的 NMOS 管相连构成了二输入与非门,两个 NMOS 管并联与两个串联的 PMOS 相连构成了二输入或非门。

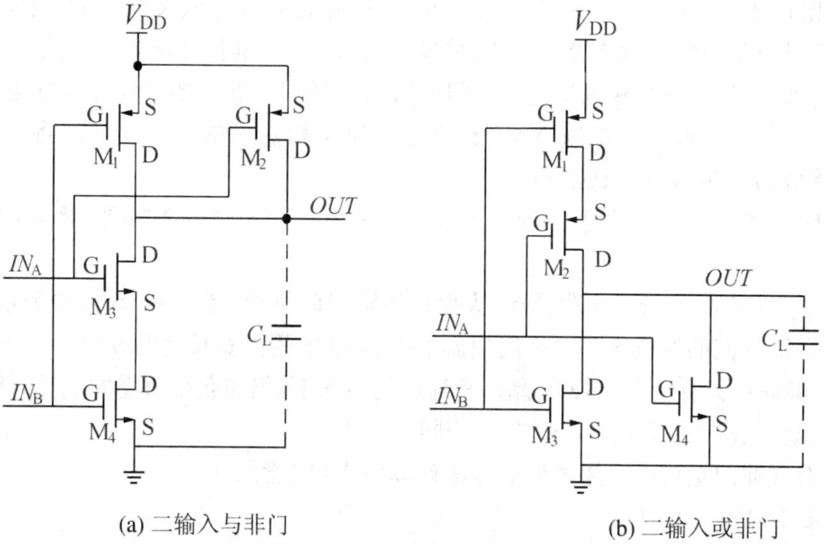

图 8.12　CMOS 晶体管级门电路

对于与非门,当其中一个输入信号 IN_A(或 IN_B)为低电平时,M_2(或 M_1)导通,M_3(或 M_4)截止,形成从 V_{DD} 到输出 OUT 的通路,阻断了 OUT 到地的通路。这时相当于一个有限的 PMOS 管导通电阻(称为上拉电阻)和一个无穷大的 NMOS 管的截止电阻(尽管有一个 NMOS 管在导通态,但因为串联电阻值取决于大电阻,从 OUT 看进去的 NMOS 管电阻仍是无穷大)的串联分压电路,输出为高电平(V_{DD})。如果 IN_A 和 IN_B 均为高电平,使得两个 NMOS 管均导通,两个 PMOS 管均截止,形成了从 OUT 到地的通路,阻断了 OUT 到电源的通路,呈现一个有限的 NMOS 导通电阻(称为下拉电阻,其值为单个 NMOS 管导通电阻的二倍)和无穷大的 PMOS 管截止电阻的分压结果,输出为低电平。

对于或非门,由类似的分析可知,当 IN_A 和 IN_B 同时为低电平时,分压的结果使得输出为高电平,当 IN_A 和 IN_B 有一个为高电平或两个都为高电平时,MOS 管电阻分压的结果是输出为低电平。只不过两个 NMOS 管全导通时(并联关系)的等效下拉电阻是单管导通电阻的 1/2。

2) 与非门和或非门电路的设计

前面已经提到,大多数的逻辑门电路均可通过等效反相器进行设计,所谓等效反相器设计，实际上就是根据晶体管的串并联关系，再根据等效反相器中相应晶体管的尺寸，直接获得与非门中各晶体管的尺寸的设计方法。

与非门的等效反相器设计具体方法是：将与非门中N型晶体管 M_3 和 M_4 的串联结构等效为反相器中的NMOS管，而将并联的P型晶体管 M_1 和 M_2 等效为反相器中的PMOS管，求得反相器宽长比 $(W/L)_N$ 和 $(W/L)_P$ 以后，考虑到 M_3 和 M_4 是串联结构，为保持下降时间不变，M_3 和 M_4 的等效电阻必须缩小1/2，亦即它们的宽长比必须比反相器中的NMOS的宽长比增加1倍，由此得到 $(W/L)_{M_3,M_4}=2(W/L)_N$。那么，M_1 和 M_2 是并联，是不是它们的宽长比就等于等效反相器中PMOS管的宽长比的一半呢？回答是否定的。因为考虑到二输入与非门的输入端 IN_A 和 IN_B，只要有一个为低电平，与非门输出就为高电平的实际情况，为保证在这种情况下，仍能获得所需的上升时间，要求 M_1 和 M_2 的宽长比与反相器中PMOS管相同，即 $(W/L)_{M_1,M_2}=(W/L)_P$。至此，根据得到的等效反相器的晶体管尺寸，就可以直接获得与非门中各晶体管的尺寸，对多输入的与非门有同样的处理方法。

归结起来，对具有 n 个输入端的与非门电路，其中各MOS管的尺寸计算方法为：

(1) 将与非门中的 n 个串联NMOS管等效为反相器中的NMOS管，将 n 个并联的PMOS管等效为反相器中的PMOS管；

(2) 根据开关时间和有关参数的要求计算出等效反相器中的NMOS管与PMOS管的宽长比；

(3) 考虑到NMOS管是串联结构，为保持下降时间不变，各NMOS管的等效电阻必须缩小 n 倍，亦即它们的宽长比必须是反相器中的NMOS管的宽长比的 n 倍；

(4) 为保证在只有一个PMOS晶体管导通的情况下，仍能获得所需的上升时间，要求各PMOS管的宽长比与反相器中PMOS管相同。

同理，对或非门也可以采用类似的方法计算各MOS管尺寸。

3) 版图实现[5]

根据CMOS数字集成电路版图设计基本方法，可以将图8.12(a)所示的两输入端与非门晶体管级电路图直接转换成如图8.13(a)所示的版图结构。如果将MOS管设计成

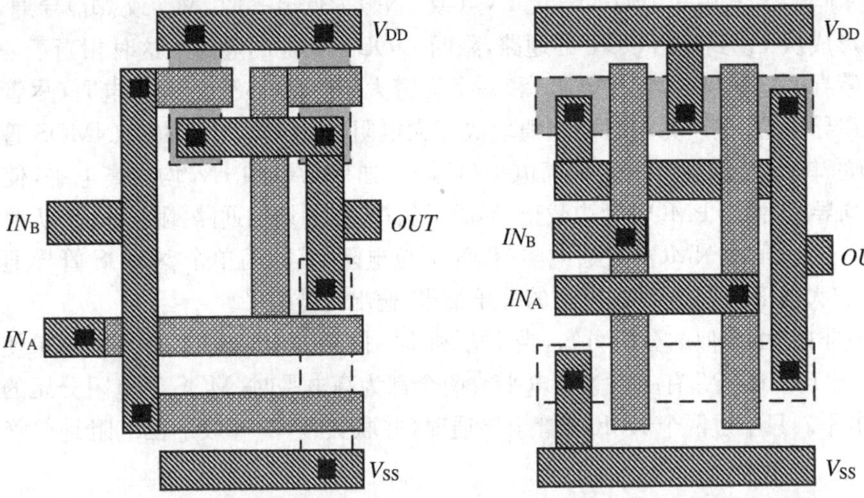

(a) 按电路图转换得到的版图　　(b) MOS管水平走向设计的版图

图8.13　与非门的版图

水平走向，便可得到如图 8.13(b)所示的版图。可以注意到，图 8.13(b)所示的版图更规则。

图 8.14 给出了两种不同结构的两输入端或非门的版图，这里，图 8.14(b)的版图结构连接到输出端的漏区面积比较小，这使门的工作速度较快。这种连接方法也可用于与非门版图。

同样需要说明是：这里的两输入端与非门和两输入端或非门的版图都省略了 MOS 器件的衬底接触，实际版图设计中一定不能省略。

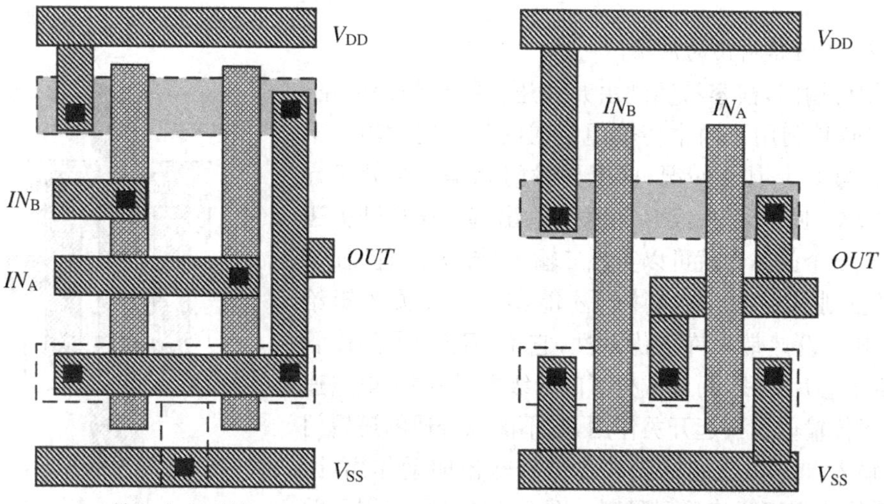

(a) 输入向左引线　　(b) 输入向上引线

图 8.14　或非门版图

8.5.3　CMOS 传输门和开关逻辑

1) 工作原理[4]

从 MOS 晶体管的基本工作原理已经知道：当 MOS 管的表面形成导电沟道后，器件源漏极之间就呈现低电阻连通；反之，如果 MOS 管截止，器件的源漏就呈现高电阻断开，因此，MOS 器件是一个典型的开关。当开关打开的时候，就可以进行信号传输，这时将它们称为传输门。与普通 MOS 电路的应用有所不同的是，在 MOS 传输门中，器件的源端和漏端位置随传输的是高电平或是低电平而发生变化，并因此导致 V_{GS} 的参考点-源极位置发生相应的变化。判断源极和漏极位置的基本原则是电流的流向，对 NMOS 管，电流从漏极流向源极；对 PMOS 管，电流从源极流向漏极。为防止发生 PN 结的正偏置，NMOS 的 P 型衬底接地，PMOS 的 N 型衬底接 V_{DD}。

CMOS 传输门如图 8.15 所示，控制信号 $\overline{C}$ 和 C 分别控制 P 管和 N 管，使两管同时关断或开通。由于 PMOS 管对输入信号 *IN* 高电平的传输性能好，而 NMOS 管对输入信号 *IN* 低电平的传输性能好，从而使信号 *IN* 可以获得全幅度的传送而没有电平损失。

2) CMOS 传输门版图

根据图 8.15(a)所示的 CMOS 传输门晶体管连接关系，得到对应的版图结构如图 8.16 所示。同样，这里没有画出 NMOS 和 PMOS 管的衬底连接。

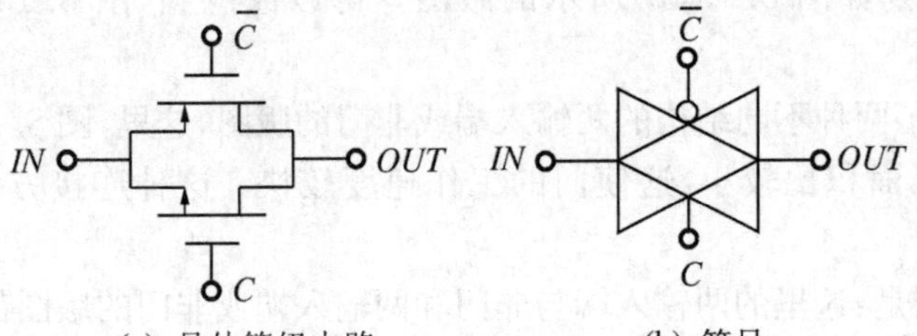

(a) 晶体管级电路　　(b) 符号

图 8.15　CMOS 传输门

3) CMOS 传输门的应用

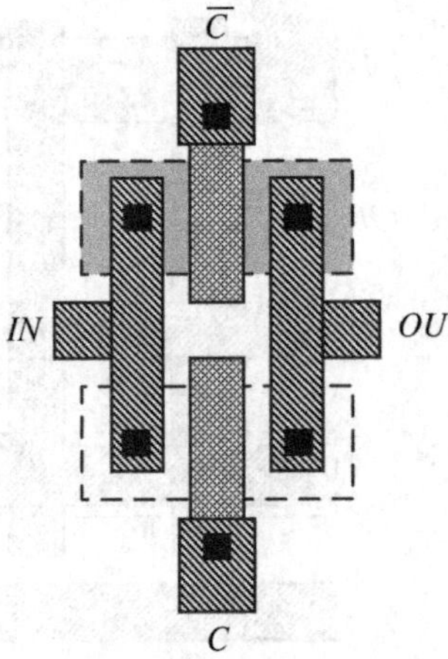

图 8.16　CMOS 传输门版图

利用传输门,很容易实现由开关逻辑构成的门电路。图 8.17(a)是利用了两个传输门组成的与或门逻辑。不管控制信号 C 是什么情况,两个传输门总是一个处于导通传送状态,使信号 A 或 B 传送到输出端。这种开关逻辑仅用了 4 个晶体管就可以实现二输入"与或"功能,而常规的方法则需要 10 个晶体管才能实现。开关逻辑给 CMOS 电路设计带来许多优越性,它不但减少了晶体管数,减少了芯片面积,而且减少了门的级数,提高了电路速度。由于传输门仅仅起开关作用,它不能像普通的逻辑门那样有输入和输出之间的隔离作用和输出驱动作用,因此,多级传输门级联将受到限制。图 8.17(b)是利用开关逻辑构成的异或门电路。下面以异或门为例,说明如何利用开关逻辑来设计逻辑功能电路。由变量 A、B 的异或表达式 $F=\overline{A}B+A\overline{B}$ 看出,当 $B=1$ 时,$F=\overline{A}$ 输出。即在电路上要求当 $B=1$ 时传送 $\overline{A}$ 到输出;当 $B=0$ 时,输出 $F=A$,即传送 A 到输出。根据这一关系,利用两个传输门和两个反相器就可以实现异或功能。

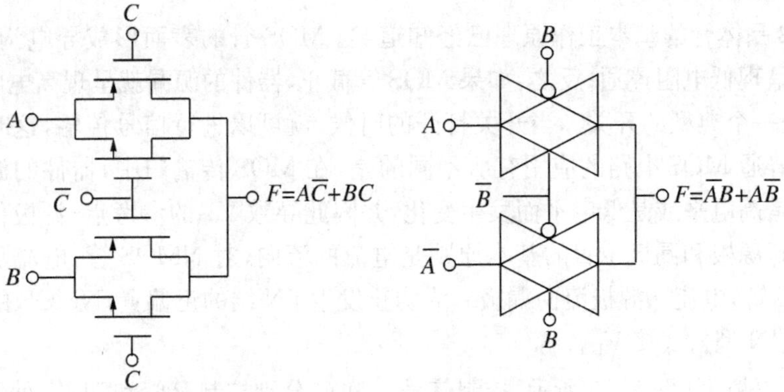

(a) 与或门电路　　(b) 异或门电路

图 8.17　开关逻辑构成的两种门电路

利用 CMOS 传输门的开关特点,还可将不同功能的门进行"线或"。图 8.18 中的电路是以 A、B 为输入信号的或非门和一个以 C 为输入信号的反相器组成线或的例子。当 E 信号为高电平时,反相电路与输出隔离,输出或非门的结果。反之,E 信号为低电平时,反相器直接接到输出，或非门电路和输出隔离。在图 8.18 所示的电路中，直接将传送开关接入或非门和反相器电路，不但节省了芯片面积，而且还可以提高电路的抗辐照指标。

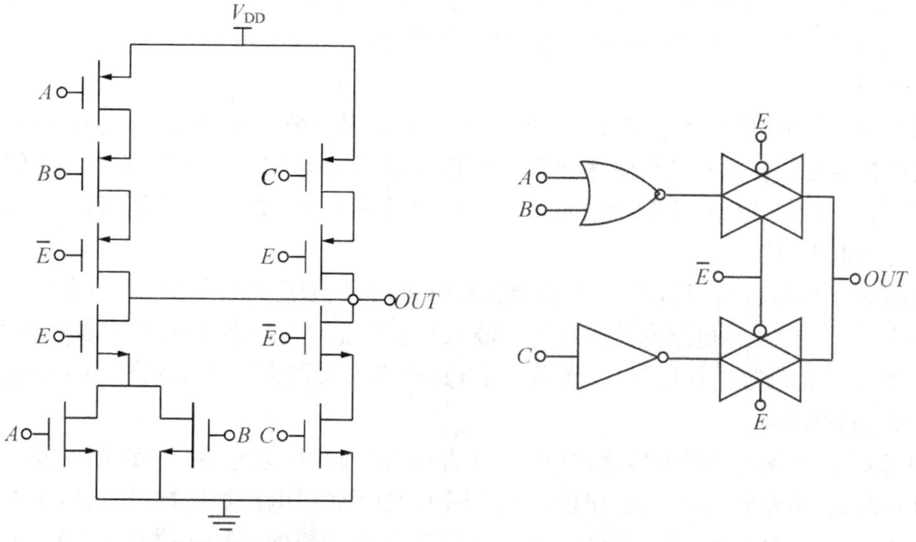

(a) 晶体管级电路图　　(b) 逻辑符号图

图 8.18　用传输门构成的线或电路

8.5.4　动态 CMOS 逻辑

由上述介绍的 CMOS 反相器、与非门和或非门电路结构可以看出，若 CMOS 静态逻辑电路的扇入系数（即门电路允许的输入端数目）为 N 时，电路需要 $2N$ 个晶体管。为减少电路中晶体管的数目，人们开发了伪 NMOS、传输门逻辑等数字电路结构，CMOS 动态逻辑电路也是其中重要的一种，由于其工作速度比静态 CMOS 高，因而在高速电路中得到广泛应用。下面将对 CMOS 动态逻辑的基本工作原理作一简单介绍。

图 8.19 给出了动态 CMOS 逻辑的电路原理图。

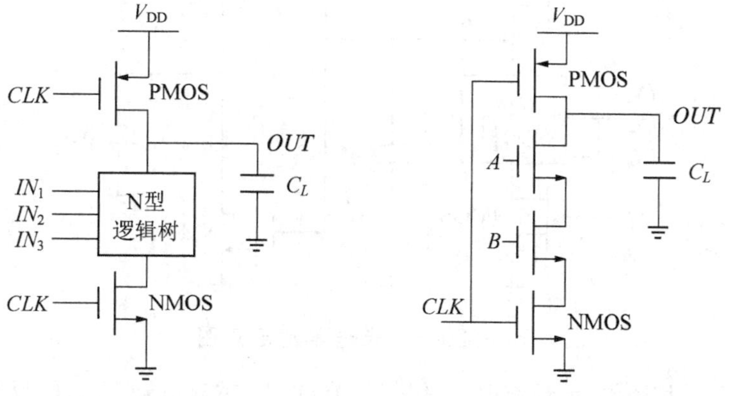

(a) 一般形式　　(b) N型逻辑树示例

图 8.19　动态 CMOS 原理图

该电路在时钟信号 CLK 的作用下可以分为预充电（Precharge）和定值（Evaluation）两

个过程[4]。

1）预充电

当 $CLK=0$ 时，PMOS 管导通，输出节点被预充电到电源电压 V_{DD}，处于高电平“1”；NMOS 管截止，包含 N 型逻辑树的下拉回路不起作用。

2）定值

当 $CLK=1$ 时，PMOS 管截止，NMOS 管导通，输出电平取决于输入信号电平和 N 型逻辑树的拓扑结构。若输入电平使得 N 型逻辑树导通，即在输出节点到地(GND)之间构成通路，则输出节点被放电到 GND，处于低电平“0”；若输入电平不能使 N 型逻辑树导通，则输出节点保持高电平“1”。

如图 8.19(b)所示，当信号 A 和 B 全为高电平时，N 型逻辑树导通，输出为“0”，否则输出保持为“1”。可见，该电路同样实现了二输入与非功能。与静态 CMOS 逻辑电路相比，动态 CMOS 电路的静态功耗也为 0。然而，当电路的扇入系数为 N 时，动态 CMOS 电路只需要 $N+2$ 个晶体管。

动态 CMOS 逻辑电路虽然有效地减少了晶体管的数目，但电路直接级联需要多相时钟来错开各级的“预充电”和“定值”阶段。这是因为：如果各级电路加同样的时钟，必然造成各级同时预充电，同时定值，统一步调。从表面上看，这是理想的，但实际却行不通。因为定值就是有条件的放电，而放电需要时间，要有个过程。当前、后两级同时逻辑定值时，必然会出现这样一种情况，前级输出节点的状态尚未稳定地建立，后级迫不及待地定值。即后级定值期间，输入信号还在变化，这显然是不允许的。因此，级联时的动态 CMOS 电路客观上需要多相时钟，因而使得电路设计复杂化。

为克服动态 CMOS 电路级联时的不足，实际电路常采用动态 CMOS 和静态 CMOS 组成的多米诺逻辑(Domino Logic)电路，其基本思想是在动态 CMOS 前、后级电路间插入反相器作为接口，如图 8.20 所示。

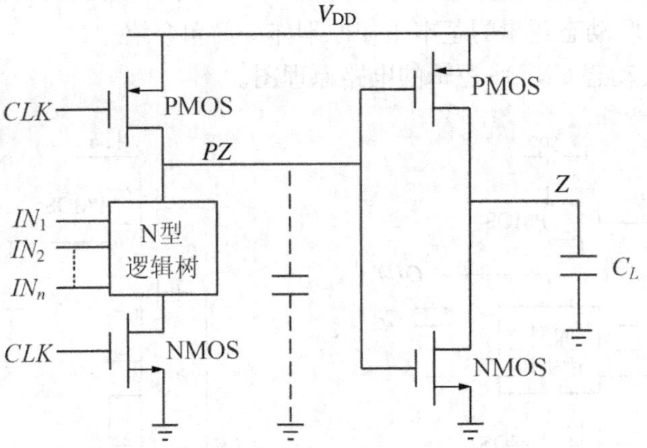

图 8.20　多米诺单元示意图

由于插入了反相器单元，预充电后，仅仅是节点 PZ 被充电到 V_{DD}，经反相器后，输出节点 Z 放电到 0。这样，在级联后，前级的预充电不是打开了后级的逻辑树，而是封住了后级的逻辑树，这样当 $CLK=1$ 进入定值阶段后，各级就不可能同时定值。只有当前级完成定值后，从 1→0，经本级反相器后变为 0→1，释放了后级的逻辑树，后级才能放电定值。因此，这种电路可以级联任何级数，只要赋值时间足够长，整个级联网络就像多米诺骨牌一样，一块一块地倒下。

8.6　数字电路标准单元库简介

上面仅仅介绍了几种最基本的数字逻辑单元的晶体管级设计，实际上，设计一个大规模的数字集成电路需要一系列的基本单元，这些基本单元包括了不同输入、不同速度以及不同驱动能力等具有多种性能的单元电路。所以，集成电路制造厂通常都有由事先设计并经验证的几百个单元组成的单元库。数字电路标准单元库的设计都是在晶体管级进行的，单元库中可能包括触发器、全加器等功能模块，它们的设计从本书的架构来讲，应归入下一章的模块级设计。

本书在 1.4 节概述集成电路设计方法时，已分析了基于标准单元的半定制设计方法的优缺点。下面将简要介绍标准单元设计的基本知识。

8.6.1　基本原理

单元库设计技术是当今 VLSI 设计的主要技术之一，借助单元库设计方法可以使大规模数字集成系统的设计朝向自动化发展，使芯片功能变得越来越强大。集成电路基于标准单元的基本设计思想是：将各种人工设计好的、成熟的、优化的、版图等高的功能模块存储在一个单元数据库中。用户根据设计要求，将电路分成各种模块的连接组合，通过调用单元库中已经设计好的标准单元来实现整个电路系统，设计者只需要完成标准单元之间的互连。目前，利用 EDA 工具并根据已有的布局和布线算法，基本可以自动实现用户所要求的 IC 互连。基于标准单元法的集成电路基本设计流程如图 8.21 所示。

数字电路标准单元一般都是通过基于晶体管级的全定制设计实现的，包括了各种逻辑门、触发器以及 ALU 等多种类型的功能模块，通常有以下基本类别的单元。

1）逻辑门

包括多输入端的标准门，如与门、与非门、或门和或非门。还有三输入端的二级混合门，这些混合门不仅简化了逻辑关系，同时又节约了芯片面积。

2）驱动器

驱动器有正向驱动和反向驱动两种形式，每种形式还可以有不同输出负载能力的单元。

3）多路转换器

利用电路级联可以将单元库提供的基本多路转换器（如 2 位）扩展成多位多路转换器。

4）触发器

标准单元库中的触发器常设计成主从结构，如 D 触发器、RS 触发器等，这些触发器还具有清零/置位端。

5）锁存器和移位寄存器

6）缓冲单元

此外，还包括驱动电平转换电路、I/O 保护电路和用于与外部连接的输入输出焊盘等。

以上是一个标准单元库必须具备的一些常用数字单元。一个完备的标准单元库应包括尽可能多的基本单元电路，以供用户选择使用。但必须指出的是，标准单元库的建立需要一个长期的不断积累与完善过程，是一项繁重的任务。目前在国内外IC行业中，单元库中单元的形式和设计并没有统一的标准，各公司都有自己的单元库并且相互保密。

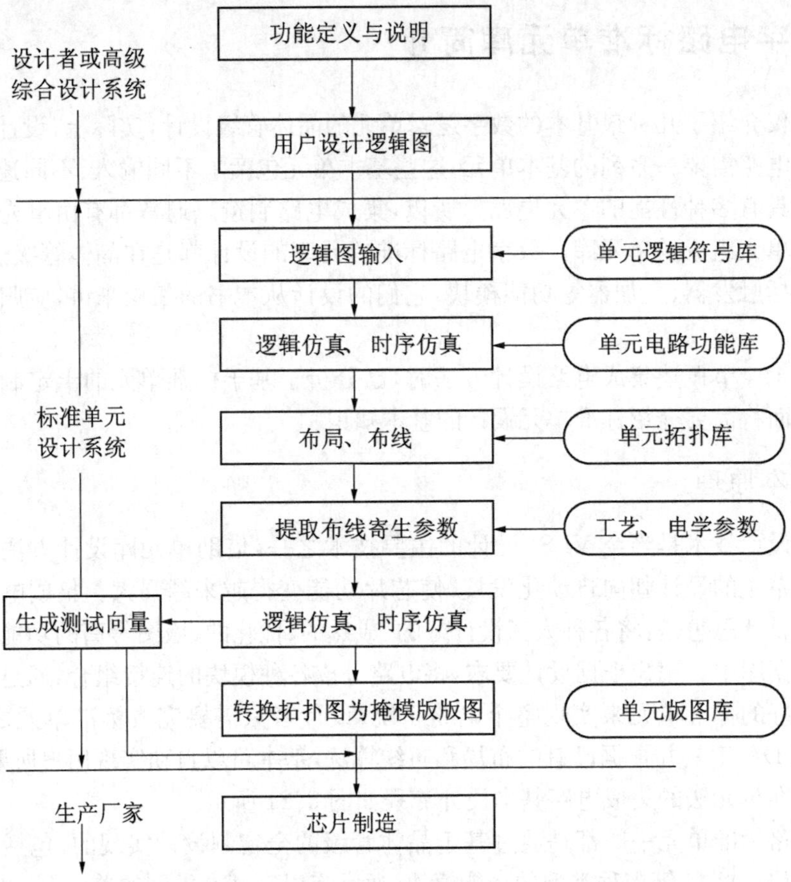

图 8.21　基于标准单元的IC设计流程图

8.6.2　库单元设计

标准单元库中的单元电路是多样化的，通常包含上百种单元电路，每种单元的描述内容都包括了逻辑功能、电路结构与电学参数和版图与对外连接端口的位置。

对于标准单元设计EDA系统而言，标准单元库应包含以下三个方面的内容：

1）逻辑单元符号库与功能单元库

逻辑单元符号库包含各种标准单元的名称、逻辑单元的符号，并标有输入/输出及控制端。功能单元库是在标准单元版图确定后，从中提取了分布参数并由EDA软件进行仿真得到的电路单元性能，并将电路单元的功能描述成电路逻辑仿真与时序仿真所需要的功能库形式。

2）拓扑单元库

拓扑单元库是版图主要特性的抽象表达，它去掉了版图内部的具体细节，但包括版图单元的宽度、高度、输入/输出端口和控制端口的位置。拓扑单元库保持了单元的主要特征，用它来进行标准单元的布局布线，可大大减少设计处理的数据量，提高版图设计效率。

3）版图单元库

版图单元与工艺直接相关，是标准单元库设计者根据制造厂工艺提供的几何设计规则精心设计的全手工版图，并以标准版图数据格式存储在计算机内，可供使用者直接调用。标准单元库中的版图单元具有以下特性：

（1）各版图单元可以有不同的宽度，但必须具有相同的高度；

（2）单元的电源线和地线通常安排在单元的上下端，从单元的左右两侧同时出线，电源、地线在两侧的位置要相同，线的宽度要一致，以便单元间电源线、地线的对接。同时，阱连接和衬底连接应该放在电源线和地线的下面；

（3）单元的输入/输出端常安排在与电源线和地线垂直的位置。

下图 8.22 给出了一个简单反相器的逻辑符号、单元拓扑和单元版图[5]。

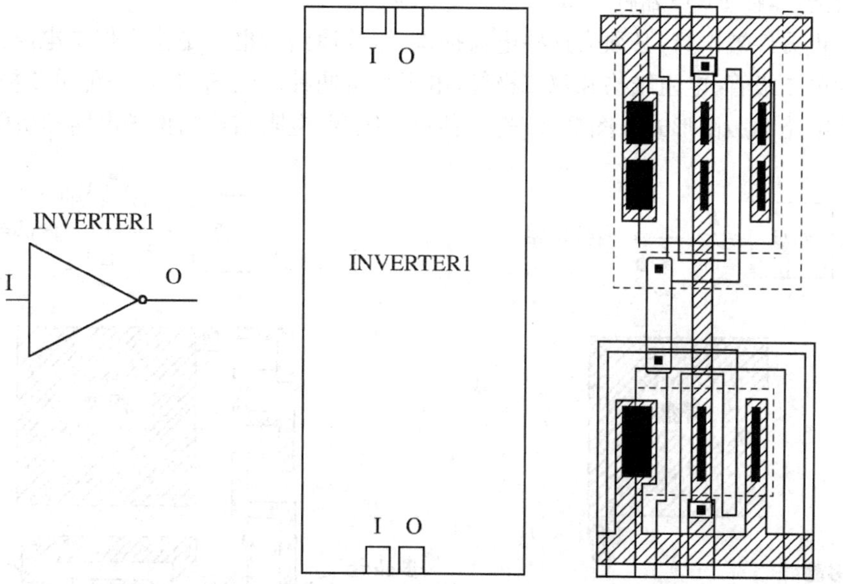

(a) 逻辑符号　　(b) 单元拓扑　　(c) 单元版图

图 8.22　反相器单元库示例

8.7　焊盘输入输出单元（I/O PAD）[5]

任何一种集成电路的版图结构都需要焊盘输入/输出模块（I/O PAD）与芯片外部进行连接。与其他标准单元相同，这些 I/O PAD 通常也具有等高不等宽的外部形式，各模块的电源、地线的宽度和相对位置仍是统一的，以便对接。所不同的是，I/O PAD 单元的引线端位于单元的一边（位于靠近内部阵列的一边）。由于其外部形状的规则性，所以，输入、输出或双向单元属于标准单元的范畴，它们是标准单元的内容之一。

现代设计理论提倡将 IC 的内容结构和外部信号接口分开设计，所以，承担输入、输出信号接口的 I/O 单元就不再仅仅是焊盘（PAD），而是具有一定功能的模块。这些功能模块担负着对外的驱动、内外的隔离、输入保护或其他接口功能。所有焊盘输入输出模块的一个共同之处就是都有用于连接芯片与封装管座的焊盘，这些焊盘通常是边长几十到 100 μm 的矩形。为防止在后道划片工艺中损伤芯片，通常要求 I/O PAD 的外边界距划片位置 100 μm 左右(具体尺寸由划片工艺的精度决定)。

I/O PAD 通常可分为：输入模块、输出模块、输入/输出双向模块[5,6]。

8.7.1 输入单元

输入单元主要承担对内部电路的保护，一般认为外部信号的驱动能力足够大，输入单元不必具备再驱动功能。因此，输入单元的结构主要是输入保护电路。

因为 MOS 器件的栅极有极高的绝缘电阻，当栅极处于浮置状态时，由于某种原因(如触摸)，感应的电荷无法很快泄放掉。而 MOS 器件的栅氧化层极薄，这些感应的电荷使得 MOS 器件的栅极与衬底之间产生非常高的场强。该场强如果超过栅氧化层的击穿极限，将发生栅极击穿，使 MOS 器件失效。

为防止器件被击穿，必须为这些电荷提供"泄放通路"，也就是输入保护电路。输入保护电路分为单二极管、电阻结构和双二极管、电阻结构两种。图 8.23 是一种单二极管、电阻结构的保护电路和版图形式。图 8.24 是一种双二级管、电阻结构的保护电路和版图形式。

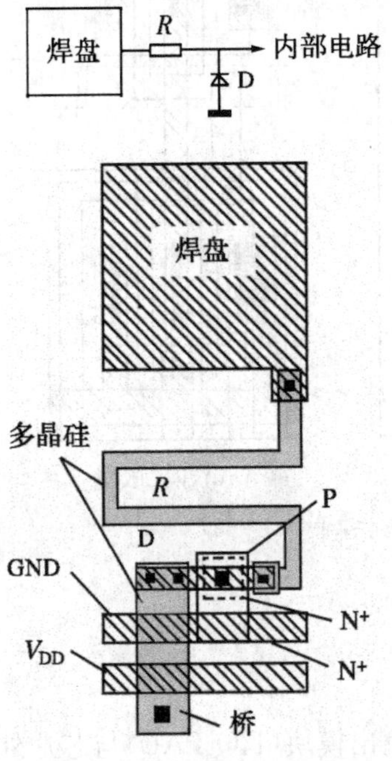

图 8.23 单二极管、电阻保护电路

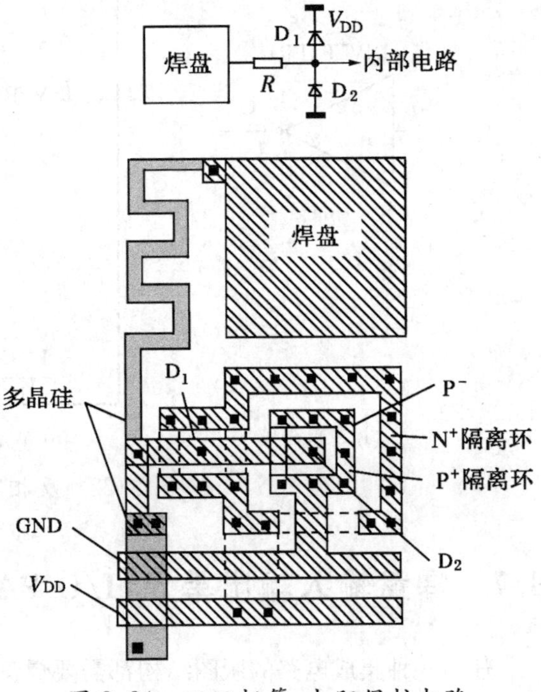

图 8.24 双二极管、电阻保护电路

输入保护电路实际上就是通过二极管将输入端信号钳制在一定的范围内。当电荷所产生的电压超出了限制范围，就被钳制在限定的范围内。当然，如果输入的信号超出了这个范围，同样也会被钳制。保护电路中的电阻可以是扩散电阻、多晶硅电阻或其他合金薄膜电阻，其典型值一般为 500 Ω。

从图 8.24 可以看到，这样的一个简单电路，其版图形式比前面看到的逻辑门单元版图复杂了许多。这样的版图设计不仅仅是考虑了电路所要完成的功能，而且充分地考虑了接口电路将面对的复杂的外部情况，考虑了在器件物理结构中所包含的寄生效应。希望通过这样的输入电路，使集成电路内部得到一个稳定、有效的信号，阻止外部干扰信号进入内部逻辑。

图 8.23 和图 8.24 清楚地表明了这两个单元具有标准单元的特征：它们是等高的，但不等宽；它们的电源线和地线位置一致，线宽相同。

8.7.2　输出单元

输出单元的主要任务是提供一定的驱动能力，防止内部逻辑过负荷而损坏。另一方面，输出单元还承担了一定的逻辑功能，单元具有一定的可操作性。与输入单元相比，输出单元的电路形式比较多。

1）反相输出 I/O PAD

（1）保证提供驱动能力的版图设计考虑

顾名思义，反相输出就是内部信号经反相后输出。这种反相器除了完成反相的功能外，另一个主要作用是提供一定的驱动能力。图 8.25 是一种 P 阱硅栅 CMOS 结构的反相输出单元。由版图可见，构成反相器的 NMOS 管和 PMOS 管的尺寸比较大，因此具有较大的驱动能力。

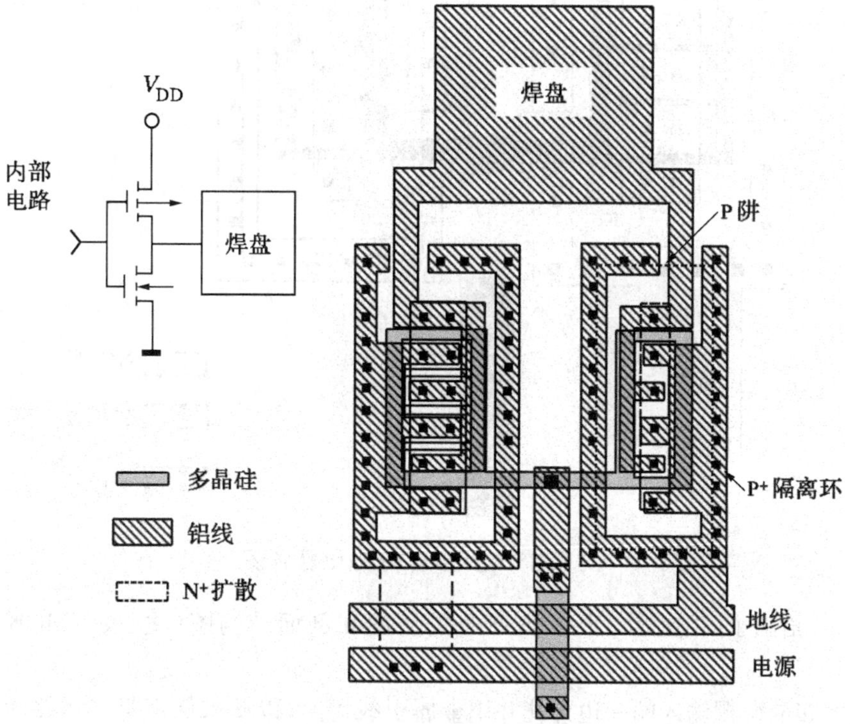

图 8.25　P 阱硅栅 CMOS 反相输出 I/O PAD

作为内部信号对外的接口，其工作环境复杂，为防止触发 CMOS 结构的寄生可控硅效应烧毁电路，该版图采用了 P^+ 和 N^+ 隔离环结构，并在隔离环中设计了良好的电源、地接触，从而一方面可以吸收掉衬底中 PN 结的反向漂移电流，减小可能引起寄生 SCR 被触发的电流 I_{AG}；另一方面还可以有效地降低寄生 SCR 结构中的寄生电阻 R_W 与 R_S 的值（参见图 8.2），达到抑制闩锁效应的目的。

因为MOS管的宽长比大，版图采用了多栅并联结构，源漏区的金属引线设计成叉指状结构，电路中的NMOS管和PMOS管实际上是由多管并联构成，采用了共用源区和共用漏区结构。考虑到电子迁移比空穴约大2.5倍，所以，PMOS管的尺寸比NMOS管大，这样可使反相器的输出波形对称。图8.26是将金属铝引线去除后的版图形式，通过这个图可以清楚的看到器件的并联结构和重掺杂隔离环的结构。图中，多晶硅栅采用了封闭的版图结构，减小了信号在多晶硅栅上的衰减。由于多晶硅电阻的存在，信号对栅电容的充放电强度从信号注入端到硅栅的末端产生差异，信号所产生的源漏电流也随之变化，影响了速度。为减小这种差异所产生的影响，将每个并联MOS管的硅栅端头连接起来，以减小硅栅的等效电阻。如有可能应将短接多晶硅条的宽度增加，进一步均衡多晶硅栅上的电位。版图设计中应注意的另一点是，这些延伸出来的多晶硅条应在场区上通过，以减小分布电容的影响。

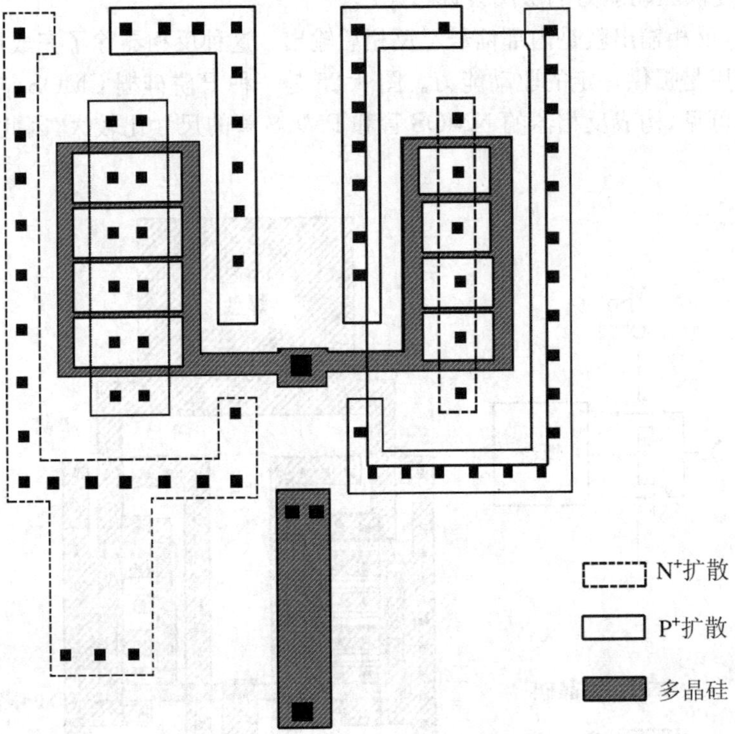

图8.26　去铝后的反相器版图

图8.27给出了一个大尺寸NMOS管的版图和剖面结构图(注：该NMOS管的源端接地)。

这里的多晶硅栅输入端一边开孔并用金属引线短路，以此来保证每一个并联的NMOS管栅上得到的信号都是相同的。同时，因为N^+隔离环未在多晶硅上跨越，因此，这个隔离环是一个完整的封闭环。当然，在图8.25所示的版图中也可以采用这种结构。

对于需要大面积接触的区域，在设计引线孔时，为减轻工艺加工时的大小尺寸匹配的难度，也为了避免大面积接触可能引起的金属熔穿掺杂区的情况发生，通常采取多个接触孔代替一个大的接触孔的方案。此外，在输入/输出单元的设计中，为了形成衬底的电位接触区，并吸收掉衬底中PN结的反向漂移电流，从而抑制可控硅效应的触发，通常都要设计重掺杂隔离环并连接到电源（N^+ 环）或地（P^+ 环）。在图 8.24、图 8.25 和图 8.27 所示的版图中都采取了这些措施。

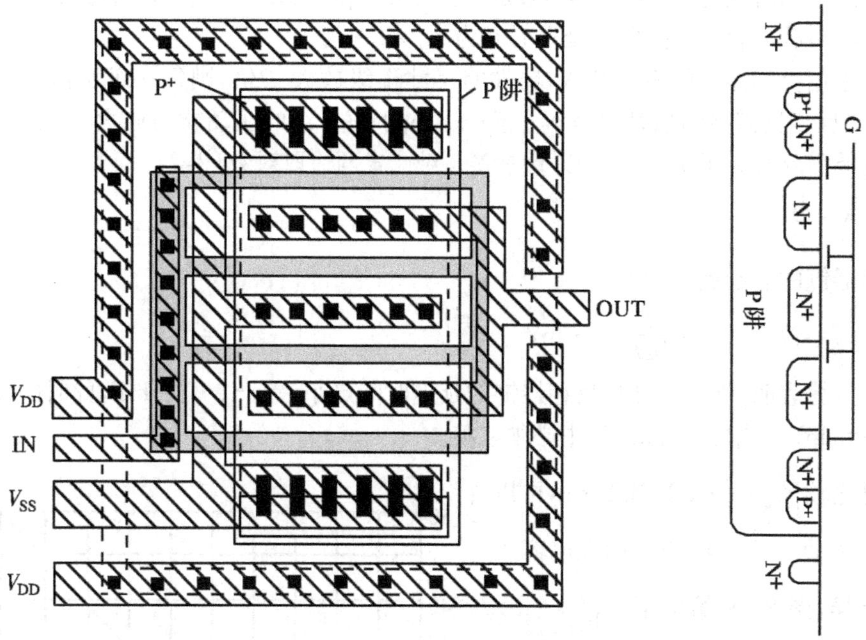

图 8.27　大尺寸 NMOS 管版图结构和剖面图

因为单元的面积比较大，为防止表面漏电和分布参数对器件性能的不利影响，在版图设计时要求多晶硅引线和金属引线尽量在场区上通过，这也是 MOS 电路设计的一般准则。

(2) 考虑前级驱动能力的版图设计

当考虑输出单元的速度性能时，这些大尺寸器件、电路的设计就必须考虑前级的驱动问题。因为器件的尺寸越大，意味着本身的输入电容越大，对器件驱动所需要的驱动电流越大，否则，电路的响应速度将因为前级驱动对电容充放电的速度不够（因前级驱动电流不够）而使速度性能劣化，这就要求前级具有一定的电流驱动能力。但是，接口单元的输入驱动由内部电路提供，如果希望该接口单元提供大电流以驱动外部的大负载，则内部电路的驱动也必须提高，这往往难以实现。为了在不增加内部电路的负载的条件下获得大的输出驱动，可以采用奇数级的反相器链结构，如图 8.28 所示。在链中，器件的尺寸逐级增大，驱动能力也被逐级加大，而内部电路只要比较小的驱动即可，也就是说，I/O 单元本身并不是一个反相器，而是一串反相器。为满足延时特性的要求，各反相器之间尺寸应满足一定的比例要求，这个比例可以通过计算获得。

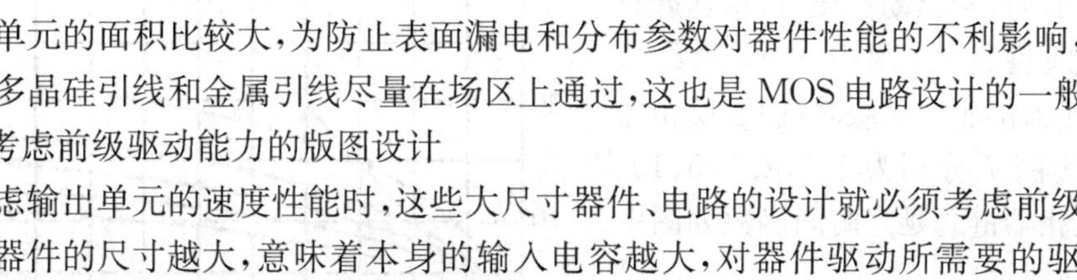

图 8.28　反相器链驱动结构

如果一个内部反相器能够在规定的时间 τ 内将一个与其相同的反相器驱动到规定的电压值,假设反相器的输入电容等于 C_g,则当驱动一个输入电容为 $f\cdot C_g$ 的反相器达到相同的电压值所需的时间为 $f\cdot\tau$。如果负载电容 C_L 和 C_g 的比值 $C_L/C_g=Y$ 时,则直接用内部反相器驱动该负载电容所产生的总延迟时间为 $t_{tol}=Y\cdot\tau$。

如果采用反相器链的驱动结构,器件的尺寸逐级放大 f 倍,则每一级所需的时间都是 $f\cdot\tau$,N 级反相器需要的总时间是 $N\cdot f\cdot\tau$。由于每一级的驱动能力放大 f 倍,N 级反相器的驱动能力就放大了 f^N 倍,所以 $f^N=\text{Y}$。对此式两边取对数,得

$$N=\frac{\ln Y}{\ln f} \tag{8.13}$$

反相器链的总延迟时间为

$$t_{tol}=N\cdot f\cdot\tau=\frac{f}{\ln f}\cdot\tau\cdot\ln Y \tag{8.14}$$

理论计算表明,当 $f=\text{e}$ 时,反相器链的延迟时间最小,等于 $\text{e}\cdot\tau\cdot\ln Y$,此时的反相器链的级数 $N=\ln Y$。当然,实际设计中必须取整。

通过比较 $\frac{f}{\ln f}\cdot\tau\cdot\ln Y$ 和 $Y\cdot\tau$,可以看到直接驱动与反相器链驱动大电容负载时的差异,图 8.29 给出了对 $\frac{f}{\ln f}\cdot\ln Y$ 和 Y 进行计算的一些结果。图中,当采用内部反相器直接驱动负载时,总延迟时间和 Y 是线性关系(图中的 45°斜线)。当采用反相器链驱动负载时,假设反相器尺寸放大比例 f 分别为 1.5、2.7、5、10、15,则各反相器链总延迟时间函数如图中的对数曲线所示。

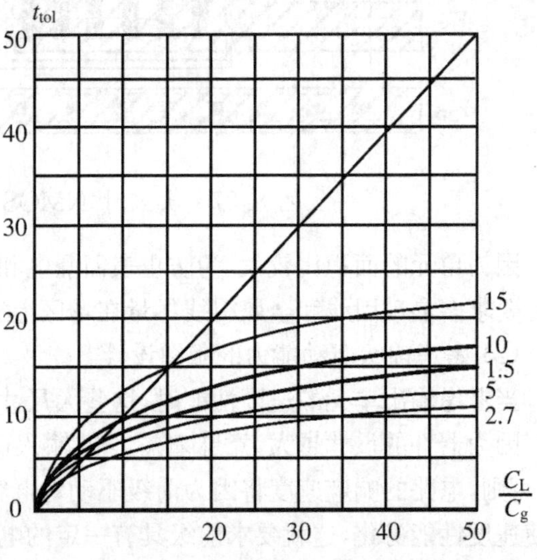

图 8.29 直接驱动和反相器链驱动负载时的延迟时间曲线

从这组曲线中可以看到,当 f 为 2.7(e 的近似值)时,总延迟时间最小。当驱动大负载(即 C_L/C_g 比较大)时,与直接驱动相比,采用反相器链驱动方式的总延迟时间比较小。同时也可以看出,当 f 的数值加大时,这种差别在减小。因此,f 的数值取 2~8 比较合适。

2) 同相输出 I/O PAD

同相输出实际上就是"反相+反相",即采用偶数级的反相器链。为什么不直接从内部电路直接输出呢?主要是驱动能力问题。利用链式结构可以大大地减小内部负荷,即内部电路驱动一个较小尺寸的反相器,这个反相器再驱动大的反相器,在同样的内部电路驱动能力下可获得较大的外部驱动能力。

3) 三态输出 I/O PAD

所谓三态输出是指单元除了可以输出"0"、"1"逻辑外,还可高阻输出,即具有三种输出状态。同样,三态输出的正常逻辑信号也可分为反相输出和同相输出。

图 8.30 是一个同相三态输出模块的电路结构。该电路有两个信号端：数据端 D 和控制端 C。当控制端 C 为逻辑"1"时，与非门和或非门都处于等效反相器状态，输出始终相同且为数据端信号 D 的非量，经 M_1、M_2 构成的等效反相器，传送到焊盘上的信号就是数据端 D 的信号。而当 C 为逻辑"0"时，与非门输出为"1"，或非门输出为"0"，PMOS 管 M_1 和 NMOS 管 M_2 均处于截止状态，使输出端处于高阻态。

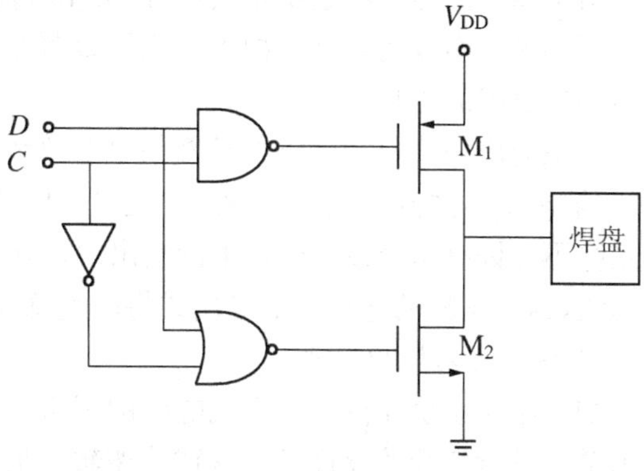

图 8.30　同相三态输出模块电路结构

如果在这个电路的数据端加上一个反相器，即可构成反相输出的三态输出单元。

图 8.31 给出了同相三态输出电路的版图。在版图布局上，通常将信号处理逻辑（如图中的反相器、与非门和或非门所组成的逻辑）放置在主要的驱动器件旁边，虽然这些逻辑的晶体管数量比较多，但因为晶体管的相对尺寸比较小，所以占用的总面积并不大。对驱动晶体管的布局形式是多种多样的，既可以一边放置、上下放置，也可以左右放置，还可以呈相对垂直的方向放置或其他布局方式，设计自由度比较大。布局的一个重要考虑因素是减小寄生可控硅效应。

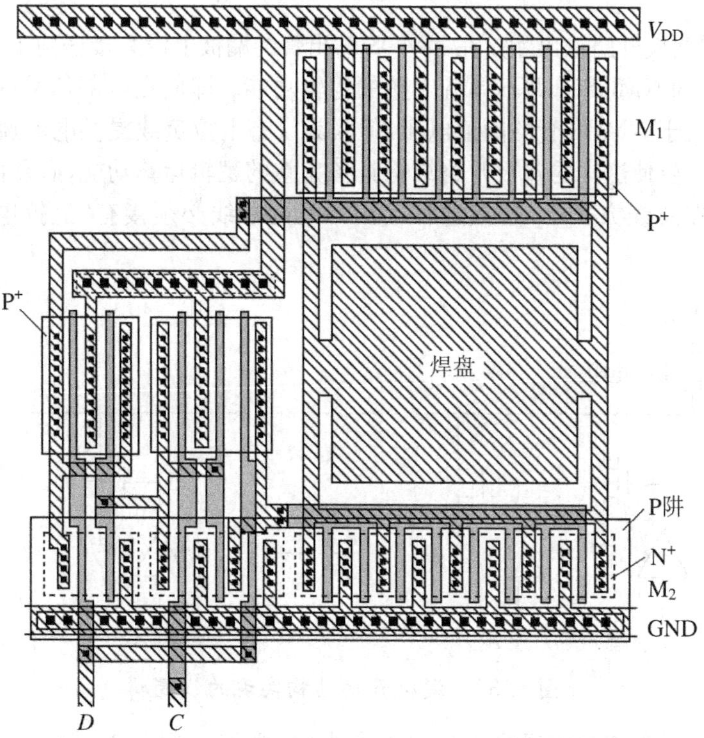

图 8.31　同相三态输出电路版图

由于该版图是单层金属布线，结构又相对复杂，所以在减小多晶硅电阻影响方面仅仅是加宽了多晶硅引线的宽度。如果是双层金属布线的形式，就可以采用前面所介绍的方式减小多晶硅电阻的影响。

三态输出的 I/O 单元支持外部信号的总线通讯方式，即集成电路模块既可以“挂上”总线，将输出信号送到总线上，又可以“让出”总线给其他集成电路模块。但在这种模式下工作的系统不允许有两个或两个以上的输出模块处于正常逻辑输出(0 或 1 态)的单元同时连接到总线，因为这样的连接或信号模式将产生总线竞争，导致逻辑的不确定性。

4）漏极开路输出单元

如果希望系统支持多个集成电路的正常逻辑同时输出到总线上，就必须对集成电路的输出单元进行特殊的设计，以支持“线逻辑”，同时，总线也将做适当的改变。漏极开路输出单元结构就是其中的一种。图 8.32 给出了两种漏极开路结构的输出单元，其中(a) 图的内部控制信号是通过反相器反相控制 NMOS 管工作的方式，(b) 图是同相控制的方式。

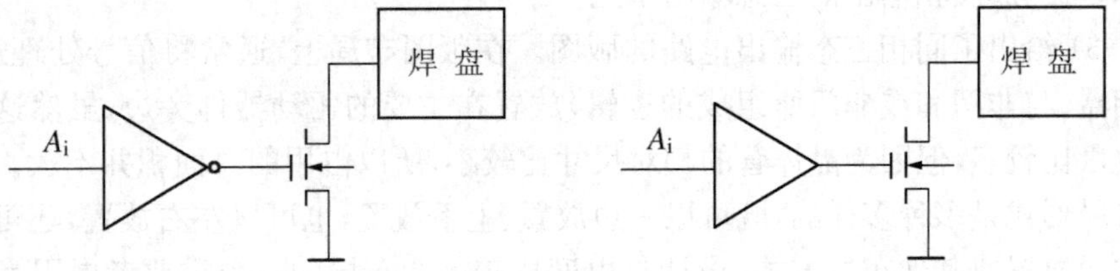

(a) 反相控制方式　　(b) 同相控制方式

图 8.32　漏极开路输出单元

可见，所谓漏极开路输出就是在 NMOS 输出管的漏极上没有接任何上拉负载的电路形式。因此，这样的 NMOS 管并不具备完整的逻辑功能。即使在内部信号的控制下，NMOS 管的栅源电压大于 NMOS 管的阈值电压，但因为没有上拉负载提供电流通道，因此不能构成完整的逻辑。要使这样的漏极开路结构具备完整的逻辑运算功能，必须由外电路提供电流通路。所以在总线方式下，连接这种输出单元的总线必须接有“上拉电阻”，如图 8.33 所示。

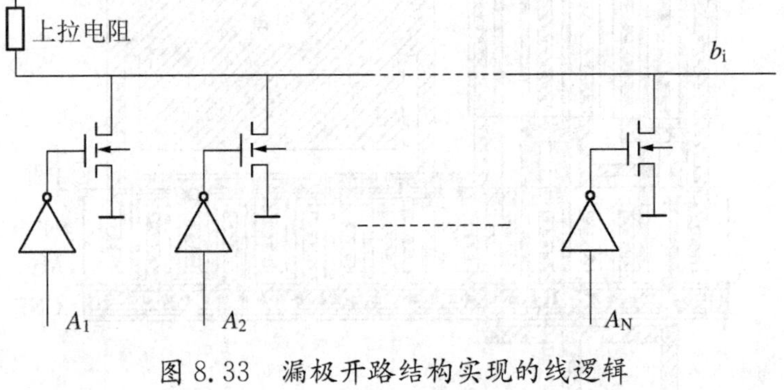

图 8.33　漏极开路结构实现的线逻辑

由于是通过外部连线实现的逻辑，故被称为“线逻辑”。图 8.33 所示的电路结构的逻辑表达式可写为

$$b_i = \overline{\overline{A_1} + \overline{A_2} + \cdots + \overline{A_N}} = A_1 \cdot A_2 \cdots A_N \tag{8.15}$$

各集成电路相关单元的内部信号实现与运算，这种操作被称为“线与”。同样的，如果采用图 8.32(b)结构，则各内部信号实现或非运算。

如果控制漏的 NMOS 管的单元不是反相器或同相器，而直接是运算单元，则可以通过外部总线实现复杂逻辑运算。

在漏极开路输出电路中的 NMOS 管通常也是大尺寸的晶体管，因为它们要驱动总线上的负载。为此，可以采用如图 8.27 所示的 NMOS 管结构。类似地，如果这个晶体管尺寸很大，引起内部驱动的困难，同样可以采用反相器链的方式进行驱动。

除了 NMOS 管漏极开路的结构外，也可以设计 PMOS 管漏极开路的输出单元结构，或者是同时具备 NMOS 管漏极开路和 PMOS 管漏极开路等结构。例如，在图 8.30 所示的三态输出单元中，将与控制信号“C”连接的反相器去除，直接用 C 信号同时控制与非门和或非门，当 $C=1$ 时，不论 D 信号是什么逻辑值，M_2 都被截止，电路处于反相器控制 PMOS 管漏极开路结构，类似于图 8.32(a)结构，只不过控制的是 PMOS 管；如果 $C=0$，则 PMOS 管始终截止，该单元与图 8.32(a)完全相同。

8.7.3　输入/输出双向三态单元(I/O PAD)

在许多应用场合，需要某些数据端同时具有输入、输出的功能，甚至还要求单元具有高阻状态，例如总线结构的电子系统中使用的集成电路就常常要求这种 I/O PAD。图 8.34 是一个输入、输出双向三态的 I/O PAD 单元电路，该单元有两个控制端和一个数据端。数据端 D 连接到芯片的内部逻辑，它或是读入焊盘上的信号，或是输出内部信号到焊盘。控制端 C 的状态用于控制 I/O PAD 的输入或是输出。控制端 S/W 的状态决定 I/O PAD 是否处于高阻状态。

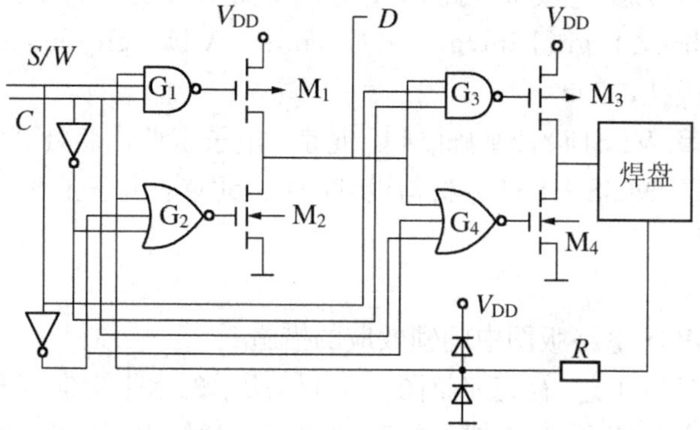

图 8.34　输入、输出双向三态电路原理图

当控制端 S/W 为逻辑“1”时，I/O PAD 的工作状态由另一个控制端 C 来决定。当 C 为“1”时，G_1、G_2 均等效为反相器，与 M_1、M_2 组合构成“反相＋反相”状态，M_3、M_4 由于 G_3、G_4 的作用均截止，焊盘上的信号经双二极管、电阻保护电路同相地传送到数据端 D，系统处于读入(输入)信号状态，此时的 I/O PAD 完成输入功能。当 C 为逻辑“0”时，M_1、M_2 截止，阻断了焊盘到数据端 D 的输入通路，右半个单元开放，数据端 D 上信号同相的传送到焊盘，I/O PAD 处于同相输出状态。当 S/W 为逻辑“0”时，与非门 G_1、G_3 输出为逻辑“1”，或非门

G_2、G_4 输出为逻辑"0"，两对 MOS 管 M_1、M_2、M_3、M_4 均处于截止状态，内部电路和焊盘之间完全被隔离，压焊块处于高阻状态。如果将控制信号 S/W 去掉，门电路均为两输入结构时，就构成了普通逻辑的输入、输出双向 I/O PAD。

在这个单元的版图设计中需要同时考虑内、外的驱动问题。对外驱动能力由 M_3、M_4 决定，这和上面介绍的输出单元相同；对内驱动能力由 M_1、M_2 决定，但这和前面介绍的输入单元不同。前面所介绍的输入结构中都没有讨论对内部的驱动问题，为什么在这儿要考虑内部驱动呢？这是因为在前面所介绍的输入单元结构中，驱动口主要由外部的信号源提供，不在设计的考虑之列，而在这里，由于 G_1、G_2、M_1、M_2 组成的逻辑"屏蔽"了外部的驱动源，所以，对内部的驱动只能由 M_1、M_2 组成的反相器完成。因此，设计中需要依据内部的负载大小进行晶体管尺寸的设计。

8.8 本章小结

本章分别介绍了数字集成电路晶体管级设计的设计流程、电路仿真和版图设计，并给出了 CMOS 基本逻辑门——反相器、与非门、或非门和传输门的晶体管级电路设计和版图的设计实例，介绍了数字电路标准单元库的基本概念和焊盘输入输出单元设计。

通过这些内容和技术的学习，希望使读者能够基本掌握数字集成电路晶体管级设计的流程和数字电路基本单元库的概念，为以后的工作实践奠定一个较为扎实的基础。

参考文献

[1] 陈中建主译. CMOS 电路设计布局与仿真[M]. 北京：机械工业出版社，2006

[2] 朱正涌编著. 半导体集成电路[M]. 北京：清华大学出版社，2001

[3] 荒井英辅(日)编. ①集成电路 A ②集成电路 B. 北京：科学出版社，2001

[4] Jan M Rabaey. Digital Integrated Circuits—A Design Perspective[M]. 北京：清华大学出版社，1999

[5] 李伟华编著. VLSI 设计基础[M]. 北京：电子工业出版社，2002

[6] 高保嘉编著. MOS VLSI 分析与设计[M]. 北京：电子工业出版社，2002

思考题与习题

1. 试述抑制 CMOS 电路版图中闩锁效应的措施。
2. 若设计采用 N 阱工艺，补充完整图 8.13(b)所示的水平走向与非门版图。
3. 设计一个三输入 CMOS 与非门电路，并用第 4 章的版图层次图型画出对应的版图连接示意图。
4. 若设计采用 P 阱工艺，补充完整图 8.14(a)所示的或非门版图。
5. 设计一个三输入 CMOS 或非门电路，并用第 4 章的版图层次图型画出对应的版图连接示意图。
6. 参照图 8.17 所示的由开关逻辑构成的异或门电路，设计一个异或非门(同或)电路。

第 9 章　集成电路模块级设计

集成电路的分析和设计可以在不同级别的层次上进行。前面已经分别讲述了在器件物理级和晶体管级进行分析和设计的方法，本章仍然以数字逻辑电路和模拟电路两种最为典型的电路为例，阐述集成电路模块级设计的特点和基本方法。最后讲述集成电路 IP 核（Intellectual Property Core）设计的基本概念。

9.1　引言

随着集成电路规模和设计复杂度的不断提高，采用人工或半自动设计方法必然存在着设计效率低、设计周期长的问题。并且随着集成电路规模的不断扩大，基于晶体管级的电路仿真变得越来越困难，尤其是对于模拟集成电路而言，不仅电路的仿真过程变长而且仿真的收敛性也变差。为了提高设计效率、缩短设计周期，可以首先将复杂的电路划分为若干模块，各个设计小组按照统一的标准并行设计各自的模块，然后分别完成各个模块的晶体管级电路仿真和版图验证，最后在此基础上完成整个系统的集成。这种将复杂的集成电路分为多个较小的模块来处理的方法是集成电路模块级设计方法的空间含义。其优点是：由多个设计小组协同完成一个复杂的设计，发挥了群体的作用，为实现更为优化的电路设计提供了条件。集成电路模块级设计方法还有时间的含义。这就是把一些基本的、常用的电路模块预先按一定的规则设计出来并经过工艺验证，供本人、本设计团队或其他设计团队在需要时调用。其优点是：知识重用、成果共享、节省人力、节省时间和减少风险。纵上所述，集成电路的模块应该具有这样的特征：功能相对独立、能够完成一种基本功能、具有可重用性。

集成电路的模块基本上可以分为数字电路和模拟电路两大类。通过第 7 章和第 8 章的学习我们知道，由于模拟信号和数字信号的分析处理方法不同，相应地，它们在晶体管级的设计分析方法也有所不同。在模块级，模拟和数字集成电路设计分析方法的差别更大。这是因为，模拟集成电路的模块级设计技术目前还不够成熟，而数字集成电路由于可以方便地抽象出逻辑门、加法器、寄存器、算术单元等不同类型的逻辑单元，这种抽象极大地促进了数字电路的自动化设计进程，其模块级和更高一层次的系统级设计技术已经相当成熟。在下一章将要介绍的集成电路系统级设计中，我们可以体会到数字电路设计自动化的程度。这里首先讨论数字逻辑电路的模块级设计。

9.2　数字逻辑电路模块级设计

按照集成电路“自底向上”的设计路线，可以说，无论是数字电路还是模拟电路，其模块级的设计过程就是根据晶体管级仿真结果提取电路宏模型的过程。下面首先讨论数字电路从晶体管级到模块级的抽象方法。

9.2.1 模块级宏模型

数字电路的输入和输出一般处于两种状态中的一种:逻辑 0 或逻辑 1,并且这些逻辑值可以用电平或电流来表示,例如,0 V 代表逻辑 0,5 V 代表逻辑 1。因此,设计好的晶体管级数字电路可以首先被简单抽象为:对所有的输入执行逻辑运算来产生一个或多个输出。例如,第 8 章中图 8.10 所示的晶体管级 CMOS 反相器可以抽象为逻辑函数

$$V_o = \overline{V_i} \tag{9.1}$$

图 8.12 所示的晶体管级 CMOS 二输入与非门和或非门可以分别抽象为式(9.2)和式(9.3)所示的逻辑函数

$$OUT = \overline{IN_A \cdot IN_B} \tag{9.2}$$

$$OUT = \overline{IN_A + IN_B} \tag{9.3}$$

而对于图 8.15 所示的晶体管级 CMOS 传输门,其输出信号是输入信号和控制信号逻辑运算的结果,可以抽象为逻辑函数

$$OUT = IN \cdot C \tag{9.4}$$

通过以上几个例子可以看出,晶体管级的数字逻辑电路输入输出电平的变化可以被抽象为高一级别的布尔代数描述,表现为功能相对独立并且具有一定功能的模块。这些模块不再涉及具体的晶体管连接,也不再关心电路结构,只是对电路逻辑行为的抽象,这就是数字逻辑电路的模块级宏模型。用逻辑函数来描述的宏模型属于行为级宏模型。

数字电路的特点在于其逻辑设计的复杂性和电路的大规模。以上只是给出了最基本的数字逻辑单元的模块级描述,实际上,在一个数字系统中,数字逻辑电路的模块构造是灵活多变的,根据最终实现的系统规模,模块既可以是基本逻辑门,也可以是由基本逻辑门构成的触发单元,还可以是由触发单元构成的分频器、计数器等功能电路,甚至是功能更复杂的模块。数字电路的模块级设计应该是一个从简单到复杂的层次化设计过程。对于复杂到需要大量知识和经验积累、并投入大量人力和时间才能完成设计和验证的模块则成为本章最后要介绍的集成电路 IP,而这些又是构成一个完整数字系统的基础。

需要说明的是,不论数字电路各模块的规模大小如何,其模块划分的基本原则是:各功能模块之间的连线尽可能少、接口清晰、规模合理、便于独立加以性能描述和应用。

9.2.2 宏模型的电气特性

用逻辑函数描述的数字电路宏模型只是考虑了模块最基本的功能,可称之为模块的一阶特性描述。一阶特性并没有反映模块的电气特性和其他物理特性,例如,对非门电路来说,并没有考虑其上升时间、下降时间、延迟时间、电源电压、逻辑电平、功耗和面积等性能。为了使建立的宏模型更接近实际电路的电特性,在完成逻辑功能抽象的同时,还应该给出电路的驱动能力、漏电流、功耗、面积、一定负载时的上升/下降时间等信息。这就需要采用下一章将要介绍的 VHDL 或 Verilog 两种数字电路硬件描述语言来描述这些电特性,并将包含电气特性的模型称为模块的二阶特性描述。

9.2.3 版图布局与布线

数字集成电路,不管其逻辑多么复杂,都可以由基本门电路构成,而这些基本门电路的

晶体管级电路结构和版图都早已设计完成。因此，对于大规模的数字集成电路一般可以采用基于标准单元库的自动布局布线来完成版图设计，而对于一些中小规模或速度和面积需要特别优化的数字电路，可以或必须采用手工的版图设计方法完成模块级版图设计。

数字逻辑电路的模块级版图设计可以采用层次化的版图设计方法，调用各设计好的门电路版图，然后进行布局和布线。不过在这种情况下，版图布局和布线不是以晶体管、电阻和电容等元器件为基础，而是以模块为基础。值得说明的是，数字电路在满足系统功能要求的基础上，其主要性能指标是影响电路工作速度的延迟时间和转换时间。而减少延迟时间的一个有效方法就是减小门电路的负载电容。布局方面，在门电路扇入扇出系数已定的情况下，通过缩小模块之间的距离，不仅可以减小电容而且可以节省版图面积。此外，设计数字逻辑电路模块级版图时，比较重要的一点就是版图的规整性，版图中的各单元应该尽可能地排列规整。图 9.1 给出了一个加法器数据通路的版图布局规划示意图。整个芯片可能包括输出缓冲器、控制逻辑和存储器等模块，而加法器数据通路的布局规划可以直接放到整个芯片的布局规划中。

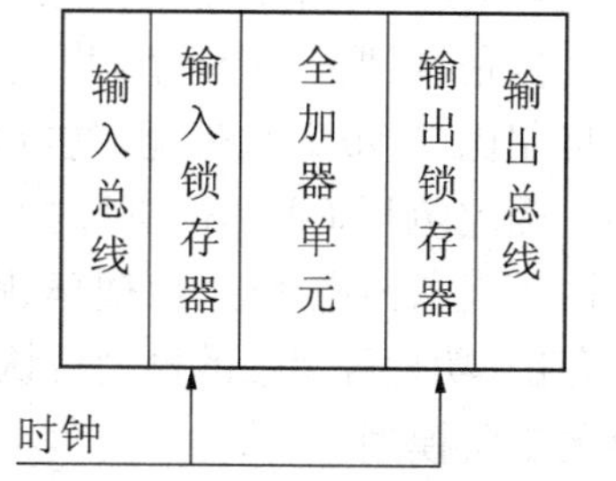

图 9.1　一个加法器的布局规划

布局时还要考虑的一点就是为布线预留空间。通常的设计是，将前后互连的模块排成一行，行之间预留布线通道。这样，不相邻模块之间以及不同行中的模块之间通过预留布线通道实现互连。行之中相邻两模块之间的电源和地线直接对接，信号线也尽可能直接对接。如果待互连的两信号端点不在同一水平线上，两端点间的连接优选直线而不用直角折线。其原则就是尽可能缩短高速信号互连线的长度。

9.3　模拟电路模块级设计

我们知道，基本的数字逻辑电路可以通过布尔代数来描述输入输出间的关系，但模拟电路就无法找到这样一种统一的描述方法，因此，其电路功能的抽象描述相对数字集成电路而言要困难得多。对于不同类型的模拟电路，通常处理的方法也不一样。下面从模拟电路的线性特征和非线性特征两个方面来讨论如何将设计好的晶体管级模拟电路抽象成高一级别的宏模型。

9.3.1　线性电路宏模型

线性模拟电路，如小信号放大器、运算放大器等，可以通过构造二端口或多端口等效网络的方法实现从晶体管级到模块级的抽象。这种端口等效网络可以借助于 SPICE 程序中的四种受控源来加以描述。这时，虽然电路的描述方法还是基于 SPICE 的，但它关心的不再是网络内部晶体管级的电路拓扑、器件参数等具体细节，而是采用诸如 Y 参数和 Z 参数等端口网络参数从宏观角度来描述电路的功能，所得到的宏模型属于构造法宏模型。下面以运算放大器为例，介绍提取线性电路宏模型的基本方法。

与数字电路宏模型类似，模拟电路的宏模型描述也有一阶模型和二阶模型之分。通常，将反映模块重要功能的性能参数称为模块的一阶模型，而那些在某些情况下可以忽略的性能参数称为模块的二阶模型。例如，运算放大器具有开环增益和带宽、共模抑制比、差模和共模输入阻抗、输出阻抗、噪声等参数。一个双端输入单端输出的运算放大器的一阶模型如图 9.2 所示[1]，该模型中包含了运算放大器的输入阻抗 Z_i、输出阻抗 Z_o、电压增益 A_v 以及输入失调电压 V_{os} 和电流 I_{os} 特性。模型中的各参数可以由晶体管级设计结果得到。

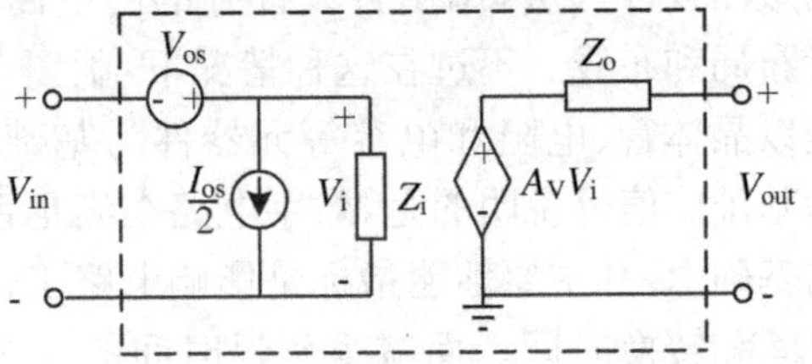

图 9.2　运算放大器一阶模型示例

但是，根据一阶模型，我们无法得到其共模抑制比（*CMRR*）、带宽、建立时间等重要特性。因此包括 *CMRR*、电源抑制比（*PSRR*）、高阶零极点传递函数、压摆率、噪声源、输出电压范围、功耗等参数的模型可认为是运算放大器的二阶模型。

在选用运算放大器宏模型时，需要考虑的参数越多，宏模型就越复杂，因此需要根据具体应用确定模型的复杂程度。

模拟电路的模块级模型还可以采用将要在下一章介绍的 VHDL-AMS 或 Verilog-AMS 两种混合信号硬件描述语言来描述。

9.3.2　非线性电路宏模型

非线性模拟电路包括非线性功率放大器（PA）、压控振荡器（VCO）和混频器等。以 VCO 为例，当完成晶体管级的设计后，无论是环形 VCO 还是 LC VCO，理想情况下，VCO 输出的信号频率是控制电压 V_{cont} 的线性函数，因此可以用式（9.5）所示的数学表达式来描述[2]

$$\omega_{out}+\omega_{FR}+K_{VCO}V_{cont} \tag{9.5}$$

式（9.5）中，ω_{FR} 为 VCO 的"自由振荡"频率，单位为 rad；K_{VCO} 为 VCO 的"增益"，单位为 rad/(s · V)。

在锁相环路中，压控振荡器输出对环路起作用的不是瞬时角频率而是它的瞬时相位，而相位是频率对时间的积分。因此，由式（9.5）得

$$\int_0^t\omega_{out}(t)\,dt=\omega_{FR}t+K_{VCO}\int_0^t V_{cont}(t)\,dt \tag{9.6}$$

这样，以 ω_{FR} 为参考的 VCO 输出瞬时相位为

$$\theta(t)=K_{VCO}\int_0^t V_{cont}(t)\,dt \tag{9.7}$$

可见，压控振荡器在锁相环路中起了一次积分作用，被称为锁相环路中的固有积分环节。因此，当不考虑 VCO 的相位噪声等二阶特性时，其一阶模型如图 9.3 所示。

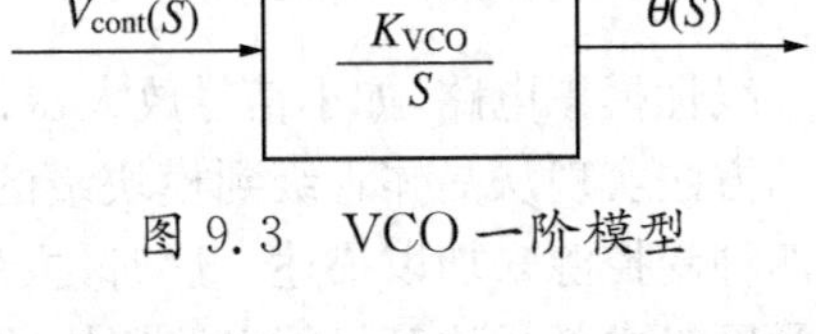

图 9.3　VCO 一阶模型

这个例子说明，非线性模拟电路虽然不能够像线性模拟电路那样，通过线性元件构造等效电路的方法实现从晶体管级到模块级的抽象，但可以使用数学函数对其行为进行抽象，所获得的宏模型属于行为级宏模型。总之，无论是线性还是非线性模拟集成电路，建立其模块级模型的目的是为实现更高层的设计，即系统级的设计，提供实现方案和描述依据。

9.3.3　版图布局与布线

一个好的模拟集成电路版图可以将串扰、失配、噪声等效应减至最小，因此，无论模块级还是晶体管级的版图设计对实现系统的设计要求都是至关重要的。对于晶体管级的版图设计主要侧重于器件的版图设计和布局布线，而对于模块级的版图设计则主要侧重于各模块的布局以及模块间的连线。

目前，已经有运算放大器、基准电压源、开关电容单元和模拟锁相环等模拟电路的功能模块经过精心设计和工艺制造的验证后，其电路结构和版图被存入数据库中。当设计含有这些功能的模拟集成电路时，只需进行适当组合，即可得出结果。这样，可以缩短整个电路设计所需的时间，而且可以提高设计的成功率。

模块级的模拟电路版图设计首先要了解各模块的特点，是大信号还是小信号、高压大功率还是低压小功率以及大电流路径还是小电流路径等关键问题。然后再进行合理的布局分割，对敏感的模块通过加保护环、PN 结隔离等措施加以保护。在数模混合信号电路的版图布局中，通常将比较器、输出缓冲放大器等大摆幅模拟电路布置在模拟和数字电路之间。而数字电路则应该根据速度和功能进行划分。数字输出缓冲器通常要高速驱动电容负载，应该远离敏感模拟节点。低速和高速数字电路应依次布置在不敏感模拟电路和数字输出缓冲器之间[3]。图 9.4 给出了一个数模混合 IC 版图布局的示例，图中，敏感模拟电路尽可能远离了数字输出缓冲器，而最不敏感的模拟电路邻近于干扰最小的数字电路。

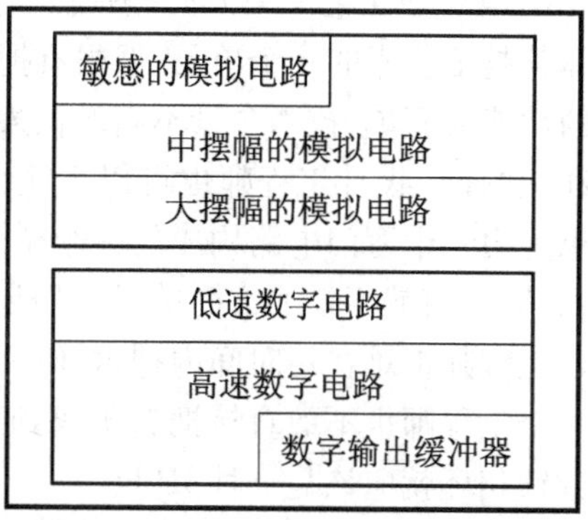

图 9.4　数模混合 IC 版图布局示例

工作在数字环境中的模拟 IC，当模拟电路和数字电路设计在同一衬底上时，还需要考虑电源线和地线的布线，因为数字电路会通过电源线和地线向敏感的模拟电路注入噪声。通常，数字和模拟电路采用各自独立的电源和地线管脚可以达到最好的抗干扰效果，并减小耦合噪声。图 9.5 给出了数模混合 IC 的电源和地布线示意图。可见，通过使用单独的压焊点和管脚，使模拟和数字电路完全分离。但这种方法依赖于是否有额外可用的管脚和焊盘，这些分离的电源和地在外部应该连接在一起。同一衬底上的模拟电路和数字电路各自使用一个独立的外部电源是不合理的，因为这两种电路在上电时不可能做到完全同步，这样容易引发闩锁效应。

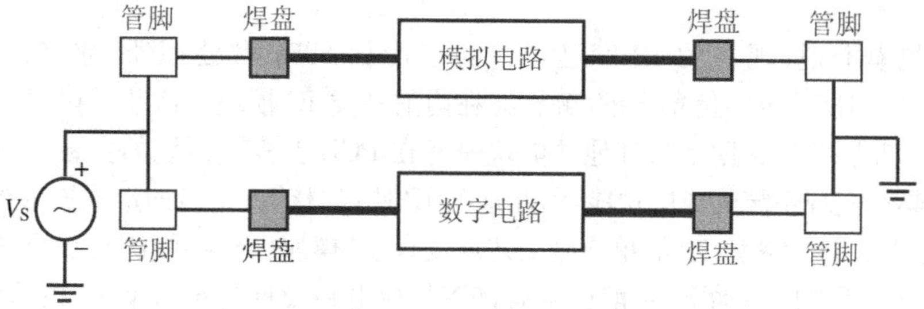

图 9.5　数模混合 IC 的电源和地布线

最后,对于高性能和高速的模块级 IC 设计同样必须考虑版图寄生效应,因此,仍需要进行版图寄生参数提取和后仿真工作。

9.4 IP 设计简介

IP(Intellectual Property)的含义是"知识产权",是目前集成电路设计中的一种新概念。通常讲的 IP 核(IP Core)是指已经设计优化好、经过验证、功能复杂、可以嵌入到其他电路中重复使用的集成电路模块。不同的用户可以通过直接调用这些模块来完成各自的系统设计,这样就大大减轻了设计工程师的负担,避免了重复劳动,提高了设计效率,缩短了产品进入市场的周期。

IP 与普通工艺库单元的差别在于其功能的复杂性和技术含量的高低。举例来讲,虽然晶体管是工艺库的一个单元,但很难把一个晶体管的符号、版图以及模型参数作为 IP,因为它的功能太简单,技术含量不高。在某些情况下,即使工艺厂家不提供一种晶体管变型的符号和版图,IC 设计工程师也可以不花太多时间把它做出来,可以不做验证就加以使用。而如果是由几十万门电路构成的一个微处理器或者是用 RLC 元件和晶体管构造一个射频的锁相环,事情就不是那么简单了。如果没有相应的理论知识、电路技术和设计经验,大多数设计工程师很难在短时间内把这样一个复杂的子系统设计出来,并且,如果不经过验证,任何一个工程师也不敢直接把它集成到系统中应用。因此,一个经过验证的微处理器或一个射频锁相环就应该是一种 IP 核。

下面将简要介绍 IP 技术的发展、IP 设计的层次以及 IP 标准等相关内容[4]。

9.4.1 IP 的发展

随着集成电路的芯片规模越来越大,设计越来越复杂,使用 IP 已经成为一个发展趋势。实际上,IP 的概念在 IC 设计中已经使用了近 20 多年,应该说标准单元库就是 IP 的一种形式。最初,各工艺加工厂为扩大业务,便以精心设计并经过工艺验证的标准单元吸引 IC 设计师,向他们免费提供数据资料。IC 设计师们也乐于使用成熟、优化的单元完成设计,这样既可以提高效率,又可以减小设计风险。设计师一旦以这些标准单元完成了设计,必然就到这家工艺加工厂流片。于是,工艺加工厂就达到了扩大业务量的目的。当时,使用者与工艺厂除签订类似"标准单元不扩散协议"外,无须另交单元库的使用费。因此,工艺厂并没有直接从 IP 获益,只是通过扩大业务间接获取 IP 的效益。这就是 IP 的最初形式。如今的 IP 已经成为 IC 设计的一项独立技术,成为实现 SOC 设计的技术支撑,成为 ASIC 设计方法学中的学科分支。

从集成规模上说,现在的 IP 库已经包含了诸如 8051 微处理器、数字信号处理器(DSP)、MPEG－III 等数字信息压缩/解压器在内的各类 IC 模块。这些模块都曾是具有完整功能的 IC 产品,并广泛用来与其他功能块一起在 PCB 上构成系统的主板。如今的微电子技术已经具有实现系统集成的功能,因此这些 IP 便以"核"(Core)的形式嵌入到 ASIC 和 SOC 中。从 IP 设计的来源上说,单纯靠工艺厂设计 IP 模块已经不能满足系统设计师的要求。在市场应用需要的驱动下,目前已经有许多集成电路设计公司从事 IP 核的设计、开发和营销工作。

9.4.2　IP 设计的层次

IP 内核模块有行为(Behavior)、结构(Structure)和物理(Physical)三种不同级别的设计。对应有主要描述功能行为的"IP 软核(Soft IP Core)"、完成结构描述的"IP 固核(Firm IP Core)"和基于物理描述并经过工艺验证的"IP 硬核(Hard IP Core)"三个层次。这相当于集成电路(器件或部件)的毛坯、半成品和成品的设计技术。

IP 软核通常是以某种硬件描述语言(HDL)文本提交给用户。该软核已经过行为级设计优化和功能验证,但其中不包含任何具体的物理信息。根据 HDL 文本,用户可以综合出正确的门电路级网表,并可以进行后续的结构设计,具有较大的灵活性,可以很容易地借助 EDA 自动综合工具与其他外部逻辑电路结合成一体,根据各种不同的半导体工艺,设计成具有不同性能的器件。可以商品化的 IP 软核一般电路结构总门数一般都在 5 000 门以上。但是,如果后续设计不当,有可能导致整个结果失败。IP 软核又称作虚拟器件(VC:Virtual Chips)。

IP 硬核是基于某种半导体工艺的物理设计,已有固定的拓扑布局和具体工艺,并已经过工艺验证,具有可保证的性能。其提供给用户的形式是电路物理结构掩膜版图和全套工艺文件,是可以直接使用的全套技术。与软核相比,利用硬核进行集成电路设计受到的限制多,但是容易一次流片成功,其进行知识产权的保护也较简单。

IP 固核的设计介于软核和硬核之间,除完成了门电路级综合和时序仿真等设计环节外,还完成了 IP 硬核所有的设计。一般以门电路级网表形式提交给用户使用。

另外,从功能上划分有嵌入式 IP 核和通用 IP 核。嵌入式 IP 核指可编程 IP 模块,主要是 CPU 与 DSP。通用 IP 核模块包括存储器、存储控制器、通用接口电路和通用功能模块等。

9.4.3　IP 的标准

IP 供应商的出现和 SOC 设计方法学的普及,极大的促进了 IP 的推广和使用,但随之也出现了一系列急需解决的问题。首先 IP 供应商需要提供怎样的文件,才能使 IP 用户能够方便、准确的进行 IP 选择;其次 IP 的使用者并不熟悉 IP 结构,如何才能快速的对其进行修改以适应设计者的需要(对 IP 软核);第三,由于 SOC 各模块间的通讯并没有一个统一的标准,造成 IP 集成的困难,如何解决 IP 的接口标准问题;第四,IP 种类很多,设计同一类型的 IP 公司亦很多,如何建立一个相对客观的 IP 评价体系,实现对 IP 质量的评估;第五,如何进行 IP 的验证;第六,IP 使用的最大障碍之一是 IP 的知识产权保护,如何有效地建立起 IP 的保护体系。这一系列问题的出现,最终导致了 IP 核标准的产生及相关国际组织的出现。IP 标准组织的建立,是国际大公司为协调 SOC 设计和使用过程中遇到的一系列问题,并以这些大公司的现有技术和未来的市场为服务对象,自发组成的联盟。

目前,尽管对 IP 还没有统一的定义,但 IP 的实际内涵是有界定的。

首先,IP 必须是为了易于重用而按嵌入式专门设计的。即使是已经被广泛使用的产品,在决定作为 IP 之前,一般来说也需要重新设计,使其更易于嵌入到系统中。

其次,是 IP 模块的优化设计。优化的目标通常为"四最":即芯片的面积最小、工作速度最快、功耗最低和工艺容差最大。这样的优化目标是使用全自动设计过程难以达到的,因此，基于晶体管级的 IP 设计便成为目前的主要方法。

第三，要符合 IP 标准。与其他 IC 产品一样，IP 进入流通领域后，也需要有标准。于是 1996 年成立了最早的 IP 核标准组织 VSIA（Virtual Socket Interface Alliance）。该组织是全方位制定 IP 标准的开放性的国际联盟，成员包括系统设计公司、半导体供应商、EDA 公司、IP 提供商。其后在世界各地陆续出现了区域性或国际性的联盟和组织，以促进本地区和国家 SOC/IP 产业的形成和发展，如日本的 IPTC、韩国的 SIPAC、台湾的 SOC 推动联盟，IP 网上交易网站有法国的 D&R 和英国的 VCX 等。目前，我国政府对 SOC/IP 产业也非常重视，于 2002 年批准成立了“信息产业部集成电路 IP 核标准工作组（IPCG）”，负责制定我国的 IP 核技术标准；后来又成立了“信息产业部软件与集成电路促进中心（CSIP）”和“上海硅知识产权交易中心（SSIPEX）”等机构。这些表明了我国的 IP 交易基础设施已经逐步建立起来，为 IP 标准的应用和推广奠定了基础。

9.5 本章小结

本章主要讨论了模拟电路和数字逻辑电路的模块级仿真和版图设计方法，介绍了集成电路 IP 设计的基本概念。为采用“自顶向下”的集成电路系统级设计奠定了基础。

参考文献

[1] Paul R. Gray, Paul J. Hurst, Stephen H. Lewis, Robert G. Meyer. Analysis and Design of Analog Integrated Circuits[M]. John Wiley&Sons, 2001

[2] 万心平等编著. 锁相技术[M]. 西安：西安电子科技大学出版社，1990

[3] 陈中建主译. CMOS 电路设计布局与仿真[M]. 北京：机械工业出版社，2005

[4] 陆重阳，卢东华，文爱军. IP 技术在 SOC 中的地位及应用[J]. 微电子技术，30(4)，2002

思考题与习题

1. 试述模拟电路模块级版图设计的特点。
2. 试述模拟电路和数字电路模块级设计的主要区别。
3. 试述集成电路 IP 与标准单元库的差别。

第 10 章　集成电路系统级设计简介

介绍过集成电路的晶体管级与模块级电路设计和版图设计之后，本章讲述集成电路系统级设计的相关知识。从设计方法和设计工具来看，数字集成电路的系统级设计要比模拟集成电路系统级设计成熟得多。本章首先以 Verilog HDL 为例，介绍 VLSI 数字集成电路的设计流程，然后简要介绍基于 Verilog-AMS 语言的混合信号系统级设计。

10.1　引言

现实世界中的各种信号量通常都是以模拟信号的形式出现的，设计一个电路系统的基本要求，就是采集与实现系统功能相关的模拟信号，按系统的功能要求对采集的信号进行处理，并输出需要的信号(通常也是模拟量)。早期的信号处理主要采用对模拟信号直接进行处理的方法，以电容、电阻、电感、运算放大器等分立器件为主构成模拟信号处理系统。这种方法的主要缺点是控制参数修改不灵活、性能不稳定。例如，需要采用多种数值的电阻及电容，并通过电子开关切换才能在线修改处理参数；对周围环境变化敏感，温度、电路噪声等都会造成处理结果的改变。解决以上问题最好的方法就是采用数字系统进行信号处理。因为采用数字系统可以通过软件修改处理参数，具有很大的灵活性，并且数字系统采用二值逻辑，只要环境温度、电路噪声的变化不造成电路逻辑的翻转，其功能都可以不受影响地完成，具有很好的稳定性。随着计算机技术、数字信号处理技术以及微电子技术等相关学科的飞速发展，通过 A/D、D/A 实现数字系统与模拟系统之间的转换，采用数字系统进行各种信号处理实现系统所要求的功能的方法得到普遍应用。图10.1 给出了一个采用数字系统实现模拟信号处理的结构示意图，图中虚线框内的各模块组成了一个完整的信号处理系统。若该系统采用单片集成电路的方法实现，则称之为系统芯片(SOC：System on Chip,)，SOC 涉及到数模混合设计、IP 核的使用等技术；若出于技术或者市场反应时效(TTM：Time To Market)等因素的考虑，上述 SOC 也可以通过单封装系统(SIP：System In Package)的方法来实现，部分模块直接使用市场上成熟可靠的裸片，有特定应用要求的部分设计专用集成电路来实现，最后使用封装的方法将各种裸片封装到同一个封装体内，实现 SIP。

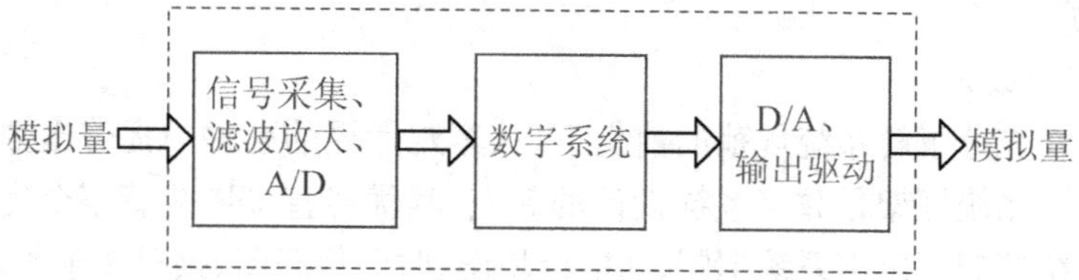

图 10.1　采用数字系统实现模拟信号处理的结构示意图

传统的数字系统设计方法采用基于门电路的方法进行。首先根据系统的功能定义和时序、驱动能力、功耗等要求设计系统结构，进行子系统划分。再使用卡诺图进行状态分析和化简，通过设计有限状态机来协调各子系统的动作，实现顶层系统的功能。其中，状态机及具体子系统的电路实现由手工设计完成，最终的数字系统版图设计也由手工定制完成。由于这种方法中每个环节都需要设计人员具体完成，因此只适合于中小规模的集成电路设计。现代数字系统的功能日趋复杂，半导体工艺线可实现的芯片集成度越来越高，单个芯片的功能也越来越复杂，采用上述设计方法设计大规模数字集成电路，无论从技术上，还是从 TTM 的要求上，都已无法适应要求，采用硬件描述语言（HDL：Hardware Description Language）进行电路设计的方法应运而生。

10.2 数字系统硬件描述语言

硬件描述语言可以在不同的层次上描述数字系统，比如，描述电阻、晶体管及其之间相互连线关系的，称为开关级描述；描述基本逻辑门、触发器及其之间相互连线关系的，称为门级描述；在更高层面上描述寄存器及其之间数据传递的，称为寄存器传输级描述。目前得到广泛认可的硬件描述语言有 Verilog HDL 和 VHDL 两种。因为 Verilog HDL 与 C 语言很相似，而大多数电子和计算机工程师都学过 C 语言，所以 Verilog HDL 比 VHDL 容易学习，得到更多使用者的喜爱。Verilog HDL 最初由 Philip R. Moorby 于 1983 年设计出，后被 Cadence 公司购买，成为其专利技术。经过 OVI（Open Verilog International）的 Verilog HDL 研究开发计划推动，1995 年 Verilog 被正式确定为 IEEE Std 1364—1995 标准[1,2]。下面以 Verilog HDL 为例，介绍 VLSI 数字集成电路的设计流程。

10.2.1 基于 Verilog HDL 语言的数字系统设计流程

数字系统的设计在一开始要仔细分析总体设计任务，所以是自顶向下的设计过程。不同的设计公司其设计流程不尽相同，同一公司的设计流程根据不同的应用要求和实现工艺也会作相应的调整，但一些基本步骤都是必须的。图 10.2 给出了基于 HDL 语言的数字集成电路设计参考流程，包括如下基本步骤。

1）确定系统规范

系统规范俗称 Spec(Specification)，是对系统要求的总体描述，反映了客观世界事件的概貌。设计人员的工作就是设计出最优的电路结构，满足系统规范即系统各方面的电气指标。

系统规范主要包括：简介、功能描述、时序图、信号驱动能力、管脚及封装要求、功耗要求、测试要求等。

2）系统框架设计

设计人员在充分了解系统规范的前提下，从客观世界的事件中提炼出数字系统能够描述的系统框架。系统框架是数字系统设计的起点，其优劣直接影响着整个专用集成电路设计的成败。系统框架可以由系统框图、功能模块图、时序状态图、接口要求等来描述，包含的设计内容主要有：

(1) 对设计任务进行分析，将所设计的系统合理地划分为若干个子系统，使其分别完成

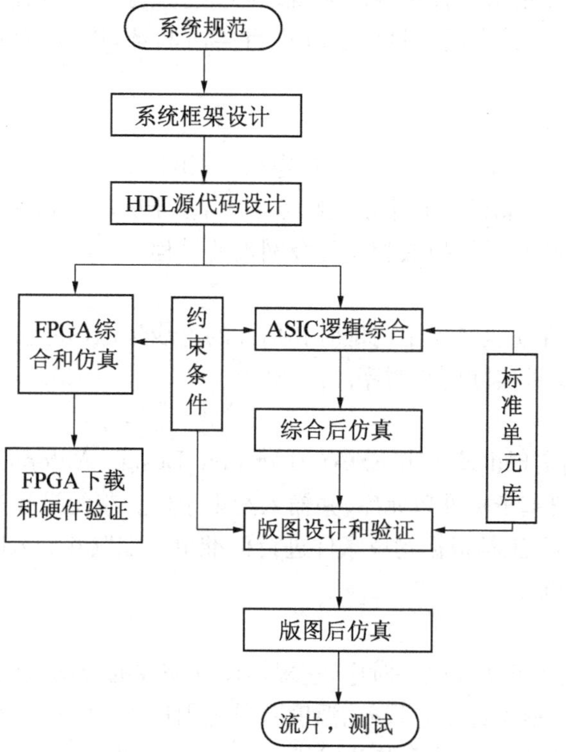

图 10.2　基于 HDL 语言的数字集成电路设计参考流程

较小的任务。

(2) 设计系统控制器以控制和协调各子系统的工作。

(3) 对各子系统功能部件进行逻辑设计。

(4) 复杂的数字系统还要对各子系统的连接关系及数据流传送方式进行设计。

3) 系统源代码设计

源代码设计主要包括 HDL 语言的行为级和寄存器传输级(RTL:Register Transfer Level)源代码设计。

行为级描述:对整个系统的数学模型的描述。一般来说,对系统进行行为级描述的目的是试图在系统设计的初期,通过对系统行为描述的仿真来发现设计中存在的问题。并不真正考虑其实际的操作和算法的实现,考虑更多的是系统的结构及其工作过程是否能达到系统设计规范的要求。

RTL 描述:用行为方式描述的系统结构有可能其中部分描述的抽象程度过高,而不能直接映射到具体逻辑单元结构的硬件实现,因此,一些行为级描述的 HDL 语言需要改写成寄存器级描述才能进行综合。

4) FPGA 综合和硬件验证

现场可编程门阵列(FPGA:Field Programmable Gate Array)器件是厂家作为一种通用性器件生产的半定制电路,用户可以通过对器件编程实现所需的功能,其使用方便、设计周期短。通过 FPGA 硬件验证,可以在设计早期发现问题,这对降低产品研发费用,缩短产品开发周期具有重要意义。借助 FGPA 设计软件,通过设置综合约束条件和设计实现目标器件，完成 FPGA 逻辑综合和版图实现后，通过后仿真来验证时序是否满足要求，还可将设计下载到 FPGA 并应用到目标系统进行实时验证，以确信设计能满足系统应用的要求。

5) ASIC 逻辑综合

在 FPGA 验证通过后，可转入专用集成电路(ASIC：Application Specific Integrated Circuit)设计阶段。ASIC 逻辑综合是指借助综合工具，基于标准单元库，根据输入的约束条件，将行为级或者寄存器级描述转换成相应门级网表的过程。

6) 综合后仿真

综合后的门级电路仿真考虑了门延时和估计的连线延迟，并且还能考虑工艺误差、温度差异等因素，是比较接近实际电路时序的。

7) 版图设计

门级网表到版图实现也基本由 EDA(Electronic Design Automation)工具自动完成，和逻辑综合类似，也需要基于标准单元库，并输入约束条件。版图设计过程首先是进行版图规划和布局，然后由 EDA 工具根据约束条件进行标准单元配置和插入时钟树、生成扫描链，最后进行布线和版图验证。

8) 版图后仿真

版图后仿真更加接近实际电路时序，它根据设计完成的版图，提取相应的连线延迟信息供仿真器使用，同时也能考虑工艺误差、温度差异等因素。

9) 提交版图数据、制版流片和芯片测试

以上描述的步骤在实施过程中并不完全是单向的，如果设计在某一步骤收敛不了，就需要返回到前面相应步骤修改设计。若能进行到版图后仿真并通过，则可认为设计工作已完成，可以生成 GDS 文件送掩膜厂制版，加工芯片，并对完成的芯片进行测试。

现代最先进的集成电路加工工艺特征尺寸已小于 100 nm，在设计工艺进入纳米后，上述步骤 5、6 和 7 通常是合并在一个步骤内完成的，这样可以及早考虑连线的延时，有利于设计收敛，减少设计迭代。在电路的规模很大、测试向量很多的情况下，门级电路仿真需要花费的时间很长，常用的一种变通方法是采用静态时序分析(STA：Static Timing Analysis)工具进行验证。静态时序分析通过检查电路时序路径上是否存在时序违背来验证门级电路的正确性，与门级仿真相比，所需时间大大减少，也不存在测试向量是否完备的问题。另外，逻辑综合工具所能支持的 HDL 语言通常是完备 HDL 语言的一个子集，因此，逻辑综合过程中需要对原始的 HDL 描述进行一定的修改。同时，插入扫描链和时钟树也会改变电路的原始结构。为保证这种修改前后功能的一致性，可借助形式验证(Formal Verification)工具来进行检查。

10.2.2 Verilog HDL 常用语法

Verilog 的基本设计单元是“模块”(block)。模块由两部分组成，一部分描述接口，另一部分描述逻辑功能。按照模块接口的描述，一个模块可以在另一个模块中使用，实现层次化设计。逻辑功能的描述可以使用连续赋值语句(描述数据流行为)、过程结构(时序行为)、开关级原语、门级原语和用户定义的原语等方式[1-3]。

一个模块的基本语法如下：

```
module module_name (port_list);
    Declarations;
      reg , wire ,parameter ,input ,output ,inout ,function ,task , ……
    Statements;
      Initial statement
      Always statement
      Module instantiation
      Gate instantiation
      UDP instantiation
      Continuous assignment
Endmodule
```

以下从构建模块涉及到的语言要素、运算符和各种描述语句等方面对 Verilog 语言进行简单介绍。

10.2.2.1　Verilog 语言要素

Verilog 的语言要素包括如下八个方面的内容。

1) 标识符

标识符用来表示各种变量、参数或构件的名称，它可以是任意一组字母、数字、$符号和_(下划线)符号的组合，但第一个字符必须是字母或下划线。另外，标识符有大小写之分。

Verilog HDL 定义了一系列的保留字，叫做关键字，它仅用于某些上下文中，在编写程序时，变量的定义不能与这些关键字冲突，Verilog HDL 中使用的关键字可参考 Verilog 标准或有关书籍。

2) 注释

在 Verilog HDL 中有两种形式的注释。

第一种形式：/＊……＊/，可以扩展至多行；

第二种形式：//……，在本行结束。

3) 格式

Verilog HDL 区分大小写。也就是说大写与小写的标识符是不同的。此外，Verilog HDL 是自由格式的，即结构可以跨越多行编写，也可以在一行内编写。

4) 系统任务和函数

以 $字符开始的标识符表示系统任务或系统函数。任务提供了一种封装行为的机制。这种机制可以在设计的不同部分被调用。任务可以返回 0 个或多个值，而函数只能返回一个值。此外，函数在 0 时刻执行，即不允许延迟，而任务可以带有延迟。

常用的系统任务和函数有如下几种。

(1) 显示任务

主要有 $display，$write，$strobe，$monitor，$monitoron，$monitoroff 等。其中 $display 和 $write 任务基本相同，在遇到该语句时执行；$strobe 任务的执行要推迟到时间步结束时才进行；$monitor 连续监控指定的参数，只要参数表中的参数发生变化，整个参数表就在时间步结束时显示。它们的使用格式相同，以 $display 函数为例，格式为

$display(“p1”,p2,…,pn);

其中参数项 p1 为输出格式控制，参数项 p2，…，pn 为输出列表，即将参数项 p2，…，pn 按参数项 p1 给出的格式输出，类似于 C 语言中的 printf 函数。

而 $monitoron 和 $monitoroff 分别用于打开和关闭监控任务 $monitor。

表 10.1 给出了常用的几种输出格式，一些特殊的字符则可以通过表 10.2 所示的特殊换码序列来控制输出。

表 10.1　常用输出格式

输出格式	说　明
%h 或%H	以十六进制数的形式输出
%d 或%D	以十进制数的形式输出
%o 或%O	以八进制数的形式输出
%b 或%B	以二进制数的形式输出
%c 或%C	以 ASCII 码字符的形式输出
%v 或%V	输出网络型数据信号强度
%m 或%M	输出等级层次的名字
%s 或%S	以字符串的形式输出
%t 或%T	以当前的时间格式输出
%e 或%E	以指数的形式输出实型数
%f 或%F	以十进制数的形式输出实型数
%g 或%G	以较短的形式输出指数或十进制数形式的实型数

表 10.2　Verilog HDL 的特殊换码序列

换码序列	功　能
\n	换行
\t	横向跳格(即跳到下一个输出区)
\\	反斜杠字符\
\"	双引号字符"
\ooo	1～3 位八进制数代表的字符
%%	百分符号%

(2) 文件输入/输出任务

$fopen：打开一个文件，它返回一个关于文件的整数(指针)，供其他函数使用。

$fclose：关闭一个文件。

$fdisplay、$fwrite、$fstrobe 和 $fmonitor 是上述显示任务输出到文件的版本，其第一个参数是由 $fopen 返回的文件指针，其余参数与显示任务相同。

$readmemb 和 $readmemh：从文本文件中读取数据并将数据加载到存储器。

(3) 模拟控制任务

$finish:使模拟器退出,并将控制返回到操作系统。

$stop:使模拟挂起(暂停),其后可以继续发送交互命令到模拟器。

(4) 模拟时间函数

$time:返回 64 位的整型模拟时间。

$stime:返回 32 位的时间。

$realtime:返回实型模拟时间。

(5) 概率分布函数

$ramdom[(seed)]:根据可选的种子变量 seed 的取值按 32 位有符号整数形式返回一个随机数。种子变量(必须是寄存器、整数或时间寄存器类型)控制函数的返回值。如果没有指定种子,则根据缺省种子产生随机数。

(6) 其他

其他任务和函数还有定时校验任务 $setup,$hold,$setuphold,$width,$period,$skew,$recovery,$nochange;变换函数 $rtoi,$itor,$realtobits,$bitstoreal;时间标度任务 $printtimescale,$timeformat 等,读者在需要用到时可参考有关 Verilog 语法手册。

5) 编译指令

以`(反引号)开始的标识符是编译器指令。在 Verilog 语言编译时,特定的编译器指令在整个编译过程中有效(编译过程可以跨越多个文件),直到遇到其他不同的编译程序指令。完整的标准编译器指令如下。

(1) `define , `undef

`define 指令用于文本替换,很像 C 语言中的 # define 指令,若有如下定义行

```
`define WORD 32
```

则语句

```
wire [`WORD−1:0] bus;
```

等同于语句

```
wire [32−1:0] bus;
```

`undef 指令用于取消由`define 定义的宏。

(2) `ifdef , `else, `endif

这些编译指令用于条件编译,如

```
`ifdef functional
    `timescale 1ns / 1ns
`else
    `timescale 10ps / 10ps
`endif
```

在编译过程中,如果已定义了名为 functional 的文本宏,`timescale 为 1ns / 1ns,否则,`timescale 为 10ps / 10ps。

(3) `default_nettype

为没有被说明的连线定义线网类型。如

```
`default_nettype wire // 定义缺省的线网为 wire 类型。
```

(4) `include

其功能类似于 C 语言中的 # include 指令，用于包含其他文件，文件名前可以包含路径。如：

`include “d:\hdl_design\usb\primitives. v”

编译时，这一行由文件 primitives. v 的内容所替代。

(5) `resetall

将所有的编译指令重新设置为缺省值。

(6) `timescale

用于定义时间单位和精度。其指令格式为：

`timescale `time_unit / time_precision

其中 time_unit 和 time_precision 分别由数值 1、10、100 和单位 s、ms、us、ns、ps、fs 组成。例如

`timescale 1ns / 10ps 表示时间单位为 1ns，时间精度为 10ps。`timescale 编译器指令在模块说明外部出现，并且影响后面所有的时间单位和精度。如果在一个设计中有多个模块带有自身的`timescale 命令，则采用最小的时间精度值来决定仿真时间单位。

6) 值集合

Verilog HDL 有下列四种基本的值。

(1) 0：逻辑 0 或“假”；

(2) 1：逻辑 1 或“真”；

(3) x：未知；

(4) z：高阻。

在门的输入或一个表达式中为“z”的值通常解释成“x”。此外，x 值和 z 值是不分大小写的。

下划线符号(_)可以随意用在整数或实数中，它们就数量本身没有意义，仅用于提高可读性。惟一的限制是下划线符号不能用作为首字符。

Verilog HDL 中有三类常量：整型、实数型和字符串型。

(1) 整型

整型数有十进制数和基数两种书写格式。

十进制数书写格式为带有一个可选的“＋”或“－”操作符的数字序列，如：32，＋32，－15。

基数书写格式为：[size] 'base value

其中 size 定义了常量的位长；base 为 o 或 O(表示八进制)，b 或 B(表示二进制)，d 或 D(表示十进制)，h 或 H(表示十六进制)之一；value 是基于 base 值的数字序列。值 x 和 z 以及十六进制中的 a 到 f 不区分大小写。如：5'O37(5 位八进制数)，4'D2(4 位十进制数)，4'B1x_01(4 位二进制数)，7'hx(7 位 x)。

基数格式表达的数为无符号数，数的长度如果没有显式定义，则其长度为相应值默认的位数。如：'O721 为 9 位八进制数，'hAF 为 8 位十六进制数。

(2) 实数型

实数有十进制计数法和科学计数法两种表达方式。十进制计数法和日常使用的数字书写格式一样，如：2.0，5.678，1134.56，0.1。科学计数法使用 e 或 E 将尾数和以 10 为底的

指数分开，如：235.1e2(其值为 23510)，6E2(其值为 600)，5E−4(其值为 0.0005)。

(3) 字符串型

字符串是双引号内的字符序列，不能分成多行书写。用 8 位 ASCII 值表示的字符可看作是无符号数，因此字符串是 8 位 ASCII 值的序列。为存储字符串“INTERNAL ERROR”，变量需要 8 * 14 位。

reg [1:8 * 14] Message;

Message= “INTERNAL ERROR”

反斜线(\)用于对确定的特殊字符转义：

\n　　换行符；

\t　　制表符；

\\　　反斜杠\；

\“　　引号”；

\206　　八进制数 206 对应的字符。

7) 数据类型

Verilog HDL 有两大类数据类型：线网类型(net type)和寄存器类型(register type)。

(1) 线网类型

线网类型表示 Verilog 结构化元件间的物理连线。它的值由驱动元件的值决定，例如连续赋值或门的输出。如果没有驱动元件连接到线网，线网的缺省值为 z。

线网数据类型包含下述不同类型的线网子类型：wire，tri，wor，trior，wand，triand，trireg，tri1，tri0，supply0，supply1。

简单的线网类型说明语法为

net_kind [msb:lsb] net1，net2，...，netN；

其中 net_kind 是上述线网类型的一种。msb 和 lsb 是用于定义线网范围的常量表达式，范围定义是可选的，如果没有定义范围，缺省的线网类型为 1 位 wire 型。可以使用`default_nettype 编译器指令改变这一缺省类型。下面是线网类型说明的实例：

wire Rdy，Start；　　　//2 个 1 位的连线；

wand [2:0] Addr；　　　//Addr 是 3 位线与。

(2) 寄存器类型

寄存器类型表示一个抽象的数据存储单元，只能在 always 语句和 initial 语句中被赋值，并且其值从一个赋值到另一个赋值被保存下来。寄存器类型的变量具有 x 的缺省值。

有五种不同的寄存器类型：reg，integer，time，real 和 realtime，其中寄存器数据类型 reg 是最常见的数据类型，其值通常被解释为无符号数，并使用保留字 reg 加以说明，形式如下：

reg [msb:lsb] reg1，reg2，...，regN；

其中 msb 和 lsb 定义了范围，并且均为常数表达式，范围定义是可选的，如果没有定义范围，缺省值为 1 位寄存器。例如：

reg [3:0] Sat；　　　//Sat 为 4 位寄存器

reg Cnt；　　　//1 位寄存器

reg [1:32]　　　//Kisp，Pisp，Lisp；Kisp、Pisp、Lisp 为三个 32 位的寄存器

存储器也使用 reg 数据类型来建模，它是一个寄存器数组，使用如下方式说明：

reg [msb:lsb] memory1 [upper1:lower1],memory2 [upper2:lower2],...;

例如:

reg [0:3] MyMem [0:63];//MyMem 为 64 个 4 位的寄存器数组。

reg Bog [1:5];　　　　//Bog 为 5 个 1 位的寄存器数组。

剩余的四种寄存器类型中,Integer 寄存器类型可以作为普通寄存器使用,主要用于高层次行为建模;time 类型的寄存器用于存储和处理时间;而 real 和 realtime 类型则完全相同,其缺省值为 0,不允许对 real(或 realtime)声明值域、位界限或字节界限。

8) 参数

参数是一个常量,常用于定义时延和变量的宽度。使用参数说明的参数只被赋值一次,其说明形式为:

parameter param1=const_expr1,param2=const_expr2,...,

例如:

parameter BIT=1,BYTE=8,PI=3.14;

10.2.2.2　Verilog HDL 基本运算符

按功能分,Verilog HDL 中的运算符可以分为算术运算符、位运算符、逻辑运算符、关系运算符、相等关系运算符、移位运算符、连接和复制运算符、规约运算符和条件运算符等九种类型。

1) 算术运算符

算术运算符有+(加或正)、-(减或负)、*(乘)、/(除)、%(求模)五种类型。

当+、-表示正、负时,为一元操作符,否则为二元操作符。整数除法截断任何小数部分,如 9/5=1。求模运算结果的符号与第一个操作数相同,如 9%5=4,而-9%5=-4。在进行算术操作时,如果有一个操作数为 x 或 z,则结果为 x。

2) 位运算符

位运算符有:~(按位取反)、&(按位与)、|(按位或)、^(按位异或)、^~(按位异或非)。表 10.3 是各种位运算符的运算规则。

表 10.3　位运算符真值表

"&"运算符

输出 / 输入1 / 输入2	0	1	x	z
0	0	0	0	0
1	0	1	x	x
x	0	x	x	x
z	0	x	x	x

"|"运算符

输出 / 输入1 / 输入2	0	1	x	z
0	0	1	x	x
1	1	1	1	1
x	x	1	x	x
z	x	1	x	x

"^"运算符

输出 / 输入1 / 输入2	0	1	x	z
0	0	1	x	x
1	1	0	x	x
x	x	x	x	x
z	x	x	x	x

"^~"运算符

输出 / 输入1 / 输入2	0	1	x	z
0	1	0	x	x
1	0	1	x	x
x	x	x	x	x
z	x	x	x	x

"~"运算符

输入	0 1 x z
输出	1 0 x x

当两个操作数的数据位数不同时，首先将操作数右端对齐，然后将位数少的操作数高位填 0 后使左边也对齐，然后再按位操作。

3) 逻辑运算符

逻辑运算符有：&&(逻辑与)、!!(逻辑或)、!(逻辑非)。逻辑运算中使用逻辑值 0 和 1 分别表示假和真，其运算规律与普通的逻辑运算类似。对于向量操作，非 0 向量作为逻辑真处理。另外，如果任意一个操作数包含 x，则结果也为 x。

4) 关系运算符

关系运算符有：>(大于)，<(小于)，>=(不小于)和<=(不大于)。

关系运算符的结果为真(1)或假(0)。如果操作数中有一位为 x 或 z，那么结果为 x。如果操作数长度不同，长度较短的操作数在最高有效位方向(左方)添 0 补齐。例如：

'b1000 > ='b01110，

等价于

'b01000 > ='b01110，

结果为假(0)。

5) 相等关系运算符

相等关系运算符有：= =(逻辑相等)，! =(逻辑不等)，= = =(全等)和! = =(非全等)。

== 是一种简单的相等比较，它只比较逻辑值中的 1 和 0，相等时结果为 1，否则为 0；如果某操作数的逻辑值为 x 或 z，则结果为 x。

! = 与==相反。

===为全面的全等比较，比较逻辑值中全部可能的 1，0，x 和 z，当完全相等时，结果为 1，否则为 0。

! == 与===相反。

===和! ==常用于 case 表达式的判别，所以又被称为"case 等式运算符"。==和===的真值表对比如表 10.4 所示。

表 10.4　"=="和"==="运算符真值表

"=="运算符

输出 / 输入 1 \ 输入 2	0	1	x	z
0	1	0	x	x
1	0	1	x	x
x	x	x	x	x
z	x	x	x	x

==="运算符

输出 / 输入 1 \ 输入 2	0	1	x	z
0	1	0	0	0
1	0	1	0	0
x	0	0	1	0
z	0	0	0	1

6）移位运算符

移位操作符有<<(左移)和>>(右移)。

其使用形式为 a>>n(或 a<<n)，功能为 a 右移(或左移)由 n 所表示的次数，该移位操作是一个逻辑移位，用 0 填补移出的空位。

7）连接和复制操作

连接操作是将小表达式合并形成大表达式的操作，如

{a[1:0], b[7:4], 2'b00 }。

复制通过指定重复次数来执行操作。形式如下

{ repetition_number {expr1, expr2, . . . , exprN}} 。如

{4{w}} ，等同于{w , w , w , w}

8）归约运算符

归约运算符有：&(归约与)、~&(归约与非)、|(归约或)、~|(归约或非)、∧(规约异或)和~∧(归约异或非)。

归约运算符对单一操作数进行自身各位间的与、与非、或、或非、异或、异或非等单一递推运算，最后结果是一位二进制数。

9）条件运算符

条件运算符的使用格式为：cond_expr ? true_expr : false_expr。其中如果 cond_expr 项为真，则运算结果为 true_expr；否则，运算结果为 false_expr。

例如：mux_out=swch? a : b ，当 swch=1 时，mux_out=a，否则 mux_out=b。

10）优先级别

各运算符的优先级别如表 10.5 所示，为使代码清晰可读，建议使用括号以明确表达式中各运算的先后顺序。

表 10.5　运算符运算级别

<table>
<tr><th>运算符</th><th>优先级别</th></tr>
<tr><td>(一元)</td><td>高</td></tr>
<tr><td>正负符 +, -</td><td></td></tr>
<tr><td>归约符 ~∧, ∧, ~|, |, ~&, &</td><td></td></tr>
<tr><td>按位取反 ~</td><td></td></tr>
<tr><td>逻辑非 !</td><td></td></tr>
<tr><td>(二元)</td><td></td></tr>
<tr><td>乘、除、取模 *, /, %</td><td></td></tr>
<tr><td>加减 +, -</td><td></td></tr>
<tr><td>移位 <<, >></td><td></td></tr>
<tr><td>大小关系 <, <=, >, >=</td><td></td></tr>
<tr><td>相等关系 ==, ! =, ===, ! ==</td><td></td></tr>
<tr><td>按位与 &</td><td></td></tr>
<tr><td>按位异或异或非 ∧, ∧~</td><td>低</td></tr>
<tr><td>按位或 |</td><td></td></tr>
<tr><td>逻辑与 &&</td><td></td></tr>
<tr><td>逻辑或 ||</td><td></td></tr>
<tr><td>条件选择 ? :</td><td></td></tr>
</table>

10.2.2.3　门级结构描述

1) Verilog HDL 内置基本门

Verilog HDL 中提供的内置基本门有：

(1) 多输入门：and，nand，or，nor，xor，xnor

(2) 多输出门：buf，not

(3) 三态门：bufif0，bufif1，notif0，notif1

(4) 上拉、下拉电阻：pullup，pulldown

(5) MOS 开关：cmos，nmos，pmos，rcmos，rnmos，rpmos

(注：前面带有字母“r”的 MOS 开关，其中的电阻性负载不能忽略，当信号通过这些 MOS 开关时将造成信号强度的损失。)

(6) 双向开关：tran，tranif0，tranif1，rtran，rtranif0，rtranif1

在设计模块时可以直接使用它们，同时可以显式定义逻辑值强度和门延时。例如，图 10.3 所示电路图使用内置基本门的门级结构描述如下面代码所示。

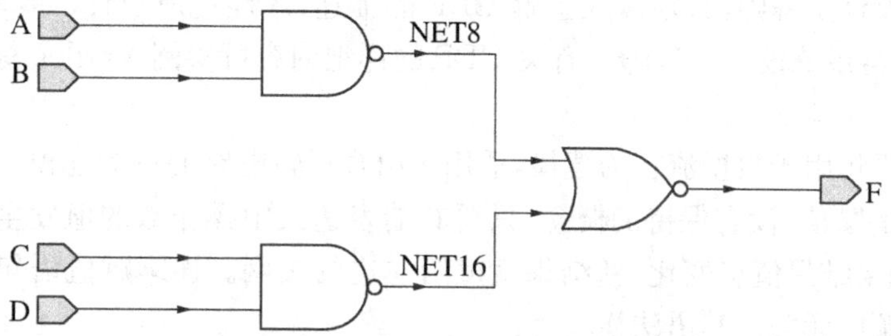

图 10.3　四输入与门电路

```
module and_4(F,A,B,C,D);
output F;
input A,B,C,D;
    nand (strong0,strong1) #2 #,nand_1(NET8,A,B),
                nand_2(NET16,C,D);
    nor #3      nor_1(F,NET8,NET16);
endmodule
```

与非门使用的是强 0、强 1 逻辑，门时延为 2 个时间单位；或非门使用的是默认驱动强度值也是强 0、强 1，门时延定义为 3 个时间单位。

2) 用户定义的原语

通过用户定义的原语(UDP：User Defined Primitives)可以定义自己设计的基本逻辑元件的功能，这样，就可以与调用 Verilog HDL 内置基本门同样的方法来调用 UDP 进行仿真，调用 UDP 的实例语句与基本门的实例语句语法完全一致。由于 UDP 是用查表法来确定其输出的，用仿真器进行仿真时，对它的处理速度较对一般用户编写的模块快得多。

定义 UDP 的语法如下：

```
primitive 元件名(输出端口名,输入端口名 1,输入端口名 2,…)
    output 输出端口名;
```

```
    input 输入端口名 1,输入端口名 2,…;
    reg 输出端口名;
    initial begin
        /*输出端口寄存器或时序逻辑内部寄存器赋初值(0,1 或 x)*/
    end
    table/*定义状态表*/
        //输入 1      输入 2      输入 3      …;      输出
        逻辑值        逻辑值      逻辑值      …;      逻辑值;
        逻辑值        逻辑值      逻辑值      …;      逻辑值;
        …             …           …           …;      …;
    endtable
endprimitive
```

对于数字系统的设计人员来说,只要了解 UDP 的作用就可以了,而作为微电子行业的基本逻辑器件设计工程师,必须深入了解 UDP 的描述,才能把所设计的基本逻辑元件通过 EDA 工具呈现给系统设计工程师。有关 UDP 的详细内容可参阅 Verilog 标准和有关书籍。

10.2.2.4 连续赋值语句

连续赋值语句用于数据流行为建模,适用于组合逻辑电路的行为建模,主要用于对线网 wire 类型变量的赋值,没有保持的概念,只要右端表达式中操作数的值发生变化,表达式即被重新计算,如果结果值有变化,新结果就赋给左边的线网。连续赋值语句之间是并发的,与书写的先后顺序无关。其语法格式为:

assign [驱动强度] [#时延值] 线网标识符=表达式;例如:

```
wire in_on,sub1_over,shift1_over,mix1_over,add1_over;
wire [4:0] bus_state;
assign #1 bus_state={in_on,sub1_over,shift1_over,mix1_over,add1_over};
```

10.2.2.5 行为建模语句

1) 过程结构

用于行为建模的过程结构由 initial 语句和 always 语句来实现。一个模块中可以包含任意多个 initial 或 always 语句。这些语句相互并行执行,即这些语句的执行顺序与其在模块中的顺序无关。一个 initial 语句或 always 语句的执行产生一个单独的控制流,所有的 initial 和 always 语句在 0 时刻开始并行执行。

(1) initial 语句

initial 语句只执行一次,在仿真开始时执行,即在 0 时刻开始执行,常用来完成初始化和生成时钟,其语法如下:

initial [时序控制] 过程语句

这里的时序控制可以是时延控制,即等待一个确定的时间;或事件控制,即等待确定的事件发生或某一特定的条件为真。Initial 语句的各个进程语句仅执行一次,根据进程语句中出现的时间控制在以后的某个时间完成执行。它主要用于初始化和波形生成。

下面是 initial 语句实例。

```
reg [1:0] contr; //00-reset 01-a_blue 02-b_blue 03-normal
```

```
initial
  begin
      contr<=0;
    #30 contr<=3;
    #70 contr<=1;
    #10 contr<=2;
    #10 contr<=3;
    #10 $finish;
  end
```

其中由关键词 begin...end 定界的是一个顺序过程，它包含顺序执行的进程语句，与 C 语言中的符号“{}”功能相似。

(2) always 语句

与 initial 语句相反，always 语句重复执行。时序逻辑和组合逻辑电路都可以用它来产生，多个 always 语句之间是并发执行的，一个模块中使用 always 语句的次数不受限制。描述时序逻辑 always 语句语法与 initial 类似：

always [时序控制] 过程语句

以下是 always 语句的一些使用实例。

例 10.1　always # 5 clk=~clk; // 用于产生周期为 10 个时间单位的时钟。

例 10.2

```
reg [3:0] bus_state;//这是描述一个时序电路的例子
reg [15:0] bus_reg;
wire [15:0] add_out, sub_out, sft_out, mix_out;
always @(posedge clk)
    case(bus_state)
      4'b0001: bus_reg=add_out;
      4'b0010: bus_reg=sub_out;
      4'b0100: bus_reg=sft_out;
      4'b1000: bus_reg=mix_out;
      default: bus_reg=16'hx;
    endcase
```

该例用到了 case 语句，其语法格式将在后面说明。

例 10.3　always @(tmp)// 这是描述一个组合电路的例子。

```
rotword[31:0]={tmp[23:16],tmp[15:8],tmp[7:0],tmp[31:24]};
```

2) 时序控制

时序控制与过程语句关联。有两种时序控制形式：时延控制和事件控制。

(1) 时延控制

时延控制定义为执行过程中首次遇到该语句的执行时间间隔。时延控制表示在语句执行前的“等待时延”。使用格式有两种：

#　时延值

#　(最小时延:典型时延:最大时延)

例 10.4　#3 c = a;

时延控制中的时延可以是任意表达式,而不必限定为某一常量。需要注意的是,如果时延表达式的值为 x 或 z,则与零时延等效。如果时延表达式的计算结果为负值,那么其二进制的补码值被作为时延。

(2) 事件控制

事件控制方式有边沿触发事件控制和电平敏感事件控制两种类型。

边沿触发事件又可以有正边沿(posedge)和负边沿(negedge)两种。如

```
always @(posedge clk)
    count<=count+1;
```

带有事件控制的进程或过程语句的执行,须等到指定事件发生。上例中,如果 clk 信号从低电平变为高电平(正沿),就执行语句 count<=count+1;否则进程被挂起,直到 clk 信号产生下一个正跳边沿。

在电平敏感事件控制中,进程语句或进程中的过程语句一直延迟到列出的控制信号有变化才执行。如:

```
always @(a or b)
      c=a ∧ b;
```

当变量 a 或 b 中任何一个有变化时,执行 c=a ∧ b 语句。注意括号中的关键字"or"不是逻辑或,而是"或者"的意思。

3) 语句块

语句块提供将两条或更多条语句组合成语法结构上相当于一条语句的机制。在 Verilog HDL 中有两类语句块,即

(1) 顺序语句块(begin [标识符]... end):语句块中的语句按给定次序顺序执行。

(2) 并行语句块(fork [标识符]... join):语句块中的语句并行执行。

语句块的标识符是可选的,如果有标识符,寄存器变量可在语句块内部声明。带标识符的语句块可被引用。通过下面的两个例子及其相应产生的波形图(图 10.4)可以清楚地看出顺序语句块和并行语句块的区别。

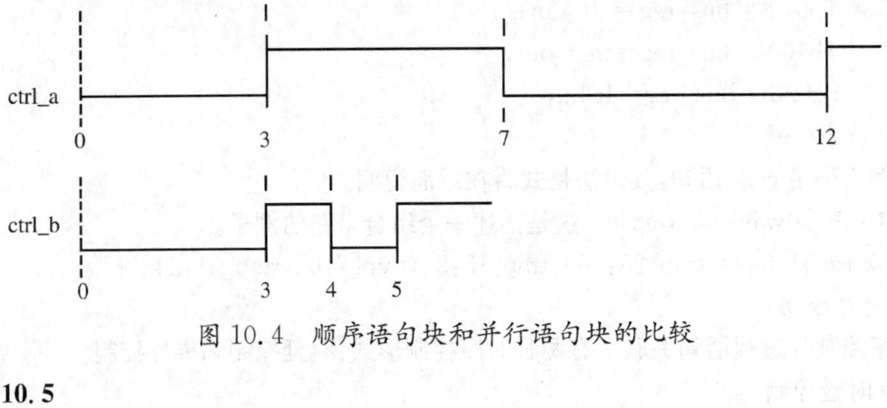

图 10.4　顺序语句块和并行语句块的比较

例 10.5

```
begin
      #3 ctrl_a=1;
      #4 ctrl_a=0;
```

```
    #5 ctrl_a=1;
    end
```

例 10.6

```
fork
    #3 ctrl_b=1;
    #4 ctrl_b=0;
    #5 ctrl_b=1;
join
```

4) 过程性赋值

过程性赋值是在 initial 语句或 always 语句内的赋值，只能对寄存器数据类型的变量赋值。表达式的右端可以是任何表达式。过程性赋值分阻塞性赋值(=)和非阻塞性赋值（<=)两类。

阻塞性赋值是指立即赋值，例如 x=y;x 立即获得 y 的值。而非阻塞性赋值是在语句块结束后，块内的非阻塞性赋值语句同时进行赋值。

5) 条件语句

条件语句有 if 语句和 case 语句两种。

(1) if 语句

if 语句有三种格式：

- if (表达式)　　　　语句;
- if (表达式)　　　　语句 1;
  else　　　　　　　　语句 2;
- if (表达式 1)　　　　语句 1;
  else if (表达式 2)　　语句 2;
  …
  else if (表达式 n)　　语句 n;
  else　　　　　　　　语句 n+1;

上述格式中的诸表达式为逻辑表达式或关系表达式。如果表达式的值为 1，则按真处理，语句被执行，否则，如果是 0、x 或 z，则按假处理。

在 if 或 else 后面，可以是由(begin…end)实现的复合语句。

允许表达式简写，如：if (a)等同于 if (a==1)，if(! a)等同于 if(a! =1)。

支持 if 语句的嵌套，Verilog HDL 语法规定，else 总是和离它最近的前一个 if 相关联。

(2) case 语句

case 语句是一个多路条件分支形式，其语法格式为：

```
case(控制表达式)
    分支表达式 1:语句 1;
    分支表达式 2:语句 2;
        …
    分支表达式 n:语句 n;
    [default:语句 n+1;]
```

endcase

case 语句首先对控制表达式求值，然后对各分支项求值并进行比较，第一个与条件表达式值相匹配的分支中的语句被执行。default 是处于最后的默认情况，可有可无。但是，采用 default 语句可以避免综合时生成不必要的锁存器。

此外，case 可以换为 casex 或 casez，这三者使用时形式上一样，但功能上有所差别，如表 10.6 所示。

表 10.6　case、casez 和 casex 的差别

Case 语句

分支表达式 / 判断结果 / 控制表达式	0	1	x	z
0	1	0	0	0
1	0	1	0	0
x	0	0	1	0
z	0	0	0	1

Casez 语句

分支表达式 / 判断结果 / 控制表达式	0	1	x	z
0	1	0	0	1
1	0	1	0	1
x	0	0	1	1
z	1	1	1	1

Casex 语句

分支表达式 / 判断结果 / 控制表达式	0	1	x	z
0	1	0	1	1
1	0	1	1	1
x	1	1	1	1
z	1	1	1	1

从表中可以看出，case 是将所有逻辑值进行比较，casez 则将高阻 z 情况忽略，casex 进一步将高阻 z 和未定 x 均忽略不计。

例如，若控制表达式的值为“1”，分支表达式的值为“x”，由上述真值表可知，case 语句和 casez 语句的判断结果均为“0”，不执行相应分支；而 casex 语句的判断结果则为“1”，执行相应分支。

6）循环语句

Verilog HDL 中有四类循环语句：forever 语句、repeat 语句、while 语句和 for 语句。

（1）forever 循环语句

这一形式的循环语句语法如下：

　　forever 语句

其中“语句”可以是单个语句，也可以是由“begin end”组合起来的多个语句，本书后文中提到的“语句”均遵循此规定。forever 语句的功能是将语句永远执行下去，主要用于产生时钟变量等。它必须写在 initial 块中，不像 always 语句那样可以独立。例如：

initial

```
begin
    Clock = 0 ;
    # 5 forever
    # 10 Clock = ~ Clock ;
end
```

这一实例产生时钟波形；时钟首先初始化为 0，并一直保持到第 5 个时间单位。此后每隔 10 个时间单位，Clock 反相一次。

(2) repeat 循环语句

repeat 循环语句形式如下：

repeat(循环次数表达式) 语句

该循环语句执行指定循环次数的过程语句。如果循环计数表达式的值不确定，即为 x 或 z 时，那么循环次数按 0 处理。例如：

```
repeat (5)
Sum = Sum + 10 ;
```

(3) while 循环语句

其语法格式为：

while (条件表达式) 语句

此循环语句执行过程赋值语句直到指定的条件为假。如果表达式在开始时为假，那么过程语句便永远不会执行。如果条件表达式为 X 或 Z，它也同样按 0(假)处理。

(4) for 循环语句

for 循环语句的形式如下：

for (循环下标初值；循环条件；循环下标增量)
  过程语句

一个 for 循环语句按照指定的次数重复执行过程赋值语句若干次。循环下标初值给出循环变量的初始值。循环条件指定循环在什么情况下结束，只要条件为真，循环中的语句就执行。而循环下标增量通常为循环变量加或减计数。

10.2.2.6 层次例化

在 10.2.2 节中曾提到，Verilog HDL 的基本设计单元是“模块”。按照模块接口的描述，一个模块可以在另一个模块中使用(称为“例化”)，实现层次化设计。

设有如下加法器模块：

```
module adder(carry, sum, a, b);
output carry;
output[15:0] sum;
input [15:0] a, b;
...
endmodule
```

设在更高一层的设计中需要使用 adder 模块，与 carry、sum、a、b 相连的信号线名称分别为 c、s、opa、opb，对应端口的关联方式有如下两种：

1) 位置关联：adder adder_1(c, s, opa, opb)

在这种关联方式中，信号 c、s、opa 和 opb 根据模块 adder 定义的端口先后顺序依次关联。如果将例化语句写成：adder adder_2(c, s, opb, opa)，则 opb 对应于 a，opa 对应于 b。

2) 名称关联：adder adder_1(.carry(c), .sum(s), .a(opa), .b(opb))

在这种关联方式中，信号根据指定的对应关系关联。

这种层次例化的方式，大大简化了复杂系统的设计，同时也便于多个工程师共同设计一个复杂系统时的数据管理和接口。

10.2.3 数字电路基本单元系统级描述实例

利用 Verilog HDL 就可以将模块级的数字电路宏模型进一步抽象为更高层次的描述。下面给出几种基于 Verilog HDL 的基本数字逻辑单元系统级(行为级)描述实例。

1) 反相器

```
module INV(YN, A)
output YN;
input A;
not #1 (YN,A); //描述功能和输入到输出之间的延时，这里为 1 个时间单位。
`ifdef functional
`else
specify
(A -=>①YN) = (1:1:1,1:1:1); // 描述上升/下降时间，格式为(上升时间最小值:典型值:最大值，下降时间最小值:典型值:最大值)
endspecify
`endif
endmodule
```

2) 与非门

```
module NAND (YN,A1,A2);
output YN;
input A1,A2;
nand #1 (YN,A2,A1);
`ifdef functional
`else
specify
// Delays
( A1 -=> YN) = (1:1:1,1:1:1);
( A2 -=> YN) = (1:1:1,1:1:1);
endspecify
`endif
Endmodule
```

① "=>"是描述模块路径的一种方法，它建立了一个源输入位和目标输入位之间的并行连接。前面的符号表示极性，这里为"-"，表示 A 与 YN 反相连接。

3）或非门

```
module NOR (YN,A1,A2);
output YN;
input A1,A2;
nor #1 (YN,A2,A1);
`ifdef functional
`else
specify
// Delays
( A1 --=> YN) = (1:1:1,1:1:1);
( A2 --=> YN) = (1:1:1,1:1:1);
endspecify
`endif
endmodule
```

10.3　数字系统的 CPLD/FPGA 硬件验证

要保证一个复杂数字系统的最终实现完全满足应用系统的要求是很不容易的，许多因素会影响到这两者的一致性：如系统规范的定义是否完整、正确；测试向量是否正确、完备；后仿真所提取的寄生参数是否精确；芯片制造时工艺的偏差等等。其中寄生参数的提取精度和工艺偏差是设计人员无法控制的，依赖于 EDA 工具和工艺水平的提高，而且这方面事实上也是在日趋完善。但上述其他因素的控制则需要设计人员来完成，在开始芯片的逻辑综合和版图设计之前进行硬件验证是其中的一项重要工作。通过硬件验证，可以及早发现设计中存在的问题，缩短产品开发周期，降低产品研发费用。

可编程逻辑器件(PLD：Programmable Logic Device)是厂家作为一种通用性器件生产的半定制电路，用户可以通过对器件编程实现所需的功能，其使用方便、设计周期短，系统工程师在实验室里就可以完成 ASIC 芯片的设计验证。同时，对小批量的 ASIC，如果采用 PLD 来实现，可避免昂贵的流片费用，降低系统设计成本，因此，PLD 得到设计工程师的普遍欢迎与采用。从 20 世纪 70 年代出现 PLD 技术到现在，其技术不断发展，概括来说，经历了简单 PLD 和复杂 PLD 两个阶段，各种 PLD 及其隶属关系如图 10.5 所示。

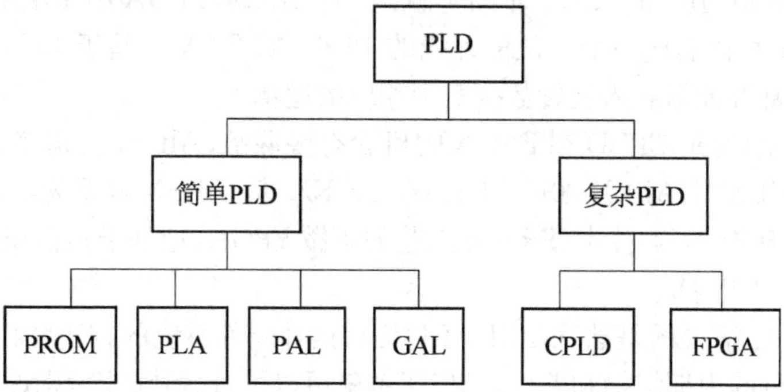

图 10.5　各种 PLD 及其隶属关系

简单 PLD 包括 PROM、PLA、PAL 和 GAL 四种，其共同特点是都由与阵列和或阵列组成，基本结构如图 10.6 所示。通过将布尔逻辑函数化简成“积之和”的形式，配合输入和输出电路，简单 PLD 可实现各种规模不大的布尔逻辑函数。各种简单 PLD 的区别主要在于其与阵列和或阵列是否可以编程，如表 10.7 所示[4]。

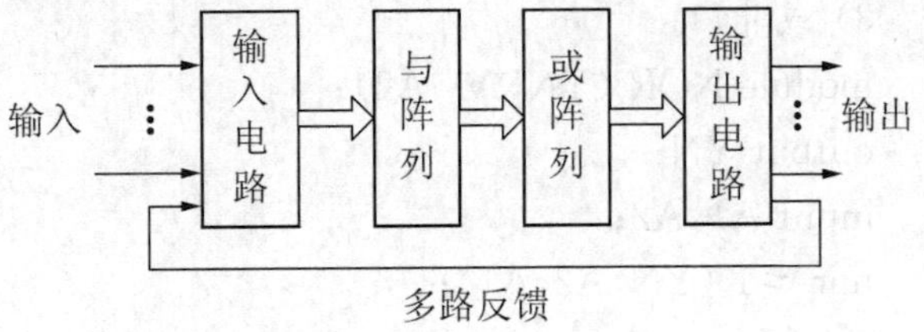

图 10.6 简单 PLD 基本结构

表 10.7 四种简单 PLD 的区别

类型	阵列		输出方式
	与	或	
PROM	固定	可编程	三态(TS)，漏极开路(OC)
PLA	可编程	可编程	TS，OC
PAL	可编程	固定	TS，I/O，寄存器反馈
GAL	可编程	固定	用户定义

10.3.1 CPLD/FPGA 的器件结构与特点

简单 PLD 只能实现规模较小的电路，为了弥补这一缺陷，20 世纪 80 年代中期，Altera 公司和 Xilinx 公司分别推出了新一代复杂可编程逻辑器件(CPLD：Complex Programmable Logic Device)和复杂可编程门阵列器件 FPGA。这两种器件都具有体系结构和逻辑单元灵活、集成度高以及适用范围宽等特点，很快得到普遍认可和广泛使用。

按编程方式，CPLD/FPGA 可主要分为 EEPROM(Flash)和 SRAM 两种类型。EEPROM 类型密度小，多用于 5 000 门以下的小规模设计，适合实现复杂的组合逻辑，如编码器等。而 SRAM 类型的 CPLD/FPGA 密度高，寄存器多，多用于 10 000 门以上的大型设计，适合做复杂的时序逻辑，如数字信号处理及各种算法等

按实现架构，CPLD/FPGA 可主要分为基于乘积项和基于查找表(LUT：Look-Up-Table)的类型。基于乘积项架构的 PLD 有 Altera 的 MAX7 000、MAX3 000 系列，Xilinx 的 XC9 500 等系列产品，基于 LUT 架构的 PLD 有 Altera 的 ACEX，APEX 系列，Xilinx 的 Spartan、Virtex 等系列产品。LUT 本质上就是一个 RAM，FPGA 中多使用四输入的 LUT，所以每一个 LUT 可以看成一个 4 位地址线的 16×1 的 RAM。基于 LUT 架构的 PLD，电源开启时需要外部存储器载入配置数据实现相应的逻辑。

需要说明的是，对于 CPLD 和 FPGA 的概念有些混乱，Altera 公司将其基于 SRAM 的 LUT 器件，如 APEX II、APEX 20K、Mercury、ACEX 1K、FLEX 等系列产品仍称为 CPLD，而 Xilinx 公司把基于 LUT 技术、SRAM 工艺的叫做 FPGA，把基于乘积项技术、EEPROM/Flash 工艺的叫做 CPLD。

对设计者来说，需要的是熟练使用 HDL 语言设计硬件系统的方法和相应设计软件的使用，对于各种 PLD 的内部结构和差别，一般了解就可以了，以后除非特别说明，我们将 CPLD 和 FPGA 统称为 FPGA。

CPLD/FPGA 中一般都包含如下三种基本结构：可编程逻辑单元、可编程 I/O 单元和可编程内部连线。不同厂商对其产品内可编程基本逻辑单元的叫法有所不同，如 LE(Logic Element)、MC(Macro Cell)、CLB(Configurable Logic Block)、Slices 等。按可编程逻辑单元的结构规模，FPGA 可分为细粒度结构和粗粒度结构。细粒度 FPGA 的逻辑单元小，资源可以充分利用，但完成复杂逻辑功能时，需通过内部开关与连线连接多个逻辑单元，因而速度较慢，而粗粒度 FPGA 则恰好相反。按互连结构可将 FPGA 分为分段互连型和连续互连型。分段互连型是主流，其内部连线分段，各金属段通过开关矩阵或熔丝编程连接。这种结构走线灵活，但内部延时与布线的具体处理过程有关。连续互连型 FPGA 利用相同长度的金属连线，通常是用贯穿整个芯片的长线实现逻辑模块之间的互连，因此，不同位置逻辑模块的连线是一定的，布线延时亦是固定和可预测的。

10.3.2　基于 FPGA 的数字系统硬件验证

现在先进的 FPGA 芯片已达数百万门甚至上千万门的规模，为了更好的使用 FPGA 芯片，各 FPGA 厂商根据其产品特点，开发了相应的 EDA 软件，如 Altera 公司的 Maxplus 和 QuartusII，Xilinx 公司的 Foundation 和 ISE。下面以 Altera 公司设计工具 QuartusII 为例，扼要介绍数字系统的 FPGA 验证流程，它包括设计输入、约束输入、逻辑综合和器件实现、版图后仿真、应用系统验证等几部分。

1) 设计输入

QuartusII 支持的设计输入方式有电路图输入、状态图输入、波形图输入和文本输入。对于数字系统的验证来说，其设计输入应该是通用的数据格式，以方便不同的 EDA 工具读取。因此，一般采用文本输入方式，如 Verilog、VHDL、EDIF 等格式。由于 QuartusII 的测试文件输入只支持波形输入，生成复杂的测试激励向量不是很方便，系统的行为级设计通常在 QuartusII 外部完成，有许多优秀的 HDL 仿真软件可以完成这一工作，如 NC-Verilog、VCS/VSS、Modelsim、Active-HDL 等。

2) 约束输入

约束输入是 FPGA 设计中非常重要的一步，它给出了设计人员对于设计的要求，包括速度、面积、管脚等的约束。许多逻辑综合软件以选项的形式提供给设计人员设置约束，也可以采用全文本的方式设定约束。由菜单“Assignment”－＞“Setting”可进入约束设置界面，如图 10.7 所示。

3) 逻辑综合和器件实现

逻辑综合是指将设计输入进行源代码分析、优化和映射到门级电路，并且将通用门级电路转换到特定的 FPGA 结构上。可直接使用 QuartusII 内置的逻辑综合器，也可以采用第三方的逻辑综合工具，如 Synopsys FPGA-Compiler、Synplicity Synplify 等，它们一般由专业的逻辑综合 EDA 厂商提供。

器件实现是将逻辑综合好的门级网表，按照 FPGA 器件的基本逻辑单元、输入/输出单元和连线资源进行转换和映射，确定器件的配置文件。在 Altera 器件实现过程中，主要有四个步骤：划分、映射、时序 SNF 提取和配置。这些步骤可以由 QuartusII 自动完成，也可以按设计者的思路进行手工调整，图 10.8 显示了 QuartusII 下反映器件资源使用情况的平面布局图。

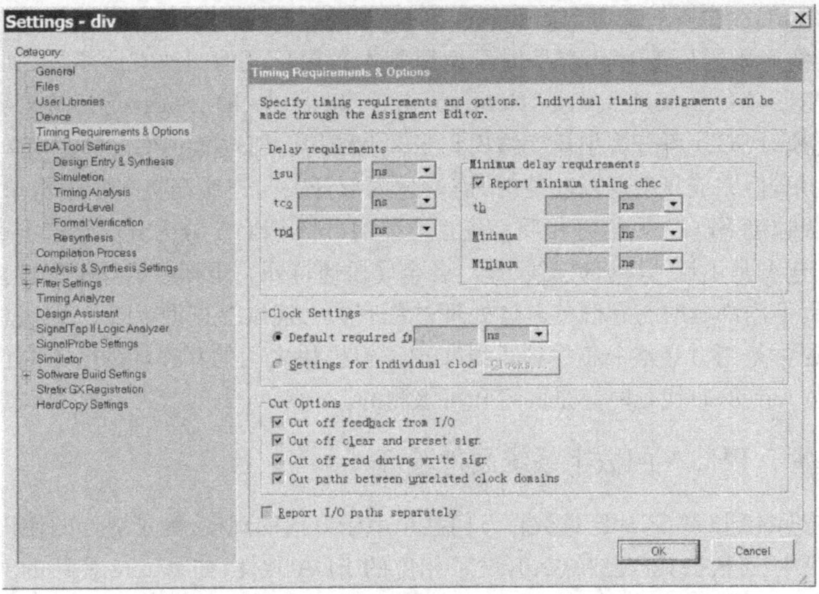

图 10.7　约束设置

在 QuartusII 中使用编译命令，完成设计的逻辑综合和器件实现。

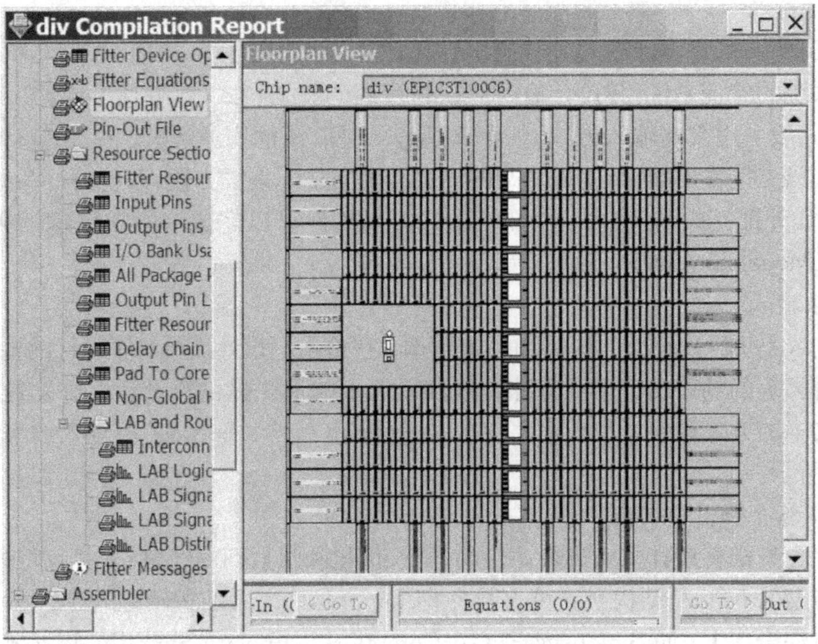

图 10.8　平面布局图

4) 仿真验证

仿真验证包括对实现的器件进行功能与时序验证。上述仿真是在 FPGA 器件实现之后，提取出门级网表和延时信息进行验证，其验证的结果更接近真实硬件的结果。

5) 应用系统验证

若功能与时序仿真通过，则可将设计下载到目标 FPGA 器件，并将目标 FPGA 器件安装到应用系统中进行实时验证，以确信设计能满足实际要求。若验证不能通过，则要找到问题所在，修改相应设计或约束以解决问题。

10.4　VLSI 数字系统逻辑综合与物理实现

10.4.1　逻辑综合基本概念

基于标准单元库的 ASIC 设计方法在 CMOS 集成电路设计中得到广泛的使用，标准单元库一般由集成电路制造厂家提供，其中包含多种驱动能力和形式的逻辑门、触发器、多路器、缓冲器等基本电路单元，库中包含了这些单元的逻辑功能定义、时序信息、逻辑符号、版图形状等信息，供逻辑综合和布局布线使用。

逻辑综合实现将 HDL 语言描述的设计转换成映射到具体工艺标准单元库的优化门级网表，以 Synopsys 公司逻辑综合工具 DC(Design Compilers)为例，综合过程分为如下基本步骤[5]：

(1) 使用 HDL 语言(Verilog 或 VHDL)描述设计对象，并输入给 DC。

(2) DC 首先将设计的 HDL 描述转换成与工艺无关的电路形式，使用 GTECH(Generic TECHnology)库和 DesignWare 库，前者包含基本的逻辑门和触发器，后者包含一些较复杂的单元，如加法器、比较器等。

(3) 对上一步骤的转换结果进行优化，并进一步映射到指定的工艺库。该过程是约束驱动的，DC 根据设计者定义的时序和面积等约束条件进行优化映射。

(4) 添加测试逻辑，即所谓“测试综合”(可选步骤)。

(5) 使用布局布线工具进行初步设计，得到较为精确的互连延时信息，并将其反标到 DC 进行再综合，得到更优的逻辑综合结果。

10.4.2　可综合 HDL 代码设计风格

不同的综合工具所支持的可综合 HDL 子集会稍有差异，应该说，如果设计 HDL 源代码时使用可综合 HDL 子集里的语句，并遵循一定的代码设计风格，就可以使用相应综合工具综合。其中可综合 HDL 子集是必须遵守的，一般综合工具都不支持延时语句、initial 语句、wait 语句、循环次数不确定的循环语句等，具体可参阅所使用的综合工具手册。而合理的代码设计风格则可以使设计得到更优的综合结果，例如下面的代码 a 和代码 b，对应的综合结果分别是图 10.9 的(a)和(b)，两者实现的功能完全一样，但代码 a 的综合结果是两个加法器和一个多路选择器，代码 b 的综合结果是一个加法器和两个多路选择器[6]。显然，加法器的面积要比相同位数的多路选择器大，因此，采用代码 b 可以节省面积。

代码 a：

```
if (sel) out <= a+b;
else out <= c+d;
```

代码 b：

```
if (sel) begin
    op1 <= a;
    op2 <= b;
```

```
end
else begin
    op1 <= c;
    op2 <= d;
end
out <= op1+op2;
```

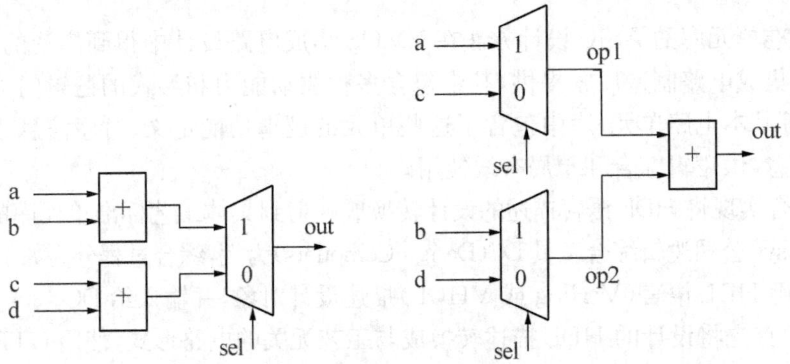

图 10.9　不同编码与对应硬件比较

可见，好的代码风格综合后可以得到更优的硬件实现。下面给出了代码设计的一些基本准则[6~8]。

(1) 了解综合器的性能，特别是了解综合工具支持的 HDL 可综合子集。以合理的代码风格引导综合工具生成硬件。

(2) 尽量共享复杂运算，可以共享的数据处理用函数和过程定义来实现。

(3) 明确指出过程的无关态，引导综合器进行优化。

(4) 在满足需要的前提下，使用最小数据宽度，不使用 integer 和 real 类型数据。

(5) 将组合逻辑和时序逻辑分配到不同的过程语句中实现，结构规则的逻辑块(如多位加法器)和随机逻辑块(如指令译码硬连线逻辑)分配到不同的模块中实现，将所有模块的输出都寄存器化，以方便时序控制。

(6) 尽量采用同步逻辑设计，如果无法避免使用异步逻辑，应将异步逻辑与同步逻辑分开。

(7) 避免门级描述，除非在关键路径中。在设计的顶层不要实例化门，因为这会给时序路径的计算带来困难。

(8) 不要使单个过程语句的任务太过复杂，以利于综合器对代码进行分析和综合。

(9) 建议将态机分成两个部分：一部分用于组合逻辑，一部分用于时序逻辑。状态编码使用参数化的表示方式，以便于将来的改动。

10.4.3　布局与布线

逻辑综合完成后，就进入布局布线设计阶段，其设计输入是逻辑综合后的门级网表，它是所设计芯片的逻辑表述，规定了设计中包含了哪些基本逻辑单元，以及各单元之间的互联关系。布局布线阶段完成从逻辑表述到物理表述的映射，它包括版图规划、标准单元配置和自动布线等步骤。

版图规划的任务是设计芯片的形状(正方形、长方形或是有凹凸的多边形),规定宏单元模块(如 RAM、乘法器等)在芯片上的摆放位置,确定电源焊盘的数目以及 I/O 焊盘的位置,设置标准单元的配置形式以及布线利用率等。

标准单元配置的任务是将门级网表中包含的基本单元放置到版图规划后的标准单元通道上,根据集成电路逻辑图或网表的连接信息,把各逻辑单元版图放置在芯片合适的位置上。它一般由 EDA 工具根据用户的设置来自动完成,其配置的过程需要考虑:

- 使芯片面积尽量小
- 使布线能完全布通
- 使布线总长度尽量短

布线的任务是根据门级网表所定义的连线关系,对配置完毕的基本单元进行互联,对于两层金属工艺,连线只能在布线通道内进行,对于两层以上的金属工艺,连线可不必限定于布线通道之内,也更容易布通。自动布线也是由 EDA 工具根据设定的约束条件,采用一定的布线算法完成的。

10.4.4　设计实例

下面以某电机控制芯片的设计为例,说明 ASIC 设计的具体过程。

首先根据电机控制的逻辑功能和电气连接要求,确定芯片的规范。在此基础上,设计芯片的实现架构,如图 10.10 所示。按照系统架构的定义,使用 Verilog HDL 语言设计各功能模块,并进行连接,形成完整的功能。此时,需要对设计进行认真细致的软件仿真,以尽早发现存在的问题,并根据问题的性质返回到前面相应步骤(如 HDL 语言设计、系统架构、芯片设计规范)对设计进行修改,图 10.11 是该控制器芯片的主要功能仿真结果。

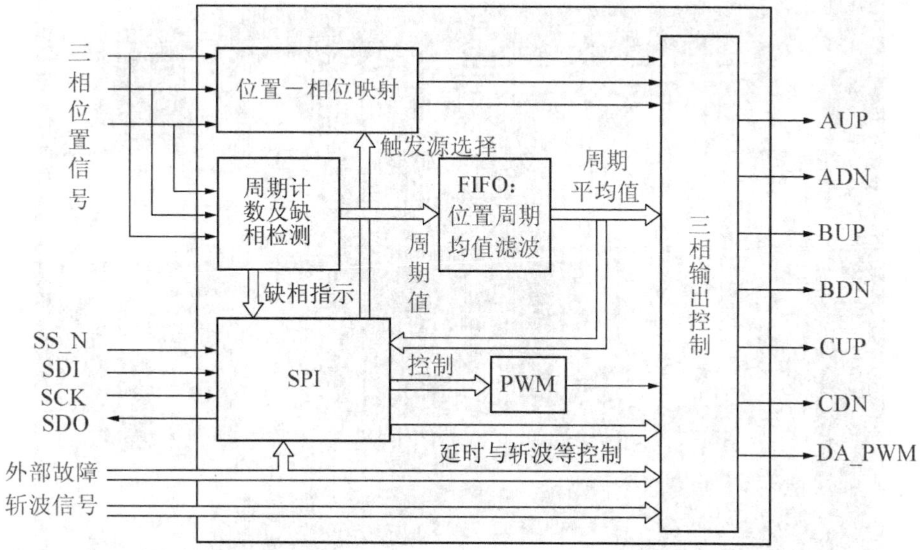

图 10.10　控制专用集成电路整体结构

经过详尽的仿真后,设计进入 FPGA 验证阶段。出于验证时操作方便和抗干扰的考虑,设计了专门的 PCB 板,上面包含 FPGA 及其配置芯片,这样该 PCB 板与外界的连接就和最

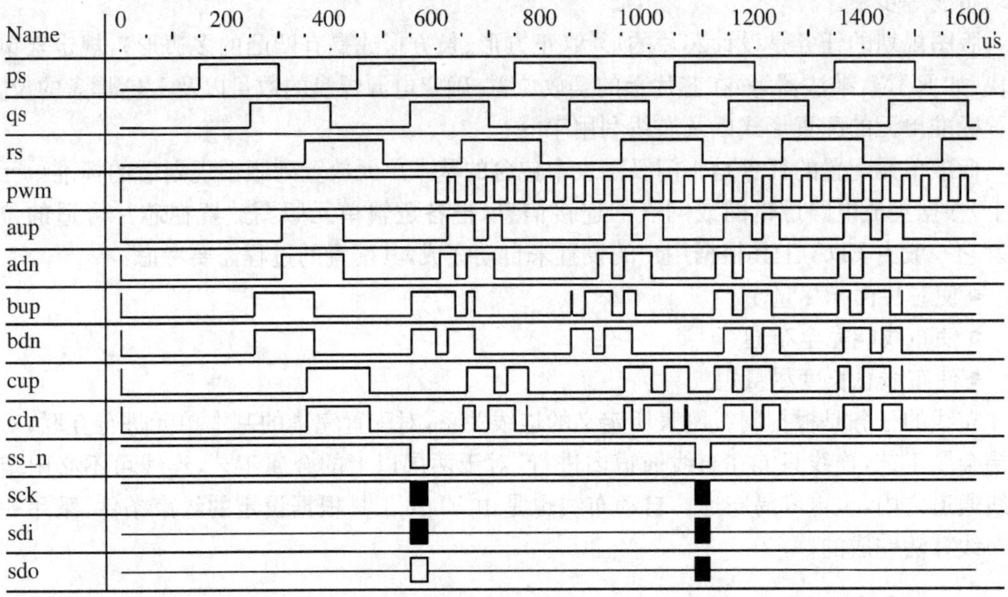

图 10.11　控制器仿真波形

终的 ASIC 芯片完全一样，如图 10.12 所示。该步骤也可借助通用 FPGA 开发箱进行，但开发箱与电机控制系统的连线较长，存在干扰问题。在 FPGA 设计软件中，选择对应的器件型号，并根据 PCB 板实际连接设置 FPGA 输入输出引脚，设置具体的约束条件对仿真通过的 HDL 源代码进行综合和版图后仿真。在确认后仿真的功能与前仿真一致后，可将设计下载到 FPGA 芯片，并将 PCB 板应用到电机实时控制系统中进行验证。

图 10.12　数字控制器 PCB 实物图

图 10.13 是使用示波器观察到的实时验证波形，从上到下分别对应于电机转子位置信

号、控制器输出信号及绕组电流波形。

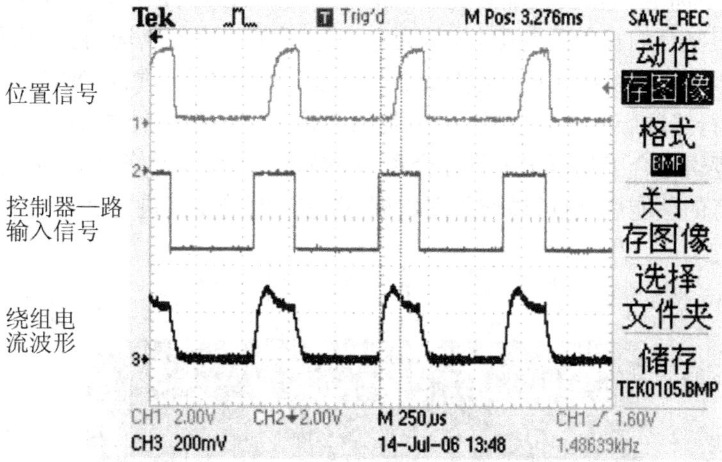

图 10.13　位置、控制器输出信号及绕组电流波形(44,592rpm)

FPGA 验证通过后就可进入 ASIC 设计阶段。根据选定的集成电路实现工艺,使用相应标准单元库进行 ASIC 设计。首先使用逻辑综合工具对验证通过的 HDL 源代码进行逻辑综合,这期间需要根据时序、驱动能力等要求,为逻辑综合工具设置合理的约束条件,使综合结果尽量接近满意的程度。综合完成后的结果文件是映射到具体工艺库的门级网表,使用与功能仿真相同的测试向量对门级网表进行综合后仿真,若通过,则可进入版图设计的步骤。图 10.14 是完成了版图规划和标准单元配置后捕获的版图照片,其中四周是 I/O 焊盘

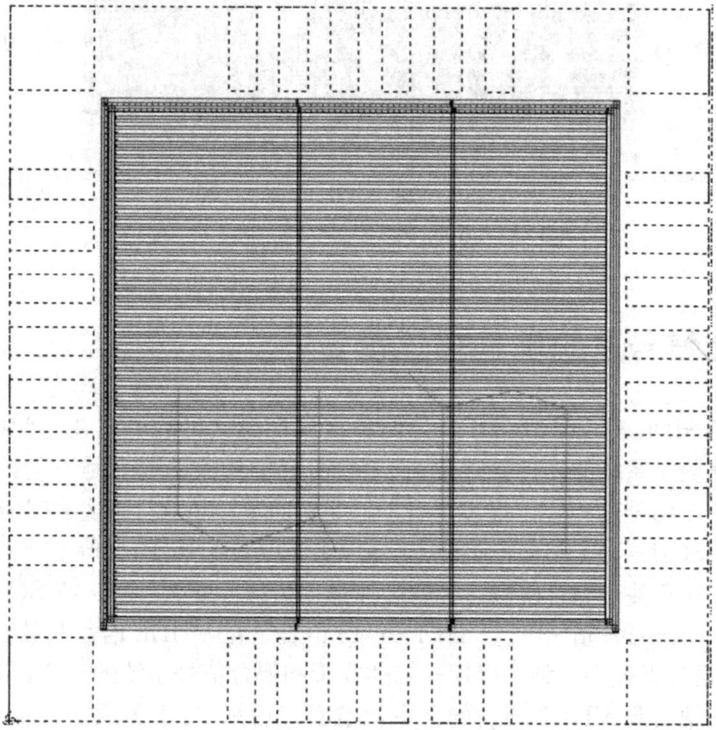

图 10.14　版图规划和标准单元配置结果

和 Corner Cell，中间矩形实体是芯片的核心部分(core)，水平排列的行依次是标准单元通道和布线通道(其中标准单元已经配置完毕，布线还未开始)，其四周环绕的是电源环(Power Ring)，中间两根竖直的长条是电源条，是为电源电压在芯片各点均匀分布而常采用的一种设计手段。图 10.15 是最终完成布线后的芯片版图，对此结果，进行 DRC 和 LVS 检查通过后，可进一步进行提取版图寄生参数，进行版图后仿真。若仿真性能不尽如人意，将版图相关信息反标到逻辑综合工具再次进行综合和布局布线的设计，或修改 HDL 源代码。在版图后仿真达到满意的性能后，就可提交版图数据，送芯片制造工厂进行加工。

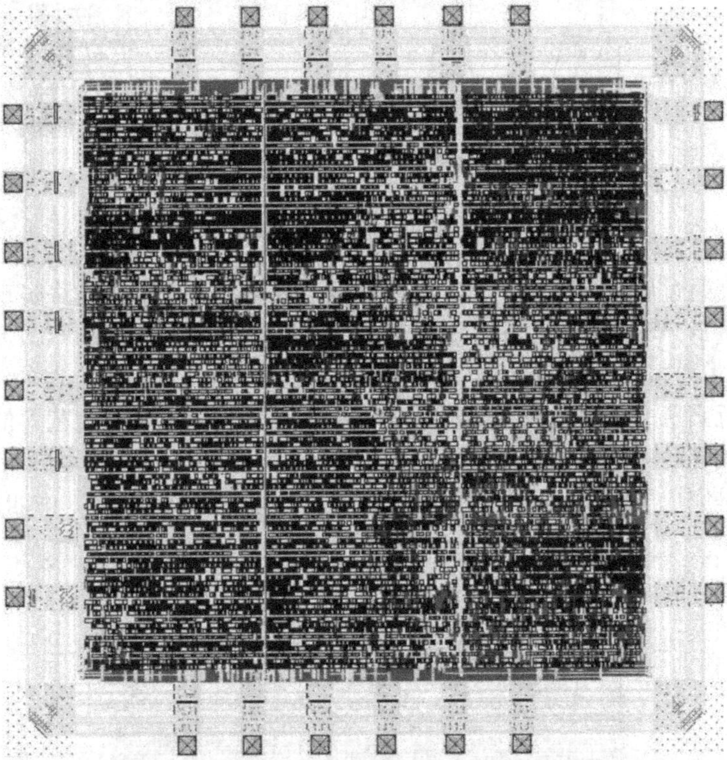

图 10.15　芯片版图

10.5　混合信号系统硬件描述语言

众所周知，VHDL 和 Verilog HDL 是两种得到广泛认可的可以在行为级、电路级等不同的层次上描述数字系统的硬件描述语言。然而，它们最大的弱点是不支持对模拟电路的描述和仿真。为了弥补这种硬件描述语言的不足，IEEE1076.1 工作组在 IEEE 设计自动化标准委员会(DASC：Design Automation Standards Committee)的支持下，于 1999 年发布了 1076.1—1999 IEEE 关于混有模拟信号的硬件描述语言标准 VHDL-AMS(VHDL with analog-mixed signal extension)[1,2]。VHDL-AMS 语言是在 VHDL 语言基础上通过扩展而形成的，目的是为设计者提供一种可以用来描述模拟和混合信号系统的语言，图 10.16(a)给出了 VHDL-AMS 语言与 VHDL 语言的关系示意图。后来，位于美国加利福尼亚洲的 Open Verilog International(简称 OVI)组织也公布了混有模拟信号的硬件描述语言 Verilog-

AMS。Verilog-AMS 与 C 语言相似的语言风格使它很快被工业界所接受。Verilog-AMS 与 Verilog 语言的关系如图 10.16(b)所示。其中，Verilog-A 是用于描述模拟系统结构级(structure)和行为级(behavior)的高层次硬件描述语言，向上兼容 Verilog-AMS 语言。目前 Silvaco SIMUCAD、Cadence、中国华大等 EDA 公司已经有支持 Verilog-AMS 或 Verilog-A 标准的工具产品[9]。

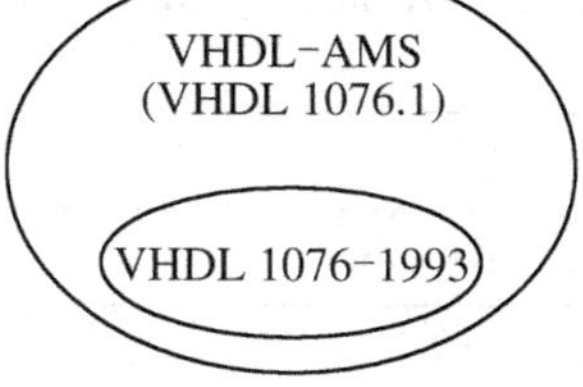

(a) VHDL与VHDL-AMS

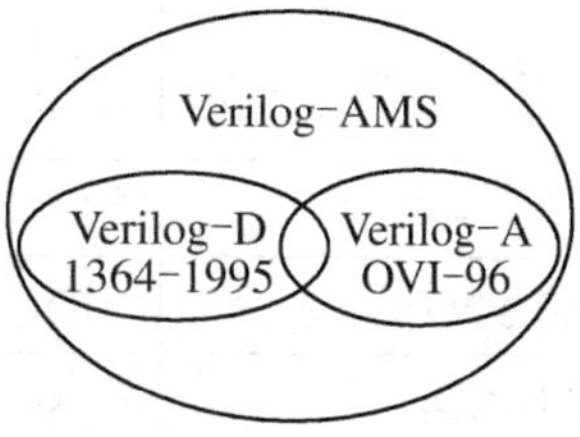

(b) Verilog与Verilog-AMS

图 10.16　两种语言集合的关系示意图

无论是 VHDL-AMS 还是 Verilog-AMS，它们都极大地拓展了传统电路网表描述的功能，成为建立混合信号系统模型设计的有力工具。下面就以 Verilog-AMS 为例，介绍基于混合信号系统硬件描述语言的模拟集成电路模块级设计方法。

10.5.1　Verilog-AMS 语言概述

当集成电路工艺发展到深亚微米时，数字电路已越来越具有模拟电路的特征。Verilog-AMS 不仅可以用来描述模拟电路，还可以用来构造数字电路的精细模型。它弥补了原先 Verilog 语言的不足，支持各种连续信号的处理，可以进行频域和噪声等性能分析。

尽管 Verilog-AMS 的语法与 Verilog 的语法有很多不同之处，但是，由于需要兼容 Verilog 语言，Verilog-AMS 语言尽量沿袭了 Verilog 语言的已有功能。因此，与 Verilog 语言相仿，Verilog-AMS 语言跳出了集成电路物理实现的束缚，主要应用常微分方程组来描述物理模型或集总参数系统。从这个意义上讲，在力、热和光等众多非电类领域中，也可以使用 Verilog-AMS 语言来进行系统的描述和仿真设计。在 Verilog-AMS 语言子集中，Verilog-A 采用节点(nodes)、支路(branches)和端口(ports)等术语分别描述守恒系统(Conservative Systems)和非守恒系统(Nonconservative Systems)两种不同的模拟行为[10,11]。

1) 守恒系统

Verilog-A 语言对守恒系统的处理主要是基于网络拓扑图论。守恒系统相当于电路中的集总参数系统，遵循能量守恒定律，满足广义的电路定律一基尔霍夫位势定律(KPL：Kirchhoff's Potential Law)和基尔霍夫流量定律(KFL：Kirchhoff's Flow Law)，用常微分方程和代数方程来描述分析网络问题。守恒系统总是表现为势量特性(Potential Nature)和流量特性(Flow Nature)两种量(Quantity)，在电领域它们就是电压和电流。

2) 非守恒系统

非守恒系统的能量是不守恒的，基尔霍夫定律不再适用。Verilog-AMS 语言对非守恒系统的处理主要基于信号流图，信号流图是对实际电路的一种抽象，在信号流图系统中，不再考虑电路中节点和支路的电压和电流关系，而仅仅关心其功能与行为。因此，对非守恒系统只关心其势量特性。

以上量的特性定义为物理尺寸(Physical Dimensions)、容差要求(Tolerance Requirements)和存取功能(Access Functions)。表10.8列出了一些简单的Verilog-A功能函数，关于Verilog-A更详细的语法规则需要参考相关文献[9]。

表10.8 Verilog-A部分功能函数

实现的功能	Verilog-A函数
频率和传递函数	laplace_zp, laplace_zd, laplace_np, laplace_nd,ddt, delay,idt, zi_zp, zi_zd, zi_np, zi_nd
大信号噪声	$dist_normal, $rdist_normal等
小信号噪声	white_noise, flicker_noise, noise_table
事件检测	cross, timer

与前面介绍数字系统的Verilog语言一样，Verilog－A对模拟系统行为级和模块级的描述也是通过modules来定义的。一个基本的Verilog－A的module结构包括端口和信号定义、电参量定义或物理值定义、实数或整型变量声明、模型描述等。

10.5.2 模拟电路系统级描述示例

以第9章介绍的运算放大器为例，其Verilog－A描述文件如下[11]，并将文件命名为op_amp.va(Verilog-A描述文件名后缀为.va)

```
`include "disciplines.vams"
`include "constants.vams"
`define dB2dec(x) pow(10,x/20)
module opamp(inp,inm,vdd,gnd,out);
    inout      inp,inm,vdd,gnd,out;                    //定义端口
    electrical inp,inm,vdd,gnd,out;                    //定义信号
    parameter  real  gain = 70 from (0:inf),           //定义开环增益,单位dB
                     three_dB_freq= 100M from (0:inf), //定义3dB带宽
                     rin = 1M from (0:inf),            //定义输入电阻
                     cin = 1n from (0:inf),            //定义输入电容
                     iout_max = 100n from (0:inf),     //定义最大输出电流
                     vout_offset = 2.5,                //定义输出直流偏置
                     rout = 80 from (0:inf),           //定义输出电阻
                     volc = 1;                         //定义输出电压
    real  vin,vout,voutmax,voutmin,vout0,iout;
//运算放大器模型描述
analog
     begin
     vin = V(inp,inm);
     vout = V(out);
     voutmax = V(vdd);
```

```
    voutmin = V(gnd);
  //输入级描述
  I(inp, inm) <+ vin / rin + cin * ddt(vin);
  //频率响应和增益级
  vout0 = laplace_nd(vin * `dB2dec(gain),{1},{1,1/(`M_TWOPI * three_dB_freq)})
          + vout_offset;
  //输出级电流
  iout = (vout0 - vout) / rout;
  case (1)
  iout > iout_max : iout = iout_max;
  iout < -iout_max : iout = -iout_max;
  endcase
  //输出级电压
  if (vout >= vout_offset)
  iout = iout * tanh(volc * (voutmax-vout));
  else
  iout = iout * tanh(volc * abs(voutmin-vout));
  I(outp) <+ slew(iout,iout_max * three_dB_freq);
  end
endmodule
```

10.6　本章小结

本章介绍了集成电路系统级设计的基本概念，重点介绍了 VLSI 数字集成电路的设计方法和设计流程，对设计过程中涉及到的一些主要知识进行了说明，主要包括 Verilog HDL 语言、FPGA、逻辑综合以及版图设计等方面，并通过一个设计实例演示了整个设计流程。最后对混合信号描述语言 Verilog-AMS 做了简单介绍。

参考文献

[1]　徐振林等译. Verilog HDL 硬件描述语言[M]. 北京：机械工业出版社，2000

[2]　刘明业等译. 硬件描述语言 Verilog(第四版)[M]. 北京：清华大学出版社，2001

[3]　IEEE Std 1364—1995. IEEE Standard Hardware Description Language Based on the Verilog Hardware Description Language[S].

[4]　褚振勇，翁木云编著. FPGA 设计及应用[M]. 陕西：西安电子科技大学出版社，2002

[5]　Synopsys Corporation. Design Compiler^R User Guide Version X—2005. 09，2005

[6]　Smith M J S 著. Application-specific integrated circuits(影印版)[M]. 北京：电子工业出版社，Pearson Education 北亚洲有限公司合作出版，2003

[7]　Synopsys Corporation. HDL Compiler^TM (Presto Verilog) Reference Manual

Version X－2005.09，2005

［8］ Bhasker J 著，孙海平等译. Verilog HDL 综合使用教程［M］. 北京：清华大学出版社，2004

［9］ Kenneths. Kundert，Olaf. Zinke. The Designer's Guid to Verilog-AMS［M］. Kluwer Academic Publishers，2004

［10］ Ronny Frevert，Joachim Haase，Roland Jancke，etc. Modeling and Simulation for RF System Design［M］. Springer，2005

［11］ http://www.eda-stds.org/verilog-ams/

思考题与习题

1. 作出下面语句所对应的波形。

```
`timescale 1ns/1ns
`define period 10
reg clk,rst;
reg [2:0] mode;
initial begin
                        clk = 1'b0;
                      mode = 3'b000;
                        rst = 0;
    #(3 * `period) rst = 1'b1;
    #(3 * `period) mode = 3'b001;
    #(5 * `period) mode = 3'b010;
    #(6 * `period) mode = 3'b100;
    #(1 * `period) $finish;
    End
always # (`period/2) clk=~clk;
```

2. 画出下面模块对应的电路图。

```
module mux (f, a, b, sel);
output f;
input a, b, sel;
    and     g1 (f1, a, nsel),
            g2 (f2, b, sel);
    or      g3 (f, f1, f2);
    not     g4 (nsel, sel);
endmodule
```

3. 对应如下两个 always 块施加如图 10.17 所示的激励，分别作出 b1、c1 和 b2、c2 的波形。

```
reg[1:0] a,b1,c1,b2,c2;
always @(posedge clk)
    begin
```

```
        b 1<= a;
        c 1<= b1;
end

always @(posedge clk)
    begin
        b2= a;
        c2= b2;
end
```

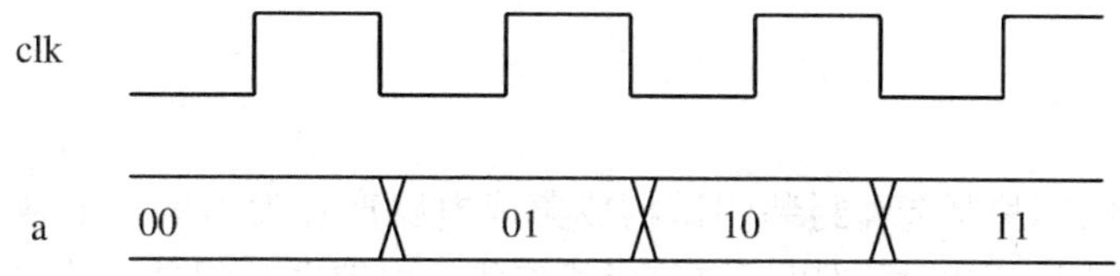

图 10.17　输入激励信号波形图

4. 根据第 3 题中变量 a 的变化，下面两组代码的输出 b1 和 b2 分别是怎样的？画出相应波形。

```
always @(a[1] or a[0])              always @(a[1] or a[0])
b1=a[1] || a[0];                    b2=a[1] || a[0]
```

5. 将下面的 case 语句改写成 if else 语句，体会两者的异同。

```
reg [1:0] rd_que;
reg[1:0] rd_que_s1;
always @ (rd_que)
case (rd_que)
    2'b00: rd_que_s1=2'b11;
    2'b01: rd_que_s1=2'b00;
    2'b10: rd_que_s1=2'b01;
    2'b11: rd_que_s1=2'b10;
endcase
```

6. 设计一个字节(8 位)比较器。其功能为比较两个字节的大小，如 a[7:0]大于 b[7:0]则输出高电平，否则输出低电平。
7. 设计一个分频器，其输入信号为时钟信号 clk 和复位信号 rst，输出信号为 clk_out，clk_out 的频率为 clk 频率的 1/20。
8. 结合自己的实际应用经验，为 Verilog 初学者列出最容易犯的错误(至少 10 个)，比如容易漏写"；"等。
9. FPGA 和 ASIC 的实现原理和设计方法有何异同。
10. 根据自己的观察，定义一个四道口(十字形路口)交通灯控制器的系统规范，要求包含左转、直行的控制与倒计时显示功能，并完成 FPGA 设计验证、ASIC 逻辑综合与版图设计。

第 11 章　集成电路封装

在整个集成电路设计制造的流程中，封装与测试是后道工序，是器件到系统的桥梁，实现这个环节以后，集成电路就可以进入系统应用了。下面首先从集成电路设计的角度对集成电路封装技术作一个简要介绍，关于集成电路测试则在下一章进行讨论。

11.1　引言

集成电路设计、芯片制造和封装测试构成集成电路产业发展的产业链，三者缺一不可。集成电路封装是采用一定的材料以一定的形式将集成电路芯片组装起来，以相对独立、自身完整、易于操作的形式进入系统应用。作为 IC 产品开发和应用中不可或缺的一个环节，IC 封装技术一直随着 IC 的发展而发展，每有一代 IC 就有相应一代的封装技术相配合。20 世纪 90 年代，随着集成技术的进步、设备的改进和深亚微米技术的使用，VLSI、ULSI 和 SOC 相继出现，硅单芯片集成度不断提高，对集成电路封装要求更加严格。很多新兴器件和应用正驱动着集成电路封装工艺的创新和发展。目前，集成电路产业呈现出这样一个趋势：封装技术和电路系统技术间的界限越来越模糊。可以说，芯片和封装的关系是体内组织与皮肤的关系，而不再是身体与衣服的关系。封装设计与芯片和系统设计密切相关，因此，集成电路设计者也需要了解封装的基本知识，以系统的眼光来看待封装问题，提高芯片、封装和系统之间协同设计的能力，以避免电路优化时考虑不周全。此外，随着集成电路芯片的工作频率越来越高，规模越来越大，输入/输出引脚数越来越多，封装设计的复杂度（芯片到模块和芯片/模块到电路板）和范围也不断增加。因此，对集成电路封装设计者而言，除了要考虑成本、物理、化学、机械学、装配和可生产性因素外，还需要考虑信号完整性、热特性和可靠性等问题。

本章首先介绍集成电路封装的基础知识、封装热分析和信号完整性分析的基本概念和方法，然后给出一个多芯片封装设计实例，最后介绍集成电路系统应用的 PCB(Printed Circuit Board)测试板设计。

11.2　集成电路封装技术基础

11.2.1　集成电路封装的作用

大体来说，集成电路封装有如下四个作用[1]：

(1) 对集成电路起机械支撑和保护作用。集成电路芯片要依托不同类型的封装才能应用到各个领域的不同场所，以满足整机装配的需要。

(2) 对集成电路起着信号传输和电源分配的作用。各种输入/输出信号和电源/地只有通过封装上的引线才能将芯片和外部电子系统相关联，集成电路的功能才能得到实现和发挥。

(3) 对集成电路起着散热的作用。集成电路加电工作时，会因消耗电功率而发热，特别是功率集成电路，工作时芯片功耗大，产生的热量大。这些热量若不散发掉，就会使芯片温升过高，从而影响电路的性能或造成电路失效。因此，必须通过封装来散发芯片热量，以保证集成电路的性能和可靠性。

(4) 对集成电路起着环境保护的作用。集成电路芯片若无封装保护，将受到化学污染等环境损伤，性能无法实现。集成电路的应用愈来愈广泛，因而多数集成电路必须耐受各种恶劣环境的影响。因此，封装对集成电路各种性能的正确实现起着重要的保证作用。

电路的发展受广泛应用前景的驱动，而集成电路封装又随着集成电路的发展而发展。没有集成电路封装的发展，集成电路的发展就很难实现。由此可见，集成电路封装对集成电路有着极其重要的作用。

11.2.2　集成电路封装的内容和工艺流程

集成电路封装的内容，归纳起来至少有以下几个方面[1]：

(1) 根据集成电路的应用要求，通过一定的结构设计、工艺设计、电设计、热设计和可靠性设计制造出合格的外壳或引线框架等主要零部件，并不断提高设计和工艺技术以适应集成电路发展的需要；

(2) 按照整机要求和组装需要，改进封装结构、确定外形尺寸，使之达到通用化、标准化，并向多层次、窄节距、多引线、小外形和高密度方向发展；

(3) 保证自硅晶圆的减薄、划片和分片开始，直到芯片粘接、引线键合和封盖等一系列封装所需工艺的正确实施，达到一定的规模化和自动化，并不断研制开发新工艺、新设备和新技术，以提高封装工艺水平和质量，同时努力降低封装成本；

(4) 随着集成电路封装日益发展的需要，在原有的材料基础上，需进一步提供低介电系数、高导热、高机械强度等性能优越的新型有机、无机和金属材料；

(5) 完善和改进集成电路封装的检验手段，统一检验方法，并加强工艺监测和质量控制提供准确的检验测试数据，为提高集成电路封装的性能和可靠性提供有力的保证。

集成电路封装对器件性能的影响越来越大，某些集成电路的性能受封装技术的限制与受集成电路芯片性能的限制几乎相同，甚至更大。同时，封装成本在整个集成电路总成本中所占比例越来越高，有的甚至超过 50%，而这种趋势还在进一步发展。集成电路封装既是涉及到材料、电子、热、力学、化学、机械和可靠性等多种学科的技术，也是电子器件发展不可分割的组成部分。因此，集成电路封装已越来越受到学术界和工业界的广泛重视和关注。

集成电路封装工艺流程简述如下：

(1) 晶圆划片：即把以阵列形式做在晶圆上的芯片用机械或激光切割的方式一颗颗分开。

(2) 分类：如果多种芯片以多项目晶圆的方式制作在一片晶圆上，划片以后则需要对它们进行分类。

(3) 管芯键合：利用管芯键合机，先将加工好的焊料或聚合物粘接剂涂覆在引线框架或陶瓷管壳内，然后将芯片压放在涂有焊料或粘接剂的位置上。

(4) 引线压焊(又称为绑定—Bonding)：利用手工或自动压焊机，将铝丝或金丝等金属丝或金属带的一端压焊在芯片输入、输出、电源、地线等焊盘上，另一端压焊在引线框架上的引线金属条上，实现芯片与框架引线的电连接。

(5) 密封：对多种集成电路需要密封以实现同外界的水汽和化学污染物的隔离。

(6) 管壳焊封：作为腔体型载体，需要利用盖板(管帽)实现对封装芯片的(密封)包围。

(7) 塑封：将模塑化合物在一定温度下压塑成型，实现对芯片的无缝隙包围。

(8) 测试：包括对密封和外观等封装性能质量的测试和封装后芯片电性能的测试。

图 11.1 给出了集成电路封装工艺的流程，包括所用的材料、工序和部件。

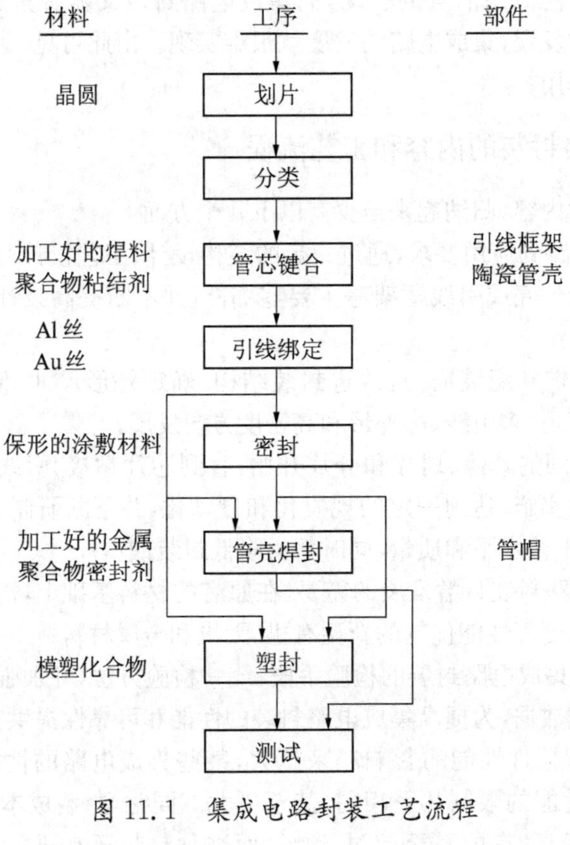

图 11.1 集成电路封装工艺流程

11.2.3 常用的集成电路封装形式

1) 常用的封装形式

在集成电路发展的历程中，相应地发展出一系列的封装形式[2,4]，现简要介绍如下。

(1) DIP (Dual In-line Package)双列直插式封装

这是目前较为流行的封装形式。图 11.2 是常用塑料封装 DIP 的结构外形图，这种封装引脚的数目可多可少，但其两引脚中心距是固定不变的，为 100 mil(约 2.54 mm)。许多电子接插件的引脚也是这种间距。这种封装的两排引脚间距离有宽窄的尺寸区别，有些引脚较多的封装如 24 脚和 40 脚等形式的封装宽度就由 6.3 mm 加宽为 13.8 mm。

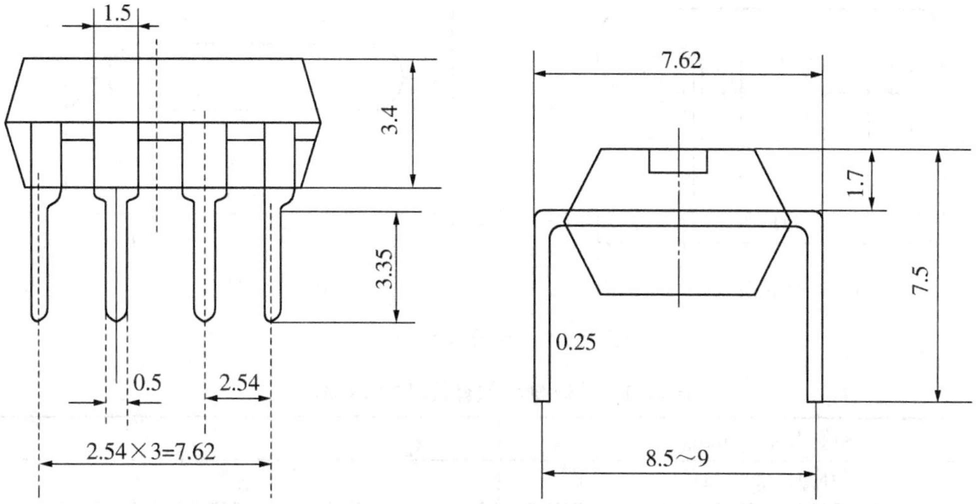

(a) 侧视图　　(b) 正视图

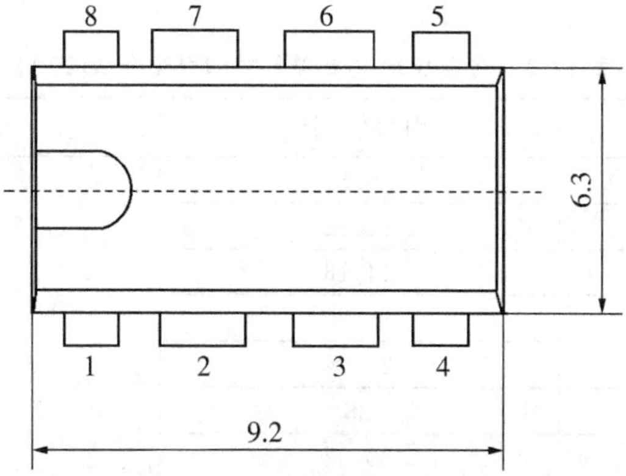

(c) 顶视图

图 11.2 DIP 型 8 引线封装

(2) SOP(Small Outline Package)小外形封装

SOP 实际上是 DIP 的变形，即将 DIP 的直插式引脚向外弯曲成 90 度，就成了适于表面贴装(SMT：Surface Mount Technology)的封装了，只是外形尺寸和重量比 DIP 小得多。这类封装结构的引脚有两种不同的形式，一种具有“L”形的翼形引脚，通常称为 SOP，如图 11.3 所示。主要封装中、小规模 IC 芯片，也封装 I/O 引脚少的 LSI 芯片。SOP 几乎全部是模塑封装，其封装技术与其他模塑工艺类似。

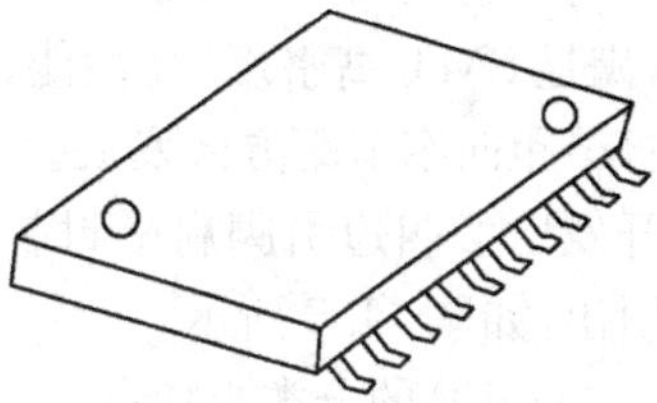

图 11.3 SOP 封装外形图

SOP 有常规型、窄节距 SOP(SSOP)及薄型 SOP(TSOP)多种。图 11.4 所示为 SOP 外形图。表 11.1 和 11.2 依据日本电子工业协会 EIAJ(Electronic Industry Association of Japan)的标准给出这几类封装的有关数据。

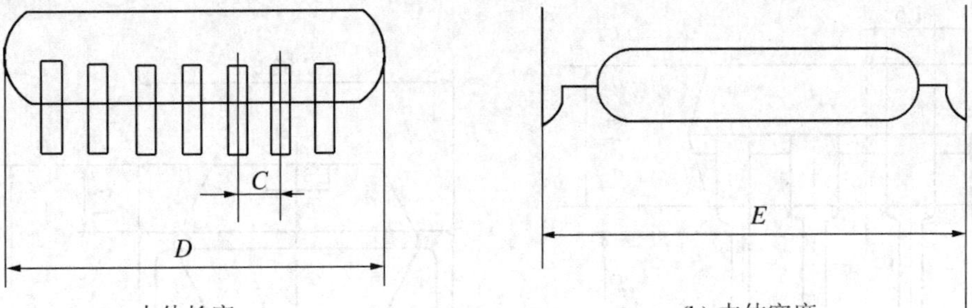

(a) 本体长度　　(b) 本体宽度

图 11.4　SOP 外形图

表 11.1　常规 SOP 的有关尺寸(EIAJ)

引脚节距 C(mm)	1.27
引脚宽度(mm)	0.4
引脚长度(mm)	≥0.76
引脚厚度(mm)	0.2

表 11.2　常规 SOP 的有关尺寸和引脚个数(EIAJ)

本体长度 D(mm)	引脚数(个)	本体宽度 E(mm)
6.05	6,8	1 类 5.72 2 类 7.62 3 类 9.53 4 类 11.4 5 类 13.34 6 类 15.24
8.59	10,12	
11.13	14,16	
13.67	18,20	
16.21	22,24	
18.75	28	
21.29	30,32	
23.83	36	
27.64	40,42	

(3) QFP(Quad Flat Package)四边引脚扁平封装

为了解决高 I/O 引脚数的 LSI、VLSI 芯片的封装问题,满足 SMT 高密度、高性能、多功能及高可靠的要求,引脚节距向窄节距方向发展。日本于 20 世纪 80 年代研制开发出了四边引脚扁平封装(QFP),引脚从封装体四边引出,如图 11.5 所示。

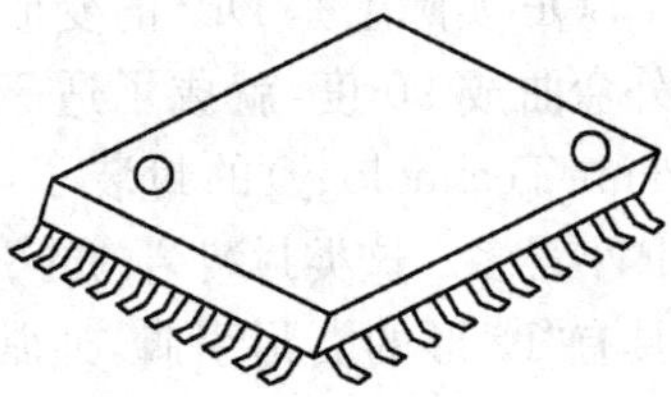

图 11.5　QFP 封装结构

① QFP 的分类与特点

QFP 按其封装材料、外形结构及引脚节距进一步分为如下几种。

A. 塑(Plastic)封 QFP(PQFP)

这是产量及使用量最大且应用面最广、价格最低的 SMD 封装产品,占所有 QFP 的 90%以上。引脚节距通常为 1.0 mm、0.8 mm 和 0.65 mm。

B. 薄(Thin)型 QFP(TQFP)

这是为适用各种薄型电子整机而开发的,因封装厚度比常规 QFP 薄而得名,最小封装厚度可达 1.4 mm 或更薄。如早期的通信手机、笔记本电脑、数码相机及带液晶显示的电子产品都用到 TQFP。引脚节距为 0.5 mm、0.4 mm 和 0.3 mm 几种。

C. 窄(Fine)节距 QFP(FQFP)

由于引脚节距变窄,封装体相应变小、变薄,引脚节距为 0.5 mm、0.4 mm 和 0.3 mm。只是 FQFP 更强调了与更精细工艺技术相关的引脚节距。以上带有翼形引脚的各类 QFP,由于引脚非常纤细,容易在包装、运输、储存、加工测试过程中损坏引脚或引脚的共面性,通常引脚共面性为 0.1 mm,即各引脚端头与 PCB(Printed Circuit Board)板面的间隙差要小于 0.1 mm(JEDEC 标准)。

以上各类型的 QFP 又有方形和矩形之分,引线框架材料多为 C194Cu、可伐合金或 42 铁镍合金。按日本 EIAJ 标准,方形 QFP 的外形尺寸多为 5 mm 或 7 mm 的整数倍,而矩形 QFP 的长宽比,通常长边为短边的 $\sqrt{2}$ 倍。

② 常规 QFP 的封装尺寸和引脚参数

表 11.3　列出了常规 QFP 的封装尺寸及引脚参数。

表 11.3　常规 QFP 的有关尺寸(EIAJ 标准)

引脚节距(mm)	1.0,0.8,0.65		
引脚宽度(mm)	0.40,0.35,0.30		
引脚长度(mm)	1.4,1.6		
引脚厚度(mm)	均为 0.15		
封装尺寸(mm)	引脚节距及最高引脚数		
	0.5 mm	0.4 mm	0.3 mm
5×5	12	16	24
6×6	20	24	32
7×7	28	32	40
10×10	36	48	56
12×12	44	56	64
14×14	52	64	80
20×20	76	96	120
24×24	92	112	144
28×28	108	136	168
32×32	124	154	192
36×36	140	176	216
40×40	156	182	240
44×44	172	216	264
7×5	16	24	32
10×7	28	40	48
14×10	44	56	68
20×14	64	80	100
28×20	92	116	144
40×28	132	164	204

(4) QFN(Quad Flat Non-Leaded Package)四边无引脚扁平封装

QFN 与 QFP 一样也属于表面贴装封装之一,其特点是引脚从封装四个侧面引出,向下呈 J 字形。由于无引脚,贴装占有面积比 QFP 小,高度比 QFP 低。但是,当印刷基板与封装之间产生应力时,在电极接触处就不能得到缓解。因此电极触点难于作到 QFP 的引脚那样多,一般从 14 到 100 左右。QFN 常用材料有塑料和陶瓷两种,塑料 QFP 多数情况称为 PLCC,用于微机、门阵列、DRAM、ASSP、OTP 等电路,引脚数从 18 至 84;陶瓷 QFP 也称为 CLCC、JLCC,带窗口的陶瓷 QFP 封装形式用于紫外线擦除型 EPROM 以及 带有 EPROM 的微机芯片电路,引脚数从 32 至 84。

2) 常用封装列表[5]

表 11.4 是常用封装的名称、外形和基本尺寸。

表 11.4　常用封装的名称、外形和基本尺寸

类型	名称			外形	封装材料及引脚特性	
	缩写	英文	中文		材质	引脚节距及形状
引脚插入型	DIP	dual in-line package	双列直插式封装		P C	· 2.54 mm(100 mil)
	SIP	single in-line package	单列直插式封装	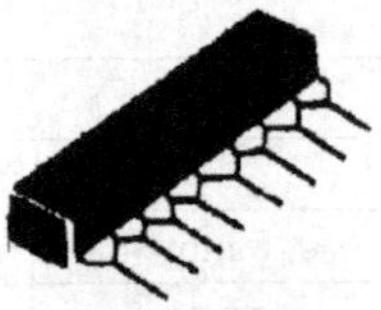	P	· 2.54 mm(100 mil) · 单方向引脚
	ZIP	zigzag in-line package	Z 型引脚直插式封装		P	· 单方向引脚 · 2.54 mm(100 mil)
	S－DIP	shrink DIP	收缩双列直插式封装		P	· 1.778 mm(70 mil)
	SK－DIP	skinny DIP	窄形双列直插式封装	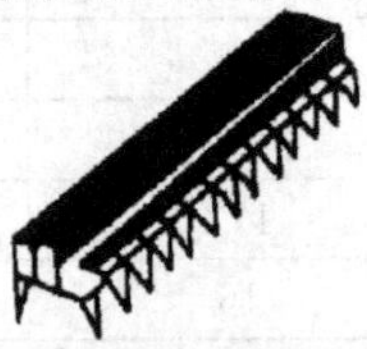	C P	· 2.54 mm · 宽度方向引脚节距为 DIP 的 1/2
	PGA	pin grid array	针栅阵列插入式封装	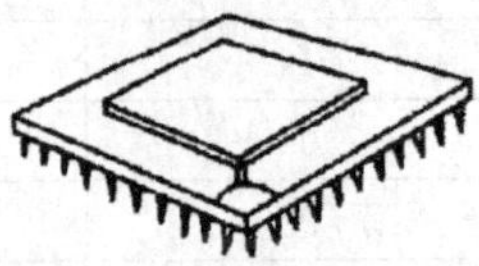	C P	· 2.54 mm(100 mil)

续　表

类型	名称			外形	封装材料及引脚特性	
	缩写	英文	中文		材质	引脚节距及形状
表面贴装型	SOP	small out-line package	小外形塑料封装		P	·1.27 mm(50 mil) ·2 方向引脚
	MSP	mini square package	微型四方封装		P	·1.27 mm(50 mil) ·1.016 mm(40 mil) ·4 方向引脚
	QFP	quad flat package (plastic)	四边引线扁平封装(塑封)		P	·1.0 mm ·0.8 mm ·0.65 mm(极限为 0.3 mm) ·4 方向引脚
	FPG	flat package of glass	玻璃(陶瓷)扁平封装		P	·1.27 mm(50 mil) ·0.762 mm(30 mil) ·2 方向引脚 ·4 方向引脚
	LCCC	leadless chip ceramic carrier	无引线陶瓷封装芯片载体		C	·1.27 mm(50 mil) ·1.016 mm(40 mil) ·0.762 mm(30 mil)
	PLCC	plastic leadless chip carrier	塑封无引线芯片载体	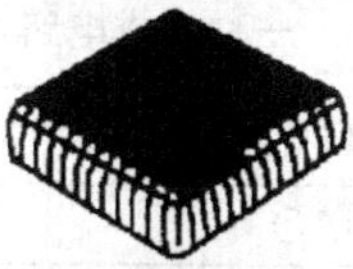	P	·1.27 mm(50 mil) ·J 形状弯曲 ·4 方向引脚
	SOJ	small outline J-lead package	小外形 J 引线塑料封装		P	·1.27 mm(50 mil) ·J 形状弯曲 ·2 方向引脚
	BGA	ball grid array	球栅阵列封装		P C	·锡球中心距 1.0,0.8 mm ·小型化 ·适用于多引脚,高频芯片
	CSP	Chip size package or chip scale package	接近芯片(裸片)大小的封装		P C	·超小型 ·封装面积与裸芯片面积之比小于 1.2 ·锡球中心距 1.0,0.8,0.65,0.5 mm
TAB型	TCP	tape carrier package	带载封装	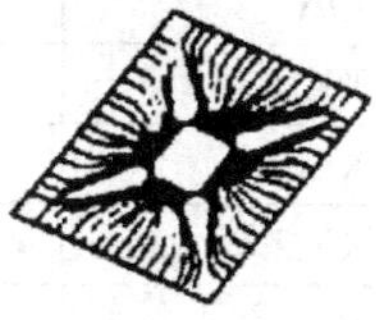	P	·送带、定位、键合自动进行,效率高 ·细节距(80～100 μm),便于小型、薄型化 ·散热性能较差

11.2.4 集成电路设计中的封装考虑

在集成电路设计中特别是版图设计阶段，设计者应当了解一些封装知识。芯片设计完成后要选择一定的封装形式，主要考虑用户适用、低成本和高可靠性。最好选用工厂现成的正在生产的封装形式，这样成本低、加工时间短。图11.6是一种集成电路的封装示意图。此外，还要特别考虑以下一些问题。

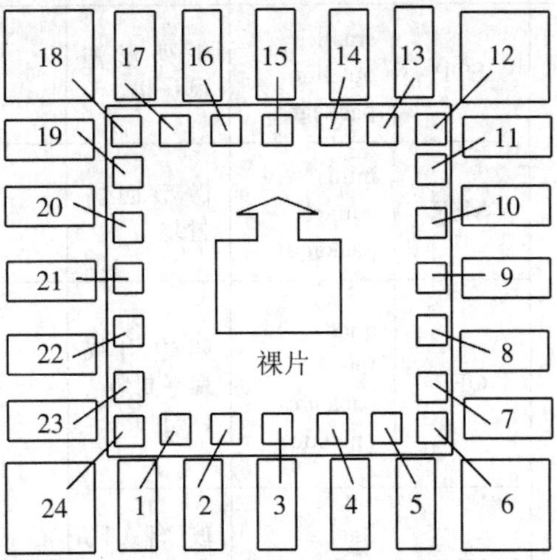

图 11.6 集成电路封装示意图

1）划片槽与焊盘

在一个晶圆上分布着许多块集成电路，在封装时要将各块集成电路切开，这个切口就叫划片槽。划片槽应留有一定的宽度，这个宽度可根据具体情况定，常见的宽度是 100 μm。在划片槽中，也常常放入一些用于测试和试验的电路。每个集成电路中都有封装外引线金属焊盘，其最小尺寸受到封装设备的最小封装尺寸限制。常见金属丝引线封装焊盘最小尺寸为 90 μm×90 μm。在交给封装厂封装时，集成电路的每个焊盘都要给出坐标，坐标是相对一个原点定义的，常见的方法是以芯片的中心点为原点。表 11.5 列出一种集成电路中 18 个焊盘的坐标。

表 11.5　一种集成电路中 18 个焊盘的坐标

序号	名称	X	Y
1	IAO	−319.8	430.950
2	IA	−529.300	387.700
3	KC1	−529.300	125.700
4	KC2	−529.300	−125.700
5	IB	−529.300	−387.700
6	IBO	−325.100	−430.900
7	GND	−124.100	−430.900
8	DI	42.900	−387.700
9	OCR2	210.700	−387.700
10	OCC1	383.600	−387.700
11	OCR1	529.300	−387.700
12	LR	529.300	−115.750
13	LG	529.300	24.250
14	OA	529.300	164.250
15	OCC3	529.300	380.250
16	OCR3	333.600	430.950
17	OCC2	71.600	430.950
18	V_{DD}	−124.100	430.950

图 11.7 是划片槽的情况，其中 L_1 为电路到划片槽的距离，L_2 为划片槽的宽度，L_3 和 L_4 为表示电路大小的长度和宽度尺寸。例如某电路的划片数据为：$L_1=5$ um，$L_2=100$ um，$L_3=1318.600$ um，$L_4=1121.800$ um。

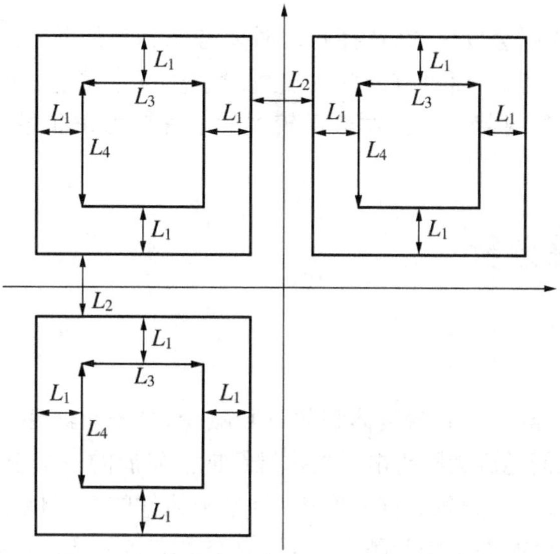

图 11.7 划片槽示意图

送封装时还要注明集成电路的衬底如何处理，是接地还是接电源或悬空。另外版图设计时应有明显标识，以便封装时能在正确的方向上放置芯片。

2) 高速芯片封装[8]

在高频和高速系统设计时，不同封装形式的引脚的寄生参数必须加以考虑。表 11.6 给出几种封装形式中引脚的寄生电容和电感。

表 11.6 几种封装形式下引脚的寄生电容和电感的典型值

封装类型	电容(pF)	电感(nH)
68 针塑料 DIP	4	35
68 针陶瓷 DIP	7	20
256 针 PGA	5	15
金丝压焊	1	1
倒装焊	0.5	0.1

对于高速和微波 ICs，由于以下四方面原因，常用黄铜板块为基座进行封装：

(1) 良好的电特性和机械性能；

(2) 良好的散热性能；

(3) 适合固定 SMA 或其他类型的连接器；

(4) 对周围环境可实现双向屏蔽。

这种封装的基本步骤是：将做好金属布线的印刷电路板(PCB)的介质或陶瓷板压接到黄铜衬底板上，芯片通过 PCB 板或陶瓷板上的开孔粘接到黄铜衬底板上，芯片采用常用的键合方式与介质上的金属连接，高速信号通过 50 Ω 的微带线与 SMA 接头连接。在这个过程中，电路设计者需要设计出印刷电路的版图。相对于芯片的版图设计，PCB 的版图设计要简单得多，因为这只相当于一层金属布线的设计。后面将介绍有关 PCB 设计的基本知识。

3) 芯片散热问题

集成电路芯片工作时会发热，在选择封装时要考虑芯片的散热问题。对于发热较小的芯片在封装时不作特别考虑，而对有一些发热量的芯片可考虑采用热传导性能较好的封装材料，选用外形大一点的封装形式。发热量较大的芯片要考虑带散热装置(如金属散热器等)的封装。

11.3 封装特性分析

11.3.1 热分析

随着芯片功率的不断增加和封装体积的不断减少，电子元器件的功耗和发热率迅速增加，致使元器件的散热问题成为阻碍电子技术继续向前发展的一个至关重要的问题，过高的温度会导致集成电路和封装失效。据研究表明，电子器件的可靠性不高的主要原因之一是热设计不合理。一般认为，温度每升高 10℃，失效率也增加 1 倍。由阿伦尼斯经验方程得出电子元器件失效时间与温度的关系式，如式(11.1)所示[3]。

$$A_T = \frac{t_1}{t_2}\exp\left[\frac{E_a}{K_b}\left(\frac{1}{T_1}-\frac{1}{T_2}\right)\right] \tag{11.1}$$

式中：A_T—不同温度下元器件失效时间比值；

E_a—激活能(eV)；

K_b—波尔兹曼常数(eV/K)；

t_1—温度 T_1 下的元器件失效时间(h)；

t_2—温度 T_2 下的元器件失效时间(h)。

由公式(11.1)可知，元器件的失效率与其结温成指数关系，性能则随结温升高而降低。芯片封装的失效机理也遵循这一规律，特别是在经受高的应力和温度时其失效率就会增加。因此降低或保持结温成为芯片封装热设计的一项具体要求。

在集成电路封装设计中，热分析的主要目的在于设计良好的散热通道。通过这个通道将 IC 芯片和其他有源器件产生的热量传输出去。一般情况下，仅靠空气的自然对流就可以将芯片工作时产生的热量传送到周围大气环境，而对于功率较高的器件，可以在封装体外安装散热片以增加冷却。若考虑到元器件的多样性，则需要设计一个可以接受的内部环境以应付外界环境的变化。因此集成电路封装的热设计主要包括对芯片、封装及其冷却系统进行热分析，通过计算、模拟和测量获得芯片温度场分布及其极值点，反馈至布局布线和热设计过程中，提供具体的改进方案，形成一种设计、分析、再设计、再分析的设计流程，最终使封装的热稳定性得以改善。

目前热分析所采用的方法主要有实验分析法和数学分析法。

1) 实验分析法

实验分析法通常是根据红外热像仪等分析仪器直接测量实际样品的表面温度，从而得出封装热阻来评价封装的热性能。实验分析法可在接近组件使用条件的情况下进行，因此具有准确度和精度高、数据可靠及操作简单等优点。但该方法通常只能确定封装表面和内部有限个点的温度，难以探测器件内部(尤其是芯片内部)的温度，对复杂的三维热场分布问题适应性较差，而且是在样品完成后进行，这样使得整个分析过程周期长，同时对测量设备要求较高并且具有破坏性、费用高。

2) 数学分析法

数学分析法是依据封装设计的物理参数和性能要求，建立基于物理原型的热分析模型，并借助计算机，利用有限元法对热分析模型进行分析和求解，预估产品的热性能，从而为封装设计人员改进设计方案提供参考和依据。利用数值热分析方法，可求解复杂的热分析模型，方便快速地调整关键器件的参数和位置，并将热场分析贯彻于整个封装设计过程中，能得到封装体中任何一点的温度数值。数学分析法模拟分析过程需要的时间短，可得到比较精确的模拟结果，但分析过程数据量较大，对计算机资源要求较高。随着计算机技术的快速发展，计算机数学分析技术在集成电路封装热设计中已成为一种重要的模拟和分析工具，是热场分析最好的方法。目前，国外已有许多专业或通用的分析软件可用于对封装组件进行热分析，其中，商品化的工具有：Swanson 公司的 ANSYS，CaSa GIFTS 公司的 GIFTS，Mentor Graphics 公司的 AutoTherm 等等。图 11.8 为利用 AutoTherm 软件进行一种六芯片 MCM 热分析的仿真示意图，图中颜色由深到浅的变化对应着温度由低到高的分布。

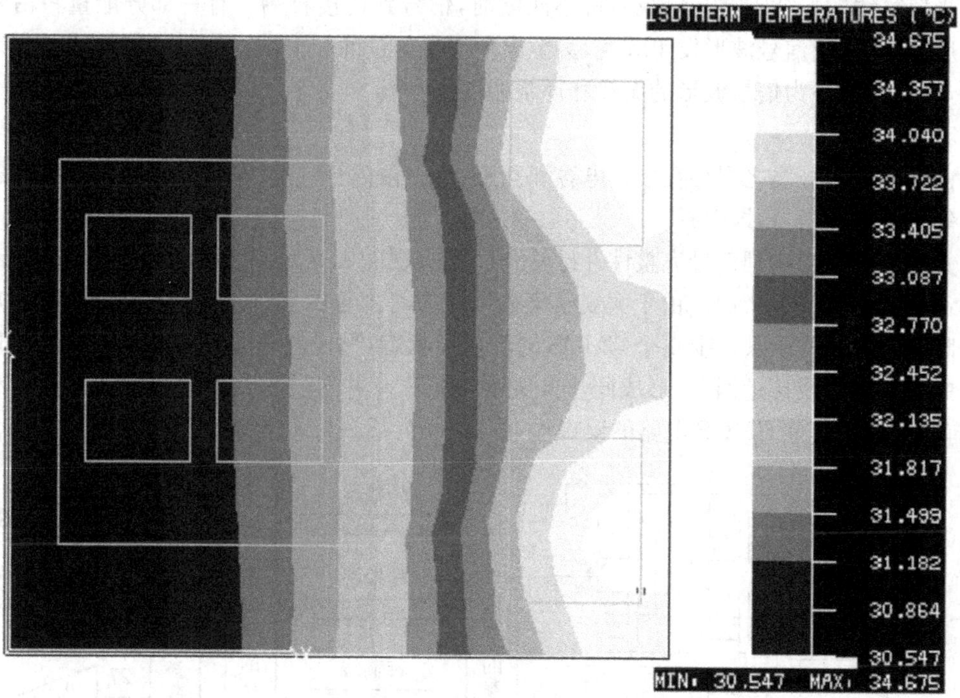

图 11.8　MCM 热分析模拟示意图

11.3.2　信号完整性分析

所谓信号完整性(SI：Signal Integrity)是指信号通过信号线传输后仍保持其正确的功能

特性而未受到损伤的一种特性，并且未受到损害的信号在电路中能以正确的时序和电压作出响应。

近年来，随着集成电路设计和制造技术的进步，以及无线网络的兴起，电路系统朝着高速度、高密度、低工作电压的方向发展，时钟频段也从 MHz 发展到 GHz，甚至到了毫米波的更高频率（>30GHz）。系统工作速度的增加，加上低工作电压与芯片引脚的迅速增加，电容与电感寄生耦合效应迅速增加，封装中一些原本被忽略的电气效应已经开始影响电路的正常工作。因此集成电路封装的要求除了满足基本的电气连接功能外，还要能够解决因集成电路芯片技术的发展而提出的高频/高速以及引脚数目增加而造成的信号完整性问题。因为在直流或低频情况下互连结构可以看作简单的金属导体，但在高速集成电路系统中，高频信号的波长和传输线的尺寸处于同一量级，信号脉冲在互连线上呈现明显的波动效应，此时封装中的互连结构已不是简单的短路线，而应作为分布参数的传输线处理，所需考虑的因素包括：延时（delay）、衰减（attenuation）、畸变（distortion）、反射（reflection）和串扰（crosstalk）等互连效应，其中

1）延时

延时是指信号从发送端发出到达接收端时存在一个传输延迟，信号的延时会对系统的时序产生影响，它主要与信号线的长度以及周围介质的介电常数有关。

2）反射

当信号线的特征阻抗与负载阻抗不匹配时，信号到达接收端后有一部分能量将沿着传输线反射回去，使信号波形发生畸变，甚至出现信号的过冲和下冲。信号在信号线上的来回反射，时域就表现为信号波形的振铃和环绕振荡。

3）串扰

由于相邻信号线之间存在耦合电容和互感，当一条信号线上的信号发生变化时，会影响到相邻信号线的信号，即串扰。

另一个严重影响到信号完整性并已受到广泛重视的因素是同步开关噪声（SSN：Simultaneous Switching Noise）。由于大规模集成电路中有大量的驱动器（如总线驱动单元），在某一瞬间可能有几十甚至上百个 CMOS 同步切换状态，形成的较大瞬变电流将通过非理想情况的公共电源或接地回路，形成同步开关噪声电压。并通过公共回路耦合到其他驱动器上，有可能造成其他 CMOS 电路的误操作，图 11.9 为某一封装结构的 SSN 仿真示意图。

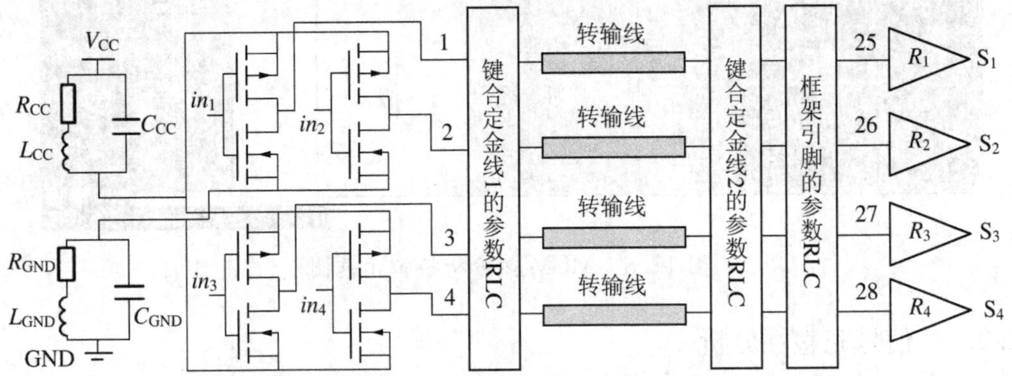

图 11.9　SSN 仿真示意图

在集成电路封装设计中，信号完整性分析的方法除了采用频域测量法来调整和设计封装体的散射参数指标以达到要求外，还可以利用计算机模拟的方法对封装结构进行高频仿真、参数提取和电路分析，通过建立基于物理原型的数学模型，利用高频分析软件仿真封装结构中任意三维无源结构的高频特性，得到特征阻抗、传播常数、S 参数等结果。再利用参数提取和电路分析相结合方式，提取出封装结构的电路元件参数，建立相应的等效电路。这样，就可以利用等效电路进行电路分析了。封装结构的信号通道分析建模过程如图 11.10 所示。

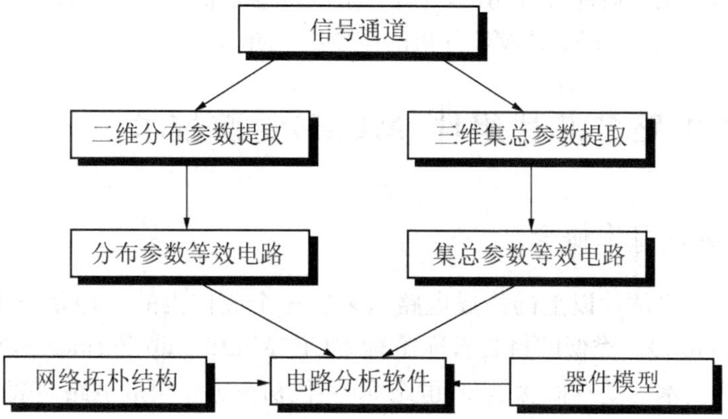

图 11.10　封装结构的信号通道分析建模方法

此外，随着集成电路密度、复杂性和工作频率的增加，为了使系统具备良好的电学特性，集成电路芯片与封装需要协同设计，集成电路设计者必须了解诸如丝焊、倒装芯片焊接、基板设计、引线框架设计以及材料等因素对电路性能的影响。因此，芯片设计师与封装设计师常常需要就阻抗匹配和信号配置（如单端、差分线对和共平面）等方面达成一致，以便在裸芯片与封装引脚之间选择信号通道。

11.3.3　封装建模

封装建模是指为封装创建一种电气表征与描述的模型，电路仿真器可以对该模型进行解释并用来预测封装的能量转换、电压和电流传输等特性。随着集成电路封装中芯片时钟频率的不断升高，无源器件及互连结构中分布参数的寄生效应对信号的影响越来越明显，系统性能仿真分析准确与否，往往取决于对于这些无源器件及寄生效应建模的模型精度。

创建精确的封装模型通常有两种基本方法：计算和测量。通常把通过计算来创建模型称为分析，把通过测量来创建电路模型称为表征。

在分析建模中，最为常见的方法是采用被称为场求解器的工具软件，图 11.11 是利用此类工具进行 QFP 封

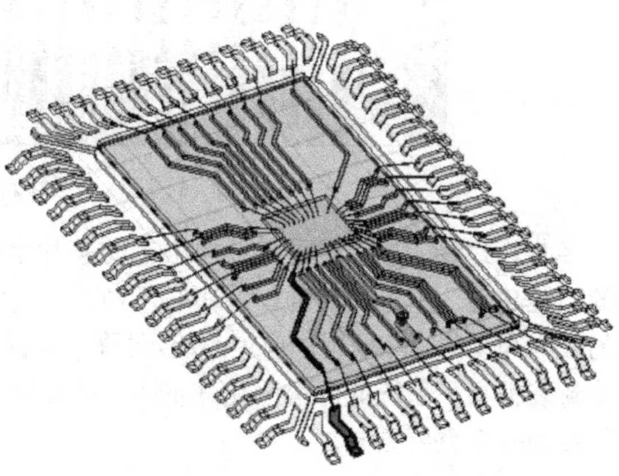

图 11.11　利用场求解器工具进行 QFP 封装建模

装建模的例子。这些软件是运用导体和介质分布的边界条件，基于麦克斯韦方程对电场和磁场求解。有一种场求解器将计算出的场转换为等效电路模型元件的实际参数值，如电阻、电感和电容值，这种场求解器称为寄生参数提取工具。如果整条互连线的几何结构是均匀的，那么就可以用横截面来描述它，并且可以用 2D 场求解器来提取其特性；如果横截面不均匀，如接插件或 IC 封装中，则需要 3D 场求解器来获取最精确的结果。

在表征建模中，通常借助于阻抗分析仪、网络分析仪及专用夹具，对连接器、PCB 走线与过孔、电容、电感等无源器件进行测试，建立具有实际参数值的等效电路模型，是信号完整性分析、电源完整性分析及 EMI/EMC 分析的重要组成部分。

11.4 集成电路多芯片组件(MCM)封装技术

11.4.1 MCM 的基本概念

多芯片封装是将两片以上的集成电路封装在一个腔体内的一种新技术，称之为 MCM (Multi Chip Module)。类似的封装名称还有 MCP(Multi-Chip Package)，SIP(System In a Package)。这些技术的基本概念是 20 世纪 90 年代初在国际集成电路封装会议上正式提出的。它实际上由原来厚膜电路的概念发展而来。厚膜电路是将已封装的小型电子元器件进行二次小型焊接并封装在一个较大的外壳内，形成一个功能模块。而多芯片封装是将两个以上未封装的裸片集成电路通过基板进行微互连，最终将外引线连至输出，并按标准集成电路的封装形式进行封装，形成单封装体集成电路，如图 11.12 所示。

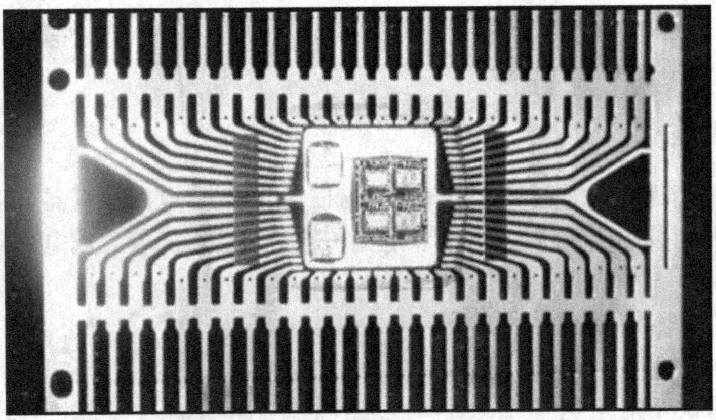

图 11.12 一种六芯片 MCM

多芯片封装的好处是可将不同工艺的芯片组合在一起，在单片集成电路上实现较为完整的系统功能。这种封装的好处还在于，它可利用现有成熟而较为复杂的芯片附加自己设计的较为简单的 ASIC 组成应用系统，可降低产品开发风险，提高芯片性能和经济效益。多芯片封装提高了系统的保密性和可靠性也是很显然的。在 21 世纪中，多芯片封装将成为新型封装的一个重要方向。

11.4.2　MCM 的应用领域

目前集成电路设计业的一个热门话题是 SOC(System On Chip),即片上系统。在一个单片集成电路上集成一个完整的电子系统,这对降低成本、提高电路可靠性、增强市场竞争能力是十分重要的。目前,这个领域的讨论十分活跃。但是,作为一个完整的电子系统,常常由许多功能块组成,如复杂的运算单元 MCU 和 DSP、小信号放大、射频电路、低频功放和光电器件等。这些功能电路往往用不同的工艺实现,如要用同一工艺制在一片芯片上是十分困难的,有时甚至是不可能的。再者,如果采用大规模 IP 核,这些 IP 核的工艺一般都较先进,这就要求我们系统的工艺要与之一致,这样一种高度复杂的高级工艺的芯片制版和流片费用很高,风险很大。如果采用多芯片封装技术对类似 DSP 和高灵敏度放大器等复杂芯片和高难度芯片的可用裸片与客户所需用芯片直接封装在一起,则具有高效低成本的特点。这种多芯片封装的集成电路组件已经成功地应用在高速计算机通信系统、航空航天系统和雷达导弹系统中。在民用电子产品上使用低成本的多芯片封装组件已成为一个重要的趋势。在民用便携式小型电子产品,如移动电话、便携电脑、数码相机、摄录像一体机、汽车电子、医疗电子产品等领域中越来越多地看到多芯片组件,这些组件一般都是低成本塑封形式。

11.4.3　MCM 基板设计

一般来说,多芯片封装要有一个安装多个集成电路芯片的基板,它有着安装芯片、散热、互连的作用,有时还有控制、驱动和隔离的作用。基板性能将直接影响整个集成电路的性能。多芯片封装的基板主要有以下一些类型。

● L(Laminate)型,即叠层型,采用高密度多层印制电路板,其成本较低,制造工艺成熟。但是受芯片的安装方式和所用的基板材料与结构所限,布线密度不高,因此封装效率和性能较低。

● C(Ceramic)型即原膜陶瓷型,是高密度多层布线陶瓷基板。自 1979 年 IBM 公司首次将这种基板用于计算机以来,发展迅速。它的成本适中,具有较高的布线密度、封装效率和优良的电性能、热性能与可靠性,其性能优于 L 型基板。但它的制造成本较高,适应的速度还不够快。

● D(Deposited Thin Film)型,即淀积薄膜型,是在硅、陶瓷式金属板上采用薄膜工艺制成的高密度互连布线基板。与上述两种基板相比,它的布线的线宽和线间距都小,具有更高的布线密度、封装效率和更好的传输特性。它适合高速、高密度的场合。

● Si(Silicon)型,即硅型,实际上是 D 型基板的一种。这种基板可采用集成电路设计和制造的方法,布线更细,布线密度更高,与 IC 热匹配性能好。它封装效率高,适合高速场合。另外,在多芯片封装时各芯片所要的控制、隔离、驱动和信号转换等功能可内嵌于基板中,形成有源基板,这是硅基板无可比拟的优势。对硅基板质量的控制措施较多,且随着半导体工艺的进步,硅基板的质量将越来越好。图 11.13 是一种六芯片 MCM 封装示意图,芯片安装岛是铜制成的,上面安放两个芯片和一个硅基板,硅基板上又安放了四个芯片,通过硅基板进行芯片间微互连和引出线。

一般情况下,基板设计是 MCM 设计过程中的核心任务,基板设计的好可以缩小整个系统的面积，并减小互连线的长度，在相同的面积上通常可以实现更大的系统。MCM 基板通常包括了多层用于互连的布线层和介质层，这些层的作用是承载连接导体，将均匀分配的管脚实现互连。信号层一般是成对的，每一对都由一个 x-y 布线对组成，x 层的绝大多数布线走向是 x 方向的，y 层的绝大多数布线走向是 y 方向的。在 x-y 对中通过互连通孔或过孔 via 进行连接，为了使每个信号层之间提供电流回路、屏蔽耦合和互扰，MCM 工艺设计中需要在每个信号层之间加入电源层(Power Plane)或接地层(Ground Plane)。布线设计的目标是百分之百地完成模块间的互连，其次是在完成布线的前提下进一步优化布线结果，如提高电性能、减少通孔数等。

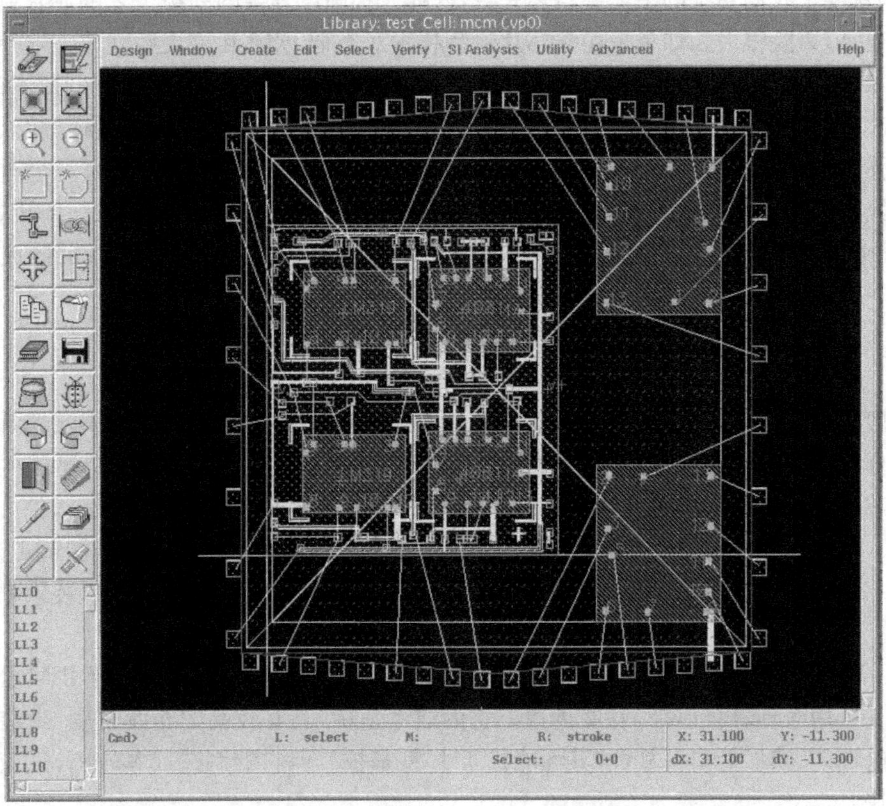

图 11.13 一种六芯片 MCM 封装示意图

随着电路系统朝着高速、高频的方向发展，MCM 基板的设计过程必须考虑信号完整性(SI)方面的问题，信号完整性问题解决得越早，设计效率就越高，从而可避免在电路板设计完成后再增加端接器件。基板设计前首先需要确定设计策略，以指导诸如元器件的选择、工艺选择和电路板生产成本控制等工作，还要预先进行设计准则的制订，以确保设计结果不出现明显的串扰、延时等信号完整性问题。预布线设计阶段，为了有效的控制 SI 问题，需要从 IC 供应商那里获取合适的器件仿真模型，并利用 SI 仿真工具进行信号完整性分析，分析时序和 SI 仿真结果，找到可以接受的数值范围。从而建立一系列的设计指南，其中包括：目标层阻抗、布线间距、倾向采用的器件工艺、重要节点拓扑和端接设计等。布线阶段，将这些指南解释为布线设计的约束条件，并利用布线工具进行自动布线。虽然布线工具是在 SI 设计指导规则下完成布线工作，但很难保证实际布线完成之后不出现 SI

问题，所以完成所有布线后，还要进行对整个 SI 进行仿真设计，以确保设计的可靠性。

11.4.4　MCM 设计过程

图 11.14 给出了一个典型的硅基板 MCM 设计基本流程。MCM 设计过程其实就是根据应用系统的要求，明确系统的功能和各项指标，对系统进行二次设计。其主要研究任务是在指标不降低的前提下利用便于构成 MCM 的芯片对原应用系统进行设计，并采用计算机仿真，硬件调试等方法验证设计结果，测试相关的技术指标。因此，MCM 设计的一个重要的基础就是建立集成电路裸片库，库中包括运算放大器、微处理器、数字信号处理器、RAM、闪存、功率放大器、VMOS 功率管、可控硅、双极晶体管、光电器件等，并按照速度、精度、耐压和电流等参数分级别建库。随着 IP 技术的发展，这个问题将迎刃而解。

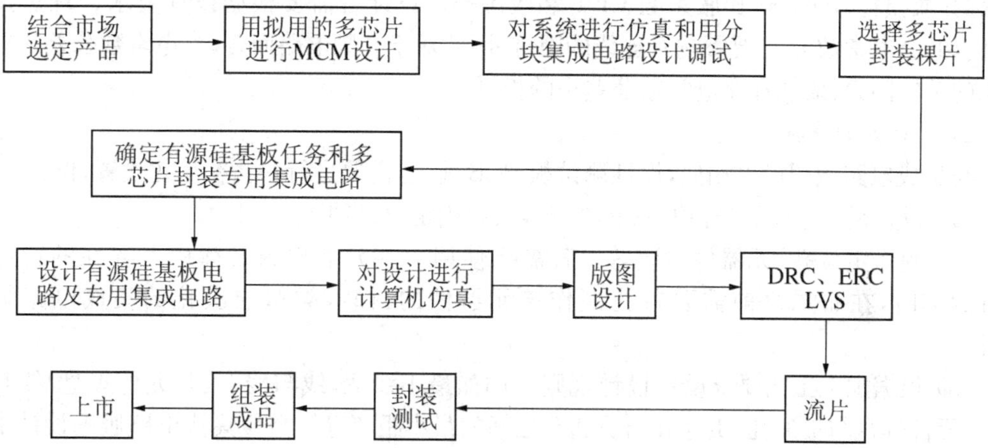

图 11.14　MCM 设计基本流程

MCM 封装设计也有专门的设计软件，如 MENTOR GRAPHICS 公司的 MCM 设计软件。该软件提供了设计人员有效的版图设计环境，包括了从输入数据到产生数据整个过程。设计规则同样很方便的提供了电气规则和信号完整性规则，例如引线接合法规则、间隙规则、匹配电阻的跟踪、传输延迟和电流容量的校验。该软件也有多芯片的热分析及可靠性设计等功能。

11.5　集成电路测试板的设计

集成电路芯片封装后，还需要设计 PCB 板对其进行成品测试。通常情况下设计 PCB 测试板，特别是被测试芯片为高频芯片时，所考虑的设计原则除了线宽、线间距等基本原则外，还将涉及到抗干扰、电磁兼容以及安全防护等多个方面。设计时如果缺乏这些方面的考虑，而只是简单地用导线连接起来，往往会导致芯片测试失败。因此，集成电路测试板设计，尤其是高频测试板，是集成电路芯片设计中非常关键的最后一步，直接关系着封装后芯片的测试结果。

目前，用于设计和分析 PCB 的软件工具有很多，这里将借助 Protel 99 SE 这个最常用的工具着重讨论射频集成电路 PCB 测试板的设计流程。

11.5.1 PCB设计基本流程

Protel 99 SE进行PCB布线的流程主要分为以下步骤:PCB板的材料选择、规划电路板、设置参数、装入网络表及元件的封装、布置元件、布线、手工调整、存盘及打印输出等。在设计流程中,要考虑可靠性设计、热设计、去耦电容配置以及信号完整性设计规则等多方面的问题。这里主要从以下几个方面来介绍射频PCB测试板设计时的要点。

1) 材料选择

PCB板有很多种,按产品类型主要分为单面板、双面板和多层板。按基板材料可以分为RF高频板、FR-4、CEM-3、铝基板材以及陶瓷板材等多种类型。不同类型的板材其最大工作频率、加工工艺和尺寸要求都不同。基板材料最重要的参数是介电常数ε_r、耗散因子(或称介质损耗)$\tan\delta$、热膨胀系数CET和吸湿率。设计者需要根据设计要求合理选择材料,例如,介电常数ε_r主要影响互连线的阻抗,因此对于高频电路而言,介电常数公差是首要考虑的关键因素,应选择介电常数公差小的板材。

2) 设计前的准备

与集成电路版图设计相似,设计测试板PCB前,也需要进行一些初始化设置,例如

(1) 设置尺寸单位、坐标原点(参考点),大致确定PCB板外形尺寸。

(2) 制作定位孔、元器件封装等。若需要使用一些元器件封装库中不存在的特殊元器件封装时,在布局之前需要首先制作该元器件的封装,类似层次化的集成电路版图设计。

(3) 根据加工工艺要求设置设计规则。例如最小线宽,线与线、线与元件焊盘、线与贯通孔、元件焊盘与贯通孔、贯通孔与贯通孔之间的最小距离等。类似集成电路版图设计中的DRC检查。

3) 布局布线设计

当PCB设计准备完成后,就可以进行布局布线设计了,合理的布局是PCB设计成功的第一步。在一个PCB板上,元件布局的总体要求是要均衡、疏密有序。对于射频电路PCB设计而言,电磁兼容性要求每个电路模块尽量不产生电磁辐射,并且具有一定的抗电磁干扰能力。因此,在进行射频电路PCB设计时还须考虑如何减小射频电路中各部分之间相互干扰、如何减小电路本身对其他电路的干扰以及电路本身的抗干扰能力。

在完成元器件的布局后,就可开始布线了。布线的基本原则为:在组装密度许可情况下,尽量选用低密度布线设计,并且信号走线尽量粗细一致,有利于阻抗匹配。对于射频电路,信号线的走向、宽度、线间距的不合理设计,可能造成信号传输线之间的交叉干扰;另外,系统电源自身还存在噪声干扰,所以在设计射频电路PCB时一定要综合考虑,合理布线。布线时需要注意以下几点。

(1) 所有走线应远离PCB板的边框(2 mm左右),以免PCB板制作时造成断线或有断线的隐患。

(2) 所布信号线应尽可能短,并尽量减少过孔数目。各元器件间的连线越短越好,以减少分布参数和相互间的电磁干扰。

(3) 布线时与焊盘直接相连的线条不宜太宽,走线应尽量离开不相连的元器件,以免短路。过孔应尽量远离不相连的元器件,以免在生产中出现虚焊、连焊、短路等现象。

(4) 电源、地线要尽可能宽,以减少环路电阻。同时,使电源线、地线的走向和数据传递的方向一致,以提高抗干扰能力。PCB 上相当多的干扰源是通过电源和地线产生的,其中地线引起的噪声干扰最大。地线容易形成电磁干扰的主要原因是地线存在阻抗。当有电流流过地线时,就会在地线上产生电压,从而产生地线环路电流,形成地线的环路干扰。当多个电路共用一段地线时,就会形成公共阻抗耦合,从而产生所谓的地线噪声。因此,在射频电路 PCB 设计中,电源线和地线的正确布线显得尤其重要,合理的设计是克服电磁干扰的最重要的手段。

11.5.2　PCB 设计举例

根据上述的 PCB 设计基本流程,下面简单给出一个设计示例。启动 Protel 99 SE 软件后,首先选择菜单命令 File→New Design 创建一个设计库(＊.DDB);再选择 File→New 命令,在弹出的对话框中选择 PCB Document 创建一个 PCB 文件(＊.PCB),如图 11.15 所示。

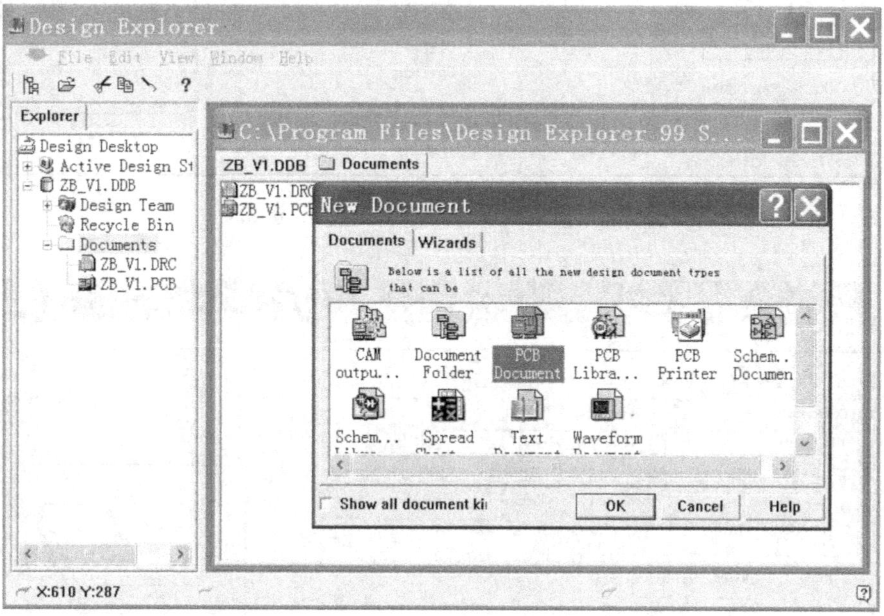

图 11.15　创建新文件

创建新文件后首先要完成初始化设置。在如图 11.16 所示的新建 PCB(PCB1.PCB)窗口中,使用鼠标右键选择 Rules 设置最小线宽、最小线间距等各种设计规则;选择 Option 设置层次(Layer)、颜色(Color)、格点(Grid)等。使用菜单命令 Edit→Origin 设置坐标原点(参考点)后选择机械层(Mechanical Layer)规划 PCB 的尺寸。下面就可以根据芯片的封装类型和测试连接要求进行设计了。然而,对于某些需要进行阻抗匹配设计的高频信号线而言,需要按传输线设计并通过相关传输线计算软件来确定线宽,图 11.17 给出了一种传输线计算工具的示意图。图 11.18 给出了一个采用 COB(Chip On Board)方式进行芯片封装测试的 PCB 设计示意图。图 11.19 是采用 CQFP24(24 脚陶瓷四边引线扁平封装)的封装形式进行芯片封装测试的 PCB 板实物。

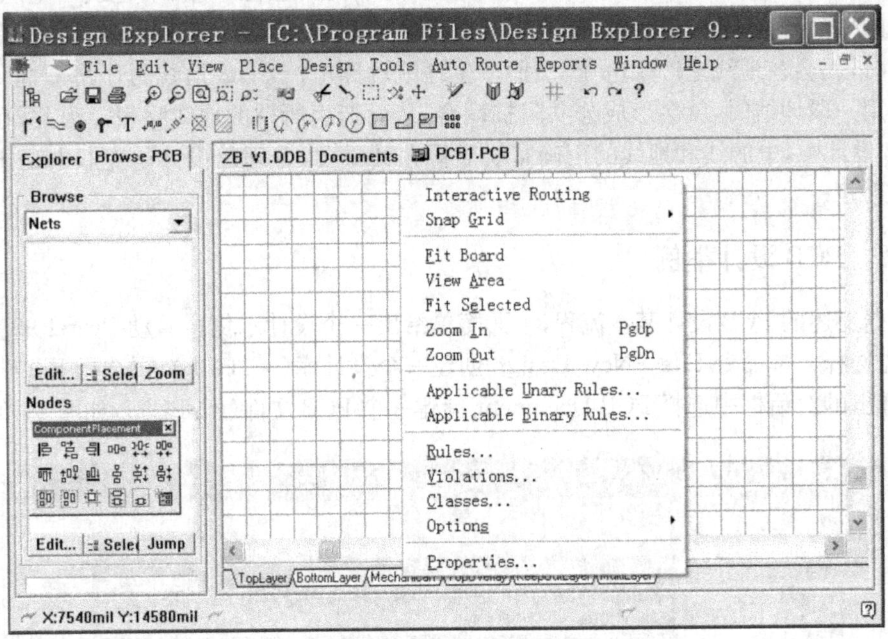

图 11.16 初始化设置菜单示意图

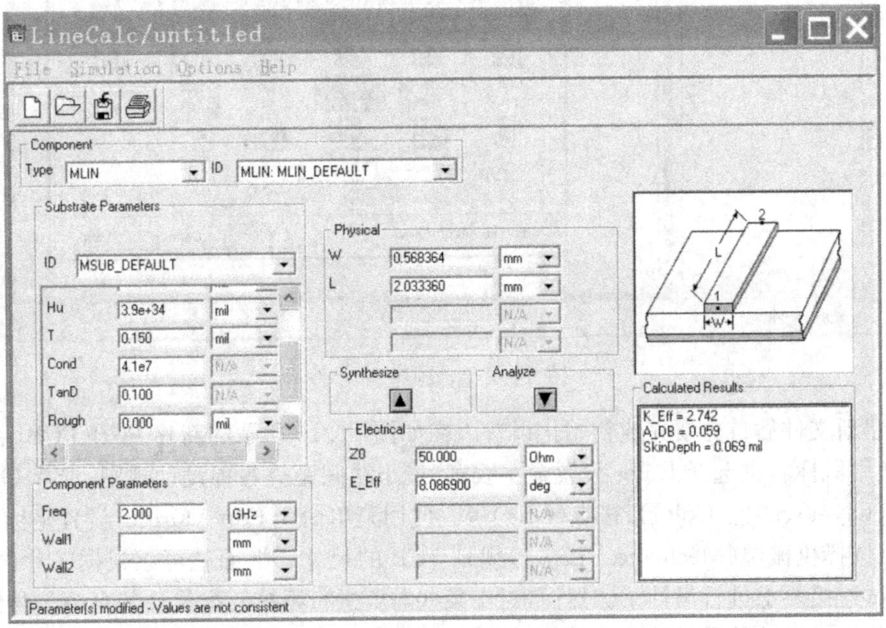

图 11.17 一种传输线计算工具示意图

图 11.18　COB 封装方式下的芯片 PCB 测试板

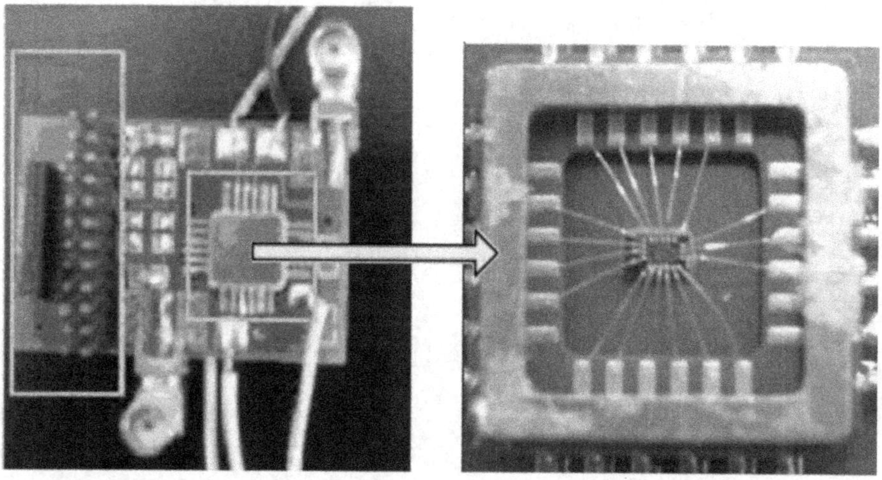

图 11.19　CQFP 封装方式下的芯片 PCB 测试板实物

11.6　本章小结

本章首先介绍了集成电路封装的作用和基本工艺流程，列出了常见的集成电路封装外形、基本尺寸和英文缩写，供读者查阅。接着讨论了 MCM 的基本原理和设计流程，提出了有源硅基板和裸片库的概念。最后介绍了集成电路 PCB 设计的基本知识。

参考文献

[1]　电子封装技术丛书编委会编. 集成电路封装试验手册. 北京：电子工业出版社，1998

[2]　中国电子学会生产技术学分会丛书编委会组编. 微电子封装技术[M]. 合肥：中国科学技术大学出版社，2003

[3] 杨邦国,张经国主编. 多芯片组件(MCM)技术及其应用[M]. 成都: 电子科技大学出版社,2001
[4] 《中国集成电路大全》编委会编. 中国集成电路大全,集成电路封装. 北京: 国防工业出版社,1993
[5] 田民波,林金堵,祝大同编著. 高密度封装基板[M]. 北京: 清华大学出版社,2003

思考题与习题

1. 简述封装的作用。
2. 说明裸片、成品芯片与晶圆的关系。
3. 列举出常见的五种芯片封装形式。
4. 在版图设计时,要考虑哪些封装问题。
5. 送芯片给封装工程师时,需给出哪些信息。
6. 何谓 MCM?
7. 简述 MCM 的设计流程。

第 12 章　集成电路测试

集成电路的测试是集成电路设计和生产过程中非常重要的一个环节，集成电路测试研究工作对于寻找设计中的问题，保证集成电路产品的质量有着非常重要的意义。本章将介绍集成电路测试的基本知识。

12.1　引言

集成电路是当今发展最快的技术领域之一。随着 VLSI 技术进入纳米时代，电路日趋复杂，集成度日益增高，由此导致的集成电路复杂性急剧提高。与此同时，人们对集成电路的可靠性要求也越来越高，集成电路的测试技术也随之得到了长足的发展，并成为保证其可靠性的决定性因素之一。

当前的集成电路测试技术日益复杂，除了对集成电路本身测试比较复杂外，用这些集成电路来构成更大的电路系统会使测试的费用按指数规律增长。执行集成电路系统的测试，是一个费时而艰巨的过程，必须要考虑到测试的功能、性能等诸多问题，并能以较低的成本来实现较高质量的测试。目前，较低的测试水平已经成为妨碍 VLSI 发展的瓶颈，因此无论在工程领域还是科研领域，研究和实现好的测试方法都已经成为必要。

集成电路的测试方法主要分为模拟和数字两大类。当然还有一部分集成电路既有模拟部分又有数字部分，称为混合信号集成电路。对这种电路的测试方法综合了模拟和数字两类集成电路测试方法。因此，当我们分别掌握了这两类集成电路测试方法之后，混合信号集成电路的测试也就不难解决了。

下面首先介绍集成电路测试的信号连接方法，然后对模拟和数字两大类集成电路的测试方法分别加以介绍。

12.2　集成电路测试信号连接方法

根据测试的目的，通常集成电路测试可以分为四种[1]。

1）验证测试

这种测试是一种研究型的测试。对于一个新研究开发的芯片，在大批量投产之前，首先要确定它的功能和性能都达到了设计的要求。在验证测试中，要测试它的功能和性能指标值，分析设计和加工工艺对电路性能的影响。在验证测试中，经常需要探讨电路内部节点的故障，以便反馈给设计者和制造加工厂，改进设计方法和工艺流程。

2）生产测试

对于大批生产的芯片，每一块芯片都需要根据产品的指标要求，测试它的功能是否正确以及性能指标是否在规定的范围以内，并进行分选。生产测试没有验证测试那么全面，不需要覆盖所有的功能和指标。由于生产测试的量比较大,主要考虑的是测试成本与测试时间的问题。因此为了节省测试时间,通常在生产测试中不做故障的定位和诊断,只进行通过/失效判断,这样的测试能在很大程度上节省测试时间。

3) 老化测试

有一些芯片虽然通过了测试但却不能在实际系统中应用,因为它们不能按设计者预想的那样工作很长时间,这些芯片通常会在系统中很快的失效以至于影响整个系统。老化测试就是通过一个长时间的连续或周期性的测试来发现这样的芯片。

4) 成品检测

通常设计的芯片都是要在一个系统中配合工作,在集成到系统之前,系统制造商一般还要进行成品检测。根据系统的要求,这个测试可以和生产测试相似,或比生产测试简单一些,甚至可以应用在系统中测试。成品检测的目标就是避免把失效的芯片应用到系统中,因为应用了失效的芯片后诊断系统故障的成本远高于成品检测的成本。

实际的测试取决于被测电路所处的加工阶段(正在加工、加工完成、封装完成)。通常的测试都会按照正在加工晶圆和封装后的步骤来进行,虽然在晶圆加工阶段会针对器件参数做一些测试,但绝大部分的测试是在晶圆加工完成以后进行的。对在晶圆进行的测试称为在晶圆测试(中测),这种测试依靠探针台(probe station)分选,将潜在的失效电路标记并分离,再经划片和封装进入封装完毕的成品测试(成测)。无论在测试的哪个阶段,要测试一个电路,就必须完成两个工作:一是要将芯片与测试系统的各种连接线正确连接,二是要对芯片施加各种信号,通过分析芯片的输出信号,来得到芯片的功能和性能指标。

12.2.1 芯片在晶圆测试的连接方法

芯片在晶圆测试需要在探针台(测试台)上进行[2]。基本的探针台主要由四部分组成:载片部分、接触和调整部分、显微镜部分和控制部分。载片部分根据晶圆的尺寸大小来设计,目前主流的载片台有 6 英寸载片台、8 英寸载片台和 12 英寸载片台。载片台的功能是用具有水平平面且可以旋转的圆柱体金属平面装载晶圆或芯片,并利用真空吸盘将它固定。接触和调整部分用来装配和调整探针、探针阵列或探头,通过装配部分来固定探针卡,再利用调整部分来手动粗调以保持探针分布与晶圆上的芯片焊盘分布一致。显微镜也包括一个位置调整装置,以便对待测芯片进行聚焦,操作人员利用显微镜来细微的调整晶圆上芯片焊盘与探针的相对位置,以便能使焊盘与探针接触。控制部分用来控制载片台的移动、升降和旋转,并可通过一些按键实现其他一些功能,如激活标记不合格芯片的标记笔(打点器),记录晶圆上被测芯片数和合格与不合格芯片数及各自的坐标等信息。许多控制系统都有自动和手动两种操作模式。图 12.1 为美国的 BX2001 探针台。

为了能测试晶圆上的芯片,就必须给晶圆上的芯片提供测试矢量和测试电流、电压,同时还需要从被测芯片上采集输出信号。这就意味着必须与芯片上的焊盘相接触。在一般的制造工艺中,焊盘的面积总是比较小的,为了将焊盘上的引脚引出来,就必须用到探针、探针阵列或探头。单个探针必须是在三维空间可移动的,而探针阵列或探头还需要额外的装置以调整探针阵列或探头平面与芯片的夹角,以保证所有的针尖都能与焊盘均匀的相接触。探针和探针阵列由于其阻抗比较高,抗干扰能力差,一般只用来

图 12.1　美国 BX2001 探针台

测试低速芯片或高速芯片的直流参数。通常的探针都是以阵列或成组的形式应用在晶圆测试中，但是在某些实验性的测试中，则可利用单个可调节的探针，灵活的选择接触位置。单个可调节的探针除了能接触芯片边缘的焊盘外，还可用于接触芯片中间的小面积金属如电阻、互连线等，从而获得有关实验电路的更多信息。当然，在对一些复杂电路进行复杂的测试时，单个探针往往是不够的，因此在实际的测试中，更多的是采用探针阵列（低速）和探头（高速）。

对于一个已经设计完成的芯片来说，其电路四周焊盘的个数和分布位置是确定的，探针阵列就是根据这些确定的焊盘分布来确定探针的个数和分布位置。由于芯片的类型不同，其焊盘数和分布位置往往都是不一样的。一般来说，对于每个芯片都要根据芯片焊盘坐标来定制专用的探针卡，因此探针阵列和芯片之间是一一对应的。整个探针阵列是一个统一的三维可调的机械装置，所有的探针同时进行整体调节。这样的探针阵列制作比较简单，因此得到广泛的应用。图 12.2 为美国 Picoprobe 公司生产的一种 10 探头的实物照片。图 12.3 为根据某芯片定制的探针阵列卡实物照片。

随着集成电路设计水平的不断提高，芯片的时钟速度也在成倍增长，部分高速的芯片时钟频率已经达到 GHz，若要在晶圆上测试这些高速芯片，就必须要用微波探针。共面波导结构的微波探针基本结构主要包括 SMA 同轴连接器、共面波导探头和接头体。图 12.4 给出了美国 Cascade Microtech 公司生产的一种探头中心间距为 150 μm 差分信号探针，其中图(a)为整体结构，图(b)为探头局部放大照片。图中 GSGSG 的 G 表示地，S 表示信号。SMA 同轴连接器与外部测量仪器或自动测试设备(ATE)的测试端口相连；共面波导探头与被测芯片相接触，这就要求被测芯片的焊盘中心间距和信号布局必须与探头匹配。为获得精确的高频测量数据，要求探头插入损耗低，各端面反射小，性能稳定，结构可靠，因此，微波探针两个端口的阻抗为 50 Ω。

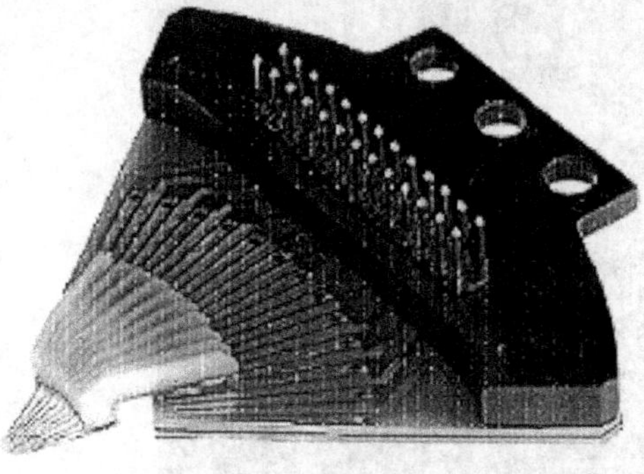

图 12.2　美国 Picoprobe 公司生产的一种 10 探针头的实物照片

图 12.3　探针阵列卡实物照片

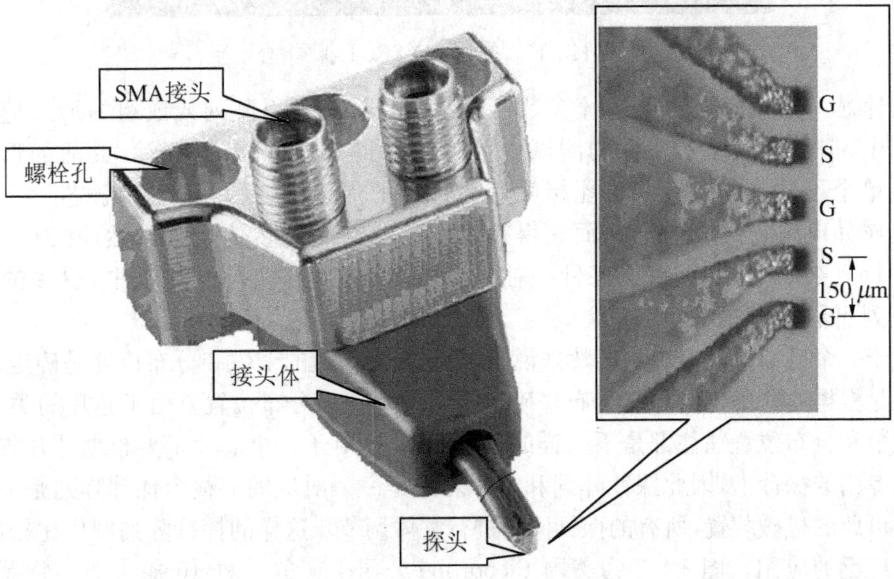

(a) 整体结构　　(b) 探头局部放大照片

图 12.4　一种 GSGSG 组合、150 μm 间距的微波探头照片

12.2.2　芯片成品测试的连接方法

对于已经封装好的芯片，还需要再次进行测试，以便发现中测时遗漏的失效芯片以及在封装过程中失效的芯片。对于封装后的成品测试，既可以直接设计电路板通过电缆与测试机连接来测试(手动成测)，也可以将测试系统与机械手相连，用机械手来替代中测时探针台所做的分选工作(自动成测)。图 12.5 就是测试机与被测电路板直接相连接的照片，这种手动成测主要用于一些芯片的设计公司和研究机构。在大规模的生产过程中测试系统通常是用同轴电缆与芯片测试机械手通讯，机械手将装在塑料管内的被测芯片依次传送到测试工位，测试触头便马上卡住芯片的各个引脚，把芯片引脚与测试系统相连接。测试完毕后，根

据测试结果，分别将合格与不合格芯片传送至各自的塑料管内。图12.6就是一种机械手（分选机）的照片。

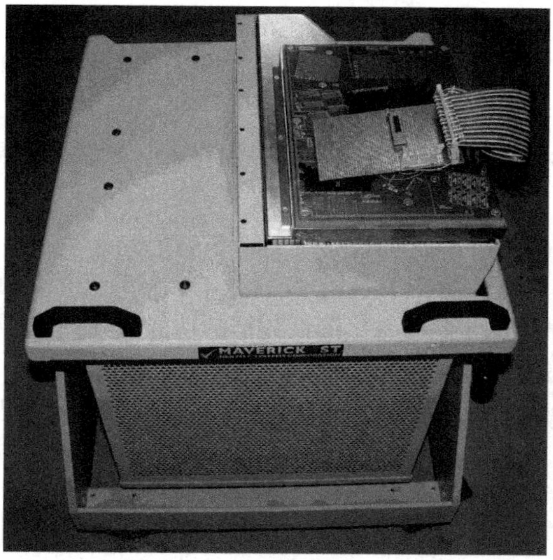

图12.5　测试机与被测电路板的连接照片

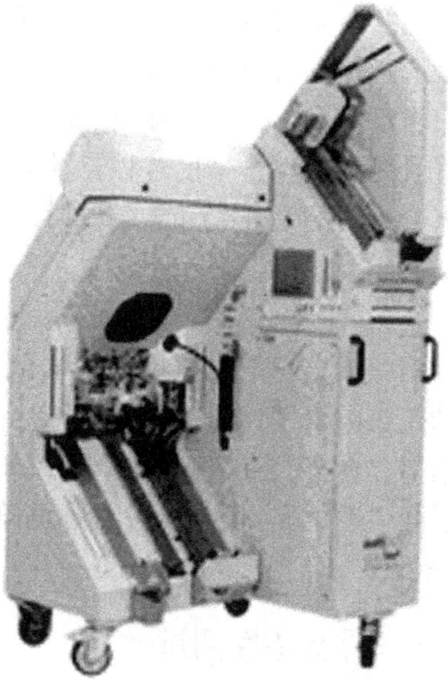

图12.6　德国产MT9308分选机

12.3　模拟集成电路测试方法

虽然模拟集成电路的测试方法远比数字集成电路测试复杂的多，难以从理论上做出分析和总结[3]，出现的故障往往没有规律可循，但由于模拟集成电路的开发也已经经历了半个多世纪的历程，人们已经针对品种繁多的电路确定了测试方法，开发出了测试仪器，加上这些电路往往规模不大，对它们的测试还是大体明确的。另一方面，我们在学习电路的SPICE仿真时，已经熟悉了电路性能分析指令语句.OP、.DC、.AC、.TRAN、.FOUR和.NIOSE等，熟悉了由.PRINT和.PLOT等输出语句给出的各种数据、图表与曲线。因此，我们可以对照SPICE的这些语句的功能和产生的结果，对所实现的集成电路进行性能测试和验证。

下面就从直流、交流和瞬态测试三个方面对模拟集成电路基本性能的测试分别加以讨论，然后给出基于一种数模混合测试机的低频功率放大器测试实例。

12.3.1　直流工作点测试

直流工作点测试相当于电路仿真中的DC分析。无论是在晶圆的裸片测试还是封装后的模块测试，一般而言，模拟集成电路首先要进行直流工作点测试，以判断电路的工作点是否正确。直流测试过程一般是在对被测件施加直流电压源的情况下进行，此时

（1）通过测量电压源总电流，得到电路的静态功耗，即电源电压乘以总电流。目前，大多数直流电压源都带有数字显示屏显示当前的输出电压值，并能够直接读出相应的电流值。

（2）使用万用表测量电路输入、输出节点的偏置电压或电路中各可观测点的电压值。比较电路中各关键节点的直流工作电压值是否与仿真电压值一致，从而判断电路直流工作是否正常。

(3) 输入电压扫描测试。以运算放大器的直流测试为例,为获得运算放大器的输入失调电压,需要测量运算放大器的直流传输特性。这时,在电源电压的作用下,可以在输入端加一个连续可调的直流电压源,逐点测试记录输出电压值,然后再进行绘图。一种更简便的方法是通过提供直流电压源仪器的GPIB接口与安装在计算机上的控制软件(如LabVIEW或用户自己开发的控制软件)相连,完成自动电压扫描和参数记录,甚至绘图。一些通用的数模混合测试机就是采用这种自动测试过程完成电路直流测试的。

需要说明的是,除了能够提供直流电压源的仪器外,还有能够提供直流电流源的仪器。

12.3.2 交流特性测试

模拟集成电路的交流特性测试相当于电路仿真中的AC分析,其输入信号一般为频率可变的正弦波。因此,一般的数模混合测试机除了具有采集测试数据的功能外,还能够产生交流信号。此外,各种信号发生器或波形发生器也可以用于交流特性的测试。

需要说明的是,用来测量射频电路的增益、带宽、输入反射等特性的基本测试仪器则是网络分析仪[6]。

12.3.3 瞬态特性测试

瞬态特性测试,即时域测试,相当于SPICE仿真中的Tran分析。瞬态测试同样需要各种信号发生器或波形发生器。进行电路瞬态特性测试时,通常在电路输入端加一个电压随时间变化的信号,然后用示波器、逻辑分析仪等仪器直接观测电路的输出波形,并可以测量输出波形的信号幅度、周期、上升/下降时间等特性参数。当采用脉冲信号源为限幅放大器等电路提供伪随机输入序列进行测量时,还可以通过示波器观测输出眼图并测量眼图参数。

12.3.4 频谱与噪声测试

频谱测试相当于SPICE仿真中的FOUR分析,通常采用频谱分析仪进行测试。主要用于大信号放大电路谐波分量分析,确定其非线性失真;用于混频器和调制解调器输出波形分析,得到各混频器输出频率分量的幅度;确定其混频增益和待滤除分量的大小;用于振荡器分析,确定输出信号频谱纯度。总之,频谱测试用于各类大信号非线性电路的性能评估。

测试噪声系数相当于SPICE仿真中的NOISE分析,通常采用噪声分析仪进行。主要用于低噪声放大器和振荡器的性能评估。

有关采用频谱分析仪分析频谱和相位噪声以及用噪声系数分析仪测量噪声系数等测量知识请参考有关射频电路测试的文献[4,5]。

12.3.5 模拟集成电路测试实例

在大规模生产中,一个典型的模拟集成电路测试系统如图12.7所示。图中,测试系统

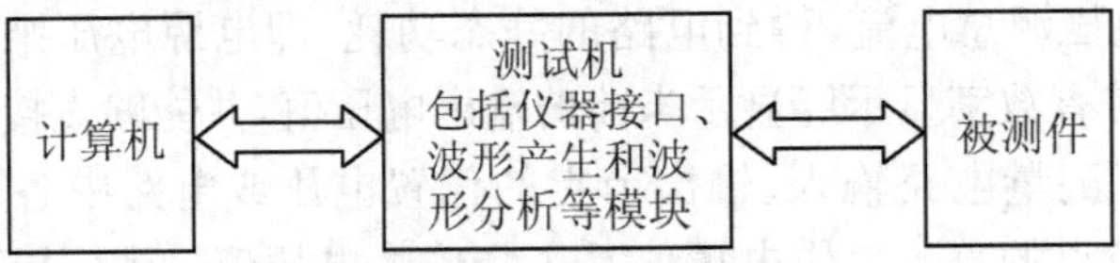

图12.7 数模混合测试系统原理框图

的各个板卡与仪器接口卡通过仪器总线连接；测试系统通过接口电缆与计算机连接；安装有 VC 等高级语言的计算机通过用户开发设计的程序控制仪器接口板来控制测试系统。系统的各类信号资源或通过矩阵或直接连接到被测电路。数模混合测试机主要对被测件进行直流测试、交流测试和其他一些功能的测试。

对数模混合自动测试系统测试程序的开发和管理是通过用户程序完成的，其程序开发流程一般可分为如图 12.8 所示的七个步骤，更具体的内容请参考不同测试机系统的用户手册。

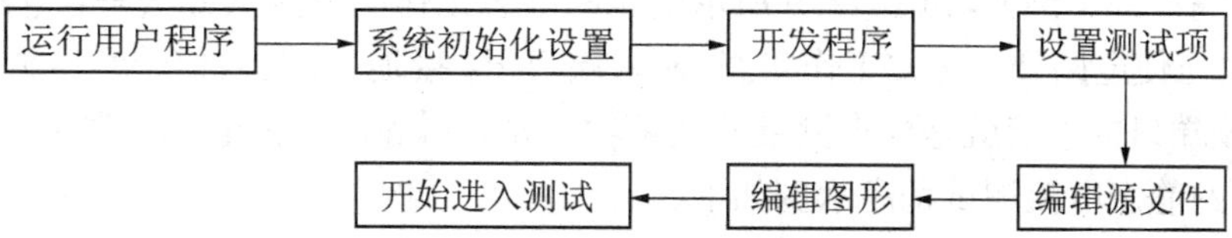

图 12.8　测试程序开发流程

下面首先以测试一种低频功率放大器的静态工作电流为例，较为详细地说明模拟集成电路自动测试的基本过程，然后简要介绍输出功率、总谐波失真和电源抑制比的测试方法。

1）静态工作电流测试

（1）分析测试要求

无论哪一种测试，首先要分析电路的具体测试要求。例如，某低频功率放大器要求在指定的多个电源电压和不同负载条件下测量其静态电流，并且在实际电路测试过程中不仅要记录测试数据还要判断测试结果是否符合相应的测试规范，对不符合要求的电路要进行筛选。表 12.1 列出了该放大器的静态电流测试条件和测试规范示例。

表 12.1　某低频功率放大器的静态电流测试规范示例

电源电压 / 负载条件	$V_{DD}=5$ V	$V_{DD}=3$ V	$V_{DD}=2.6$ V
无负载	3 mA $\leqslant I_{DD} \leqslant$ 7 mA	3 mA $\leqslant I_{DD} \leqslant$ 7 mA	1.5 mA $\leqslant I_{DD} \leqslant$ 6mA
两个输出端口间接 8 Ω 负载	4 mA $\leqslant I_{DD} \leqslant$ 10 mA	4 mA $\leqslant I_{DD} \leqslant$ 10mA	2 mA $\leqslant I_{DD} \leqslant$ 8 mA

（2）设计测试电路板

由表 12.1 可见，要测量这 6 组静态电流数据需要有可变的电源电压 V_{DD} 和两种不同的负载条件。因此，根据低频功率放大器的封装引脚，设计出如图 12.9 所示的测试原理图。图中，P1～P6 端口、继电开关 K1 和 K2 的控制端通过测试电缆连接至测试机各信号端口，

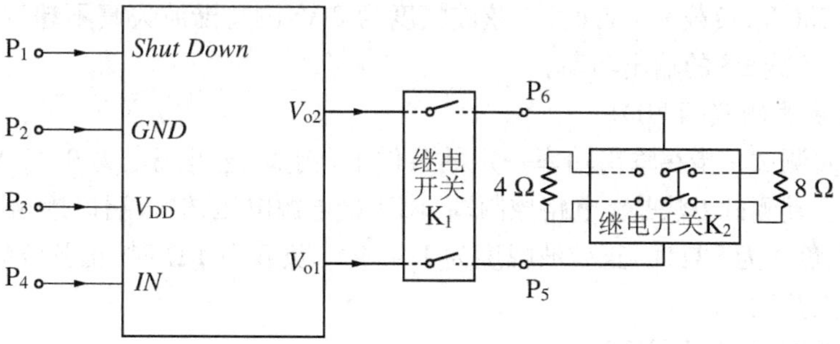

图 12.9　低频功率放大器测试原理图

其中电路的接地端 P2 端口始终接地信号。这样当继电开关 K1 断开时，实现了无负载测试条件；当继电开关 K1 合上，同时继电开关 K2 指向右侧时，则对应着两个输出端口 P5 和 P6 间接 8 Ω 负载的测试条件。图中设置 4 Ω 和 8 Ω 两种不同阻值的负载是为了满足后面输出功率和总谐波失真测试要求。

(3) 编写测试程序

测试程序一般都采用 VC(或 VC＋＋)高级语言实现。测试程序是根据测试要求和测试方法进行编写的。例如，如图 12.9 所示电路的静态工作电流测试方法是：电路控制端口 P1 接电源电压使电路处于正常工作状态，输入端口 P4 接地(无输入信号)，电源端口 P3 接直流电压，该端口的电流就是要求测量的低频功率放大器静态工作电流。根据上述说明，无负载情况下的静态电流测试程序示例如下。

```
MYDLLAPI double IDD1(double * grpTestValue,short * pingrp)
{
    ……；//初始化设置等
    hvforce_v ( 1,5,100)；//P1 端口接 5 V 电源电压
    hvforce_v( 4,0,10)；// 输入端口 P4 接地
    set_rcbit(1)；// 继电器开关 K1 断开
    hvforce_v(3,5,100)；// 电源上电 5 V//
    clr_rcbit( 1 )；//继电器开关 K1 闭合
    testvalue＝hvmeasure_i(4)；// 测 idd//
}
```

(4) 调试测试程序

按所有测试要求编写好测试程序后，就可以在测试机系统环境下进行程序调试。同时还要进行测试机系统的初始化设置，例如设置各种测试规范等。

(5) 测试静态工作电流

完成上述过程后，就可以对电路进行测试了。测试的方法是：当电路控制端口 P1 接电源电压、输入端口 P4 接地时，测端口 P3，即电源电压(V_{DD})端口的电流。根据表 12.1 列出的测试规范，当测试值在测试规范的范围内时认为电路直流工作正常，否则为次品。

2) 输出功率测试(P_o)

输出功率测试是指在满足失真度要求的条件下测量电路的输出功率，其测试方法是：电路控制端口 P1 接电源电压、输入端口接频率为 1 kHz 的正弦波，并且当负载为 8 Ω 时，正弦波幅度为 2.236 V；负载为 4 Ω 时，正弦波幅度为 2 V，测总谐波失真不超过 1%的情况下电路输出端口 P5 或 P6 的输出功率。

3) 总谐波失真测试(THD)

总谐波失真测试是指在输出功率一定的条件下(例如，这里规定为 0.15 W)，测试输出波形的失真度。其测试方法是：电路控制端口 P1 接电源电压、输入端口接频率为 1 kHz 的正弦波，并且当负载为 8 Ω 时，正弦波幅度为 1.414 V；负载为 4 Ω 时，正弦波幅度为 1 V，测量输出波形的失真度。

4) 电源抑制比测试(PSRR)

该项目是测量电路对电源波动的抑制能力，其测试方法是：电路控制端口 P1 接电源电

压、输入端口接地，电源电压上叠加一个幅度为200 mV的正弦波，测量输出端信号的均方值，然后用叠加信号的有效值除以该均方值后取dB值。

12.4　数字集成电路测试方法概述

大规模数字集成电路测试主要包括逻辑值测试和参数值测试两个方面。多年来，数字电路测试的研究主要集中在基于电压测量的逻辑值测试方法的研究。电压测试的优点是速度快，识别0、1要求的精度不高。基于电压测量的逻辑值测试方法已经成为目前测试数字集成电路的主流。

目前，数字集成电路的测试主要还是依靠自动测试。所谓自动测试就是自动推导被测电路的测试向量，自动对被测电路的输入加载测试激励并回收其测试输出的响应，通过分析测试响应来自动的给出电路的故障征兆并孤立故障。

12.4.1　数字集成电路测试的基本概念

数字集成电路测试的意义在于可以直观地检查设计的具体电路是否能像设计者要求的那样正确地工作。被测试的电路称为被测器件(DUT：Device Under Test)，产生被测电路测试向量的过程称为测试生成(Test Generation)，产生的测试向量又称为测试图形(Test Pattern)。整个测试过程是通过自动测试设备(Automatic Test Equipment)对DUT施加测试图形并捕获和分析DUT的响应来实现的。

集成电路芯片的测试分为功能测试和参数测试，其中功能测试又分为两种基本形式：完全测试和功能测试。完全测试就是对芯片进行全部状态和功能的测试，要考虑集成电路所有的可能状态和功能，即使在实际应用中某些状态并不会出现。功能测试就是只对在集成电路设计之初所要求的运算功能或逻辑功能是否正确进行测试。显然，完全测试是完备测试，功能测试是局部测试。

测试的最终目的，是为了发现电路中由于设计或制造所带来的错误。错误在不同的层次具有不同的含义：如设计阶段技术规范不完全一致，设计规则违例；制造阶段使用了错误的元件，不正确的开路等；在电路生存周期中元件的老化和损耗等。

从测试的结果来看，所有的错误都表现为电路有故障。通常设计错误称为设计故障，制造错误、物理失效合称为物理故障。根据电路故障的稳定性，可将故障划分为永久性故障、间歇性故障和瞬时性故障。间歇性故障和瞬时性故障由于其发生不具有规律性，很难稳定的捕获和分析，是一种相对较难检测的故障。在测试的时候，所有的故障都是通过逻辑值来确定的，因此就需要对物理故障建立相应的逻辑故障。逻辑故障映射了物理故障对系统的影响，由于在电路的模型中，逻辑功能和时序是分开的，因此逻辑故障主要包含了逻辑功能故障和逻辑时序故障。本节主要讨论逻辑功能故障。

12.4.2　故障模型和测试向量的生成

12.4.2.1　故障模型[7,8]

将物理故障转化为逻辑故障有利于抽象地理解系统的故障，同时有些物理故障可以转化为同一个逻辑故障，简化了故障的复杂度。根据系统在某一时刻出现故障的个数，故障类型可分为单故障和多重故障。频繁测试策略证明，单故障出现的概率远高于多重故障，且能检测单故障的测试图形对多重故障也有较高的覆盖率。要对一个系统进行测试，就必须建立一个故障模型。一般来说，在门级故障模型中，通常认为元器件是无故障的，只有器件之间的互连可能发生问题。常见的互连问题有固定开路和固定短路，将其转化为逻辑故障，主要有以下几种：

1）单固定故障

单固定故障主要反映电路中某根线上的信号不可控，即永远运行在某一个固定值上。在电路中，如果该线固定在高电平上，称之为固定 1 故障（stuck-at-1）；反之则称为固定 0 故障（stuck-at-0）。图 12.10 给出了一个单固定故障示例。图中，若与非门的输入端 A 固定接地，则输入端 A 的逻辑值始终表现为 0，用 s-a-0（stuck-at-0）表示，记为 $A/0$。若或门的输出 Y 固定接电源，则输出端 Y 的逻辑值始终表现为 1，用 s-a-1（stuck-at-1）表示，记为 $Y/1$。

由图 12.10 可知，一个单固定故障包含了三个特征：

(1) 故障线永远固定于某一个逻辑值。

(2) 故障可以是一个门的输入也可以是一个门的输出。

(3) 在某一时刻只能有一个故障。

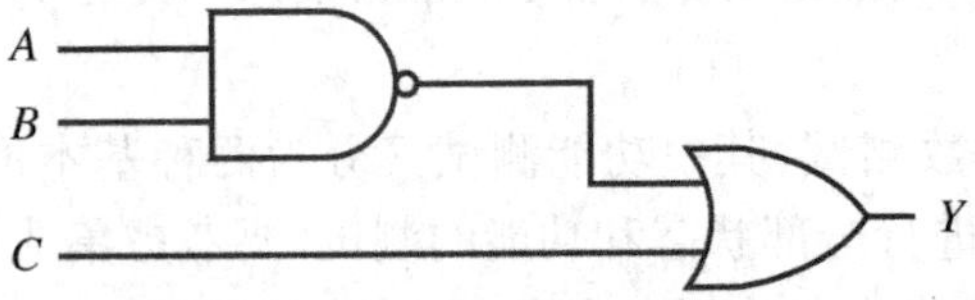

图 12.10　单固定故障示例

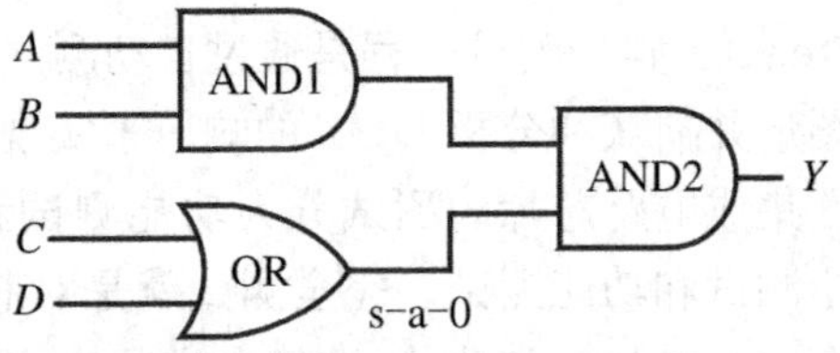

图 12.11　一个单固定故障的例子

检查图 12.11 所示电路中或门(OR)是否存在固定 0 故障。若 OR 的输出固定于 0，这意味着 OR 的输出将始终保持为 0 而与其输入无关。如果 OR 的输出正常，则当输入为 01、11、10 时输出为 1。此时，当与门(AND1)的输入为 11 时，可以推断 OR 输出正常时与门(AND2)输出为 1，而故障时 AND2 输出为 0。由此可以看出，当 OR 和 AND1 的输入端依次加逻辑电平 0111、1111 或 1011 时通过 AND2 的输出可判断 OR 门是否存在 s-a-0 这个故障。由于这些矢量的无故障响应和有故障响应是不一样的，因此 0111、1111、1011 称作或门 s-a-0 故障的测试图形(测试向量)。

这个例子说明了在单固定故障中，一个故障往往存在多个测试图形。在实际研究中，由于单固定故障模型简单，故障覆盖率高且能检测大部分的其他故障，因此被广泛地采用。

2）多固定故障

如果电路中在某一时刻同时存在两根或两根以上的信号线固定于某一逻辑值，则这样的故障称为多固定故障。随着 VLSI 的发展，单个芯片上门电路的规模不断增大，芯片上出现多固定故障的概率也随之不断提高。有趣的是，通过一些学者的研究发现，对于单固定故障覆盖率达到 100%的测试，可以期望检测大部分的多固定故障。但是并非所有的多固定故障都能被单固定故障测试图形检测到。

图 12.12 是一个多固定故障的例子。这个多固定故障是由两个单固定故障组合而成，并且当与门（AND1）不存在故障，或门（OR）的固定于 0 故障是可以被检测到的；反之当 OR 门不存在故障，AND1 的固定于 1 故障也是可以被检测到的。但是在这个多固定故障中，由于 OR 的输出固定于 0，因此 AND1 的输出固定于 1 这个故障无法被检测到，这称为故障屏蔽。因此，并非所有由单固定故障组成的多固定故障都能被检测到。

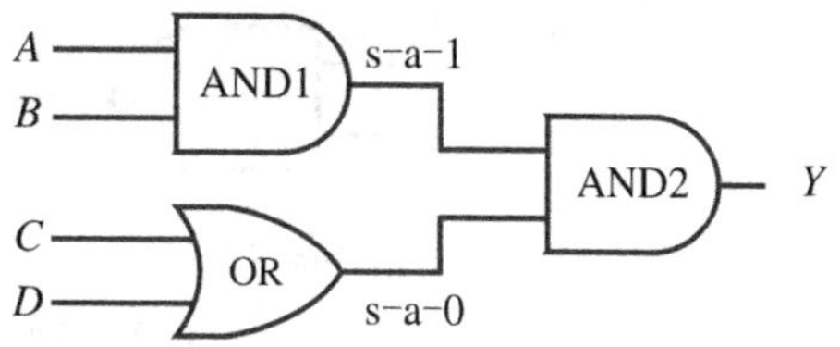

图 12.12　一个多固定故障的例子

3）桥接故障

电路中信号短接在一起的故障称为桥接故障。常见的桥接故障有两种：一是输入端之间的桥接故障，二是元件输入端和输出端之间的反馈式桥接故障。

桥接故障与所采用的工艺有一定关系，根据桥接所引入的功能不同，可以区分为 AND 桥接故障和 OR 桥接故障。单固定故障的测试集也可用来检测桥接故障，对一些特殊的电路还会有 100％的故障检测率。

在实际的电路中，并非所有的故障都会对电路产生影响，有一些故障并不修改电路的功能，因此称这种故障为冗余故障。冗余故障是一种典型的不可测故障。如图 12.13 所示，图(a)中 AND1 存在一个冗余故障 s-a-1，其输出函数为 AB。假设该冗余故障不存在，则该电路的输出函数也是 AB，由此可以看出该故障 s-a-1 对电路功能并没有产生影响，电路可化简为图(b)。

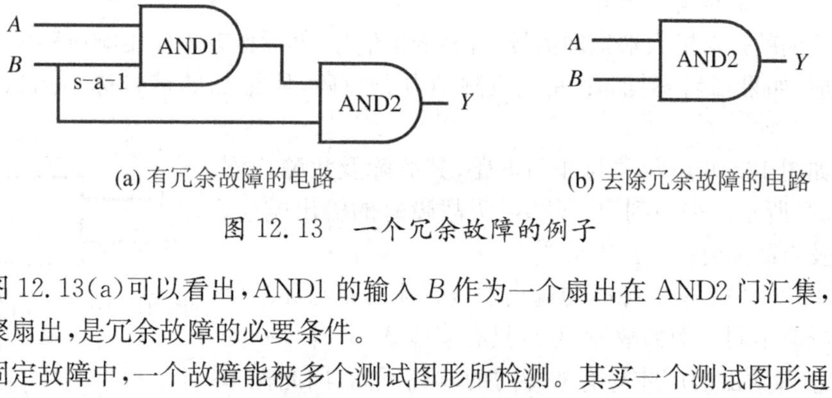

(a) 有冗余故障的电路　　(b) 去除冗余故障的电路

图 12.13　一个冗余故障的例子

通过图 12.13(a)可以看出，AND1 的输入 B 作为一个扇出在 AND2 门汇集，这个结构称为重汇聚扇出，是冗余故障的必要条件。

在单固定故障中，一个故障能被多个测试图形所检测。其实一个测试图形通常也能检测到多个故障。设有一个 n 位输入的电路，其输出函数为 $f(x)$，x 为 n 位的输入向量。假设电路存在两个单固定故障，其输出函数分别为 $f_0(x)$ 和 $f_1(x)$，故障 0 的测试图形为 a，故障 1 的测试图形为 b，则显然 $f_0(a)\neq f(a)$、$f_1(b)\neq f(b)$。如果存在一个测试图形 c（c 可以为 a 或者 b），满足 $f_0(c)\equiv f_1(c)\neq f(c)$，那么就可以说故障 0 和故障 1 是等价故障。等价故障是不可区分的。

如图 12.14(a)所示，$A/0$、$B/0$、$C/1$ 是等价故障，在图 12.14(b)中，$X/1$、$Y/1$、$Z/0$ 则是等价故障。采用等价故障可降低故障集合的规模。例如，在图 12.14(a)中故障 A/1 的测试为 01，同时 01 也为故障 $C/0$ 的测试。

定义：对于两故障 f、g，若 f 的任意测试均可检测 g，则称 g 控制故障 f。例如，在图

(a) 与非门　　(b) 或非门

图 12.14　等价故障的例子

12.14(a)中，$C/0$ 控制 $A/1$ 和 $B/1$；在图 12.14(b)中，$Z/1$ 控制 $X/0$ 和 $Y/0$。这种情况下，在生成测试图形的过程中，只需要找到故障 f 的测试图形就能检测故障 g。因此，故障精简时将所有的等价故障集只用一个故障来表示，并且若 g 支配 f，则只保留 f。

图 12.15 所示电路为一个二输入的多路转换器，采用故障精简以后故障集为{$A/1$, $B/1$, $C/0$, $E/1$, $F/1$, $G/0$, $H/0$, $I/0$}。必须注意的是：扇出源与扇出分支处的故障是不等价的，如测试图形$(A,B,C)=(1,0,0)$，可检测 $B/1$ 而不能检测 $E/1$。

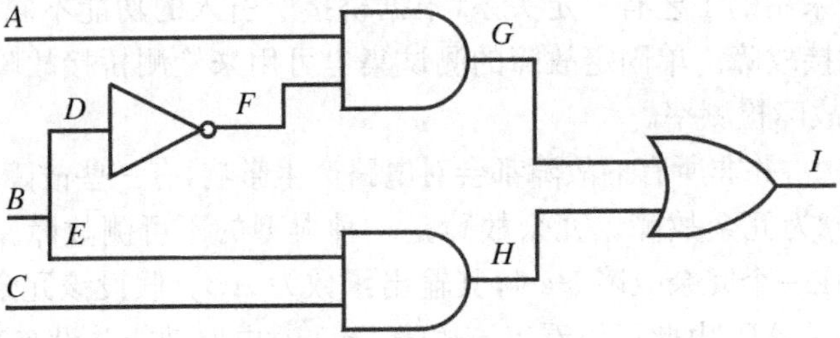

图 12.15　故障精简示例

12.4.2.2　测试向量的生成

故障检测就是对输入端施加信号，观察输出信号，然后比较该输出响应和无故障时理想的输出响应，如果二者不同，则说明检测到电路故障，所施加的信号称为测试图形（测试向量）。

对于如图 12.16 所示的与非门电路，其故障及故障检测表如表 12.2 所示。表中列出了输入、无故障时的输出响应、故障类型及有故障时的输出响应[9]。

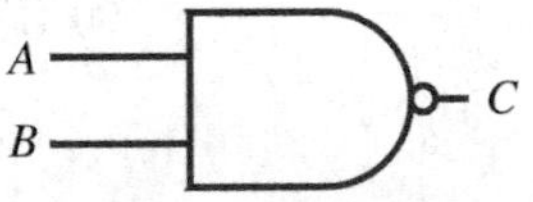

图 12.16　单固定故障的与非门

由表 12.2 可知，有故障时的输出响应并非总是与无故障时的输出响应不同。例如故障 $B/1$，只有当输入 A、B 分别为 1、0 时，无故障输出响应才与有故障时的响应不同，因此把 $A=1$，$B=0$ 称为故障 $B/1$ 的测试矢量。

表 12.2　与非门的故障及故障检测表

输入		无故障的响应	有故障时的响应					
A	B		$A/0$	$B/0$	$C/0$	$A/1$	$B/1$	$C/1$
0	0	1	1	1	0	1	1	1
0	1	1	1	1	0	0	1	1
1	0	1	1	1	0	1	0	1
1	1	0	1	1	0	0	0	1

故障检测分故障激活与故障敏化传播两个过程。图 12.17(a),(b)分别描述激活与传播故障 $G/1$。图中,对于故障 G/i 而言,故障激活就是在 G 处产生一个故障非值 $\bar{i}$,从而激活故障。故障激活以后,将所得的故障效应(D 或 $\overline{D}$)传播到原始输出的过程称为故障敏化传播($i \in \{0,1\}$)。

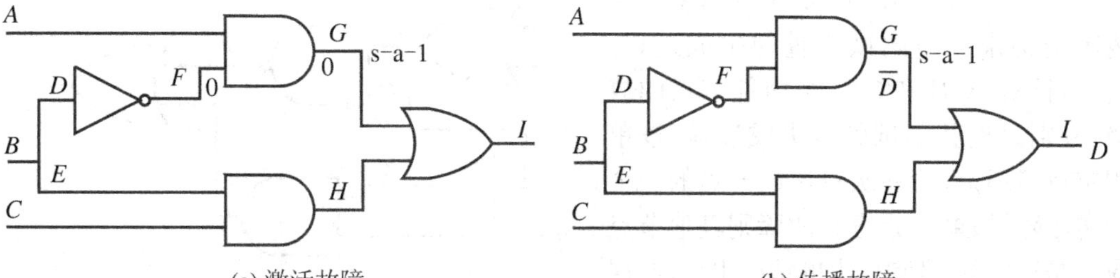

(a) 激活故障　　(b) 传播故障

图 12.17　故障激活与传播

上述产生故障测试矢量的方法称为路径敏化法,其主要思想是寻找一条从故障源到原始输出的路径,这条路径称为敏化路径。沿着这条路径,故障效应可以从源传播到原始输出,也就是故障效应可观。

路径敏化法生成测试矢量包括三个环节:

(1) 为了能够反映在电路内部节点所存在的故障,必须对该节点设置正常逻辑值,设置的正常逻辑值应为故障值的非量,这个步骤称为故障激活。这样,如果在原始输出端观测到输出的是正常逻辑值,则表明该节点没有故障。反之,如果观测到的是节点故障值的效应,则表明该节点确实存在故障。在这里,故障效应经过门的传播也许改变了逻辑值,但是其应该和正常的逻辑值相反。例如,要激活图 12.17 中的故障 $G/1$,则应将 G 点设置成与故障相反的值(0)。

(2) 为了能够将故障效应传播到某个原始输出,则沿着故障传播路径的所有逻辑门必须被选通,也就是使其处于选通状态,这也被称为敏化。具体的说就是沿着故障传播路径的所有的与门和与非门的非故障信号输入端必须设置为 1,所有的或门和或非门的非故障信号输入端必须设置为 0。在图 12.17 中,要将故障 $G/1$ 传播到原始输出,首先要确定传播路径,传播路径是 $D-I$,因此该路径上的或门应被敏化,即 $H=0$。

(3) 根据激活与传播故障的要求而设置的节点信号值对应到原始输入端的信号,从而得到测试矢量。

路径敏化测试生成法是一种面向故障的测试生成方法,其关键在于敏化路径的选择,对于无扇出分支的电路来说,敏化路径选择是惟一的。但是对于具有扇出分支的电路,路径选择就成了耗费测试时间的核心问题,例如图 12.18 所示电路。

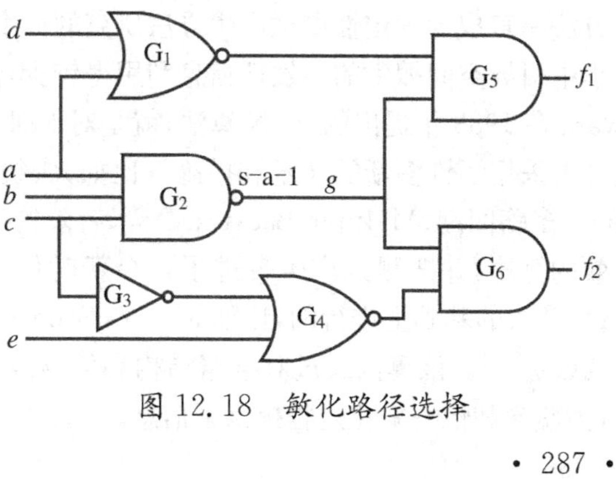

图 12.18　敏化路径选择

图 12.18 是一个无冗余电路,g 固定于 1,为了激活这个故障,就必须确认

$g=0$。由于 g 是一个扇出杆，因此就面临着故障是从 G5 传播还是从 G6 传播。如果选择了从 G5 传播，为了选通 G5，则 G1 的输出为 1。由于为了激活故障确认 $g=0$，必须置 $a=1$、$b=1$、$c=1$，而 $a=1$ 又使得 G1 的输出为 0，不符合选通 G5 的要求。于是只能选择 G6 路径传播故障，这要求 G4=1，可通过 $c=1$、$e=0$ 来解决。

下面，通过图 12.19 所示的简单组合逻辑结构来分析测试矢量的生成过程。这里，针对 A、B 和 C 三个内部节点的故障，分别讨论其测试矢量生成过程。按单固定故障理论，每一次只讨论电路的一个固定故障。如果 A 点存在故障则其他节点应该是正常的，B 和 C 点的情况也一样，这就是所谓的单故障分析模型。

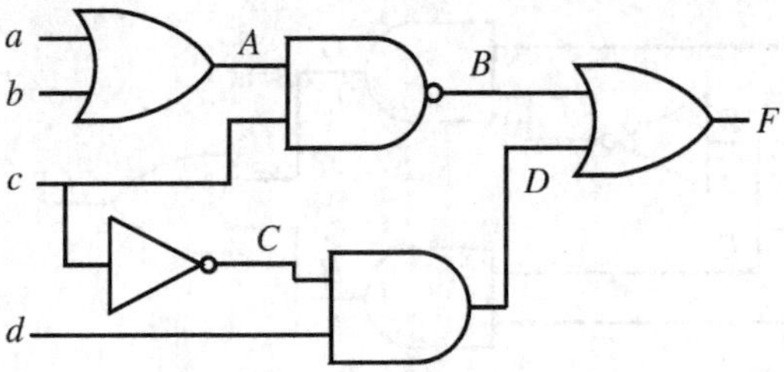

图 12.19　测试生成例子

首先，假设内部节点 A 存在固定于 1 的故障，求测试矢量。

第一步：为了使 A 节点的故障能够被激活，设置或门输入信号 ab 为 00，则 A 节点的正常逻辑值为 0。

第二步：为了将 A 点的故障传播到输出 F，沿着 $A \rightarrow F$ 的路径必须被敏化，这就要求 $c=1$，$D=0$。满足这两个条件后，固定于 1 的故障 A 被倒相的传播到原始输出端 F，因此，在 F 端可以看到一个倒相的故障效应 0。

第三步：根据故障激活的要求和路径敏化的要求可以推断 $a=b=0$，又由 $c=1$，$D=0$ 推出 d 可取任意值，用 x 表示。

结论：测试固定于 1 的故障 A 所要求的测试矢量，即输入为 $abcd=0010$ 或 0011。如果 A 点确实存在固定于 1 故障，则输出的信号为 0；如果 A 点不存在假设的故障，则输出的信号值为 1。

对于内部节点 B 和 C 处的故障，也可以采用同样的方法来得到测试矢量。上面是用理论的方法来推导得到测试矢量，在实际的应用中，由于电路存在扇出，敏化路径选择和反向推导的时候存在错误和冲突。为了及时发现这些错误和冲突，J. P. Roth 在 1966 年提出了 D 算法[10]，从算法理论上系统的给出了组合电路的测试矢量产生方法，并且具有一定的实用性，是经典的完全测试矢量产生方法。P. GOEL 在 1981 年提出的 PODEM 算法，第一次把测试产生问题归结为输入向量空间的搜索问题，并采用分支限界的办法来解决。实践证明，该算法与 D 算法相比，测试产生效率明显提高。在此之后，以空间搜索为基础的测试产生方法一直成为确定性测试产生方法研究的一个主要方向。虽然 PODEM 算法在测试产生过程中引导空间搜索的启发性信息利用得较少，但仍大有潜力和改进的可能。其中，H. Fujlwara 在 1983 年提出的 FAN 算法，就是对 PODEM 算法的重大改进，并在 PODEM 算法的基础上采用了许多新的技术和措施。比如，头线(Head Line)、惟一敏化(Unique Sensitization)、多路回溯(Multiple Backtrace)等，有效的提高了测试产生的效率，是国际上公认成熟有效的算法，并把测试产生带进了一个新时代。以后，对测试产生算法的改进，大都是在 FAN 算法的基础上进行的，比如 M. H. Scholz 等人出的 SOCRATES 算法就是对 FAN 算法的改进[13]。该算法通过对电路结构和信号线与信号线之间的逻辑关系的静态与动态分析，为蕴含和惟一敏化过程提供了信息。

12.4.3　数字集成电路测试实例

对于一个设计并制造加工完的芯片，完全测试在理论上能发现该芯片的任何故障。假设一个逻辑电路有 N 个输入端子，如果仅从输入的信号组合角度考虑，有 2^N 个状态，但它并不一定是该芯片输入逻辑的全部可能状态。对纯组合逻辑，在静态情况下电路的状态仅与当前的信号有关，只要 2^N 个状态组合矢量就可完成全部状态的枚举。但对动态特性的测试，则还应考虑状态转换时的延迟配合问题。更为严重的是对于时序逻辑的测试，电路的输出不仅与当前输入有关，还与电路的历史状态有关，这就使得时序逻辑的完全测试矢量不仅仅是枚举的问题，而是一个数学上的排列问题。在最坏的情况下，可能是 2^N 个输入的全排列，可以想象，一个有几十个输入的逻辑，它的测试矢量数目将非常大，要完成这样的测试是不现实的。

在大规模生产中，芯片的测试往往是不完全测试，仅仅测那些使用到的状态。下面以某一遥控系统用编码器为例，说明这种测试的基本原理与过程。图 12.20 是该编码器的原理图。

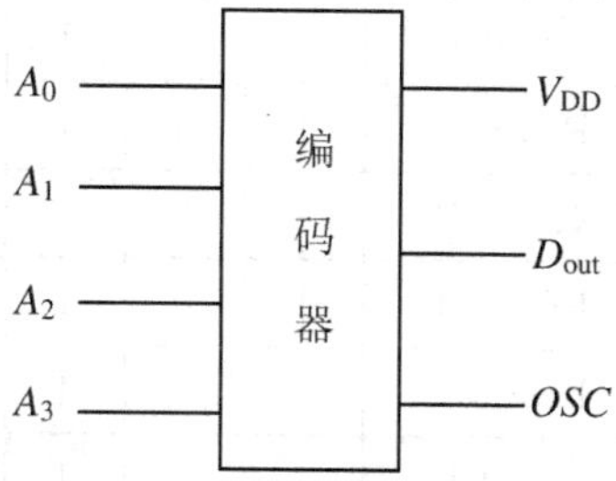

图 12.20　编码器的原理图

该编码器有四个地址输入端（$A_0 \sim A_3$），一个电源 V_{DD}(5 V)，一个脉冲输入端 OSC 和一个输出端 D_{out}。在输入端($A_0 \sim A_3$) 给一组编码，经过编码器编码，在 D_{out} 端顺序输出。随地址位逻辑值的不同，编码输出的规律如图 12.21 所示，输出顺序(先左后右) 如下：

A_0 编码 → A_1 编码 → A_2 编码 → A_3 编码 → 同步位

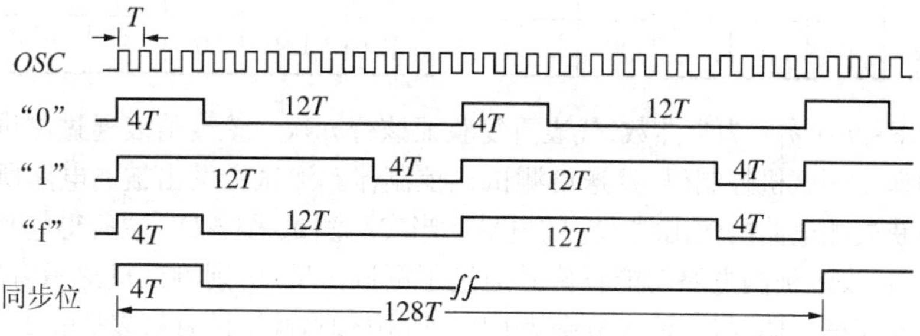

图 12.21　编码规律图

在这里我们主要关心的是编码器的功能测试。功能测试就是用真值表来验证编码器功能是否正确的过程。上述编码器输入端可接三种状态：高电平(1)、低电平(0)和悬空(f)。为了使编码器功能错误出现的可能性比较小，我们列举了三组真值表来对该编码器进行测试：输入端分别为 1010、0101 和 ffff。真值表中的每一行代表一个时钟周期(T)。H(高电平)和 L(低电平)代表在编码器正确编码的情况下 D_{out}端应该输出的结果。对 1010 的输入，参照上图的编码规律和编码顺序，当编码器功能正确时，D_{out}输出应该按 A_0 A_1 A_2 A_3(1010) 顺序编完的码，具体真值表如下表 12.3 所示。

表 12.3 输入为 1010 时的验证真值表

重复验证次数	A_0	A_1	A_2	A_3	D_{out}
Repeat 12	1	0	1	0	H
Repeat 4	1	0	1	0	L
Repeat 12	1	0	1	0	H
Repeat 4	1	0	1	0	L
Repeat 4	1	0	1	0	H
Repeat 12	1	0	1	0	L
Repeat 4	1	0	1	0	H
Repeat 12	1	0	1	0	L
Repeat 12	1	0	1	0	H
Repeat 4	1	0	1	0	L
Repeat 12	1	0	1	0	H
Repeat 4	1	0	1	0	L
Repeat 4	1	0	1	0	H
Repeat 12	1	0	1	0	L
Repeat 4	1	0	1	0	H
Repeat 12	1	0	1	0	L
Repeat 4	1	0	1	0	H
Repeat 124	1	0	1	0	L

表 12.4 输入为 0101 时的验证真值表

重复验证次数	A_0	A_1	A_2	A_3	D_{out}
Repeat 4	0	1	0	1	H
Repeat 12	0	1	0	1	L
Repeat 4	0	1	0	1	H
Repeat 12	0	1	0	1	L
Repeat 12	0	1	0	1	H
Repeat 4	0	1	0	1	L
Repeat 12	0	1	0	1	H
Repeat 4	0	1	0	1	L
Repeat 4	0	1	0	1	H
Repeat 12	0	1	0	1	L
Repeat 4	0	1	0	1	H
Repeat 12	0	1	0	1	L
Repeat 12	0	1	0	1	H
Repeat 4	0	1	0	1	L
Repeat 12	0	1	0	1	H
Repeat 4	0	1	0	1	L
Repeat 4	0	1	0	1	H
Repeat 124	0	1	0	1	L

上述的 Repeat n(n 为自然数)代表重复验证该行 n 次。该真值表通过测试机的开发环境编译器编译成测试机控制码,发送给测试机控制器。测试机发出被测电路所需的各种输入信号并捕获被测电路的输出端 D_{out} 的电平。当实际测试采样 D_{out} 端所得电平与验证真值表完全相符时,表示被测电路功能正确并通过了测试。反之,则测试机提示有错误,被测电路通不过功能测试。同样,当输入分别为 0101 和 ffff 时,验证的真值表如表 12.4 和表 12.5 所示。

表 12.5 输入为 ffff 时的验证真值表

重复验证次数	A_0	A_1	A_2	A_3	D_{out}
Repeat 4	f	f	f	f	H
Repeat 12	f	f	f	f	L
Repeat 12	f	f	f	f	H
Repeat 4	f	f	f	f	L
Repeat 4	f	f	f	f	H
Repeat 12	f	f	f	f	L

续　表

重复验证次数	A_0	A_1	A_2	A_3	D_{out}
Repeat 12	f	f	f	f	H
Repeat 4	f	f	f	f	L
Repeat 4	f	f	f	f	H
Repeat 12	f	f	f	f	L
Repeat 12	f	f	f	f	H
Repeat 4	f	f	f	f	L
Repeat 4	f	f	f	f	H
Repeat 12	f	f	f	f	L
Repeat 12	f	f	f	f	H
Repeat 4	f	f	f	f	L
Repeat 4	f	f	f	f	H
Repeat 124	f	f	f	f	L

当然,实际的数字集成电路测试的过程要比上述复杂的多,其中要包括一些时序的调整和参数的设置及调试,但是其功能测试的主要原理都是差不多的。该种编码器用上述的方法已经在 Maverick—I ST 测试机上通过功能测试。

12.5　数字集成电路的可测性设计

随着制造水平的不断进步,在一块芯片上集成的元器件密度越来越大,被测电路的复杂性也越来越大。特别是在深亚微米以及复杂百万门级芯片设计的推动下,各种集成 IP 核、系统级芯片(SOC)的出现使得面向故障的测试方法遇到了一些难以克服的问题。首先,由于芯片内部元器件密度增加,受到芯片管脚数目的限制,芯片内部的部分节点变得不可访问,难以在输出端观察到这些芯片的故障效应。在最坏情况下,面向故障的测试方法故障覆盖率只能达到 50%～60%。其次,由于芯片的复杂性越来越大,使得测试的复杂性也不断增加,从而使得测试的成本也不断增加(测试矢量生成成本、测试设备成本)甚至超过了设计和制造成本。为了解决这一系列问题,人们希望能在芯片设计阶段就考虑到测试的问题,通过增加辅助电路和结构化设计来降低芯片的测试难度,这就是可测性设计(DFT: Design For Testability)。事实上 DFT 已经成为当今集成电路设计中不可缺少的一部分。

DFT 的最终目的就是为了增加电路的可测性,降低测试成本。DFT 虽然能降低测试成本,但是其本身在降低测试难度的同时,修改了原有电路,影响了电路的一些参数,增加了芯片的 I/O 管脚数目和芯片面积。对于大规模集成电路来说,面积的增加会导致功耗变大以及成品率的下降,而 DFT 的目的是为了降低测试的难度,提高测试的良品率,因此测试工程师和设计工程师会在 DFT 的使用方面存在分歧。通常采用折衷的方法是将芯片的内部电路模块化,然后对部分模块进行可测性设计。目前比较成熟的技术主要有特定的 DFT、内部扫描设计、内建自测试(BIST)和边界扫描设计等。

12.5.1 特定的可测性设计方法

在可测试设计技术发展的早期，大多采用特定方法，通过改善电路的设计方案来提高其可测试性，直至满足要求，更多的应用于印刷电路板的设计。这些技术的目的是为了提高系统的可控制性、可观测性和可预测性，但并不能简化测试生成，因此称之为特定的可测性设计[11][12]。该技术有增加测试点、分块、制定可测性设计规则等几种主要方法。

12.5.1.1 增加测试点

对于一个规模较大的电路或系统来说，增加测试点可以增强该电路的可测试性和可控制性。测试点主要包括两种类型：控制点(CP：Control Point)和观测点(OP：Observation Point)。控制点是用于增强电路可控制性的原始输入，观测点是增强电路可观测性的原始输出。如图 12.22 所示，与门 G 位于一个庞大的电路中，与模块 A_1、A_2 相连。

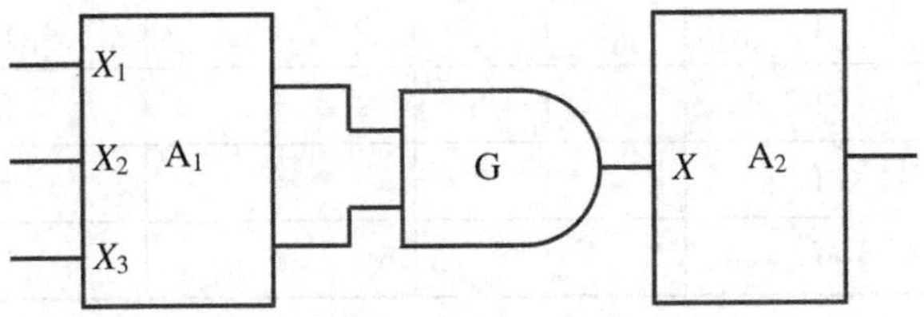

图 12.22 复杂电路结构图

假设上述电路中，与门 G 的输出很难通过模块 A_2 观察到，如果在与门 G 的输出增加一个输出点 *OP* 的话，如图 12.23 所示，那么 G 门的输出便很容易观测到。

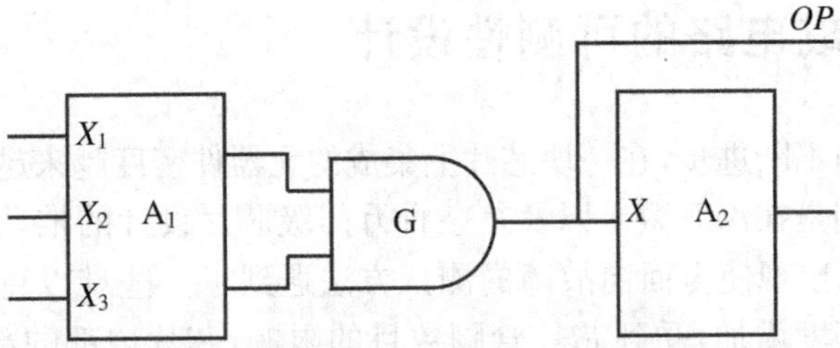

图 12.23 插入观测点 *OP* 后的电路结构

同样，对于与门 G，如果很难通过模块 A1 将与门 G 输出置为 0，则我们可以通过插入一个控制节点 *CP* 来强制将与门 G 的输出置 0。当控制节点 *CP* 为 1 时，电路在正常状态下工作，如图 12.24 所示。这种改进后的电路称为 0 注入电路。同样还可以在电路中引入新的门，将电路改进为 0/1 注入电路。如图 12.25 所示，如果 *CP*1＝1、*CP*2＝1，则电路在正常状

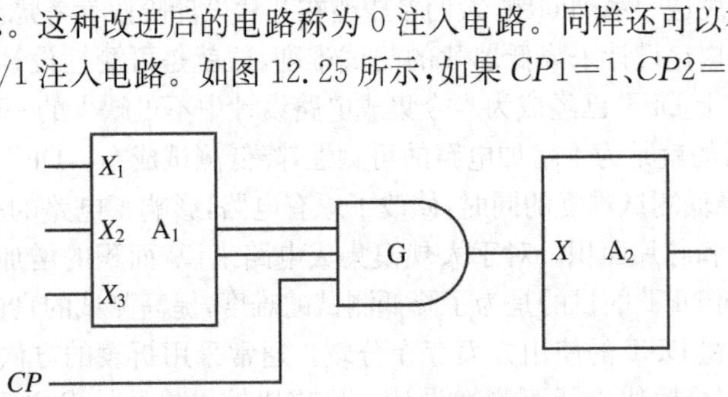

图 12.24 插入控制点 CP 后的电路结构

态下工作，如果 $CP1=0$ 则置 0，$CP2=1$ 则置 1。

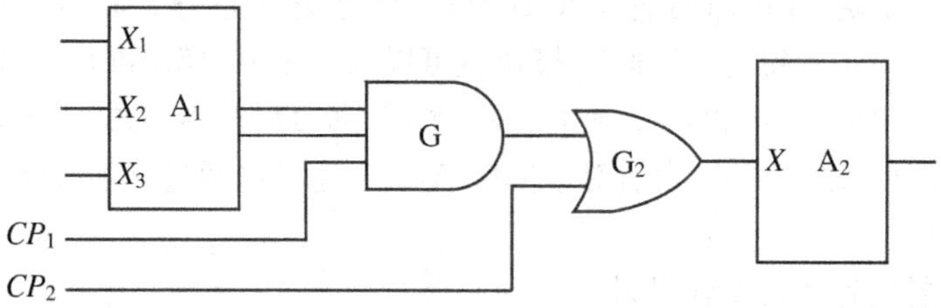

图 12.25　插入控制点 $CP1$ 和 $CP2$ 后的 0/1 注入电路

通过上述例子可以看出，如果测试点用作电路的原始输入，则可以提高电路的可控制性；如果测试点用作电路的原始输出，则可以提高电路的可观测性。在某些情况下，一个测试点可以同时用作输入和输出。但由于管脚数的限制，所能引入的测试点是非常有限的。

12.5.1.2　分块

众所周知，对于一个电路来说，电路的规模越小便越容易测试，分块就是根据这个思想将一个大规模的组合电路分割成小的子电路以减少测试成本。

电路分块最常用的方法就是硬件分块法，图 12.26 给出了一个内部电路模块的原始结构图。

该电路由模块 A_1 和 A_2 构成，A_1 和 A_2 之间互为输入条件。因此，可以采用多个多路选择器，将子模块 A_1 和 A_2 非独立的部分隔离，在硬件上实现电路的分块，如图 12.27 所示。

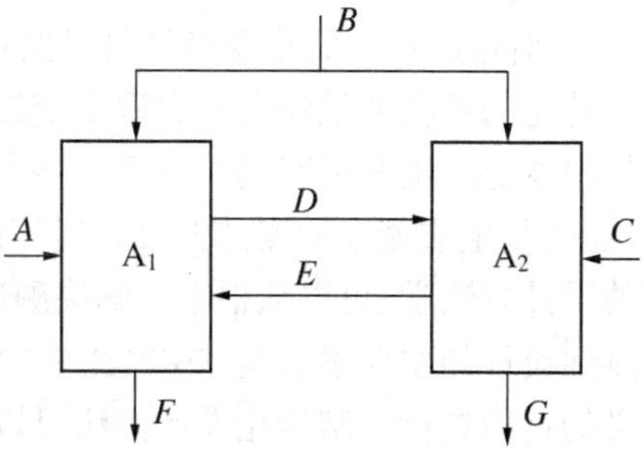

图 12.26　大规模电路内部模块结构

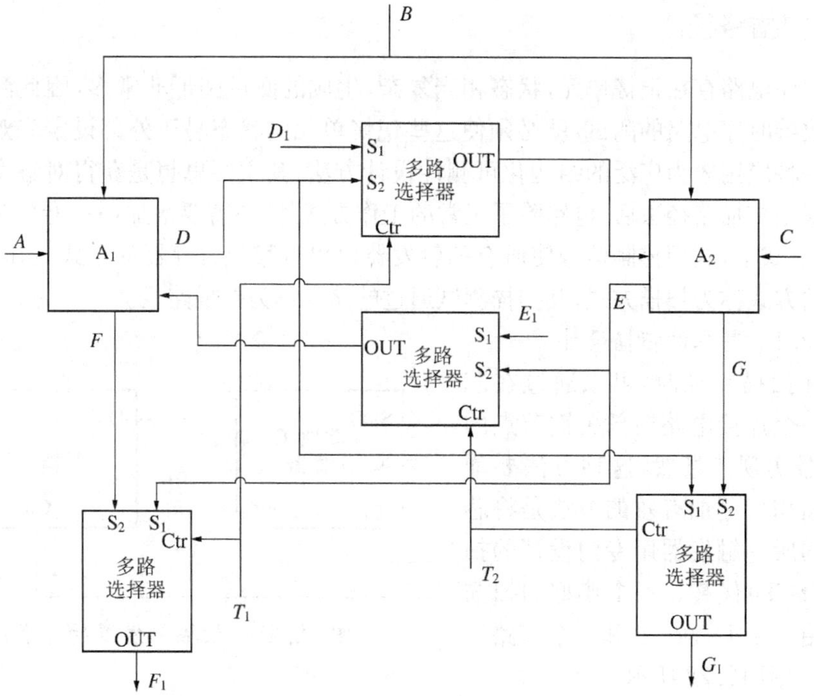

图 12.27　多路选择器划分后的电路结构

从上图我们可以看到，当 T_1、T_2 选通多路选择器的 S_2 端时，电路正常工作。当 T_1 选通 S_2，T_2 选通 S_1 时，模块 A_1 由原始输入 A、B 和 E_1 驱动，输出信号 F 和 D 分别可以在多路选择器的输出端 F_1 和 G_1 观察到，这样 $A1$ 模块就可以独立于 A_2 模块进行测试。同样，当 T_1 选通 S_1，T_2 选通 S_2 的时候，A_2 也可以独立于 A_1 测试。通过增加多路选择器，把电路划分为两个较小的模块 A_1、A_2 独立测试。当然对于模块 A_1、A_2 还可以通过增加多路选择器把它们划分为更小的子模块。

12.5.1.3　制定可测性设计规则

为了设计时就能考虑到测试的问题，可以通过遵循一些设计规则来降低测试的复杂性。设计时主要遵循的规则有以下几条：

1）设计易于初始化的电路。

2）避免使用冗余的逻辑。

3）避免使用异步反馈。

4）避免使用大扇入的门。

5）对难以控制的重要信号要提供外部控制管脚。

特定的可测性设计在一定程度上缓解了电路规模日益复杂给测试带来的压力，但是没有从根本上解决测试问题。对于一些大规模的集成电路来说，即使做出了特定可测性设计后，还必须生成庞大的测试矢量来提高故障的覆盖率。因此很多专家学者希望能找到一种新的设计方法学，可以从根本上解决测试的问题，这就产生了结构化的可测性设计。结构化可测性设计的主要思想是：在电路中加入额外的电路和信号，使得测试可以按照某个预先定义的过程进行。结构化设计方法可以应用到所有的设计中去，并且通常具有一套设计规则，主要有扫描技术和内建自测试(BIST：Built In Self Test)两种技术。

12.5.2　扫描路径法

由于时序电路存在记忆单元，状态相当复杂，生成的测试图形非常多，因此测试也相当复杂。要改善时序电路的测试，就必须使这些记忆单元的状态易于外部设定和观测。扫描路径法是一种应用较为广泛的结构化可测性设计方法，其主要思想是获得对触发器的控制和观测。采用扫描路径法后，电路除了正常的工作方式外，还需要增加一种专门为测试用的方式，在此方式下，利用控制信号使所有的触发器以串行移位寄存器的方式工作，这种专门为测试用的方式称为扫描方式，其扫描测试通过的路径称为扫描路径。

12.5.2.1　基本的扫描设计

在设计扫描路径时，可以通过在芯片上附加一个连接电路内部关键节点的移位寄存器实现。显然，这种方法要增大芯片的面积。更加有效的方法是将芯片中使用的所有触发器用专门设计的扫描触发器(SFF)代替。一个典型的扫描触发器是由一个 D 触发器和一个多路选择器组成，如图 12.28 所示。

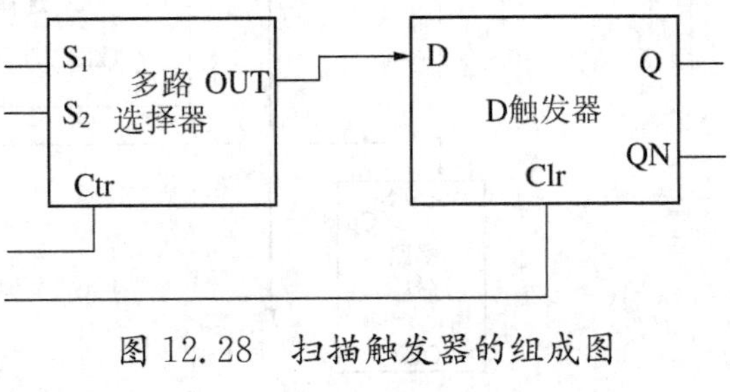

图 12.28　扫描触发器的组成图

一个同步时序电路可以模型化为如图 12.29 所示的组合电路和触发器两部分。

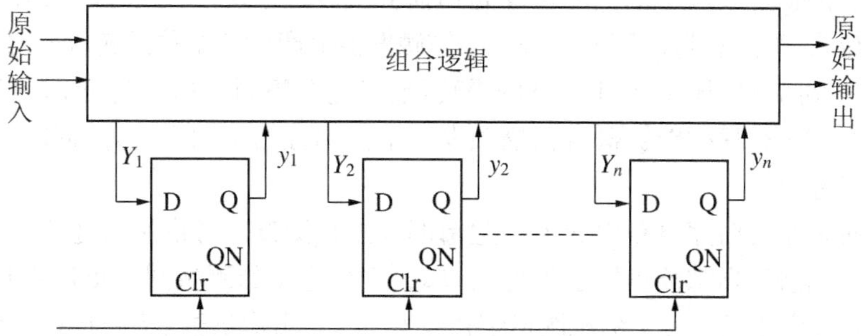

图 12.29　同步时序电路模型

用扫描触发器代替图 12.29 中的 D 触发器，便可实现同步时序电路模型的扫描路径设计，如图 12.30 所示。

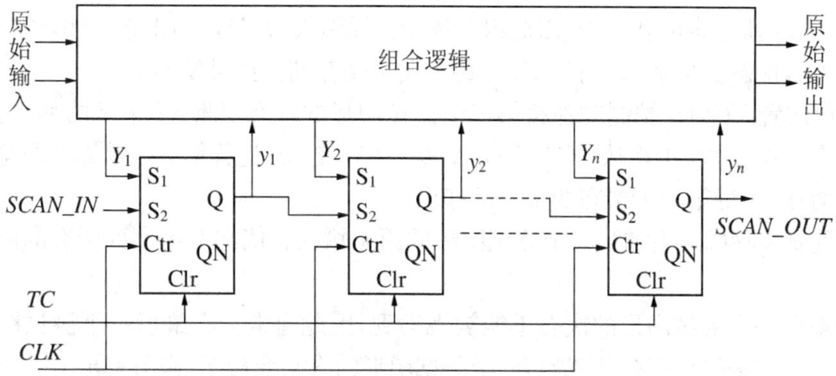

图 12.30　同步时序电路扫描设计方案

图 12.30 所示方案，为通过扫描测试使能端 *TC* 来控制电路的工作方式。当扫描测试使能端 *TC* 输入为 0、多路选择器选择输入端 S_1 时，电路以正常方式工作，扫描触发器都只作为普通的 D 触发器使用；而当扫描测试使能端 *TC* 输入为 1 时，每个扫描触发器的输入选通到前面一个扫描触发器的输出，扫描触发器构成一个扫描路径，即电路中的触发器构成一个移位寄存器。测试输入数据可以串行地送入，达到控制电路内部状态的目的。这些节点（反馈节点）的逻辑电平作为内部局部组合逻辑电路的输入信号，经过相应的逻辑变换，也可以被送至各扫描触发器的输入端，再经过扫描，又可以将它们串行移出寄存器链，达到提高电路内部节点的可测性的目的。扫描路径的这种结构表明，想要进行扫描设计，就必须增加 3 个额外的引脚：测试使能（*TC*）、扫描输入（*SCAN_IN*）和扫描输出（*SCAN_OUT*）。

12.5.2.2　扫描电路的测试

通过上面的学习我们知道，在扫描方式下，扫描触发器构成一个移位寄存器，组合逻辑的输出与触发器无关。利用这个工作方式，可以把同步时序电路的测试转化为组合电路的测试。组合电路的测试相比时序电路的测试而言，要容易的多。一般来说，基于扫描设计的电路，只要对组合逻辑和不在扫描路径上的触发器进行测试，对于扫描路径上的触发器测试，测试方法和测试图形都是固定的。因此，扫描电路的测试可以分为以下两个阶段完成。

第一个阶段主要是测试扫描寄存器。首先通过置 *TC*＝1 将电路中的扫描寄存器置为移位寄存器，然后将测试图形通过输入 *SCAN_IN* 串行输入，一般串行输入的是一个长度为

$N+4$ 的翻转序列 00110011...，其中 N 是扫描触发器的总数。当用时钟控制这样一个翻转序列通过移位寄存器后，这个序列在每个扫描触发器上产生了四种翻转，即 0 到 0 的翻转、0 到 1 的翻转、1 到 1 的翻转以及 1 到 0 的翻转，最终这个序列在扫描输出 *SCAN_OUT* 口串行输出。这样的串行序列能够覆盖扫描触发器中大部分的单固定故障，同时也能验证扫描路径能否正确移位。

第二个阶段是对时序电路中的组合逻辑部分进行测试。考虑组合逻辑的单固定故障，如果所有的扫描触发器都能正常工作的话，那么组合逻辑的测试图形可以由自动测试矢量生成(ATPG)程序生成。每个测试图形都包含两部分，即原始输入 I 和状态变量 y。组合逻辑输出也包含两部分，即原始输出 O 和次态变量 Y。测试的施加步骤如下：

(1) 初始化扫描路径。置 $TC=1$，用时钟 CLK 控制第一个测试图形的状态变量 y1 串行的移入扫描路径。

(2) 置 $TC=0$，在原始输入端施加第一个测试图形的原始输入 $I1$。由于所有的扫描触发器都处于 $y1$ 所指定的状态中，因此组合逻辑按照输入为($I1$，$y1$)正常工作，原始输出端输出期望值 $O1$，次态变量 $Y1$ 在时钟 CLK 的控制下锁存到扫描触发器中。

(3) 再次置 $TC=1$，控制时钟将第二个测试图形的状态变量 $y2$ 串行的移入扫描路径，同时第一个次态变量 $Y1$ 将从 *SCAN_OUT* 端口串行输出，这样第二个状态变量全部移入扫描路径的时候，正好第一个次态变量全部移出。

(4) 重复步骤(2)，施加第二个测试图形的原始输入。依次类推直到所有的测试图形都被施加。

由于最后一个测试图形的次态不能被观察到，因此通常会在最后一个测试图形施加完后再增加一个扫描输出序列，将最后一个测试图形的次态变量 Y_n 串行移出。

扫描路径法的主要优点是只需要三个附加的管脚，即测试使能(TC)、扫描输入(*SCAN_IN*)和扫描输出(*SCAN_OUT*)，就可以控制和观测电路内部的主要节点，因而得到了广泛的应用。其主要缺点是对电路速度及芯片面积的影响都比较大。若想得到最佳的测试结果，则需完全的扫描路径，即将所有的触发器都置于扫描路径上。但是由于速度、面积及性能等的限制，难以获得完全的扫描路径，因而电路中总有某些部分不能通过扫描测试。为了在速度、面积、性能及可测性方面求得最佳折衷，ASIC 设计者宜采用部分扫描路径法设计。具体到是否将一个触发器引入扫描路径，还要取决于它对增加的可测性的贡献。在达到一定故障覆盖率的前提下，应尽量减少扫描触发器的使用。而所有这些关键因素的最终确定，都有赖于设计者长期设计实践的经验积累和总结。

12.5.3 内建自测试 BIST

在集成电路测试领域，扫描路径法从 20 世纪 70 年代诞生以来就已经得到了广泛的应用。但是随着千万门以上的芯片及深亚微米系统级芯片(SOC)的种类持续增多，设计规模不断增大。即便采用了扫描路径法后，对于组合逻辑的测试仍需要大量的测试矢量，这就超过了目前自动测试设备(ATE)的速度和存储能力。另外，深亚微米中存在的动态失效结构只能用非常快的测试方法才能检测到，由于 ATE 的发展速度总是落后于芯片的发展速度，没有办法实现一些高频芯片的测试。因此人们开发了一种新的 DFT 技术，希望能在电路内部建立测试生成、施加和分析，利用电路自身的结构来测试自己，这就是内建自测试

(BIST)[13]。BIST开始成为VLSI测试的一个最具前景的解决方法，并且使得新一代低成本测试仪开始走向市场。

12.5.3.1 BIST的结构和层次化应用

基本的BIST结构要求在硬件系统中增加三个硬件模块：测试矢量生成电路、测试响应分析电路和测试控制电路，如图12.31所示。

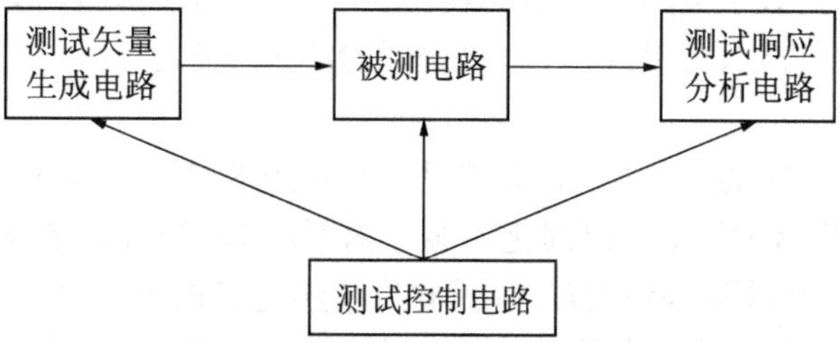

图12.31 内建自测试的一般结构

自测试控制电路可以控制测试生成电路在时钟的作用下将测试图形施加到被测电路上，然后通过比较分析电路把捕获到的结果与参考结果做比较，给出测试结果。在一些输出较复杂的电路中，为了减少输出响应数据所用的空间，常常在比较分析电路中增加一个数据压缩模块来把测试响应数据压缩成特征符号，然后将响应特征符号和参考特征符号相比就可以了。

对于一个典型的数字系统，一般都是由门、触发器完成芯片级设计，再由芯片组成模块（板），最后由模块构成系统这样一种层次化方式组成。利用BIST技术可层次化应用的特点，可以建立由底向上的层次化测试结构，如图12.32所示。

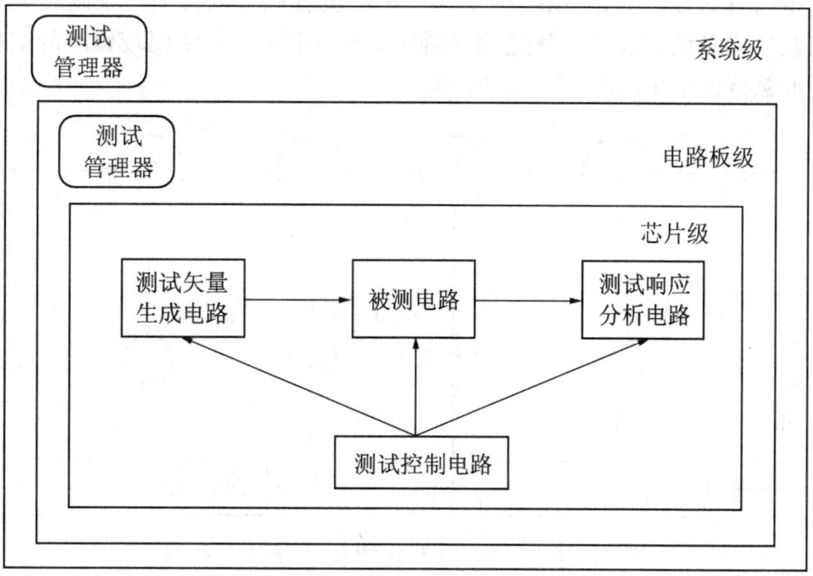

图12.32 BIST的层次化结构

在图12.32中，系统级的测试管理器可以同时激活所有电路板的自测试。每块电路板上的测试管理器又依次激活母板芯片的自测试。芯片上的测试控制电路负责执行芯片自身的测试，然后将结果(无故障或有故障)传输至电路板上的测试管理器。电路板上的测试管理器收集所有芯片的结果并将它们传输至系统的测试管理器。使用这些结果，系统的测试管理器就可将有故障的芯片和电路板分离开。利用这样一个层次化的测试结构，整个系统可以实现自测试，从而降低了故障诊断的成本，减少了故障诊断时间。

12.5.3.2 BIST 的测试生成

测试向量的产生是数字电路测试中的重要工作之一，对于 BIST 技术常用的测试向量产生方法有三种：确定性方法、穷举或伪穷举方法和伪随机方法。

1) 确定性方法

这种方法是利用一定的算法(如 D 算法、FAN 算法等)在被测电路中进行敏化搜索来确定测试向量，产生出的测试矢量可以固化在芯片内部的 ROM 中。在测试时，再将测试矢量从 ROM 中取出，施加到被测电路的输入端，并将被测电路的响应输出与预先存储的正确响应相比较。该方法的优点是错误检测率高，测试向量精简高效，但该方法需较大容量的 ROM，因此测试开销较大，适合于离线测试(电路不工作的条件下测试)。

2) 穷举或伪穷举测试

穷举测试矢量 BIST 消除了测试矢量生成的步骤并可达到很高的故障覆盖率。对于一个 N 输入的组合逻辑，我们将输入所有可能的 2^N 个测试矢量。对于输入 N 大于 22 的电路，这个办法是行不通的。伪穷举测试具有穷举测试的许多优点，但测试图形要比原来小的多。其主要思想是通过对电路划分块，对每一个分块进行穷举测试。

3) 伪随机测试产生方法

伪随机测试是 BIST 技术中采用的最普遍的测试生成方法，伪随机测试向量的使用有效地避免了费时、复杂的算法求解测试向量的过程。伪随机测试产生方法是一种用硬件结构自动产生测试向量的方法，当给该结构预置某一初值后就可以自动产生测试矢量。对于伪随机测试矢量生成来说，线性反馈移位寄存器(LFSR)由于可以使用较紧凑的结构产生较长的测试序列而被普遍采用，如图 12.33 所示。

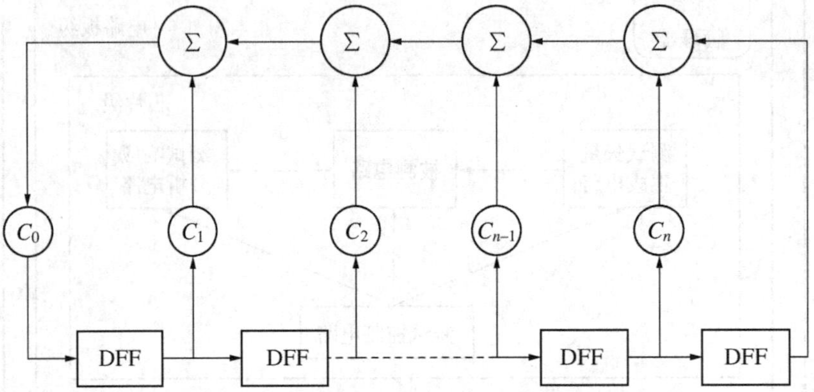

图 12.33 异或门外接的反馈移位寄存器

上述 LFSR 所产生的函数可用如下多项式表达

$$c_0x^0 + c_1x^1 + c_2x^2 + \cdots + c_{N-1}x^{N-1} + c_Nx^N$$

LFSR 用于测试产生，一般要求产生的序列是具有最长周期的，即对于 N 位的线性 LFSR，要能产生 2^N-1 个不同状态，这样才能保证最大的随机性，而要得到最长周期的 LFSR，其反馈连接必须为本原连接，所谓本原连接就是 LFSR 表达的多项式不能再分解。

12.5.3.3　BIST 的测试响应分析

在被测电路输入端施加测试向量后，会有相应的响应输出。通过对该输出进行分析比较，即可判断被测电路发生故障与否。实际在应用时，对每一个测试矢量的响应都进行捕获和分析是不现实的。通常情况下，我们会先把测试响应压缩成单个数值（特征符号），然后再对这个单个数值进行压缩，这就是特征分析（SA：Signature Analysis）技术，这是一种有效而方便的检测各种数字电路的现场检测技术。

压缩的方法目前常用的有三种：

1）跳变计数

即将响应中从 0 到 1 和 1 到 0 的跳变总数进行计数。这是一种较早使用的压缩技术，这种方法检错率低，错误混淆较多，已无实际应用价值。

2）对 1 计数压缩

即对被测电路响应中的 1 的个数进行统计。这种方法与跳变计数方法原理是相似的，此方法的检错率仍然较低。

3）特征分析器

即将响应序列施加到一个 LFSR，当响应数据序列到达时，LFSR 串行的实现多项式除法，得到与 LFSR 长度相同的压缩序列，该序列称为被测电路对施加的测试向量序列的响应特征。这种方法具有较好的故障检测率，错误混淆率很小，目前在数字电路测试领域被广泛地使用。

12.5.3.4　BIST 的控制电路

测试控制器在 BIST 结构中是用于接收上级测试机构（ATE）发来的控制信号、产生信号控制测试向量产生器产生一定数量的测试向量施加于被测电路、当测试开始时应控制被测电路输入端连接的切换、当测试完成时应发出控制信号提示上级机构来取测试结果。测试控制器的组成是以计数器为核心。

12.6　本章小结

本章首先介绍了集成电路测试的基本概念作用，在此基础上引出了当今比较主流的组合电路故障模型，针对其中应用最广的单固定故障模型，着重介绍了路径敏化的测试思想和方法。接着根据实际测试中的一些问题，介绍了生产型测试的连接方法，并以一个编码电路作为实例介绍了如何编写生产型测试的测试向量。最后简要介绍了几种常见的数字集成电路可测性设计的基本概念和方法。

参考文献

[1]　A K Stevens，Introduction to Component Testing. Reading，Massachusetts：Addisonwesley，1986

[2]　王志功，沈永朝. 集成电路设计基础[M]. 北京：电子工业出版社，2004

[3]　孙秀斌，陈光. 混合信号集成电路测试中的约束条件分析[J]，仪器仪表学报，2003，24(2)：68—69

[4] Scott A Wartenberg. RF Measurement of Die and Package [M]. Artech House, 2002

[5] Keith B. Schaub, Joe Kelly. Production testing of RF and system-on-a-chip devices for wireless communications [M]. London: Artech House, 2004

[6] 刘国林，殷贯西等编著. 电子测量[M]. 北京：机械工业出版社，2003

[7] 陈火军，江建慧. VLSI 电路短路和开路故障模型研究进展[J]. 计算机工程与科学，2005，27(4)：49—53

[8] V S Iyengar，B K Rosen and J A Waicukauski. On Computing the Size of Detected Delay Faults [J]. IEEE Trans on Computer-Aided Design，1990，9(3)：299—312

[9] 雷绍充，邵志标，梁峰. VLSI 测试方法学和可测性设计[M]. 北京：电子工业出版社，2005

[10] J P Roth. Diagnosis of Automata Failures：A Calculus and a method[J]. IBM journal of Research and Development. 1967，10(4)：788—759

[11] P Goel. An Implicit Enumeration Algorithm to Generate Test for Combinational Logic Circuits[J]. IEEE Trans on Computers，1981，30(3)：215—222

[12] H Fujiwara and T Shimono. On the Acceleration of Test Generation Algorithms[J]. IEEE Trans on Computers，1983，32(12)：1137—1144

[13] M H Schulz and E Auth. Improved Deterministic Test Pattern Generation With Applications to Redundancy Identification[J]. IEEE Trans on Computer-Aided Design，1989，8(7)：811—816

思考题与习题

1. 集成电路的测试主要分哪两种测试。
2. 说明下图中的故障是等价的。

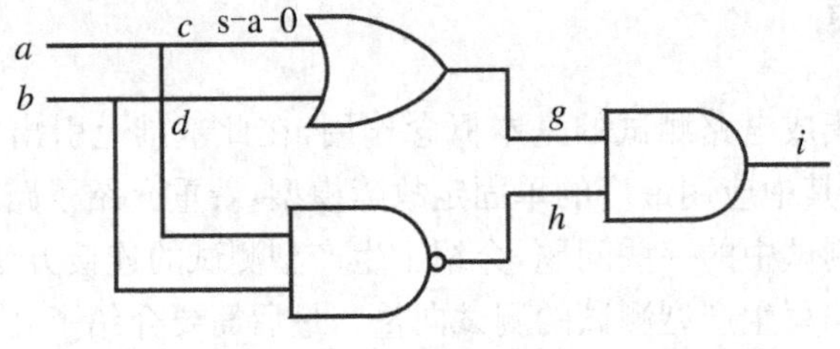

图 12.34　习题 2 的电路

3. 要激活图 12.32 中 a 处的故障，应如何设置信号；要传播 f 处的故障，应如何设计信号；若两个故障同时存在，考虑多固定故障模型，这些故障是否可测？
4. 在图 12.19 中，假设 B 点存在固定 1 故障，求测试矢量。
5. 在图 12.19 中，假设 C 点存在固定 1 故障，求测试矢量。
6. 画出多项式 x^4+x^2+1 对应的 LFSR。

附录 A　Silvaco TCAD 系统
——工艺和器件仿真工具介绍

A.1　Silvaco TCAD 系统综述

Silvaco TCAD 系统为用户提供了一种半导体工艺和器件仿真解决方案，使得器件工程师可以基于物理的仿真来进行半导体器件的设计制作及性能预测。该系统集成了 Athena、Atlas、Mercury 和 Mocasim 四种仿真器和 DeckBulid、Optimizer、DevEdit、TonyPlot、TonyPlot3D 和 VWF 六个支持工具。其中，仿真器 Athena 提供了半导体工艺的 2D 仿真；Atlas 提供了半导体器件的电气、光学和热学特性的 2D 和 3D 仿真；Mercury 提供了 MESFET 和 HEMT 器件电气行为的特性表征；Mocasim 通过蒙特卡罗仿真提供了传输参数。而工具 DeckBuild 为 Silvaco TCAD 的仿真器和其他工具提供了集成的运行环境；Optimizer 使得设计者能够交互式地来优化各种工艺和器件特性以及调整模型参数；DevEdit 提供了一个基于 GUI 和命令行结构的网格编辑器；TonyPlot 交互式工具使得工程师能够方便地观察和分析 1D 和 2D 器件结构及其特性；TonyPlot3D 则用于观察和分析 3D 器件结构及其特性；VWF(Virtual Wafer Fab)提供了一个自动的晶片制造环境供 TCAD 仿真使用。

图 A.1 给出了一个使用 Silvaco TCAD 系统进行工艺和器件仿真所必须的基本仿真器和工具示意图。下面将围绕该示意图，首先简单介绍系统的安装，然后介绍基于 Athena 工艺仿真器的集成电路工艺基本仿真过程和基于 Atlas 器件仿真器的集成电路器件基本仿真过程。而 Silvaco TCAD 系统其他仿真工具以及更详细的软件说明请参看 Silvaco TCAD Workshop Manual 以及其他相关的软件参考手册。

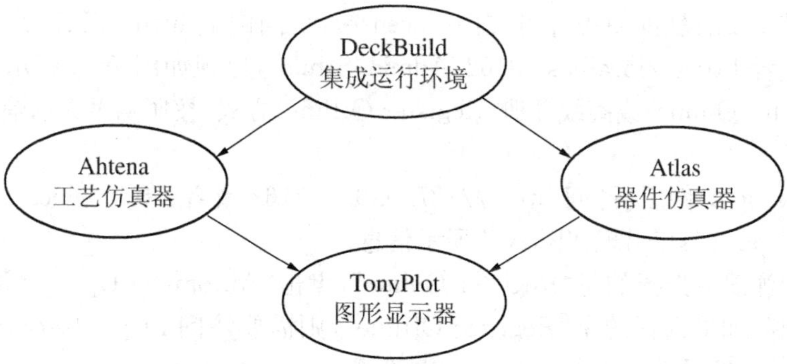

图 A.1　工艺与器件仿真基本流程

A.2 Silvaco TCAD 系统安装与启动

目前,Silvaco TCAD 可以安装在有 HP－UX、Linux64、Linux64、Solaris32/64 和 Windows 等不同的操作系统下,用户可以根据自己的需要访问如下网址下载不同版本的软件。

下载链接: https://src. silvaco. com/ResourceCenter/en/downloads/downloads_br_tcad. jsp? pl=4

这里以 Windows 版本为例,简要介绍安装的几个要点。下载安装软件后,鼠标双击 *. exe 安装文件,出现如图 A.2 所示的安装界面。

假如已经在 C 盘上安装好了 Silvaco TCAD 系统,该盘上会有如下目录: C:\sedatools,该目录下有 exe、examples 和 Doc 等子文件夹,其中 examples 文件夹存放了不同的设计实例,Doc 文件夹存放了软件使用说明。

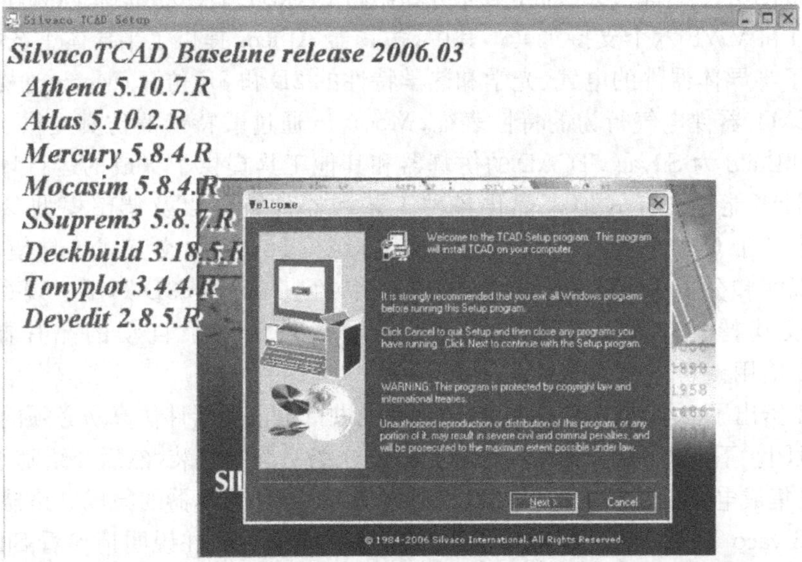

图 A.2 TCAD 安装界面

下一步就是安装软件使用许可文件(License),访问网址 http://127. 0. 0. 1:3162/Admin/Ssmid 或者 http://localhost:3162/Admin/Ssmid ,出现如图 A.3 所示信息。选择在线注册(Register Online)或离线注册(Register Offline)方式,按照网页提示信息逐步完成用户注册。

得到 License 文件后,访问 http://127. 0. 0. 1:3162 或者 http://localhost:3162 点击"Install new license(s)"出现如图 A.4 所示信息。

如果用户注册时选择的是"Register Online",点击"Automatic Update"并进入相应 License 安装步骤;如果选择的是"Register Offline",则需要访问 http://servername:3162 激活 SFLM server,然后进入相应 License 安装步骤。

完成软件和 License 文件安装后,点击开始→程序→S. EDA Tools→DeckBuilt 就可以启动 Silvaco TCAD 的集成运行环境了,如图 A.5 所示。(注: unix 或 linux 版本下,通过在命令提示符下输入 deckbuild 启动。)

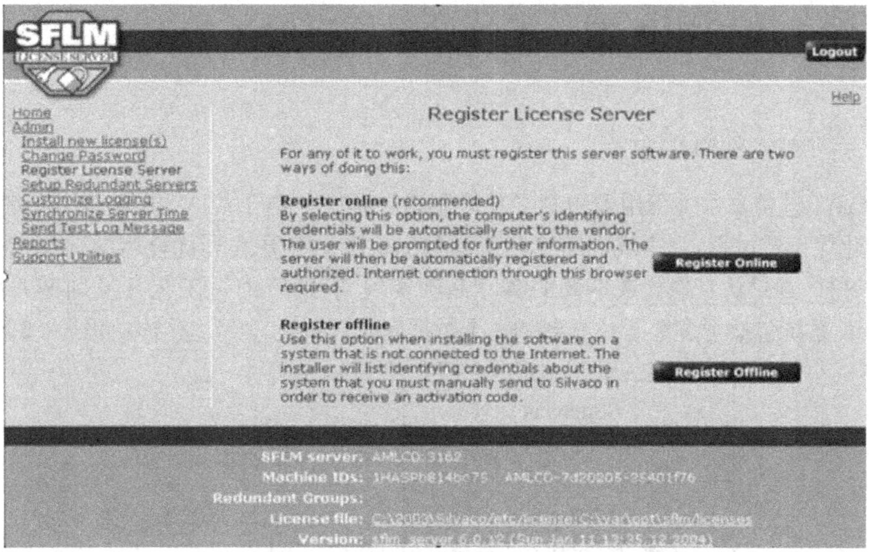

图 A.3　用户注册界面

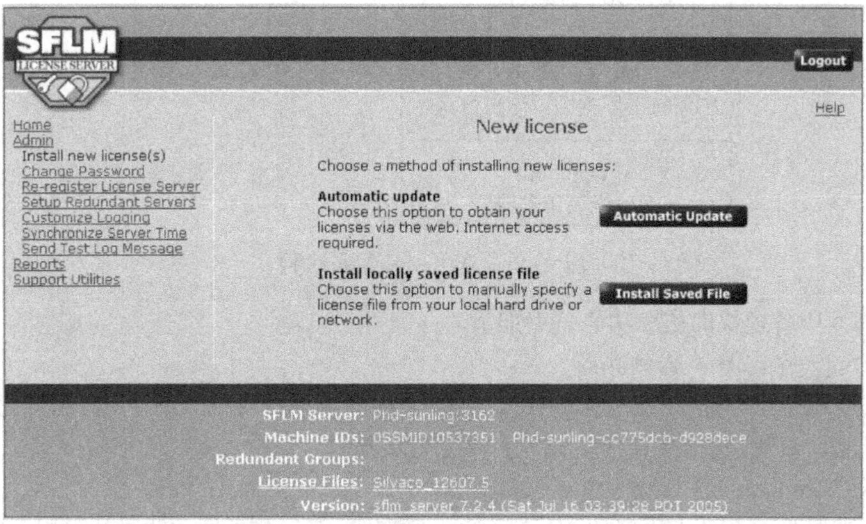

图 A.4　License 安装界面

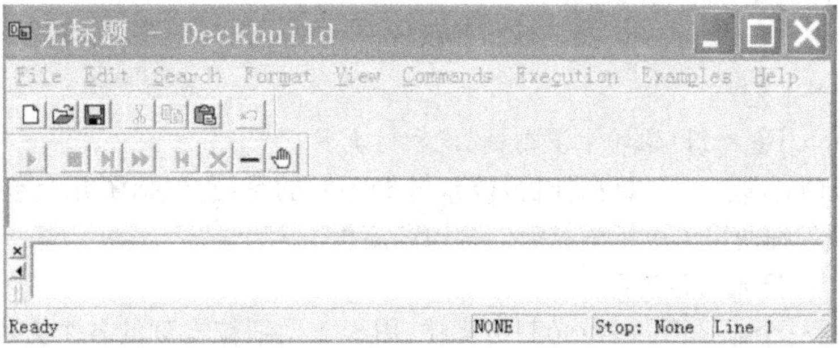

图 A.5　Deckbuild 运行环境

A.3 Athena 工艺仿真

A.3.1 Athena 系统简介

Athena 工艺仿真系统可用于仿真半导体制造过程中的离子注入、扩散、刻蚀、淀积、光刻、氧化及硅化等工艺过程，为集成电路工艺工程师提供了一个开发和优化半导体制造工艺流程的平台。这样，通过仿真取代成本高的实际晶圆实验，有助于缩短工艺开发周期并提高成品率。Athena 系统包括了多个子仿真器和一个数据库管理单元，其系统结构如图 A.6 所示。

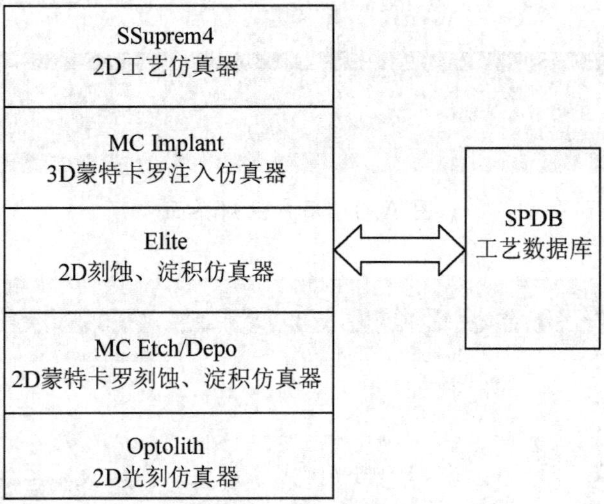

图 A.6　Athena 系统结构

图 A.6 中各模块的主要功能特点如下。

1) SSuprem4 2D 工艺仿真器

主要应用于半导体工业中 Si、SiGe 以及化合物半导体技术的设计、分析和优化，精确模拟扩散、注入、氧化、硅化和外延生长等主要工艺步骤。

2) MC Implant 3D 蒙特卡罗注入仿真器

该仿真器是一个基于物理的 3D 离子注入仿真器，用于多晶体和非晶体材料的阻止能力和射程的建模，精确地为所有主要的离子/目标化合物预测注入分布图及其损伤。

3) Elite 2D 刻蚀、淀积仿真器

该仿真器是一个先进的 2D 移动框拓扑仿真器，用于模拟物理刻蚀、淀积、回流和化学机械平坦化(CMP)工艺。

4) MC Etch/Depo 2D 蒙特卡罗刻蚀、淀积仿真器

MC Etch/Depo 是一个 2D 拓扑仿真器，与 3)不同的是，它包括了几个基于蒙特卡罗的模型，用来模拟各种使用了原子微粒流的刻蚀和淀积工艺。

5) Optolith 2D 光刻仿真器

Optolith 是一个非平面的 2D 光刻仿真器，用于亚微细粒光刻的各个方面的建模，如成像、曝光、光阻烘焙和光阻显影，并与 GDSII 和 CIF 格式的商用 IC 版图工具完全接口。

6）SPDB 工艺数据库

SPDB 是当今最大的商用半导体工艺数据库，该数据库收集超过 6 000 个世界先进的实验分布图，富含试验和模拟的掺杂分布图和工艺配方，并且允许用户将自己的分布图添加和保留在 SPDB 中。

Athena 系统的文件输入/输出关系如图 A.7 所示。可见，该系统可以接收多种格式的输入文件进行工艺过程的仿真分析，并能够输出多种分析报告。

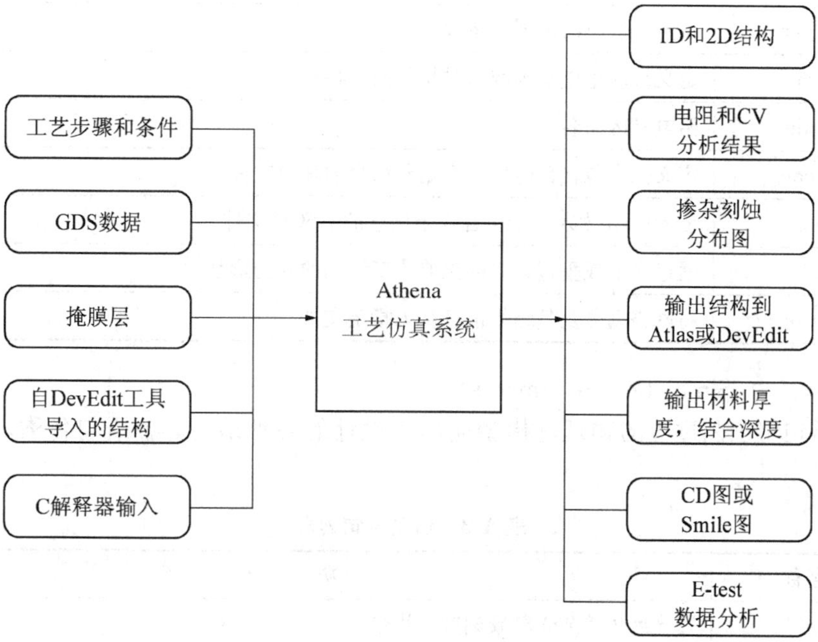

图 A.7 Athena 输入/输出示意图

下面将简单介绍 Athena 系统的工艺步骤和条件输入命令语句，并给出设计实例，更详细的说明请参考软件安装目录下 Doc 子文件夹中的 athena_users 文档。

A.3.2 Athena 命令语句

Athena 命令语句包括初始化语句、仿真语句和模型语句等六大类，分别简介如下。

1）结构和格点初始化语句（Structure and Grid Initialization Statements）

结构和格点初始化语句用于定义初始结构的尺寸、边界、格点密度和材料类型。各语句名称及功能见表 A.1，其中最常用的是 initialize 和 line 语句。

表 A.1 结构和格点初始化语句列表

命令名称	功　能
base. mesh	规定初始格点的网格参数
boundary	规定矩形格点与空气的边界
initialize	设置初始格点，材料类型以及掺杂条件
line	规定矩形拟合时的 x 和 y 方向位置
region	规定矩形网格和材料的区域

2）结构和网格处理语句(Structure and Mesh Manipulation Statements)

这类语句是控制结构的几何结构和属性以及产生输出文件的类型。各语句名称及功能见表A.2。

表A.2　结构和网格处理语句列表

命令名称	功　能
adapt. mesh	启动自适应网格划分算法
adapt. par	设定自适应网格划分参数
base. par	定义自动生成基本网格时相邻网格特性
electrode	给电极区命名
Grid model	定义一个包含自适用网格划分命令的临时文件
profile	使athena读入一个包含掺杂信息的ASCII文件
stretch	通过水平或垂直方向的拉伸改变结构的几何形状
structure	将网格划分及其结果信息存入指定文件

3）仿真语句(Simulation Statements)

仿真语句将工艺过程的物理基模型应用于设计的各种结构。各语句名称及功能见表A.3。

表A.3　仿真语句列表

命令名称	功　能
bake	曝光后烘焙或光刻胶刻蚀后烘焙
deposit	淀积材料
develop	转移曝过光的正胶和没有曝光的负胶，即清洗
diffuse	设定氧化和杂质扩散的时间和温度，并计算结果
epitaxy	高温条件下的硅外延生长
etch	实现结构上几何或机械类的刻蚀
expose	光刻胶曝光
image	计算2D或1D图像
implant	离子注入
polish	模拟外延生长时的化学机械损伤
Stress	计算热应力
strip	移除光刻胶或用户定义的其他材料

4）模型语句(Model Statements)

模型语句主要用于更改模型参数和系数。Athena系统共提供了21种模型语句，例如optical规定光刻时的光反射和折射系数等，具体参见软件说明。

5）DeckBuild 专用语句

DeckBuild 专用语句用来调用 DeckBuild 运行环境下的特定操作。各语句名称及功能见表 A.4。

表 A.4 DeckBuild 专用语句列表

命令名称	功　能
autoelectrode	定义版图中存在的电极
extract	提取参数
go	指示不同仿真器间的接口
mask	通过掩膜视窗实现光刻胶沉淀和刻蚀
set	设置用户定义的变量值
system	允许执行 C－shell 命令，Windows 版本无此功能
tonyplot	生成图形结果

6）可执行控制语句

控制语句提供了帮助（Help）、注释（Comment）以及退出 Athena 仿真系统（quit）等辅助功能。

A.3.3 Athena 仿真示例

除 Windows 系统下的版本之外，其他版本的 Silvaco TCAD 软件将所有的工艺过程采用菜单选择的方式来完成。例如，图 A.8 给出了 Linux 版本 Athena 仿真器进行扩散（diffuse）工艺过程的图形化界面，从图中可以设置扩散过程的时间、温度以及周围的环境等。而 Windows 系统下的 TCAD 软件版本，需要在启动 DeckBuild 运行环境后，用输入命令行（go athena）的方式来启动 athena 仿真器并逐条输入各命令语句进行设计。图 A.9 给出了 Windows 下使用 diffuse 命令进行扩散及 extract 命令进行参数提取的界面示意图。

下面以 Windows 版本为例，给出文本输入方式下实现 NMOS 器件制作的工艺过程设计实例，并给出部分仿真示意图。文本中以“#”开头的行为注释行。

```
#启动工艺仿真器，开始一个 NMOS 的工艺仿真程序。
    go Athena
    #器件结构非均匀网格化(0.6 um×0.8 um)
    line x loc=0.00 spac=0.1
    line x loc=0.2 spac=0.01
    line x loc=0.6 spac=0.01
    line y loc=0.00 spac=0.008
    line y loc=0.2 spac=0.01
    line y loc=0.5 spac=0.05
    line y loc=0.8 spac=0.15
```

#初始化 Si 衬底 晶向为<100>，这里 Si 衬底定义为 P 型掺杂，结果如图 A.10 所示，图形右下方给出的是材料名称。

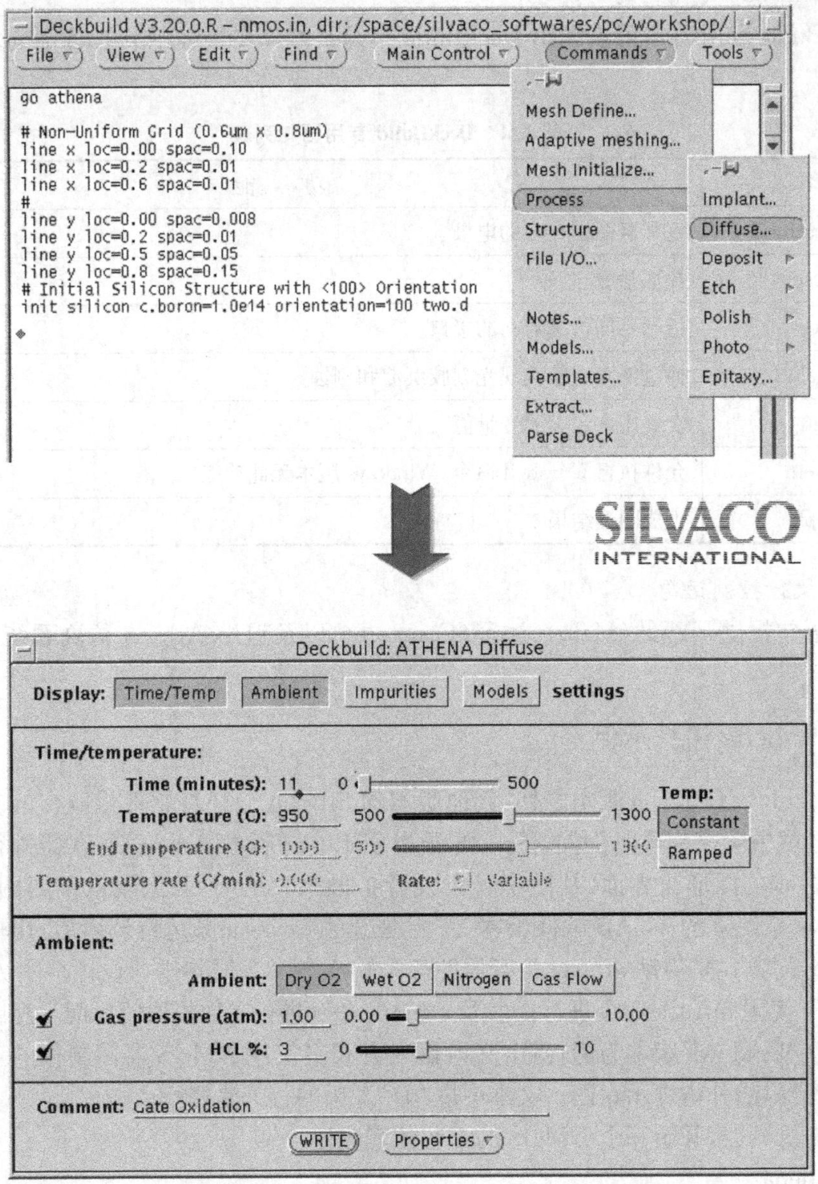

图 A.8　扩散工艺图形化界面示意图

init silicon c. boron＝1. 0e14 orientation＝100 two. d

＃栅氧化，在 Tonyplot 环境下的仿真图形如图 A. 11 所示，其中(a)图显示的是氧化层的厚度，(b)图是使用 Tonyplot 环境下的菜单命令 Plot→display，在弹出的图形界面上选择 contours 菜单显示氧化后掺杂浓度的变化，具体浓度值由图形界面左边的列表给出。

diffus time＝11 temp＝925. 727 dryo2 press＝1 hcl. pc＝3

＃选择性去除氧化硅

extract name＝"gateoxide" thickness material＝"SiO～2" mat. occno＝1 x. val＝0. 3

＃阈值电压调节掺杂

implant boron dose＝9. 5e11 energy＝10 crystal

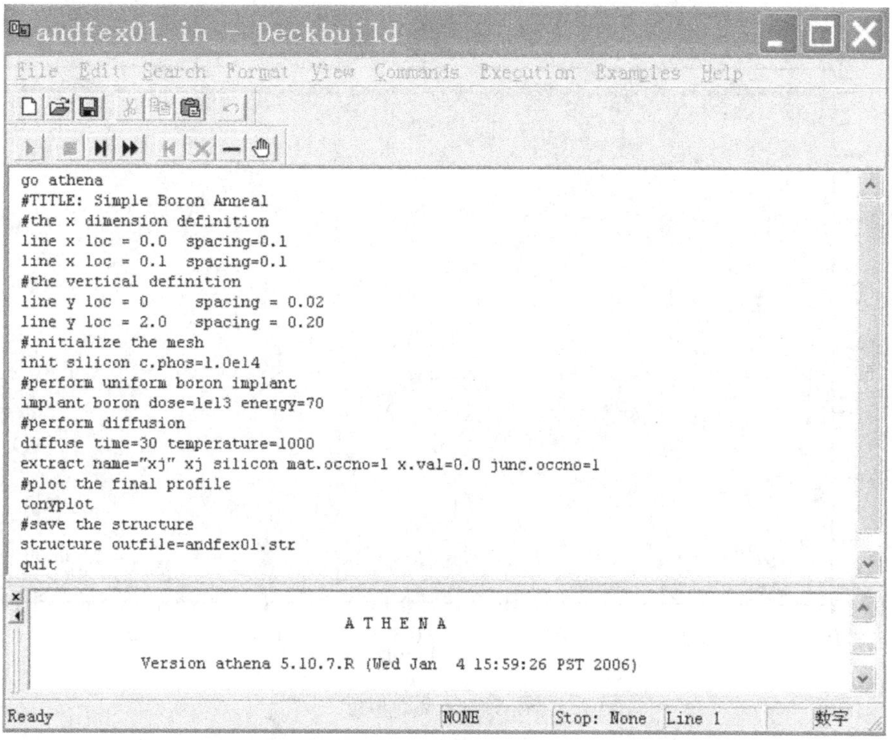

图 A.9　扩散工艺文本输入界面示意图

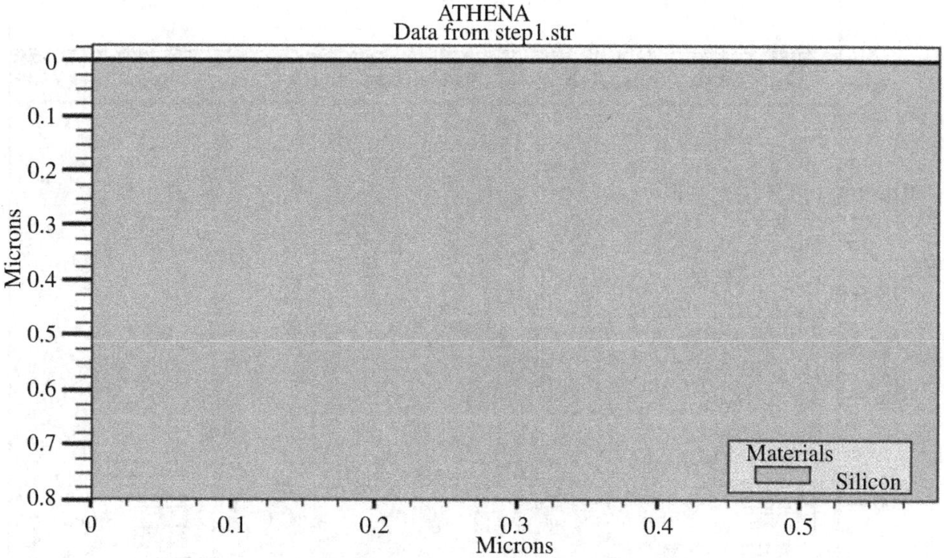

图 A.10　初始化 Si 衬底

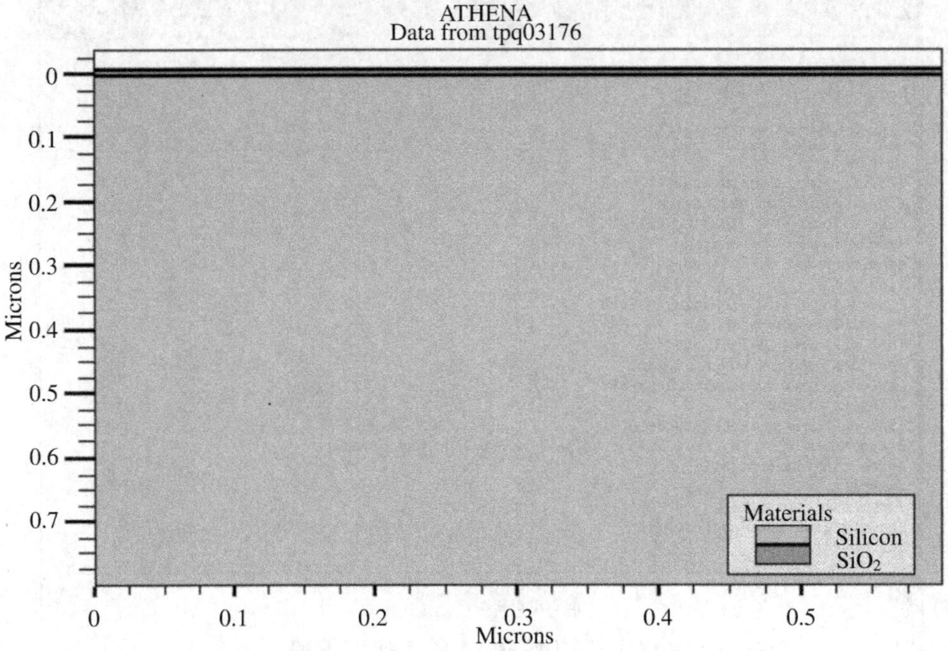

(a) 只显示氧化厚度

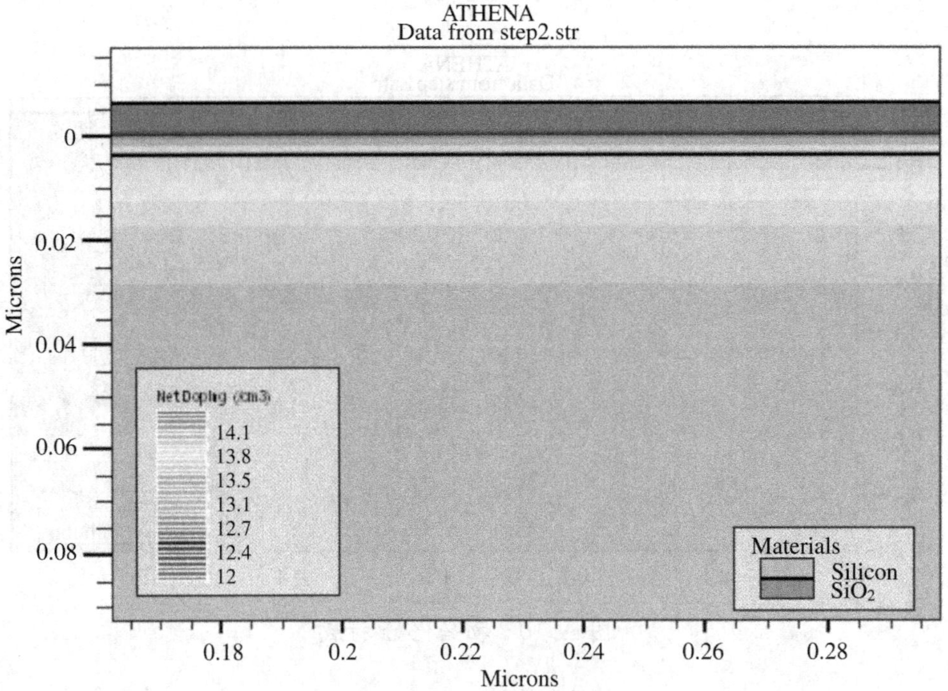

(b) 显示氧化后浓度的变化

图 A.11　栅氧化示意图

＃ 沉积多晶硅，在 Tonyplot 环境下的仿真图形如图 A. 12 所示。

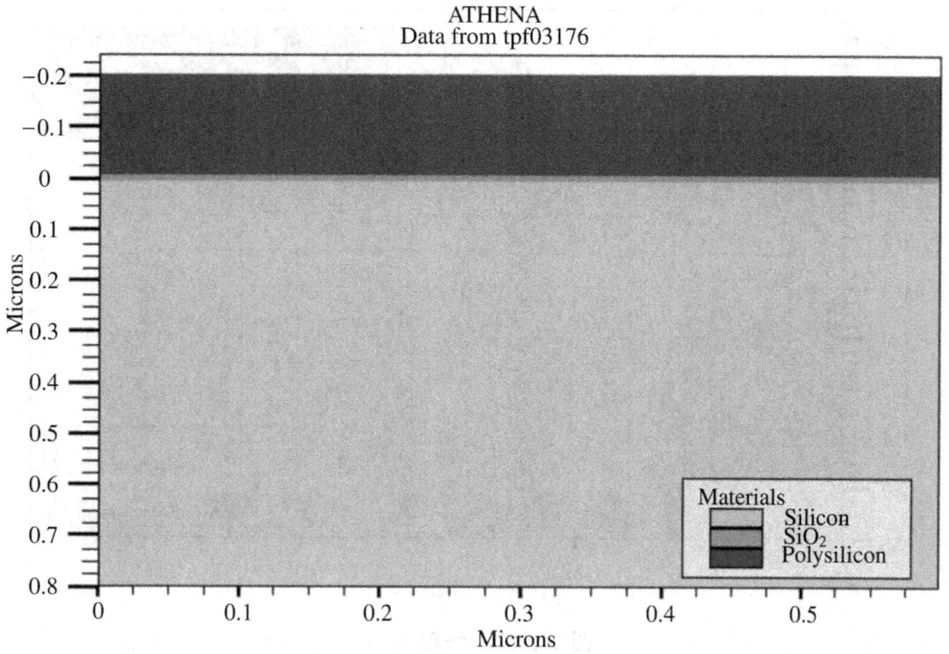

图 A. 12　沉淀多晶硅示意图

deposit polysilicon thick=0. 2 divisions=10

＃选择性刻蚀多晶硅，得到栅尺寸

etch polysilicon left p1. x=0. 35

＃多晶硅氧化

method fermi compress

diffus time=3 temp=900 weto2 press=1. 00

＃多晶硅磷掺杂

implant phosphor dose=3. 0e13 energy=20 crystal

＃栅隔离氧化层沉积

deposit oxide thick=0. 12 divisions=10

＃栅隔离氧化层刻蚀

etch oxide dry thick=0. 12

＃经过上述步骤后，得到多晶硅栅如图 A. 13 所示。

＃源/漏掺杂

implant arsenic dose=5e15 energy=50 crystal

＃源/漏退火

method fermi

diffus time=1 temp=900 nitro press=1. 00

＃通过腐蚀露出源/漏窗口

etch oxide left p1. x=0. 2

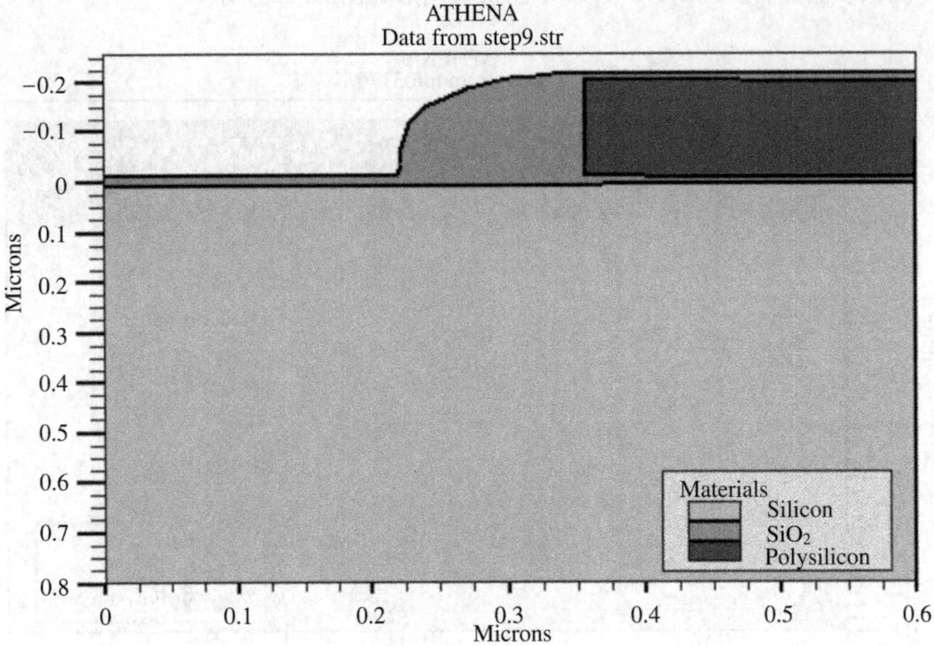

图 A.13　处理栅极

经过上述步骤后结果如图 A.14 所示。

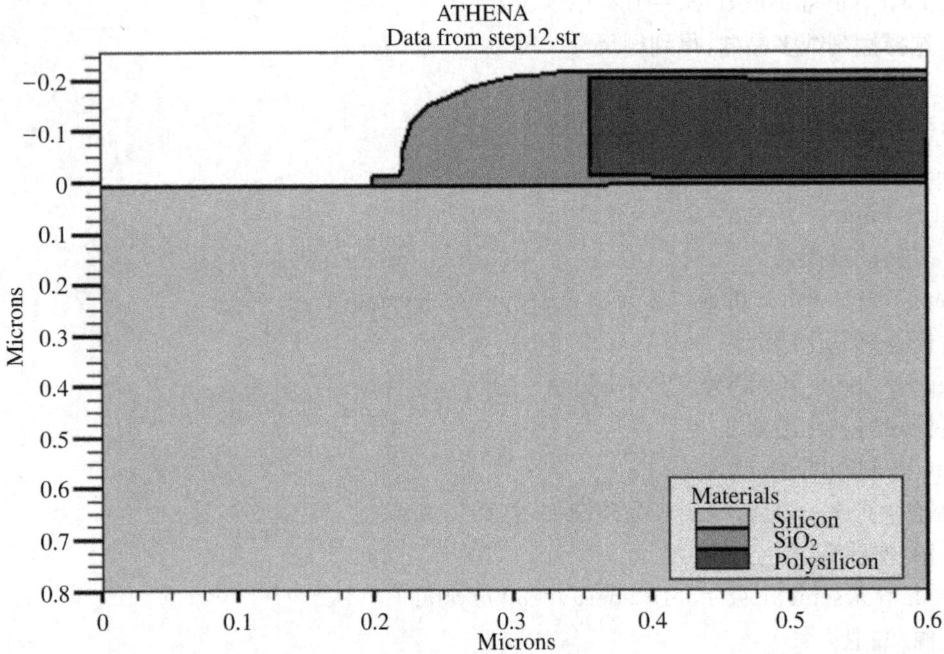

图 A.14　处理源/漏区

#沉积铝，执行语句后结果如图 A.15 所示。

deposit aluminum thick=0.03 divisions=2

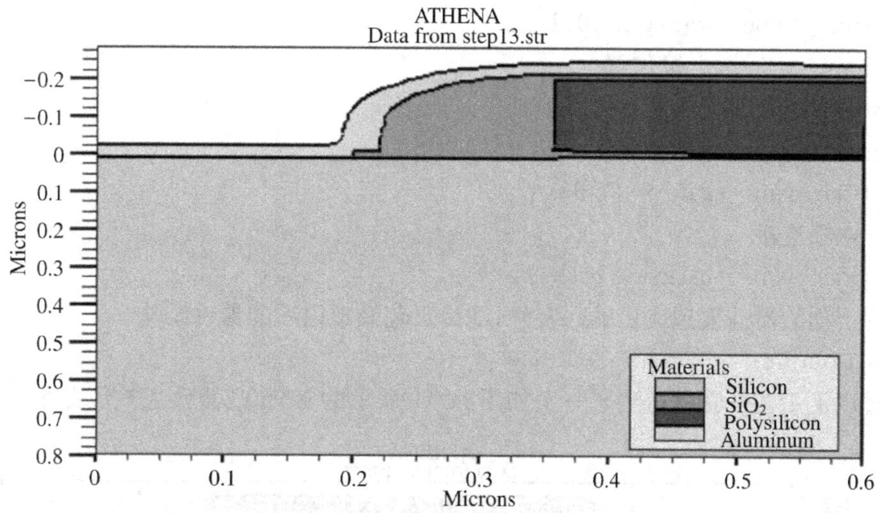

图 A.15 铝沉积示意图

#选择性腐蚀不需要部分的铝，执行语句后结果如图 A.16 所示。

etch aluminum right p1. x=0. 18

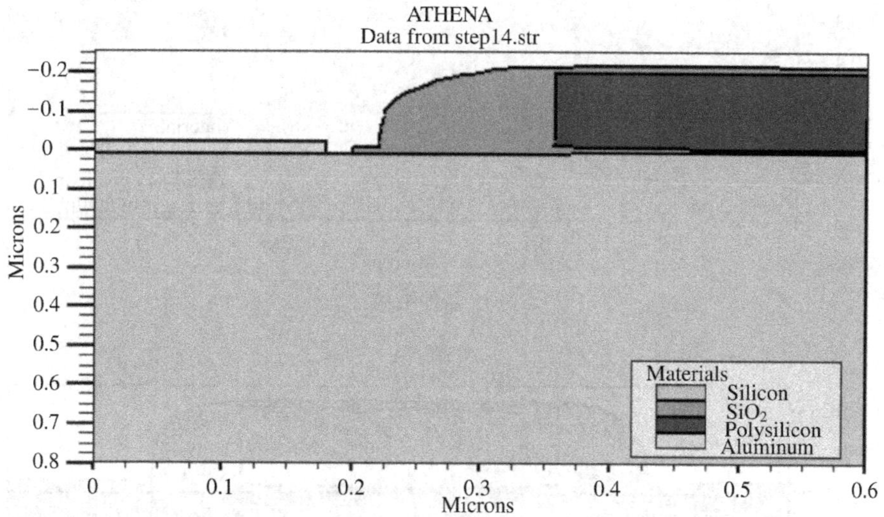

图 A.16 选择性腐蚀铝

#调整器件的参数

extract name="nxj" xj material="Silicon" mat. occno=1 x. val=0. 2 junc. occno=1

extract name="n++ sheet res" sheet. res material="Silicon" mat. occno=1\x. val=0. 05 region. occno=1

extract name="ldd sheet res" sheet. res material="Silicon" mat. occno=1\x. val=0. 3 region. occno=1

extract name="1dvt" 1dvt ntype qss=1e10 x. val=0. 5

struct mirror right

source-->源电极位置

```
electrode name=source x=0.1
# drain-->漏电极位置
electrode name=drain x=1.1
# gate-->栅电极位置
electrode name=gate x=0.6
#背电极连接
electrode name=backside backside
#为下面的器件模拟提供输入文件,输出工艺模拟以后的器件结构。
struct outfile=nmos.str
```

经过以上工艺步骤就得到了一个如图 A. 17 所示的 NMOS 器件工艺仿真图。

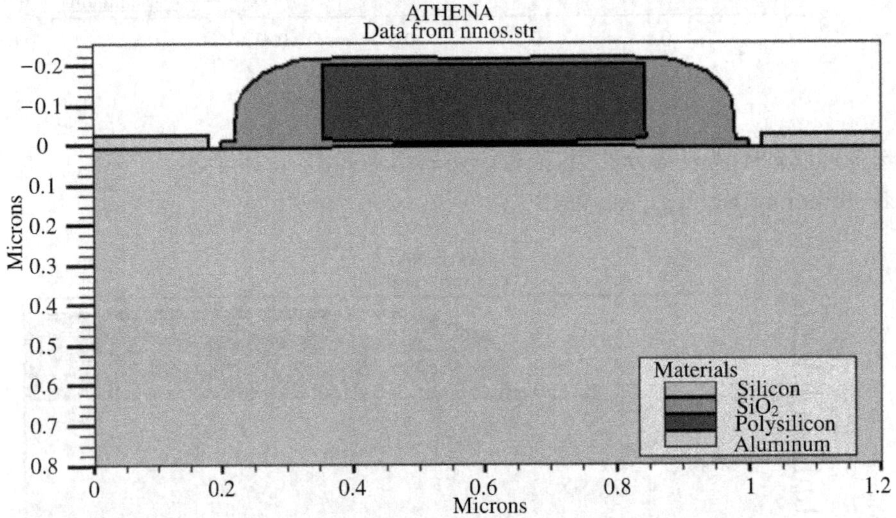

(a) 器件结构

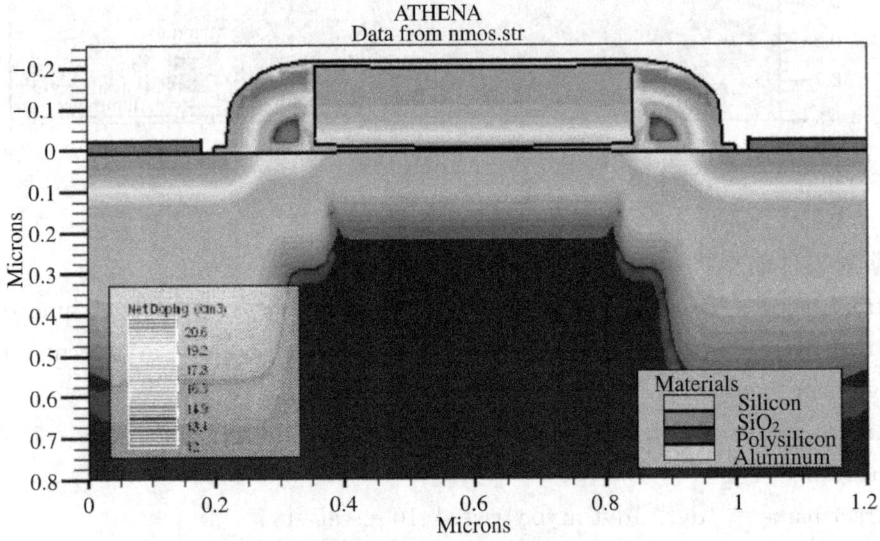

(b) 掺杂浓度分布

图 A. 17　NMOS 器件工艺仿真结果

A.4　Atlas 器件仿真

A.4.1　Atlas 系统简介

Atlas 器件仿真系统提供了一个使用简便的基于物理的可扩展平台，可以分析所有 2D 和 3D 模式下半导体器件的直流、交流和时域响应，使得器件技术工程师可以模拟半导体器件的电气、光学和热力的行为。与 Athena 系统类似，该系统也包括了多个子仿真器和多个分析模块，其系统结构如图 A.18 所示。

图 A.18 中各模块的主要功能特点如下。

1）TFT 2D/3D

TFT 2D/3D 是非晶体或多晶体器件技术仿真器，其物理模型和专用数字技术是模拟非晶体或多晶硅器件，包括薄膜晶体管所必需的，并适合于大面积电子显示和太阳能电池等特殊应用。

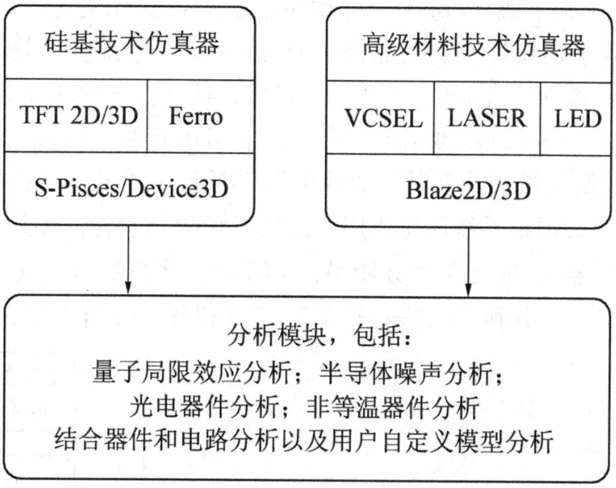

图 A.18　Atlas 系统结构

2）Ferro 铁电场相依电容率模型

Ferro 模型可结合 FET 的电荷层模型和描述铁电薄膜的麦克斯韦第一方程，可以精确的预测器件的静态 I－V 行为和瞬态与小信号模式中的动态响应。

3）S—Pisces/Device3D 硅化器件仿真器

S—Pisces/Device3D 是一个 2D/3D 的器件仿真器，用于结合了漂流扩散和能量平衡方程的硅化技术。该仿真器拥有广泛的物理模型库可供直流、交流和时域仿真使用，典型的应用包括 MOS、双极和 BiCMOS 技术。

4）VCSEL 垂直共振腔面射型激光仿真器

该仿真器为垂直共振腔面射型激光（VCSEL）生成基于物理的仿真，并将成熟的器件仿真与先进的光学模式结合起来以获得 VCSEL 的电气、热力和光学行为。

5）Laser 半导体激光二极管仿真器

Laser 是用于半导体激光二极管的商用仿真器，配合 Atlas 系统中的 Blaze，为边缘发射 Fabry—Perot 型的激光二极管的电气行为——半导体激光二极管的直流和瞬态响应和光学行为提供了解决方案。

6) LED发光二极管仿真器

LED仿真器配合Atlas系统中的Blaze,可以预测器件的直流和瞬态响应、光能密度、峰值发射、波长、光谱输出、效率、输出耦合和角度输出光分布等特性,并且该仿真器采用精确的k→p带结构模型来模拟大批量子阱器件。

7) Blaze 2D/3D高级材料器件仿真器

该仿真器具有一个化合物半导体的库,包括了三元和四元材料,可仿真采用高级材料制作的器件,如MESFETS、HEMT和HBT等器件。

8) 分析模块

Atlas系统包括了六种不同功能的分析模块。其中,量子局限效应分析模块(Quantum 2D/3D)用来仿真半导体器件中多样的载流子量子局限效应;半导体噪声分析(Noise)与S-Pisces或Blaze配合使用,用于分析半导体器件中产生的小信号噪声,表征所有小信号噪声源并用以优化电路设计;光电器件分析器(Luminous2D/3D)是特别设计用于非平面半导体器件中的光吸收和图像生成的建模,与S-Pisces或Blaze配合使用可以仿真任意光电探测器件;非等温器件分析(Giga2D/3D)模块包含了热发生、热流、晶格温升/温降和局部温度在物理常数上的效应等模型,与S-Pisces或Blaze器件仿真器配合使用可以模拟器件局部热效应;结合器件和电路分析模块(MixedMode 2D/3D)与S-Pisces或Blaze配合使用,可仿真基于物理的器件和简化分析模型的电路,当没有精确的简化模型或者器件的地位很重要而必须用很高的精度来仿真时,会运用基于物理的器件。此外,Atlas系统还接受用户采用C解释器自定义模块。

Atlas系统的文件输入/输出关系如图A.19所示。该系统可以接收的输入文件有结构文件和命令文件两大类型,其输出文件包括日志文件和各类分析报告文件。

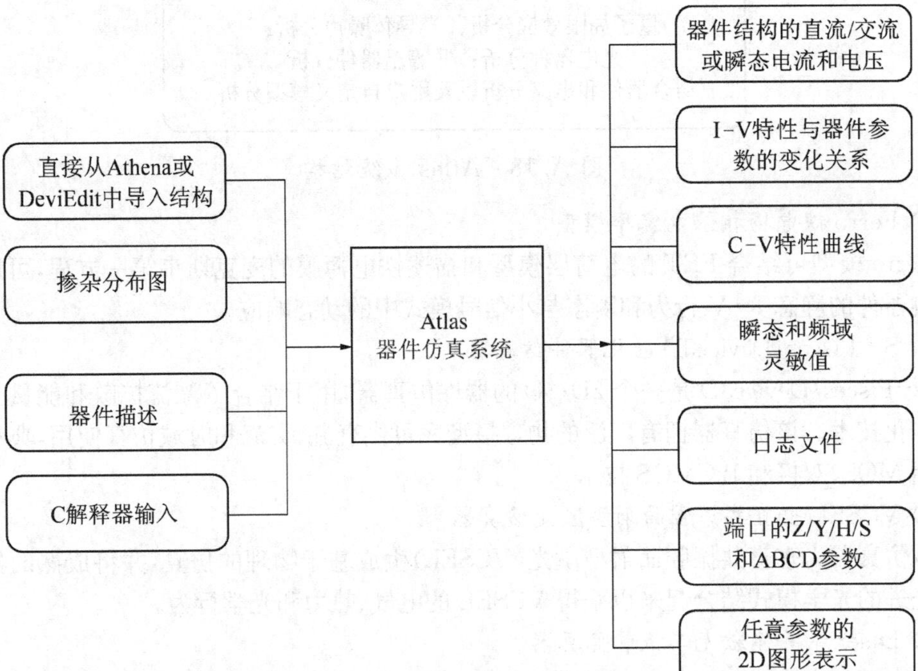

图A.19 Atlas输入/输出示意图

Atlas 与 Athena 一样也是集成在 Deckbuild 环境下，对于 Windows 版本的软件，在文本中输入命令 go atlas 启动 Atlas 器件仿真器，如图 A. 20 所示。

图 A. 20　Deckbuild 运行环境下启动 Atlas 仿真器

A. 4. 2　Atlas 命令语句

上一节 A. 3. 2 中提到的 go、tonyplot、extract 等 DeckBuild 专用语句同样适用于 atlas 命令文件，除此之外，Atlas 还包括以下基本命令语句，关于语句更详细的说明和更多的命令语句请参考软件安装目录下 Doc 子文件夹中的 atlas_users 文档。

1) 结构描述语句(Structure Specification)

Atlas 系统结构描述语句名称及其功能见表 A. 5。

表 A. 5　结构描述语句列表

命令名称	功　能
mesh	指定网格文件
electrode	设定电极位置和名称
doping	设定注入范围
region	规定矩形网格和材料的区域

2) 材料模型描述语句(Material Model Specification)

材料模型描述语句名称及其功能见表 A. 6。

表 A.6 材料模型描述语句列表

命令名称	功 能
material	设置材料的物理参数
models	设置器件的模型以及模型所使用的参数
contact	设置电极的物理特性
interface	设置半导体和绝缘体接触界面的特性参数
mobility	设置迁移率模型参数

3）*数值分析方法选择语句*（Numerical Method Selection）

Atlas 系统通过 method 命令选择器件仿真所用的数值分析算法。

4）*求解方法语句*（Solution Specification）

求解方法语句设置分析结果的处理方法，各语句名称及其功能见表 A.7。

表 A.7 求解方法语句列表

命令名称	功 能
log	将所有端口特性的分析结构保存到一个文件中
solve	指示 atlas 系统在一个或多个指定偏置点上进行分析
load	载入已有分析文件作为本次分析的初始值
save	将所有节点信息保存到指定文件中

A.4.3 Atlas 仿真示例

在 A.3.3 节给出的 NMOS 的工艺仿真程序的基础上，下面进行基于 Atlas 器件仿真系统的 NMOS 器件仿真。

```
#启动器件仿真器
go atlas
# 按照工艺仿真结果，重新网格化器件结构
mesh infile=/home/user/nmos.str
#选择器件仿真所使用的模型以及所使用的参数
models srh cvt boltzman print temperature=300
#设置迁移率模型参数
mobility  bn.cvt=4.75e+07 bp.cvt=9.925e+06 cn.cvt=174000 cp.cvt=884200 \
        taun.cvt=0.125 taup.cvt=0.0317 gamn.cvt=2.5 gamp.cvt=2.2 \
        mu0n.cvt=52.2 mu0p.cvt=44.9 mu1n.cvt=43.4 mu1p.cvt=29 mumaxn.cvt=1417 \
        mumaxp.cvt=470.5 crn.cvt=9.68e+16 crp.cvt=2.23e+17 csn.cvt=3.43e+20 \
        csp.cvt=6.1e+20 alphn.cvt=0.68 alphp.cvt=0.71 betan.cvt=2 betap.cvt=2 \
        pcn.cvt=0 pcp.cvt=2.3e+15 deln.cvt=5.82e+14 delp.cvt=2.0546e+14
#定义电极接触特征
contact name=gate n.poly
```

```
#定义器件接触界面特性
interface        s. n=0. 0 s. p=0. 0 qf=3e10
#器件仿真所用的数值方法选择
method       newton gummel itlimit=25 trap atrap=0. 5 maxtrap=4 autonr \
     nrcriterion=0. 1 tol. time=0. 005 dt. min=1e-25 damped delta=0. 5 \
     damploop=10 dfactor=10 iccg lu1cri=0. 003 lu2cri=0. 03 maxinner=25
#求解
solve init
solve vdrain=0. 1
log outf=nmos1_0. log
solve name=gate vgate=0 vfinal=3. 3 vstep=0. 1
extract name="vt" (xintercept(maxslope(curve(abs(v. "gate"),abs(i. "drain")))) \
       - abs(ave(v. "drain"))/2. 0)
extract name="beta" slope(maxslope(curve(abs(v. "gate"),abs(i. "drain")))) * \
       (1. 0/abs(ave(v. "drain")))
extract name="theta" ((max(abs(v. "drain")) * $"beta")/max(abs(i. "drain"))) - \
       (1. 0 / (max(abs(v. "gate")) - ($"vt")))
#画出 NMOS 器件漏极电流与栅极电压的关系曲线图,结果如图 A. 21 所示。
```

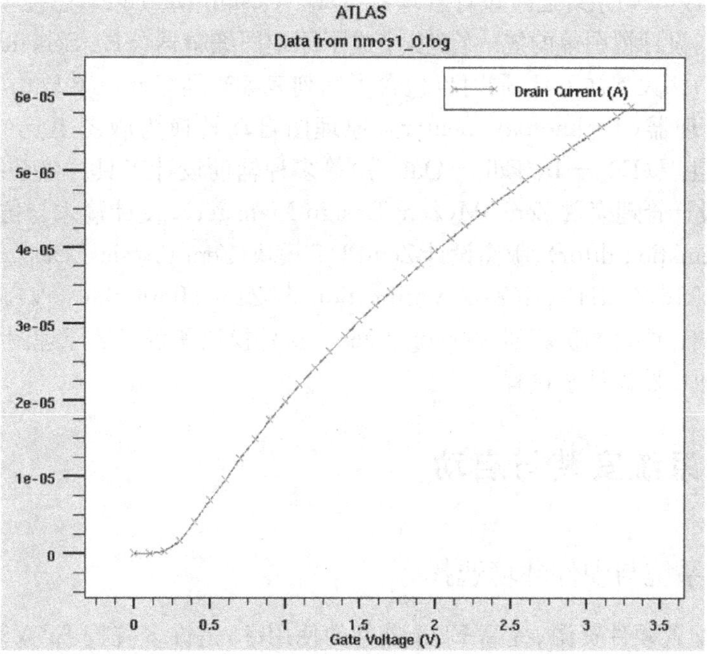

图 A. 21　器件仿真得到的一个结果

```
tonyplot nmos1_0. log
#-->退出 TCAD 模拟过程
quit
```

附录B　九天系统
——版图设计工具介绍

B.1　九天系统综述

九天系统(Zeni System)是一套完整的超大规模集成电路计算机辅助设计系统,采用了分布式、高效的数据统一管理方式,具有美观、方便的用户界面。它为用户创造了一个开放的集成电路设计环境,支持基于 Verilog、VHDL、EDIF、GDSII、CIF、SPICE、CDL 等多种标准的、通用的设计数据交换格式,可以方便地与其他设计系统进行设计转换。例如,九天工具可以接受以 SPICE 和 CDL 格式描述的网表,以及以 EDIF 描述的符号单元库进行布局布线和自动生成原理图,其生成结果以 EDIF 格式描述输出,可以被 Cadence、Synopsys 和 Mentor Graphics 等公司的工具直接接受。另外,该工具可以直接读取 Cadence 数据库的原理图和网表,进行显示以及提供给九天系统的验证工具使用。

目前,九天(Zeni4)系统通过设计管理器(DM: Design Manager)总控模块,实现了对设计库、设计单元、设计视图等的统一管理,集成了原理图编辑器(SE: Schematic Editor)和版图编辑器(PDT)两大支柱工具,同时也包含了库列表编辑器(Library Path Editor)、License 管理器、工艺管理器(Technology Center)、原理图自动转换为版图工具(Netlist To Layout)、数据交换工具(Edif－In/Edif－Out 等)等多种辅助设计工具。该系统主要由四个设计模块组成:设计管理模块 ZeniDM(Zeni Design Manager)、设计输入与仿真验证模块 ZeniSE(Zeni Schematic Editor)、版图设计 ZeniPDT 模块(Zeni Physical Design Tools)、版图验证模块 ZeniVERI&ZeniHVeri(Zeni Verification & Zeni Hierarchical Verification)和支持混合信号硬件描述语言的仿真器 Verilog-AMS。这些模块覆盖了从原理图输入到生成最终版图的模拟集成电路设计全过程。

B.2　九天系统安装与启动

B.2.1　操作系统与硬件环境选择

如何合理配置硬件资源、提高 EDA 软件的使用率,是许多院校 EDA 教学都会遇到的问题。九天系统通常是在工作站上运行的,而工作站的价格比较昂贵。如果在实验的过程中,给每个学生一台工作站或在每台 PC LINUX 操作系统下都安装一套九天软件,这样既不利于整个系统维护和管理,也使实验室的建设投资过大。为了解决这个问题,南通大学采用了 C-S(客户机-服务器)模式,将九天 EDA 软件应用到集成电路教学中,取得了较好的效果。所谓 C-S 模式是指在 PC 机上利用 PC X 仿真软件登陆到工作站上,运行工作站上的九天系统软件。参考方案可以这样假设：在一个标准的实验室内安放 40 台机器，并将 40 台机器组建成局域网，其中工作站 4 台（最低配置可以是 SUN ULTRA10，内存 512Mb，硬盘 40Gb），PC 机器 36 台（最低配置可以是普通奔腾 PC，内存 32Mb），将 40 台机器分为 4 组，每组中各包括 1 台工作站和 9 台 PC 机，在每台工作站安放 10 个许可（licenses），这样每组的 9 台 PC 机都可以登陆到本组中的 1 台工作站上。这样即利于系统维护，又满足 40 个学生同时上机，性价比非常合理。图 B.1 为通过 Exceed 软件登陆到工作站后的系统环境。

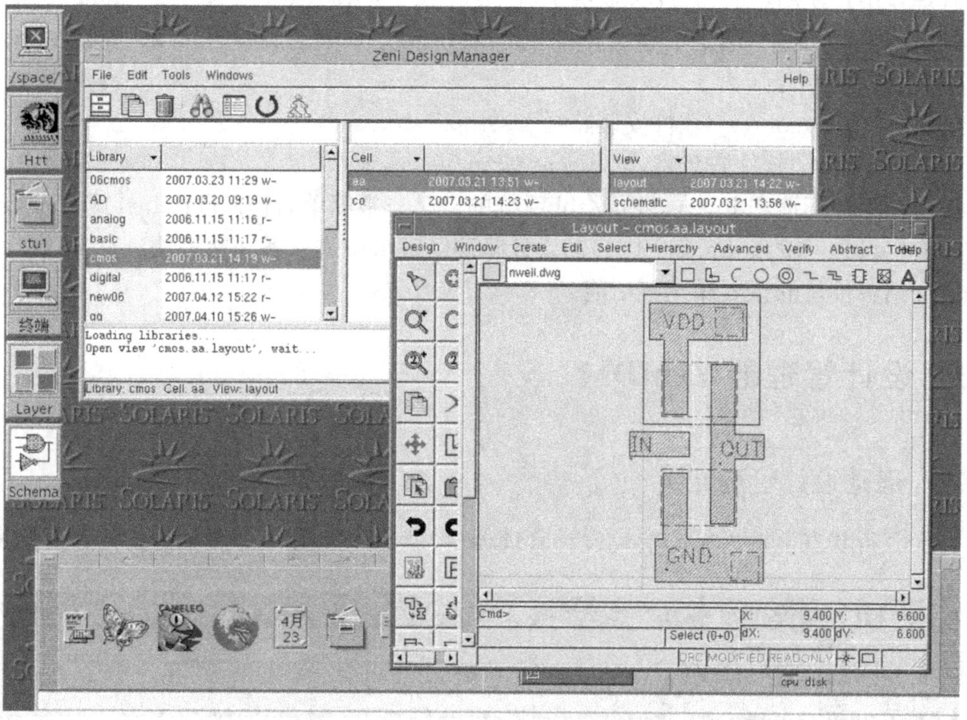

图 B.1 Exceed 登陆 SUN 工作站例图

采用这种方式，学生容易掌握、使用方便，而且整个系统便于维护。其弊端是系统的响应速度较慢，尤其当整个系统满负荷运行时，这种现象尤为明显。但对于初学的学生而言，其设计的电路较简单，此方案还是可行的。

随着 Zeni 版本的不断更新，其支持操作平台也会越来越多，相应的软、硬件配置也会越来越合理，Zeni 的性能将会得到更大程度的提高。

B.2.2 软件安装步骤

九天系统提供了交互式的安装环境，用户可以选择“Auto”或“Custom”模式进行系统的安装，整个操作直观、简便。以下给出了一个在 Sun Solaris 8 操作系统下采用“Custom”模式安装九天软件的几个要点，关于详细的九天安装，请参考《九天 EDA 系统安装手册》。

要点一：以 Root 用户，在终端提示符下键入命令 ./install，然后指定系统的安装路径。默认情况下系统的安装路径为/eda/zeni，用户也可以更改其默认的安装路径。

要点二：安装 License 工具，按提示信息选择操作系统的版本（本例为 Solaris 8），并指明 license 的安装路径，默认情况下为/eda/zeni/license，接着在安装提示下输入 license 文件(如/space/eda/zeniinstall/license. dat)，最后指定 license 服务器的 IP 地址和端口。

要点三：安装 Zeni 软件，选择 Zeni 的版本，并选择操作系统的版本，开始安装，结束后，按回车退出安装程序。

B. 2. 3　用户环境设置与软件的启动

用户使用九天系统时，需要启动相应模块的 License，并设置与其相应的环境变量。为方便管理和用户使用，九天软件包提供了适合 csh(C shell)和 bash(Bourne again shell)两种风格的系统配置文件。用文本编辑器(Text Editor)或 Vi 打开用户主目录下的. cshrc 配置文件，输入如下命令行：

source“软件安装路径”/setup. csh

“软件安装路径”/license/bin/lic_start

设置好用户环境和 License 后，Zeni 系统的启动非常简单，打开 Terminal 或 Console，在当前用户主目录下输入 dm 命令则启动设计管理器就可以进入各功能模块进行 IC 设计。下面分别介绍各模块的主要操作和功能。

B. 3　设计管理器 ZeniDM

B. 3. 1　启动设计管理器

在命令行状态下输入 dm，启动设计管理器后，就出现如图 B. 2 所示的设计管理器窗口。

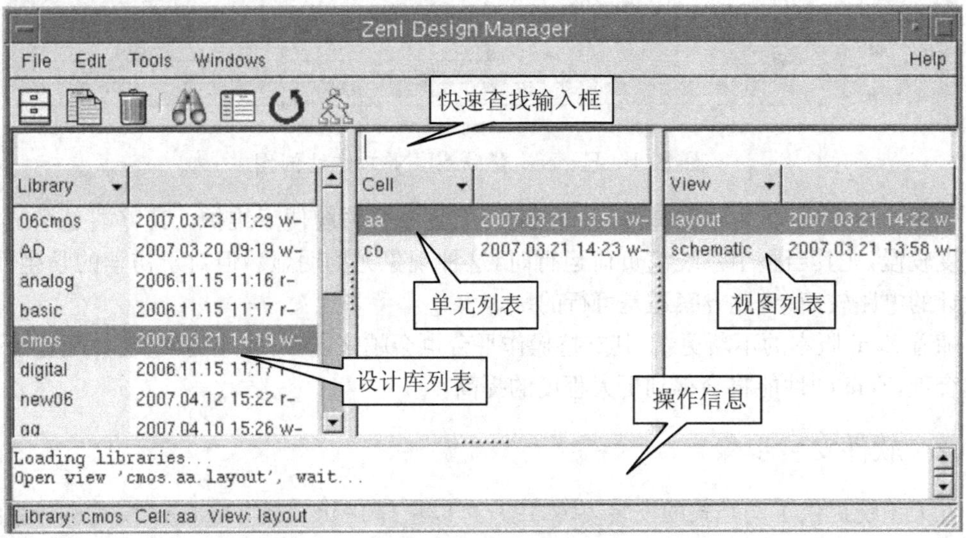

图 B. 2　设计管理器

设计管理器由设计库列表窗口、组单元列表窗口、单元列表窗口和视图列表窗口。每个列表窗口的上方对应有一个快速查找输入框，用户可以输入字符对列表项进行快速查找。在操作信息窗口中，设计管理器对不同级别的错误分别采用三种不同的颜色显示：正常操作信息——黑色；错误操作信息——红色；警告操作信息——蓝色。在设计管理器的最下方实时显示了目前操作所在的设计层次。

启动设计管理器时，在当前目录下自动生成库列表文件“zeni. lib”。“zeni. lib”文件用于记录设计库名及库路径的对应关系。

B. 3. 2　菜单命令与基本操作

由图 B. 2 可见，设计管理器提供了多个菜单命令，这里仅仅对菜单中的主要功能作简要描述，关于菜单详细命令，请参考 Zeni4 在线帮助手册。

(1) File：主要包括新建设计库(New Library)、新建单元和视图(New Cell/View)、对选中的库和单元进行刷新(Refresh)、设置个人信息和公共信息(Option)以及设计数据的导入/导出(Import/Export)等操作命令。

(2) Edit：主要包括拷贝(Copy)、重命名(Rename)、删除(Delete)、在库列表窗口中隐藏或显示设计库(Hide/Show Library)、当前库读写权限(Access Permission)等操作命令。

(3) Tools：工具菜单提供了多个实用工具，如编辑/显示工艺层信息及工艺规则命令(Technology Center)、设计库路径编辑(Library Path Editor)、版图层次的布尔运算(Layout Boolean Operation)等操作命令，下一小节将分别介绍这些实用工具。

设计管理器中，若某单元下有多个视图项，选择该单元项对应的子菜单命令 Open All Views，设计管理器将依据各个视图类型自动调用相应的工具将所有视图同时显示在屏幕上；若某单元下仅有一个视图项，双击此单元项，则设计管理器依据此视图类型自动调用相应的工具显示此视图；若某单元下有多个视图项，双击某视图项，设计管理器依据此视图项自动调用相应的工具显示此视图。若用户单击任意窗口中左边一列的标题条，可以分别对库名、单元名以及视图名按字母顺序排序。例如，单击“Library”所在的标题条，设计库名排序变化如图 B. 3 所示。

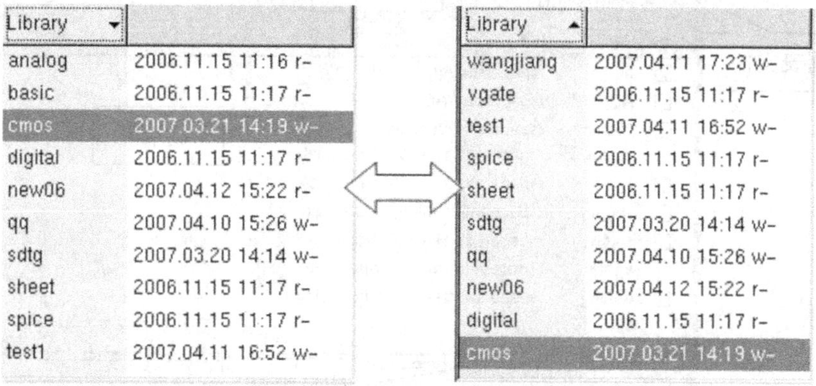

单击前　　　　单击后

图 B. 3　排序操作示例

此外，在窗口中选择一项，单击鼠标中间或右键，将弹出子菜单。菜单项的内容随选择项层次不同而不同。图 B. 4 分别给出了设计库、组单元、单元和视图窗口下各弹出子菜单的示意图。

图 B.4　各窗口子菜单示意图

B.3.3　实用工具介绍

1）Library Path Editor

其功能是对设计库进行管理。用法：激活菜单命令 Tools→Library Path Editor。对话框如图 B.5 所示，该窗口显示当前所调用的库列表文件名；当前被调用库的信息及状态（是否隐藏，是否为系统库等）。系统库用红色标注，用户库用黑色标注。隐藏库仅标注在库信息前方的，反之不标注。设计库路径管理的内容保存在工作目录的 zeni. lib 文件中，如图中所示的/space/stu1/zeni. lib。

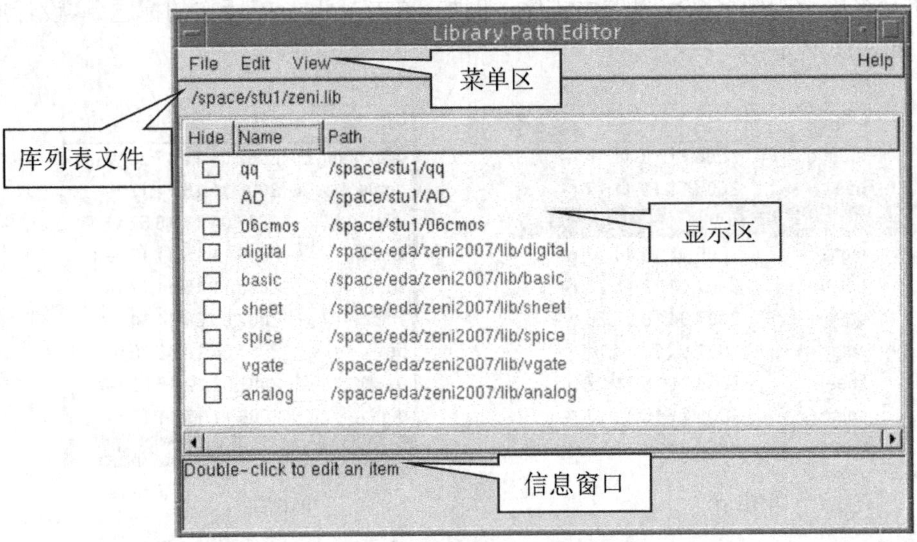

图 B.5　设计库路径管理窗口

2）License

其功能是管理 Zeni 系列产品中各个工具的使用权限。从管理对话框中可以清楚地看到各个工具 License 的总数、可使用数和已被使用 License 的具体描述，即在那台机器在什么时间被谁使用。用法：激活菜单命令 Tools→License，弹出 License 管理对话框，如图 B.6 所示，若需详细了解各个工具的 License 占用情况，只需在所需了解工具的 License 位置单击鼠标左键，此工具 License 的详细占用情况便会显示在 License 管理对话框的下方。

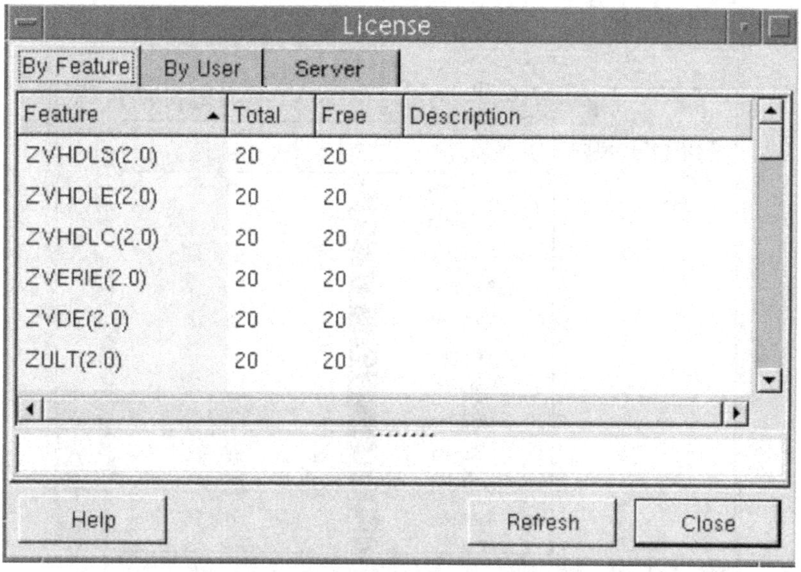

图 B.6　License 管理器

3) Technology Center

其功能主要是编辑、显示工艺层信息及工艺规则。注意此工具仅应用于版图编辑阶段。用法可以通过两种方法实现：

(1) 选中某库，激活菜单命令 Tools→Technology Center。

(2) 选中某库，点击鼠标中键或右键，从弹出式菜单中选择"Technology"命令。

如图 B.7 所示，工艺管理器管理六大模块数据：工艺层定义(Layer)、自动打孔规则(Auto Punch)、间距规则(Spacing Rule)、追踪线网规则(Trace Rule)、层名与层号的对应关系(GDS Layer Map)和设计规则检查(DRC Rule)。其中，Layer 的功能用来定义或显示工艺层号、层名、层的用途、填充方式、在版图编辑过程中此层是否有效、此层是否被填充、此层是否可见及此层是否可被选择。Auto Punch 主要使用户在版图编辑过程中可以在两层之间自动添加一个单孔、十字交叉孔或一组阵列孔单元；其定义了在哪两层之间添加孔单元，以及这个孔单元与两个工艺层的最小内边间距(Enclosure)；若添加一个十字交叉孔或一组阵列孔，各孔之间的距离由 Spacing 定义。Spacing Rule 主要用来调整两层之间的最小间距，Trace Rule 用来定义两层之间的电学连通或阻断规则，GDS Layer Map 主要应用于重新定义层名和层号的对应关系，DRC rule 主要定义实时几何规则检查(RealTime DRC Rule)。

如图 B.7 所示，在工艺管理器中，支持将 Zeni、Cadence 工艺进行导入(Import)，及将 Zeni 工艺的导出(Export)。

4) Display Resource

其功能主要是提供在定义版图工艺层信息中供用户选择的颜色种类、线形和填充方案等资源信息，如图 B.8 所示。用法：激活菜单命令 Tools→Display Resource。

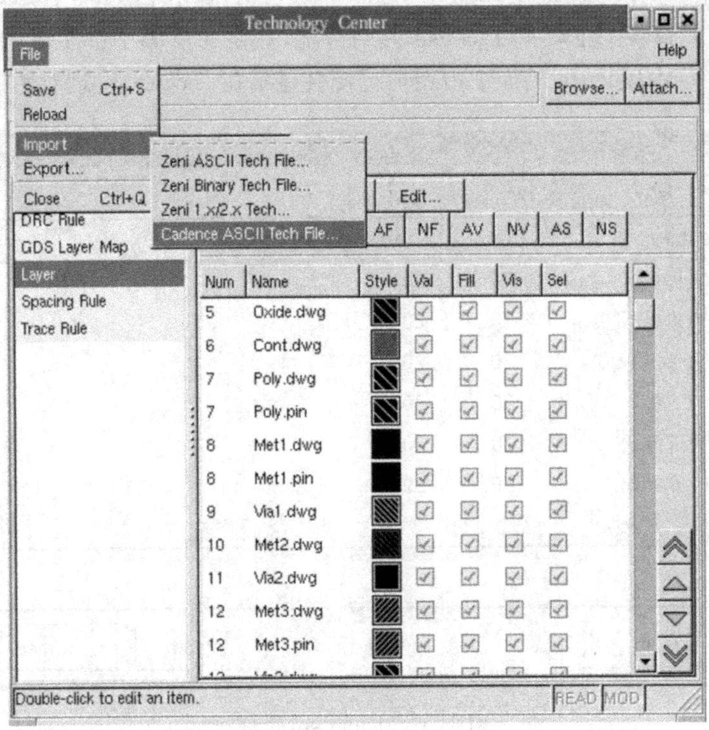

图 B.7 工艺管理器

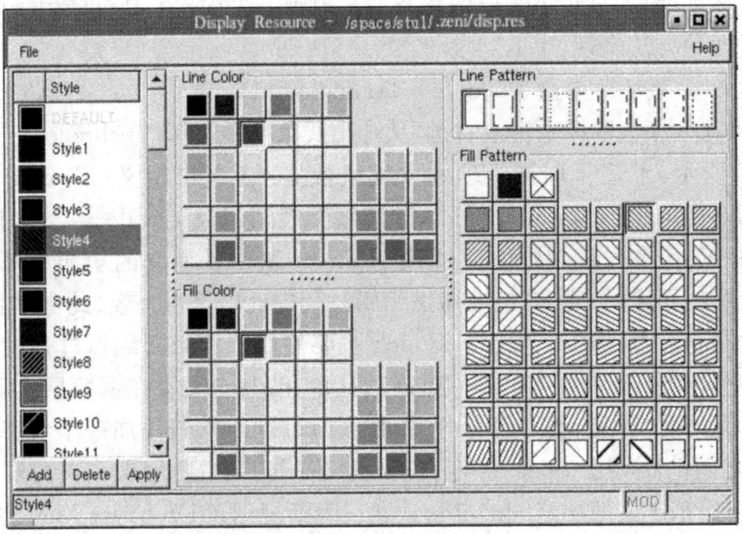

图 B.8 工艺层显示选择窗口

5) Netlist To Layout

其功能主要是将原理图数据直接转为版图数据。这里可以通过两种方式完成数据转换：第一种，依据 CDL 网表及控制文件转换为版图数据。网表文件中主要描述了器件的连接关系，控制文件主要描述了器件的来源、器件的位置及参数、对外端口的名称及位置，控制文件格式请参考 Zeni4 在线帮助手册。第二种，依据当前原理图设计数据直接转换为版图数据，用法：激活菜单命令 Tools→Netlist To Layout。

6）CDL－IN/Verilog－IN

其功能是将网表数据直接转化为原理图图形数据，并保持网表原有的层次关系，在原理图编辑器中层次式的显示。CDL－IN/Verilog－IN 能接收的网表数据有三种：Verilog 网表、CDL 网表和顶层是 Verilog 网表而底层是 CDL 网表的复合网表。用法：激活菜单命令 File→Import→CDL/Verilog Netlist。

7）Show Tree

其功能是显示视图间的层次调用关系，并可方便地对相应的视图进行编辑操作。用法：激活菜单命令 File→Show Tree。

8）标准数据导入\导出接口

支持包括 EDIF、GDS、CIF 等标准数据格式的导入\导出（Export\Import）功能。用法：激活菜单命令 File→Import/Export，选择相应的数据格式。

B.4　原理图编辑与仿真

为了进行集成电路版图与原理图的一致性检查（LVS），用户必须通过各种基于 Spice 核的工具软件生成原理图网表。Zeni4 集成了图形化的电路原理图编辑环境，并可以导出电路的 SPICE 网表。Zeni4 的原理图编辑环境与版图验证环境集成在一个设计管理器中，便于快速查找和定位 LVS 错误。因此，下面将介绍 Zeni4 的电路原理图编辑环境，为版图 LVS 验证做准备。

B.4.1　ZeniSE 工具简介

原理图编辑器（SE：Schematic Editor）是一个显示、建立、编辑电路原理图的设计工具，它提供多窗口的编辑环境，并支持自顶向下或自底向上的层次式设计方法。在原理图编辑过程中，形成了图形数据，网表提取程序从图形数据中提取出网表数据（电路连接部分的数据），供其他工具（仿真器、布图工具等）使用。在原理图编辑器中除了可以生成 SPICE、CDL、VHDL 和 Verilog 等类型的网表数据以外，还可以生成混合网表数据，即由用户自定义不同的电路模块生成不同类型的网表描述。

为了便于设计大规模的电路，原理图编辑器还提供了“页”的功能。用户可以将一幅较大的原理图划分成若干个页进行编辑。这样可提高设计的可读性，也可使打印输出的结果更清晰。最后系统自动生成一个“多页视图（Multi-Page）”将各个页组合成一个整体。

除此之外，原理图编辑器还提供了在原理图上预定义寄生电阻和寄生电容的方法，使设计者可以通过仿真结果清晰的观察到寄生电阻和寄生电容对电路性能的影响。

B.4.2　启动 ZeniSE

原理图编辑器（ZeniSE）有两种启动方式：

（1）在命令行模式下输入：% se [options] －l <library_name> －c <cell_name> －v <view_name>，即可运行 SE 工具。

（2）在设计管理器（ZeniDM）中，创建设计单元的原理图视图，或双击设计单元的原理图视图，则设计管理器自动启动原理图编辑器。

原理图编辑器(ZeniSE)如图 B. 9 所示，该编辑器还集成了符号编辑器(Symbol Editor)和多页视图编辑器(Multi-Page Editor)。符号编辑器窗口与图 B. 9 相同，用户可以通过提供的画图命令生成一个电路符号；多页视图编辑器中的内容是系统自动生成的，用户只能添加的对象为端口(pin)和注释文本(note text)，用户可以对某个对象作删除操作，也可以对“页”重新排序，在调用的“页”符号图中，分别有左右两排端口列表。左边的端口表示其为输入端口或输入/输出端口，右边的端口表示其为输出端口。在端口名前有不同的矩形图标。实心的矩形图标表示此端口为子电路端口，空心的矩形图标表示此端口为“页”间的连接端口。

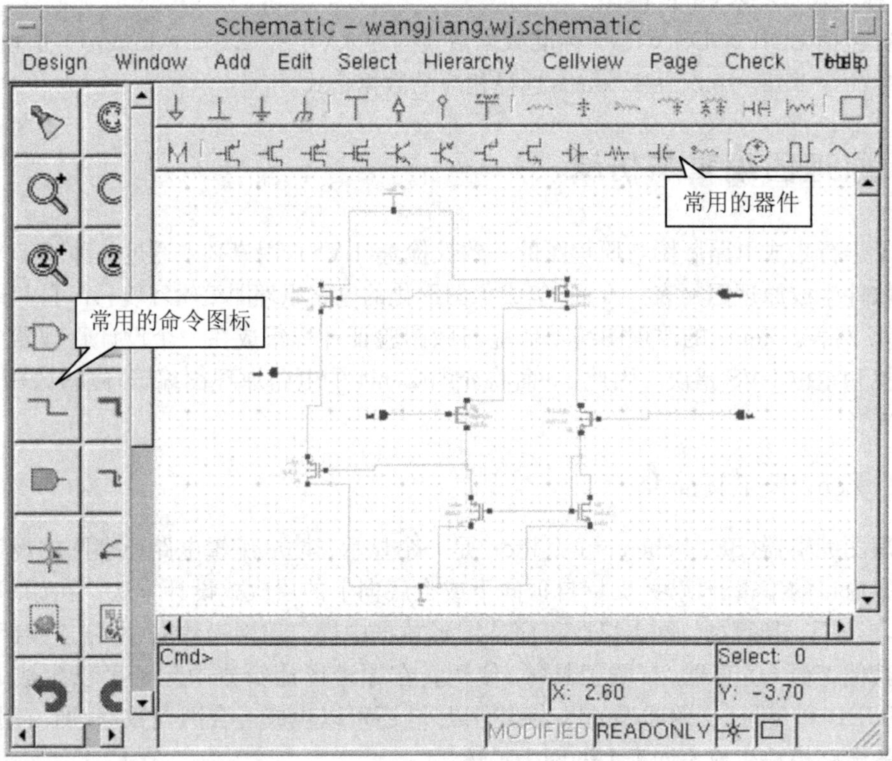

图 B. 9　SE 编辑器

B. 4. 3　菜单命令与基本操作

ZeniSE 编辑器提供的菜单命令包括 Design、Window、Add、Edit、Select、Hierarchy、Cellview、Page、Check、Tools、Options 和 Help 等，这些菜单命令涵盖多种创建功能、编辑操作、打印操作、建立 Multi-Page Schematic、设计属性、设计检查、电路仿真、输入输出接口等功能。各个菜单具体的使用手册以及关于菜单详细命令，请参考 Zeni4 在线帮助手册。

ZeniSE 编辑器从全局的角度提供了三种快捷的操作方式：弹出快捷菜单、设置快捷键和快捷命令。

1) 弹出快捷菜单

其主要功能在于当选定某个对象时点击鼠标中键，将会弹出与此对象相关的菜单命令，方便用户操作,用户也可在窗口的空白区域点击鼠标中键,将会弹出常用的操作命令。例如:全屏显示整个视图(Fit)、恢复操作(Undo)、添加例化元件(Add Instance)、添加信号线(Add Wire)、全选中(Select All)等。

2) 设置快捷键

默认情况下,系统定义了一些快捷键,表B.1列出了部分系统默认快捷键定义。同时用户也可以通过命令"Options－>Key Mapping"自定义快捷键。

表 B.1　部分系统默认快捷键

命　令	快　捷　键
Check and Save	Shift + X
Save	Ctrl + S
Design Property	Shift + Q
Pin Order	O
Close	Ctrl + Q
Copy	Shift +鼠标左键
Move	Ctrl +鼠标左键

3) 快捷命令操作

快捷命令操作方式可分为三种:鼠标命令、Modal(Suspend)命令和取消命令。

鼠标命令主要可以完成:

(1) 点击鼠标左键,执行选择、创建等操作。同时按下"Shift"按钮,可以实现多选功能。

(2) 对选定的对象点击鼠标中键,将会弹出与此对象相关的菜单命令。在窗口的空白区域内点击鼠标中键,将会弹出常用的操作命令,如全屏显示整个视图(Fit)、恢复操作(Undo)、添加例化元件(Add Instance)、添加信号线(Add Wire)、全选中(Select All)等。

(3) 在拷贝、移动、调用例化元件操作的同时,点击鼠标右键可以旋转(Rotate)对象。在生成信号线操作时,点击鼠标右键可以切换画线模式:Straight、*XY*、*YX*、L45、45L或Route。

(4) 点击鼠标右键不松开,从左向右方向画一条线,将放大显示图形。从右向左方向画一条线,将缩小显示图形。

Modal(Suspend)命令是指当启动一条新命令时是否结束前一条命令,如果不结束前一条命令,那么先将前一条命令挂起(Suspend),等待新命令结束后前一条命令将被激活。这个功能由菜单命令"Option－>Editor"中的"Modal Commands"选项控制。当选中此项时,表示结束前一条命令。

取消命令主要通过按下<Esc>键来取消某个命令,也可以在命令对话框中点击"Cancel"按钮。另外,在选中"Modal Commands"选项时,执行一条命令的同时将自动取消上一条命令。

B.4.4　系统库介绍

SE提供了basic、analog、spice、sheet和vgate五种系统库。其中,basic库中定义了电源、地、寄生电阻、寄生电容等基本图形;analog库中定义了PMOS、NMOS等基本器件和输入源,原理图编辑器采用"模板"视图来标识一个元件为基本器件。这个视图是一个文本格式文件,视图(文件)名分"spice"和"cdl"两种,分别为输出 spice 网表和 cdl 网表服务,具体格式请参考 ZeniSE 在线帮助手册;spice 库中主要为电路仿真提供了一些图形化的基本分析语句,这些分析语句可以方便地加入原理图,最后 SE 自动翻译这些图形为相应的电路分析语句,生成网表;sheet 库主要提供一些制图框方案,这个库中的每个单元被加载在菜单命令"Page－＞Add Sheet"中。当然也可根据需要修改或添加制图框(方法同修改 basic 库);vgate 库主要为行为级电路设计提供了一些数字电路的基本门器件,例如 and2、and3、buf_3s 等。每个单元都有形象的命名,设计者可以容易地找到需要器件。

B.4.5 ZeniSE 设计举例

在 ZeniSE 环境下完成一个完整的集成电路前端设计过程大致如下:创建库、创建单元和视图、在视图中构建原理图、检查原理图的正确性、输出网表和仿真验证。在了解了 SE 的主要模块功能和基本的编辑操作之后,下面将给出 SE 编辑器中一个全加器的设计实例,通过这个例子以进一步了解到 ZeniSE 原理图的构建和仿真等过程。这个例子采用自底向上的设计方法,从晶体管级设计入手,先构建与非门,再通过调用与非门组建门级电路全加器。

1) 器件及符号准备

"器件"指的是电路最基本的单元,即晶体管、半导体电容等等。在电路仿真过程中,它们使用特定的数学模型参与运算;在原理图中,它们表示为带有各种参数的逻辑符号,其符号的创建就是描述它们的输入、输出接口和各种模型参数。这些接口和参数在电路仿真时传递到它们的仿真模型中去。

在 SE 中,提供了基本的器件库"analog",用户可以直接调用而无需再创建。另外,在原理图编辑器菜单条的下方,也预设了一些常用的器件符号,使用时点击某个器件符号并拖到编辑区就可以使用了。

2) 创建设计库

在设计管理器中激活菜单命令 File→New Library,将弹出如图 B.10 所示的对话框。

图 B.10 创建设计库

在对话框中输入设计库的名字和路径后,单击 OK 按钮,库"design_lib"将被生成,同时在设计管理器的库列表窗口显示此库。

3) 创建单元和视图

在设计管理器中激活菜单命令 File→New Cell/View，将弹出如图 B.11 所示对话框。

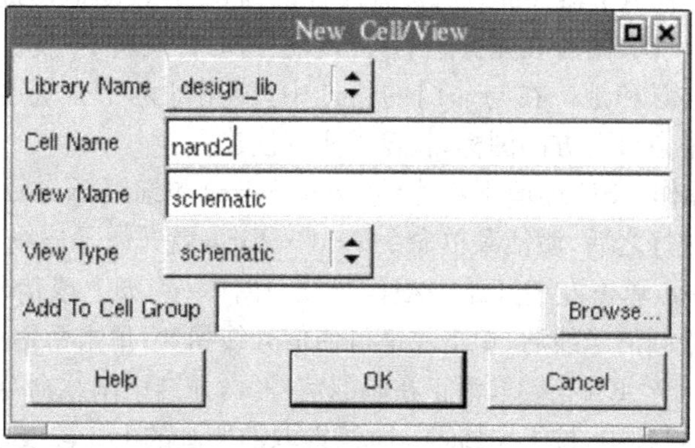

图 B.11 创建设计单元和视图

在对话框中输入单元的名字“nand2”，并从“View Type”的下拉菜单中选择其类型“Schematic”，单击 OK 按钮，在单元和视图列表区将出现“nand2”和“Schematic”的标志，同时原理图编辑器打开并等待用户构建 nand2 的内容。

4) 构建原理图

原理图主要是由例化元件(Instance)、端口(Pin)等经过信号线相连而成的，而与非门由基本的逻辑器件 PMOS 和 NMOS 构成的。下面依次介绍 CMOS 逻辑与非门原理图(schematic)的构成、与非门符号图(symbol)的构成和“全加器”的构成。

(1) 构建与非门原理图

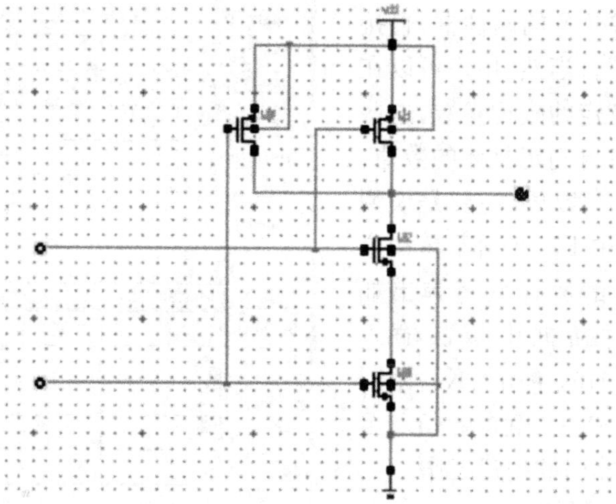

图 B.12 与非门原理图

第一步：调用基本器件。在打开的原理图编辑器中，首先从 analog 库中调用基本的器件 PMOS 和 NMOS，具体步骤如下。A)激活 Add→Instance 命令，在弹出的对话框中依次点击 analog 库中 pmos 单元及其符号。B)移动光标到编辑区中，PMOS 的符号就附着在光标上。在合适的位置单击鼠标左键，PMOS 器件就被放置到原理图中；接着移动光标到另一个位置，再单击鼠标左键，PMOS 器件又一次被放置到原理图中。用同样的方法可以放置两个 NMOS 器件。C)要取消放置过程，按下＜Esc＞键或单击鼠标右键即可。

值得注意的是：若两个器件的管脚重叠放置，它们就会自动地连接上；在放置器件的过程中，单击鼠标中键一次，附着在光标上的符号就会逆时针旋转 90 度。

第二步：增加电源和地。在与非门的设计中，要用到两个全局变量，电源(vdd)和地(ground)。只需单击窗口上方的图标，就可以实现创建。

第三步：连线操作。SE 环境下有宽线(wide wire)和细线(wire)两种类型的信号线。在基本的器件都摆放好之后，激活菜单命令 Add→Wire，就开始了连线工作。基本的连线操作是：在图中任意一点单击左键开始一根信号线，在任一管脚上或信号线上单击左键结束这根信号线。在开始画信号线后，单击左键可使信号线拐弯；单击中键可改变信号线的画线模式；单击右键或按下＜Esc＞键取消正在画的信号线，并结束画线命令；双击左键在光标处结束此信号线；画线过程中，按下＜Backspce＞键取消所画的上一段线段。

SE 还有自动布线功能。在连线过程中，选择飞线模式，只需在起始点和结束点单击，系统将自动安排连线的位置；在两根信号线的交叉点处放上一个实心原点(Solder Dot)(单击按钮或激活菜单命令 Add→Solder Dot)，可以将两根信号线连接在一起。

第四步：增加端口。本例中一共需要三个端口，输入端口 A 和 B，输出端口 Z。激活菜单命令 Add→Port，将弹出 Add Port 对话框，在对话框中输入端口的名字并选择其模式，移动光标到编辑区，端口的符号就附着在光标上；在信号线的端点处单击，则信号线与端口将自动相连。

第五步：设置器件的参数值。对于 PMOS 和 NMOS 等基本器件，在 analog 库中对其已经预设了参数名。在此处只需调出 PMOS 或 NMOS 的属性框，直接输入参数值就可以了。当然，用户可以在自己的设计中设置特定的模型参数，这些参数在设计被引用时再确定具体的数值。现在为 P1 设置一些参数值，主要是模型名、长度和宽度。选中 P1，激活菜单命令 Edit→Property，P1 的属性框将弹出如图 B.13 所示。在对话框中依次输入 PMOS、0.54u 和 5.94u，单击 OK。用同样的方法为 P2、N1 和 N2 赋参数值。至此，我们已完成了与非门的构建工作。

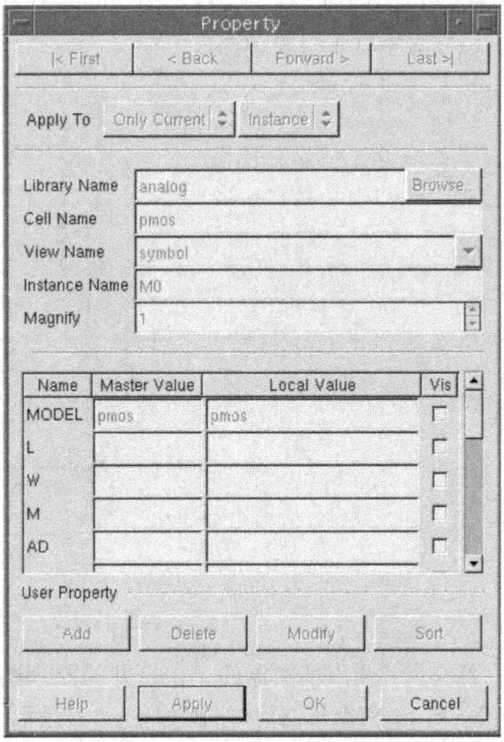

图 B.13　PMOS 的参数值

(2) 构建与非门符号图

符号图只是对原理图的一种表示方法，一个原理图设计可以有多种符号表示。为了给下一步构建全加器做准备(因为全加器是由九个与非门构成的)，在此创建与非门的逻辑符号，以便在全加器中引用这个符号。另外,这个符号也可以被引用,用来做仿真验证。

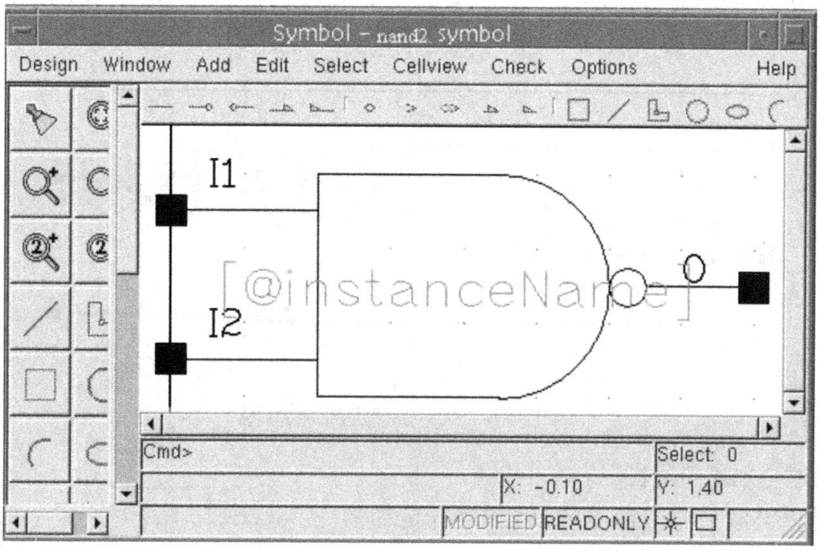

图 B.14 与非门符号图

第一步:在与非门的原理图中,激活菜单命令 Cellview→Create From Cellview,将弹出如图 B.15 所示的 Create Cellview 对话框。

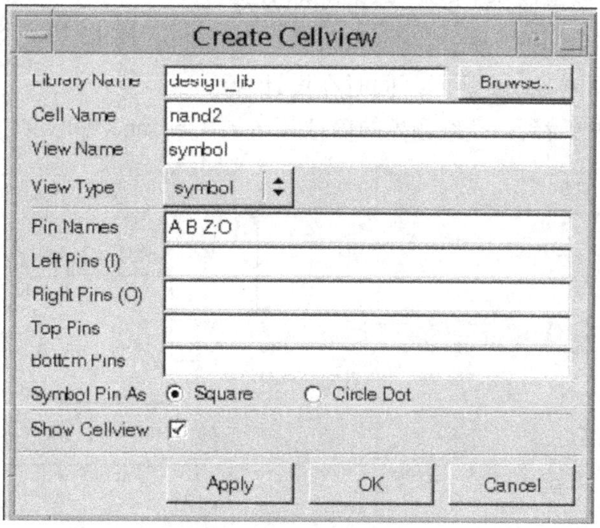

图 B.15 建立与非门的符号

第二步:在弹出的对话框中已有默认的库名、单元名和视图名,当然这些名字也可以手动修改;Pin Names 中显示了当前原理图中 A、B 和 Z 三个端口,系统自动用其生成符号图的端口,单击 OK,与非门的符号图将自动打开,等待编辑。此时的符号图中已经有一个默认的符号,但不是与非门的通用符号,需要做一些改动:首先删除中间的矩形,点击菜单条下面的小图标(与门的通用符号和一个小圆圈),移动光标放在相应的位置,然后删除参数“[@cellName]”。与非门的符号就创建好了。

(3) 构建全加器原理图

首先建立 fadder 单元，像构建与非门那样，从右侧的例化元件调用区域引用九个创建好的与非门的符号，然后连接信号线，增加端口等操作。构建的全加器如图 B.16 所示。

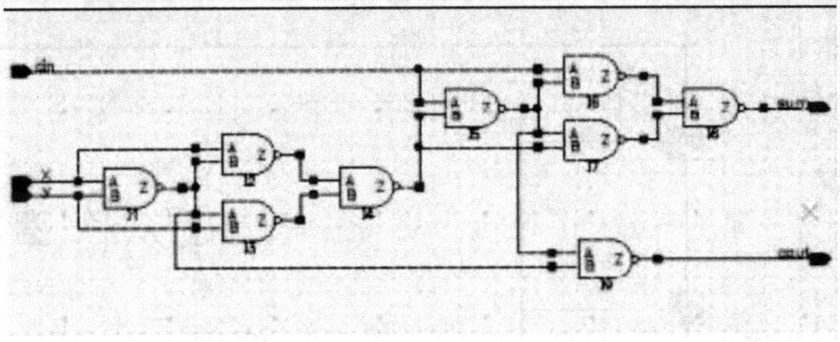

图 B.16 “全加器”的原理图

(4) 构建全加器符号图

创建过程类似与非门符号的创建过程，全加器的符号如图 B.17 所示。

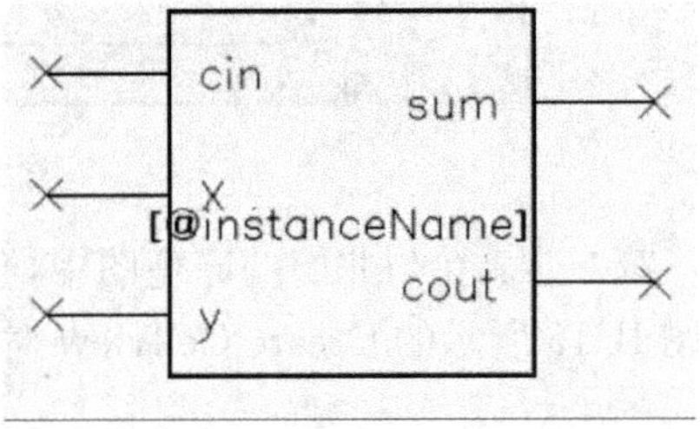

图 B.17 全加器符号图

5) 原理图检查

原理图的正确性检查功能主要是检查在原理图中是否有悬空的信号线或端口，是否存在短路等。在 fadder 原理图中激活菜单命令 Check→Hierarchy，将弹出一个信息框，提示用户检查出一个错误，并且在图中已经标记出来，如图 B.18 所示。同时在设计管理器的信息提示框中会看到一条红颜色的信息“Error: Unconnected wire at (280,40)”。

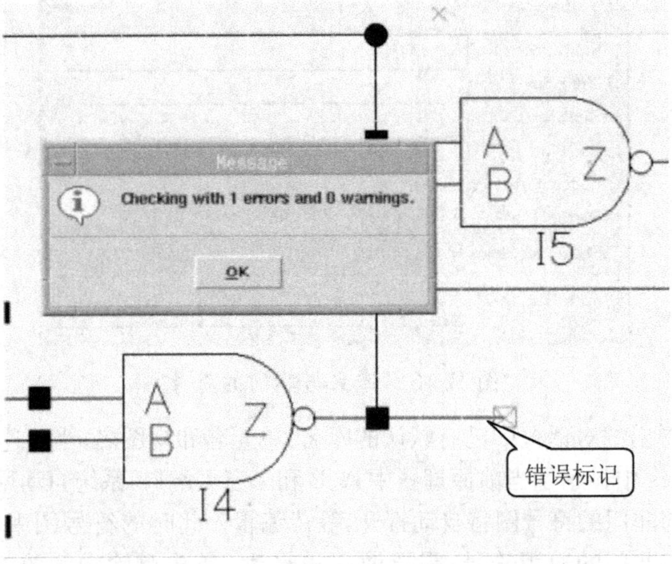

图 B.18 fadder 原理图的检查结果

6）输出 SPICE 网表

在修改了 5)中的错误之后,下一步就可以输出网表了。若在输出网表之前没有进行设计检查的话,系统也会自动做检查。激活菜单命令 Tools→Export Netlist,将弹出 Export Netlist 对话框,如图 B.19 所示。

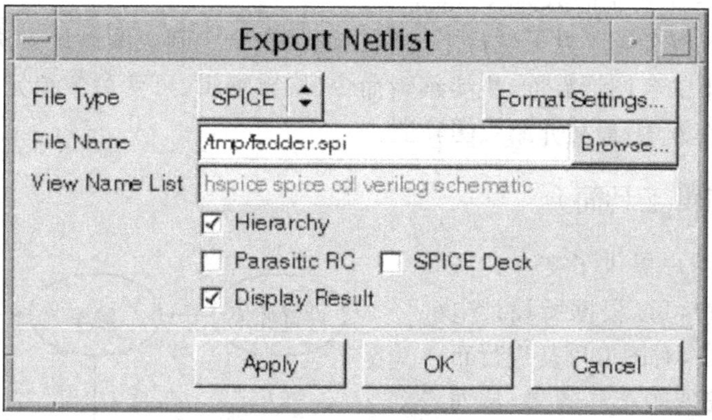

图 B.19 输出 SPICE 网表

在对话框中的 File Type 区域选择“SPICE”,在 File Name 区域写入(或通过 Browse 选择)生成的 SPICE 文件的路径及其名字,单击 OK,如果“Display Result”处在有效状态,将弹出一个文本编辑器显示所生成的 SPICE 网表,如图 B.20 所示。进行 LVS 验证时就可以使用该网表文件了。

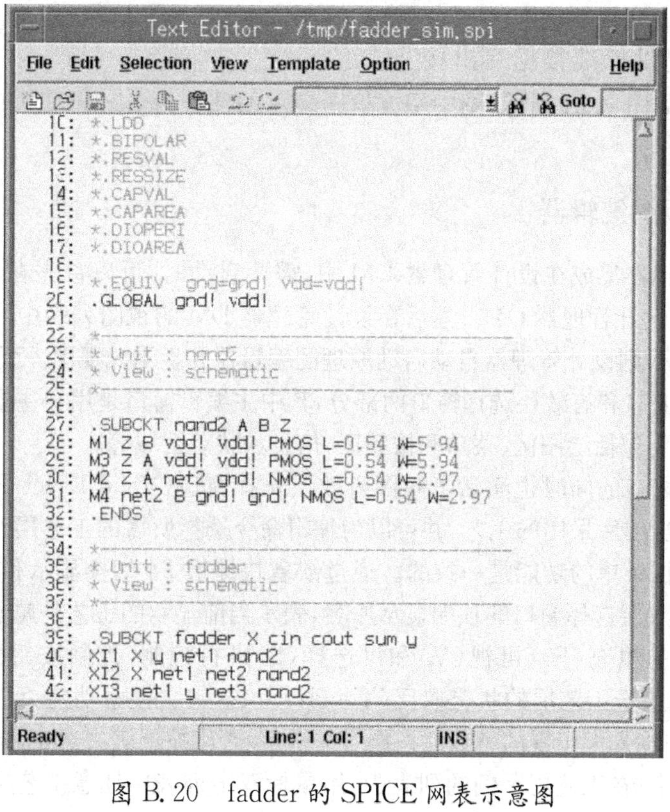

图 B.20 fadder 的 SPICE 网表示意图

B.5 版图编辑与验证

Zeni4 系统中将版图编辑与验证功能集成在 dm 设计管理器中，在版图编辑窗口中可以直接启动 DRC、LVS、寄生参数提取功能。

本书第 4 章已经介绍了九天软件下的版图编辑和全定制版图设计方法，这里将简要介绍版图编辑环境下的各图形界面、主要编辑命令、层次编辑、可变参数单元和版图验证等基本功能及基本操作方法，最后介绍版图验证。

B.5.1 版图编辑工具简介

九天系统为用户提供了交互式版图设计环境。用户可以根据所设计电路的各种性能要求，对图形反复进行布置和连线，达到较佳的布局效果，从而最大限度地利用芯片面积、提高成品率，因而广泛应用于全定制集成电路的版图设计中。

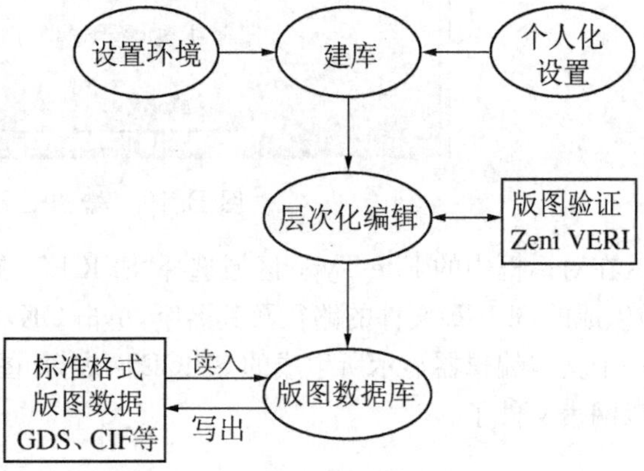

图 B.21 ZeniPDT 设计流程图

ZeniPDT 是九天系统中交互式版图编辑器，具有百万门级规模的版图设计能力。其图形编辑功能丰富，具备层次化编辑和在线设计规则检查(Online DRC)能力，并提供标准数据写出接口。其设计流程如图 B.21 所示，图中用方框图表示的部分为 ZeniPDT 与其他工具的接口模块。

B.5.2 启动版图编辑器

由于版图编辑器集成在设计管理器 DM 中，需要启动时，可以首先在命令提示行键入“dm”命令来启动设计管理器 DM。然后在设计管理器 DM 的视图列表中，双击版图视图或新建 Layout View，则设计管理器自动启动原理图编辑器并显示此视图。版图编辑器的主要界面包括主编辑窗口和有效层选择窗口两部分，其中主编辑窗口是用户主要使用的界面，如图 B.22 所示，主要包括绘图区、菜单和按钮区、信息和状态区域等。

激活主编辑窗口的同时也激活了版图有效层选择窗口(Valid Layer Palette)。有效层选择窗口显示了当前库采用的工艺，并可以为编辑命令选择所需的工艺层，与主编辑窗口中的工艺层选择下拉菜单的功能是一致的。通过缺省快捷键 F4 切换显示和隐藏该窗口。如图 B.23 所示，有效层选择窗口的顶端显示库名，表示当前显示的工艺是属于哪个库的；控制按钮区对工艺层的填充(F)、可视(V)和可选择(S)进行控制，控制按钮面向所有工艺层(All)或者对当前被选工艺层的状况取反(Toggle)；该窗口含搜索功能，可自动选定一个活动层，在搜索栏中输入大于零的整数就按层号去选定，否则按层名去选定，层相同而 purpose 不同则选中第一个；在工艺层示例的列表中，用鼠标双击列表中任意工艺层，均可调当前库的工艺管理器，对工艺层进行修改。

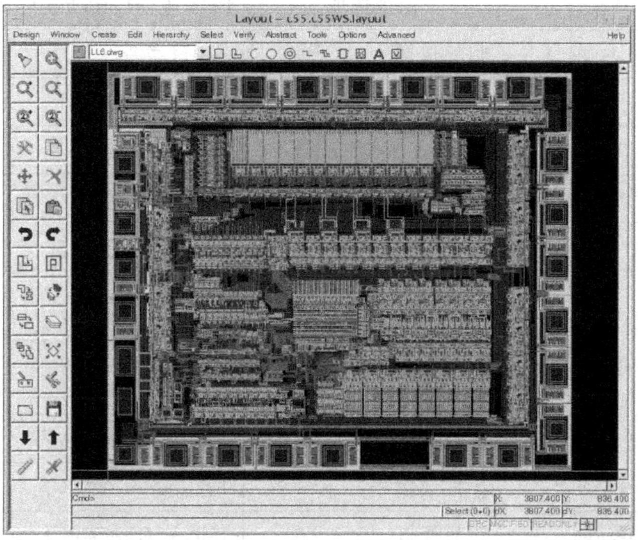

图 B.22 版图编辑窗口图

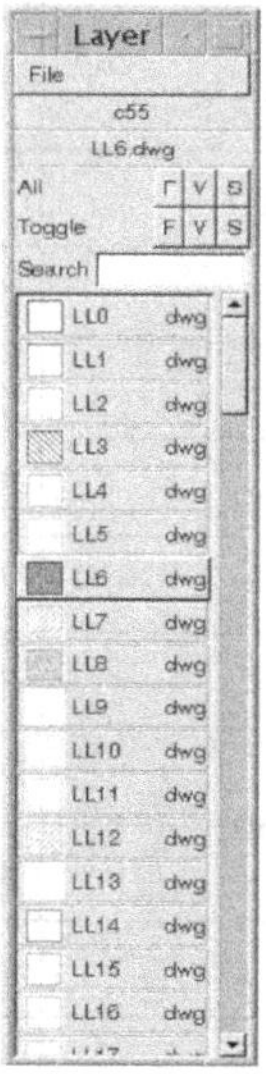

图 B.23 有效层选择窗口

B.5.3 编辑命令与基本操作

版图编辑器为用户提供了丰富的操作命令集，这些命令大都可通过菜单、工具栏按钮、弹出式用户对话框、快捷键和命令等来实现，涵盖基本绘图方法、基本编辑方法、追踪操作、高级编辑命令、视图窗口操作、对设计的操作和辅助功能操作。

编辑命令状态一般由菜单栏或快捷键激活；快捷键“Esc”为退出操作状态；若有相应命令窗口，快捷键“F3”为隐藏或弹出命令窗口。并且在版图编辑时，鼠标可以有左键、中键和右键三种操作。左键用于选择、创建等操作；在绘图区域中单击中键可以弹出快捷菜单；右键用于单击右键执行特殊操作(如 Stroke 等)。下面简要介绍版图编辑环境下的基本绘图方法和部分编辑方法。关于详细命令，请参考 Zeni4 操作手册。

1) 基本绘图方法

版图中，可以生成矩形(Create Rectangle)、多边形(Create Polygon)、圆形(Create Circle)等十多种图形，表 B.2 列出了各基本绘图命令及其对应的操作。以生成矩形为例，其生成方法有：

(1) 首先将活动层定义为本图形将用的工艺层，然后激活 PDT 主窗口的功能菜单“Create”中的“Rectangle”。激活命令后，用鼠标在版图上生成图形，两点确定一个矩形。所有的绘图命令都可以通过该方法实现。

(2) 通过图形菜单命令(Icon menu)中的图标来激活该功能。部分绘图命令都可以通过该方法实现。

(3) 通过缺省快捷键“b”来激活该功能。其他绘图命令的快捷方式可以查阅手册或从功能菜单中获得。

表 B.2 基本绘图命令列表

命令名称	操 作
Create Rectangle	生成矩形
Create Polygon	生成多边形
Creat Path	生成路径
Creat Bus	生成一组路径
Creat Instance	生成例元
Creat Mosaic	生成一组例元
Creat Label	创建标签
Creat Circle	生成圆形
Creat Donut	生成环形
Creat Arc	生成弧形
Vcell	调用可变参数单元
Abstract→Create Pin	创建端口
Abstract→Generate	提取只含 Pin 的版图

表 B.3 基本编辑命令列表

命令选项	PDT 主窗口中所在位置
目标选择	Select 菜单
取消与重复	Edit→Undo/Redo
删除	Edit→Delete
复制	Edit→Copy
移动	Edit→Move
移动对齐	Edit→Align
变形操作	Edit→Stretch/Chop 等
修改属性	Edit→Property..
更改层次	Edit→More 菜单下
生成层次	Edit→More 菜单下
设置原点	Edit→More 菜单下
飞线的操作	Edit→More 菜单下
高级编辑命令	Edit→More 菜单下

2) 基本编辑方法

版图设计过程中的编辑操作涉及目标选择、取消与重复、删除、移动、设置原点、换层、修改属性以及飞线等，表 B.3 列出了各编辑命令及其在 PDT 主窗口中的对应位置。下面以拷贝(Copy)命令解释编辑命令操作中的相关选项。

Copy 操作就是对图形的复制操作。在 PDT 主窗口的功能菜单“Edit”中，选择“Copy”选项，激活该功能；激活后，用鼠标在编辑窗口中选择图形(单个图形或范围内的一组图形均可)，选中图形后出现可移动的“动画图”，用鼠标将其托动至适当位置，点击鼠标即可完成 Copy 操作。在激活 Copy 操作后，可通过点击键盘上的“F3”键弹出关于 Copy 操作的选项窗口，如图 B.24 所示。

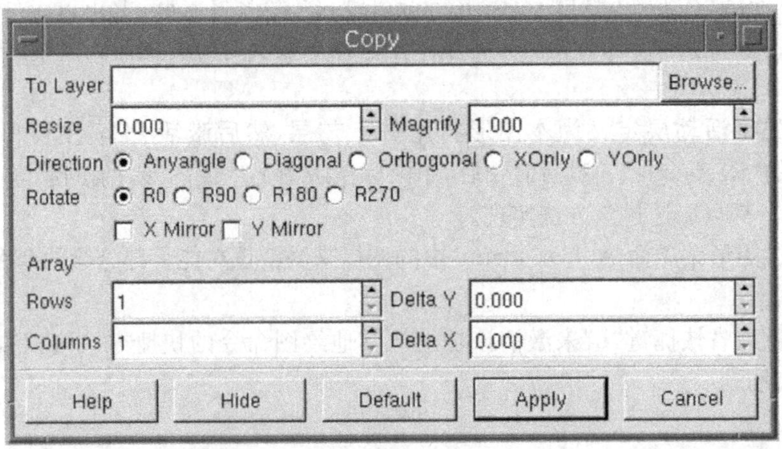

图 B.24 Copy 命令窗

下面对图 B. 24 中的各选项栏解释如下。

To Layer：该窗口控制操作后新生成图形所属的工艺层，Copy 操作可以选择新生成图形所用的层。点击其后的“Browse...”键可弹出层次选择器窗口以供选择工艺层缺省值为空，代表仍用原图形所用的工艺层。

Resize：Copy 操作可以将新生成的图形按一定规则进行缩放，Resize 栏参数控制缩放的大小，其缩放规则是将原图形的各条边分别加上 Resize 值。有效值为(最小有效负距离) 10000，这里的最小有效负距离是指做完此操作后图形仍存在的最小距离值；如该值太小，就会产生自交叉或图形消失，此时将自动按照缺省值操作，缺省值为 0. 0000；Magnify 栏的参数控制按比例缩放被选中图形时的缩放倍数，有效值为(0. 01，$+\infty$)，缺省值为 1. 0000。

Direction：控制操作新生成图形的移动方向，包括任意方向(Anyangle)、水平及 45 度方向(Diagonal)、垂直方向(Orthogonal)、只含 X 轴方向(XOnly)和只含 Y 轴方向(YOnly)五个选项，缺省值为任意方向。

Rotate：Copy 操作可将新生成图形依据一定的规则旋转，该参数控制旋转及变形的幅度，这里的旋转角度均指逆时针旋转，包括不做旋转(R0)、旋转 90 度(R90)、旋转 180 度(R180)和 R270(旋转 270 度)四种，并可与 X 方向镜像(XMirror)及 Y 方向镜像(YMirror)进行组合，缺省值是单独选择不做旋转，操作完毕自动重置为不做旋转(R0)。

Array：Copy 操作支持同时创建一组图形。该栏中 Rows 参数控制该组图形中的行数，有效值为[1，2048]，缺省值为 1；Delta X 参数控制当行数大于 1 时行与行之间的间距，有效值为[0，10000]，缺省值为 0. 0000；Columns 参数控制创建组图形时的列数，有效值为[1，2048]，缺省值为 1；Delta Y 参数控制当列数大于 1 时列与列之间的间距，有效值为[0，10000]，缺省值为 0. 0000。

Help：打开在线帮助。

Hide：隐藏该窗口，操作变为后台执行(可通过键盘的“F3”键控制再次弹出)。

Default：将各选项设置为缺省值。

Apply：确认并执行本操作，执行完毕后本操作不退出。

Cancel：退出本次操作。

3) 追踪操作

追踪操作提供了版图中一些搜索定位功能。所有的追踪操作都位于 PDT 主窗口的功能菜单“Tools”下的“Find”子菜单中，共有五种操作类型，见表 B. 4。

表 B. 4　追踪操作命令列表

命令名称	功　　能
Find Cell	搜索并标示版图上符号条件的例元(Instance)
Find Object	搜索并标示版图上属于系统默认层的图形
Find Lable	搜索并标示版图上的 Label 图形
Trace Net	标示版图上与电学连接有关的图形
Trace Short	标示版图上两点之间的电学连接

表 B. 5　基本编辑命令列表

命令选项	命令名称
放缩操作	Zoom In/Out Fit 等
刷新	Redraw
定位	Locate
视图范围的标记	Last View Mark View 等
其他选项	Copy Window 等

4）视图窗口的操作

视图窗口的操作是指对版图编辑窗口主窗口的缩放、刷新、拷贝、定位等操作，表 B.5 列出了部分常用命令选项和命令名称，所有对视图窗口的操作都位于版图编辑窗口主窗口的"Window"菜单下。

5）对设计的操作

对设计的操作除了位于版图编辑窗口主窗口的"Design"菜单下的保存、另存、只读、可编辑和退出操作外，还包括"Option"菜单下的选项设置 Generic、Color、Key Mapping 和 Toolbox。

6）辅助功能

版图编辑中最重要的辅助功能是标尺 Ruler 和 Clear Ruler。

Ruler 操作用于丈量版图上的距离。具体操作方法是：在版图编辑窗口主窗口的功能菜单"Tools"中，选择"Ruler..."选项，激活该功能。激活后，即可用鼠标在版图上丈量距离。首尾两点由鼠标左键确定，中间如需变向，利用鼠标右键完成，键盘上的"Back Space"按键为取消正在操作的点。操作完成后，用键盘上的"Esc"按键取消该操作。

Clear Ruler 操作的功能是去掉显示在版图上的 Ruler 标记。使用方法：在版图编辑窗口主窗口的功能菜单"Tools"中，选择"Clear Ruler..."选项，激活该功能。激活后，版图上的 Ruler 标记将被去掉。

其他辅助功能还包括打印、标记、自动打孔、自动标注标签等。

B.5.4 层次编辑

进行版图设计时，经常会在一个单元中插入另一个单元的设计或者称为插入了后者的一个例元(Instance)，此时，我们就称这两个单元构成了引用和被引用的层次关系。设计层次可以有多层，不同库中的单元也可以进行引用，但是一个单元不能直接或间接地引用其本身，否则会构成无法处理的递归引用(Recursive)的关系。如果一个单元中没有引用任何其他单元的例元，也称其为平坦的或打散的(Flattened)。层次式的设计可以提高设计效率。

在 Zeni4 版图编辑主窗口中，层次编辑主要包括层次的生成、层次的进入/进出两大类操作。其中，通过 Create Instance、Create Mosaic、generate Array、Make Cell 和 Smash 命令可以生成和改变设计层次；通过 Enter/Enter One Step、Descend/Descend One Step 和 Return/Return To Top 命令可以实现层次的进入与退出。

B.5.5 可变参数单元

可变参数单元(Variable Cell)，简称 Vcell，是根据事先构造好的模板，通过配置参数，可以快速生长版图。Vcell 模板是基于 Tcl 语言的脚本文件。Zeni4 系统采用了与命令行/脚本系统相同的语法，不再兼容 Zeni4 版本前的 Vcell 模板。

Vcell Instance 的生成与普通的 Instance 类似，与普通 Instance 不同的是，Vcell 模式需要先选择一个 Vcell 的模板并配置其参数。Vcell 的参数包括设置(Setup)和配置(Configure)两种，并且在 Vcell Instance 生成后，还可以通过命令 Edit→More→Re-Parameterize Vcell 重新配置参数，通过命令 Edit→More→Vcell To Cell 将已经配置好的 Vcell 存储为一个普通的单元。

B.5.6 版图验证

Zeni4 版图编辑器提供了与版图验证工具的无缝接口，用户可以在进行版图设计的同时对版图进行验证，并且以图形的形式将验证结果返标在版图上。通过这种交互式的方式，用户可以非常方便快捷地定位版图设计中的错误，从而达到随时根据验证结果对版图进行修改，迅速消除版图设计中错误的效果。

在版图编辑器主窗口中，选择"Verification"主菜单下的"Layout Verification"子菜单，弹出如图 B.25 所示的对话框，该子菜单提供了在版图编辑器中进行版图验证的接口。当选中对话框中的"Custom Operation"时，点击"LVS"键激活 LVS 功能，如图 B.26 所示；点击"PE"激活参数提取功能；点击"Partial PE"激活版图部分参数提取功能。

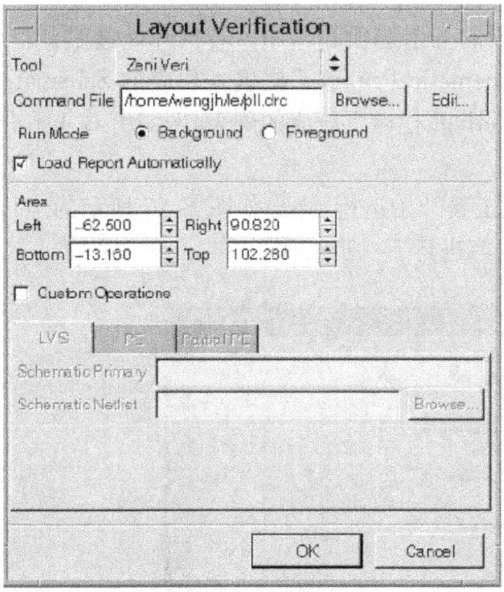

图 B.25 DRC 对话框

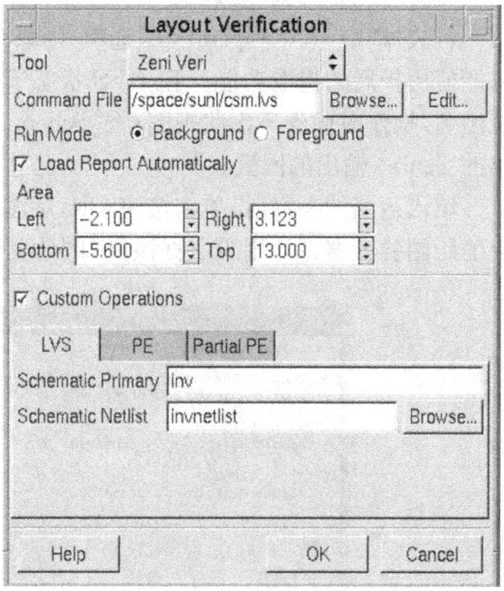

图 B.26 LVS 对话框

下面对图 B.25 和图 B.26 中的各选项栏解释如下。

1) Tool

选择版图验证工具。Zeni4 系统有九天版图验证工具(Zeni Veri)、九天版图层次验证工具(Zeni Hveri)和运行"Calibre"验证文件(Calivre)三种工具。

2) Command File

选择版图验证的命令文件。用户可以直接输入文件的路径，还可以通过 Browse 按钮在文件选择对话框中选中命令文件。如果用户需要对指定的命令文件进行修改，可以点击 Edit 按钮。

3) Run Mode

指定了版图验证的运行模式。Zeni4 系统可以采用两种方式进行版图验证：前台方式(Foreground)或后台(Background)方式。如果选择前台方式进行版图验证，用户将暂时不能对版图进行编辑，只有在版图验证完成以后，用户才能对版图进行编辑；而选择后台方式，用户可以在进行版图验证的同时进行版图编辑和修改，对版图的修改将不会影响正在进行的版图验证。

4）Load Report Automatically

如果用户选择了该选项，在版图验证工具完成以后 Zeni4 版图编辑器将自动读入验证的结果并在版图上显示；如果没有选择此选项，则需要调用选择 Verification 主菜单下的 Load Report 子菜单读入数据文件。

5）Area

Zeni4 系统中，用户既可以对整个版图进行验证，也可以选择版图的局部进行验证。Area 栏的 Left、Right、Bottom 和 Top 共同指定了版图需要验证的区域，缺省情况下是整个版图的大小。用户可以通过鼠标在版图上选择验证区域，也可以手工输入这四个参数来指定验证的区域。

6）LVS 状态的扩展选项

若关掉“Custom Operation”选项，则只有上面的五个选项起作用。若打开此选项，用户将能使用扩展的提取功能。在 LVS 状态下，“Schematic Primary”栏填入相应的 Schematic 视图名，操作时优先考虑此视图；将“Schematic Netlist”栏填入相应的网表，例如由 B.4 节介绍的 ZeniSe 输出的网表。

填入适当的参数后，单击按钮 OK，版图验证工具开始运行，弹出如图 B.27 所示的运行中的版图验证窗口。用户根据该窗口中显示的内容进行下一步工作。

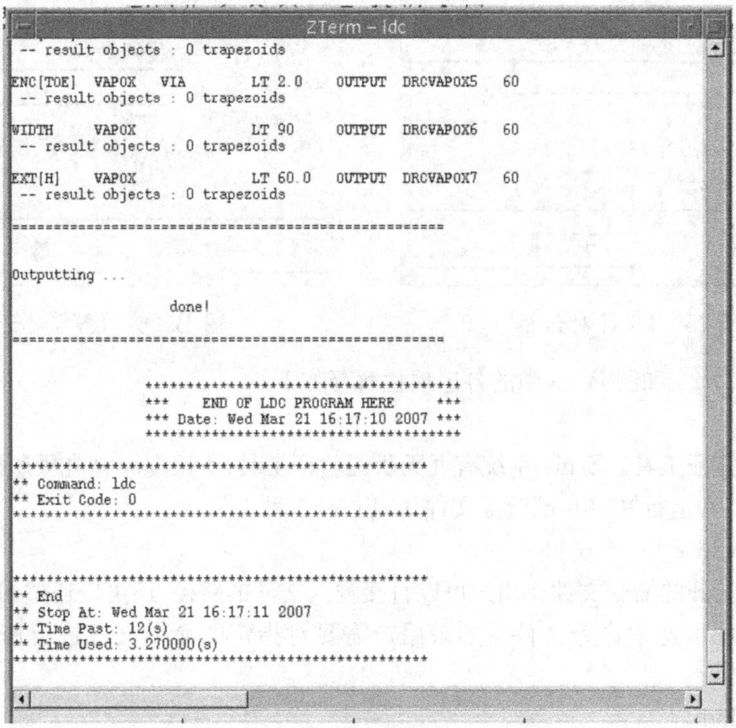

图 B.27　版图验证运行状态窗口

B. 5. 7　版图验证结果检查

执行版图验证后，Zeni4 版图编辑器还可以将验证的结果以图形的形式返标在版图中，使得用户阅读版图错误信息更加直观和方便。

1）查看 DRC 错误

执行 DRC 检查后，通过 Tools→Browse Marker 可以查找 DRC 错误，如图 B. 28 所示。

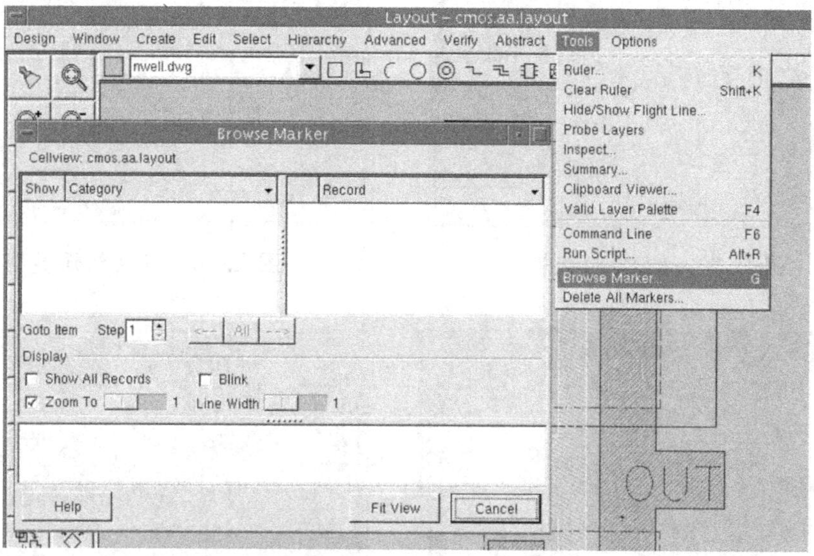

图 B. 28　查看 DRC 错误

2）查看 LVS 错误

针对 LVS 错误，版图编辑器集成了 LVS Debugger(LDX)。LDX 工具共提供了七种功能，包括：显示指定节点的信息并查询匹配节点、显示指定块及其匹配块的信息、显示节点在电路图或版图中的位置、显示器件在电路图或版图中的位置、在版图和电路图中显示与指定节点相匹配的节点、在版图和电路图中显示与指定块相匹配的块、在版图编辑环境下显示指定块中的所有器件。用户通过这个工具可以在版图和逻辑图上同时返标 LVS 错误，从而可以方便快捷的定位并修改 LVS 错误。选择 Verification 主菜单下的 LVS Debugger 子菜单就激活了 LDX，其界面如图 B. 29 所示。

下面以图 B. 29 给出的 LVS 错误信息为例，介绍 LDX 工具的基本使用方法。

(1) 图 B. 29 中，鼠标左键双击“Matched Node to Unmatched Block(s)”，出现其对应的表单形式如图 B. 30 所示。

(2) 左键双击“Schematic Node 5”和“Layout Node 5”，分别出现如图 B. 31 所示窗口，对比发现，在 layout 窗口中少了 BLK2 块。

(3) 在图 B. 32 的“Schematic Node Window”中使用中键点击节点 7，选择“Show Match in Layout”。在出现的“Layout Node Window”中可以看到 BLK2 的输入节点是 6(?)，如图 B. 33 所示。左键双击节点 6(?)，出现另一个“Layout Node Window”如图 B. 33，通过这个窗口，可见 BLK2 的输入节点除 BLK2 自身外并未与其他任何块连接。

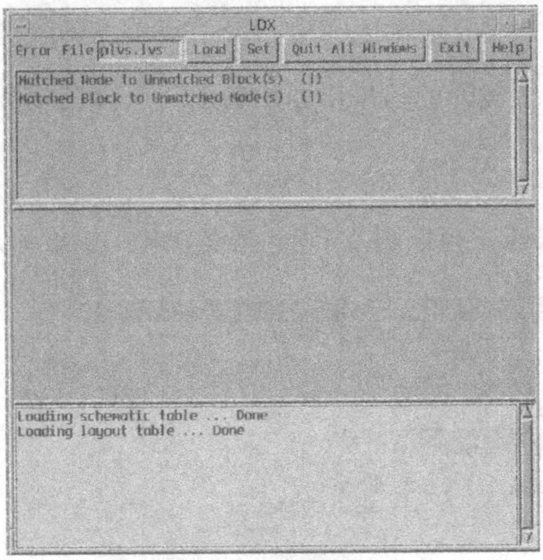

图 B.29 LDX 对话框

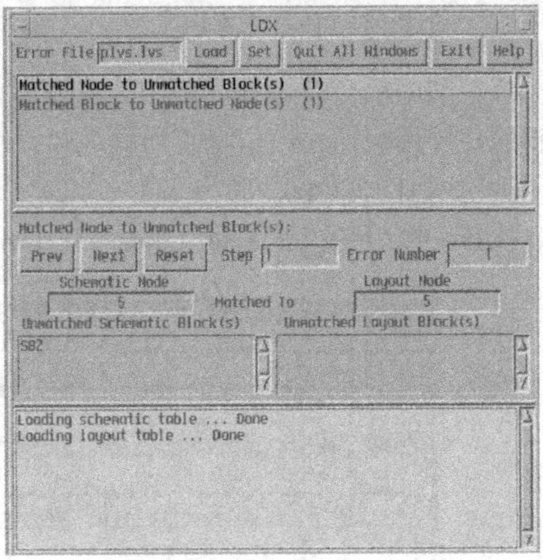

图 B.30 查看错误类型

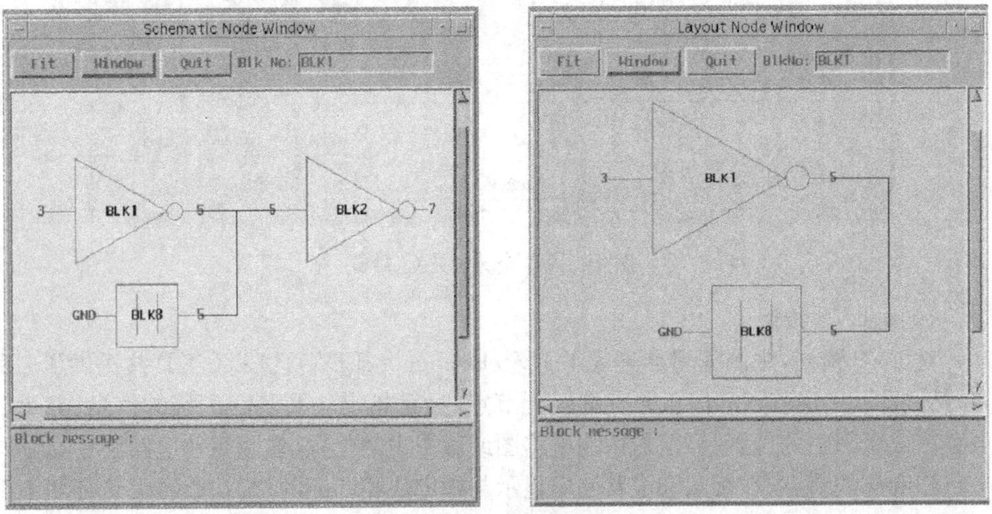

图 B.31 显示错误节点

(4) 通过以上分析,可以推断版图中的节点 5 和节点 6 应该连接在一起。

(5) 在当前工作目录下,激活版图编辑块,打开顶层单元 EEOSC_1。再选择“Layout Node Window”窗口中的节点 5 和 6(?),点击中键选择“Show Error”。

(6) 在顶层单元 EEOSC_1 中,节点 5 和 6(?)所在图形闪动,显然它们没有连在一起。

(7) 连接这两个节点,并保存。

(8) 在 LDX 主窗口中,选择“EXIT”退出。

(9) 在版图编辑主窗口中,再次选择“Verification”主菜单下的“Layout Verification”子菜单进行 LVS 验证,直到执行结果显示 Match 100%。

通过这个例子可以看到,使用 LDX 可以帮助我们分析和查找 LVS 错误。但要灵活、熟练地使用这个工具,还需要不断的练习和总结。

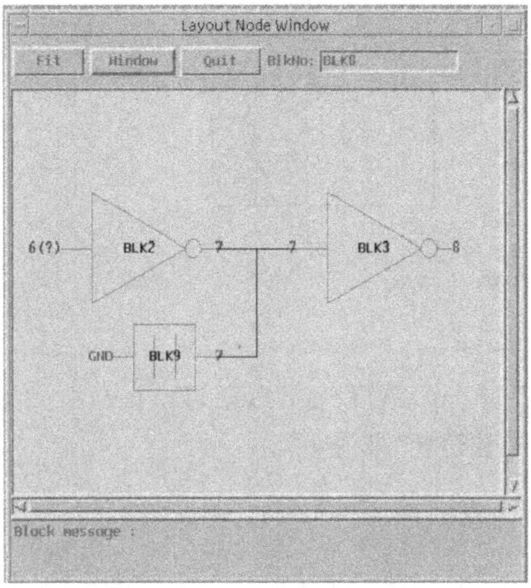

图 B.32　查看原理图中错误节点对应的版图

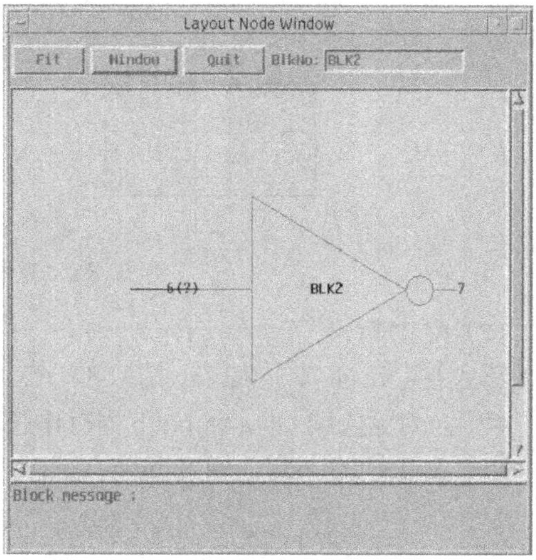

图 B.33　查看与原理图中错误节点相关的版图块

B.6　验证文件编写举例

编写验证命令文件是进行版图验证不可缺少的部分，命令文件是否完备直接影响到版图验证的质量。所谓命令文件是指一组用 UNIX 文本编辑器(Text Editor)编写的 ASCII 文件，它识别设计中的各层及要执行的检查操作。命令文件一般由描述块(Description Block)、输入层块(Input-Layer Block)、操作块〔Operation Block)构成。所有块都以“ * 关键词”开始，以“ * END”结束。编写命令文件首先要了解常用的验证命令，目前用于版图验证的命令格式主要有 Dracula、diva、ZeniVERI 等。ZeniVERI 环境下可直接使用部分 Dracula 命令，同时 ZeniVERI 也将自己的一些命令扩展到 Dracula 命令文件中。

下面首先简要介绍常用的操作命令，然后给出 DRC、ERC 和 LVS 验证文件示例。更多和更详细的命令说明及格式请参考 Zeni4 手册。

B.6.1　基本操作命令

基本操作命令按功能可分为逻辑操作命令、尺寸调整命令、电学节点提取命令、设计规则检查命令、电路器件提取命令、电学规则检查命令、版图与电路图一致性检查命令和寄生参数提取命令八大类，分述如下。

1) 逻辑操作命令

逻辑运算(logical operation)命令将已有的版图层次经过一定的逻辑运算后，得到需要检查的中间层的图形，ZeniVERI 支持的 Dracula 格式逻辑操作命令主要有以下五种。

(1) AND

格式：AND lay-a lay-b res-lay

功能：对输入层 lay-a 和 lay-b 作逻辑“与”操作，生成新的层 res-lay。

例：AND ndiff poly1 ngate

图 B.34　逻辑“与”操作示例

(2) ANDNOT

格式：ANDNOT lay-a lay-b AND－OUTPUT－lay NOT－OUTPUT－lay

功能：对输入层 lay-a 和 lay-b 同时作逻辑“与”和逻辑“非”操作。

例：ANDNOT ndiff poly1 ngate nsd

图 B.35　逻辑“与非”操作示例

(3) NOT

格式：NOT lay-a lay-b res-lay

功能：对输入层 lay-a 和 lay-b 作逻辑“非”操作，生成新的层 res-lay。这个新的层是 lay-a 上减去被 lay-b 覆盖的部分。

例：NOT ndiff poly1 nsd

图 B.36　逻辑“非”操作示例

(4) OR

格式：OR lay-a lay-b res-lay

功能：对输入层 lay-a 和 lay-b 逻辑“或”操作，生成新的层 res-lay。

例：OR ndiff poly1 mask ；mask 为图 B.36 中斜线所示部分。

图 B.37　逻辑"或"操作示例

(5) XOR

格式：XOR lay-a lay-b res-lay

功能：对输入层 lay-a 和 lay-b 逻辑"异或"操作，生成新的层 res-lay。这个新的层是 lay-a 和 lay-b 没有交叠的部分。

例：XOR ndiff poly1 gxt ;gxt 为图 B.37 中斜线所示部分。

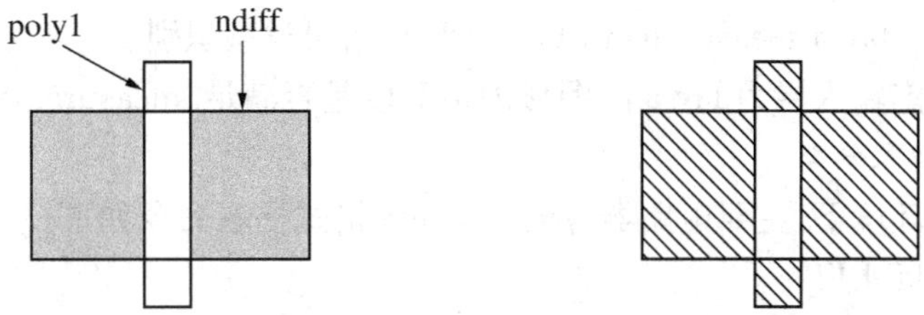

图 B.38　逻辑"异或"操作示例

2) 尺寸调整命令

ZeniVERI 支持的 Dracula 格式尺寸调整命令主要是 SIZE。

格式：SIZE lay-a BY n1

功能：调整规定层次上的图形尺寸。

例：size metal1 by －0.5;将 metal1 金属层上的图形缩小 0.5（单位由 * DESCRIPTION 模块中的 scale 命令决定）。

3) 电学节点提取命令

ZeniVERI 支持的 Dracula 格式尺寸调整命令主要是：CONNECT。

格式：CONNECT lay-a lay-b BY cont-lay

功能：定义层与层之间的连接关系。

例：connect metal1 metal2 by via

4) 设计规则检查命令

这里仅对设计规则检查命令作简单介绍，更具体的请参看 Dracula 命令手册。

(1) AREA

格式：AREA lay-a EQ | NE |RANGE n1 {n2} {tmp-lay| OUTPUT c-name l-name}

功能：检查指定输入层为 lay-a 的图形是否符合给定条件的面积范围。

例：area psub EQ 30 output drcer1 60

检查 psub 层上图形面积，若等于 30 则出错。drcer1 60 给这种错误类型定义了一个识别的名字。

(2) EXT

格式：EXT{[options]} lay-a{& lay-a 1} {[O]} { lay-b{& lay-b1}} measurement {tmp-lay| OUTPUT c-name l-name}

功能：检查不同图形两条外边的间距。这些图形可以在同层上，也可以在不同层上。

(3) ENC

格式：ENC{[options]} lay-a{& lay-a 1} {[O]} lay-b{& lay-b1} measurement {tmp-lay| OUTPUT c-name l-name}

功能：检查 lay-a 上图形外边与 lay-b 上图形内边的间距。

(4) INT

格式：INT {[options]} lay-a{& lay-a 1} {[O]} lay-b{& lay-b1} measurement {tmp-lay| OUTPUT c-name l-name}

功能：检查 lay-a 上图形内边与 lay-b 上图形内边的间距。

(5) WIDTH

格式：WIDTH lay-a measurement OUTPUT 错误类型识别名

功能：检查指定输入层为 lay-a 的图形内边宽度是否满足"measurement"条件。

5）电路器件提取命令

在 ZeniVERI 环境下，主要电路器件的 Dracula 格式提取命令如下。

(1) ELEMENT BJT

格式：ELEMENT BJT {[type]} lay-a lay-b lay-c lay-d {lay-s}

功能：提取 BJT 类型的晶体管。pnp 管的 tpye 为 PL，npn 为 NV。lay-a 定义了器件层，即该器件的区域。lay-b 定义 BJT 的集电区，lay-c 定义基区，lay-d 定义发射区；lay-s 定义衬底。

例：element bjt[pl] vpnp psub nwell psd

(2) ELEMENT CAP

格式：ELEMENT CAP {[type]} lay-a lay-b lay-c {lay-s}

功能：提取电容器件。

例：element cap mt12cap mt1 mt2；提取金属层 1 与金属层 2 构成的电容。

(3) ELEMENT MOS

格式：ELEMENT MOS {[type]} lay-a lay-b lay-c {lay-s}

功能：提取 MOS 器件。lay-a 为器件层，lay-b 为 MOS 管栅极层，lay-c 为 MOS 管源漏层，lay-s 为 MOS 管衬底层。

例：element mos[n] ngate poly1 nad psub

(4) ELEMENT DIO

格式：ELEMENT DIO {[type]} lay-a lay-b lay-c {lay-s}

功能：提取二极管器件。lay-a 为器件层，lay-b 为二极管阳极层，lay-c 为阴极层，lay-s 为衬底层。

例：element dio[nw] dionw psd ntap

(5) ELEMENT RES

格式：ELEMENT RES {[type]} lay-a lay-b {lay-s}

功能：提取电阻元件。lay-a 为器件层，lay-b 为电阻介质层。

例：element res[nw] nwlres nwell

6) 电学规则检查命令

ZeniVERI 支持的 Dracula 格式电学规则检查命令常用的有以下四种。

(1) SAMELAB

格式：SAMELAB {tmp-layer} OUTPUT c-name l-name

功能：检查是否存在开路的节点。

例：samelab output opens 40

(2) MULTILAB

格式：MULTILAB {tmp-layer} OUTPUT c-name l-name

功能：检查是否存在短路的节点。

例：multilab output shorts 40

(3) FLOATCHK

格式：FLOATCHK contact-layer {tmp-layer} OUTPUT c-name l-name

功能：检查在指定的 contact-layer 上是否存在悬空点。

例：floatchk pcon output epcon1 40

(4) PATHCHK

格式：PATHCHK {[options]} LEVEL n1 OUTPUT c-name l-name

功能：检查器件与电源线的连接关系。n1 为 1 表示节点有一条到地但没有到电源的通路，n1 为 2 表示节点有一条到电源但没有到地的通路，n1 为 3 表示节点没有到地和电源的通路，n1 为 4 表示节点没有到地、电源和焊盘的通路。

7) 版图与电路图一致性检查命令

ZeniVERI 支持的 Dracula 格式版图与电路图一致性检查命令是 LVSCHK。

格式：LVSCHK{[options]} {subtype-as -param=yes|no} {wpercent=n1} { lpercent=n1} {w/ l-percent=n3} {capval=n4}...

功能：按 options 要求以及各选择项规定做版图与电路图一致性检查。具体说明请参见 Dracula 命令手册。

例：lvschk wpercent=5 lpercent=5 capval=1

8) 寄生参数提取命令

ZeniVERI 环境下以 Dracula 命令格式进行寄生参数提取时，必须在文件中定义 TECHNOLOGY 模块来设定相关工艺参数。OPERATOIN 模块中，用于寄生电容提取的命令是 CAP3D。

格式：CAP3D [type] layer1 layer2

功能：提取寄生电容参数。

B. 6. 2 DRC 命令文件

根据上面介绍的基本操作命令，结合第 4 章列出的硅栅工艺几何设计规则，编写 Dracula 命令格式的 DRC 命令文件。需要说明的是：该验证文件仅用于一般的规则检查。对于某些特殊的要求，使用者应根据相关的工艺设计资料进行部分添加或修改，在交互式环境下编译无误后再做版图验证。

```
*description
indisk            =/space/student/inv.gds
primary           =inv
syetem            =gds2
outdisk           =drcpr
printfile         =drcpr
library           =/space/student/inv
keepdata          =inquery
resolution        =0.001 micron
scale             =0.001 micron
cnames-csen       =no
tnames-csen       =yes
flag-offgrid      =yes
check-mode        =flat
*end
;输入层次定义模块,以*input-layer 作为模块开始标识,*end 作为结束标识
*input-layer
nwell             =1
ndiff             =2
pdiff             =3
poly              =4
cont              =5
metal             =6   text=80 attach=met1
pad               =7
m1text =80
substrate         =bulk 63
*end
;操作模块,以*operation 作为模块开始标识,*end 作为结束标识
*operation
;层次运算
OR        ndiff      pdiff      locos
AND       pdiff      nwell      pplus
SELECT    ndiff      OUTSIDE    nwell      nplus
NOT       ndiff      nplus      nsub
NOT       pdiff      pplus      psub
OR        psub       nsub       asub
OR        locos      poly       active
SELECT    locos      OVERLAP    nwell      inloc
```

```
SELECT    locos     OUTSIDE   nwell     subloc
AND       locos     poly      gate
AND       pdiff     poly      pgate
AND       ndiff     poly      ngate
AND       locos     cont      diffcon
AND       poly      cont      polycon
;设计规则检查
;1 NWELL
WIDTH     nwell     LT      10.0    OUTPUT    drcnw1    60
EXT[H]    nwell     LT      10.0    OUTPUT    drcnw2    60
ENC[TO]   nsub      nwell   LT      8.0       OUTPUT    drcnw3   60
ENC[TO]   pplus     nwell   LT      2.0       OUTPUT    drcnw4   60
EXT[TO]   nwell     nplus   LT      8.0       OUTPUT    drcnw5   60
;2 LOCOS(ndiff,pdiff)
AND       ndiff     pdiff   forbid  OUTPUT    drcloc1   60
WIDTH     locos     LT      3.5     OUTPUT    drcloc2   60
EXT[H]    locos     LT      3.5     OUTPUT    drcloc3   60
;3 POLY
WIDTH     poly      LT      3.0     OUTPUT    drcpy1    60
EXT[H]    poly      LT      2.0     OUTPUT    drcpy2    60
EXT[T]    poly      locos   LT      1.0       OUTPUT    drcpy3   60
ENC[T]    locos     poly    LT      1.5       OUTPUT    drcpy4   60
ENC[T]    poly      locos   LT      3.0       OUTPUT    drcpy5   60
;4 CONTACT
WIDTH     cont      LT      2.0     OUTPUT    drcco1    60
EXT       cont      LT      2.0     OUTPUT    drcco2    60
ENC[TO]   cont      poly    LT      1.0       OUTPUT    drcco3   60
ENC[TO]   cont      locos   LT      1.5       OUTPUT    drcco4   60
EXT[OT]   diffcon   gate    LT      1.5       OUTPUT    drcco5   60
EXT[OT]   polycon   locos   LT      1.5       OUTPUT    drcco6   60
ENC[TO]   cont      metal   LT      1.0       OUTPUT    drcco7   60
;5 METAL
WIDTH     metal     LT      2.5     OUTPUT    drcmt1    60
EXT[H]    metal     LT      2.0     OUTPUT    drcmt2    60
;6 PAD
WIDTH     pad       LT      90      OUTPUT    drcpd1    60
EXT       pad       LT      80      OUTPUT    drcpd2    60
ENC[TO]   pad       metal   LT      6.0       OUTPUT    drcpd3   60
EXT       pad       active  LT      25.0      OUTPUT    drcpd4   60
```

```
*end
```

B.6.3 LVS 命令文件

DRC 文件编写的主要依据是工艺文件中版图层次定义和工艺几何设计规则。而电气规则检查(ERC)文件和版图与原理图一致性检查(LVS)文件主要依据是工艺文件中版图层次定义,并且通常将 ERC 和 LVS 检查合并在一个文件中一起称作 LVS 文件。下面给出编写 Dracula 命令格式的 LVS 命令文件示例。

说明:

(1)为进行 LVS 验证,*description 模块中,需要添加命令 sch-netlist 和 sch-primary;

(2)为了提取版图中的电阻、电容、二极管等元件,在输入层次定义模块中必须定义需要的标识层;

(3)在输入层次定义模块中必须定义导体层。

```
*description
indisk          =/space/student/inv.gds
primary         =inv
syetem          =gds2
outdisk         =drcpr
printfile       =drcpr
library         =/space/student/inv
keepdata        =inquery
resolution      =0.001 micron
scale           =0.001 micron
sch-netlist     =netlist
sch-primary     =inv
cnames-csen     =no
tnames-csen     =yes
flag-offgrid    =yes
check-mode      =flat
power-node      =vdd!
ground-node     =gnd!
*end
;输入层次定义模块,以*input-layer 作为模块开始标识,*end 作为结束标识
*input-layer
nwell           =1
ndiff           =2
pdiff           =3
poly            =4
cont            =5
metal           =6  text=80   attach=met1
```

```
pad           =7
poremsk       =26 ;定义多晶硅(poly)电阻标识层
resmask       =27 ;定义 N 阱、扩散层电阻标识层
diomask       =28 ;定义二极管标识层
capmask       =29 ;定义电容标识层
m1text        =80
substrate     =bulk 63
connect-layer=sub inwell nplus1 pplus1 ipoly metal psub nsub
*end
;操作模块，以*operation 作为模块开始标识，*end 作为结束标识
*operation
;层次运算
OR        ndiff     pdiff     locos
AND       pdiff     nwell     pplus
SELECT    ndiff     OUTSIDE   nwell     nplus
NOT       ndiff     nplus     nsub
NOT       pdiff     pplus     psub
OR        psub      nsub      asub
OR        locos     poly      active
SELECT    locos     OVERLAP   nwell     inloc
SELECT    locos     OUTSIDE   nwell     subloc
AND       locos     poly      gate
AND       pdiff     poly      pgate
AND       ndiff     poly      ngate
AND       locos     cont      diffcon
AND       poly      cont      polycon
;定义电阻
AND       poly      poremsk   polyres
NOT       poly      polyres   ipoly
AND       nwell     resmask   nweres
NOT       nwell     nweres    inwell
AND       pdiff     resmask   pplres
AND       ndiff     resmask   nplres
;定义电容
AND       ipoly     capmask   pocap1
AND       pocap1    pdiff     pocap
AND       pocap1    ndiff     nocap
OR        pocap     nocap     pocap2
NOT       ipoly     pocap2    ipoly2
```

```
;define MOS-transistors
AND        pdiff      ipoly2     pgate
AND        ndiff      ipoly2     ngate1
AND        ngate1     romask     romgat
NOT        ngate1     romgat     ngate
;define Source/Drain
NOT        pdiff      pgate      pplus0
NOT        ndiff      ngate      nplus0
NOT        pplus0     pplres     pplus2
NOT        nplus0     nplres     nplus2
NOT        pplus2     pocap      pplus3
NOT        nplus2     nocap      nplus1
;定义二极管
AND        pplus1     diomask    pdio
AND        plus1      diomask    ndio
;定义连接
AND        cont       pplus1     pplct
AND        cont       nplus1     nplct
AND        cont       ipoly      poct
AND        cont       psub       pslct
AND        cont       nsub       nslct
AND        cont       inwell     welct
AND        psub       sub        subct
CONNECT    metal      pplus1     BY         pplct
CONNECT    metal      nplus1     BY         nplct
CONNECT    metal      ipoly      BY         poct
CONNECT    metal      psub       BY         pslct
CONNECT    metal      nsub       BY         nslct
CONNECT    metal      pnpbi      BY         pnpct
SCONNECT   nplus1     inwell     BY         welct
SCONNECT   pplus1     sub        BY         subct
;定义器件
ELEMENT    MOS[P]     pgate      ipoly      pplus1     inwell
ELEMENT    MOS[N]     ngate      ipoly      nplus1     sub
ELEMENT    RES[RS]    nplres     nplus1
ELEMENT    RES[RT]    pplres     pplus1
ELEMENT    RES[RC]    polyres    ipoly
ELEMENT    RES[RY]    nweres     inwell
ELEMENT    DIO[DN]    pdio       pplus1     inwell
```

```
ELEMENT      DIO[DS]     ndio        sub          nplus1
ELEMENT      CAP[CN]     nocap       ipoly        nplus1
ELEMENT      CAP[CP]     pocap       ipoly        pplus1
;电学规则检查
SAMELAB                                        OUTPUT      open      1
MULTILAB                                       OUTPUT      short     1
LCONNECT  inwell   DISC   ?:P                  OUTPUT      wlnvdd    1;well not on vdd (p-gates)
LCONNECT  inwell   CONN ?:G                    OUTPUT      welvss    1;well on vss (p-gates)
LCONNECT  sub      CONN ?:G                    OUTPUT      sbnvss    1;bulk not on vss (n-gates)
LCONNECT  sub      CONN ?:P                    OUTPUT      subvdd    1;bulk on vdd (n-gates)
ELCOUNT   MOS      all     EQ  1               OUTPUT      single    1;node only connected
NDCOUNT   MOS[N]   nplus1  EQ  1               OUTPUT      nnsdsh    1;n-s/d short
NDCOUNT   MOS[P]   pplus1  EQ  1               OUTPUT      pnsdsh    1;p-s/d short
ECONNECT  MOS[P]   ipoly   CONN ?:P            OUTPUT      pngvdd    1;p-g tied to vdd
ECONNECT  MOS[P]   ipoly   CONN ?:G            OUTPUT      pngvss    1;p-g tied to vss
ECONNECT  MOS[N]   ipoly   CONN ?:P            OUTPUT      nngvdd    1;n-g tied to vdd
ECONNECT  MOS[N]   ipoly   CONN ?:G            OUTPUT      nngvss    1;n-g tied to vss
ECONNECT  MOS[P]   pplus1  CONN ?:G            OUTPUT      pnsdvs    1;p-s/d tied to vss
ECONNECT  MOS[N]   nplus1  CONN ?:P            OUTPUT      nnsdvd    1;n-s/d tied to vdd
PATHCHK   LEVEL 1                              OUTPUT      opwr      1
PATHCHK   LEVEL 2                              OUTPUT      nognd     1
PATHCHK   LEVEL 4                              OUTPUT      noall     1
SOFTCHK   inwell                               OUTPUT[U]   wencd     1
SOFTCHK   sub                                  OUTPUT[U]   subcd     1
;LVS 检查
LVSCHK[CRUSO]  WPERCENT=1  LPERCENT=1  WEFFECT=0.01  RESVAL=2  CAPVAL=2
* end
```

附录C　Silvaco SimuCAD系统
——集成电路仿真工具介绍

C.1　Silvaco SimuCAD 系统综述

Silvaco SimuCAD 是一套适合于模拟、混合信号和射频集成电路设计的 EDA 软件，提供基于 PDK 的定制集成电路 CAD 设计全流程的所有工具。本附录以 SimuCAD 产品中的前端设计工具为例，介绍晶体管级的集成电路前端设计仿真工具。

SimuCAD 基于 PDK 的定制 IC 前端设计流程如图 C.1 所示。可见，SimuCAD 为定制集成电路设计提供了四个不同功能的仿真器，其中模拟电路仿真器 SmartSpice 是 1985 年发行的，该软件兼容于 HSpice；SmartSpiceRF，是基于谐波平衡的仿真器，为工作频率在 GHz 以上的射频集成电路提供稳定的信号分析；Harmony 是模拟/混合信号仿真器；Twister 是全芯片层次的模拟仿真器。图中，Gateway 是图形化的集成电路原理图编辑器；SmartView 用于查看仿真结果以及计算相关；Spice Deck Generator 和 Schematic Netlister 用于查看、编辑电路网表，电路设计者在 Gateway 图形编辑环境下输入的电路原理图可以通过该工具直接生成相应的 Spice 网表，这样，有利于初学者学习和掌握电路的 Spice 语句。

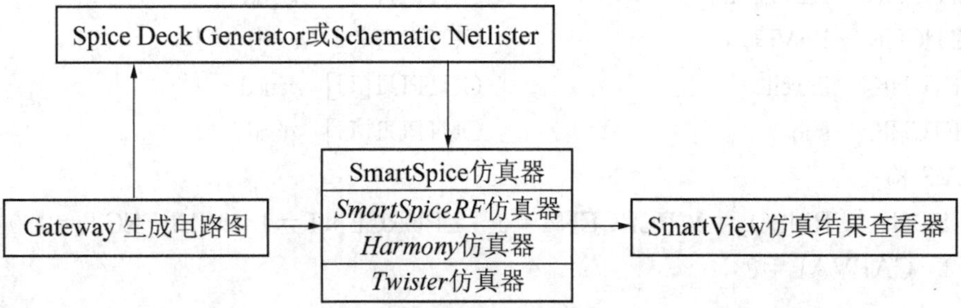

图 C.1　SimuCAD 基于 PDK 的定制 IC 前端设计流程图

与 SilvacoTCAD 系统一样，SimuCAD 系统也有适合于 HP-UX、Linux64、Linux64、Solaris32/64 和 Windows 等不同操作系统的版本，软件安装以及 license 安装过程也类似附录 A 介绍的 Silvaco TCAD 系统安装过程。

SimuCAD 访问网址：http://www.simucad.com/

下面将以 Windows 版本的 SimuCAD 系统为例，结合其中的 Gateway、Spice Deck Generator/Schematic Netlister、SmartSpice 和 SmartView 四个模块介绍定制 IC 前端设计过程。

C. 2 Gateway 环境下的原理图编辑与仿真

C. 2. 1 仿真模型

采用原理图输入的方法进行特定工艺的 IC 前端设计时，一般需要工艺提供的 PDK 中包含：表示各元件的符号(Schematic Symbol)、描述元件特性的模型(Spice Models)及网表方程(Netlist Equations)。目前，SimuCAD PDK 提供 Foundry 验证的产品所支持的 SmartSpice/HSPICE 模型。SmartSpice 电路仿真器以预校准的模型支持全套的器件类型。这些模型包括：

- MOS 晶体管模型，包括 BSIM3v3，BSIM4，MOS9，BSIM3H，EKV 和 Level 28 等。
- 双极型晶体管模型(BJT)，包括 MEXTRAM，HICUM，VBIC，IGBT，Modified Gummel-Poon，Quasi-RC 以及 QBBJT 等。
- 绝缘体上硅器件模型(SOI)，包括 BSIM3 SOI PD/DD/FD，STAG，UF SOI，LETISOI。
- MESFET 器件模型，包括 Curtice，Statz 和 TriQuint。
- TFT 模型，包括 MOS15，MOS16 和 PTFT 等。
- 电阻、电容、电感以及传输线等无源器件模型。
- SiGe 和 GaAs 材料上的其他专业模型。

当使用的工艺只提供文本格式的 Spice Model 文件(*. lib)时，设计者可以在 Gateway 环境下采用软件提供的通用元件符号完成原理图的输入，然后自动生成电路的网表文件，在网表文件中用. lib 语句添加特定的工艺模型，就可以进行特定工艺条件下的电路仿真了。

C. 2. 2 电路原理图输入与仿真

在 Windows 环境下安装好 SimuCAD 系统后，点击 Gateway 启动原理图编辑器，如图 C. 2 所示。下面以 CMOS 反相器原理图为例，介绍 Gateway 环境下的原理图输入与仿真步骤。

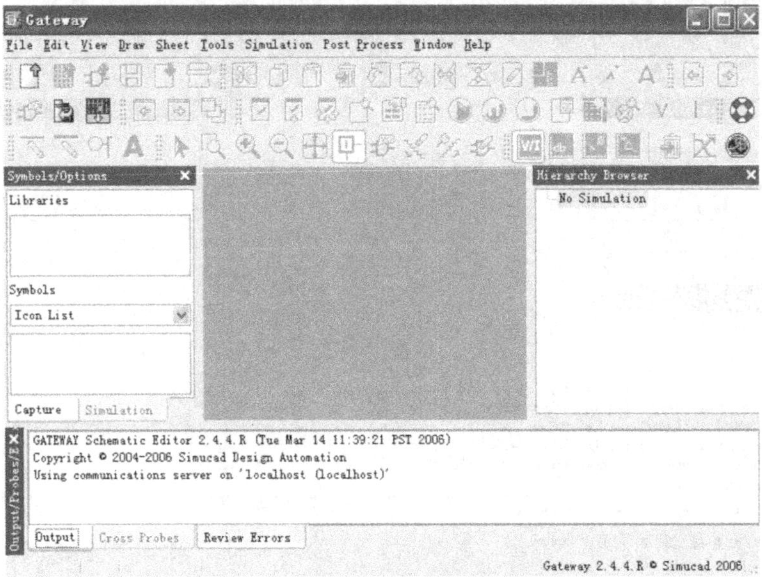

图 C. 2 Gateway 原理图编辑器

1）新建设计文件

选择菜单命令 File→New→Workspace，新建一个设计文件（＊.sws）。输入文件名后弹出如图 C.3 所示的 Workspace Settings 对话框，设置该设计使用的 Spice Model。对于一个已经创建好的设计，还可以通过 File→Workspace Settings 修改库。

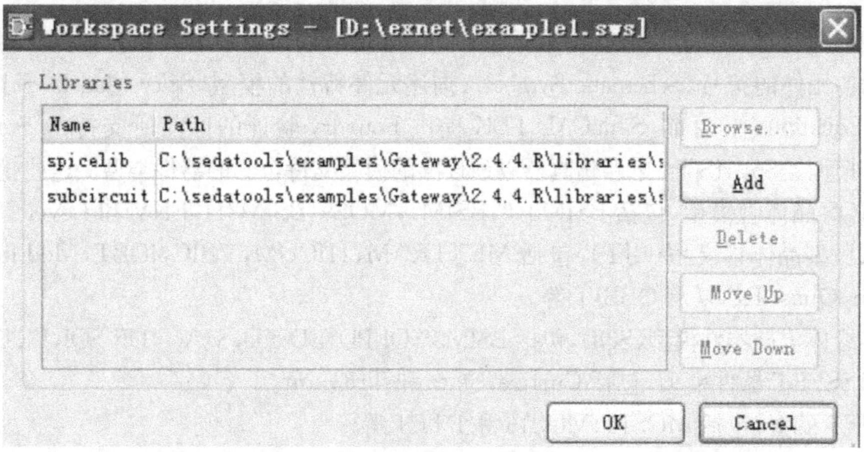

图 C.3　设置库文件对话框

这里为新设计选取了 C:\sedatools\examples\Gateway\2.4.4.R\libraries 下的 spicelib 和 subcircuit 两个设计库。

2）新建原理图

选择菜单命令 File→New→Schematic，新建一个原理图（＊.schlr）。输入文件名（例如，test）并保存后，弹出空白编辑窗口，如图 C.4 所示。

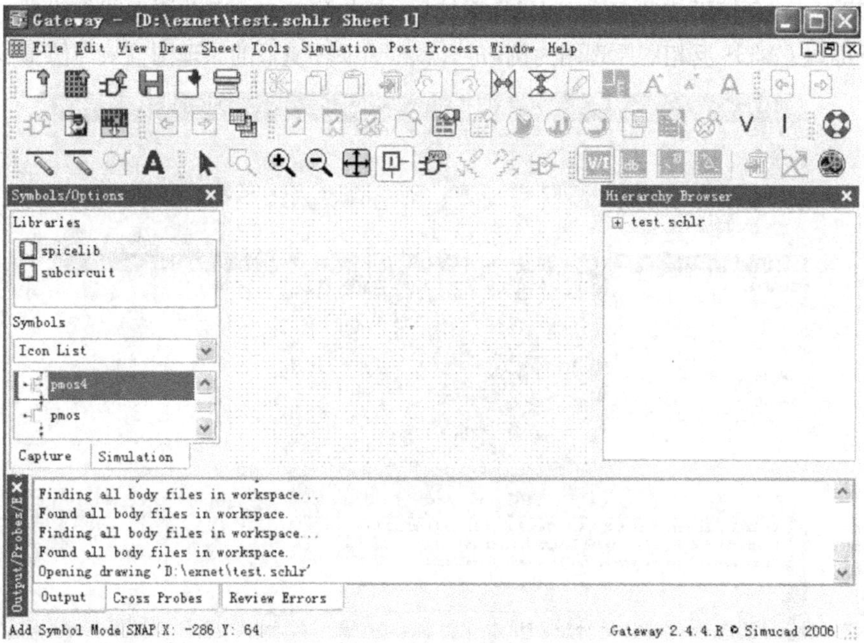

图 C.4　原理图编辑窗口

3）放置元件

选择编辑窗口左边的Libraries，然后从Symbols栏查找需要的元件，并将所需的元件拖至右侧的主编辑窗口中，左键单击放置(通过ESC键撤消紧随着鼠标的元件图标)。主编辑窗口右边的Hierarchy Browser显示的是当前原理图的编辑层次，这里可先关闭，需要时通过菜单命令View→Windows→Hierarchy Browser再打开。

分别选择pmos4、nmos4、VDD、GND、输入端口inschpin和输出端口outschpin等元件并使用菜单命令Draw? Wire命令或图形命令完成电路的连接，如图C.5所示。

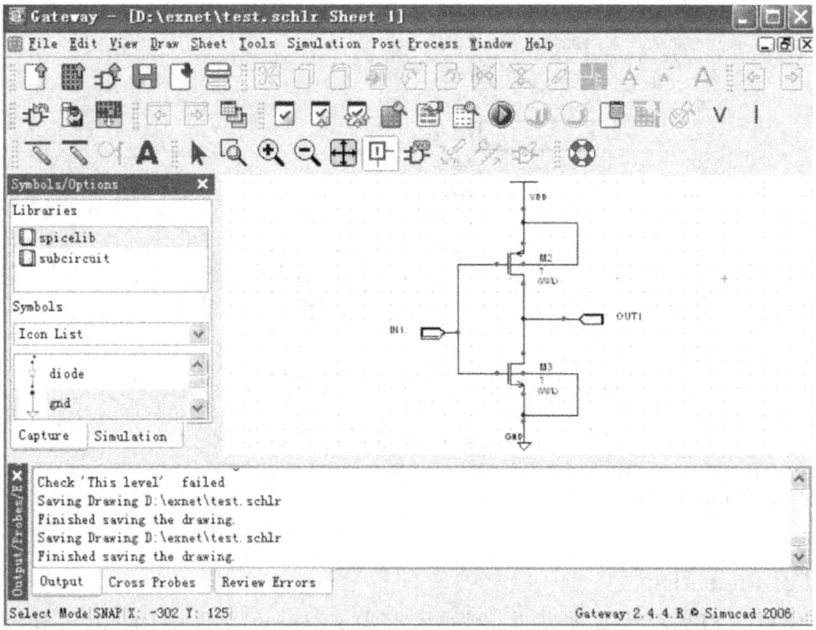

图C.5 放置元件示意图

4）设置参数

将所需的全部元件放置连接好后，依次设置各元件的参数。双击元件符号弹出如图C.6所示属性对话框，在各栏中按实际需要设置各个参数值，这样就完成了一个CMOS反相器的电路连接。

5）检查电路连接并生成网表

当电路连接后，通过菜单命令Simulation→Check This Level或图形菜单 检查电路连接是否正确。检查无误后，再选择菜单命令Simulation→View Spice netlist或使用图标菜单区的按钮 ，则启动了Spice Generator功能自动生成该电路的网表文件(*.net)。例如，该CMOS反相器的net文件内容如下。

```
* *标注说明语句
M1 OUT1 IN1 GND GND NMOS L=0.6 W=5
M2 OUT1 IN1 VDD VDD PMOS L=0.6 W=5
*
* Global Nodes Declarations
*
```

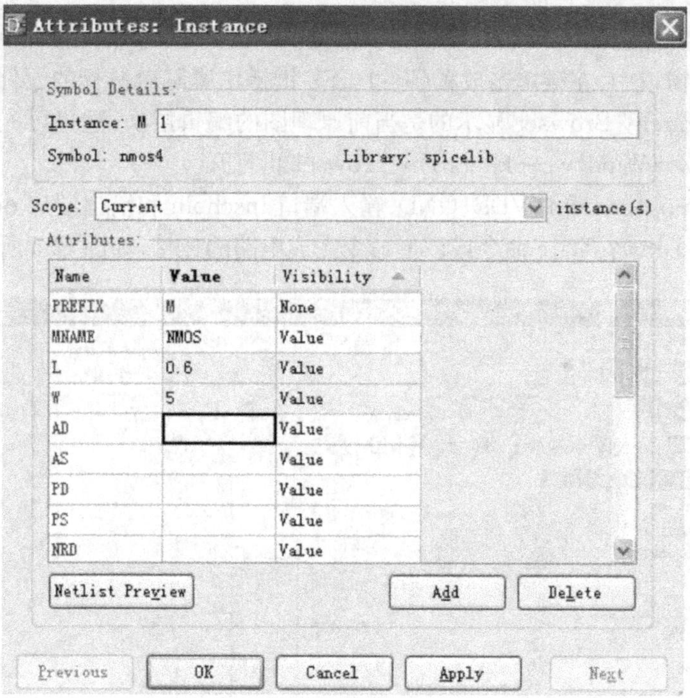

图 C.6　设置元件参数对话框示例

.GLOBAL VDD GND

*

* End of the netlist

该网表文件可以另存为其他文件，例如另存为 *.sp，在文件中用.lib 语句添加 NMOS 和 PMOS 的模型和相应的电路分析等语句后就可以在 HSpice 环境下仿真。并且该网表文件还可以作为后端版图 LVS 验证时的原理图网表文件。

6）添加分析和控制语句

给编辑好的电路原理图添加各类激励源后，就可以进行电路的仿真了。例如，从 spicelib 中查找 vdc 元件并设置电压值给上述 CMOS 反相器添加直流电源电压；查找 vpulse 元件给反相器添加输入脉冲信号。然后选择菜单命令 Simulation 下的 Edit Contrl File 或使用图标菜单区的按钮 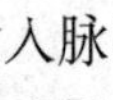 ，添加分析语句和控制语句。这里对反相器进行瞬态分析(.Tran)，并使用.model 语句指定器件的模型，如图 C.7 所示。

7）仿真分析

选择菜单命令 Simulation 下的 View input deck 或使用图标菜单区的按钮  ，则生成了含有各激励和控制语句的网表文件（*.in）。例如，反相器加.Tran 分析语句后的 in 文件内容如下。

* 头文件

M1 OUT1 IN1 GND GND NMOS L=0.6 W=5

M2 OUT1 IN1 VDD VDD PMOS L=0.6 W=5

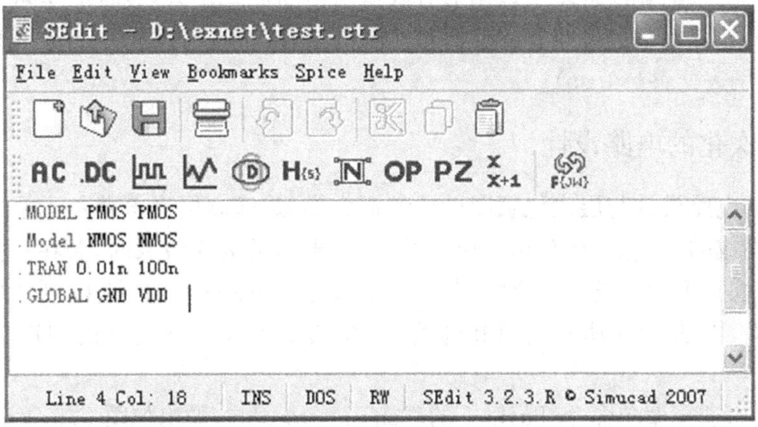

图 C.7　添加控制和分析语句对话框

V1 VDD GND DC 5
V2 IN1 GND PULSE(0 5 0 1n 1n 10ns 20ns)
* Global Nodes Declarations
.GLOBAL VDD GND
* End of the netlist
.MODEL PMOS PMOS
.MODEL NMOS NMOS
.TRAN 0.01n 100n
.END

执行命令 Run Simulation 后，Gateway 电路原理图编辑器自动调用 SmartSpice 仿真器，并在仿真结束后启动 SmartView，得到仿真结果如图 C.8 所示。

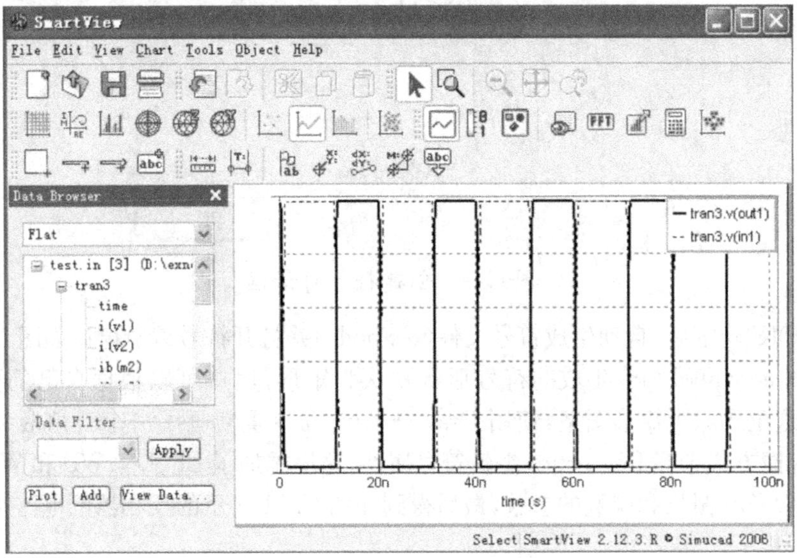

图 C.8　反相器瞬态仿真波形

注：除了在 Gateway 环境下以图形方式编辑电路原理图外，设计者也可以采用文本方式输入电路的连接网表以及需要的分析和控制语句，甚至在 SmartSpice 仿真环境下直接调用 Hspice 的网表文件(*.sp)。

C.2.3 层次化的电路设计

层次化的电路设计与层次化版图设计的概念类似，即高层次电路单元是通过调用低层次电路单元构成的。例如，在 Gateway 环境下，当电路的规模较大时，若在一张图中显示所有的元器件，往往不利于设计者读图；若采用层次化的电路图编辑方法，则增加了原理图的可读性。下面，以图 C.5 所示的反相器为例，介绍 Gateway 环境下的层次化电路图编辑方法。

图 C.5 中，选择菜单命令 Tools 下的 Generate symbol，弹出如图 C.9 所示的对话框。

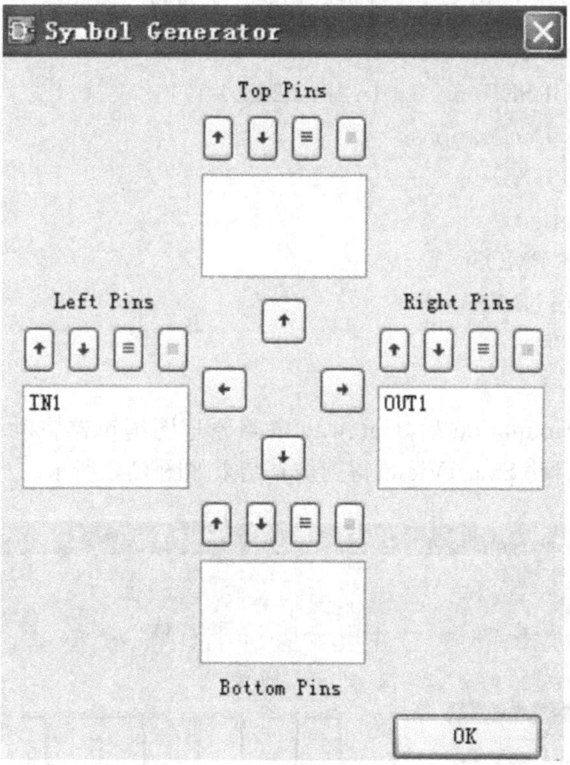

图 C.9 创建符号对话框

点击“OK”确定后，自动生成符号文件(*.body)并打开符号编辑窗口如图 C.10 所示。

Generate symbol 命令生成的符号形状默认为矩形，用户可以根据自己的要求进行修改。例如，这里删除了矩形图案，使用 Draw→Wire 命令重新画了一个三角形和一个圆，并通过右键快捷方式选择 Properties 编辑符号属性，这里添加了 LP、LN、WP 和 WN 四个表示 PMOS 和 NMOS 栅长和栅宽的参数，最后得到如图 C.11 所示的反相器的电路符号。

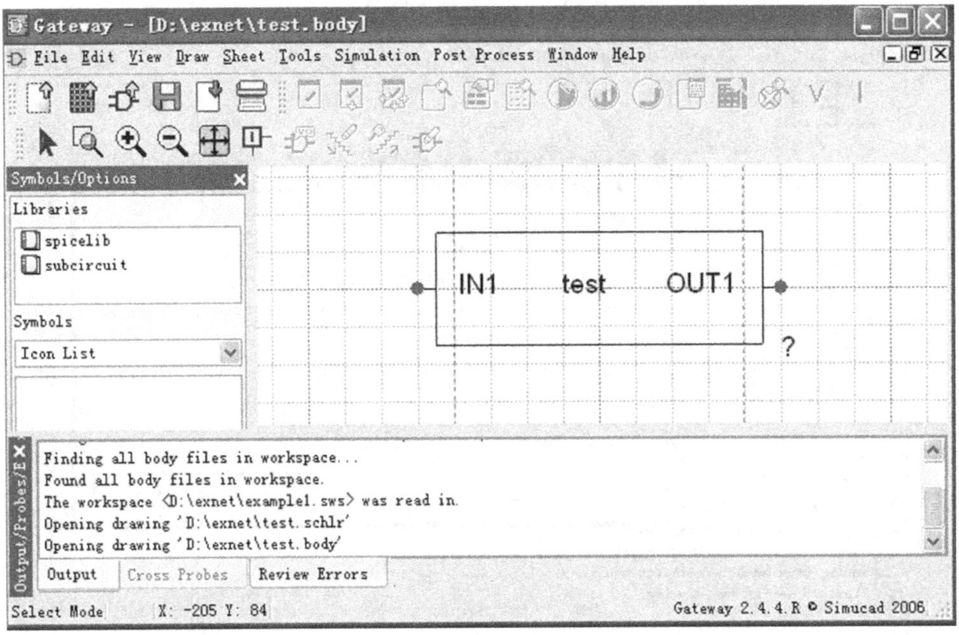

图 C.10　符号编辑窗口

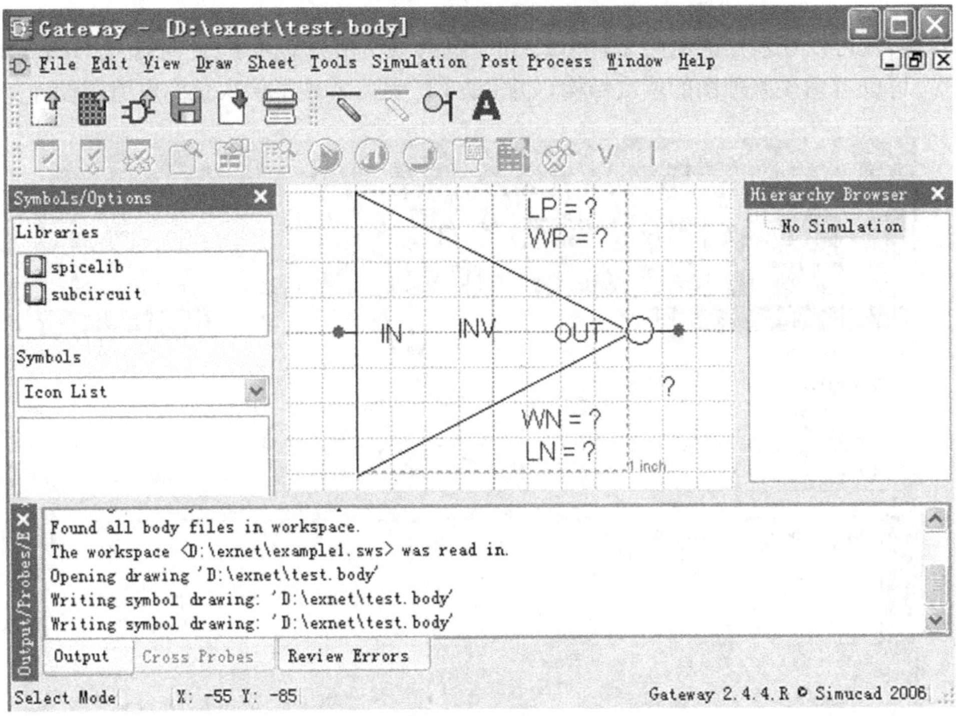

图 C.11　反相器电路符号

再新建一个电路图(Schematic),并通过命令菜单 File 下的 Workspace Settings 调入 test.body 所在目录,如图 C.12 所示。

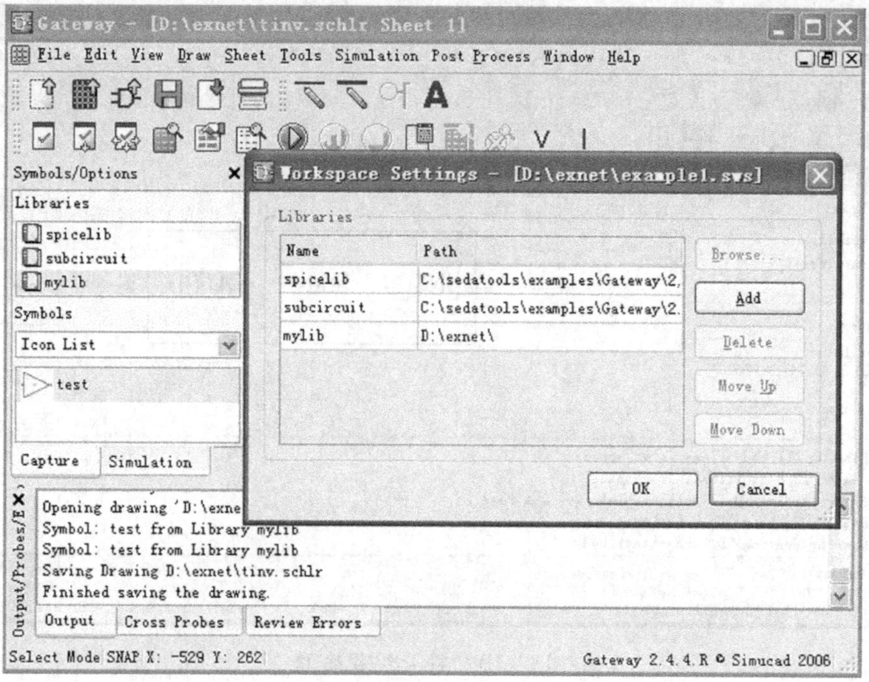

图 C.12　添加用户库

这样,就可以在新建的电路图(tinv. schlr)中调用反相器单元了,此时打开 Hierarchy 浏览窗口,可以看到该原理图的层次结构,如图 C.13 所示,实现了层次化的电路图设计。

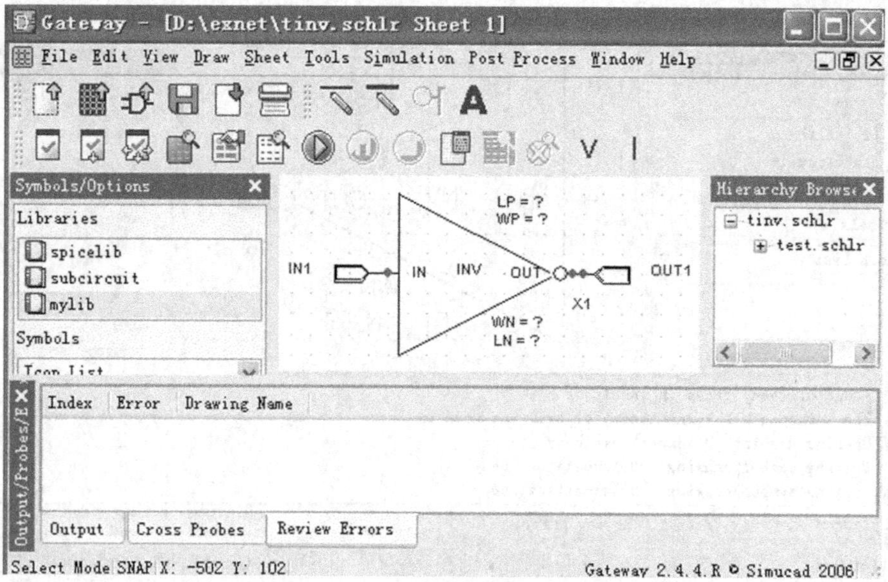

图 C.13　层次化电路图编辑示例

选择菜单命令 Simulation 下的 View Spice netlist,得到该电路的 net 文件为

*头文件。

X1 IN1 OUT1 test

```
* Schematic name: test
.SUBCKT inv IN OUT
M1 OUT IN GND GND NMOS L=0.6 W=5
M2 OUT IN VDD VDD PMOS L=0.6 W=5
.ENDS inv
* Global Nodes Declarations
.GLOBAL VDD GND
* End of the netlist
```

可见，Gateway 图形化原理图编辑环境下的层次化设计方法，相当于在文本编辑环境下使用.SUBCKT 语句调用子电路。为该电路添加分析和控制语句后同样可以进行电路的仿真。

C.3　与版图设计接口

Gateway 环境下，通过菜单命令 File 下 Export 可以导出电路图对应的 EDIF(Electronic Design Interchange Format)格式的网表文件，为第三方工具提供版图验证所需的原理图文件。如图 C.14 所示。

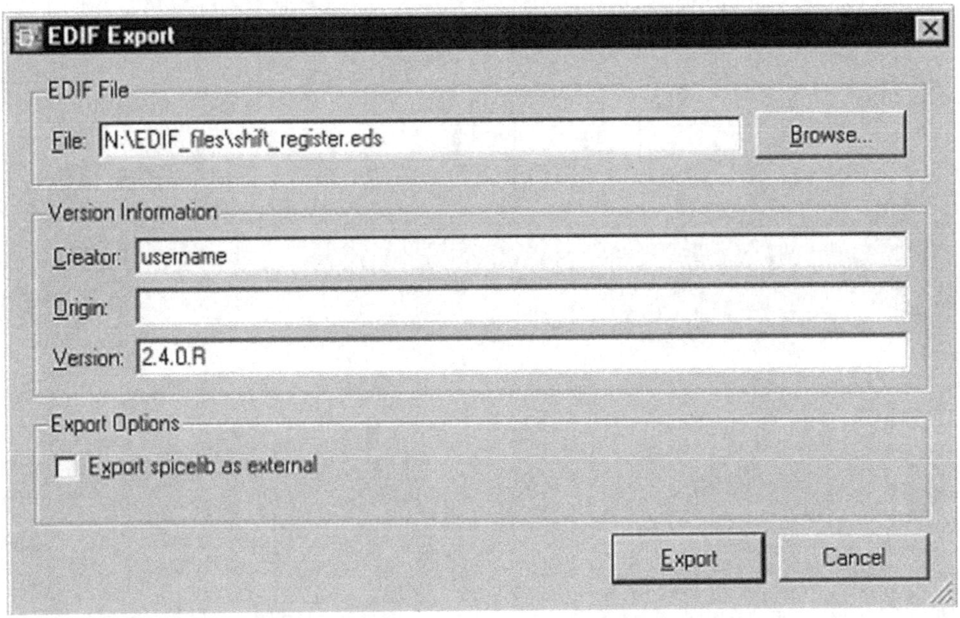

图 C.14　EDIF 文件导出